U0407160

高职高专“十三五”规划教材

药学及相关专业系列教材建设单位

（按笔画排序）

山东药品食品职业学院
山东商业职业技术学院
广东食品药品职业学院
天津职业大学
天津渤海职业技术学院
长春职业技术学院
石家庄职业技术学院
东营职业学院
北京农业职业学院
乐山职业技术学院
江苏食品药品职业技术学院
沈阳市化工学校
武汉生物工程学院
武汉职业技术学院
河北化工医药职业技术学院
河南应用技术职业学院
承德石油高等专科学校
咸宁职业技术学院
咸阳职业技术学院
重庆三峡医药高等专科学校
济南军区总医院
泰州职业技术学院
徐州工业职业技术学院
常州工程职业技术学院
淄博职业学院
黑龙江农垦科技职业学院
湖北生物科技职业学院
湖南化工职业技术学院
鹤壁职业技术学院

高职高专“十三五”规划教材

无机及分析化学

郑雪凌　　沈萍　　孙义　主编

化学工业出版社

·北京·

本书首先阐述了无机化学中的基本知识和数据的基本处理方法，然后以化学分析法中的四大滴定为主线进行阐述，并介绍了现代主要的仪器分析方法。本书分为五个部分，内容分别为：基础化学知识，包括物质结构、重要元素、物质的聚集状态、化学反应速率和平衡等；四大滴定分析及应用；部分现代仪器分析及应用；分析方法的综合应用和常用的分离方法；附录。

本书适用于高职高专院校医药类、食品类、生物类、化工类、环境类、农林类以及国防安全等相关专业的学生选用，也可作为相关行业人员阅读参考。

图书在版编目（CIP）数据

无机及分析化学/郑雪凌，沈萍，孙义主编．—北京：化学工业出版社，2017.8 （2024.9重印）
ISBN 978-7-122-30163-5

Ⅰ.①无… Ⅱ.①郑…②沈…③孙… Ⅲ.①无机化学-教材②分析化学-教材 Ⅳ.①O61②O65

中国版本图书馆 CIP 数据核字（2017）第 163477 号

责任编辑：蔡洪伟 于 卉　　文字编辑：陈 雨
责任校对：王 静　　装帧设计：王晓宇

出版发行：化学工业出版社（北京市东城区青年湖南街 13 号 邮政编码 100011）
印 装：河北延风印务有限公司
787mm×1092mm 1/16 印张 19½ 字数 575 千字 2024 年 9 月北京第 1 版第 8 次印刷

购书咨询：010-64518888　　售后服务：010-64518899
网 址：http://www.cip.com.cn
凡购买本书，如有缺损质量问题，本社销售中心负责调换。

定 价：42.00 元

前言

“世间唯一不变的是变化”。高职教育是这样，承载教育的教材也是如此。随着《高等职业教育创新发展行动计划（2015～2018 年）》政策的实施，迅猛发展的高职高专教育对高职类教材建设提出了更高的要求。

“无机及分析化学”课程是高职高专院校医药类、食品类、生物类、化工类、环境类、农林类以及国防安全等相关专业的必修基础课程。不同领域应用的分析技术手段日新月异，仪器类型名目繁多，应用范围日渐广泛，要求其理论根基和核心知识既要夯实，又要有大视野。因此，本教材以应用性职业岗位需求为中心，贯彻“能力为本，素质先行”的教育教学指导思想，紧扣学以致用原则，整合部分高职院校教材《无机化学》和《分析化学》成为《无机及分析化学》，本教材具备如下特色。

1. 理论“必需、够用”为原则

应各相关专业的特点和后续课程的需求，对课程内容进行精选，加强基础，突出重点，层次清晰，简化部分复杂公式，删除了其中非水滴定、提高配位滴定选择性等过于高深的内容。

2. 知识内容学习具有一定自主选择性

本教材设置内容综合性强，不同院校可根据专业的教学特点加以选择进行授课，并给有一定潜力的学生提供可持续发展的理论支持。

3. 将知识性、实践性、趣味性融为一体

针对高职高专学生特点，内容框架设置简洁明了。每章开头，设置“学习目标”；每章中间适当增加了“想一想”栏目；每章最后，增加了知识链接、本章小结、能力自测、实训项目。既贴近生活，又及时总结，提高学生学习的兴奋点和成就感。同时理论和实践密切互动，将理论知识应用到实训项目中，又通过实训项目反过来提高理论知识，从而进一步指导实践能力。

4. 结合行业生产实际和大赛项目

通过行业企业的调研走访，结合教学经验，循序渐进地将行业中的真实生产、科研、监测技术更新或链接到内容中，并把生物技术大赛和工业分析大赛的相关项目技术要求引入到教学当中，让学生在学习过程中站得高，望得远，增强从业自信心。

5. 注重知识体系的“针对性和整体性”

内容编排以化学分析法中的四大滴定为主线，阐述了无机化学中的基本知识和数据的基本处理方法，并介绍了现代主要的仪器分析方法。本书分为五个部分：基础化学知识，包括物质结构、重要元素、物质的聚集状态、化学反应速率和平衡等；四大滴定分析及应用；部分现代仪器分析及应用；分析方法的综合应用和常用的分离方法；附录。

本教材由郑雪凌、沈萍、孙义主编，张文华、樊庆鲁副主编。参加本书编写的单位有山东商业职业技术学院、武汉职业技术学院、天津渤海职业技术学院、泰州职业技术学院、淄博职业学院、济南军区总医院药剂科等多所高职院校和医药单位。本书编写分工如下：张文华（第一、二章）、樊庆鲁（第三、十二章）、周学辉（第四章）、孙义（第五、十章）、郑雪凌（第六、七章）、沈萍（第八、九章）、张婧（第十一章）、韩道财（附录）、谢继青（核审），全书由主编、副主编修改，最后由郑雪凌通读、定稿。

感谢在本书编写过程中化学工业出版社、各参编院校和济南军区总医院药剂科的大力帮助，在此一并表示感谢。

由于编写时间仓促以及编者水平有限，难免出现纰漏之处，敬请同行专家不吝指正。

编　者

2017 年 5 月 27 日

CONTENTS
目录

物质结构

Chapter 01

知识目标

1. 了解核外电子运动的特征，原子轨道和电子云的概念，了解四个量子数的物理意义。
2. 掌握原子核外电子排布所遵循的一般规律，能写出常见元素的原子和简单离子的核外电子排布式。
3. 掌握元素的原子核外电子排布与元素周期表的关系（周期、族、区）。
4. 理解元素的性质：原子半径、元素的金属性和非金属性、元素氧化值等性质的周期性变化规律与原子结构的关系。
5. 掌握杂化轨道理论的要点。
6. 掌握杂化轨道类型与分子的空间构型的关系。
7. 掌握化学键的分类及特征。
8. 理解分子间作用力的分类和影响以及氢键。

第一节　原子结构及核外电子运动状态

一、原子结构

公元前5世纪，古希腊哲学家德谟克利特提出：“万物都是由极小的、硬的、不可穿透的、不可分割的微粒结合起来的”。这种微粒叫“原子”——意为不可再分的原始粒子。

1803年，道尔顿提出了原子的“钢球模型”。他认为一切物质是由不可再分割的原子组成的。同种类原子完全相同，不同种类原子不同。

1898年，汤姆逊提出了原子的“浸入模型”。电子被发现后，他提出电子浸于“均匀分布的正电性球体”的原子模型。

1911年，卢瑟福提出了原子的“含核模型”。α粒子散射实验发现原子中正电荷不是“均匀分布”的。他提出“原子中正电荷密集在一个很小的、坚实的、叫做原子核的区域内。围绕着它作高速运动的电了的数目等于核的正电荷数”。

1913年，玻尔提出了原子的“行星式原子模型”。在含核原子模型及普朗克量子论的基础上，引入量子化条件成功解释了氢原子光谱的规律性，提出“核外电子在固定轨道上绕核运动”的原子行星模型。

1926年，薛定谔提出了原子的“原子波动力学模型”。在核外电子运动波粒二象性的基础上，融合玻尔固定能级思想、海森堡测不准原理、德布罗依电子波动性的创见，提出“电子是围绕着原子核的三维波”。

总之，原子非常小，以碳（C）原子为例，其直径约为140pm（皮米），是由位于原子中心的原子核和一些微小的电子组成的，这些电子绕着原子核的中心运动，就像太阳系的行星绕着太阳运行一样。构成原子的结构粒子之间的数量关系如下：

① 质量数(A)＝质子数(Z)＋中子数(N)

② 质子数＝核电荷数＝原子核外电子数＝原子序数

二、原子核外电子运动的描述

（一）卢瑟福有核原子模型

1911年卢瑟福通过粒子散射实验，确认原子内存在一个小而重的、带正电荷的原子核，建立了卢瑟福的有核原子模型：原子是由带正电荷的原子核和核周围的带负电荷的电子组成，原子半径约为几百个皮米（$1pm=10^{-12}m$），核半径约为几至几十个飞米（$1fm=10^{-15}m$）；原子核由带正电荷的质子和电中性的中子组成，质子的质量和中子的质量分别为$1.67243\times10^{-27}kg$和$1.67493\times10^{-27}kg$，原子核外电子的质量为$9.1096\times10^{-31}kg$，电子质量约为质子质量的1/1836。

卢瑟福的模型与经典电动力学是相矛盾的。

据经典电动力学，带负电荷的电子围绕带正电荷的原子核高速运动时，应当不断地以电磁波的形式放出能量。原子整个体系每放出一部分能量，电子就必然向核靠近一些，因此最终的结果是电子离核越来越近，落到原子核上，原子将不复存在。但实际情况并非如此，多数原子是可以稳定存在的。此外，原子发射电磁波的频率决定于电子绕核运动时放出的能量，由于放出能量是连续的，因而原子发射电磁波的频率也应当是连续的。但是，试验证明原子的发射光谱是不连续的线状光谱，原子只发射具有一定能量波长的光。

（二）玻尔的氢原子理论

玻尔（N. Bohr）在1913年综合了卢瑟福的核式模型、普朗克的量子论和爱因斯坦的光子学说，对氢原子光谱的形成和氢原子的结构提出了一个有名的模型——玻尔氢原子模型。

玻尔氢原子模型包含以下基本假设：

(1) 定态假设：原子系统只能具有一系列的不连续的能量状态，在这些状态中，电子绕核作圆形轨道运动，不辐射也不吸收能量。在这些轨道上运动的电子所处的状态称为原子的定态。能量最低的定态称为基态，能量较高的定态称为激发态。

(2) 频率假设：原子由某一定态跃迁到另一定态时，就要吸收或者放出一定频率的光。光的能量$h\nu$等于这两个定态的能量差。

$$h\nu=E_2-E_1$$

(3) 量子化条件假设：电子运动的角动量L（$L=mvr$）是不能任意连续变化的，必须等于$h/(2\pi)$的整数倍。

$$mvr=nh/(2\pi) \quad n=1,2,3,\cdots$$

式中，m为电子的质量；v是电子运动速度；r是电子运动轨道的半径；h是普朗克常数；n为量子数。

玻尔理论的第一点可用来说明原子的稳定性问题。原子不受激发时，电子处在低能级的轨道上，既不吸收能量也不放出能量。玻尔理论的第二点则可用来说明氢原子光谱的规律性。光谱的不连续来自能级的不连续。

玻尔理论虽然对氢原子光谱得到相当满意的解释，但它不能说明多电子原子的光谱，也不能说明氢原子光谱的精细结构。这是因为它没有摆脱经典力学的束缚。虽然引入了量子化条件，但仍将电子视为有固定轨道运动的宏观粒子，而没有认识到电子运动的波动性，因此不能全面反映微观粒子的运动规律。

（三）微观粒子的波粒二象性

波粒二象性（或二重性）是量子力学的基础，是理解核外电子运动状态的关键。电子既有粒子性也有波动性，经典力学无法理解，但在微观世界，波粒二象性是普遍的现象。

电子在核外某处单位体积内出现的概率称为该处的概率密度。我们常把电子在核外出现的概率密度大小用点的疏密来表示。电子出现概率密度大的区域用密集的小点来表示，概率密度小的区域用稀疏的小点来表示，这样得到的图像好像带负电荷的电子云一样，故称电子云图。它是电子在核外空间各处出现概率密度的大小的形象化描绘。电子的概率密度又称电子云密度。

（四）四个量子数

由三个确定的量子数 n，l，m 组成一套参数可描述出波函数的特征，即核外电子的一种运动状态。除了这三个量子数外，还有一个描述电子自旋运动特征的量子数 m_s，叫自旋量子数。这些量子数对描述核外电子的运动状态，确定原子中电子的能量、原子轨道或电子云的形状和伸展方向，以及多电子原子核外的排布是非常重要的。

1. 主量子数 n

n 称为主量子数，表示电子出现最大概率区域离核的远近和轨道能量的高低。n 的值从 1 到∞的任何正整数，在光谱学上也常用字母来表示 n 值，对应关系是：

n 值：1，2，3，4，5，6，7…

光谱学符号：K，L，M，N，O，P，Q…

对 n 物理意义的理解，我们注意以下三点：①n 越小，表示电子出现概率最大的区域离核近，n 越大，表示电子出现概率最大的区域离核远；②n 越小，轨道的能量越低，n 越大，轨道能量越高；③对于同一 n，有时会有几个原子轨道，在这些轨道上运动的电子在同样的空间范围运动，可认为属同一电子层，用光谱符号 K，L，M，N…表示电子层。

2. 角量子数 l

l 称为角量子数，又称副量子数，代表了原子轨道的形状，是影响轨道能量的次要因素。取值受 n 的限制。对给出的 n，l 取 0 到 $n-1$ 的整数，即 $l=0$，1，2，…，$n-1$（当 $n=1$，$l=0$；$n=2$，$l=0$，1；$n=3$，$l=0$，1，2；等等）按照光谱学习惯可用 s，p，d，f，g…表示。

对 l 的物理意义理解我们要注意的是：

① 多电子原子轨道的能量与 n，l 有关。②能级由 n，l 共同定义，一组（n，l）对应于一个能级（氢原子的能级由 n 定义）。③对给定 n，l 越大，轨道能量越高，$E_{ns}<E_{np}<E_{nd}<E_{nf}$。④给定 n 讨论 l，就是在同一电子层内讨论 l，习惯称 l（s，p，d，f，g…）为电子亚层。

3. 磁量子数 m

m 称为磁量子数，表示轨道在空间的伸展方向。取值受 l 的限制，对给定的 l 值，$m=0$，±1，±2，±3，…，$\pm l$，共计 $2l+1$ 个值。

对 m 的物理意义理解我们要注意的是：①l 值相同，m 不同的轨道在形状上完全相同，只是轨道的伸展方向不同；②l 相同，m 不同的几个原子轨道称为等价轨道或简并轨道。如 l 相同的 3 个 p 轨道、5 个 d 轨道或 7 个 f 轨道，都是等价轨道。

4. 自旋量子数 m_s

m_s 表示电子在空间的自旋方向。它是在研究原子光谱时发现的。因在高分辨率的光谱仪下，看到每一条光谱都是由两条非常接近的光谱线组成。为了解释这一现象，有人根据“大宇宙与小宇宙的相似性”，提出电子除绕核运动外，还绕自身的轴旋转，其方向只可能有两个：顺时针方向和逆时针方向。用自旋量子数 $m_s=+1/2$ 和 $m_s=-1/2$ 表示。对于这种自旋方向，也常用向上和向下的箭头形象地表示。

综上所述，描述一个原子轨道要用三个量子数（n，l，m），描述一个原子轨道上运动的电子，要用四个量子数（n，l，m，m_s），而描述一个原子轨道的能量高低要用两个量子数（n，l）。

第二节 原子核外电子排布与元素周期律

一、元素周期律与电子层结构的关系

(一) 核外电子排布要遵循的原则

核外电子排布要遵循的三个原则：能量最低原理、泡利不相容原理和洪特规则。

1. 能量最低原理

自然界任何体系的能量愈低，则所处的状态愈稳定，对电子进入原子轨道而言也是如此。因此，核外电子在原子轨道上的排布，应使整个原子的能量处于最低状态。即填充电子时，是按照能级的顺序由低到高填充的，见图 1-1。这一原则，称为能量最低原理。

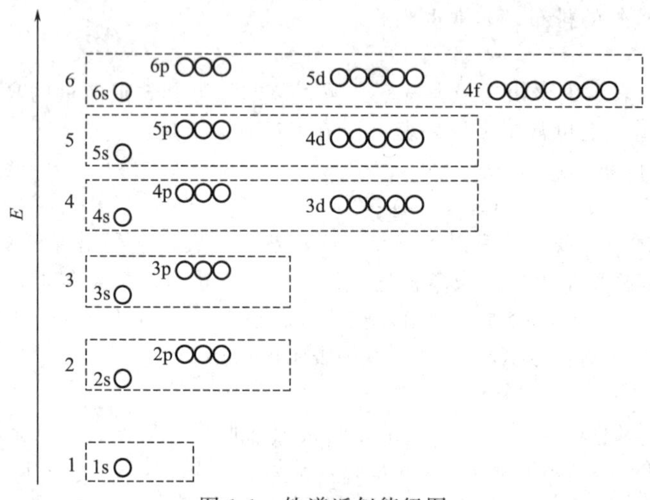

图 1-1 轨道近似能级图

2. 泡利不相容原理

能量最低原理把电子进入轨道的次序确定了，但每一轨道上的电子数是有一定限制的。关于这一点，1925 年泡利（W. Pauli）根据原子的光谱现象和考虑到周期系中每一周期的元素的数目，提出一个原则，称为泡利不相容原理。即在同一原子或分子中，不可能有两个电子具有完全相同的四个量子数。如果原子中电子的 n，l，m 三个量子数都相同，则第四个量子数一定不同，即同一轨道最多能容纳 2 个自旋方向相反的电子。

应用泡利不相容原理，可以推算出某一电子层或亚层中的最大容量。每层电子最大容量为 $2n^2$。

3. 洪特规则

洪特（F. Hund）根据大量光谱实验结果，总结出一个普遍规则：在同一亚层的各个轨道（等价轨道）上，电子的排布将尽可能占不同的轨道，并且自旋方向相同。这个规则叫洪特规则。作为洪特规则的特例，等价轨道（简并轨道）全充满（p^6 或 d^{10} 或 f^{14}）、半充满（p^3 或 d^5 或 f^7）或全空（p^0 或 d^0 或 f^0）状态是比较稳定的。

(二) 原子的电子结构与元素周期系

当我们把元素按原子序数递增的顺序排列时，就会发现元素的化学性质呈现出周期性变化，这一规律称为周期律。元素周期表是周期律的表达形式。

1. 周期

周期表中共有七个周期。

第一～三周期为短周期，从第四周期起称为长周期。第七周期是未完全的周期。每个周期的最外电子层的结构都是从 ns^1 开始到 np^6（稀有气体）结束（第一周期除外）。元素所在的周期数与该元素的原子所具有的电子层数一致，也与该元素所处的按原子轨道能量高低顺序划分出的能级组的组数一致。能级组的划分是造成元素周期表中元素被分为各个周期的根本原因，所以一个能级组就对应着一个周期。

周期表中从ⅢB到ⅠB的 d，ds 区为过渡元素。内过渡元素是指最后一个电子填充在$n-2$层的 f 轨道上的那些原子的元素。它们分为两个单行，单独排列在周期表的下方。习惯上把 $Z=57$ 的镧到 $Z=71$ 的镥共 15 个元素称为镧系元素。把 $Z=89$ 的锕到 $Z=103$ 的铹共 15 个元素称为锕系元素。

2. 族

周期表中，把原子结构相似的元素排成一竖行称为族。电子最后填充在最外层的 s 和 p 轨道上的元素称为主族（A 族）元素，共有八个主族。通常把惰性气体称为零族元素。主族元素最外电子层上的电子数与所属的族数相同，也与它的最高氧化数相同，所以同主族元素的化学性质非常相似。

电子最后填充在 d，f 轨道上的元素称为副族（B 族）元素，共有八个副族，第Ⅷ副族有三个竖列。

3. 元素在周期表中的分类

化学反应一般只涉及原子的外层电子。因此，熟悉各族元素原子的外层电子结构类型是十分必要的。按原子的外层电子结构可把周期表中的元素分成如下四个区域。

（1）s 区　最后一个电子填充在 s 能级上的元素称为 s 区元素，包括ⅠA 和ⅡA 族元素，其价层电子组态为 $ns^{1\sim2}$ 型。它们容易失去 1 个或 2 个电子形成+1 或+2 价离子。它们都是活泼的金属元素。

（2）p 区　最后一个电子填充在 p 能级上的元素称为 p 区元素，包括ⅢA～ⅦA 和零族元素。零族除了氦无 p 电子外，所有元素的价电子组态为 $ns^2np^{1\sim6}$。它们都是非金属元素。

（3）d 区　最后一个电子填充在 d 能级上的元素称为 d 区元素，包括ⅢB～ⅦB 和第Ⅷ族元素。其价电子组态为 $(n-1)d^{1\sim9}ns^{1\sim2}$，只有 Pd 例外。d 轨道上的电子结构对 d 区元素的性质影响较大。由于最外电子层上的电子数少，而且结构的差别发生在次外层，因此它们都是金属元素，而且性质比较相似。

（4）ds 区　包括ⅠB 和ⅡB 元素。

二、元素性质的周期性

1. 元素原子的共价半径的周期性

① 对于主族元素，同一周期从左到右，原子半径以较大幅度逐渐缩小。这是由于随着核电荷的增加，电子层数不变，从左到右有效核电荷显著增加，外层电子被拉得更紧，从而使原子半径以较大幅度逐渐缩小。同一族元素从上到下原子半径增加。同一族从上到下核电荷数是增加的，但电子层数也在增加，而且后者的影响超过了前者，所以原子半径递增。

② 对于副族元素的原子半径，其总趋势是：由左向右较缓慢地逐渐缩小，但变化情况不太规律。

2. 原子电离能的周期性

原子失去电子的难易，可以用电离能来衡量。电离能是指气态原子在基态时失去电子所需的能量。常用 1mol 气态原子（或阳离子）失去某一个电子所需的能量（$kJ \cdot mol^{-1}$）表示。

原子失去第一个电子所需的能量称为第一电离能。

同一周期的元素具有相同的电子层数，从左到右核电荷越多，原子半径越小，核对外层电子的引力越大。因此，每一周期电离能最低的是碱金属，越往右电离能越大。

同一族元素，原子半径越大，核对电子引力越小，越易失去电子，电离能越小。

3. 电负性

1932 年鲍林定义元素的电负性是原子在分子中吸引电子的能力。他指定氟的电负性为 4.0，并根据热化学数据比较各元素原子吸引电子的能力，得出其他元素的电负性 Xp（常见元素的电负性见图 1-2）。元素的电负性数值愈大，表示原子在分子中吸引电子的能力愈强。

电负性也呈现出周期性变化。同一周期内，元素的电负性随原子序数的增加而增大；同一族内，自上而下，电负性一般减小。一般金属元素的电负性小于 2.0，而非金属元素则大于 2.0。

ⅠA																	0
H 2.1	ⅡA											ⅢA	ⅣA	ⅤA	ⅥA	ⅦA	He
Li 1.0	Be 1.5											B 2.0	C 2.5	N 3.0	O 3.5	F 4.0	Ne
Na 0.9	Mg 1.2	ⅢB	ⅣB	ⅤB	ⅥB	ⅦB	Ⅷ			ⅠB	ⅡB	Al 1.5	Si 1.8	P 2.1	S 2.5	Cl 3.0	Ar
K 0.8	Ca 1.0	Sc 1.3	Ti 1.5	V 1.6	Cr 1.6	Mn 1.5	Fe 1.8	Co 1.9	Ni 1.9	Cu 1.9	Zn 1.9	Ga 1.6	Ge 1.8	As 2.0	Se 2.4	Br 2.8	Kr
Rb 0.8	Sr 1.0	Y 1.2	Zr 1.4	Nb 1.6	Mo 1.8	Tc 1.9	Ru 2.2	Rh 2.2	Pd 2.2	Ag 1.9	Cd 1.7	In 1.7	Sn 1.8	Sb 1.9	Te 2.1	I 2.5	Xe
Cs 0.7	Ba 0.9	La 1.2	Hf 1.3	Ta 1.5	W 1.7	Re 1.9	Os 2.2	Ir 2.2	Pt 2.2	Au 2.4	Hg 1.9	Tl 1.8	Pb 1.8	Bi 1.9	Po 2.0	At 2.2	Rn
Fr 0.7	Ra 0.9	Ac 1.1															

图 1-2　常见元素的电负性

第三节　化学键

一、化学键的分类及特征

分子是保持物质化学性质的最小微粒。分子的性质与其内部结构密切相关。

分子结构包括内容：(1) 分子的化学组成；(2) 原子的空间排布；(3) 原子间化学键。

在物质世界里，除了稀有气体元素能以孤立原子稳定存在以外，其他元素的原子通常是与其他原子一起借助某种强烈的相互作用力结合成分子或晶体。把分子或晶体中相邻原子或离子之间的强烈的相互作用力称为化学键。

根据原子间结合力性质的不同，把化学键分为离子键、共价键、金属键三种基本类型。

1. 离子键

(1) 离子键的形成　当电负性小的金属原子和电负性大的非金属原子在一定条件下相遇时，原子间首先发生电子转移，形成正离子和负离子，然后正负离子间靠静电作用形成化学键，称为离子键。由离子键形成的化合物称为离子型化合物。

离子键往往在金属与非金属间形成。失去电子的往往是金属元素的原子，而获得电子的往往是非金属元素的原子。通常，活泼金属与活泼非金属形成离子键，如钾、钠、钙等金属和氯、溴等非金属化合时，都能形成离子键。

离子键的结合力很大，因此离子晶体的硬度高，强度大，热膨胀系数小，但脆性大。离子键很难产生可以自由运动的电子，所以离子晶体都是良好的绝缘体。典型的离子晶体是无色透明的。Al_2O_3、MgO、TiO_2、NaCl 等化合物都是离子键。

(2) 离子键的特征

① 没有方向性　离子晶体中，一般离子电荷的分布是球形对称的，所以只要空间条件允许，它可以从不同方向同时吸引带相反电荷的离子。

② 没有饱和性　只要空间条件允许，正离子周围可尽量地吸引负离子，反之亦然。即离子周

围最邻近的异号离子的多少取决于离子的空间条件。

2. 共价键

（1）共价键的形成　共价键是化学键的一种，两个或多个原子共同使用它们的外层电子，达到电子饱和的状态，由此组成比较稳定的化学结构叫做共价键，或者说共价键是原子间通过共用电子对所形成的相互作用。其本质是在原子之间形成共用电子对，原子轨道重叠后，高概率地出现在两个原子核之间的电子与两个原子核之间的电性作用。

共价键与离子键之间没有严格的界限，通常认为，两元素电负性差值大于 1.7 时，成离子键；小于 1.7 时，成共价键。

（2）共价键的特征

① 饱和性　在共价键的形成过程中，因为每个原子所能提供的未成对电子数是一定的，一个原子的一个未成对电子与其他原子的未成对电子配对后，就不能再与其他电子配对，即每个原子能形成的共价键总数是一定的，这就是共价键的饱和性。

② 方向性　除 s 轨道是球形的以外，其他原子轨道都有其固定的延展方向，所以共价键在形成时，共价键尽可能沿着原子轨道最大重叠的方向形成。轨道重叠越多，电子在两核间出现的机会越大，形成的共价键也就越稳定。

（3）共价键类型　以最大重叠原理可以推出，两原子为了形成一个稳定的键，必须使用相对于键轴（两核间的连线）具有相同对称性的原子轨道。如对于有成单 s 和 p 电子的原子来说，能形成共价键的原子轨道是：s-s，s-p_x，p_x-p_x，p_y-p_y，p_z-p_z。

由于原子轨道的重叠方式不同，使之有两种不同的成键方式：

① σ 键　原子轨道沿着键轴方向重叠成键，叫 σ 键，“头碰头”（见图 1-3）。

特点：a. 电子云密度最大区域在两个原子核之间。

b. 电子云在两原子核之间沿着键轴方向形成圆柱形分布。

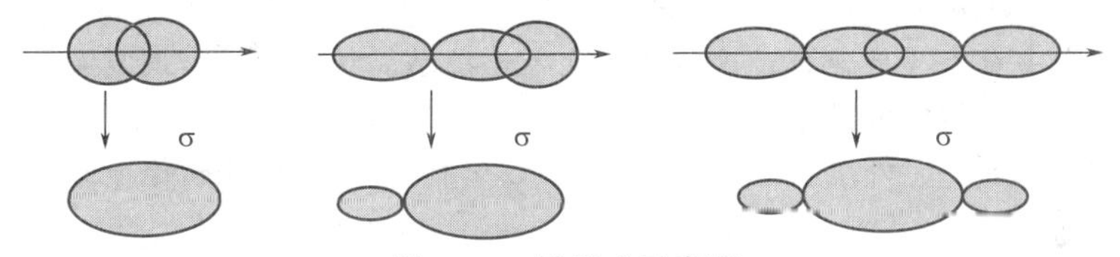

图 1-3　σ 键形成示意图

这种键结合牢固、强度大，成键 σ 电子能量较低，活动性小，在化学反应中相对稳定。

② π 键　轨道重叠部分是镜面反对称的。以“肩并肩”方式重叠（见图 1-4）。

特点：a. 电子云分布呈冬瓜状（两个），处于平面上下两侧。

b. 有一界面。

这种键强度较 σ 为小，π 电子能量较高，在化学反应中活泼。

③ 配位键　此外还有一类共价键，是由成键的两个原子中的一个原子单独提供一对电子进入另一个原子的空轨道共用而成键，这种共价键称为配位共价键，简称配位键。配位键是一种特殊的

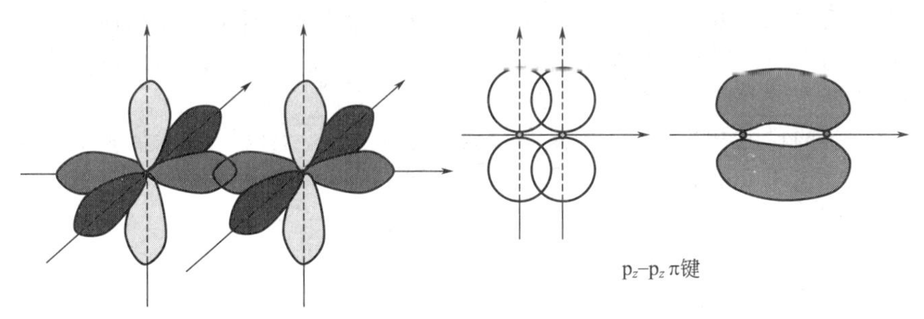

图 1-4　π 键形成示意图

共价键，它的特点在于共用的一对电子出自同一原子。

形成配位键的条件是一个原子有孤对电子，而另一个原子有空轨道。

配位键通常以一个指向接受电子对的原子的箭头→表示，如在CO分子中，O原子除了以两个成单的2p电子与C原子的两个成单的2p电子形成一个σ键和一个π键外，还单独提供一对已成对的2p电子进入C原子的一个2p空轨道，形成一个配位键，其结构式可用C$\overset{\leftarrow}{=}$O表示。

(4) 共价键参数　共价键参数主要包括键能、键长、键角和键的极性等。

① 键能　键能是从能量因素来度量共价键强弱的物理量。在101.3kPa和298.15K时，将1mol理想气态分子A－B拆开成为理想气态的A原子和B原子所需的能量称为AB的离解能，单位是$kJ \cdot mol^{-1}$。显然双原子分子的离解能就等于它的键能，用E（A－B）表示。

一般地说，键能愈大，键愈牢固，含有该键的分子就愈稳定。

② 键长　分子中两个原子核间的距离称为键长。单键键长＞双键键长＞三键键长，即相同原子间形成的键数越多，则键长越短。而且两原子间形成的共价键的键长愈短，表示键愈牢固。

③ 键角　分子中键与键的夹角称为键角。键角说明键的方向，它是反映分子空间构型的一个重要参数。如CO_2分子中的键角是180°，就可断定CO_2分子是直线型。一般结合键长和键角两方面的数据可以确定分子的空间构型。

④ 键的极性　键的极性是由于成键原子的电负性不同而引起的。当两个相同的原子形成共价键时，电子云密集的区域恰好在两个原子核的正中间，原子核的正电荷重心和成键电子对的负电荷重心正好重合，这种共价键称为非极性共价键。当不同原子间形成共价键时，电子云密集的区域偏向电负性较大的原子一端，使之带上部分负电荷，电负性较小的原子一端则带上部分正电荷，分子的正电荷重心和负电荷重心不重合，这种共价键称为极性共价键。

极性共价键中，成键原子间电负性差值愈大，键的极性愈大。

3. 金属键

在100多种元素中有4/5是金属，这些金属除汞外都是晶状固体。金属具有一些共同的物理化学特性，这都是由它们相似的内部结构决定的。

金属元素的两大特征：①外层价电子数＜4，多数只有1～2个外层价电子；②金属中原子的配位数大，一般为8或12。

金属的通性：不透明，有金属光泽，能导电传热，有延展性，电负性小，易失去电子等。

为说明金属的本质，目前有关金属中化学键的自由电子理论认为：

① 金属易失去电子形成M^{n+}，　$M - ne^- \longrightarrow M^{n+}$。

② 金属晶体中晶格结点上排列着M和M^{n+}，其中由原子上脱落下来的在金属内自由运动电子，称为自由电子。

③ 自由电子的存在减小了金属离子之间的斥力，将M^{n+}和M联系在一起形成金属键，此键无方向性和饱和性。

④ 形成晶体时，金属一般总是以最密堆积方式，空间利用率大，密度大。

金属键可看成是由许多原子共用许多电子的一种特殊形式的共价键。

金属的一些性质与自由电子有关：①自由电子的存在使其具有导电、导热性。②自由电子能吸收可见光并随即放出，使金属不透明并有光泽。③自由电子有胶合作用，当晶体受外力作用时原子间可发生滑动而不断裂，所以有延展性。

该金属中化学键的自由电子理论不能解释金属的光电效应，导体、绝缘体和半导体的区别，某些金属的导电特性等。随着量子力学的应用，又建立起了金属键的能带理论。

二、价键理论

现代价键理论的要点：

① 自旋相反的未成对电子相互接近时，可互相配对形成稳定的共价键。

② 原子所形成共价键的数目取决于原子中未成对电子的数目。如果A、B两个原子各有一个单电子，且自旋方向相反，当它们接近时，就可以互相配对，形成稳定的共价单键；如果A原子有两个单电子，B原子只有一个单电子，则A可以和两个B形成AB_2型分子。

③ 共价键有饱和性。自旋方向相反的两个电子配对形成共价键后，就不能与其他原子中的单电子配对。

④ 共价键有方向性（原子轨道最大重叠原理），成键时要实现原子轨道间最大程度的重叠。原子轨道中，除了s轨道无方向性外，其他如p、d等轨道都有一定的空间取向。它们在成键时只有沿一定的方向靠近，才能达到最大程度的重叠，所以共价键有方向性。

第四节　分子间作用力和氢键

一、分子的极性

任何一个分子中都可找到一个正电荷重心和一个负电荷重心。其中，正、负电荷重心重合的分子是非极性分子，不重合的是极性分子。

对于双原子分子来说，凡由非极性键构成的分子一定是非极性分子；由极性键构成的分子一定是极性分子。

对于多原子分子，如分子中所有的共价键都是非极性的，则分子一定是非极性分子，如P_4、S_8、O_3等；但由极性共价键构成的多原子分子是否是极性分子，则取决于分子的空间构型是否对称，若它的空间构型是对称的，是非极性分子，否则就是极性分子。

分子极性的大小可以用偶极矩μ来度量，单位是C·m。其定义是：分子的偶极矩等于其正电荷重心或负电荷重心的电量q和正、负电荷重心的距离d的乘积。即

$$\mu=qd$$

偶极矩是一个矢量，方向为从正电荷重心指向负电荷重心。因为一个电子的电量为1.63×10^{-19}C，分子中正、负电荷重心距离的数量级是10^{-10}m，所以偶极矩的数量级为10^{-30}C·m。

分子的偶极矩等于零时，该分子是非极性分子。若偶极矩不等于零，则分子是极性分子。且分子的偶极矩愈大，分子的极性愈大。根据偶极矩的数值可以推测某些分子的空间构型。

二、分子的极化

极性分子本身固有的偶极为永久偶极。但不论分子有无极性，在外电场的作用下，其正负电荷重心都会发生相对位移使分子变形而产生诱导偶极或偶极矩增大的现象称为分子的极化。

分子之间相互作用时也可发生分子的极化，这正是分子间存在相互作用力的重要原因。

三、分子间作用力

分子间还存在着一种较弱的作用力，最早是由荷兰物理学家van der Waals提出的，故称范德华力。范德华力的大小只相当于化学键能的1/10到1/100，可分为取向力、诱导力和色散力三种。

1. 取向力

取向力是发生在极性分子之间的作用力。当两个极性分子相互接近时，同极相斥、异极相吸，使分子发生相对转动，以便分子间呈异极相邻状态排列，这种发生在极性分子的永久偶极间的相互作用力称为取向力。

取向力的本质是静电引力。

2. 诱导力

诱导力是发生在极性分子与非极性分子之间的作用力。极性分子的永久偶极相当于一个外电场，可使邻近的非极性分子变形而产生诱导偶极，于是诱导偶极与永久偶极相互吸引，这种永久偶

极和诱导偶极间的相互作用力称为诱导力。两个邻近的极性分子之间，除了取向力外，也含有诱导力。

诱导力的本质也是静电引力。

3. 色散力

色散力是发生在非极性分子的瞬间偶极间的作用力。瞬间偶极存在的时间虽然很短，但却在每一个瞬间不断地重复发生着。因此邻近的分子（不论是极性分子还是非极性分子）间始终存在着色散力，并且它在范德华力中占有相当大的比重。

综上所述：在非极性分子之间只有色散力；在极性分子和非极性分子之间既有色散力，又有诱导力；而在极性分子之间，取向力、诱导力、色散力三者并存。

范德华力不属于化学键的范畴，其特点是：①它是永远存在于分子间或原子间的一种作用力。②它是一种吸引力，其作用能只有几到几十千焦每摩尔，约比化学键小1～2个数量级。③范德华力与共价键不同，它一般不具有方向性和饱和性。④它的作用范围只有几十到几百皮米。⑤对大多数分子来说色散力是主要的，只有极性很大的分子，取向力才比较显著，诱导力通常都很小。

四、氢键

1. 氢键的形成

在HF、HCl、HBr、HI和H_2O、H_2S、H_2Se、H_2Te中，HF、H_2O的沸点最高且变化比较反常。

HF、H_2O性质的反常现象说明其分子之间有很大的作用力使其成为缔合分子。分子缔合的主要原因是分子间形成了氢键。

当H原子与电负性很大、半径很小的X（F、O、N）原子以共价键结合成分子后，还能与另一个电负性很大、半径小且外层有孤对电子的Y（F、O、N）原子产生定向的吸引作用，形成X—H…Y结构，其中H原子与Y原子形成的第二个键（虚线表示）称为氢键。X、Y可以是同种元素的原子，如F—H…F、O—H…O，也可以是不同元素的原子，如N—H…O。

氢键虽然存在轨道重叠，但通常不算作共价键，而属于分子间作用力。

2. 氢键特征

氢键与范德华力不同，氢键有饱和性和方向性。所谓饱和性是指H原子在形成一个共价键后，通常只能再形成一个氢键。所谓方向性是指在氢键中以H原子为中心的三个原子尽可能在一条直线上，即H原子要尽量和Y原子上孤对电子的方向一致，这样H原子和Y原子的轨道重叠程度较大，而且X原子与Y原子距离最远，斥力最小，形成的氢键愈强，体系愈稳定。

3. 氢键的类型

氢键可分为分子间氢键和分子内氢键两种类型。

一个分子的X—H键与另一个分子的原子Y形成的氢键称为分子间氢键。如H_2O中的O—H…O键，HF中的F—H…F键，NH_3—H_2O中的N—H…N和N—H…O键等，前三种为相同分子间的氢键，后一种为不同分子间的氢键。由于分子间氢键的形成，加强了分子间的相互作用，所以破坏氢键时，需要能量，故使分子的熔点、沸点升高，出现反常现象。

一个分子的X—H键与其内部的原子Y形成的氢键称为分子内氢键，一般形成环，以五元环、六元环较为稳定。因不能在一直线上重叠电子云，分子内氢键比分子间的氢键弱一些，如在HNO_3中存在着分子内氢键，其他如在苯酚的邻位上有—NO_2、—CHO、—COOH等基团时也可形成分子内氢键。

4. 氢键对物质性质的影响

① 对熔点、沸点的影响　在同类化合物中，形成分子间氢键使其熔点、沸点升高。如果化合物形成分子内氢键，其熔点、沸点降低。

② 对溶解度的影响　如果溶质和溶剂间形成分子间氢键，则溶解度增大。如果溶质分子形成分子内氢键，则在极性溶剂中的溶解度减小，在非极性溶剂中的溶解度增大。

第五节　杂化轨道理论

分子的立体结构决定了分子的许多重要性质，如化学键类型、分子极性、分子之间作用力大小、分子在晶体中的排列方式等。

为了解释分子或离子的结构，鲍林以量子力学为基础提出了杂化轨道理论。

一、杂化轨道理论的要点

（1）形成分子时，由于原子间的相互影响，同一个原子中几个不同类型的能量相近的原子轨道重新分配能量和空间方向，组合成数目相等的一组新轨道，这种轨道重新组合的过程称为轨道杂化，所形成的新轨道称为杂化轨道。

杂化轨道理论认为，在形成分子时，通常存在激发、杂化、轨道重叠等过程。但应注意，原子轨道的杂化只有在形成分子时才会发生，而孤立的原子是不可能发生杂化的。

（2）有几个原子轨道参加杂化，就能组合成几个杂化轨道。即杂化轨道的数目等于参与杂化的原来原子轨道的数目。

（3）杂化轨道成键时要满足原子轨道最大重叠原理，即原子轨道重叠愈多，形成的化学键愈稳定。由于杂化轨道的电子云在某个方向的值比杂化前大得多，更有利于原子轨道间最大程度的重叠，因而杂化轨道的成键能力比杂化前强。

（4）杂化轨道成键时要满足化学键间最小排斥原理。即杂化轨道间在空间尽可能地采取最大键角，使相互间斥力最小，从而使分子具有较小的内能，体系更趋稳定。不同类型的杂化轨道间夹角不同，成键后分子的空间构型也不同。

（5）同种类型的杂化轨道又可分为等性杂化和不等性杂化两种。杂化后形成的杂化轨道能量、成分完全相同，这种杂化称为等性杂化；杂化后形成的杂化轨道能量不完全相同的称为不等性杂化。凡由含单电子的轨道或不含电子的空轨道间形成的杂化属于等性杂化；凡原子中有孤对电子占据的轨道参加杂化时，形成的一定是不等性杂化。

二、常见杂化轨道类型与分子的空间构型

1. sp 杂化

由一个 *n*s 轨道和一个 *n*p 轨道组合成两个 sp 杂化轨道的过程称为 sp 杂化（见图 1-5）。每个杂化轨道都含有 1/2 的 s 和 1/2 的 p 成分，sp 杂化轨道间的夹角为 180°，呈直线型。

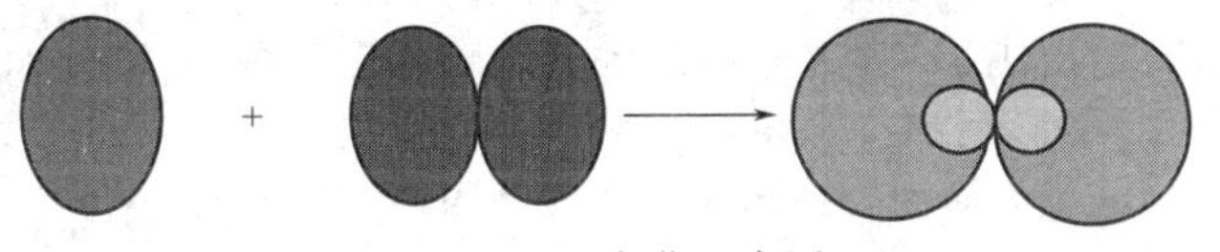

图 1-5　sp 杂化示意图

2. sp^2 杂化

由一个 *n*s 轨道和两个 *n*p 轨道组合形成三个 sp^2 杂化轨道的过程称为 sp^2 杂化（见图 1-6）。其中每个 sp^2 杂化轨道都含有 1/3 的 s 和 2/3 的 p 成分，杂化轨道间的夹角为 120°，呈平面三角形。如 BF_3 分子。

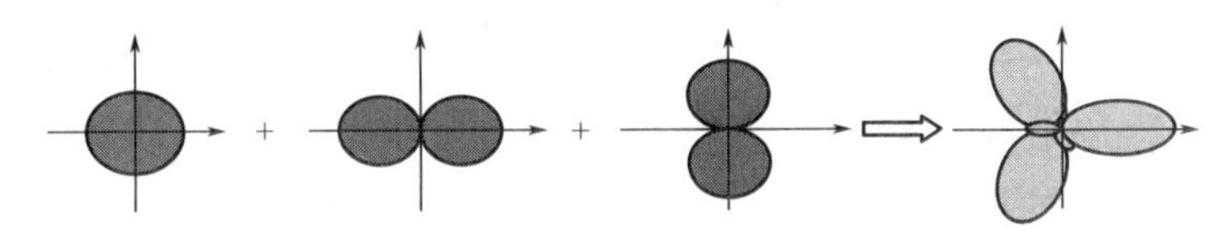

图 1-6　sp^2 杂化示意图

3. sp^3 杂化

由一个 ns 轨道和三个 np 轨道组合成四个 sp^3 杂化轨道的过程称为 sp^3 杂化（见图 1-7）。每个 sp^3 杂化轨道都含有 1/4 的 s 和 3/4 的 p 成分，四个杂化轨道分别指向正四面体的四个顶点。杂化轨道间的夹角为 109.28°，其空间构型为正四面体。如 CH_4、SiH_4 分子。

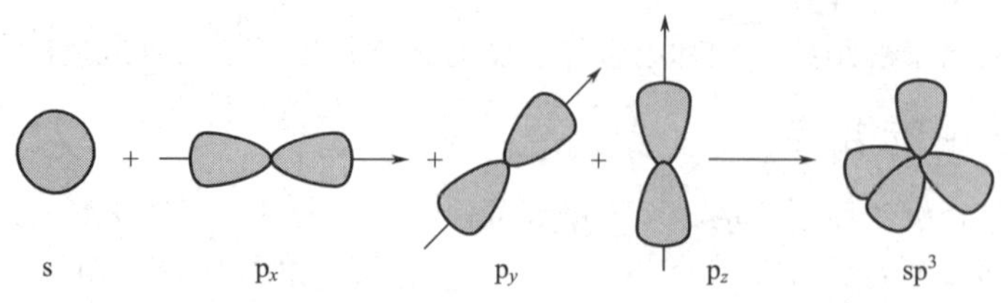

图 1-7　sp^3 杂化示意图

杂化轨道理论可以说明 H_2O 分子的空间构型。

O 原子的电子层结构为 $1s^2 2s^2 2p_x^2 2p_y^1 2p_z^1$，形成 H_2O 分子时，O 原子只能以含单电子的 $2p_y$ 和 $2p_z$ 两轨道分别与两个 H 原子的 1s 轨道重叠形成两个 O—H 键，键角应为 90°。但实验测得 H_2O 分子中两个 O—H 键间的夹角为 104.5°，显然这是价键理论无法解释的。

杂化轨道理论认为，在形成 H_2O 分子的过程中，O 原子采用 sp^3 不等性杂化，其中两个含单电子的 sp^3 杂化轨道各与一个 H 原子的 1s 轨道重叠形成两个 $\sigma(sp^3-1s)$ 键，而余下的两个 sp^3 杂化轨道分别被一对孤对电子占据。它们不参与成键，电子云密集于 O 原子周围，对成键电子对有排斥作用，结果使 O—H 键间的夹角压缩至 104.5°，所以 H_2O 分子的空间构型为 V 形。

知识链接

门捷列夫和元素周期律

19 世纪 60 年代，化学家已经发现了 60 多种元素，并积累了这些元素的原子量数据，为寻找元素间的内在联系创造了必要的条件。俄国著名化学家门捷列夫和德国化学家迈锡尼等分别根据原子量的大小，将元素进行分类排队，发现元素性质随原子量的递增呈明显的周期变化的规律。

元素周期律创始人——门捷列夫

1868 年，门捷列夫经过多年的艰苦探索发现了自然界中一个极其重要的规律——元素周期规律。这个规律的发现是继原子-分子论之后，近代化学史上的又一座光彩夺目的里程碑，它所蕴藏的丰富和深刻的内涵，对以后整个化学和自然科学的发展都具有普遍的指导意义。1869 年门捷列夫列出第一张元素周期表，根据周期律修正了铟、铀、钍、铯等 9 种元素的原子量；他还预言了三种新元素及其特性并暂时取名为类铝、类硼、类硅，这就是 1871 年发现的镓、1880 年发现的钪和 1886 年发现的锗。这些新元素的原子量、密度和物理化学性质都与门捷列夫的预言惊人相符，周期律的正确性由此得到了举世公认。

本章小结

1. 微观粒子运动的特殊性：微观粒子的波粒二象性。
2. 核外电子运动状态的描述：用四个量子数描述电子的运动状态、概率和概率密度。
3. 核外电子排布要遵循的原则：

（1）能量最低原理；
（2）泡利不相容原理；
（3）洪特规则。
4. 元素基本性质的周期性：原子半径、电离能、电负性。
5. 化学键：分子或晶体中相邻原子间强烈的相互作用。

分类
- 共价键：共用电子对
- 离子键：阴阳离子间吸引作用
- 金属键：金属原子、金属离子与电子之间的结合力

6. 两种理论：价键理论、杂化轨道理论。
7. 分子间偶极矩、分子间作用力（范德华力、氢键）。

一、选择题

1. 电子云解释不正确的是（　　）。
A. 电子云是拍摄的图形
B. 黑点图是电子云图形其中的一种
C. 电子就像云雾一样在原子核周围运动，故称为电子云
D. 电子云是描述核外某空间电子出现的概率密度的概念
2. 描述某确定的原子轨道（即一个空间运动状态）的量子数是（　　）。
A. n　　B. n，l　　C. n，l，m　　D. N，l，m，m_s
3. 某基态原子的第 4 电子层只有 2 个电子时，则第 3 电子层上电子数目为（　　）。
A. 8　　B. 8～18　　C. 18　　D. 8～32
4. 下列各组量子数，不正确的是（　　）。
A. $n=2$，$l=1$，$m=0$，$m_s=-1/2$　　B. $n=3$，$l=0$，$m=1$，$m_s=1/2$
C. $n=2$，$l=1$，$m=-1$，$m_s=-1/2$　　D. $n=3$，$l=2$，$m=-2$，$m_s=-1/2$
5. n，l，m 确定后，仍不能确定该量子数组合所描述的原子轨道的（　　）。
A. 形状　　B. 数目　　C. 能量　　D. 所填充的电子数目
6. 下列各物质中，哪一个的化学键的极性最大（　　）。
A. $MgCl_2$　　B. $AlCl_3$　　C. $SnCl_4$　　D. NaCl
7. 下列原子轨道沿 x 键轴重叠时，能形成 π 键的是（　　）。
A. p_x-p_x　　B. p_y-p_z　　C. p_x-p_z　　D. p_y-p_y
8. 下列分子中，中心原子采取不等性 sp^3 杂化的是（　　）。
A. BF_3　　B. BCl_3　　C. $SiCl_4$　　D. OF_2
9. 关于杂化轨道的一些说法，正确的是（　　）。
A. CH_4 分子中的 sp^3 杂化轨道是由 H 原子的 1s 轨道与 C 原子的 2p 轨道混合起来而形成的
B. sp^3 杂化轨道是由同一原子中 ns 轨道和 np 轨道混合起来形成的 4 个 sp^3 杂化轨道
C. 凡是中心原子采取 sp^3 杂化轨道成键的分子，其几何构型都是正四面体
D. 凡 AB_3 型分子的共价化合物，其中心原子 A 均采用 sp^3 杂化轨道成键
10. 下列各组中，化学键均有极性，但分子偶极矩均为零的分子组是（　　）。
A. NH_3、BF_3、H_2S　　B. CS_2、BCl_3、$PCl_5(s)$
C. N_2、CS_2、PH_3　　D. O_2、PCl_3、CH_4
11. BCl_3 分子空间构型是平面三角形，而 NCl_3 分子的空间构型是三角锥形，则 NCl_3 分子的杂化类型是（　　）。

A. sp杂化　　B. sp^2杂化　　C. sp^3杂化　　D. 不等性sp^3杂化

12. 石墨层与层之间的结合力是（　　）。

A. 共价键　　B. 离子键　　C. 金属键　　D. 范德华力

13. 下列化合物中，不具有孤对电子的物质是（　　）。

A. H_2O　　B. NH_4　　C. H_2S　　D. NH_3

14. 键和分子均具有极性的分子是（　　）。

A. Cl_2　　B. BF_3　　C. CO_2　　D. NH_3

二、填空题

1. 电子云图中的小黑点代表__________。

2. 价电子构型为$3d^{10}4s^1$的元素是__________。

3. 含有半满p能级的原子序数最小的原子是__________。

4. 4p亚层中轨道的主量子数为__________，角量子数为__________，该亚层的轨道最多可以有__________种空间取向，最多可容纳__________个电子。

5. 周期表中s区、p区价电子构型分别为__________，__________。

6. 周期表中最活泼的金属为__________，最活泼的非金属为__________。

7. 主族元素原子的价电子层结构特征是__________，副族元素原子的价电子层结构特征是__________。

8. 取向力仅存在于__________分子之间。

9. BF_3和H_2O分子中，中心原子采取sp^3不等性杂化的是__________。

10. 与离子键不同，共价键具有__________特征。共价键按原子轨道重叠方式不同分为__________和__________，其中重叠程度大，键能也大的原子轨道重叠结果是对于键轴__________；按电子对提供方式不同，共价键分为__________和__________。

11. 轨道杂化理论的基本要点是__________、__________、__________、__________。

12. 根据轨道杂化理论，BCl_3分子的空间构型为__________，偶极矩__________、中心原子轨道杂化方式__________；CH_4分子的空间构型为__________，偶极矩__________，中心原子轨道杂化方式为__________。

13. $SiCl_4$分子具有四面体构型，这是因为Si原子以__________杂化轨道分别与四个Cl原子的__________轨道形成__________，键角为__________。从极性考虑，Si—Cl键是__________、但$SiCl_4$分子则是__________，因为分子具有__________结构，偶极矩__________。

14. 杂化轨道按杂化后形成的几个杂化轨道的能量级是否相同，轨道的杂化可分为__________和__________。

15. 在极性分子之间存在着__________力；在极性分子与非极性分子之间存在着__________力；在非极性分子之间存在着__________力。大多数分子之间主要的作用力是__________，只有偶极矩很大的分子__________力才比较显著，__________通常都很小。

16. 化合物NaCl、HCl、Cl_2、HI和I_2按键的极性大小排列顺序是__________。

17. 形成配位键时，中心原子应具备的条件是__________，配位体应具备的条件是__________。

重要元素及其化合物

Chapter 02

知识目标

1. 了解元素在自然界的存在分布和形态。

2. 熟悉卤素单质的化学性质，非金属性的递变规律，卤素单质的制备方法。卤化氢和氢卤酸的性质，氢卤酸的酸性及其递变规律，氢卤酸的制备。氯的含氧酸的酸性及其氧化性、稳定性和它们的递变规律。

3. 熟练掌握过氧化氢的不稳定性、氧化还原性。掌握硫化物、硫的含氧酸及其盐的主要性质。

4. 掌握氨、铵盐、硝酸及其盐、亚硝酸及其盐的主要性质。

5. 掌握磷的氧化物的性质、磷酸的酸性及磷酸盐的溶解性。

6. 掌握碳的重要化合物的性质，掌握碳酸及碳酸盐的重要性质。了解硅酸及硅酸盐的结构及基本性质。了解硅、硼的重要化合物的性质。通过硼酸及其化合物的结构和性质，掌握硼的缺电子性质。

7. 掌握碱金属、碱土金属的性质、结构、存在状态、制备、用途之间的关系。

8. 掌握碱金属、碱土金属氧化物、氢化物的性质以及碱金属、碱土金属氢氧化物的溶解度、碱性和盐类溶解度、热稳定性的变化规律。了解对角线规则。

9. 了解铝单质的主要反应，掌握铝的化合物的性质，理解两性化合物的性质。

10. 了解锗、锡、铅及其化合物。

11. 掌握过渡元素的结构和性质特点。

12. 掌握铜、锌的氧化物和氢氧化物的酸碱性及主要性质。掌握铜及其主要化合物的性质。掌握锌及其主要化合物的性质。

13. 掌握铬（Ⅲ）、铬（Ⅵ）化合物的性质，特别是 $Cr_2O_7^{2-}$ 与 CrO_4^{2-} 间平衡，$Cr_2O_7^{2-}$ 在酸性介质中的强氧化性。

14. 掌握高锰酸钾的性质。

15. 掌握铁及其化合物的主要性质，熟练掌握 Fe^{2+}、Fe^{3+} 的性质和鉴定。

第一节 概 述

一、元素在自然界中的分布

通常将化学元素在地球化学系统中的平均含量称为“丰度”。元素在地壳（地球表面30～40km的薄层）中的含量，可以用质量分数表示，也可以用原子分数表示。

质量值最大的10种元素占地壳总质量的99.22%。其余元素的含量总共不到地壳总质量的1%。我国的矿产资源极为丰富，钨、锌、锑、锂、硼和稀土元素的储量均居世界第一，其他如锡、铀、钛、汞、铅、铁、金、银、镁、钼、硫、磷等矿产的储量居世界前列。我国是世界上拥有矿物品种比较齐全的少数几个国家之一，这对于工农业的发展奠定了雄厚的物质基础。

海洋资源是非常重要的，除了海底有丰富的矿藏，海水中含有 80 多种元素，其中多数是金属元素。海水中除了含有大量的钠、钾、镁、钙外，还含有许多稀有金属，如铷、锶、锂、钡、铀等。海水中铀的总量达 40 亿吨以上，相当于陆地铀储量的 4000 倍。海水中约有 8 亿吨钼，1 亿 6000 万吨银，8000 万吨镍，500 万吨金。开发海洋资源，向海洋要宝是我们的一项重要任务。

二、元素的分类

迄今已发现的 113 种元素中，非金属元素有 22 种，金属元素有 91 种。在周期表中，从ⅢA 族的 B 向右下方延伸到 At，这条斜线将周期表中的元素分为金属和非金属两部分。线的右上方为非金属，左下方为金属。斜线附近的元素，如 B、Si、Ge、As、Sb、Se、Te 和 Po 等既有金属的性质又有非金属的性质，称为准金属。非金属元素在周期表中的位置如下：

族序数	ⅢA	ⅣA	ⅤA	ⅥA	ⅦA	ⅧA
价电子层结构	ns^2np^1	ns^2np^2	ns^2np^3	ns^2np^4	ns^2np^5	ns^2np^6
					(H)	He
	B	C	N	O	F	Ne
	Al	Si	P	S	Cl	Ar
	Ga	Ge	As	Se	Br	Kr
	In	Sn	Sb	Te	I	Xe

三、元素在自然界中的存在形态

元素在自然界的存在状态，主要看元素是否活泼。

对于特别活泼的元素，其单质在自然界是无法存在的，因此不可能以游离状态存在于自然界中。例如氟、氯、钠等活泼的非金属和金属，在自然界中都是以化合态存在的。

化学性质不活泼的元素，在自然界能够以单质的形式存在。比如惰性气体氮、氧，比如金属元素里面的金、铂。

需要说明的是，除了惰性气体在自然界完全以单质形式存在，特别活泼的元素完全以化合态形式存在之外，其他的元素都有两种状态。比如金、铂，既能够在自然界以单质的形式存在，也可以形成化合物。比如氧和氮，既能够以单质氧气、氮气的形式存在，也能够以化合态存在。

第二节　非金属元素及其化合物

一、卤素及其化合物

第ⅦA 族元素又称卤素，包括氟、氯、溴、碘和砹五种元素，其中砹为放射性元素。卤素单质具有很高的化学活性，在自然界中均以化合物形式存在。

氟：萤石（CaF_2）、冰晶石（Na_3AlF_6）、磷灰石［$Ca_5F(PO_4)_3$］。

氯和溴：主要以碱金属、碱土金属的卤化物形式存在于海水中。

碘：碘化物、碘酸盐。海洋中的某些生物（如海藻、海带等）富集碘，是碘的一个重要来源，碘还以 $NaIO_3$形式存在于智利硝石中。

它们在地壳中的质量分数为：氟 0.066%，氯 0.017%，溴 2.1×10^{-4}%，碘 4.0×10^{-5}%。

卤素的价电子结构为 ns^2np^5，均极易获得 1 个电子成为－1 价离子。Cl、Br、I 除了－1 氧化数外，其特征氧化数还有＋1，＋3，＋5，＋7，其化合物都可作氧化剂。

随原子序数的增加，卤素周期性变化规律为：①X^-离子半径依次增大；②电负性依次减小；③第一电离能依次减小；④从Cl到I其电子亲和能和单质的离解能都依次减小；⑤单质氧化性减弱。与同周期其他元素相比，卤素的原子半径最小，电负性都比较大，是周期表中最活泼的非金属。

F的反常特性：①电负性最大，F的非金属性最强；②电子亲和能反而比氯还小（原因是F的半径最小，核外电子云的密度较大，当它接受一个外来的电子形成负离子时，电子间斥力将增大，致使放出的能量减少）。

（一）卤素单质的性质

1. 卤素单质的物理性质

卤素单质分子是双原子分子，加热到很高的温度时解离为单个原子。常温下，氟和氯是气体，溴是易挥发的液体，碘是固体。氟是人体必需的微量元素，是形成骨骼和预防龋齿所需的元素。人体所需的氟主要来源于饮用水。饮用水中含氟量$0.5\sim1.0mg\cdot dm^{-3}$比较适宜。小于此值易发龋齿病，高于此值易患氟骨病，造成骨骼畸形，目前对此病无特效治疗方法，只能采取煮沸的方法降低氟的含量。

氯极易液化，在常温时0.6MPa下，氯气就会变成黄绿色液体。氯气具有强烈刺激性气味，有毒。吸入少量氯气会刺激鼻腔和喉头黏膜，引起胸部疼痛和咳嗽，吸入大量氯气就会窒息死亡。发生氯气中毒时可吸入酒精和乙醚的混合蒸气作为解毒剂，吸入氨水蒸气也有效。

溴是常温下单质处于液态的唯一非金属元素。它是一种易挥发的红棕色的液体。具有刺激性气味，溴蒸气毒性很大，能刺激眼睛和黏膜，使人不住地咳嗽和流泪。溴在催泪弹中作催泪剂。液溴还能灼伤皮肤，所以使用时必须戴橡胶手套。

碘是一种紫黑色的有光泽的片状晶体，在微热时易升华。纯碘蒸气呈深蓝色，若含有空气则呈深紫红色。碘是维持人体甲状腺正常功能所必需的元素，人体缺碘时就会患甲状腺肿。

卤素单质为非极性分子，它们在水中的溶解度不大，而在有机溶剂中的溶解度比在水中大得多。碘在水中的溶解度很小，但在KI或其他碘化物溶液中溶解度却明显增大，这是因为生成了多碘化物（I_3^-）的缘故。Br_2在CCl_4中生成的溶液，随浓度的不同显现从黄到棕红的颜色，I_2在CCl_4中生成紫色溶液。利用卤素单质在有机溶剂中的易溶性，可用有机溶剂把它们萃取出来。

2. 卤素单质的化学性质

卤素是很活泼的非金属元素。单质最典型的化学性质是强氧化性，卤素单质氧化性递变规律为：$F_2>Cl_2>Br_2>I_2$。

（1）卤素与金属作用　氟能与所有的金属直接作用，反应非常猛烈，生成高氧化态氟化物：

$$nF_2+2M \xlongequal{} 2MF_n \qquad (M=\text{金属})$$

如CoF_3、VF_5、BiF_5等。在室温或不太高的温度下，氟可以使镁、铁、镍、铜、铅等金属钝化，在金属表面生成一层金属氟化物保护膜而阻止了反应的进行，因此氟可以储存在镁、铁、镍、铜、铅或它们的合金制成的容器中。

氯能与各种金属作用，反应都比较剧烈。例如钠、铁、锡、锑、铜等都能在氯气中燃烧，甚至连不与氧气反应的银、铂、金在加热条件下也能与潮湿的氯气直接作用。但干燥的氯气却不与铁作用，因此可将干燥的液氯储存于铁罐或钢瓶中。

一般能与氯单质反应的金属（除贵金属外）同样也能与溴和碘反应，只是反应活性不如氯单质。

（2）卤素与非金属的反应　氟几乎能与所有的非金属（除氧、氮和某些稀有气体外）包括氢直接化合，甚至在低温下氟与硫、磷、硅、碳等猛烈反应产生火焰。大多数氟化物都具有挥发性。

极不活泼的稀有气体氙在520K也能与氟发生反应生成氟化物：

$$F_2+Xe \xrightarrow{520K} XeF_2$$

在低温和黑暗中氟与氢直接化合，放出大量的热并引起爆炸：

$$F_2 + H_2 \longrightarrow 2HF$$

氯能与大多数非金属直接化合，反应程度没有氟猛烈，但也比较剧烈。例如氯能与磷、硫、氟、碘、氢等多种非金属单质作用生成氯化物：

$$2P(过量) + 3Cl_2 \longrightarrow 2PCl_3(无色发烟液体)$$

$$2P + 5Cl_2(过量) \longrightarrow 2PCl_5(黄白色固体)$$

一般能与氯单质反应的非金属同样也能与溴和碘的单质反应，但反应活性不如氯，需要在较高温度下反应。例如溴和碘的单质与磷作用只生成三溴化磷和三碘化磷：

$$3Br_2 + 2P \xrightarrow{燃烧} 2PBr_3(无色发烟液体)$$

$$3I_2 + 2P \xrightarrow{燃烧} 2PI_3(红色固体)$$

(3) 卤素与水的反应　卤素单质较难溶于水，F_2与水反应的趋势最大，Cl_2次之，它们在酸性溶液中即可与水反应。

F_2与水发生激烈反应，放出O_2：

$$F_2 + H_2O \xlongequal{} 2HF + \frac{1}{2}O_2 \uparrow$$

Cl_2只有在光照下与水反应，缓慢地置换水中的O_2。

Br_2与水反应，但放出O_2的速度极慢。

I_2与水不发生此类反应，相反将氧气通入碘化氢溶液中有碘析出。

$$2HI + \frac{1}{2}O_2 \xlongequal{} I_2 + H_2O$$

氯在碱性条件下歧化反应进行得很彻底，生成氯化物和次氯酸盐：

$$Cl_2 + 2NaOH \xlongequal{} NaCl + NaClO + H_2O$$

卤素歧化反应进行的程度与溶液的pH值有很大关系，碱性条件有利于氯、溴、碘歧化反应的进行。

(4) 卤素间的置换反应　卤素单质都是氧化剂，卤素单质和卤素离子电对的电极电势值按F、Cl、Br、I的顺序依次降低，卤素单质的氧化能力次序为：

$$F_2 > Cl_2 > Br_2 > I_2$$

卤素离子的还原能力次序为：

$$I^- > Br^- > Cl^- > F^-$$

氯气能将溴离子和碘离子氧化成为溴单质和碘单质。当氯气过量时，生成的碘则将被进一步氧化成高价碘的化合物：

$$Cl_2 + 2NaBr \longrightarrow Br_2 + 2NaCl$$

$$Cl_2 + 2NaI \longrightarrow I_2 + 2NaCl$$

$$I_2 + 5Cl_2 + 6H_2O \longrightarrow 2IO_3^- + 10Cl^- + 12H^+$$

溴能将碘离子氧化为碘单质：

$$Br_2 + 2NaI \longrightarrow I_2 + 2NaBr$$

(二) 卤素的化合物

1. 卤化氢和氢卤酸

HF、HCl、HBr、HI键的极性按顺序依次减弱。HX易溶于水，其水溶液显酸性，统称为氢卤酸。其中最重要的是盐酸。

卤化氢是具有强烈刺激性气味的无色气体。在潮湿的空气中会“冒烟”，这是因为它们与空气中的水蒸气结合形成了酸雾。氟化氢的毒性最大。

卤化氢的熔点、沸点按HCl、HBr、HI的顺序升高。HF例外，熔沸点特别高，是由于氟的原子半径小，电负性大，HF在气态、液态和固态时分子之间存在氢键，形成缔合分子。

氢卤酸除HF外，都是强酸，按HCl、HBr、HI的顺序酸性增强。

氢氟酸能与 SiO_2 或硅酸盐（玻璃的主要成分）反应生成易挥发的 SiF_4 气体：

$$4HF + SiO_2 = SiF_4\uparrow + 2H_2O$$

$$6HF + CaSiO_3 = SiF_4\uparrow + CaF_2 + 3H_2O$$

其他的氢卤酸都无此性质，因此不能用玻璃容器储存氢氟酸，通常氢氟酸保存在铅、石蜡或塑料容器中。

氢卤酸中氢氟酸和盐酸具有实用意义。氢氟酸常用于刻蚀玻璃（有时也用 HF 气体），将要刻蚀的玻璃涂上一层蜡，用尖刀刻画出要刻蚀的图案或刻度的刻痕，然后将氢氟酸涂抹在刻痕处，待酸挥发后将蜡刮掉并洗净，就可以得到所要刻蚀的玻璃制件了。氢氟酸又用于溶解含硅的矿物，在定量分析中还用于测定样品中 SiO_2 的含量。

盐酸是一种重要的工业原料和化学试剂，用于制备各种氯化物，清洗金属表面，此外还用于食品工业，制造染料，从矿物中提取稀有金属等。

2. 卤素的氧化物、含氧酸及其盐

（1）卤素的氧化物　卤素的氧化物大多数是不稳定的，受到撞击或光照即可发生爆炸性分解。在已知的卤素氧化物中，碘的氧化物是最稳定的，氯和溴的氧化物在高温下明显分解，高价态的卤素氧化物比低价态的卤素氧化物稳定。

二氟化氧（OF_2）（熔点为 49K，沸点为 128K）为无色气体，是比较稳定的氟氧二元化合物。可由单质氟与 2%氢氧化钠水溶液反应制备：

$$2F_2(g) + 2NaOH(aq) = OF_2(g) + 2NaF(aq) + H_2O(l)$$

OF_2 是一种强的氧化剂和氟化剂，但氟化能力弱于 F_2。它能与金属、硫、磷、卤素等剧烈反应生成氟化物和氧化物。在 OF_2 分子中，氧的氧化数是+2，氟的氧化数是−1，其构型为角型分子。

近年来由于合成技术的发展，已合成了一系列氟氧化合物，如 O_2F_2、O_3F_2、O_4F_2、O_5F_2、O_6F_2 等。这些化合物都具有较低的熔点和沸点，且仅能在很低的温度下稳定存在，它们在很低的温度（低于 83K）下都是比单质氟更加活泼的氟化剂。

卤素氧化物中以氯的氧化物较重要，氯的氧化物主要有 Cl_2O、ClO_2、Cl_2O_6（ClO_3）和 Cl_2O_7，都是强氧化剂，其中 ClO_2 和 Cl_2O_6 氧化性最强。当这些氧化物与还原剂接触或受热以及撞击时，立即发生爆炸，分解为氯气和氧气。氯氧化物的某些物理性质见表 2-1。

表 2-1　氯氧化物的物理性质

氧化态	+1	+4	+6	+7
化学式	Cl_2O	ClO_2	Cl_2O_6	Cl_2O_7
状态、颜色	棕色气体	黄绿色气体	暗红色气体	无色油状液体
熔点/K	157	214	277	182
沸点/K	275	283	476	355
密度/$g\cdot mL^{-1}$	—	1.64(273K)	2.02(276.5K)	1.86(273K)

Cl_2O 极易溶于水生成次氯酸，是次氯酸的酸酐，主要用来制备次氯酸盐：

$$Cl_2O + H_2O = 2HClO$$

用新制得的黄色 HgO 和 Cl_2（用干燥空气稀释或溶解在 CCl_4 中）反应即可制得 Cl_2O：

$$2Cl_2 + 2HgO = HgCl_2\cdot HgO + Cl_2O(g)$$

另一种制备方法是 Cl_2 和潮湿的 Na_2CO_3 反应：

$$2Cl_2 + 2Na_2CO_3 + H_2O = 2NaHCO_3 + 2NaCl + Cl_2O$$

ClO_2 在常温下是黄绿色气体，冷凝时为红色液体，熔点 214K。ClO_2 与碱作用发生歧化反应，生成亚氯酸盐和氯酸盐，因此它是亚氯酸和氯酸两种酸的混合酸酐：

$$2ClO_2 + 2NaOH = NaClO_2 + NaClO_3 + H_2O$$

ClO_2主要用于纸张、纺织品的漂白，污水及饮用水杀菌处理。ClO_2作漂白剂时，漂白效果是氯气的 30 倍。

溴的氧化物有 Br_2O、BrO_2、BrO_3或 Br_3O_8等，溴和碘的氧化物对热均不稳定。

(2) 卤素的含氧酸及其盐　氟的含氧酸仅限于次氟酸（HFO），氯、溴、碘均应有四种类型的含氧酸，它们是次卤酸、亚卤酸、卤酸和高卤酸（见表 2-2），卤原子的氧化态为+1、+3、+5 和+7。

表 2-2　卤素含氧酸

名称	氟	氯	溴	碘
次卤酸	HFO	HClO ?	HBrO ?	HIO ?
亚卤酸		$HClO_2$?	$HBrO_2$?	—
卤酸		$HClO_3$?	$HBrO_3$?	HIO_3
高卤酸		$HClO_4$	$HBrO_4$?	HIO_4、H_5IO_6等

注：?表示仅存在于溶液中而不能分离出纯酸。

① 次卤酸及其盐　在 233K 时，控制 F_2 与冰的反应可得到 HFO 和 HF，但 HFO 极不稳定，易挥发分解成 HF 和 O_2。

Cl_2、Br_2、I_2微溶于水，一部分发生歧化反应生成 HXO，但 HXO 仅存在于溶液中，至今尚未制得纯的 HXO。HXO 均不稳定，尤其是次碘酸。

HXO 均为弱酸，酸强度随着 X 原子序数增大，从 HClO 到 HIO 依次减小。

	HClO	HBrO	HIO
$K_a^{\ominus}$	2.95×10^{-8}	2.06×10^{-9}	3.16×10^{-11}

次氯酸及其盐都是强氧化剂，次氯酸盐中有实际用途的是次氯酸钠和次氯酸钙。

NaClO 可以将浓 HCl 氧化成氯气：

$$NaClO+2HCl \xlongequal{} NaCl+Cl_2\uparrow+H_2O$$

在碱性介质中 NaClO 可以把 Mn（Ⅱ）氧化成 Mn（Ⅳ）：

$$NaClO+2NaOH+MnSO_4 \xlongequal{} MnO(OH)_2\downarrow+NaCl+Na_2SO_4$$

NaClO 可将 I^- 氧化成 I_2单质：

$$NaClO+2I^-+H_2O \xlongequal{} NaCl+2OH^-+I_2$$

次氯酸及其盐都是漂白剂。将氯气通入熟石灰［$Ca(OH)_2$］中就可得到次氯酸钙和氯化钙的混合物，即漂白粉：

$$2Cl_2+2Ca(OH)_2 \xlongequal{} CaCl_2+Ca(ClO)_2+2H_2O$$

漂白粉在空气中放置会逐渐失效，这是因为它与空气中的 CO_2 作用生成 HClO，HClO 不稳定，会立即分解：

$$Ca(ClO)_2+CO_2+H_2O \xlongequal{} CaCO_3\downarrow+2HClO$$

漂白粉对呼吸系统有损害，与易燃物品混合时易引起燃烧、爆炸。

② 亚卤酸及其盐　亚卤酸常见的是亚氯酸。在亚氯酸钡中加入稀 H_2SO_4，除去 $BaSO_4$ 沉淀，就可得到比较纯净的亚氯酸水溶液。在卤素含氧酸中，亚氯酸最不稳定，会迅速分解，放出 ClO_2：

$$8HClO_2 \xlongequal{} 6ClO_2+Cl_2+4H_2O$$

$HClO_2$是一种中强酸［$K_a^{\ominus}$（298K）$=1.1\times10^{-8}$］，酸性比 HClO 强。

亚氯酸盐比亚氯酸稳定，亚氯酸盐的碱性溶液放置一年也不分解，但加热或敲击固体亚氯酸盐时立即爆炸，发生歧化反应生成氯酸盐和氯化物：

$$3NaClO_2 \xlongequal{} 2NaClO_3+NaCl$$

亚氯酸及其盐具有氧化性，用作纺织品的漂白剂及某些工业废气的处理中。

③ 卤酸及其盐　氯酸（$HClO_3$）和溴酸（$HBrO_3$）是强酸，碘酸（HIO_3）是中强酸，在三者

之中碘酸最稳定。

$HClO_3$的稳定性较$HBrO_3$和HIO_3差。$HClO_3$和$HBrO_3$只存在于溶液中，$HClO_3$的最大浓度为40%（质量分数）的溶液，$HBrO_3$最大浓度为50%（质量分数）的溶液，当超过它们的最大浓度时就会发生爆炸性分解：

$$8HClO_3 = 4HClO_4 + 2Cl_2\uparrow + 3O_2\uparrow + 2H_2O$$

$$3HClO_3 = HClO_4 + 2ClO_2 + H_2O$$

$$4HBrO_3 = 2Br_2 + 5O_2\uparrow + 2H_2O$$

碘酸是一种白色固体，它受热时脱水生成I_2O_5，继续加热时分解为单质I_2和氧气：

$$2HIO_3 \xlongequal{\triangle} I_2O_5 + H_2O$$

$$4HIO_3 \xlongequal{>570K} 2I_2 + 5O_2\uparrow + 2H_2O$$

卤酸及其盐在酸性介质中都是强氧化剂，例如，氯酸盐能氧化Cl^-、Br^-、I^-生成卤素单质：

$$XO_3^- + 5X^- + 6H^+ = 3X_2 + 3H_2O(X=Cl、Br、I)$$

$KClO_3$固体是强氧化剂，它与碳、硫、磷等易燃物质及有机物混合时，一受到摩擦或撞击即猛烈爆炸。$KClO_3$大量用于制造火柴、焰火、炸药等。“安全火柴”中火柴头的组分即为$KClO_3$、S、Sb_2S_3、玻璃粉和糊精胶。$KClO_3$有毒，内服2.3g即致命。

④ 高卤酸及其盐　高氯酸（$HClO_4$）是无机酸中最强的酸，约为100% H_2SO_4的10倍。在水中完全电离为H^+和ClO_4^-。ClO_4^-为正四面体结构，对称性高，比较稳定。无水$HClO_4$是无色黏稠、震动易分解的不稳定液体，凝固点为161K，沸点为363K，密度（298K）为1.761g·mL^{-1}。它和水构成的恒沸溶液含72.4%的$HClO_4$。市售$HClO_4$的浓度是70%。

室温下高氯酸氧化性很弱，与H_2S、SO_2、HNO_2、HI及Zn、Al、Cr(Ⅱ)不反应。浓热的$HClO_4$溶液是强氧化剂，与有机物接触即发生爆炸，遇到HI或亚硫酰氯（$SOCl_2$）会燃烧，并能迅速氧化金和银。所以储存$HClO_4$时必须远离有机物。而冷和稀的$HClO_4$水溶液的氧化能力低于$HClO_3$，没有明显的氧化性。

未酸化的ClO_4^-盐氧化性很弱，只有在酸性条件下氯酸盐才具有强氧化性。

$Mg(ClO_4)_2$和$Ca(ClO_4)_2$可作为干燥剂，NH_4ClO_4作为现代火箭的推进剂。

（三）拟卤素

某些带1个负电荷的离子在形成化合物时，其性质与卤化物很相似，在自由状态时原子团性质与卤素单质也很相似，将这些原子团称为拟卤素，一些拟卤素、拟卤离子及相应的酸列于表2-3中。

表2-3　拟卤素、拟卤离子及相应的酸

拟卤离子		拟卤素	酸		$pK_a^\ominus$
CN^-	氰	$(CN)_2$	氢氰酸	HCN	9.2
SCN^-	硫氰	$(SCN)_2$	硫氰酸	HSCN	1.9
$SeCN^-$	硒氰	$(SeCN)_2$	—	—	—
OCN^-	—	—	氰酸	HOCN	3.5
ONC^-	—	—	雷酸	HONC	—

拟卤素与卤素、拟卤化物与卤化物的性质比较如下：

(1) 在游离状态时皆为二聚体，具有挥发性，并具有特殊的刺激性气味。二聚体拟卤素不稳定，许多二聚体还会发生聚合作用。例如：

$$x(SCN)_2 \xlongequal{室温} 2(SCN)_x$$

$$x(CN)_2 \xlongequal{室温} 2(CN)_x$$

(2) 与金属反应都能生成盐。例如：

$$2Fe+3Cl_2 = 2FeCl_3$$

$$2Fe+3(SCN)_2 = 2Fe(SCN)_3$$

(3) 拟卤化物和卤化物的溶解性相似，如它们的 Ag（Ⅰ）、Hg（Ⅰ）和 Pb（Ⅱ）盐都难溶于水，相应的两类盐同晶。

(4) 与氢形成氢酸，但拟卤素形成的酸一般比氢卤酸弱，其中氢氰酸最弱。

(5) 易形成配合物。例如：

$$3CN^- + CuCN = [Cu(CN)_4]^{3-}$$

(6) 氧化还原性质相似。例如：和卤素单质相似，自由状态的拟卤素也可用化学方法或电解方法氧化氢酸或氢酸盐制得：

$$Cl_2 + 2SCN^- = 2Cl^- + (SCN)_2$$

$$Cl_2 + 2Br^- = 2Cl^- + Br_2$$

$$MnO_2 + 4HSCN = (SCN)_2 + Mn(SCN)_2 + 2H_2O$$

二、氧、硫及其化合物

（一）氧及其化合物

1. 氧的单质

氧是地壳中含量最多的元素，约占总质量的 48.6%，游离氧在空气中的体积分数约为 21%，它的化合物广泛分布于地壳岩石和江、河、湖、海中。氧有 ^{16}O、^{17}O、^{18}O 三种同位素，能形成 O_2 和 O_3 两种单质。

臭氧是浅蓝色气体，因它有特殊的鱼腥臭味，故名臭氧。O_3 是 O_2 的同素异形体。空气中放电或电焊时，都会有部分氧气转变成臭氧。在距离地面 20～40km 的空中存在一个臭氧层。臭氧层能吸收来自太阳的强紫外辐射而保护地面的生物少受辐射的损害。

臭氧是比氧气更强的氧化剂，它能氧化单质硫为硫酸并放出氧气，能被单质汞、银等还原为过氧化物和氧气：

$$2Ag + 2O_3 = Ag_2O_2 + 2O_2$$

$$S + 3O_3 + H_2O = H_2SO_4 + 3O_2$$

臭氧能使湿润的 KI 的淀粉试纸变蓝，故可用此检出臭氧：

$$2KI + O_3 + H_2O = I_2 + O_2 + 2KOH$$

臭氧既具有强氧化能力，也有好的漂白能力，可用作纸浆、棉麻、油脂、面粉等的漂白剂，饮水的消毒剂及废水、废气的净化剂。

由于大气中污染物（如氯氟烃 $CFCl_3$、CF_2Cl_2 和氮氧化物等）不断增加，使臭氧层遭到破坏，从而造成生态环境恶化。1985 年和 1989 年分别在南极和北极的上空发现了臭氧层空洞，这意味着有更多的紫外线辐射到地面，对动植物造成伤害。长此以往也会造成皮肤癌患者骤增。

很微量的臭氧使人产生爽快和振奋的感觉，因此微量的臭氧能消毒杀菌，并能刺激中枢神经，加速血液循环。但空气中的臭氧含量超过 $1\times10^{-6}mL\cdot m^{-3}$ 时，不仅对人体有害，对庄稼及其他暴露在大气中的物质也有害。如臭氧对橡胶和某些塑料有特殊的破坏性作用。

2. 氧的化合物

(1) 氧的化合物分类　氧的化合物按酸碱性可以分为：

酸性氧化物：CO_2、SO_3、P_2O_5、SiO_2 等，可与碱作用生成盐和水。

碱性氧化物：Na_2O、CaO、MgO 等，可与酸作用生成盐和水。

两性氧化物：Al_2O_3、ZnO、Cr_2O_3、As_4O_6 等，与酸碱都可作用，生成相应的盐和水。

中性氧化物：CO、NO 不与酸碱作用。

还有一些化合物如 Pb_3O_4 可看成是由 2 个 PbO 和 1 个 PbO_2 混合组成的，称混合型氧化物。

对于同一元素的氧化物，高价的酸性强于低价的酸性。

大多数非金属氧化物和某些高氧化态的金属氧化物均显酸性；大多数金属氧化物显碱性；一些金属氧化物如 Al_2O_3、ZnO 和少数非金属氧化物 As_4O_6、Sb_4O_6 显两性；不显酸碱性的是中性氧化物如 NO、CO。

氧化物酸碱性的一般规律是：同周期各元素最高氧化态的氧化物，从左到右碱性减弱（经过中性）酸性增强，如第三周期元素的氧化物：

Na_2O	MgO	Al_2O_3	SiO_2	P_4O_{10}	SO_3	Cl_2O_7
碱性		两性		酸性		

同一族的各元素相同氧化态的氧化物从上到下酸性减弱，碱性增强，如氮族（ⅤA族）元素的氧化物：

N_2O_3	P_4O_6	As_4O_6	Sb_4O_6	Bi_2O_3
酸性		两性		碱性

同一元素的高氧化态的氧化物，酸性强于它的低氧化态氧化物。

As_4O_6	As_2O_5	PbO	PbO_2
两性	酸性	碱性	两性

(2) 过氧化氢　过氧化氢（H_2O_2）的水溶液俗称双氧水。纯的过氧化氢是一种淡蓝色的黏稠液体，密度是 $1.465g \cdot cm^{-3}$，它能以任意比例与水混合。由于过氧化氢分子间具有较强的氢键，所以液态和固态中存在缔合分子，使它具有较高的沸点（423K）和熔点（272K）。

过氧化氢的分子中有一个过氧链—O—O—，每个氧原子上各连着一个氢原子。两个氢原子位于像半展开书的两页纸上。两页纸的夹角为94°，氢氧键O—H与过氧键O—O间的夹角为97°，过氧键O—O键长为149pm，氢氧键O—H键长为97pm。

常温时纯的 H_2O_2 相当稳定，90%的 H_2O_2 在 323K 分解速度为每小时 0.001%，但在 426K 以上极易分解。

$$2H_2O_2 \xlongequal{} 2H_2O + O_2$$

过氧化氢在碱性溶液中分解速度快，当溶液中含有微量杂质或重金属离子，如 Fe^{2+}、Mn^{2+}、Cu^{2+}、Cr^{3+} 等离子时，能大大加速 H_2O_2 的分解。波长 320～380nm 的光也使 H_2O_2 分解速度加快。为阻止 H_2O_2 的分解，应将 H_2O_2 保存在棕色瓶中，放置于荫凉处，并加入一些稳定剂，如微量的锡酸钠、焦磷酸钠或8-羟基喹啉等。

在酸性溶液中，H_2O_2 是强氧化剂，可将 KI 氧化为 I_2，也可使黑色的 PbS 氧化为白色的 $PbSO_4$。

$$H_2O_2 + 2I^- + 2H^+ \xlongequal{} I_2 \downarrow + 2H_2O$$

$$PbS + 4H_2O_2 \xlongequal{} PbSO_4 \downarrow + 4H_2O$$

前一反应可定量和定性检测 H_2O_2，后一反应可用于油画的翻新。

在碱性溶液中，H_2O_2 也有氧化性，可把 CrO_2^- 氧化为 CrO_4^{2-}。

$$2CrO_2^- + 3H_2O_2 + 2OH^- \xlongequal{} 2CrO_4^{2-} + 4H_2O$$

在酸性溶液中，H_2O_2 如遇到更强的氧化剂，可作还原剂，但还原性很弱。例如：

$$Cl_2 + H_2O_2 \xlongequal{} O_2 \uparrow + 2HCl$$

$$2KMnO_4 + 5H_2O_2 + 3H_2SO_4 \xlongequal{} 2MnSO_4 + K_2SO_4 + 8H_2O + 5O_2 \uparrow$$

在碱性溶液中还原性稍强些，如与 Ag_2O 反应放出氧气。

$$Ag_2O + H_2O_2 \xlongequal{} 2Ag + H_2O + O_2 \uparrow$$

由此可知 H_2O_2 既是氧化剂，又是还原剂。在酸性介质中是强氧化剂，在碱性介质中是中等强度的还原剂。

过氧化氢是一种无公害的强氧化剂，广泛用于消毒、杀菌、漂白等过程，且漂白的时间短、白度高、久置也不褪色。常用于漂白丝绸、棉、毛、麻织品、纸浆等，也可作为火箭燃料的氧化剂。在化学合成上过氧化氢常作为氧化剂用于合成过氧化物。在医药上也可用于合成维生素 B_1、B_2 以及激素类药物。

(二) 硫及其化合物

1. 硫的单质

自然界中，存在着单质硫，金属硫化物矿和硫酸盐矿在地球上分布很广。

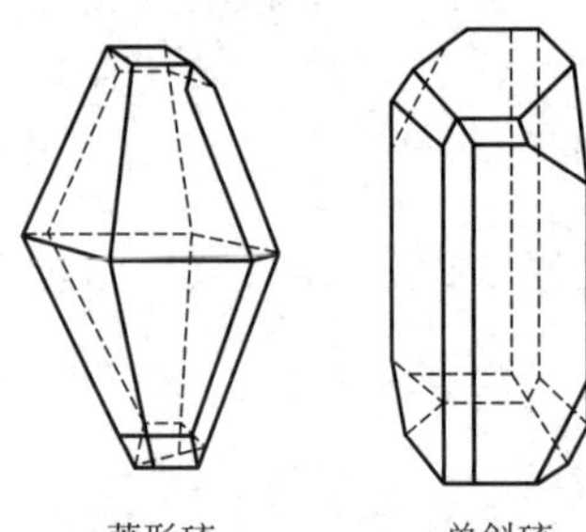

图 2-1 单质硫晶体

硫有许多同素异形体，最常见的是晶状的斜方硫（菱形硫）和单斜硫（如图 2-1 所示）。斜方硫又叫 α-硫，单斜硫又叫 β-硫。斜方硫在 369K 以下稳定，单斜硫在 369K 以上稳定。369K 是这两种变体的转变温度，在此温度时，两种变体处于平衡状态：

$$(369K\ 以下稳定)斜方硫 \rightleftharpoons 单斜硫(369K\ 以上稳定)$$

斜方硫和单斜硫都易溶于 CS_2 中，把硫加热超过它的熔点就变成黄色流动体。

2. 重要的硫化物

(1) 硫化氢 硫化氢是一种无色、有臭鸡蛋气味的有毒气体，空气中的含量达 $5mg \cdot L^{-1}$ 时，就会使人感到烦躁，达到 $10mg \cdot L^{-1}$ 会使人头痛和恶心，达到 $100mg \cdot L^{-1}$ 时人就会休克致死。

实验室用金属硫化物与酸作用制备硫化氢：

$$FeS + H_2SO_4(稀) = H_2S\uparrow + FeSO_4$$

硫化氢的性质稳定，微溶于水，水溶液是一种弱酸。

硫化氢主要表现为还原性，能与许多氧化剂如 Cl_2、O_2、$KMnO_4$、浓 H_2SO_4 等反应。

$$H_2S + 4Cl_2 + 4H_2O = H_2SO_4 + 8HCl$$

$$2KMnO_4 + 5H_2S + 3H_2SO_4 = K_2SO_4 + 2MnSO_4 + 8H_2O + 5S\downarrow$$

$$H_2SO_4(浓) + H_2S = SO_2\uparrow + 2H_2O + S\downarrow$$

$$2H_2S + O_2 = 2S\downarrow + 2H_2O$$

$$H_2S + I_2 = S\downarrow + 2HI$$

$$H_2S + 4Br_2 + 4H_2O = H_2SO_4 + 8HBr$$

(2) 硫化物 大多数金属硫化物难溶于水，从结构观点来看，由于 S^{2-} 变形性大，如果阳离子的外电子构型是 18、18+2 或 8～18 电子构型，由于它们的极化能力大，变形性也大，与硫离子间有强烈的相互极化作用，由离子键向共价键过渡，因而生成难溶的有色硫化物。常见的硫化物性质见表 2-4。

表 2-4 硫化物的颜色和溶解性

名　称	化学式	颜色	水中	稀酸中	溶度积常数
硫化钠	Na_2S	白色	易溶	易溶	—
硫化锌(α-)	ZnS	色白	不溶	易溶	1.6×10^{-24}
硫化锰	MnS	肉红色	不溶	易溶	2.5×10^{-13}
硫化亚铁	FeS	黑色	不溶	易溶	6.3×10^{-18}
硫化铅	PbS	黑色	不溶	不溶	8.00×10^{-28}
硫化镉	CdS	黄色	不溶	不溶	8.00×10^{-27}
硫化锑	Sb_2S_3	橘红色	不溶	不溶	2.9×10^{-59}
硫化亚锡	SnS	褐色	不溶	不溶	1.00×10^{-25}
硫化银	Ag_2S	黑色	不溶	不溶	6.3×10^{-50}
硫化铜	CuS	黑色	不溶	不溶	6.3×10^{-36}
硫化汞	HgS	黑色	不溶	不溶	1.60×10^{-52}

碱金属、碱土金属、铝及铵的硫化物的特点：一是易水解，二是易成多硫化物。

硫化钠溶于水后，几乎全部水解，水溶液显强碱性。硫化钙（CaS）和硫化铝（Al_2S_3）在水中水解得更彻底，所以不能用湿法制得。

$$Na_2S + H_2O \longrightarrow NaHS + NaOH$$

$$2CaS + 2H_2O \longrightarrow Ca(OH)_2 + Ca(HS)_2$$

$$Al_2S_3 + 6H_2O \longrightarrow 2Al(OH)_3\downarrow + 3H_2S\uparrow$$

（3）硫的含氧化合物　硫的含氧化合物有 S_2O、S_2O_3、SO_2、SO_3、S_2O_6、S_2O_7 等。其中重要的是 SO_2 和 SO_3。硫又能形成种类繁多的含氧酸。

① 二氧化硫、亚硫酸和亚硫酸盐　二氧化硫是无色有刺激性气味的气体，也是空气中的污染物之一。二氧化硫中毒会引起丧失食欲，便秘和气管炎。二氧化硫在空气中的含量超过 $0.02mg\cdot L^{-1}$ 时不仅对人、动物及植物有害，且腐蚀金属制品。二氧化硫是极性分子，易溶于水。二氧化硫极易液化，常压下、263K 时就能液化，液态 SO_2 是许多物质的良好的溶剂。二氧化硫可用于漂白、灭菌，主要用于制造硫酸和亚硫酸盐。

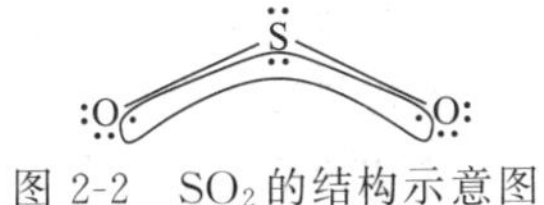

图 2-2　SO_2 的结构示意图

二氧化硫的分子为 V 形结构（见图 2-2），键角为 119.5°，键长为 143pm，中心硫原子以 sp^2 杂化，分子中存在一个 π_4^3 离域 π 键。

SO_2 是酸性氧化物，SO_2 的水溶液是亚硫酸（H_2SO_3），实际上是一种水合物 $SO_2\cdot xH_2O$。H_2SO_3 不稳定，水溶液中存在下列平衡：

$$SO_2 + xH_2O \rightleftharpoons SO_2\cdot xH_2O \rightleftharpoons H^+ + HSO_3^- + (x-1)H_2O$$

$$K_1 = 1.29\times10^{-2}(298K)$$

$$HSO_3^- \rightleftharpoons H^+ + SO_3^{2-} \qquad K_2 = 6.17\times10^{-8}(298K)$$

SO_2 通入碱溶液中，生成酸式亚硫酸盐或亚硫酸盐：

$$NaOH + SO_2 \longrightarrow NaHSO_3$$

$$2NaOH + SO_2 \longrightarrow Na_2SO_3 + H_2O$$

硫的氧化态是+4，所以二氧化硫既具有氧化性又具有还原性，但主要是还原性，如在酸性溶液中可将 MnO_4^- 还原为 Mn^{2+}，将 IO_3^- 还原为 I_2 或 I^-。

$$KIO_3 + 3SO_2 + 3H_2O \longrightarrow KI + 3H_2SO_4$$

$$Br_2 + SO_2 + 2H_2O \longrightarrow 2HBr + H_2SO_4$$

SO_2 能与一些有机色素结合成为无色的化合物。例如，将 SO_2 通入品红溶液可使其褪色，成为无色的溶液。所以，SO_2 可用作纸张、纺织品和草编制品等的漂白试剂。但 SO_2 与有机色素的结合不够稳定，漂白的效果不理想。

② 三氧化硫、硫酸及其硫酸盐　气态 SO_3 分子中的 S 原子是以 sp^2 杂化，与三个氧原子形成三个 σ 单键还有一个遍及整个分子的离域 π 键，S—O 键键长 141pm，分子呈平面三角形结构。

SO_3 是无色有刺激气味的气体，极易吸收水分，在空气中冒烟，吸收水分后生成硫酸，同时放出大量的热量。热量使水蒸发，与三氧化硫形成酸雾，影响三氧化硫的继续吸收，所以工业制硫酸不用水吸收三氧化硫，而用浓硫酸吸收 SO_3。

三氧化硫是一种强氧化剂。高温时，可将单质 P 氧化成 P_4O_{10}，可将 HBr 氧化成 Br_2。

SO_3 溶解在浓硫酸中所形成溶液叫发烟硫酸。发烟硫酸的浓度以 SO_3 的含量表示。40%～100% H_2SO_4 表示在 100%的硫酸中有 40%的 SO_3（质量分数）。

纯硫酸是无色油状液体，密度为 $1.854g\cdot cm^{-3}$（293K），分子间有氢键，283.4K 时凝固，浓度为 98.3%（质量分数）的硫酸的沸点为 611K。浓硫酸有强烈的吸水性，可作干燥剂、脱水剂，用来干燥氯、氢、二氧化碳。浓硫酸还有很强的脱水性，使有机物脱水炭化，能严重地破坏动植物的组织，使用时要特别注意。

$$C_{12}H_{22}O_{11} \xrightarrow{浓\ H_2SO_4} 12C + 11H_2O$$

硫酸是二元强酸，第一步的电离是完全的，第二步电离的平衡常数 $K_2=1.2\times10^{-2}$。纯硫酸是一种非水溶剂，它进行自偶电离：

$$2H_2SO_4 \rightleftharpoons H_3SO_4^+ + HSO_4^- \qquad K=2.7\times10^{-4}$$

浓硫酸具有强氧化性，它可以氧化许多金属和非金属。但金、铂加热时也不与浓 H_2SO_4 作用。冷浓 H_2SO_4 不与 Fe、Al 作用，会使它们钝化，因此可用铁桶盛装冷 H_2SO_4。

浓 H_2SO_4 是化学工业中一种重要化工原料，大量用于化肥如磷酸钙、硫酸铵的生产及制炸药、染料等。H_2SO_4 的年产量可衡量一个国家化工生产能力的高低。

H_2SO_4 能形成正盐和酸式盐。活泼的碱金属 K 和 Na 可形成稳定的固态酸式盐。在正盐中加入过量的酸，就可得酸式盐。

$$Na_2SO_4 + H_2SO_4 = 2NaHSO_4$$

酸式盐的特点是易溶于水，易熔化，加热到熔点以上，它们转变为焦硫酸盐（$M_2S_2O_7$），焦硫酸盐再强热分解为正盐和三氧化硫。

硫酸盐稳定性与阳离子的电荷、半径、价电子层构型有关。

大多数的硫酸盐易形成复盐，如果在复盐中两种硫酸盐是同晶型的化合物，这种复盐叫矾，其溶解度一般小于简单的金属盐。如 $K_2SO_4\cdot Al_2(SO_4)_3\cdot 24H_2O$(明矾)。

当冷却发烟硫酸时，可以析出无色焦硫酸晶体。$H_2S_2O_7$ 实际上是由等量 SO_3 和 H_2SO_4 化合而成的。

$$H_2SO_4 + SO_3 = H_2S_2O_7$$

焦硫酸可看成是两个分子的硫酸脱去一个分子的水所得的产物，因此焦硫酸与水反应可以得到硫酸。

$$HO-\overset{O\uparrow}{\underset{O\downarrow}{S}}-\boxed{OH + H}O-\overset{O\uparrow}{\underset{O\downarrow}{S}}-OH \xrightarrow{-H_2O} HO-\overset{O\uparrow}{\underset{O\downarrow}{S}}-O-\overset{O\uparrow}{\underset{O\downarrow}{S}}-OH$$

焦硫酸比浓 H_2SO_4 有更强的氧化性、吸水性和腐蚀性。因此在制炸药、染料中作脱水剂。

③ 硫代硫酸钠　硫代硫酸钠（$Na_2S_2O_3\cdot 5H_2O$）俗称海波、大苏打，是无色透明晶体，易溶于水，水溶液显弱碱性。它是一种中等强度的还原剂，分析化学中的碘量法就是利用硫代硫酸盐与单质碘发生氧化还原反应而进行定量分析的。硫代硫酸钠也有很强的配位能力，可用于鉴定银离子。

硫代硫酸钠在碱性溶液中能稳定存在，遇酸立即分解，生成单质硫，放出 SO_2 气体。

$$Na_2S_2O_3 + 2HCl = 2NaCl + S\downarrow + H_2O + SO_2\uparrow$$

该反应可鉴定 $S_2O_3^{2-}$。

硫代硫酸钠与 I_2 反应时，它被氧化为连四硫酸钠（$Na_2S_4O_6$），与 Br_2、Cl_2 等强氧化剂反应被氧化成硫酸盐，可用作脱氯剂。

$$2Na_2S_2O_3 + I_2 = Na_2S_4O_6 + 2NaI$$

$$Na_2S_2O_3 + 4Cl_2 + 5H_2O = 2H_2SO_4 + 2NaCl + 6HCl$$

硫代硫酸根（$S_2O_3^{2-}$）有很强的配位能力，与银离子可生成无色的配合物。照相底片上未曝光的 AgBr 在定影液中形成配离子而溶解。

$$2S_2O_3^{2-} + Ag^+ = [Ag(S_2O_3)_2]^{3-}$$

三、氮、磷、砷及其化合物

氮、磷、砷、锑、铋五种元素，统称氮族元素。N 和 P 是非金属，Sb 和 Bi 为金属，As 为准金属。价电子构型为 ns^2np^3，氧化数主要有 -3，$+3$ 和 $+5$。本族元素仅 N 和 P 能形成氧化数为 -3 的化合物。从磷到铋的 $+5$ 氧化态的稳定性递减，而 $+3$ 氧化态的稳定性递增。

(一) 氮和氮的化合物

氮在通常状况下是一种无色无嗅的气体，熔点为63K，沸点为77K，临界温度为126K，是难于液化的气体。N_2在水中溶解度很小，常压下283K时1体积水只能溶解0.02体积的N_2。

氮气分子中，由于 $N\equiv N$ 三键的存在，键长很短（110pm），键能很大（$942kJ\cdot mol^{-1}$）。N_2在常温下很不活泼，不与O_2、H_2O、酸及碱等化学试剂反应。随着温度的升高，氮的化学活泼性增强。

工业上生产大量的氮一般是由分馏液态空气得到的，常以15.2MPa压力装入钢瓶中运输和使用。

1. 氨和铵盐

(1) 氨　氨是氮的最重要化合物之一。近一个世纪来，在世界各国，工业上制备氨都是用哈伯(F. Haber)法，即用氮气和氢气在高温高压和催化剂存在下合成的。在实验室中通常用铵盐和碱的反应来制备少量氨气。

氨分子中的氮原子采取不等性sp^3杂化，分子形状为三角锥形。NH_3分子极性很强（偶极矩为$4.87\times10^{-30}C\cdot m$）。氮原子的电负性大，又有孤对电子，使得$NH_3$分子间及$NH_3$分子与$H_2O$等分子之间容易形成分子间氢键，这是氨与同族氢化物相比性质反常的原因。

氨是一种有刺激性气味的无色气体，它的熔点、沸点、熔化热、蒸发热、在水中的溶解度和临界温度等与同族氢化物相比都反常的高。它的临界温度为405.6K，在常温下很容易被加压（临界压力为1.14×10^7Pa）液化。氨有较大的蒸发热（在沸点时为$23.6kJ\cdot mol^{-1}$），因此，常用它来作冷冻机的循环制冷剂。

氨极易溶于水，在常压下293K时1体积水可溶解702体积的氨。氨水的密度小于$1g\cdot cm^{-3}$（纯液氨在243K时的密度为$0.6777g\cdot cm^{-3}$）。氨含量越高，密度越小。一般市售浓氨水的密度为$0.88g\cdot cm^{-3}$，含氨质量分数约28%。

氨参与的化学反应主要体现出下列性质：

① 还原性　氨能还原多种氧化剂，常温下，氨在水溶液中能被许多强氧化剂（如Cl_2、Br_2、HOCl、$KMnO_4$等）所氧化。例如：

$$3Cl_2+2NH_3 = N_2\uparrow+6HCl$$

此法能消除氯或溴的毒害。NH_3和过量Cl_2反应则得NCl_3：

$$3Cl_2(\text{过量})+NH_3 = NCl_3+3HCl$$

将氨与空气的混合物加热到1270K并通过催化剂（含90%Pt和10%Rh的合金网），氨被氧化成NO。这是氨氧化法生产硝酸的基础。

$$4NH_3+5O_2 \xlongequal{\text{Pt-Rh催化剂},1270K} 4NO\uparrow+6H_2O$$

高温下，NH_3是强还原剂，能还原某些氧化物及氯化物等：

$$2NH_3+3CuO = 3Cu+N_2\uparrow+3H_2O$$

$$2NH_3+6CuCl_2 = 6CuCl+N_2\uparrow+6HCl$$

② 易形成配合物　氨中氮原子上的孤对电子能与其他离子或分子形成配位键。如$[Co(NH_3)_6]^{3+}$、$[Cu(NH_3)_4]^{2+}$和$F_3B\cdot NH_3$等都是以NH_3为配体的配合物。

③ 氨水的弱碱性　氨与水反应实质上是氨作为路易斯碱和水所提供的质子以配位键相结合而解离出OH^-，氨的水溶液显弱碱性。

$$NH_3(aq)+H_2O(l) \rightleftharpoons NH_4^+(aq)+OH^-(aq) \qquad K_b^\ominus=1.78\times10^{-5}$$

(2) 铵盐　铵盐一般是无色的晶体，易溶于水。铵盐都有一定程度的水解，铵的强酸盐水溶液显酸性。

$$NH_4^+(aq)+H_2O(l) \rightleftharpoons NH_3(aq)+H_3O^+(aq)$$

在铵盐溶液中，加入强碱并加热，就会释放出氨（检验铵盐的反应）。

$$NH_4^++OH^- \xlongequal{\triangle} H_2O+NH_3\uparrow$$

铵盐加热极易分解，若是非氧化性酸的铵盐，分解为氨和相应的酸。

$$NH_4HCO_3 \xlongequal{\triangle} NH_3\uparrow + CO_2\uparrow + H_2O$$

$$NH_4Cl \xlongequal{\triangle} NH_3\uparrow + HCl\uparrow$$

酸是不挥发的，则只有氨挥发逸出，而酸或酸式盐则残留在容器中。

$$(NH_4)_2SO_4 \xlongequal{\triangle} NH_3\uparrow + NH_4HSO_4$$

$$(NH_4)_3PO_4 \xlongequal{\triangle} 3NH_3\uparrow + H_3PO_4$$

酸有氧化性，则分解出来的NH_3会立即被氧化。例如NH_4NO_3，由于硝酸有氧化性，因此受热分解时，氨被氧化为一氧化二氮。

$$NH_4NO_3 \xlongequal{\triangle} N_2O\uparrow + 2H_2O$$

如果加热温度高于573K，则一氧化二氮又分解为N_2和O_2。

$$2NH_4NO_3 \xlongequal{\triangle} 4H_2O + 2N_2 + O_2\uparrow$$

这个反应生成大量的气体并放出大量的热，如果反应在密闭容器中进行，会发生爆炸。这也是NH_4NO_3可用于制造炸药的原理。

氯化铵、硫酸铵、硝酸铵和碳酸氢铵都是优良的肥料。氯化铵还用于染料工业、制作干电池以及焊接时用来除去金属物体表面的氧化物。

2. 氮的含氧化合物

（1）氮的氧化物　氮可以形成氧化态从+1到+5的氧化物。

① 一氧化氮　NO微溶于水，但不与水反应，不助燃，在常温极易与氧反应。

分子中存在孤对电子，NO还可以同金属离子形成配合物，例如与$FeSO_4$形成棕色可溶性的硫酸亚硝酰合铁$[Fe(NO)]SO_4$。

近期研究发现，NO是生物活化分子，协调与控制人体许多生理机能，它几乎参与了人体所有的生化反应。硝酸甘油酯的药理作用（释放NO，调节血管平滑肌，引起血管扩张）与NO的调节血压作用有关。生物系统中，如果不能及时生成足量的NO并及时发挥其作用，就会使人体产生高血压、血凝失常、免疫功能损伤、性功能障碍、神经化学物质的失衡等一系列的疾病。

② 二氧化氮　二氧化氮是红棕色气体，易压缩成液体。NO_2是单电子分子，能二聚成N_2O_4（无色），并在极低温度下形成无色晶体。

NO_2易溶于水并歧化为HNO_3和HNO_2，而HNO_2不稳定受热立即分解：

$$2NO_2 + H_2O \xlongequal{} HNO_3 + HNO_2$$

$$3HNO_2 \xlongequal{} HNO_3 + 2NO + H_2O$$

NO_2溶于热水时其反应如下：

$$3NO_2 + H_2O(热) \xlongequal{} 2HNO_3 + NO$$

这是工业上制备HNO_3的一个重要反应。

NO_2及N_2O_4的氧化性较强，碳、硫、磷等在NO_2中易燃烧。它和许多有机物的蒸气混合可形成爆炸性气体。N_2O_4(l) 可用作火箭推进剂（氧化N_2H_4等），也可用于制造炸药。

NO_2既可得到一个电子成为NO_2^-，又能失去一个电子形成NO_2^+（硝酰阳离子），还可能二聚，这说明了单电子化合物的不稳定性。

（2）亚硝酸及其盐　等物质的量的NO和NO_2混合气体溶解在冰水中或向亚硝酸盐的冷溶液中加酸时，生成亚硝酸：

$$NO + NO_2 + H_2O \xlongequal{冷冻} 2HNO_2$$

$$NaNO_2 + H_2SO_4 \xlongequal{冷冻} HNO_2 + NaHSO_4$$

亚硝酸是一种弱酸，但比乙酸略强：

$$HNO_2 \rightleftharpoons H^+ + NO_2^- \quad K_a = 5\times10^{-4}(291K)$$

亚硝酸盐，特别是碱金属和碱土金属的亚硝酸盐，热稳定性很好。在高温下用粉末状金属铅、铁或碳还原硝酸盐，可得到亚硝酸盐。

$$Pb + KNO_3 = KNO_2 + PbO$$

KNO_2和 $NaNO_2$大量用于染料工业和有机合成工业中。除了浅黄色的不溶盐 $AgNO_2$外，一般亚硝酸盐易溶于水。亚硝酸盐均有毒，现已证实 $NaNO_2$能和蛋白质反应生成致癌物质亚硝基胺 $R_2N—N=O$。

(3) 硝酸及其盐

① 硝酸的性质　纯硝酸是无色液体，沸点为 356K，于 231K 下凝结成无色晶体。硝酸和水可以按任何比例混合，硝酸水溶液为恒沸点溶液。一般市售的浓硝酸，含 HNO_3质量分数为 69.2%（浓度约为 $16mol \cdot L^{-1}$），密度为 $1.42g \cdot cm^{-3}$，沸点为 394.8K。浓硝酸受热或见光就按下式逐渐分解，使溶液呈黄色。

$$4HNO_3 \xlongequal{h\nu} 4NO_2\uparrow + O_2\uparrow + 2H_2O$$

溶解了过量 NO_2的浓硝酸呈红棕色，称为发烟硝酸，发烟硝酸具有很强的氧化性。

硝酸的重要化学性质表现在以下两方面：

a. 硝酸是一种强氧化剂，非金属元素如碳、硫、磷、碘等都能被浓硝酸氧化成氧化物或含氧酸。

$$3C + 4HNO_3 = 3CO_2\uparrow + 4NO\uparrow + 2H_2O$$
$$S + 6HNO_3 = H_2SO_4 + 6NO_2\uparrow + 2H_2O$$
$$3P + 5HNO_3 + 2H_2O = 3H_3PO_4 + 5NO\uparrow$$
$$I_2 + 10HNO_3 = 2HIO_3 + 10NO_2\uparrow + 4H_2O$$
$$3I_2 + 10HNO_3(稀) = 6HIO_3 + 10NO\uparrow + 2H_2O$$

除钛、铌、钽、金、铂、铱、钌、铑等金属外，硝酸几乎可氧化所有金属。某些金属如 Fe、Al、Cr 等金属表面可被冷浓硝酸氧化形成一层十分致密的保护膜，这层氧化膜阻止了内部金属与硝酸进一步作用（即钝化）。所以这些金属不溶于冷浓硝酸，但能溶于稀硝酸。

硝酸与金属反应，其还原产物中氮的氧化态降低了多少，主要取决于硝酸的浓度、金属的活泼性和反应的温度。

对同一种金属来说，酸愈稀则其还原产物中氮的氧化数愈低。一般来说，不活泼的金属如 Cu、Ag、Hg 和 Bi 等与浓硝酸反应主要生成 NO_2，与稀硝酸（浓度为 $6mol \cdot L^{-1}$）反应主要生成 NO；活泼金属如 Fe、Zn、Mg 等与稀硝酸反应则生成 N_2O 或铵盐。

一体积浓硝酸与三体积浓盐酸的混合液被称为王水。

$$HNO_3 + 3HCl = NOCl + Cl_2\uparrow + 2H_2O$$

由于王水中不仅含有 HNO_3、Cl_2、NOCl 等强氧化剂，同时还有高浓度的氯离子，它与金属离子形成稳定的配离子如 $[AuCl_4]^-$或 $[PtCl_6]^{2-}$，降低了溶液中金属离子的浓度，有利于金属的溶解。因此，王水可溶解不能与硝酸作用的金属，如：

$$Au + HNO_3 + 4HCl = H[AuCl_4] + NO\uparrow + 2H_2O$$
$$3Pt + 4HNO_3 + 18HCl = 3H_2[PtCl_6] + 4NO\uparrow + 8H_2O$$

b. 硝酸的硝化作用

硝酸以硝基（$—NO_2$）取代有机化合物分子中的一个或几个氢原子，称为硝化作用。例如 HNO_3与苯（C_6H_6）反应可生成黄色油状的硝基苯：

$$C_6H_6 + HNO_3 \xrightarrow{H_2SO_4} C_6H_5NO_2 + H_2O$$

这类反应是有机化学中极其重要的反应。在硝化过程中有水生成，因此浓 H_2SO_4可以促进硝化作用的进行。利用硝酸的硝化作用可以制造许多含氮染料、塑料、药物，制造硝酸甘油、三硝基甲苯（TNT）、三硝基苯酚（苦味酸）等，它们都是烈性的含氮炸药。

c. 硝酸除了具有氧化性和硝化性外，它也是一种强酸。

② 硝酸盐　硝酸盐大多是无色易溶于水的晶体，其水溶液没有氧化性。固体硝酸盐在常温下较稳定，但在高温时会分解放出 O_2，而显氧化性。

硝酸盐热分解的产物决定于盐的阳离子。

a. 碱金属和碱土金属的硝酸盐热分解放出 O_2 并生成相应的亚硝酸盐。

b. 金属活泼性顺序在 Mg 和 Cu 之间（包括 Mg 和 Cu）的金属，其硝酸盐热分解时生成相应的氧化物。

c. 金属活泼性不如铜的金属，其硝酸盐热分解为金属，例如：

$$2NaNO_3 \xlongequal{\triangle} 2NaNO_2 + O_2$$

$$2Pb(NO_3)_2 \xlongequal{\triangle} 2PbO + 4NO_2 + O_2$$

$$2AgNO_3 \xlongequal{\triangle} 2Ag + 2NO_2 + O_2$$

（二）磷及其化合物

1. 磷的性质

磷在地壳中的丰度在所有元素中居第 11 位，是第四丰富的非金属元素。磷最重要的矿物资源是磷灰石，主要有氟磷灰石 $Ca_5(PO_4)_3F$ 和羟基磷灰石 $Ca_5(OH)(PO_4)_3$ 两种。磷和氮、钾一样也是生物体中不可缺少的宏量元素之一。在植物体中磷主要存在于种子的蛋白质中，在动物体中则含于脑、血液和神经组织的蛋白质中，还以羟基磷灰石 $Ca_5(OH)(PO_4)_3$ 的形式大量存在于脊椎动物的骨骼和牙齿中。

磷有多种同素异性体，其中主要的有白磷、红磷和黑磷三种。

白磷是无色而透明的晶体，遇光即逐渐变为黄色，所以又叫黄磷。白磷有剧毒，误食 0.1g 就能致死。白磷晶体是由 P_4 分子组成的分子晶体，不溶于水，易溶于 CS_2 中。

白磷和潮湿空气接触时发生缓慢氧化作用，部分反应能量以光能的形式放出，故在暗处可以看到白磷发光。白磷在空气中缓慢氧化，当表面上积聚的热量达到它的燃点（1270K）时便发生自燃。因此通常将白磷储存于水中以隔绝空气。

白磷与卤素单质反应激烈，在氯气中能自燃，遇液氯或溴会发生爆炸，与冷浓硝酸也激烈反应并生成磷酸，还与热的浓碱反应生成磷化氢和次磷酸盐。

$$P_4 + 3KOH + 3H_2O \xlongequal{\triangle} PH_3\uparrow + 3KH_2PO_2$$

白磷也能将金、铜及银等从它们的盐中还原出来。白磷与热的铜盐反应时生成磷化亚铜，而在冷溶液中则析出铜。

$$11P + 15CuSO_4 + 24H_2O \xlongequal{\triangle} 5Cu_3P + 6H_3PO_4 + 15H_2SO_4$$

$$2P + 5CuSO_4 + 8H_2O \xlongequal{} Cu + 2H_3PO_4 + 5H_2SO_4$$

白磷是剧毒品，应避免吸入人体内及接触皮肤。它的蒸气毒性也很强，吸入 0.15g 即可致人死亡。如不慎有白磷沾到皮肤上，可用 $0.2mol \cdot L^{-1}$ 的 $CuSO_4$ 溶液冲洗解毒。

将白磷隔绝空气加热到 573K，它就开始转变为无定形红磷（暗红色粉末）。无定形红磷经过不同的加热处理可分别转变为不同结晶状的红色变体。

红磷比白磷稳定，熔、沸点和燃点较高，不溶于有机溶剂、水及二硫化碳中，没有毒性，加热到 670K 以上才着火。红磷在氯气中加热生成氯化物，易被硝酸氧化为磷酸，与 $KClO_3$ 摩擦即着火（甚至爆炸）。室温下，红磷与空气长期接触也会很缓慢地氧化，形成易吸水的氧化物。所以红磷保存在敞开的容器中会逐渐潮解，使用前应小心用水洗涤、过滤和烘干。

黑磷比白磷和红磷更稳定、密度更大、化学反应性更差。黑磷不溶于有机溶剂。黑磷能导电，有“金属磷”之称。

工业上用白磷来制备高纯度的磷酸，生产有机磷杀虫剂，烟幕弹。在青铜中若含有少量磷就叫磷青铜，它富有弹性、耐磨、抗腐蚀，用于制轴承、阀门等。红磷用于生产火柴，火柴盒侧面所涂的物质就是红磷与三硫化二锑等的混合物。

2. 磷的氢化物、卤化物

（1）磷的氢化物　磷与氢组成一系列氢化物，如 PH_3、P_2H_4、$P_{12}H_{16}$ 等，其中最重要的是 PH_3，称为膦。磷化物（Ca_3P_2）的水解反应，碘化磷和碱的反应都能生成膦。

$$Ca_3P_2+6H_2O = 3Ca(OH)_2+2PH_3\uparrow$$

$$PH_4I+NaOH = NaI+PH_3\uparrow+H_2O$$

较大量的 PH_3 可由白磷与碱的歧化反应来制备。

$$P_4+3KOH+3H_2O \overset{\triangle}{=} PH_3\uparrow+3KH_2PO_2$$

膦是一种无色、有类似大蒜臭味的剧毒气体。磷化物之所以用作杀虫剂就是由于它极易吸收空气中的水分生成 PH_3。290K 时 100mL 水溶解 26mL PH_3，水溶液的碱性比氨水弱得多，解离常数 K_b 约为 10^{-26}。

（2）磷的卤化物　磷的卤化物有 PX_3 和 PX_5 两种类型，但 PI_5 不易生成。卤化磷中以 PCl_5 和 PCl_3 较重要，用于合成各种有机物质。

① 三氯化磷　三氯化磷是无色液体，能与卤素反应生成五卤化磷。在较高温度或有催化剂存在时，可以与氧或硫反应生成三氯氧磷或三氯硫磷。PCl_3 易水解生成亚磷酸和氯化氢。

$$PCl_3+3H_2O = P(OH)_3+3HCl$$

② 五氯化磷　过量卤素单质 X_2 与 PX_3 反应生成 PX_5（PI_5 除外）。以 PCl_5 的生成为例：

$$PCl_3+Cl_2 \rightleftharpoons PCl_5$$

PCl_5 是白色固体，加热到 433K 时升华，并可逆地分解为 PCl_3 和 Cl_2，在 573K 以上分解完全。PCl_5 易于水解，水量不足时，部分水解生成三氯氧磷和氯化氢。

$$PCl_5+H_2O = POCl_3+2HCl$$

在过量水中则完全水解。

$$POCl_3+3H_2O = H_3PO_4+3HCl$$

3. 磷的氧化物、含氧酸及其盐

（1）磷的氧化物　磷在空气中或氧中燃烧，如果氧量不足则生成 P_4O_6，如果氧量充足则生成 P_4O_{10}。

P_4O_6 为白色吸湿性蜡状固体，熔点为 297K，沸点为 447K，有很强的毒性，可溶于苯、二硫化碳和氯仿等非极性溶剂中。P_4O_6 是亚磷酸的酸酐，但只有和冷水或碱溶液反应时才缓慢地生成亚磷酸或亚磷酸盐，在热水中它发生强烈的歧化反应。

$$P_4O_6+6H_2O(冷) = 4H_3PO_3$$

$$P_4O_6+6H_2O(热) = 3H_3PO_4+PH_3\uparrow$$

P_4O_{10} 是白色雪花状固体，632K 时升华，在加压下加热到较高温度，晶体就转变为无定形玻璃状，在 839K 时熔化。

P_4O_{10} 与水反应的产物与水的用量、反应温度及催化剂有关。反应如下：

$$P_4O_{10}\begin{cases}\xrightarrow{+2H_2O}(HPO_3)_4\\ \xrightarrow{+3H_2O}H_3PO_4+(HPO_3)_3\\ \xrightarrow{+4H_2O}H_3PO_4+H_5P_3O_{10}\\ \xrightarrow{+5H_2O}2H_3PO_4+H_4P_2O_7\\ \xrightarrow{+6H_2O}4H_3PO_4\end{cases}$$

只有在硝酸作催化剂的热溶液（水充足）中，P_4O_{10} 才能迅速、完全转化为正磷酸。P_4O_{10} 对水有很强的亲和力，吸湿性强，因此它常用作气体和液体的干燥剂，它甚至可以从许多化合物中夺取化合态的水，而使硫酸、硝酸脱水：

$$P_4O_{10}+6H_2SO_4 \longrightarrow 6SO_3\uparrow+4H_3PO_4$$

$$P_4O_{10}+12HNO_3 \longrightarrow 6N_2O_5\uparrow+4H_3PO_4$$

在几种常用的干燥剂中 P_4O_{10} 的干燥效率最高。

最近发现 P_4O_{10} 可用来生产生物玻璃。生物玻璃是一种填有 P_4O_{10} 的苏打石灰玻璃，把它移到体内，钙离子和磷酸根离子在玻璃和骨头的间隙中溶出，并在此区域诱导长出新生的骨头，玻璃就固定在骨头上了。

(2) 磷的含氧酸及其盐　磷有几种较重要的含氧酸见表 2-5。

表 2-5　几种较重要的磷含氧酸

名称	正磷酸	焦磷酸	三磷酸	偏磷酸	亚磷酸	次磷酸
化学式	H_3PO_4	$H_4P_2O_7$	$H_5P_3O_{10}$	$(HPO_3)_n$	H_3PO_3	H_3PO_2
氧化态	+5	+5	+5	+5	+3	+1

在磷的氧化态为+5 的四种酸中仅正磷酸与焦磷酸已制得结晶状态的纯物质。强热使 H_3PO_4 分子间脱水，可以依次生成 $H_4P_2O_7$、$H_5P_3O_{10}$、$(HPO_3)_n$。

焦磷酸可看作是由两个磷酸分子在分子间脱水后通过氧原子连接起来的多酸。三磷酸 $H_5P_3O_{10}$ 的形成过程与焦磷酸相似，也是形成链状结构，但四偏磷酸 $(HPO_3)_4$ 是环状结构。

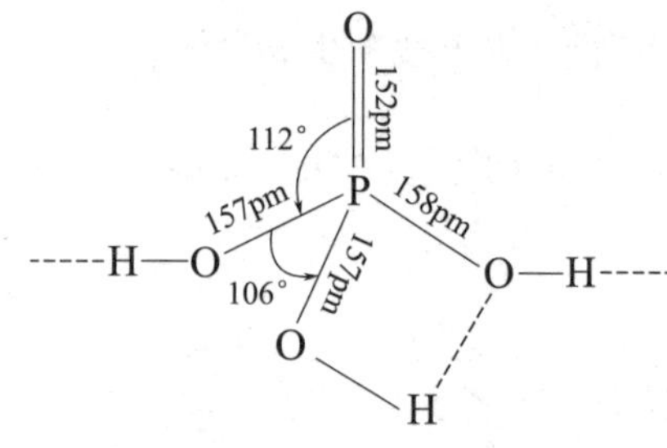

图 2-3　磷酸的分子结构

磷酸盐可分为简单磷酸盐和复杂磷酸盐。简单磷酸盐是指正磷酸的各种盐，而复杂磷酸盐包括多磷酸盐和偏磷酸盐玻璃体，其基本结构单元都是磷氧四面体。

① 正磷酸及其盐　正磷酸简称为磷酸。在磷酸分子中 P 原子是 sp^3 杂化的，磷原子与羟基氧原子之间形成三个 σ 键，磷酸的分子结构见图 2-3。

工业上主要用 76%左右的硫酸分解磷酸钙以制取磷酸。

$$Ca_3(PO_4)_2+3H_2SO_4 \longrightarrow 2H_3PO_4+3CaSO_4$$

纯净的磷酸为无色晶体，熔点为 315K，加热磷酸时逐渐脱水生成焦磷酸、偏磷酸，因此磷酸没有自身的沸点。磷酸能与水以任何比例相混溶。市售磷酸是黏稠的浓溶液（质量分数约为 85%）。磷酸是一种无氧化性的不挥发的三元中强酸，在 298K 时，$K_1=6.92\times10^{-3}$，$K_2=6.10\times10^{-8}$，$K_3=4.79\times10^{-13}$。

正磷酸能生成三个系列的盐：M_3PO_4、M_2HPO_4 和 MH_2PO_4（M 是+1 价金属离子）。磷酸二氢盐都易溶于水，而磷酸一氢盐和正盐除了 K^+、Na^+ 和 NH_4^+ 的盐外，一般不溶于水。

磷酸盐在水中均会发生不同程度的水解，使磷酸盐溶液显碱性。在酸式盐中，其酸根离子同时发生水解和电离，溶液的酸碱性取决于水解和电离的相对强弱。Na_2HPO_4 的溶液显弱碱性，NaH_2PO_4 溶液显弱酸性。

磷肥是重要的无机肥料，但天然磷酸盐都难溶于水，很难被作物吸收。用适量硫酸处理磷酸钙

$$Ca_3(PO_4)_2+2H_2SO_4 \longrightarrow 2CaSO_4+Ca(H_2PO_4)_2$$

所生成的混合物（叫做过磷酸钙）可直接用作肥料，其有效成分 $Ca(H_2PO_4)_2$ 溶于水易被植物吸收。$CaHPO_4$ 也是磷肥，它不溶于水，撒入酸性土壤后溶解性增加。

磷酸盐与过量的钼酸铵在浓硫酸溶液中反应有淡黄色磷钼酸铵晶体析出，这是鉴定正磷酸根离子的特征反应。

$$PO_4^{3-}+12MoO_4^{2-}+3NH_4^++24H^+ \longrightarrow (NH_4)_3[P(Mo_{12}O_{40})]\cdot 6H_2O\downarrow+6H_2O$$

在含 PO_4^{3-} 的试液中加适量 $NH_3\cdot H_2O$ 和 $MgCl_2$，则生成白色沉淀。

$$Mg^{2+}+NH_4^++PO_4^{3-} \rightleftharpoons NH_4MgPO_4\downarrow$$

② 焦磷酸、焦磷酸盐　焦磷酸是无色玻璃状固体，易溶于水，在冷水中会慢慢地转变为正磷酸。焦磷酸水溶液的酸性强于正磷酸，它是一个四元酸（291K，$K_1=1.23\times10^{-1}$，$K_2=7.94\times10^{-3}$，$K_3=1.99\times10^{-7}$，$K_4=4.47\times10^{-10}$），能生成三种盐，二代、三代和四代盐。常见的焦磷酸盐有 $M_2H_2P_2O_7$ 和 $M_4P_2O_7$ 两种类型。将磷酸氢二钠加热可得到 $Na_4P_2O_7$：

$$2Na_2HPO_4 \xlongequal{\triangle} Na_4P_2O_7 + H_2O$$

③ 亚磷酸　P_4O_6 的水解或将含有 PCl_3 的空气流通入 270～273K 的水中都可得到亚磷酸。

纯的亚磷酸是白色固体（熔点为 347K），在水中的溶解度极大。亚磷酸是一种二元中强酸，有一个氢原子直接和磷原子相连，其结构如图 2-4 所示。

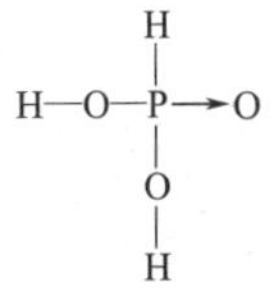

亚磷酸的电离常数 $K_1=3.72\times10^{-2}$，$K_2=2.09\times10^{-7}$，能形成 NaH_2PO_3 和 Na_2HPO_3 两种类型的酸式盐。亚磷酸及其盐都是强还原剂，能将 Ag^+、Cu^{2+} 等离子还原为金属。

$$H_3PO_3 + CuSO_4 + H_2O \xlongequal{} Cu + H_3PO_4 + H_2SO_4$$

亚磷酸及其浓溶液受热时会发生歧化反应。

$$4H_3PO_3 \xlongequal{\triangle} 3H_3PO_4 + PH_3$$

图 2-4　亚磷酸的分子结构

（三）砷及其化合物

1. 砷单质

砷在地壳中的含量不大，有时以游离态存在于自然界中，但主要以硫化物矿存在，例如雄黄（As_4S_4）、雌黄（As_2S_3），少量砷还广泛存在于金属硫化物矿中。从这些硫化物矿提取砷单质，一般先将硫化物煅烧为氧化物，再用碳还原。

$$As_4O_6 + 6C \xlongequal{} 4As + 6CO\uparrow$$

砷有灰、黄、黑三种同素异性体。在常温下灰砷是最稳定的同素异性体。

迅速冷却砷蒸气（270K）可得到黄砷。黄砷的结构和黄磷相似，是以 As_4 为基本结构单元组成的分子晶体，呈明显的非金属性。黄砷易溶于 CS_2，不稳定，在室温下就转变为灰色变体。

用液态空气冷却砷蒸气可得到黑砷的无定形体。

灰砷有金属的外形，能传热导电，但不是优良导体。

常温下砷不溶于稀酸，但能和硝酸、热浓硫酸、王水等反应：

$$2As + 3H_2SO_4(热、浓) \xlongequal{} As_2O_3 + 3SO_2\uparrow + 3H_2O$$

$$2As + 6NaOH(熔融) \xlongequal{} 2Na_3AsO_3 + 3H_2\uparrow$$

砷元素能与许多金属形成合金，如在铅中加入 0.5%的砷，可增加铅的硬度，用于制造子弹和轴承。

2. 砷氢化物和卤化物

（1）砷氢化物　砷氢化物是无色有恶臭和有毒的气体，极不稳定。砷化氢又称胂。将砷化物水解或用活泼金属在酸性溶液里使砷化合物还原都能得到胂。

$$Na_3As + 3H_2O \xlongequal{} AsH_3 + 3NaOH$$

$$As_2O_3 + 6Zn + 6H_2SO_4 \xlongequal{} 2AsH_3 + 6ZnSO_4 + 3H_2O$$

在缺氧条件下，胂受热分解，生成的砷在器皿的冷却部位聚集，形成亮黑色的“砷镜”，这种检测砷的方法称为马氏试砷法，检出的下限为 0.007mg As。

$$2AsH_3 \xlongequal{500K} 2As + 3H_2$$

胂是非常强的还原剂，与 $AgNO_3$ 反应析出黑色 Ag，该种检测砷的方法称为古氏试砷法。

$$2AsH_3 + 12AgNO_3 + 3H_2O \xlongequal{} As_2O_3 + 12HNO_3 + 12Ag\downarrow$$

胂不稳定，室温下在空气中发生自燃。

$$2AsH_3 + 3O_2 \xlongequal{} As_2O_3 + 3H_2O$$

（2）砷氧化物及其水合物　砷重要的氧化物为+3 氧化态的 As_4O_6，As_4O_6 的结构与 P_4O_6 相似，习惯上表示为As_2O_3。直接燃烧砷单质能得到As_2O_3。As_2O_3常由单质砷先氧化为+3氧化态的相应氧化物的水合物，然后再脱水而得。反应如下：

$$4As+3O_2 \xlongequal{} As_4O_6$$

$$3As+5HNO_3+2H_2O \xlongequal{} 3H_3AsO_4+5NO\uparrow$$

$$3As_2O_3+4HNO_3+7H_2O \xlongequal{} 6H_3AsO_4+4NO\uparrow$$

$$2H_3AsO_4 \xlongequal{440K} As_2O_5+3H_2O$$

As_2O_3是砷的重要化合物，俗称砒霜，是剧毒的白色粉状固体，致死量为0.1g。它可用于制造杀虫剂、除草剂以及含砷药物。As_2O_3中毒时，可服用配位剂如2,3二巯基丙醇，使之与As_2O_3反应生成无毒的配合物。As_2O_3微溶于水（2.16g/100gH_2O，298K），生成亚砷酸H_3AsO_3。H_3AsO_3仅存在于溶液中，它是两性物质，$K_a \approx 5.13\times10^{-10}$，$K_b \approx 10^{-14}$（298K）。$As_2O_3$是两性偏酸性氧化物，它易溶于碱生成亚砷酸盐。

$$As_2O_3+6NaOH \xlongequal{} 2Na_3AsO_3+3H_2O$$

$$As_2O_3+6HCl \xlongequal{} 2AsCl_3+3H_2O$$

（3）砷的硫化物　向砷的+3氧化态盐溶液中或强酸酸化后的As_2O_3溶液中通H_2S都可得到有颜色的硫化物沉淀。As_2S_3、As_2S_5均为黄色固体，不溶于水和盐酸，溶于NaOH和Na_2S溶液中。

雌黄主要成分是三硫化二砷，是一种单斜晶系矿石，有剧毒。雌黄呈柠檬黄色或鲜黄色，密度是3.49g·cm^{-3}，折射率是2.81，半透明，金刚光泽至油脂光泽，灼烧时熔融，产生青白色的带强烈的蒜臭味的烟雾。

雄黄是四硫化四砷（As_4S_4）的俗称，又称作石黄、黄金石、鸡冠石，通常为橘黄色粒状固体或橙黄色粉末，质软，性脆。雄黄常与雌黄、辉锑矿、辰砂共生，加热到一定温度后在空气中可以被氧化为剧毒的三氧化二砷，即砒霜。

四、碳、硅、硼及其化合物

（一）碳及其化合物

碳原子半径小，电负性大，电离能较高，最高配位数通常为4，C与C之间成链能力强，与碳、氮、氧、硫、磷都易形成多重键。

1. 碳的单质

碳有金刚石、石墨、碳原子簇（以C_{60}为代表）等多种同素异形体。

（1）金刚石和石墨　金刚石是典型的原子晶体，碳原子以sp^3杂化，是四面体结构，组成无限三维骨架。金刚石硬度最大，在所有单质中熔点最高，而且不导电，主要用于制造钻探用钻头和磨削工具，它还用于制作首饰等高档装饰品。

石墨具有层状结构，层内每个碳原子都是以sp^2杂化轨道与相邻的3个碳原子形成σ单键。石墨具有良好的导电性和导热性。石墨的层与层之间的距离较大（335pm），结合力是范德华力，易于滑动，故石墨质软且具有润滑性。

石墨在工业上用途广泛，可以用它制电极和高温热电偶、坩埚、冷凝器等化工设备，还可制润滑剂、颜料、铅笔芯、火箭发动机喷嘴和宇宙飞船及导弹的某些部件等。在核反应堆中作中子减速剂及防射线材料等。

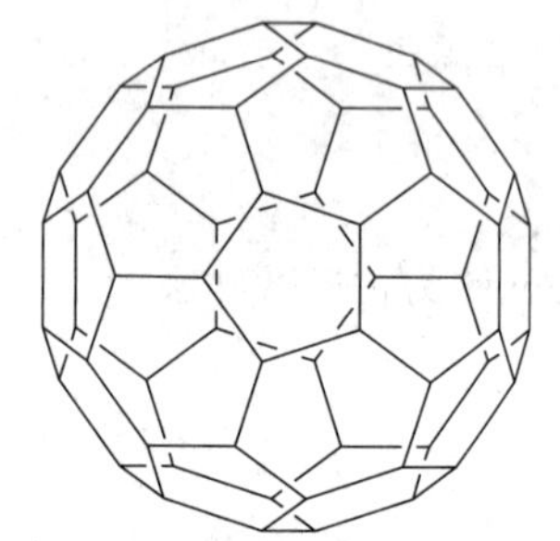
图2-5　碳原子簇

石墨和金刚石的大量工业用品是人工制造的。人造石墨可用石油、焦炭、加煤焦油或沥青，成型烘干后在真空电炉中加热到3273K左右制得。

工业上一般以Ni-Cr-Fe合金等为催化剂，在$1.52\times10^6 \sim 6\times10^6$ kPa和1500～2000K下，将石墨转变为金刚石。

（2）碳原子簇　碳原子簇是一大类由碳原子组成的呈现封闭的多面体圆球形（图2-5）或椭球形结构的碳单质的总称。

C_{60}和C_{70}等碳原子簇是1985年发现的。C_{60}是由60个碳原子相互联结的一种近似圆球的分子。C_{60}和1985年后相继发现的C_{24}、C_{84}、C_{120}、C_{180}等碳原子组成的分子一样，是碳单质的新的存在形式。C_{60}的结构很像著名建筑师巴克敏斯特·富勒（Buckminster Fuller）所设计的一个著名建筑的圆顶，所以又被称为“富勒烯”或“巴基球”。

C_{60}等碳原子簇的发现，对物理学、电子学、材料学、生物学、医药科学等领域产生了深远的影响，且在理论研究和应用方面显示出了广阔的前景。

（3）碳的化学性质

① 碳能与非金属单质如O_2、F_2反应，但不能与其他卤素反应。

$$C+2F_2 \xlongequal{} CF_4$$

② 碳作还原剂　碳可与H_2O、金属氧化物、氧化性酸及某些盐类反应。

$$PbO(s)+C(S) \xlongequal{} Pb(s)+CO(g)$$

$$Fe_2O_3(s)+3C(s) \xlongequal{} 2Fe(s)+3CO(g)$$

$$C(s)+2H_2SO_4(浓) \xlongequal{} CO_2(g)+2SO_2(g)+2H_2O(l)$$

$$C(s)+4HNO_3(浓) \xlongequal{} CO_2(g)+4NO_2(g)+2H_2O(l)$$

碳单质最重要的用途是还原金属氧化物制备金属。

2. 碳的化合物

碳有许多氧化物，其中常见的是CO和CO_2。

① 一氧化碳　在O_2不足的情况下，碳或碳的化合物燃烧时得到无色CO气体：

$$C(s)+\frac{1}{2}O_2(g) \xlongequal{} CO(g)$$

工业上CO的主要来源为发生炉煤气和水煤气。由限量空气通过炽热煤层，所产生的混合气体称为发生炉煤气，主要成分是CO（25%）和N_2（70%）还有CO_2（约4%）等。水煤气是水蒸气与灼热（1273K）的焦炭反应，得到的混合气体，主要含CO（46%）和H_2（52%）。

$$C(s)+H_2O(g) \xlongequal{1273K} CO(g)+H_2(g)$$

CO同N_2一样也是三键：一个σ键，两个π键。但是与N_2分子不同的是，有一个键为配键，这对电子来自氧原子。其结构式见图2-6。

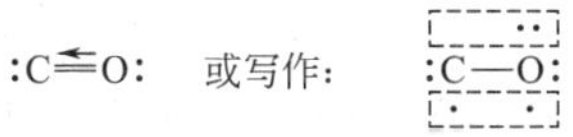

:C⇐O:　或写作：:C—O:

图2-6　CO的结构示意图

CO分子中，配键使氧原子带正电荷，但另两个共价键电子云偏向氧原子，两种因素相互抵消，致使CO的偶极矩几乎等于零且碳原子略带负电荷。这使得碳原子容易向有空轨道的原子提供电子对，这也是CO分子较活泼的一个原因。

CO的主要化学性质如下：

a. 还原性　CO与氧反应：

$$CO+\frac{1}{2}O_2 \xlongequal{} CO_2$$

木炭或煤燃烧时火焰呈蓝色即CO的焰色。CO也是冶金工业常用的还原剂，在高温下可从许多金属氧化物如Fe_2O_3、CuO或PbO中夺取氧，使金属还原。冶金工业中用焦炭作还原剂，实际上起重要作用的是CO。

汽车排出废气中的CO污染空气。有些汽车在排气口装有催化转化装置，用Pt、Pd或Mn、Cu的氧化物及稀土氧化物作催化剂，将CO转化为无毒的CO_2，效果很好。

b. CO与其他非金属的作用

ⅰ. 与氢反应：

$$CO+2H_2 \xlongequal[623\sim673K]{Cr_2O_3\cdot ZnO} CH_3OH$$

$$CO+3H_2 \xlongequal[523K,101kPa]{Fe、Co或Ni} CH_4+H_2O$$

这些反应使水煤气成为合成甲醇和某些有机物的原料之一。

ⅱ. 与卤素反应　CO 与 F_2、Cl_2、Br_2 反应可得到碳酰卤化物。如：

$$CO+Cl_2 \xlongequal{活性炭} COCl_2(碳酰氯)$$

碳酰氯又名“光气”，毒性极强，是有机合成中的重要中间体。

c. CO 与碱的作用　CO 的酸性非常微弱，在 473K 及 1.01×103kPa 压力下能与粉末状的 NaOH 反应生成甲酸钠：

$$NaOH+CO \xlongequal[1.01\times10^3 kPa]{473K} HCOONa$$

因此也可以把 CO 看作是甲酸 HCOOH 的酸酐。甲酸脱水可以得到 CO，这是实验室利用甲酸或甲酸钠制取 CO 的反应。

$$HCOOH(l) \xlongequal{浓\ H_2SO_4} CO(g)+H_2O(l)$$

d. CO 作为一种配体，能与一些有空轨道的金属原子或离子形成配合物。例如同ⅣB、ⅦB 和ⅧB 族的过渡金属形成羰基配合物 $Fe(CO)_5$、$Ni(CO)_4$ 和 $Cr(CO)_6$ 等。

CO 对人体有毒害作用，是因为它能与血液中携带 O_2 的血红蛋白（Hb）形成稳定的配合物 COHb。CO 与 Hb 的亲和力约为 O_2 与 Hb 的 230～270 倍。COHb 配合物一旦形成后，就使血红蛋白丧失了输送氧气的能力，所以 CO 中毒将导致组织缺氧。如果血液中 50％的血红蛋白与 CO 结合，即可引起心肌坏死。

② 二氧化碳　CO_2 是无色、无臭的气体，临界温度为 304K，很容易被液化。在常温下，压力达 7.1×10^3kPa 时即能液化。液态 CO_2 的气化热很高，217K 时为 25.1kJ·mol^{-1}。当部分液态 CO_2 气化时，另一部分 CO_2 即被冷却，凝成（5.3×10^5Pa，216.6K）雪花状的固体。该固体俗称“干冰”，是分子晶体。

CO_2 在大气中约占 0.03％，海洋中约占 0.014％。地面上的植物和海洋中的浮游生物则将 CO_2 转变为 O_2，千百年来大气中的 O_2 与 CO_2 一直维持着平衡。随着全世界工业的高速发展，森林又遭砍伐，破坏了生态平衡，大气中的 CO_2 浓度越来越高，据估计每年约增加百万分之二到四。

太阳光中绝大部分的紫外光被大气上空的臭氧层所吸收，其余部分的光进入大气。大气中的水汽和 CO_2 不吸收可见光，因此可见光可通过大气层而到达地球表面。与此同时，地球以红外光的形式向外辐射能量。水蒸气和 CO_2 能吸收红外光，这就使得地球应该失去的那部分能量被储存在大气层内，造成大气温度升高。大气中 CO_2 的增多，是造成地球“温室效应”的主要原因。

在 CO_2 分子中，碳原子与氧原子生成四个键，两个 σ 键和两个大 π 键（即离域 π 键）。CO_2 为直线型分子（见图 2-7），碳原子上两个未杂化成键的 p 轨道同氧原子的 p 轨道肩并肩地发生重叠，由于 π 电子的高离域性，使 CO_2 中的碳氧键（键长为 116pm）处于双键 C═O（键长为 122pm）和三键 C≡O （键长为 110pm）之间。CO_2 没有极性。

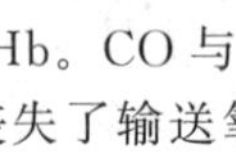

:O—C—O:

图 2-7　CO_2 的结构示意图

CO_2 不活泼，但在高温下，能与碳或活泼金属镁、钠等反应。

$$CO_2+2Mg \xlongequal{点燃} 2MgO+C$$

$$2Na+2CO_2 \xlongequal{} Na_2CO_3+CO$$

所以活泼金属燃烧时不能用 CO_2 灭火器灭火。

CO_2 虽然无毒，但在空气中的含量过高时也会使人因缺氧而窒息。人进入地窖时应手持燃着的蜡烛，若烛灭，表示窖内 CO_2 过多，暂不宜进入。

3. 碳酸和碳酸盐

（1）碳酸　CO_2 在水中的溶解度不大，298K 时，1L 水中溶 1.45g（约 0.033mol）CO_2，溶解的 CO_2 很少一部分与 H_2O 反应而生成 H_2CO_3，大部分 CO_2 以水合状态存在。H_2CO_3 很不稳定，是二元酸。

$$H_2CO_3 \rightleftharpoons H^+ + HCO_3^- \qquad K_1 = 4.3\times10^{-7}$$
$$HCO_3^- \rightleftharpoons H^+ + CO_3^{2-} \qquad K_2 = 4.69\times10^{-11}$$

碳酸盐有两种类型，即酸式盐和正盐。

(2) 碳酸盐的性质

① 溶解性　所有碳酸氢盐都溶于水。正盐中只有铵盐和碱金属盐溶于水。

若正盐易溶，则相应的酸式盐在水中的溶解度比正盐的溶解度小，这同 HCO_3^- 在它们的晶体中通过氢键结合成链有关。若正盐难溶，则酸式盐的溶解度比正盐的溶解度大。

自然界有许多碳酸盐矿石，大理石、石灰石、方解石以及珍珠、珊瑚、贝壳等的主要成分都是 $CaCO_3$。白云石、菱镁矿含有 $MgCO_3$。地表层的碳酸盐矿石在 CO_2 和水的长期侵蚀下可以部分地转变为 $Ca(HCO_3)_2$ 而溶解。所以天然水中含有钙镁离子。

$$CaCO_3 + CO_2 + H_2O = Ca(HCO_3)_2$$

$Ca(HCO_3)_2$ 经过长期的自然分解、受热及 CO_2 分压的降低，又析出 $CaCO_3$。这是自然界中钟乳石和石笋的成因，也是暂时硬水（含 HCO_3^- 及 Ca^{2+} 和 Mg^{2+}）软化的原理。

② 水解性　碳酸盐和碳酸氢盐都能水解。

③ 热稳定性　碳酸盐受热分解的难易程度与阳离子的极化作用有关。

阳离子对 CO_3^{2-} 产生反极化作用，使 CO_3^{2-} 不稳定以至于分解。

阳离子的极化作用越大，碳酸盐就越不稳定。碱金属和碱土金属离子对 CO_3^{2-} 产生的极化作用较小，所以钠、钾、钡的碳酸盐在高温（熔融状态下）也观察不到有明显的分解。

18 电子或 18+2 电子构型外壳或不规则电子层电荷低的阳离子（如 Ag^+、Pb^{2+}、Hg^{2+} 等）对 CO_3^{2-} 产生的极化作用较强，这类碳酸盐，如 $ZnCO_3$ 和 $PbCO_3$ 加热即分解为金属氧化物和 CO_2。

4. 碳的硫化物和卤化物

(1) 二硫化碳　CS_2 为无色有毒的挥发性液体（沸点为 46.5℃，即 319.7K），它在空气中极易着火（闪点为−30℃）。反应为：

$$CS_2(l) + 3O_2(g) = CO_2(g) + 2SO_2(g)$$

二硫化碳是直线型非极性分子，可用作有机物、白磷和晶形硫的溶剂。它不溶于水，在 423K 时和水蒸气反应得到 CO_2 及 H_2S。它被大量用于生产黏胶纤维，还用于制玻璃纸和生产 CCl_4。

(2) 碳的卤化物　CF_4 对热和化学试剂都稳定。CCl_4 是四面体构型的非极性分子，在常温下为液体，沸点为 350K。它的化学性质不活泼，在常温下不被酸碱所分解。

碳还能生成一些混合四卤化物 CX_nY_{4-n}，如 1211 灭火剂和冷冻剂氟里昂（Freon）等。氟里昂为烷烃的含氟、含氯衍生物的总称。二氟二氯甲烷 CCl_2F_2 是无色气体，它的商业名称是氟里昂-12，化学性质极不活泼，无毒又不可燃，在 243K 时冷凝为液体，常用于冰箱、空调器等的制冷剂。氟里昂对大气上空的臭氧层具有破坏作用，所以现在已用其他的制冷剂来代替氟里昂。

（二）硅及其化合物

硅的价电子构型为 $3s^23p^2$，可进行 sp^3 杂化，并以形成共价化合物为特征。它的原子半径比碳的大，硅在地壳中的含量仅次于氧，分布很广。硅有很强的亲氧性，自然界中基本不存在游离态的硅，一般以硅的含氧化合物，如 SiO_2、硅酸盐等形式存在。

1. 单质硅的制备

单质硅是重要的半导体材料。制 Si 的方法很多，工业上用焦炭在电炉中将石英砂还原得到粗硅（96%～97%）。

$$SiO_2 + 2C \xlongequal{3273K} Si + 2CO\uparrow$$

粗硅可通过下列反应转变为纯硅：

$$SiCl_4 + 2H_2 \xlongequal{电炉} Si(纯) + 4HCl$$

$$Si(粗)+2Cl_2(g)\xrightarrow{723\sim773K}SiCl_4(l)$$

或

$$Si(粗)+3HCl(g)\xrightleftharpoons{523\sim573K}SiHCl_3(l)+H_2(g)$$

用精馏方法将 $SiCl_4$ 和 $SiHCl_3$ 提纯后再用 H_2 还原得高纯硅。

目前，较廉价的制硅方法是用 Na 还原 Na_2SiF_6

$$Na_2SiF_6+4Na=\!=\!=6NaF+Si$$

2. 性质和应用

(1) 化学性质及部分用途　晶态硅具有金刚石的结构，硬而脆（硬度为 7.0）、熔点高，在常温下化学性质不活泼。无定形硅比晶态硅活泼。硅主要化学性质如下：

① 与非金属作用　Si 在常温下只能与 F_2 反应，生成 SiF_4，但在高温下能与其他卤素和一些非金属单质反应，如在 673K 与 Cl_2 反应得到 $SiCl_4$，在 1223～1443K 与 O_2 反应生成 SiO_2，在 1673K 与 N_2（或 NH_3）反应得到 Si_3N_4。

Si_3N_4 属于强共价键合的物质，是最有实用价值的陶瓷材料。它耐高温，在高温下有较高强度；有优良的耐磨性能、耐蚀性能、力学性能和耐热冲击（急冷急热）性能，还有低的摩擦系数等。它还具有优良的耐蠕变性，因此可用作陶瓷引擎，用于汽车和飞机上。

② 与酸作用　Si 一般不与酸反应。在氧化剂（HNO_3、CrO_3、$KMnO_4$、H_2O_2 等）存在的条件下，可与 HF 酸反应。

$$3Si+4HNO_3+18HF=\!=\!=3H_2SiF_6+4NO\uparrow+8H_2O$$

③ 与碱作用　无定形 Si 能与强碱剧烈反应，放出 H_2。

$$Si+2NaOH+H_2O=\!=\!=Na_2SiO_3+2H_2\uparrow$$

④ 与金属作用　高温下 Si 能与 Zn、Cd 等金属生成简单的互溶合金，也可以和许多金属形成二元化合物——硅化物，如 CuSi、FeSi、$FeSi_2$ 等。

(2) 半导体性质及用途　超纯单晶硅是理想的半导体材料。超纯单晶硅的导电性随温度的升高而增加。

在纯 Si 或 Ge 中掺入少量ⅤA 族元素（P、As、Sb、Bi），使晶体导电性增加。这类掺杂半导体称为 n 型半导体（n 表示负电荷 negative）。

倘若在 Si、Ge 中掺入ⅢA 族元素（B、Al、Ga、In），导电性也增加。这类掺杂半导体称为 p 型半导体（p 表示正电荷 positive）。

太阳能电池将 n 型和 p 型半导体结合在一起，就可将辐射能转变为电能。非晶态硅薄膜半导体是国际上近几年研制成功的，主要用于太阳能光电转换和信息技术方面，且在能源的开发方面，它是一种很有前途的材料。

(3) 硅铁合金及聚硅氧烷　除用于电子工业中的高纯硅单晶外，大量的硅用于钢铁制造。

① 硅能使碳在铁中的溶解度降低。

② 硅可用作脱氧剂还原在冶炼过程中生成的铁的氧化物。

硅与铁所制得的硅铁合金具有许多优良的性能：它具有高的导磁性，因而被广泛用作变压器的铁心，硅钢片是制发电机和变压器不可缺少的材料；含硅 22％的硅钢有很好的弹性，被用于弹簧钢的制造上；含硅 15％的硅钢具有突出的耐酸性能，因而广为用作耐酸材料。

聚硅氧烷是由碳、氢、氧和硅四种元素组成的一类有机硅聚合物，它们起初是作为绝缘材料而发展起来的。这类聚合物大多数对热是稳定的，例如聚硅氧烷橡胶从 183K 到 523K 都能保持其弹性，因而在工业上有广泛的用途。

3. 硅的卤化物和氟硅酸盐

(1) 卤化物　硅的卤化物同碳的卤化物相似，都是共价化合物，熔点、沸点都比较低。氟化物、氯化物的挥发性更大，易于用蒸馏的方法提纯它们，常被用作制备其他含硅化合物的原料。这些卤化物以碘化物的熔点、沸点最高，而氟化物最稳定。99.99％（质量分数）的 SiF_4 是制太阳能电池用的非晶态硅的原料。$SiCl_4$ 主要用于制硅酸酯类、有机硅单体、高温绝缘漆和硅橡胶，还用于制光导纤维所需要的高纯度石英。

硅的卤化物强烈地水解，它们在潮湿空气中发烟，故 $SiCl_4$ 可作烟雾剂。如：

$$SiCl_4(l)+3H_2O(l)=H_2SiO_3(s)+4HCl(aq)$$

硅的卤化物可以用下列方法制取：

① 硅与卤素直接化合　Si 与 F_2 在常温下就生成 SiF_4。其他卤化物在较高的温度下也可以得到。

② 硅的氧化物与氢氟酸作用，用于玻璃刻字。例如：

$$SiO_2+2CaF_2(s)+2H_2SO_4(l)\xlongequal{\triangle}SiF_4(g)+2CaSO_4(s)+2H_2O$$

③ 硅的氧化物与焦炭的混合物经氯化处理：

$$SiO_2(s)+2C(s)+2Cl_2(g)=SiCl_4(g)+2CO(g)$$

(2) 氟硅酸盐　SiF_4 极易与 HF 配位形成氟硅酸 H_2SiF_6。

$$SiF_4+2HF=H_2SiF_6$$

此反应未制得游离的 H_2SiF_6，只能得到含 H_2SiF_6 质量分数为 60% 的溶液，是一种强度相当于 H_2SO_4 的强酸，以 SiF_6^{2-} 和 H_3O^+ 形式存在于水溶液中。锂、钙等的氟硅酸盐溶于水，钠、钾、钡的氟硅酸盐难溶于水。用纯碱溶液吸收 SiF_4 气体，得到白色的氟硅酸钠 Na_2SiF_6 晶体。

$$3SiF_4+2Na_2CO_3+H_2O=2Na_2SiF_6\downarrow+H_2SiO_3+2CO_2$$

利用此反应可除去生产磷肥时有害的废气 SiF_4，同时得到很有用的副产物 Na_2SiF_6。Na_2SiF_6 可作杀虫剂、搪瓷乳白剂及木材防腐剂等。

SiF_4 与碱金属氟化物反应，也可以得到氟硅酸盐。

$$SiF_4+2KF=K_2SiF_6$$

K_2SiF_6 用于制太阳能级的纯硅（含量 99.97%）。

4. 硅的含氧化合物

Si 是亲氧元素，主要以十分稳定的 SiO_4 四面体（图 2-8）的形式存在于二氧化硅和各种硅酸盐中。大部分坚硬的岩石是由硅的含氧化合物构成的。石英为二氧化硅（图 2-9），长石和云母为硅酸盐。在自然界里二氧化硅的存在形式有 200 多种，如玛瑙、水晶（图 2-10）、燧石等都是，统称为硅石。天然的硅酸盐约有 1000 多种。硅酸盐是碱金属、碱土金属、铝、镁及铁等的硅氧化合物，可以看作是碱性氧化物和酸性氧化物组成的复杂化合物，用通式 $aM_xO_y\cdot bSiO_2\cdot cH_2O$ 表示。

(1) 二氧化硅　在 SiO_2 中，每个硅原子以四个共价键与四个氧原子结合，而许多四面体又通过顶点的氧原子连成原子晶体。每个氧原子为两个四面体所共有，Si∶O=1∶2，所以 SiO_2 是二氧化硅的最简式。

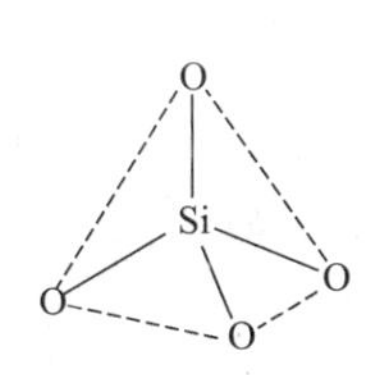

图 2-8　SiO_4 四面体

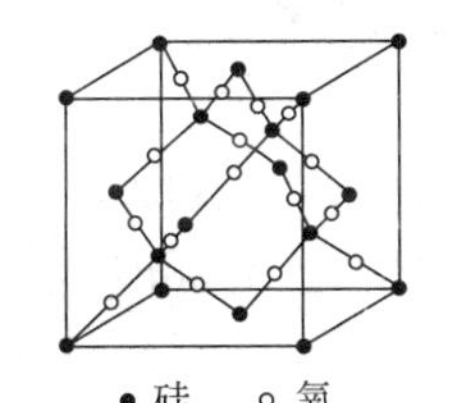

图 2-9　β-方石英结构

图 2-10　水晶

天然二氧化硅分为晶态和无定形两大类。晶态二氧化硅主要存在于石英矿中。纯石英为无色晶体，大而透明的棱柱石英称为水晶。砂子也是混有杂质的石英细粒。硅藻土则是无定形二氧化硅。动植物体内也含有少量的二氧化硅。一般来说，植物的茎和穗（如麦秆）含二氧化硅也较多。

SiO_2 为原子晶体，Si—O 的键能很高，石英的硬度大，熔点高。将石英在 1873K 熔融，急速冷却时，成为一种过冷液体，即石英玻璃。石英玻璃的热膨胀系数小，灼烧后立即投入冷水中也不至于破裂，可用于制造耐高温的仪器。石英玻璃能透过紫外线，可用于制造水银石英灯具和其他光学仪器。石英在高温时是良好的绝缘体。高纯度石英熔融后拉成细丝可制作光导纤维（直径约为0.1mm），用于光纤通信，使传输信息的容量和传输速度大大增加，是通信方式上的一次技术革命。

SiO_2为酸性氧化物，不与HF以外的无机酸反应，但能与热的浓碱或熔融的碱以及碳酸钠反应，得到硅酸盐。

$$SiO_2+2NaOH \xlongequal{} Na_2SiO_3+H_2O$$

$$SiO_2+Na_2CO_3 \xlongequal{熔融} Na_2SiO_3+CO_2\uparrow$$

玻璃含有SiO_2，所以玻璃能被碱腐蚀。

二氧化硅在高温下能被Mg、Al或B所还原。

$$SiO_2+2Mg \xlongequal{高温} 2MgO+Si$$

（2）硅酸　习惯上把H_2SiO_3称作硅酸。SiO_2是硅酸的酸酐，但是SiO_2不溶于水，所以不能用SiO_2与水直接反应得到H_2SiO_3。273K时，$SiCl_4$于pH＝2～3的水溶液中水解，得H_4SiO_4：

$$SiCl_4+4H_2O \xlongequal{} H_4SiO_4+4HCl$$

H_4SiO_4叫做正硅酸，它是个原酸，经过脱水可得到一系列稳定的酸，包括偏硅酸（H_2SiO_3是二元弱酸，$K_1=2.51\times10^{-10}$，$K_2=1.55\times10^{-12}$）和多硅酸（$H_6Si_2O_7$及H_2SiO_5等）。

将硅酸凝胶充分洗涤以除去可溶性盐类，干燥脱水后即成为多孔性固体，称为硅胶。它是很好的干燥剂、吸附剂以及催化剂载体。用粉红色的$CoCl_2$溶液浸泡过的硅酸凝胶加热干燥后，得到的固体被称为蓝色硅胶（蓝色是因为含有无水$CoCl_2$）。蓝色硅胶再吸水后又变为粉红色（红色是因为含有$CoCl_2\cdot6H_2O$），可以重新烘干使用。

（3）硅酸钠　除了碱金属以外，其他金属的硅酸盐都不溶于水。硅酸钠是最常见的可溶性硅酸盐，可由石英砂与烧碱或纯碱反应而制得。

硅酸钠水解使溶液显强碱性，水解产物为二硅酸盐或多硅酸盐：

$$Na_2SiO_3+2H_2O \rightleftharpoons NaH_3SiO_4+NaOH$$

$$2NaH_3SiO_4 \rightleftharpoons Na_2H_4Si_2O_7+H_2O$$

工业上制多硅酸钠的方法是将石英砂、硫酸钠和煤粉混合后放在温度为1373～1623K的反射炉内反应。将产物冷却后，即得玻璃块状物。该产物常因含有铁盐等杂质而呈灰色或绿色。用水蒸气处理使其溶解成为黏稠液体，俗称“水玻璃”，又名“泡花碱”。它是多种多硅酸盐的混合物，其化学组成常用$Na_2O\cdot nSiO_2$表示。水玻璃可作建筑工业及造纸工业的黏合剂。用水玻璃溶液浸泡过的木材或织物既防腐又防火。水玻璃溶液浸过的鲜蛋能长期保存。水玻璃还用作软水剂、洗涤剂和制肥皂的填料，它也是制硅胶和分子筛的原料。

（三）硼及其化合物

硼在自然界主要以含氧化合物的形式存在。硼的重要矿石有硼砂$Na_2B_4O_7\cdot10H_2O$，方硼石$2Mg_3B_8O_{15}\cdot MgCl_2$，硼镁矿$Mg_2B_2O_5\cdot H_2O$等。硼的原子半径较小，核电荷对外层电子的吸引较强，为非金属。

1. 硼的单质

（1）单质硼的结构　单质硼有多种同素异形体，包括无定形硼和晶体硼。无定形硼为棕色粉末，晶体硼呈黑灰色。晶体硼有各种复杂的晶体结构（只测出三种结构），但都是以B_{12}的二十面体为基本单元。

（2）单质硼的性质和用途　单质硼晶体属于原子晶体，熔点、沸点很高，硬度很大（仅次于金刚石）。晶体硼相当稳定，化学性质不活泼。但无定形硼较活泼，能发生一些化学反应。

① 在氧气中燃烧，除生成B_2O_3外，还可生成少量BN。

$$4B+3O_2 \xlongequal{973K} 2B_2O_3$$

硼与氧的亲和力强，它能从许多稳定的氧化物（如 SiO_2、P_2O_5等）中夺取氧，常用作还原剂，如在炼钢工业中用作去氧剂。

② 与非金属作用　无定形硼在室温下与 F_2反应生成 BF_3，在高温时，除 H_2、Te、稀有气体外，能与所有非金属化合。如：

$$2B+3F_2 = 2BF_3$$

$$2B+3X_2 = 2BX_3 \quad (X=Cl、Br、I)$$

无定形硼在赤热下可以同水蒸气作用：

$$2B+6H_2O(g) = 2B(OH)_3+3H_2\uparrow$$

无定形硼不与非氧化性酸（如盐酸）作用，但可被氧化性酸如浓 HNO_3、浓 H_2SO_4和王水所氧化：

$$B+3HNO_3 = B(OH)_3+3NO_2\uparrow$$

$$2B+3H_2SO_4 = 2B(OH)_3+3SO_2\uparrow$$

无定形硼可与浓的强碱溶液反应：

$$2B+2NaOH+2H_2O = 2NaBO_2+3H_2\uparrow$$

有氧化剂存在时，硼与强碱共熔，可得到偏硼酸盐：

$$2B+2NaOH+3KNO_3 = 2NaBO_2+3KNO_2+H_2O\uparrow$$

单质硼常作为原料来制备一些有特殊用途的硼化合物，如金属硼化物和碳化硼等。

2. 硼的化合物

(1) 硼烷　硼烷通常无色，多数有毒，其毒性不亚于氰化氢（HCN）和光气（$COCl_2$），空气中 B_2H_6的最高允许含量为 1×10^{-7}（体积分数）。低级硼烷在室温下为气体，随着分子量的增加，它们成为挥发性的液体或固体。

在硼烷中最简单的是乙硼烷（B_2H_6）（BH_3尚未制得）。B_2H_6是一种在空气中易燃，易水解的剧毒气体，乙硼烷在硼烷中具有特殊的地位，它是制备其他硼烷的原料，也是 p 型半导体材料的掺杂剂。

B_2H_6可在空气中剧烈燃烧且放出大量的热：

$$B_2H_6+3O_2 = B_2O_3+3H_2O$$

B_2H_6水解也放出大量的热：

$$B_2H_6+6H_2O = 2H_3BO_3\downarrow+6H_2$$

B_2H_6具有强还原性，可被氧化剂氧化。如：

$$B_2H_6+6X_2 = 2BX_3+6HX$$

B_2H_6只有在低于 373K 温度下稳定，高于此温度，则转变为高级硼烷。B_2H_6的热分解产物很复杂，但通过控制反应条件可得到不同的主产物。例如：

$$2B_2H_6 = B_4H_{10}+H_2$$

(2) 硼酸和硼酸盐　硼酸包括正硼酸 $H_3BO_3(B_2O_3\cdot3H_2O)$、偏硼酸 $HBO_2(B_2O_3\cdot H_2O)$、焦硼酸 $H_4B_2O_5(B_2O_3\cdot2H_2O)$、四硼酸 $H_2B_4O_7(2B_2O_3\cdot H_2O)$ 和多硼酸（$xB_2O_3\cdot yH_2O$），其中以 H_3BO_3最重要。

正硼酸 H_3BO_3［或写为 $B(OH)_3$］是白色晶体，是一元弱酸，$K_a=5.81\times10^{-10}$，它在溶液中所显的弱酸性是由于加合了来自 H_2O 分子中的 OH^-，而不是它本身给出质子：

$$B(OH)_3+H_2O \rightleftharpoons \left[\begin{array}{c} H \\ O \\ | \\ HO—B\leftarrow OH \\ | \\ O \\ H \end{array}\right]^- +H^+$$

这也表现了硼化合物的缺电子特点，所以 H_3BO_3是一个典型的路易斯酸。

H_3BO_3受热时会逐渐脱水，首先生成 HBO_2，继续加热进一步脱水，变成 $H_2B_4O_7$，温度更高时则转变为硼酐。

$$\underset{\text{正硼酸}}{4H_3BO_3} \xrightarrow{-4H_2O} \underset{\text{偏硼酸}}{4HBO_2} \xrightarrow{-H_2O} \underset{\text{四硼酸}}{H_2B_4O_7} \xrightarrow{-H_2O} \underset{\text{硼酐}}{2B_2O_3}$$

H_3BO_3大量地用于玻璃和陶瓷工业，在医药卫生方面也有广泛的应用。

在硼酸盐中，常见的是多硼酸盐，最重要的是四硼酸盐，如硼砂 $Na_2B_4O_7 \cdot 10H_2O$，其主要结构单元为 $[B_4O_5(OH)_4]^{2-}$。

在熔融状态，硼砂可以溶解一些金属氧化物而形成硼酸的复盐。不同金属的硼酸复盐显示出各自不同的特征颜色。例如：

$$Na_2B_4O_7 + CoO = 2NaBO_2 \cdot Co(BO_2)_2 \quad \text{蓝宝石色}$$

$$Na_2B_4O_7 + NiO = 2NaBO_2 \cdot Ni(BO_2)_2 \quad \text{棕色}$$

利用硼砂的这一类反应，可以鉴定某些金属离子，这在分析化学中称为“硼砂珠试验”。由于硼砂能溶解金属氧化物，焊接金属时可用它作助熔剂，除去金属表面的氧化物。此外，硼砂也是陶瓷、搪瓷、玻璃工业的重要原料。硼砂还可以代替 B_2O_3用于制特种玻璃和人造宝石。

第三节 金属元素及其化合物

一、s 金属及其化合物

s 金属包括ⅠA 族（锂、钠、钾、铷、铯、钫）和ⅡA 族（铍、镁、钙、锶、钡、镭），金属元素ⅠA 族金属又称碱金属，ⅡA 族又称碱土金属。这两族元素中锂、铷、铯、铍因为密度小，自然界中储量少且分散，被称为轻稀有金属，其中锂在现代生活中的应用日益重要。钠、钾、镁、钙和钡在自然界的蕴藏量较丰富，其单质和化合物的用途较广泛。

（一）s 金属的通性

碱金属和碱土金属的价电子构型 ns^1，ns^2，发生化学反应时很容易失去外层电子，它们都是典型的活泼金属元素。

碱金属最外层只有 1 个价电子，在化合物中以＋1 氧化态为特征，主要形成离子型化合物。随着原子序数的递增，碱金属的原子半径、离子半径、电离能、电负性和离子的水合热等性质都呈现比较有规律的递变。但由于锂的原子半径和离子半径在同族中最小，Li^+的极化能力很强，因而与同族其他元素相比，锂及其化合物呈现出许多特殊性，如锂的电极电势最低，化合物共价性较强，与右下角的镁表现出很大的相似性等。

碱土金属比同周期碱金属的原子半径小，第一电离能大，失去第一个价电子要难些。碱土金属在化合物中以＋2 氧化态为特征，其金属性弱于碱金属，但仍然是活泼金属。本族元素中，铍因原子半径和离子半径小而表现出许多不同于其他碱土金属的特殊性。

碱金属和碱土金属的化学活泼性决定了它们只能以化合态的方式存在于自然界中。地壳中的钙、钠、钾、镁丰度都很高，锂、铷、铯和铍在自然界的储量少且分散。碱金属的主要矿物有锂辉石［$LiAl(SiO_3)_2$］、钠长石 $Na[AlSi_3O_8]$、芒硝 $Na_2SO_4 \cdot 10H_2O$、钾长石 $K[AlSi_3O_8]$、明矾石$K_2SO_4 \cdot Al_2(SO_4)_3 \cdot 24H_2O$、光卤石 $KCl \cdot MgCl_2 \cdot 6H_2O$ 等，铷和铯一般与钾共生。海水中 NaCl 的含量丰富，是人们获得钠及其化合物的主要来源。碱土金属则主要以碳酸盐和硫酸盐矿存在，其矿物主要有绿柱石 $3BeO \cdot Al_2O_3 \cdot 6SiO_2$、白云石 $CaCO_3 \cdot MgCO_3$、菱镁矿 $MgCO_3$、方解石 $CaCO_3$、石膏 $CaSO_4 \cdot 2H_2O$、碳酸锶矿 $SrCO_3$、天青石 $SrSO_4$、重晶石 $BaSO_4$ 等。

（二）s 金属的单质

1. 单质的物理性质

碱金属都具有密度小、硬度小、熔点低、导电性强的特点，是典型的轻金属。铍的单质呈钢灰色，其他碱金属和碱土金属都具有银白色金属光泽，有良好的导电性和延展性。碱土金属的密度、熔点、沸点和硬度均较碱金属高。

Li、Na、K的密度都比水小，Li是固体单质中密度最小的，甚至低于煤油。碱土金属的密度稍大一些，但密度最大的Ba还是比Fe、Cu、Zn等常见金属的密度小得多。碱金属和碱土金属密度小的原因在于它们的原子质量相对较小，而原子半径相对较大等。

碱金属原子只有1个价电子，且原子半径较大，故金属键很弱，碱金属的硬度很小、可用小刀切割，它们的熔点也很低。在常温下两种碱金属能形成液态合金，如含有77.2%钾和22.8%钠的合金熔点只有260.7K，该合金的比热容大，液态温度范围宽，可用作核反应堆的冷却剂。

碱土金属原子最外层有两个价电子，原子半径比同周期的碱金属小，形成的金属键比碱金属强得多，其硬度、熔沸点也都比碱金属高。

锂及其化合物的应用范围越来越广泛。如，锂因为液态温度范围宽、比热容大而在核反应堆中作传热介质。锂是重要的核能材料，1kg锂通过热核反应可释放出相当于2×10^4t优质煤的能量，我国第一颗氢弹的核燃料就是氘化锂。锂铝合金是优质高强度的轻质结构材料，在飞机和宇宙飞船上得到应用。锂的铌酸盐和钽酸盐常用作激光材料。锂制成的长效电池广泛用于通信、计算机、航天、医疗等领域。$LiAlH_4$是一种良好的储氢材料和还原剂，大量用于有机合成中。

2. 单质的化学性质

碱金属和碱土金属都是活泼金属，同族元素随原子序数的增加，金属的活泼性增强，同周期的碱金属活泼性强于碱土金属。

(1) 与非金属的反应　常温下，碱金属就能迅速地与空气中的氧发生反应，因此碱金属在空气中放置片刻后，表面就会生成一层氧化物，氧化物易吸收空气中的CO_2生成碳酸盐：

$$4Li+O_2 = 2Li_2O \qquad 6Li+N_2 = 2Li_3N$$

$$4Na+O_2 = 2Na_2O \qquad Na_2O+CO_2 = Na_2CO_3$$

在充足的空气中，钠燃烧的产物是过氧化钠，而钾、铷、铯燃烧时则生成超氧化物，但锂只生成普通氧化物。

$$2Na+O_2 = Na_2O_2 \qquad M+O_2 = MO_2 \quad (M=K、Rb、Cs)$$

室温下碱土金属在空气中缓慢生成氧化膜，它们在空气中加热也能燃烧，燃烧时只有Ba能生成过氧化物，其他碱土金属只能生成普通氧化物，同时有氮化物生成，如：

$$2Ca+O_2 = 2CaO \qquad 3Ca+N_2 = Ca_3N_2$$

碱金属和碱土金属还能与其他许多非金属元素如卤素、硫、磷和氢气等直接作用生成相应的化合物见表2-6。

表2-6　碱金属和碱土金属与其他非金属的反应

非金属	碱 金 属	碱 土 金 属
X_2(卤素)	$2M+X_2 = 2MX$	$M+X_2 = MX_2$
S	$2M+S = M_2S$	$M+S = MX$
P_4(白磷)	$12M+P_4 = 4M_3P$(加热)	$6M+P_4 = 2M_3P_2$(高温)
H_2	$2M+H_2 = 2MH$(加热)	$M+H_2 = MH_2$(M=Ca,Sr,Ba,高温)

(2) 与水的反应　碱金属与水发生反应生成氢氧化物和氢气并放出大量热：

$$2M(s)+2H_2O(l) = 2MOH(aq)+H_2(g) \quad (M代表碱金属)$$

与水反应时，Li较平稳，Na很剧烈，放出的热使Na熔化成小球，K在反应过程中会燃烧，Rb、Cs则会爆炸。为减缓Na等作还原剂时反应的剧烈程度，使反应平缓地进行，经常把Na溶解于Hg形成钠汞齐（汞齐是金属溶解于汞中形成的溶液）再与其他物质作用。如：

$$Na+nHg = Na\cdot nHg$$

$$2(Na\cdot nHg)+2H_2O = 2NaOH+H_2\uparrow+2nHg$$

钠汞齐还广泛用作有机反应的还原剂。

碱土金属中，Be 能与水蒸气反应，Mg 能同热水作用，Ca、Sr、Ba 与冷水就能发生比较剧烈的反应。

（3）与其他物质的作用　在高温时，碱金属和碱土金属还能夺取某些氧化物中的氧及卤化物中的卤素等。如，Mg 可以夺取 SiO_2 中的氧，使其还原出硅，金属 Na 可以从 $TiCl_4$ 中置换出金属 Ti 等。

$$SiO_2 + 2Mg \xlongequal{} Si + 2MgO$$

$$TiCl_4 + 4Na \xlongequal{\text{高温}} Ti + 4NaCl$$

这类反应经常用于一些单质的制备过程中。

（三）s 金属的化合物

1. 氧化物

碱金属可以形成普通氧化物（M_2O）、过氧化物（M_2O_2）、超氧化物（MO_2）和臭氧化物（MO_3）等多种氧化物，碱土金属既能形成普通氧化物（MO），也能形成过氧化物（MO_2）和超氧化物（MO_4）等。

（1）普通氧化物　碱金属在空气中燃烧时只有锂生成白色的 Li_2O 固体。其他碱金属必须采用其他方法来制备。例如用金属钠还原过氧化钠，用金属钾还原硝酸钾，分别制备氧化钠和氧化钾：

$$Na_2O_2 + 2Na \xlongequal{} 2Na_2O$$

$$2KNO_3 + 10K \xlongequal{} 6K_2O + N_2\uparrow$$

碱金属氧化物 M_2O 均为固体，都是离子型晶体，但 Li_2O 有一定的共价性。他们都是典型的碱性氧化物，与水化合生成氢氧化物，反应剧烈程度随着碱金属原子序数的增加而加强。其中 Li_2O 作用缓慢，Rb_2O 和 Cs_2O 与水作用时会燃烧甚至爆炸。

碱土金属与氧气化合可直接得到普通氧化物 MO，但通常是用它们的碳酸盐或硝酸盐加热分解来制取 MO。如：

$$CaCO_3 \xlongequal{\triangle} CaO + CO_2\uparrow$$

碱土金属氧化物中，除 BeO 为两性外，其余都是典型的碱性氧化物，碱性比同周期的碱金属氧化物弱。它们结合水的能力从 BeO 到 BaO 依次增强。BeO 几乎不与水反应，而 CaO（生石灰）与水剧烈反应生成 $Ca(OH)_2$（熟石灰）并放出大量热。

$$CaO + H_2O \xlongequal{} Ca(OH)_2$$

利用 CaO 的吸水作用可以除去酒精中的水分。

（2）过氧化物　除了铍外，其他碱金属和碱土金属元素都能生成过氧化物，最常见、用途最大的是 Na_2O_2。Na_2O_2 与水或稀酸反应生成 H_2O_2，H_2O_2 随即分解放出氧气：

$$Na_2O_2 + 2H_2O \xlongequal{} 2NaOH + H_2O_2$$

$$Na_2O_2 + H_2SO_4 \xlongequal{} Na_2SO_4 + H_2O_2$$

$$2H_2O_2 \xlongequal{450\sim470K} 2H_2O + O_2\uparrow$$

因此过氧化物被广泛用作氧化剂、漂白剂和氧气发生剂。

Na_2O_2 呈现强碱性，熔融时不能采用陶瓷或玻璃器皿，而应使用铁、镍器皿。熔融时的 Na_2O_2 遇到棉花、炭粉或铝粉等物质时会发生剧烈反应而爆炸，使用时要非常小心。

过氧化物能与 CO_2 反应放出氧气：

$$2Na_2O_2 + 2CO_2 \xlongequal{} 2Na_2CO_3 + O_2\uparrow$$

利用这一性质，Na_2O_2 在防毒面具、高空飞行和潜水中作 CO_2 的吸收剂和供氧剂，但在宇航密封舱中，为减轻飞行重量，常用比较轻的 Li_2O_2 吸收 CO_2 并提供氧气。

碱土金属过氧化物中最为重要的是 BaO_2，在 770～790K 时将氧气通过 BaO 即可制得：

$$2BaO + O_2 \xlongequal{770\sim790K} 2BaO_2$$

过氧化钡还可作供氧剂、引火剂等。CaO_2 也是重要的供氧剂，常用于氧吧中。

2. 氢氧化物

碱金属和碱土金属的氢氧化物中只有 $Be(OH)_2$ 显两性，其余均为碱性。因为碱金属氢氧化物对纤维和皮肤有强烈的腐蚀作用，所以又称为苛性碱，如氢氧化钠和氢氧化钾分别成为苛性钠（又称烧碱）和苛性钾。

碱金属和碱土金属的氢氧化物都是白色固体，在空气中易吸湿而潮解，所以常用固体 NaOH 和 $Ca(OH)_2$ 做干燥剂。它们易吸收空气中的 CO_2 形成碳酸盐，要密封保存。碱金属氢氧化物的熔点较低，碱土金属氢氧化物在熔点以下即脱水分解。

碱金属氢氧化物的突出化学性质是强碱性，其水溶液和熔融物既能溶解许多非金属及其氧化物，又能溶解某些两性金属及其氧化物。

$$2Al + 2NaOH + 6H_2O \xlongequal{} 2Na[Al(OH)_4] + 3H_2\uparrow$$

$$Al_2O_3(s) + 2NaOH \xlongequal{\text{熔融}} 2NaAlO_2(l) + H_2O$$

$$2Si + 4NaOH + 2H_2O \xlongequal{} 2Na_2SiO_3 + 3H_2\uparrow$$

$$SiO_2 + 2NaOH \xlongequal{} Na_2SiO_3 + H_2O$$

因为氢氧化钠和氢氧化钾熔点低，又具有溶解某些金属及其氧化物和非金属及其氧化物的能力，所以在化工生产和化学分析工作中常用于分解矿石。熔融的氢氧化钠和氢氧化钾腐蚀性更强，工业上熔化氢氧化钠一般使用铸铁容器，在实验室可用银或镍制的容器。

在 NaOH 生产和使用过程中难免会接触空气而带有一些 Na_2CO_3。配制不含 Na_2CO_3 的 NaOH 溶液的方法是，先配制 NaOH 的饱和溶液，由于 Na_2CO_3 在该溶液中的溶解度小而析出，静置后取其上层清液，用新煮沸后冷却的蒸馏水稀释到所需的浓度即可。氢氧化钠能腐蚀玻璃，实验室中存放氢氧化钠溶液的试剂瓶，应使用橡胶塞，而不能用玻璃塞，否则时间一长，NaOH 就与瓶口玻璃反应生成 Na_2SiO_3 而把玻璃塞和瓶口黏结在一起。

工业上是用电解饱和食盐水的方法制备氢氧化钠的。实验室中制备少量氢氧化钠，可用苛化法，即用消石灰或石灰乳与碳酸钠的浓溶液反应：

$$Na_2CO_3 + Ca(OH)_2 \xlongequal{} CaCO_3 + 2NaOH$$

碱金属和碱土金属氢氧化物的碱性、溶解性和稳定性的变化有一定规律。

① 碱性的变化　碱金属和碱土金属离子的氢氧化物碱性强弱的变化规律可总结如下：

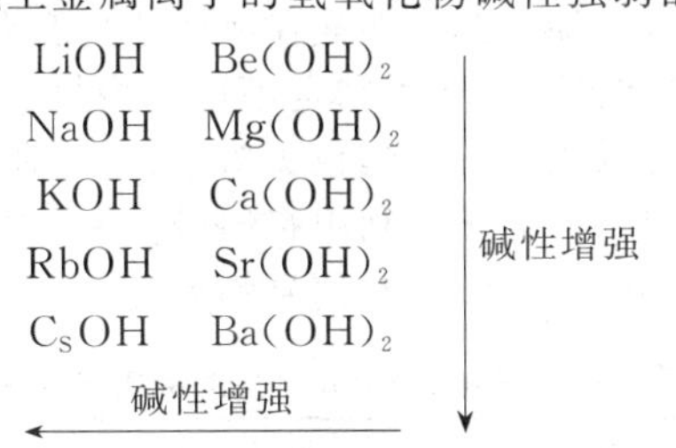

同族元素随着原子序数的增加，离子半径增大，离子势减小，金属离子与羟基的静电引力减弱，它们氢氧化物的碱性增强。

对于同周期的元素，从左到右阳离子电荷增加，半径减小，离子势增大，阳离子与羟基的作用增强，碱性减弱。

两族元素氢氧化物中除 $Be(OH)_2$ 具有明显的两性外，其他元素的氢氧化物都呈现碱性。

② 溶解度　碱金属氢氧化物在水中的溶解度都很大，即使溶解度最小的 LiOH，288K 时也达 Bg/100g 水。而碱土金属氢氧化物的溶解度都很小，其中 $Be(OH)_2$ 和 $Mg(OH)_2$ 是难溶物，$Ca(OH)_2$ 和 $Sr(OH)_2$ 微溶，只有 $Ba(OH)_2$ 可溶。碱金属、碱土金属氢氧化物的溶解度见表 2-7。同族元素随着原子序数的递增，其氢氧化物的溶解度增大。与碱金属相比，碱土金属离子的电荷高、半径小，离子势大，阳离子和阴离子之间的吸引力大，在水中溶解度减小。

表 2-7 s区氢氧化物的溶解度 s（g/100g 水）

名称	LiOH	NaOH	KOH	RbOH	CsOH
溶解度	13	109	112	180	395.5
名称	$Be(OH)_2$	$Mg(OH)_2$	$Ca(OH)_2$	$Sr(OH)_2$	$Ba(OH)_2$
溶解度	0.0002	0.0009	0.156	0.81	3.84

3. 氢化物

高温下碱金属和碱土金属中较活泼的 Ca、Sr、Ba 能与 H_2 直接化合，生成氢化物：

$$2M+H_2 = 2MH \quad (M=碱金属)$$

$$M+H_2 \xlongequal{高温} MH_2 \quad (M=Ca、Sr、Ba)$$

LiH 约在 1000K 时生成，NaH 和 KH 在 570～670K 时生成，其余氢化物在 720K 时生成，但在常压下反应缓慢。这些氢化物为离子型氢化物，又称盐型氢化物。电解熔融的盐型氢化物，在阳极上放出 H_2，说明这类氢化物中的氢带负电荷。

碱金属和碱土金属的氢化物均为白色晶体，但常因为含有少量金属而发灰。因为锂的半径小，LiH 化学键强度大，所以 LiH 最稳定，加热到熔点（941K）也不分解，其他氢化物稳定性较差，加热到熔点之前就分解为金属和氢气。

碱金属和碱土金属的氢化物均具有强还原性，固态 NaH 在 670K 时能将 $TiCl_4$ 还原为金属钛：

$$TiCl_4+4NaH = Ti+4NaCl+2H_2\uparrow$$

在水溶液中，这些氢化物同样是很强的还原剂，它们与水的反应为：

$$CaH_2+2H_2O = Ca(OH)_2+2H_2\uparrow$$

CaH_2 常用作野外产生氢气的材料。

4. 盐类

碱金属和碱土金属能形成卤化物、碳酸盐、硝酸盐、硫酸盐、草酸盐、硅酸盐及硫化物等盐类。

（1）盐的颜色及焰色反应　碱金属和碱土金属的离子均具有饱和电子结构，一般情况下电子不易跃迁，它们的离子和水合离子都是无色的，因此它们的盐通常呈现其阴离子的颜色，当阴离子也无色时，则相应的盐是无色或白色的。

碱金属和碱土金属中的钙、锶、钡的挥发性盐在无色的高温火焰中灼烧时，能使火焰呈现特定的颜色，称之为“焰色反应”。不同元素的原子结构不同，灼烧时就发出不同波长的光，从而使火焰呈现不同的颜色。碱金属和部分碱土金属的焰色见表 2-8。利用焰色反应，可定性地鉴定这些金属元素是否存在，但一次只能鉴定一种离子。利用它们能在火焰中呈现不同的颜色，通过按比例添加相应化合物可以制造五颜六色的焰火、烟花和信号弹等。

表 2-8 碱金属和部分碱土金属的焰色

离子	Li^+	Na^+	K^+	Rb^+	Cs^+	Ca^{2+}	Sr^{2+}	Ba^{2+}
焰色	红	黄	紫	紫红	紫红	橙红	洋红	绿

（2）盐的溶解性　碱金属盐类多为离子型化合物，是强电解质，典型的特征是易溶于水并完全电离。

锂的难溶盐稍多些，其强酸盐多易溶于水，而弱酸盐多为难溶盐，如 LiCl、$LiNO_3$ 溶解性很好，但 Li_2CO_3、Li_3PO_4 的溶解性很差。

钠的难溶盐有白色的六羟基锑酸钠 $Na[Sb(OH)_6]$ 和黄绿色的乙酸双氧铀酰锌钠 $NaAc \cdot Zn(Ac)_2 \cdot 3UO_2(Ac)_2 \cdot 9H_2O$。钾、铷、铯的难溶盐稍多些，主要有：钴亚硝酸钠钾 $K_2Na[Co(NO_2)_6]$（亮黄色）、四苯硼酸钾 $K[B(C_6H_5)_4]$（白色）、高氯酸钾 $KClO_4$（白色）、六氯铂酸钾 $K_2[PtCl_6]$（淡黄色）、酒石酸氢钾 $KHC_4H_4O_6$（白色）等。铷、铯的相应盐比钾盐更难溶解。利用钠、钾的难溶盐可以鉴定钠、钾离子的存在。

碱土金属的大多数盐难溶于水，其可溶性的盐主要有氯化物、硝酸盐、高氯酸盐及硫酸镁和铬酸镁等，另外它们的酸式碳酸盐和磷酸二氢盐也可溶于水。

碱土金属碳酸盐、草酸盐、磷酸盐及除镁外的硫酸盐和铬酸盐都是典型的难溶盐。硫酸盐和铬酸盐的溶解度随碱土金属阳离子半径增大而减小，即按 Mg、Ca、Sr、Ba 的顺序减小。钙的难溶盐中以草酸钙最为难溶，常用于重量分析中测定钙。硫酸钡既难溶于水又难溶于酸，常用于 SO_4^{2-} 和 Ba^{2+} 的鉴定。

（3）热稳定性　碱金属的盐中只有硝酸盐的热稳定性较差，加热到一定温度时就分解：

$$4LiNO_3 \xlongequal{970K} 2Li_2O + 4NO_2 + O_2 \uparrow$$

$$2NaNO_3 \xlongequal{1000K} 2NaNO_2 + O_2 \uparrow$$

$$2KNO_3 \xlongequal{940K} 2KNO_2 + O_2 \uparrow$$

碱金属的其他盐热稳定性一般都很高，卤化物和硫酸盐加热时很难分解，碳酸盐中只有 Li_2CO_3 在 1540K 时按下式分解，其他碱金属的碳酸盐热分解则更难进行。

$$Li_2CO_3 \xlongequal{1540K} Li_2O + CO_2 \uparrow$$

碱土金属的卤化物、硫酸盐对热有较强的热稳定性。它们的碳酸盐稳定性比同周期的碱金属碳酸盐差，在较高温度下容易分解，碱土金属碳酸盐分解温度见表 2-9。

$$MCO_3 \xlongequal{} MO + CO_2 \uparrow$$

表 2-9　碱土金属碳酸盐分解温度

MCO_3	$MgCO_3$	$CaCO_3$	$SrCO_3$	$BaCO_3$
分解温度/℃	810	1170	1550	1630

碱土金属碳酸盐的热稳定性随金属离子半径的增大而增强。这种变化规律一般用离子极化理论来解释。电荷与外部电子构型相同的阳离子，半径越大，其极化能力越弱，从酸根中夺取氧离子的能力也弱，相应碳酸盐分解温度越高。

（4）几种重要的盐

① 氯化钠　氯化钠是用途最广的卤化物，其主要来源是海盐，此外也有岩盐和井盐等。氯化钠除供食用外，还是制备多种重要化工产品的基本原料，大量用于制取金属钠、NaOH、Na_2CO_3、Cl_2 和 HCl 等。

② 氯化镁　通常氯化镁以光卤石 $MgCl_2 \cdot 6H_2O$ 形式存在。光卤石和海水是获取氯化镁的主要资源。加热 $MgCl_2 \cdot 6H_2O$ 时会发生水解反应：

$$MgCl_2 \cdot 6H_2O \xlongequal{>408K} Mg(OH)Cl + HCl \uparrow + 5H_2O \uparrow$$

$$Mg(OH)Cl \xlongequal{770K} MgO + HCl \uparrow$$

因此直接加热 $MgCl_2 \cdot 6H_2O$ 不能得到无水 $MgCl_2$，要想得到无水氯化镁，需在 HCl 气流中加热 $MgCl_2 \cdot 6H_2O$ 使之脱水，以抑制其水解。工业上常用在高温下通氯气于焦炭和 MgO 的混合物来生产无水氯化镁。无水氯化镁是制取金属镁的原料，它吸水能力很强，极易潮解，普通食盐的潮解就是因为含有 $MgCl_2$，纺织工业中利用 $MgCl_2$ 的吸水性保持棉纱的湿度以使其柔软。

③ 氯化钡　氯化钡一般为水合物 $BaCl_2 \cdot 2H_2O$，加热至约 400K 脱水变为无水盐。氯化钡易溶于水，有剧毒，对人的致死量为 0.8g。氯化钡用于生产医药、灭鼠剂等，在化学分析上用于鉴定 SO_4^{2-}。

④ 硫酸钠　无水硫酸钠俗名元明粉，大量用于玻璃、造纸、陶瓷等工业上，也用于生产 Na_2S 和 $Na_2S_2O_3$ 等。水合硫酸钠 $Na_2SO_4 \cdot 10H_2O$ 俗称芒硝，它有很大的熔解热（$253kJ \cdot kg^{-1}$），是有良好储热效果的相变储热材料，用于低温储存太阳能，白天吸收太阳能而熔融，夜间冷却结晶释放

出热能。

⑤ 硫酸镁　水合硫酸镁 $MgSO_4 \cdot 7H_2O$，俗称泻盐，易溶于水，微溶于醇，不溶于乙酸和丙酮，加热至约 350K 失去 6 个水分子，在约 520K 变为无水盐。硫酸镁可用作媒染剂、泻盐，还用于造纸、纺织、肥皂、陶瓷、油漆工业中。

⑥ 硫酸钡　重晶石 $BaSO_4$ 是制备其他钡类化合物的原料，难溶于水。将重晶石粉与煤粉混合物在高温下煅烧，把 $BaSO_4$ 还原成可溶性的 BaS：

$$BaSO_4 + 4C \xrightarrow{1170 \sim 1470K} BaS + 4CO\uparrow$$

盐酸与 BaS 反应可制备 $BaCl_2$，将 CO_2 通入溶液得到 $BaCO_3$。

$$BaS + 2HCl = BaCl_2 + H_2S\uparrow$$

$$BaS + CO_2 + H_2O = BaCO_3\downarrow + H_2S\uparrow$$

硫酸钡是唯一无毒的钡盐，因为硫酸钡溶解度极小，且不溶于胃酸，不会被人体吸收引起中毒，所以常在医疗诊断中用来作胃肠系统的 X 射线造影剂。重晶石可作白色涂料（钡白），在橡胶、造纸工业中作填料。重晶石粉由于密度大（$4.5g \cdot cm^{-3}$）和难溶于水而大量作为钻井泥浆加重剂，以防止油、气井的井喷。

⑦ 碳酸钠和碳酸氢钠　碳酸钠俗称苏打或纯碱，其水溶液因为水解而呈现较强的碱性。碳酸钠是一种基本化工原料，大量用于玻璃、搪瓷、肥皂、造纸、纺织、洗涤剂的生产和有色金属的冶炼中，也是制备其他钠盐和碳酸盐的原料。

碳酸氢钠是工业生产纯碱的中间产物，俗称小苏打，主要用于医药和食品工业。碳酸钠的工业生产常用比利时人索尔维（E. Solvay）1861 年发明的氨碱法，又称索尔维法。1942 年我国化工学家侯得榜将其成功改造为联合制碱法（联碱法），也称侯氏制碱法，其基本原理是先用饱和食盐水吸收 NH_3 至饱和，然后通入 CO_2，析出溶解度较小的 $NaHCO_3$，煅烧 $NaHCO_3$ 得到 Na_2CO_3：

$$NH_3 + NaCl + CO_2 + H_2O = NaHCO_3\downarrow + NH_4Cl$$

$$2NaHCO_3 \xrightarrow{>600K} Na_2CO_3 + CO_2\uparrow + H_2O\uparrow$$

副产品 NH_4Cl 可作氮肥。

5. 锂、铍的特殊性

由于价电子构型相同，同族元素表现出相似的性质。但在同族元素中，锂和铍的原子半径和离子半径最小，离子的极化能力最强，因此也表现出一些不同于同族其他元素的特殊性。

（1）锂的特殊性　与 Na 和 K 等其他碱金属相比，Li 呈现出比较特殊的性质。

① 锂在氧气中燃烧只生成 Li_2O，其他碱金属生成过氧化物或超氧化物；

② 锂可与氮气直接反应，且氮化锂比其他碱金属氮化物热稳定性高；

③ 卤化锂的共价性较强，如 LiCl 易溶于乙醇等有机溶剂，NaCl 是典型离子化合物，在乙醇等有机溶剂中难溶；

④ 氢化锂很稳定，沸点以上不分解，但氢氧化锂、碳酸锂热稳定性较差，$LiNO_3$ 热分解生成 Li_2O，而不生成亚硝酸盐等。

锂与ⅡA 族里的 Mg 具有许多相似性。

① 在过量氧气中燃烧，锂和镁都只生成普通氧化物 Li_2O 和 MgO；

② Li、Mg 都可以和 N_2 直接化合生成氮化物；

③ Li、Mg 的氟化物、碳酸盐、硫酸盐难溶，而其他碱金属的相应盐可溶；

④ Li、Mg 的氢氧化物和碳酸盐都不稳定，受热分解为相应的氧化物；

⑤ Li^+、Mg^{2+} 的水合能力都较强，盐多含结晶水，无水盐易潮解；

⑥ LiCl、$MgCl_2$ 都有较强的共价性，易溶于乙醇等有机溶剂。

（2）铍的特殊性　碱土金属 Be 也很特殊，它和ⅢA 族中的 Al 有许多相似的性质。

① Be、Al 都是两性元素，氧化物和氢氧化物也都显两性，而ⅡA 族其余的氧化物和氢氧化物显碱性；

② Be、Al 的氧化物的熔点都很高，硬度都很大；

③ Be、Al 都是活泼金属，都被冷浓 HNO_3 所钝化，在空气中都形成致密氧化膜；

④ 与酸作用缓慢；

⑤ 铍盐和铝盐都易水解；

⑥ $BeCl_2$、$AlCl_3$ 都是缺电子共价化合物，易升华，可溶于醇、醚等有机溶剂，在蒸气中通过氯桥键形成缔合分子，易形成配合物和加合物。

```
Cl     Cl     Cl           Cl     Cl     Cl
  \   /  \   /               \   /  \   /
   Be      Be                  Al      Al
  /   \  /   \               /   \  /   \
Cl     Cl     Cl           Cl     Cl     Cl
```

Li 和 Mg、Be 和 Al 以及 B 和 Si 的相似性都体现着周期表中的斜线（对角线）规律——其离子势相近，离子极化能力接近。

需要指出的是，原子的价电子构型才是决定元素性质的最主要因素，因此，同族元素性质的相似性以及性质的递变规律总是主要的。

二、铝、锗、锡、铅及其化合物

（一）铝及其化合物

铝是一种银白色有光泽的轻金属（密度为 $2.2g \cdot cm^{-3}$）。具有一定程度的耐腐蚀性，具有良好的延展性和导电性，能与多种金属形成高强度的合金。铝及其合金可用于制造通信器材、发电机、汽车、飞机和宇宙飞行器等。

1. 铝的性质和用途

（1）铝的亲氧性　铝是亲氧元素，铝一接触空气或氧气，其表面就被一层致密的氧化物膜所覆盖，使内层铝不能进一步被氧化，它也不溶于水，因而铝在空气和水中都很稳定，可用来制作日用器皿。铝同氧在高温下的反应可放出大量的热：

$$4Al+3O_2 \longequal 2Al_2O_3$$

由于铝的亲氧，铝常被用来从其他氧化物中置换出金属。在反应过程中释放的热量可以将反应混合物加热至很高温度，以致使产物熔化而同氧化铝熔渣分层。例如，将铝粉和 Fe_2O_3 粉末按一定比例混合，用引燃剂点燃，反应即猛烈地进行，得到氧化铝和单质铁并放出大量的热，温度可达3273K，使生成的铁熔化。

$$2Al+Fe_2O_3 = Al_2O_3+2Fe$$

这种方法也常被用来还原一些难以还原的氧化物，如 MnO_2、Cr_2O_3 等。铝是冶金上常用的还原剂，在冶金学上称其为铝热法。

铝也是炼钢的脱氧剂，在钢水中投入 Al 块可以除去溶在钢水中的氧。另外，铝可用来制造高温金属陶瓷，广泛应用于火箭和导弹技术中。

（2）铝的两性　铝是两性金属，既能溶于稀盐酸或稀硫酸中，也能溶于强碱中。

$$2Al+6H^+ = 2Al^{3+}+3H_2\uparrow$$

$$2Al+2OH^-+6H_2O = 2Al(OH)_4^-+3H_2\uparrow$$

在冷的浓硫酸及浓硝酸中，铝的表面被钝化而不发生作用。常用铝制容器装运浓硝酸或浓硫酸等。但铝同热的浓硫酸反应。

$$2Al+6H_2SO_4(浓,热) = Al_2(SO_4)_3+3SO_2\uparrow+6H_2O$$

铝的纯度越高，在酸中的反应越慢。高纯度的铝（99.95%）不与一般酸作用，只溶于王水。

2. 铝的化合物

（1）氧化铝及氢氧化铝　Al_2O_3 是一种白色难溶于水的粉末，它有多种变体，其中常见的变体是 α-Al_2O_3 和 γ-Al_2O_3。

α-Al_2O_3 的晶体属于六方紧密堆积，晶体中正、负离子间的吸引力强，晶格能较大，硬度相当高，仅次于金刚石，熔点也较高。α-Al_2O_3化学性质很不活泼，不溶于酸和碱，只有和$KHSO_4$共熔才能转入溶液相，其耐腐蚀性和绝缘性也较好。自然界中存在的α-Al_2O_3称为刚玉，刚玉由于含有不同杂质而有不同颜色。含微量Cr^{3+}的刚玉呈红色，称红宝石；含Fe^{2+}、Fe^{3+}、Ti^{4+}的为蓝色，称蓝宝石。刚玉和刚玉粉可用作磨料和抛光剂。铝在氧气中燃烧，或在高温时灼烧$Al(OH)_3$及一些铝的含氧酸盐可以得到α-Al_2O_3。

在723K加热$Al(OH)_3$、偏氢氧化铝$AlO(OH)$或铝铵矾$(NH_4)_2SO_4 \cdot Al_2(SO_4)_3 \cdot 24H_2O$都可得到$\gamma$-$Al_2O_3$。$\gamma$-$Al_2O_3$硬度不高，稳定性比$\alpha$-$Al_2O_3$稍差。$\gamma$-$Al_2O_3$化学性质比$\alpha$-$Al_2O_3$活泼，较易溶于酸或碱溶液中。

$$Al_2O_3 + 6H^+ \longrightarrow 2Al^{3+} + 3H_2O$$

$$Al_2O_3 + 2OH^- + 3H_2O \longrightarrow 2[Al(OH)_4]^-$$

γ-Al_2O_3的颗粒小，表面积大，具有良好的吸附能力和催化活性，又称活性氧化铝。γ-Al_2O_3常用作吸附剂或催化剂载体。

氢氧化铝为Al_2O_3的水合物。由于Al_2O_3难溶于水，$Al(OH)_3$只能用间接方法制得。氢氧化铝是两性氢氧化物，能与酸作用生成铝盐，与碱作用生成四羟基合铝（Ⅲ）酸盐（偏铝酸盐）。

$$Al(OH)_3 + 3HNO_3 \longrightarrow Al(NO)_3 + 3H_2O$$

$$Al(OH)_3 + KOH \longrightarrow K[Al(OH)_4]$$

(2) 铝盐　铝盐水溶液中铝离子以$[Al(H_2O)_6]^{3+}$的形式存在。铝盐溶液水解呈酸性：

$$[Al(H_2O)_6]^{3+} + H_2O \rightleftharpoons [Al(H_2O)_5(OH)]^{2+} + H_3O^+$$

$[Al(H_2O)_5(OH)]^{2+}$还将逐级水解。铝的弱酸盐水解则更加明显，由弱酸形成的铝盐［如Al_2S_3、$Al_2(CO_3)_3$］几乎是全部水解的，因此这些化合物不能用湿法制取。

工业上最重要的铝盐是硫酸铝。无水硫酸铝为白色粉末，从溶液中得到的为$Al_2(SO_4)_3 \cdot 18H_2O$。硫酸铝常易与碱金属M(Ⅰ)（除Li以外）的硫酸盐结合成一类复盐，称为矾。矾的组成可以用通式$M(\text{I})Al(SO_4)_2 \cdot 12H_2O$表示。例如，铝钾矾$[KAl(SO_4)_2 \cdot 12H_2O]$，俗称明矾。硫酸铝和明矾在造纸工业上用作胶料，与树脂酸钠一起加入纸浆中使纤维黏合。由于硫酸铝与水作用所得的氢氧化物具有很强的吸附性能，明矾可用来净水。硫酸铝或明矾在印染工业上可用作媒染剂。此外，$Al_2(SO_4)_3$也是泡沫灭火器中的常用试剂。

铝的卤化物中以$AlCl_3$最为重要。常温下无水$AlCl_3$是无色晶体。无水$AlCl_3$能溶于有机溶剂，在水中的溶解度也较大。无水$AlCl_3$的水解反应很强烈并放出大量的热。$AlCl_3$分子中铝是缺电子原子，$AlCl_3$是典型的路易斯酸，表现出强烈的加合作用。三氯化铝在气态及非极性溶剂中以共价的二聚分子Al_2Cl_6形式存在，结构见图2-11。

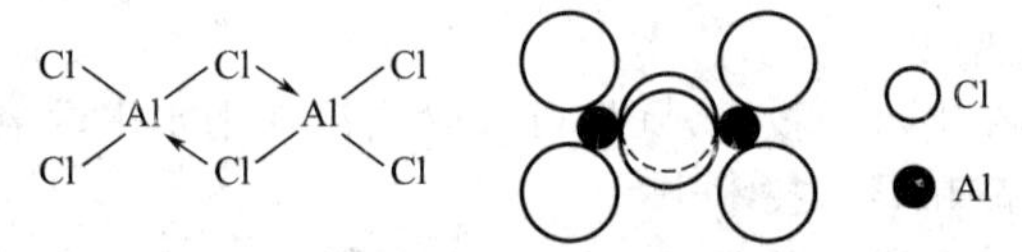

图2-11　$AlCl_3$的二聚分子及四面体构型

(二) 锗、锡、铅及其化合物

1. 锗、锡、铅的性质和用途

锗是一种灰白色的金属，比较脆硬，其晶体结构也是金刚石型。高纯度的锗是良好的半导体材料，在电子工业上用来制造各种半导体器件。当掺入少量磷时制成n型半导体，当掺入微量硼时制成p型半导体。

锡有三种同素异形体，即灰锡（α）、白锡（β）和脆锡，它们之间互转变关系如下：

$$灰锡(\alpha) \xrightleftharpoons{286.4K} 白锡(\beta) \xrightleftharpoons{434.2K} 脆锡$$

白锡是银白色的，比较软，具有延展性。低温下白锡转变为粉末状灰锡的速度大大加快，所以，锡制品长期处于低温会自行毁坏。这种现象称为锡疫。

铅是很软的重金属，强度不高。铅能挡住X射线。

锡和铅的熔点都较低，主要用于制合金。如：

① 焊锡为含67%Sn和33%Pb的低熔点（450K）合金；

② 青铜为含78%Cu和22%Sn的合金，用于制日用器件、工具等；

③ 巴氏轴承合金含Cu、Sb、Sn；

④ 铅字合金含82%Pb、15%Sb和3%Sn。

此外，Sn被大量地用于制锡箔和作金属镀层。Pb用于制造铅蓄电池、电缆、化工生产所用的耐酸设备以及用于X光射线、原子能工业的防护材料的制造等。在常温下，锡在空气和水中都稳定，因为其表面有一层保护膜，有一定的抗腐蚀性。马口铁就是表面镀锡的薄铁皮。

从Ge到Pb，低价化合物趋于稳定。Ge和Sn的化合物为共价化合物，Pb(Ⅱ)有离子化合物，Pb为亲硫元素。这些金属的化学性质如下：

① 与氧气的反应　通常条件下，空气中的氧气只对铅有作用，在铅表面生成一层氧化铅或碱式碳酸铅，使铅失去金属光泽且不会进一步被氧化。空气中的氧气对锗和锡都无影响。这三种金属在高温下能与氧气反应而生成氧化物。

② 与其他非金属的反应　这些金属能同卤素和硫生成卤化物和硫化物。

③ 与水的反应　锗不与水反应。锡既不被氧气氧化，又不与H_2O反应，常被用来镀在某些金属（主要是低碳钢制件）表面防锈蚀。铅的情况比较复杂，它在有氧气存在的条件下，能与水缓慢反应：

$$2Pb + O_2 + 2H_2O \longrightarrow 2Pb(OH)_2$$

因为铅和铅的化合物都有毒，所以铅管不能用于输送饮水。

④ 与酸的反应　Ge、Sn、Pb与酸的反应见表2-10。

总之：①Ge不与非氧化性酸作用；②Sn与非氧化性酸反应生成Sn(Ⅱ)化合物；③Ge、Sn与氧化性酸反应生成Ge(Ⅳ)、Sn(Ⅳ)化合物；④Pb与酸反应得Pb(Ⅱ)化合物。

Pb与酸反应，由于产物难溶，使它不能继续与酸反应。因为铅有此特性，所以化工厂或实验室常用它作耐酸反应器的衬里和制储存或输送酸液的管道设备。

表2-10　Ge、Sn、Pb与酸的反应

酸	Ge	Sn	Pb
HCl	不反应	与稀酸反应慢，与浓酸反应生成$[SnCl_4]^{2-}$和H_2	与稀酸反应，因生成微溶性的$PbCl_2$覆盖在Pb表面，反应中止。与浓酸反应(并加热)，生成$[PbCl_4]^{2-}$和H_2。
H_2SO_4	与稀酸不反应，与浓酸反应生成$Ge(SO_4)_2$	与稀酸难反应，与热的浓酸反应，得$Sn(SO_4)_2$	与稀硫酸反应，因生成难溶的$PbSO_4$覆盖层，反应终止。但易溶于热的浓硫酸，生成$Pb(HSO_4)_2$
HNO_3	与浓酸反应得白色$xGeO_2 \cdot yH_2O$沉淀	与浓酸生成白色$xSnO_2 \cdot yH_2O$沉淀(β-锡酸)。与冷的稀HNO_3反应，生成$Sn(NO_3)_2$	与稀HNO_3反应，得到$Pb(NO_3)_2$。$Pb(NO_3)_2$不溶于浓HNO_3，故Pb不与浓HNO_3反应

铅在有氧存在的条件下可溶于乙酸，生成易溶的乙酸铅。这也就是用乙酸从含铅矿石中浸取铅的原理。

$$2Pb + O_2 + 4CH_3COOH \longrightarrow 2Pb(CH_3COO)_2 + 2H_2O$$

⑤ 与碱的反应　锗可与强碱反应放出H_2。锡和铅也能与强碱缓慢地反应得到亚锡酸盐和亚铅酸盐，同时放出H_2。

$$Ge + 2OH^- + H_2O \longrightarrow GeO_3^{2-} + 2H_2\uparrow$$

2. 锗、锡、铅的氧化物和氢氧化物

(1) 氧化物　锗、锡、铅有 MO_2 和 MO 两类氧化物。MO 是两性的，但碱性稍强。MO 化合物的离子性略强，但还不是典型的离子化合物。MO_2 是两性偏酸性的共价型化合物。所有这些氧化物（性质见表 2-11）都是不溶于水的固体。

表 2-11　锗、锡、铅氧化物的性质

MO_2	颜色与状态	熔点/K	MO	颜色与状态	熔点/K
GeO_2	白色固体	1388	GeO	黑色固体	983(升华)
SnO_2	白色固体	1400	SnO	黑色固体	1353(分解)
PbO_2	棕黑色固体	536	PbO	黄或黄红色固体	1161

锡的氧化物中重要的是二氧化锡 SnO_2，可以用金属锡在空气中燃烧而制得。它不溶于水，也难溶于酸或碱，若是与 NaOH 或 Na_2CO_3 和 S 共熔，可转变为可溶性盐：

$$SnO_2 + 2NaOH \xlongequal{} Na_2SnO_3(\text{锡酸钠}) + H_2O$$

$$SnO_2 + 2Na_2CO_3 + 4S \xlongequal{} Na_2SnS_3(\text{硫代锡酸钠}) + Na_2SO_4 + 2CO_2\uparrow$$

铅的氧化物有 PbO 和 PbO_2，还有常见“混合氧化物” Pb_3O_4。一氧化铅 PbO 俗称“密陀僧”，常用空气氧化熔融的铅而制得。它有两种变体，黄色正交晶体和红色四方晶体，红色的变体在常温下比较稳定。将黄色 PbO 在水中煮沸即得红色变体。PbO 用于制铅蓄电池、铅玻璃和铅的化合物。高纯度 PbO 是制造铅靶彩色电视光导摄像管靶面的关键材料。

用熔融的 $KClO_3$ 或硝酸盐氧化 PbO，或者电解二价铅盐溶液（Pb^{2+} 在阳极上被氧化），及用 NaOCl 氧化亚铅酸盐，都可以得到 PbO_2。

$$Pb(OH)_3^- + ClO^- \xlongequal{} PbO_2 + Cl^- + OH^- + H_2O$$

PbO_2 是两性的，其酸性大于碱性，与强碱共热可得铅酸盐：

$$PbO_2 + 2NaOH + 2H_2O \xlongequal{\triangle} Na_2[Pb(OH)_6]$$

Pb(Ⅳ) 为强氧化剂，可将 Mn^{2+} 氧化为 MnO_4^-：

$$2Mn^{2+} + 5PbO_2 + 4H^+ + 5SO_4^{2-} \xlongequal{} 2MnO_4^- + 5PbSO_4\downarrow + 2H_2O$$

将 Pb 在氧气中加热，或在 673～773K 的温度下加热 PbO，都可得到红色的 Pb_3O_4。Pb_3O_4 俗名“铅丹”或“红丹”。Pb_3O_4 只能部分溶于 HNO_3：

$$Pb_3O_4 + 4HNO_3 \xlongequal{} PbO_2\downarrow + 2Pb(NO_3)_2 + 2H_2O$$

(2) 氢氧化物　锗、锡、铅的氢氧化物实际是氧化物的水合物，通常也写作 $M(OH)_4$ 和 $M(OH)_2$。它们都是两性的。

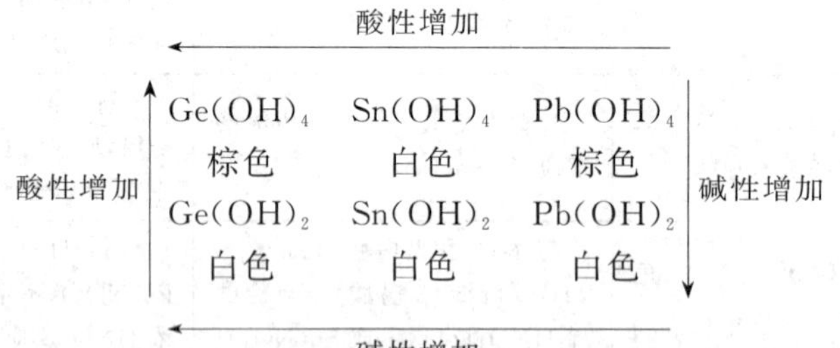

酸性最强的 $Ge(OH)_4$ 仍然是一个弱酸（$K_1 = 8\times10^{-10}$），碱性最强的 $Pb(OH)_2$ 也是两性的。锗的金属性很弱，从 Ge 到 Pb 金属性逐渐增强。

在这些氢氧化物中，常见的是 $Sn(OH)_2$ 和 $Pb(OH)_2$，既溶于酸又溶于强碱：

$$Sn(OH)_2 + 2HCl \xlongequal{} SnCl_2 + 2H_2O$$

$$Sn(OH)_2 + 2NaOH \xlongequal{} Na_2[Sn(OH)_4]$$

$$Pb(OH)_2 + 2HNO_3 \xlongequal{} Pb(NO_3)_2 + 2H_2O$$

$$Pb(OH)_2 + NaOH \xlongequal{} Na[Pb(OH)_3] \quad (\text{加热})$$

亚锡酸根离子是一种较强的还原剂，它在碱性介质中容易被氧化为锡酸根离子。例如，$Sn(OH)_4^{2-}$在碱性溶液中用作铋的鉴定试剂，能将Bi(Ⅲ)立即还原为黑色金属铋沉淀。

$$3Na_2Sn(OH)_4+2BiCl_3+6NaOH \longrightarrow 2Bi\downarrow+3Na_2Sn(OH)_6+6NaCl$$

在$M(OH)_4$中，$Ge(OH)_4$和$Sn(OH)_4$比较常见，它们实际上都以水合氧化物的形式而存在，分别称为锗酸和锡酸。在M(Ⅳ)的盐溶液中加碱，或者由$GeCl_4$、$SnCl_4$水解，或者将金属Ge和Sn分别与浓HNO_3反应，都得到锗酸和锡酸。如：

$$GeCl_4+4H_2O \longrightarrow Ge(OH)_4\downarrow+4HCl$$

这是制备锗的过程中的一个重要反应，它可以朝两个方向进行，究竟正向进行还是逆向进行，取决于溶液中酸的浓度。

3. 锗、锡、铅的卤化物

锗、锡、铅的能形成MX_4和MX_2两类卤化物。

(1) 四卤化物　常见的MX_4为$GeCl_4$和$SnCl_4$。这两种化合物在通常状况下均为液态，它们在空气中因水解而发烟。通常用Cl_2与$SnCl_2$反应制取$SnCl_4$，从水溶液只能得到$SnCl_4\cdot 5H_2O$晶体。

用盐酸酸化过的$PbCl_2$溶液中通入Cl_2，得到黄色液体$PbCl_4$，这种化合物极不稳定，容易分解为$PbCl_2$和Cl_2。

(2) 二卤化物　重要的MX_2为氯化亚锡$SnCl_2$。将Sn与盐酸反应可以得到无色晶体$SnCl_2\cdot 2H_2O$，它是常用的还原剂。例如，它能将汞盐还原为亚汞盐：

$$2HgCl_2+SnCl_2 \longrightarrow SnCl_4+Hg_2Cl_2\downarrow(白色)$$

当$SnCl_2$过量时，亚汞将进一步被还原为金属汞：

$$HgCl_2+SnCl_2 \longrightarrow SnCl_4+Hg\downarrow(黑色)$$

这个反应很灵敏，常用来检验Hg^{2+}或Sn^{2+}的存在。

因为$SnCl_2$易于水解，所以配制$SnCl_2$溶液时，先将$SnCl_2$固体溶解在少量浓盐酸中，再加适量水稀释。常在新配制的$SnCl_2$溶液中加少量金属Sn，以还原被氧气氧化而产生的Sn^{4+}。

4. 锗、锡、铅的硫化物

锗、锡、铅的硫化物都不溶于水。$PbSO_4$（白色）、$PbCO_3$（白色）和$PbCrO_4$（黄色）难溶于水，常用于制油漆。含铅化合物的涂料不宜于用来油漆儿童玩具和婴儿的家具。航空和汽车使用的汽油加四乙基铅$Pb(CH_3CH_2)_4$和二溴代乙烷$C_2H_4Br_2$作为防爆剂，所排出的废气中含有对人体有害的$PbBr_4$等。为了减少铅对空气的污染，人们正努力研制并已开始使用四乙基铅的代用品。

铅的化合物是有毒的，人体若每天摄入1mg铅，长期如此则有中毒危险。铅若进入人体，在骨骼中累积，与钙一同被带入血液中，Pb^{2+}与蛋白质中半胱氨酸的巯基（—SH）反应，生成难溶物。

三、过渡金属及其化合物

过渡元素位于周期表中部，原子中d或f亚层电子未填满。这些元素都是金属，也称为过渡金属。根据电子结构的特点，过渡元素又可分为外过渡元素（又称d区元素）及内过渡元素（又称f区元素）两大组。

（一）过渡元素的基本性质

1. 过渡元素的共同性质

(1) 它们都是金属，硬度较大，熔点和沸点较高，有着良好的导热、导电性能，易生成合金。

(2) 大部分过渡金属与其正离子组成电对的电极电势为负值，即还原能力较强。例如，第一过渡系元素一般都能从非氧化性酸中置换出氢。

(3) 大多数都存在多种氧化态，水合离子和酸根离子常呈现一定的颜色。

(4) 具有部分填充的电子层，能形成一些顺磁性化合物。

(5) 原子或离子形成配合物的倾向较大。

2. 过渡元素的原子半径和离子半径

过渡元素与同周期的ⅠA、ⅡA族元素相比较，原子半径较小。

各周期元素随原子序数的增加，原子半径依次减小，而到铜副族前后，原子半径增大。

各族中从上到下原子半径增大，但第五、六周期同族元素的原子半径很接近，铪的原子半径（146pm）与锆（146pm）相同。

离子半径变化规律和原子半径变化相似，即同周期自左向右，氧化态相同的离子半径随核电荷的增加逐渐变小；同族元素的最高氧化态的离子半径从上到下，随电子层数增加而增大；镧系收缩效应同样影响着第五、六周期同族元素的离子半径。

（二）铬锰及其化合物

1. 铬及其化合物

铬是1797年法国化学家沃克兰（Vauquelin L N）在分析铬铅矿时首先发现的，因为它的化合物都有美丽的颜色而得名。铬铁矿（$FeCr_2O_4$）是铬在自然界的主要矿物。

（1）铬单质的性质和用途　铬是银白色有光泽的金属，纯铬具有延展性，含有杂质的铬硬且脆。单质的熔点和沸点都非常高。

铬的标准电势图如下：

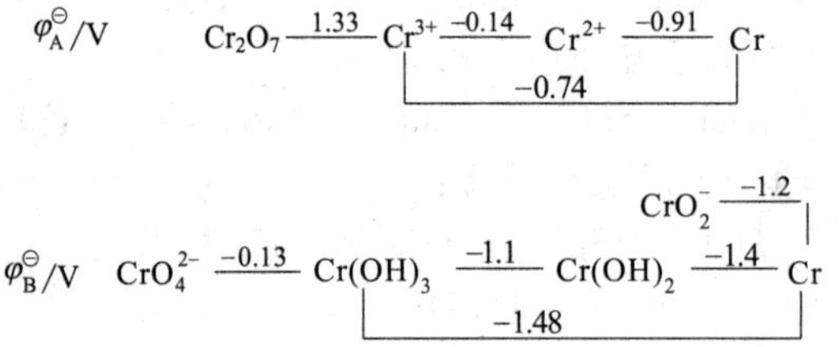

$$\varphi_A^\ominus/V \quad Cr_2O_7 \xrightarrow{1.33} Cr^{3+} \xrightarrow{-0.14} Cr^{2+} \xrightarrow{-0.91} Cr \quad (Cr^{3+} \xrightarrow{-0.74} Cr)$$

$$\varphi_B^\ominus/V \quad CrO_4^{2-} \xrightarrow{-0.13} Cr(OH)_3 \xrightarrow{-1.1} Cr(OH)_2 \xrightarrow{-1.4} Cr \quad (Cr(OH)_3 \xrightarrow{-1.48} Cr;\ CrO_2^- \xrightarrow{-1.2} Cr)$$

铬缓慢溶于稀盐酸和稀硫酸中，生成蓝色溶液。该溶液若与空气接触则很快变成绿色，这是生成的蓝色 Cr^{2+} 被空气中的氧气进一步氧化成绿色的 Cr^{3+}。

$$Cr + 2HCl = CrCl_2 + H_2 \uparrow$$

$$4CrCl_2 + 4HCl + O_2 = 4CrCl_3 + 2H_2O$$

铬与浓硫酸反应生成硫酸铬（Ⅲ）和二氧化硫：

$$2Cr + 6H_2SO_4 \longrightarrow Cr_2(SO_4)_3 + 3SO_2 \uparrow + 6H_2O$$

铬在浓硝酸中，因为表面生成致密的氧化膜而呈钝态。在高温下，铬能与卤素、硫、氮、碳等直接化合。

铬具有良好的光泽，抗腐蚀性又高，故常用作其他金属表面的镀层，如自行车、汽车、精密仪器零件中的镀铬制件。铬主要用于制造合金钢，如铬钢含Cr 0.5%～1%，Si 0.75%，Mn 0.5%～1.25%，这种钢很硬且有韧性，是机器制造业的重要原料；含Cr 12%的钢称为“不锈钢”，有极强的耐腐蚀性能。

（2）铬的重要化合物

① 三氧化二铬和氢氧化铬　重铬酸铵加热分解或金属铬在氧气中燃烧都可制得 Cr_2O_3：

$$(NH_4)_2Cr_2O_7 \xlongequal{\triangle} Cr_2O_3 + N_2 \uparrow + 4H_2O$$

$$4Cr + 3O_2 \xlongequal{\triangle} 2Cr_2O_3$$

Cr_2O_3 是一种绿色的固体，熔点2435℃，微溶于水。Cr_2O_3 呈两性，既溶于酸又溶于碱：

$$Cr_2O_3 + 3H_2SO_4 = Cr_2(SO_4)_3 + 3H_2O$$

$$Cr_2O_3 + 2NaOH = 2NaCrO_2 + H_2O$$

经过灼烧的 Cr_2O_3 不溶于酸，但可用熔融法将它转变为可溶性的盐，如 Cr_2O_3 与焦硫酸钾在高温下反应：

$$Cr_2O_3 + 3K_2S_2O_7 = 3K_2SO_4 + Cr_2(SO_4)_3$$

Cr_2O_3不但是冶炼铬的原料，而且可用作油漆的颜料，俗称“铬绿”。近年来也常用它作有机合成的催化剂。

Cr(Ⅲ) 盐溶液与氨水或氢氧化钠溶液反应可制得 $Cr(OH)_3$：

$$Cr_2(SO_4)_3 + 6NaOH \longrightarrow 2Cr(OH)_3\downarrow + 3Na_2SO_4$$

$Cr(OH)_3$是一种灰蓝色的胶状沉淀，它与 $Al(OH)_3$ 相似，也具有两性，在溶液中存在如下平衡：

$$\underset{\text{(紫色)}}{Cr^{3+}} + 3OH^- \rightleftharpoons \underset{\text{(灰蓝色)}}{Cr(OH)_3} \rightleftharpoons H^+ + \underset{\text{(绿色)}}{CrO_2^-} + H_2O$$

② 铬(Ⅲ) 盐和亚铬酸盐　Cr_2O_3或 $Cr(OH)_3$溶于酸生成铬盐，溶于碱生成亚铬酸盐。最重要的铬（Ⅲ）盐是硫酸铬。硫酸铬因所含结晶水的不同而呈现不同的颜色，$Cr_2(SO_4)_3 \cdot 18H_2O$ 晶体显紫色，$Cr_2(SO_4)_3 \cdot 6H_2O$ 晶体呈绿色，无水 $Cr_2(SO_4)_3$为桃红色。硫酸铬（Ⅲ）与碱金属的硫酸盐作用可形成铬矾。在重铬酸钾的酸性溶液中通入 SO_2 可制得 $K_2SO_4 \cdot Cr_2(SO_4)_3 \cdot 24H_2O$（铬钾矾）：

$$K_2Cr_2O_7 + H_2SO_4 + 3SO_2 \longrightarrow K_2SO_4 \cdot Cr_2(SO_4)_3 + H_2O$$

铬矾在鞣革、纺织等工业上有广泛的用途。

在酸性溶液中 Cr^{3+} 的还原性很弱，相应的标准电极电势为：

$$Cr_2O_7^{2-} + 14H^+ + 6e^- \longrightarrow 2Cr^{3+} + 7H_2O \qquad \varphi^{\ominus} = 1.33V$$

在碱性溶液中 Cr(Ⅲ) 具有较强的还原性。因此，在碱性溶液中，亚铬酸盐可被 H_2O_2 或 Na_2O_2氧化，生成铬（Ⅵ）酸盐：

$$2CrO_2^- + 3H_2O_2 + 2OH^- \longrightarrow 2CrO_4^{2-} + 4H_2O$$

$$2CrO_2^- + 3Na_2O_2 + 2H_2O \longrightarrow 2CrO_4^{2-} + 6Na^+ + 4OH^-$$

工业上就是利用亚铬酸盐在碱性介质中可转化成 Cr(Ⅵ) 盐这一性质用铬铁矿作为原料生产铬酸盐的。

③ 铬（Ⅵ）的化合物　常见的铬（Ⅵ）化合物是铬酸盐和重铬酸盐，其中以重铬酸钾和重铬酸钠最为重要。碱金属和铵的铬酸盐易溶于水，碱土金属铬酸盐的溶解度（见表 2-12）从镁到钡依次递减。

表 2-12　碱土金属铬酸盐在水中的溶解度

项目	$MgCrO_4$	$CaCrO_4$	$SrCrO_4$	$BaCrO_4$
溶解度/(g/100g 水)	72	2.3	0.123	0.00035
温度/℃	18	19	15	18

重铬酸钾的溶解度受温度影响较大（0℃溶解度为 4.6g/100g 水，100℃溶解度为 94.1g/100g 水），而温度对氯化钠的溶解度影响不大，利用这一性质可将 $K_2Cr_2O_7$与 NaCl 分离。

铬酸盐与重铬酸盐在水溶液中存在着如下平衡：

$$2CrO_4^{2-} + 2H^+ \rightleftharpoons Cr_2O_7^{2-} + H_2O$$

加酸时平衡向右移动，加碱时平衡向左移动。在酸性溶液中，主要以 $Cr_2O_7^{2-}$ 形式存在，在碱性溶液中，则以 CrO_4^{2-} 形式为主。

除了在加酸、加碱条件下可使这个平衡发生移动外，如向溶液中加入能与 CrO_4^{2-} 生成溶度积较小的铬酸盐的离子如 Ba^{2+}、Pb^{2+} 或 Ag^+，也都能使平衡移动。无论是向铬酸盐溶液或重铬酸盐溶液中加入这些金属离子，生成的都是铬酸盐沉淀，而不是重铬酸盐沉淀：

$$Cr_2O_7^{2-} + 2Ba^{2+} + H_2O \longrightarrow 2H^+ + 2BaCrO_4\downarrow\text{(黄色)} \qquad K_{sp} = 1.17\times10^{-10}$$

$$Cr_2O_7^{2-} + 2Pb^{2+} + H_2O \longrightarrow 2H^+ + 2PbCrO_4\downarrow\text{(黄色)} \qquad K_{sp} = 2.8\times10^{-13}$$

$$Cr_2O_7^{2-} + 4Ag^+ + H_2O \longrightarrow 2H^+ + 2Ag_2CrO_4\downarrow\text{(砖红色)} \qquad K_{sp} = 1.12\times10^{-12}$$

实验室中常利用 Ba^{2+}、Pb^{2+}、Ag^+ 来检验 CrO_4^{2-} 的存在。

重铬酸盐在酸性溶液中是强氧化剂。例如，在冷溶液中 $Cr_2O_7^{2-}$ 可氧化 H_2S、H_2SO_3 和 HI 等：

$$Cr_2O_7^{2-}+6I^-+14H^+\xlongequal{\triangle}2Cr^{3+}+3I_2+7H_2O$$

$$Cr_2O_7^{2-}+3SO_3^{2-}+8H^+\xlongequal{\triangle}2Cr^{3+}+3SO_4^{2-}+4H_2O$$

在加热时，可氧化 HBr 和 HCl。在这些反应中，$Cr_2O_7^{2-}$ 的还原产物都是 Cr^{3+} 的盐：

$$Cr_2O_7^{2-}+6Cl^-+14H^+\xlongequal{\triangle}2Cr^{3+}+3Cl_2\uparrow+7H_2O$$

$$Cr_2O_7^{2-}+6Br^-+14H^+\xlongequal{\triangle}2Cr^{3+}+3Br_2\uparrow+7H_2O$$

在酸性溶液中，+3 是铬离子最稳定的氧化态。在分析化学中，常用 $K_2Cr_2O_7$ 来测定铁的含量：

$$K_2Cr_2O_7+6FeSO_4+7H_2SO_4 = 3Fe_2(SO_4)_3+Cr_2(SO_4)_3+K_2SO_4+7H_2O$$

重铬酸钾也可被乙醇还原：

$$3CH_3CH_2OH+2K_2Cr_2O_7+8H_2SO_4 = 3CH_3COOH+2Cr_2(SO_4)_3+2K_2SO_4+11H_2O$$

利用该反应可监测司机是否酒后驾车。

$K_2Cr_2O_7$ 还用于配制实验室中所用的“铬酸洗液”，它是重铬酸钾饱和溶液和浓硫酸的混合物（在含 5g $K_2Cr_2O_7$ 的热饱和溶液中加入 100mL 浓硫酸），具有很强的氧化性，可用于洗涤化学玻璃仪器壁器上沾附的油污。洗液经使用后，棕红色逐渐转变成暗绿色。若全部变成暗绿色，说明 Cr(Ⅵ) 已转化成为 Cr(Ⅲ)，洗液已失效。

重铬酸钠和重铬酸钾均为橙红色晶体，在所有的重铬酸盐中，钾盐在低温下的溶解度最低，而且不含结晶水，因此可通过重结晶法制得极纯的盐。重铬酸钾常用作氧化还原容量分析的基准试剂，在工业上大量用于鞣革、印染、颜料、电镀等方面。

往重铬酸钾的浓溶液中加入浓 H_2SO_4，可析出橙红色的三氧化铬晶体：

$$K_2Cr_2O_7+H_2SO_4 = K_2SO_4+2CrO_3\downarrow+H_2O$$

CrO_3 的熔点为 167℃，热稳定较差，温度高于熔点便逐步分解放出氧气，最终产物是 Cr_2O_3：

$$4CrO_3\xlongequal{\triangle}2Cr_2O_3+3O_2\uparrow$$

CrO_3 是一种强氧化剂，与一些有机物质（如酒精等）接触时立即着火，被还原为 Cr_2O_3。CrO_3 大量用于电镀工业。

CrO_3 易溶于水（15℃时，CrO_3 溶解度为 166g/100g 水）生成铬酸 H_2CrO_4，H_2CrO_4 溶液为黄色，是一种酸度接近于硫酸的强酸，但仅存在于水溶液中，未分离出游离的 H_2CrO_4。

2. 锰及其化合物

锰是丰度较高的元素（在地壳中的含量为 0.1%），地壳上锰的主要矿石有软锰矿 $MnO_2\cdot xH_2O$，黑锰矿 Mn_3O_4 和水锰矿 $Mn_2O_3\cdot H_2O$。近年来在深海海底发现大量的锰矿——锰结核，它是一种由多层的铁锰氧化物层间夹有黏土层所构成的一个个同心圆状的团块，其中还含有铜、钴、镍等重要金属元素。据估计，整个海洋底下，锰结核约有 15000 亿吨，仅太平洋中的锰结核内所含的锰、铜、钴、镍等就相当于陆地总储量的几十到几百倍。

纯锰用途不多，但它的合金非常重要。锰钢（含 Mn 12%～15%，Fe 83%～87%，C 2%）很坚硬，抗冲击，耐磨损，可用于制钢轨、钢甲和破碎机等。锰可代替镍用于制造不锈钢（含 Cr 16%～20%，Mn 8%～10%，C 0.1%），在镁铝合金中加入锰可使抗腐蚀性和机械性能都得到改进。

块状金属锰是银白色的，粉末状为灰色。锰是活泼金属，锰在空气中氧化时生成 Mn_3O_4（类似 Fe_3O_4）。在高温时锰可直接与卤素、氮、硫、碳、硅、硼、磷等非金属反应，锰不与氢作用，在有氧化剂存在时，锰同熔融的碱作用生成锰酸盐：

$$2Mn+4KOH+3O_2 = 2K_2MnO_4+2H_2O$$

（1）MnO_2 的性质　二氧化锰 MnO_2 是一种很稳定的黑色粉末状物质，不溶于水，呈弱酸性。许多锰的化合物都是用 MnO_2 作原料而制得的。Mn(Ⅳ) 的氧化数居中，既可作氧化剂又可作还原剂。

二氧化锰在酸性介质中是一种强氧化剂。例如，它与浓盐酸反应可得到氯气，实验室中常用此反应制备氯气：

$$MnO_2+4HCl \xlongequal{} MnCl_2+Cl_2\uparrow+2H_2O$$

二氧化锰在碱性介质中，有氧化剂存在时，能被氧化成锰（Ⅵ）的化合物。例如，MnO_2和KOH（或与$KClO_3$、KNO_3等氧化剂）的混合物于空气中加热熔融，可得到绿色的锰酸钾K_2MnO_4。

$$3MnO_2+6KOH+KClO_3 \xlongequal{} 3K_2MnO_4+KCl+3H_2O$$

MnO_2是一种在工业上有很重要的用途的氧化剂，例如，在玻璃工业中，常将它加入熔融的玻璃中，以除去带色的硫化物或亚铁盐杂质，称它是玻璃的“漂白剂”；在油漆工业中，将它加入半干性油中作为“催干剂”，可以促进这些油在空气中的氧化作用。另外，它还大量用于干电池中，也常用作催化剂和制造锰盐的原料。

(2) 高锰酸钾的性质　锰（Ⅶ）的化合物中最重要的是高锰酸钾$KMnO_4$，以软锰矿MnO_2和苛性钾为原料，在200～270℃下加热熔融并通入空气，生成锰酸钾K_2MnO_4：

$$2MnO_2+4KOH+O_2 \xlongequal{} 2K_2MnO_4+2H_2O$$

然后往锰酸钾溶液中通入CO_2或加酸，可制得高锰酸钾，但最高产率只有66.7%，因为有1/3的锰（Ⅵ）被还原成MnO_2：

$$3K_2MnO_4+2CO_2 \xlongequal{} 2KMnO_4+MnO_2+2K_2CO_3$$

高锰酸钾是深紫色的晶体，其水溶液呈紫红色，是一种较稳定的化合物。将固体的$KMnO_4$加热到200℃以上，就分解放出氧气，这是实验室制备氧气的一种简便方法。

$$2KMnO_4 \xlongequal{} K_2MnO_4+MnO_2+O_2\uparrow$$

高锰酸钾的溶液并不十分稳定，在酸性溶液中明显分解，在中性或微碱性溶液中缓慢地分解：

$$4MnO_4^-+4H^+ \xlongequal{} 4MnO_2+3O_2+2H_2O$$

光对高锰酸盐的分解具有催化作用，$KMnO_4$溶液必须保存于棕色瓶中。

$KMnO_4$是最重要和常用的氧化剂之一。它的氧化能力和还原产物因介质的酸碱性不同而不同。

① 在酸性溶液中，MnO_4^-是很强的氧化剂。例如，它可以氧化Fe^{2+}、I^-、Cl^-、SO_3^{2-}、$C_2O_4^{2-}$等离子，本身被还原为Mn^{2+}：

$$MnO_4^-+5Fe^{2+}+8H^+ \xlongequal{} Mn^{2+}+5Fe^{3+}+4H_2O$$

分析化学中，常用$KMnO_4$的酸性溶液来测定铁的含量。如果MnO_4^-过量，它可能和Mn^{2+}发生氧化还原反应而析出MnO_2：

$$2MnO_4^-+3Mn^{2+}+2H_2O \xlongequal{} 5MnO_2+4H^+$$

$$2MnO_4^-+16H^++10Cl^- \xlongequal{} 2Mn^{2+}+5Cl_2\uparrow+8H_2O$$

MnO_4^-与还原剂的反应最初较慢，当有Mn^{2+}的存在时，可催化该反应。因此，随着Mn^{2+}的生成，反应速度迅速加快。

② 在微酸性、中性及微碱性溶液中MnO_4^-与还原剂反应时，被还原成MnO_2：

$$2KMnO_4+3K_2SO_3+H_2O \xlongequal{} 2MnO_2\downarrow+3K_2SO_4+2KOH$$

$$2MnO_4^-+I^-+H_2O \xlongequal{} 2MnO_2\downarrow+IO_3^-+2OH^-$$

③ 在强碱性溶液中，则被还原为锰酸盐：

$$2KMnO_4+K_2SO_3+2KOH \xlongequal{} 2K_2MnO_4+K_2SO_4+H_2O$$

高锰酸钾是一种良好的氧化剂，常用于棉、毛漂白或油类脱色，还广泛用于一些过渡金属离子的容量分析，如Ti^{3+}、VO_2^+、Fe^{2+}以及过氧化氢、草酸盐、甲酸盐和亚硝酸盐等。它的稀溶液（0.1%）可用来对水果、碗、杯等进行消毒和杀菌，5%的$KMnO_4$溶液可治疗轻度烫伤。

粉末状的$KMnO_4$与90%H_2SO_4反应，生成绿色油状的高锰酸酐Mn_2O_7。它在0℃以下能稳定存在，但在常温下会爆炸分解成MnO_2、O_2和O_3。这种氧化物有很强的氧化性，遇有机物立即发生燃烧。将 Mn_2O_7溶于水成可生成高锰酸 $HMnO_4$。

（三）铁、铜、锌及其化合物

1. 铁及其化合物

铁分布广，地壳中的含量为5.1%，在所有元素中名列第四。

铁的主要矿物有赤铁矿（主要成分为 Fe_2O_3）、磁铁矿（主要成分为 Fe_3O_4）、褐铁矿（主要成分 $2Fe_2O_3 \cdot 3H_2O$）、黄铁矿（FeS_2）和菱铁矿（$FeCO_3$）。铁在整个过渡元素中占有主导作用，在人类物质文明的发展进程中起最重要的作用，铁还是现代工业的基础。铁合金是很好的磁性材料。

铁是益智元素之一。成年人体内含铁4.2～6.1g，其中70%为功能铁，主要分布在红细胞和血红蛋白分子中。人体血液中的血红蛋白的活性部位是 Fe^{2+} 与卟吩衍生物的配合物。缺铁可引起的缺铁性贫血，使人的体质变得虚弱，皮肤苍白、易疲劳、头晕、耐寒能力下降、气促、甲状腺功能减退。但是，铁含量过多可能有致癌作用或促进肿瘤生长。

（1）铁单质的性质　铁为灰白色固体，有金属光泽，具有铁磁性，密度较大，熔点较高，有很好的延展性。

铁是中等活泼的金属，在常温干燥的条件下，与氧、硫、氯、溴等非金属单质不起显著作用。但在高温下，发生剧烈的反应。铁在潮湿空气中会生锈，成分复杂，常以 $Fe_2O_3 \cdot xH_2O$ 表示，它是一种多孔松脆物质，故不能保护内层铁不进一步被腐蚀。高温时，它们与水蒸气发生剧烈反应：

$$3Fe + 4H_2O \xlongequal{\text{高温}} Fe_3O_4 + 4H_2$$

铁易与稀硫酸、盐酸作用，置换出氢气，形成水合离子。稀硝酸能溶解铁，若铁过量，生成 $Fe(NO_3)_2$；若 HNO_3过量则生成 $Fe(NO_3)_3$。但铁与铝、铬一样，在浓硫酸、冷的浓硝酸中会发生钝化，可用铁制品储运浓硝酸和浓硫酸。浓碱会缓慢地侵蚀铁。

在酸性条件下，Fe^{2+} 处于热力学稳定态；但在碱性条件下，$Fe(OH)_2$极易被氧化为 $Fe(OH)_3$。Fe(Ⅲ）有强氧化性。

（2）铁的氧化物及氢氧化物　铁的氧化物及氢氧化物的基本性质见表2-13。

表2-13　铁的氧化物及氢氧化物的基本性质

物质	FeO	Fe_2O_3	Fe_3O_4	$Fe(OH)_2$	$Fe(OH)_3$
颜色	黑色	砖红色	黑色	白色	棕红色
氧化还原性				还原性	
酸碱性	碱性	碱性及弱酸性		碱性	碱性及弱酸性

铁的低氧化态氧化物常用无氧化性含氧酸盐（如碳酸盐、草酸盐）在隔绝空气条件下热分解制备：

$$FeCO_3 \xlongequal[\text{隔绝空气}]{\text{加热}} FeO + CO_2\uparrow$$

$$FeC_2O_4 \xlongequal[\text{隔绝空气}]{\text{加热}} FeO + CO_2\uparrow + CO\uparrow$$

不隔绝空气时，有可能由于氧的氧化作用，生成高氧化态氧化物。

$$3FeC_2O_4 \xlongequal{430K} Fe_3O_4 + 2CO_2\uparrow + 4CO\uparrow$$

高氧化态氧化物可用氧化性酸的盐（如硝酸盐）热分解制备，例如：

$$4Fe(NO_3)_3 \xlongequal{\triangle} 2Fe_2O_3 + 12NO_2\uparrow + 3O_2\uparrow$$

铁的氢氧化物，无论是 $Fe(OH)_2$或是 $Fe(OH)_3$都难溶于水。Fe^{3+} 极化作用大于 Fe^{2+}，铁的氢氧化物的颜色 $Fe(OH)_3$比 $Fe(OH)_2$深。

在隔绝空气条件下，向Fe(Ⅱ）盐溶液中加入碱，制得 $Fe(OH)_2$沉淀。遇空气时 $Fe(OH)_2$迅速地氧化成 $Fe(OH)_3$。新制备的 $Fe(OH)_3$具有弱酸性，所以可与浓的强碱作用，而不与弱碱

$(NH_3 \cdot H_2O)$ 作用：

$$Fe(OH)_3 + KOH(浓) \longrightarrow KFeO_2 + 2H_2O$$

（3）铁的其他盐

① 硫酸亚铁　$FeSO_4 \cdot 7H_2O$ 又称为绿矾，在受热时，先失去结晶水，随后再分解：

$$2FeSO_4 \xlongequal{\triangle} Fe_2O_3 + SO_2\uparrow + SO_3\uparrow$$

工业上利用此反应生产铁红（α-Fe_2O_3）。在空气中，$FeSO_4 \cdot 7H_2O$ 会风化并氧化生成黄色或铁锈色的铁（Ⅲ）碱式盐：

$$4FeSO_4 + O_2 + 2H_2O \longrightarrow 4Fe(OH)SO_4$$

所以，绿矾晶体表面常有铁锈色斑点，溶液久置后常有棕色沉淀。

实验室配制亚铁盐溶液时，除在酸性条件下溶解亚铁盐外，还应加入铁钉或少量铁屑来防止氧化。

硫酸亚铁能与 NH_4^+、K^+、Na^+ 的硫酸盐生成复盐 $M_2SO_4 \cdot Fe_SO_4 \cdot 6H_2O$，最重要的是生成硫酸亚铁铵 $(NH_4)_2SO_4 \cdot FeSO_4 \cdot 6H_2O$，俗称摩尔盐，常温下相当稳定，常用作还原试剂，在定量分析中用来标定重铬酸钾或高锰酸钾溶液的浓度。

$$6FeSO_4 + K_2Cr_2O_7 + 7H_2SO_4 \longrightarrow 3Fe_2(SO_4)_3 + Cr_2(SO_4)_3 + K_2SO_4 + 7H_2O$$

$$10FeSO_4 + 2KMnO_4 + 8H_2SO_4 \longrightarrow 5Fe_2(SO_4)_3 + 2MnSO_4 + K_2SO_4 + 8H_2O$$

这两个反应也可以用来分析测定铁。

② 三氯化铁　将铁屑溶于盐酸所得的 $FeCl_2$ 溶液，通入氯气，再经浓缩、冷却、结晶得到的是黄棕色的 $FeCl_3 \cdot 6H_2O$ 晶体。加热则水解失去 HCl 而生成碱式盐。无水三氯化铁是用氯气和铁粉在高温下直接合成的。它在空气中易潮解。

与低氧化态 $FeCl_2$ 相比，$FeCl_3$ 有明显的共价性。例如，熔点、沸点低，易溶于有机溶剂（如乙醚、丙酮）中，在 673K，它的蒸气中有二聚分子存在，其结构和 Al_2Cl_6 相似。

三氯化铁主要用于有机染料的生产中；在印刷制版中用作铜板的腐蚀剂；在某些反应中用作催化剂；因为它能引起蛋白质的迅速凝聚，所以在医药上用作伤口的止血剂；$FeCl_3$ 性质上不仅表现为易水解，而且在酸性溶液中还有较强的氧化性（$\varphi^{\ominus} = 0.77V$），属中等强度的氧化剂：

$$Fe^{3+} + \begin{cases} I^- \\ Sn(Ⅱ) \\ H_2S \end{cases} \longrightarrow \begin{cases} I_2 \\ Sn(Ⅳ) \\ S \end{cases} + Fe^{2+}$$

当溶液酸性较强时（pH<0），主要以淡紫色 $[Fe(H_2O)_6]^{3+}$ 存在，pH 值提高到 2～3 时，水解趋势明显，聚合倾向增大，溶液颜色为黄棕色，pH 值继续升高，溶液由黄棕色逐渐变为红棕色，最后析出红棕色的胶状 $Fe(OH)_3$（或 $Fe_2O_3 \cdot nH_2O$）沉淀。

在生产中，常用使 Fe^{3+} 水解析出氢氧化铁沉淀的方法，除去产品中的杂质铁。但是，由于 $Fe(OH)_3$ 具有胶体性质，不仅沉淀速度慢，过滤困难，而且使一些其他的物质吸附而损失。因此，现在工业生产中采用加入氧化剂（如 $NaClO_3$、H_2O_2 等）至含 Fe^{2+} 的硫酸盐溶液中，使 Fe^{2+} 全部转化为 Fe^{3+}，当 pH=1.6～1.8，温度为 358～368K 时，Fe^{3+} 在热溶液中水解呈黄色的晶体析出。此晶体俗称黄铁矾，化学式为 $M_2Fe_6(SO_4)_4(OH)_{12}$（$M=K^+$、Na^+、NH_4^+）：

$$3Fe_2(SO_4)_3 + 6H_2O \longrightarrow 6Fe(OH)SO_4 + 3H_2SO_4$$

$$4Fe(OH)SO_4 + 4H_2O \longrightarrow 2Fe_2(OH)_4SO_4 + 2H_2SO_4$$

$$2Fe(OH)SO_4 + 2Fe_2(OH)_4SO_4 + Na_2SO_4 + 2H_2O \longrightarrow Na_2Fe_6(SO_4)_4(OH)_{12}\downarrow + H_2SO_4$$

黄铁矾颗粒大沉淀速度快、容易过滤。

（4）铁的配位化合物　铁能以中性原子、+2 或 +3 氧化态作为配合物的形成体。铁常见配合物中较重要的有氨配合物、氰配合物等。

① 氨配合物　Fe^{2+} 及 Fe^{3+} 的氨合物由无水盐与氨气作用得到，但在水溶液中不可能存在。

$$[Fe(NH_3)_6]Cl_2 + 6H_2O \longrightarrow Fe(OH)_2 + 4NH_3 \cdot H_2O + 2NH_4Cl$$

$$[Fe(NH_3)_6]Cl_3 + 6H_2O = Fe(OH)_3 + 3NH_3 \cdot H_2O + 3NH_4Cl$$

② 氰配合物　CN^-是一个有较强配位作用的强场配体，Fe^{2+}溶液中缓慢加入过量CN^-，生成浅黄色配离子$[Fe(CN)_6]^{4-}$，其钾盐$K_4[Fe(CN)_6] \cdot 3H_2O$为黄色晶体，又称黄血盐。黄血盐用于检定$Fe^{3+}$，生成蓝色沉淀普鲁士蓝$KFe[Fe(CN)_6]$。

$[Fe(CN)_6]^{4-}$是一种沉淀剂，它和一系列金属阳离子，如Cu^{2+}（红棕）、Cd^{2+}（白）、Co^{2+}（绿）、Mn^{2+}（白）、Ni^{2+}（绿）、Pb^{2+}（白）、Zn^{2+}（白）形成难溶物。

向黄血盐溶液通入氯气或加入过氧化氢溶液氧化，可以得到$[Fe(CN)_6]^{3-}$溶液，从溶液结晶得到红色的$K_3[Fe(CN)_6]$，称为赤血盐：

$$2[Fe(CN)_6]^{4-} + Cl_2 = 2[Fe(CN)_6]^{3-} + 2Cl^-$$

向Fe^{2+}溶液中加入$[Fe(CN)_6]^{3-}$，也生成蓝色难溶化合物$KFe[Fe(CN)_6]$，此沉淀又称为滕氏蓝：

$$Fe^{2+} + K^+ + [Fe(CN)_6]^{3-} = KFe[Fe(CN)_6]$$

这是鉴定Fe^{2+}的灵敏反应。

过去曾一度认为滕氏蓝与普鲁士蓝是两种不同的物质，经X射线实验数据证实，它们是同一类物质，具有相同的结构。

③ 其他重要的配合物　Fe^{3+}的其他重要配合物有$Fe(NCS)_n^{3-n}$、FeF_6^{3-}及$Fe(PO_4)_2^{3-}$等。

$Fe(NCS)_n^{3-n}$是血红色物质、常用来鉴别Fe^{3+}的存在。F^-及PO_4^{3-}对Fe^{3+}的络合作用常用于分析化学中对Fe^{3+}的掩蔽。例如：

$$Fe(NCS)_6^{3-}(\text{血红色}) + 6F^- = FeF_6^{3-}(\text{无色}) + 6NCS^-$$

Fe^{2+}的重要螯合物之一是血红蛋白，中心原子为Fe(Ⅱ)，六个配位原子依八面体排布，其中五个配位原子是由螯合剂提供的氮原子，另一个是配位水分子中的氧原子，该水分子可与氧分子发生交换，从而起到输氧的作用。

CN^-及CO对Fe(Ⅱ)的配位能力比氧更强，因此，人体一旦吸入CN^-或CO后，O_2就不再与它们发生交换，因此会使人体中毒。

2. 铜及其化合物

铜是一种过渡元素，纯铜是柔软的金属，表面刚切开时为红橙色金属光泽，单质呈紫红色。铜是一种存在于地壳和海洋中的金属。铜在地壳中的含量约为0.01%，在个别铜矿床中，铜的含量可以达到3%～5%。自然界中的铜，多数以化合物即铜矿石存在。

铜的延展性、导热性和导电性很好，因此是电缆和电气、电子元件最常用的材料，也可用作建筑材料，可以组成多种合金。铜合金机械性能优异，电阻率很低，其中最重要的是青铜和黄铜。此外，铜也是耐用的金属，可以多次回收而无损其机械性能。

(1) 铜单质的性质　铜是不太活泼的重金属，在常温下不与干燥空气中的氧化合，加热时能产生黑色的氧化铜：

$$2Cu + O_2 = 2CuO$$

如果继续在很高温度下燃烧，就生成红色的Cu_2O：

$$4Cu + O_2 = 2Cu_2O$$

在潮湿的空气中久置后，铜表面会慢慢生成一层铜绿（碱式碳酸铜），铜绿可防止金属进一步腐蚀，其组成是可变的：

$$2Cu + O_2 + CO_2 + H_2O = Cu(OH)_2 \cdot CuCO_3$$

铜在常温下就能与卤素直接化合：

$$Cu + Cl_2 = CuCl_2$$

加热时，铜与硫直接化合生成硫化亚铜（Cu_2S）：

$$2Cu + S \xlongequal{\text{加热}} Cu_2S$$

在电子工业中，常用$FeCl_3$溶液来刻蚀铜，以制造印刷线路：

$$Cu+2Fe^{3+} = Cu^{2+}+2Fe^{2+}$$

在金属活动性顺序中，铜在氢以后，所以不能置换稀酸中的氢。但当有空气存在时，铜先生成氧化铜，然后再与酸作用然后缓慢溶于这些稀酸中：

$$2Cu+4HCl+O_2 = 2CuCl_2+2H_2O$$

$$2Cu+2H_2SO_4+O_2 = 2CuSO_4+2H_2O$$

铜与浓盐酸反应

$$2Cu+8HCl(浓) = 2H_3[CuCl_4]+H_2\uparrow$$

铜会被硝酸、浓硫酸（需加热）等氧化性酸氧化而溶解：

$$Cu+4HNO_3(浓) = Cu(NO_3)_2+2NO_2\uparrow+2H_2O$$

$$3Cu+8HNO_3(稀) = 3Cu(NO_3)_2+2NO\uparrow+4H_2O$$

$$Cu+2H_2SO_4(浓) = CuSO_4+SO_2\uparrow+2H_2O$$

（2）铜的化合物

① 铜（Ⅰ）化合物

a. 氧化亚铜（Cu_2O）是暗红色固体，有毒，对热稳定，不溶于水，为碱性氧化物。

Cu_2O 是制造玻璃和搪瓷的红色颜料。它具有半导体性质，还用作船舶底漆及农业上的杀虫剂。Cu_2O 是碱性氧化物。能溶于 H_2SO_4 但立即歧化：

$$Cu_2O+H_2SO_4 = CuSO_4+Cu+H_2O$$

b. 氯化亚铜（CuCl）是白色固体，不溶于水，为共价型化合物，在潮湿空气中迅速被氧化，由白色而变绿。它能溶于氨水、浓盐酸及 NaCl、KCl 溶液，形成相应的配合物。

② 铜（Ⅱ）化合物

a. 氧化铜（CuO）是黑色粉末，不溶于水。它是偏碱性氧化物，溶于稀酸：

$$CuO+2H^+ = Cu^{2+}+H_2O$$

b. 氢氧化铜［$Cu(OH)_2$］是浅蓝色粉末，难溶于水，60～80℃时逐渐脱水而成 CuO，颜色随之变暗。$Cu(OH)_2$ 稍有两性，只溶于较浓的强碱，生成四羟基合铜（Ⅱ）配离子：

$$Cu(OH)_2+2OH^- = [Cu(OH)_4]^{2-}$$

$Cu(OH)_2$ 易溶于氨水，生成深蓝色的四氨合铜（Ⅱ）配离子：

$$Cu(OH)_2+4NH_3 = [Cu(NH_3)_4]^{2+}+2OH^-$$

c. 硫酸铜　无水 $CuSO_4$ 为白色粉末，极易吸水，吸水后变成蓝色的水合物。故无水 $CuSO_4$ 可用来检验有机物中的微量水分，也可用作干燥剂。$CuSO_4\cdot5H_2O$ 为蓝色结晶，又名胆矾或蓝矾。在空气中慢慢风化，表面上形成白色粉状物。

$$2Cu+O_2 \xlongequal{600\sim700℃} 2CuO$$

$$CuO+H_2SO_4 = CuSO_4+H_2O$$

硫酸铜有多种用途，如做媒染剂、蓝色颜料、船舶油漆、电镀、杀菌及防腐剂。它和石灰乳混合制得的“波尔多”液能消灭数目的害虫。$CuSO_4$ 和其他铜盐一样，有毒。

3. 锌及其化合物

锌是一种浅灰色的过渡金属，外观呈银白色，在空气中锌表面生成 $ZnCO_3\cdot3Zn(OH)_2$ 而略显蓝灰色。锌是第四常见的金属，仅次于铁、铝及铜，密度为 $7.14g\cdot cm^{-3}$，熔点为 419.5℃。

锌在室温下性较脆，100～150℃时变软，超过 200℃后，又变脆。锌的化学性质活泼，在常温下的空气中，表面生成一层薄而致密的碱式碳酸锌膜，可阻止进一步氧化。当温度达到 225℃后，锌剧烈氧化。

锌在现代工业中的电池制造上有非常重要的作用，是相当重要的金属。另外，锌是人体必需的微量元素之一，在人体生长发育、生殖遗传、免疫、内分泌等重要生理过程中起着极其重要的作用。

（1）单质的主要化学性质　锌的化学性质与铝相似，所以，通常可以由铝的性质推断锌的化学性质（两性）。单质锌既可与酸反应，又可与碱反应，与氨能形成配离子溶于氨水。

$$Zn+2NaOH+2H_2O \longrightarrow Na_2[Zn(OH)_4]+H_2$$

$$Zn+4NH_3+2H_2O \longrightarrow [Zn(NH_3)_4]^{2+}+H_2\uparrow+2OH^-$$

$$Zn+2HCl \longrightarrow ZnCl_2+H_2\uparrow$$

$$Zn+H_2SO_4(稀) \longrightarrow ZnSO_4+H_2\uparrow$$

锌在加热的情况下与卤素 X_2、P、S 等发生反应：

$$Zn+X_2 \longrightarrow ZnX_2(X=F、Cl、Br、I)(加热条件下)$$

$$3Zn+2P \longrightarrow Zn_3P_2(873K)$$

$$Zn+S \longrightarrow ZnS(加热条件下)$$

（2）锌的化合物

① 氧化锌和氢氧化锌　ZnO 为不溶于水的白色粉末，两性氧化物，既溶于酸又溶于碱：

$$ZnO+2HCl \longrightarrow ZnCl_2+H_2O$$

$$ZnO+2NaOH \longrightarrow Na_2ZnO_2+H_2O$$

ZnO 又称锌白或锌氧粉，遇硫化氢不变黑，为优良的白色颜料。因 ZnO 无毒且具有收敛性和一定的杀菌能力，故常用作医用橡皮软膏。

氢氧化锌是具有与氢氧化铝相类似的两性氢氧化物。随着 pH 值的逐渐升高，在 pH≈6.5 时开始出现氢氧化锌沉淀；pH=8 时沉淀完全，升高到 11 左右时，又开始溶解，当 pH≥12.6 时完全溶解。

$$Zn(OH)_2+2H^+ \longrightarrow Zn^{2+}+2H_2O$$

$$Zn(OH)_2+2OH^- \longrightarrow [Zn(OH)_4]^{2-}$$

$$Zn(OH)_2+4NH_3H_2O \longrightarrow [Zn(NH_3)_4]^{2+}+2OH^-+4H_2O$$

$$Zn(OH)_2 \longrightarrow ZnO+H_2O$$

$$[Zn(NH_3)_4]^{2+}+2OH^- \longrightarrow Zn(OH)_2+4NH_3\uparrow$$

② 氯化锌　氯化锌为白色熔块，极易吸潮。无水氯化锌通常由金属锌与氯气直接合成。其浓溶液能形成配位酸而使溶液显酸性。

$$ZnCl_2+2H_2O \longrightarrow H_2[ZnCl_2(OH)_2]$$

这个配合物具有显著的酸性，能溶解金属氧化物。

$$FeO+H_2[ZnCl_2(OH)_2] \longrightarrow Fe[ZnCl_2(OH)]_2+H_2O$$

③ 硫酸锌　$ZnSO_4\cdot 7H_2O$ 俗称皓矾，被大量用作锌钡白（“立德粉”）。锌钡白是一种覆盖力很强的白色颜料，实际上是 $ZnSO_4$ 和 BaS 的混合物，可由 BaS 和 $ZnSO_4$ 经复分解而得：

$$ZnSO_4+BaS \longrightarrow ZnS\cdot BaSO_4\downarrow$$

知识链接

1. 拿破仑的纽扣

加拿大化学家和学者潘尼·莱克托在其《拿破仑的纽扣》中披露，法国皇帝拿破仑很可能是因为一些锡制纽扣而在征俄战争中惨遭失败。

1812 年 9 月 14 日，拿破仑 60 万征俄大军夺下莫斯科后，得到的却是一座空城，俄国沙皇亚历山大命人将莫斯科焚之一炬，不愿将一块面包、一座房子留给拿破仑的军队。几周后，寒冷的空气给拿破仑大军带来了致命的诅咒。在饥寒交迫下，1812 年冬天，拿破仑大军被迫从莫斯科撤退，沿途 60 万士兵被活活冻死，到 12 月初，60 万拿破仑大军只剩下了不到 1 万人。

潘尼在英属哥伦比亚大学召开的 2005 化学会议上谈论她的发现：拿破仑征俄大军的制服上，采用的都是锡制纽扣，而在寒冷的气候中，锡制纽扣会发生化学变化，分裂成粉末。由于衣服上没有了纽扣，数十万拿破仑大军在寒风暴雪中形同敞胸露怀，许多人被活活冻死，还有一些人得病而死。潘尼道：“毫无疑问，1812 冬天的寒冷温度是造成拿破仑征俄大军崩溃的主要因素。”

潘尼在新书中援引了一些同时代俄国人的目击记录，“那些男人就如同是一群魔鬼，他们裹着女人的斗篷、地毯碎片或者烧满小洞的大衣”。潘尼道：“锡在不同温度下可变的特性，正是拿破仑士兵被迫披上这些古怪衣服的真正原因。”

也许真是冥冥中的天意，拿破仑大军的许多军服可能都是由英国工厂制造的。英国人在阴差阳错中导致了拿破仑在俄国的惨败，三年后，英国人又在滑铁卢战场上大败拿破仑，彻底为拿破仑的噩运敲响了丧钟。

2. 铜的使用

人类使用铜及其合金已有数千年历史。古罗马时期铜的主要开采地是塞浦路斯，因此最初得名 cyprium（意为塞浦路斯的金属），后来变为 cuprum，这是其英语（copper）、法语（cuivre）和德语（Kupfer）的来源。

铜是人类最早使用的金属之一。早在史前时代，人们就开始采掘露天铜矿，并用获取的铜制造武器、工具和其他器皿，铜的使用对早期人类文明的进步影响深远。

中国使用铜已年代久远。大约在六、七千年以前中国人的祖先就发现并开始使用铜。1973年陕西临潼姜寨遗址曾出土一件半圆形残铜片，经鉴定为黄铜。1975 年甘肃东乡林家马家窑文化遗址（约公元前 3000 左右）出土一件青铜刀，这是目前在中国发现的最早的青铜器，是中国进入青铜时代的证明。相对西亚、南亚及北非于距今约 6500 年前先后进入青铜时代而言，中国青铜时代的到来较晚。中国存在一个铜器与石器并用的时代，距今约为 5500～4500 年。中国在此基础上发明青铜合金，与世界青铜器发展模式相同。

“国之大事，在祀及戎”。对于中国先秦中各国而言，最大的事情莫过于祭祀和对外战争。作为代表当时最先进的金属冶炼、铸造技术的青铜，也主要用在祭祀礼仪和战争上。夏、商、周三代所发现的青铜器，其功能（用）均为礼仪用具和武器以及围绕二者的附属用具，这一点与世界各国青铜器有区别，形成了具有中国传统特色的青铜器文化体系。

一般把中国青铜器文化的发展划分为三大阶段，即形成期、鼎盛时期和转变期。形成期是指龙山时代，距今 4000～4500 年；鼎盛期即中国青铜器时代，时代包括夏、商、西周、春秋及战国早期，延续时间约一千六百余年，也就是中国传统体系的青铜器文化时代；转变时期指战国末期到秦汉时期，青铜器已逐步被铁器取代，不仅数量上大减，而且也由原来礼乐兵器及使用在礼仪祭祀、战争活动等等重要场合变成日常用具，其相应的器别种类、构造特征、装饰艺术也发生了转折性的变化。

距今 4000～4500 年龙山时代，相当于尧舜禹传说时代。古文献上记载当时人们已开始冶铸青铜器。黄河、长江中下游地区的龙山时代遗址里，经考古发掘，在几十处遗址里都发现了青铜器制品。从现有的材料来看，形成期的铜器有以下特点：

(1) 红铜与青铜器并存，并出现黄铜。甘肃省东乡林家遗址，出土一件范铸的青铜刀；河北省唐山大城山遗址发现两件带孔红铜牌饰；河南省登封王城岗龙山城内出土一件含锡 7% 的青铜容器残片；山西省襄汾陶寺墓地内出土一件完整铜铃，系红铜；山东胶县三里河遗址出土两件黄铜锥；山东省栖霞杨家圈出土黄铜残片。发现铜质制品数量最多的是甘肃、青海、宁夏一带的齐家文化，有好几处墓地出土刀、锥、钻、环和铜镜，有些是青铜，有些是红铜。制作技术方面，有的是锻打的，有的是用范铸造的，比较先进。

(2) 青铜器品种较少，多属于日常工具和生活类，如刀、锥、钻、环、铜镜、装饰品等。但是应当承认当时人们已能够制造容器。此外，在龙山文化中常见红色或黄色陶鬶，且流口，腹裆部常有模仿的金属铆钉，如果认为这时的铜鬶容器与夏商铜鬶，爵、斝容器功能一样的话，当时的青铜器已经在或开始转向礼器了。

(3) 一般小遗址也出土铜制品，一般居民也拥青铜制品。此外，这个时期的青铜制品多朴实无饰，就是有纹饰的铜镜也仅为星条纹、三角纹等等的几何文饰，绝无三代青铜器纹饰的神秘感。

鼎盛期即中国青铜器时代。这个时期的青铜器主要分为礼乐器、兵器及杂器。乐器也主要用在宗庙祭祀活动中。礼器是古代繁文缛节的礼仪中使用的，或陈于庙堂，或用于宴饮、盥洗，还有一些是专门做殉葬的明器。青铜礼器带有一定的神圣性，是不能在一般生活场合使用的。所有青铜器中，礼器数量最多，制作也最精美。礼乐器可以代表中国青铜器制作工艺的最高水平。礼器种类包括烹炊器、食器、酒器、水器和神像类。这一时期的青铜器装饰最为精美，文饰种类也较多。

青铜器最常见花纹之一，是饕餮纹，也叫兽面纹。这种纹饰最早出现在距今五千年前长江下游地区的良渚文化玉器上，山东龙山文化继承了这种纹饰。饕餮纹，本身就有浓厚的神秘色彩。《吕氏春秋·先识》篇内云“周鼎著饕餮，有首无身，食人未咽，害及其身”，故此，一般把这种兽面纹称之为饕餮纹。饕餮纹在二里头夏文化中青铜器上已有了。商周两代的饕餮纹类型很多，有的像龙、像虎、像牛、像羊、像鹿；还有像鸟、像凤、像人的。西周时代，青铜器纹饰的神秘色彩逐渐减退。龙和凤，仍然是许多青铜器花纹的母题。可以说许多图案化的花纹，实际是从龙蛇、凤鸟两大类纹饰衍变而来的。

蝉纹是商代、西周常见的花纹，到了春秋，还有变形的蝉纹。春秋时代，螭龙纹盛行，逐渐占据了统治地位，把其他花纹差不多都挤掉了。中国青铜器还有一特点，就是迄今为止没有发现过任何肖像。不少的青铜器用人的面形作为装饰品，如人面方鼎、人面钺等，但这些人面都不是什么特定人物的面容。更多的器物是人的整体形象，如人形的灯或器座；或者以人的整体作为器物的一部分，如钟架有佩剑人形举手托住横梁，铜盘下有几个人形器足之类，这些人形大部分是男女侍从的装束，而且也不是特定婢奴的肖像。四川广汉三星堆出土的立体像、人头像，大小均超过正常人，均长耳突目，高鼻阔口，富于神秘色彩，应是神话人物。

商周青铜器中数以万计的铜器留有铭文，这些文字，一般叫金文。对于历史学者而言起着证史、补史的作用。

中国青铜器的铭文，文字以铸成者为多。凹入的字样，称为阴文，少数文字凸起，称阳文。商代和西周，可以说铭文都是铸成的，只有极个别用锋利的工具刻字的例子。

西周晚期，开始出现完全是刻成的铭文。战国中期，大多数铭文已经是刻制的，连河北省平山中山王汉墓的三件极为典重的礼器，都是契刻而成，其刀法异常圆熟，有很高的艺术价值。中国古代青铜器的另一个突出特征是制作工艺的精巧绝伦，显示出古代匠师们巧夺天工的创造才能。用陶质的复合范浇铸制作青铜器的和范法，在中国古代得到充分的发展。陶范的选料塑模翻范，花纹刻制均极为考究，浑铸、分铸、铸接、叠铸技术非常成熟。随后发展出来无需分铸的失蜡法工艺技术，无疑是青铜铸造工艺的一大进步。古人认为青铜器极其牢固，铭文可以流传不朽，要长期流传的事项必须铸在青铜物之上。因此，铭文已成为今天研究古代历史的重要材料。

在青铜器上加以镶嵌以增加美观，这种技术很早就出现了。镶嵌的材料，第一种是绿松石，这种绿色的宝石，至今仍应用在首饰上。第二种是玉，有玉援戈，玉叶的矛，玉刃的斧钺等。第三种是陨铁，如铁刃铜钺、铁援铜刃，经鉴定铁刃均为陨铁。第四种是嵌红铜，用红铜来组成兽形花纹。春秋战国时也有用金、银来镶嵌装饰的青铜器。

东周时代，冶铸技术发展较快，出现了制造青铜器的技术总结性文献《考工记》。书中对制作钟鼎、斧斤、弋戟等各种器物所用青铜中铜锡的比例作了详细的规定。由于战争频繁，兵器铸造得到了迅速发展，特别是吴、越的宝剑，异常锋利，名闻天下，并出现了一些著名的铸剑的匠师，如干将、欧治子等人。有的宝剑虽已在地下埋藏两千多年，但仍然可以切开成沓的纸张。越王勾践剑等剑，其表面经过一定的化学处理，形成防锈的菱形、鳞片形或火焰形的花纹，异常华丽。

转变时期一般指战国末年至秦汉末年这一时期。经过几百年的兼并战争及以富国、强兵为目的的政治、经济、文化改革，以郡县制取代分封制，具有中央集权性质的封建社会最终建立，传统的礼仪制度已彻底瓦解，铁制品已广泛使用。社会各领域均发生了翻天覆地的变化。

青铜器在社会生活中的地位逐渐下降，器物大多日用化，但是具体到某些青铜器，精美的作品还是不少的。如在陕西临潼秦始皇陵掘获的两乘铜车马。第一乘驾四马，车上有棚，御者为坐状。这两乘车马均为青铜器铸件构成，大小与实际合乎比例，极其精巧。车马上还有不少金银饰件，通体施以彩绘。第二乘马，长 3.17m，高 1.06m，可以说是迄今发掘到的形制巨大、结构又最复杂的青铜器。

到了东汉末年，陶瓷器得到较大发展，在社会生活中的作用日益重要，从而把日用青铜器皿进一步从生活中排挤出去。至于兵器，工具等方面，这时铁器早已占了主导地位。隋唐时期的铜器主要是各类精美的铜镜，一般均有各种铭文。自此以后，青铜器除了铜镜外，可以说不再有什么发展了。

本章小结

1. 碱金属（ⅠA）：Li、Na、K、Rb、Cs、Fr。

2. 碱土金属（ⅡA）：Be、Mg、Ca、Sr、Ba、Ra。

3. 碱金属元素概述

碱金属的物理性质，钠钾的制备，碱金属氧化物、硫化物、氢氧化物的性质，重要的钠钾盐。

4. 碱土金属元素概述

碱土金属元素的物理性质，碱土金属氧化物、氢氧化物的性质，盐类的通性，硬水软化。

电离能、电负性减小　金属性、还原性增强　原子半径增大↓

ⅠA	ⅡA
Li	Be
Na	Mg
K	Ca
Rb	Sr
Cs	Ba

→ 原子半径减小
金属性、还原性减弱
电离能、电负性增大

5. 对角线规则

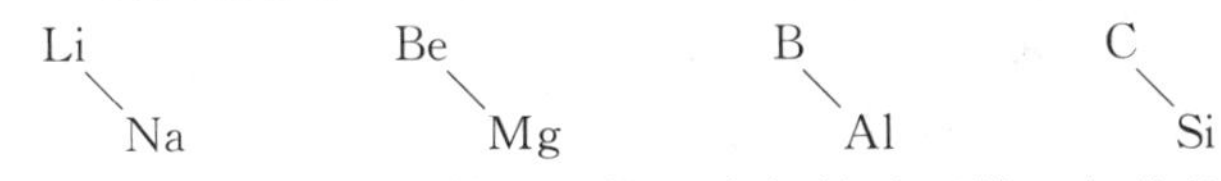

6. 铝的典型性质即缺电子性、亲氧性及两性，氧化物两性。

$$AlCl_3 + 3H_2O \longrightarrow Al(OH)_3 + 3HCl$$

7. 锡、铅单质的性质，锡、铅氧化物的氧化还原性。锡、铅的氧化物有 SnO、SnO_2、PbO、PbO。

$$2HgCl_2 + Sn^{2+} \longrightarrow Hg_2Cl_2 \downarrow + Sn^{4+} + 2Cl^-$$

$$Hg_2Cl_2 + Sn^{2+} \longrightarrow 2Hg \downarrow + Sn^{4+} + 2Cl^-$$

8. 砷的单质及其化合物的性质。

9. 卤素单质的制备，氢化物的性质，熟悉氯的含氧酸及其盐的性质应用。

卤素单质　F_2　Cl_2　Br_2　I_2

氢化物　HF　HCl　HBr　HI

卤素单质可以发生氧化反应，是很强的氧化剂。卤素单质还可以发生歧化反应。

10. 拟卤素与氰的几种重要化合物。

11. 氧及其化合物

氧单质、臭氧、过氧化氢的结构及性质。

臭氧是浅蓝色气体，在距地面20～40km的高空处形成臭氧层，可以吸收紫外线。现在氟里昂等的使用破坏了臭氧层。臭氧的氧化性比氧的氧化性强。

双氧水市售有30%和3%两种，H_2O_2分子中存在一个过氧键，四个原了不在一个平面内，既可作氧化剂义可以做还原剂。如双氧水与高锰酸钾和二氧化锰分别反应，与高锰酸钾反应表现出还原性，与二氧化锰反应表现出氧化性。

12. 硫及其化合物

硫单质及其氧化物和含氧酸盐，硫化氢及硫化物。

硫单质有3种同素异形体，主要氧化物有SO_2、SO_3，形成相应的酸H_2SO_3、H_2SO_4，还有$H_2S_2O_3$、$H_2S_2O_4$、H_2SO_3、$H_2S_2O_5$、$H_2S_2O_7$、$H_2S_2O_8$。硫酸是二元强酸，具有吸水性、氧化性和脱水性。$H_2S_2O_8$形成的盐具有强氧化性，如$(NH_4)_2S_2O_8$。

硫化氢是无色有臭鸡蛋气味的气体，其水溶液为二元弱酸，和许多重金属形成难溶盐。

13. 氮及其氢化物、硝酸盐

氮气在工业上主要是由液态空气经分馏制得。氨、硝酸是氮的两种重要化合物，硝酸是强酸，具有氧化性。硝酸盐分解产物主要有亚硝酸盐、氧化物、金属单质。亚硝酸盐有毒。

汽车尾气中主要成分有NO_x。

14. 磷及其化合物

磷主要的同素异形体有白磷和红磷。氧化物主要有P_2O_5、P_2O_3。含氧酸主要有偏磷酸、焦磷酸、磷酸。磷酸可以形成一种正盐和两种酸式盐，只有磷酸二氢盐的水溶液呈酸性，其他两种呈碱性。

15. 碳、硅、硼几种单质及其化合物的性质、应用

碳的同素异形体有三种，即金刚石、石墨和球烯。其中球烯中^{60}C最稳定。

硅是地壳中含量最高的元素。石英是常见的二氧化硅的天然晶体。水玻璃是硅酸钠的水溶液。

16. 过渡元素的通性

过渡元素原子半径的变化不如主族元素半径变化明显，但呈现出多种氧化态，具有很强的配位能力，水合离子有颜色。

17. 铜的一价化合物主要有：Cu_2O、Cu_2S、CuCl。

铜的二价化合物主要有：CuO、CuS、$CuCl_2$。

18. 铬及其化合物

铬是周期表中ⅥB族的第一种元素，在地壳中的丰度居21位。主要矿物是铬铁矿（$FeO \cdot Cr_2O_3$）。不锈钢是指含Cr在2%以上的钢。

铬的氧化物和氢氧化物有CrO、$Cr_2O_3Cr(OH)_2$、$Cr(OH)_3$。

具有强氧化性的有CrO_3、$H_2Cr_2O_7$。

$Na_2Cr_2O_7$、$K_2Cr_2O_7$是两种重要的重铬酸盐，都是黄色晶体，分别称为红矾钠和红矾钾。

19. 锰及其化合物

锰是ⅦB族的第一种元素，地壳中的丰度为第14位，主要以软锰矿（$MnO_2 \cdot xH_2O$）形式存在。

主要化合物有MnO、Mn_2O_3、MnO_2、MnO_3、Mn_2O_7。

主要氢氧化物有$Mn(OH)_2$、$Mn(OH)_3$、$Mn(OH)_4$、H_2MnO_4、$HMnO_4$。

应该掌握的是$KMnO_4$的氧化性质及应用。

20. 铁的单质、氧化物、氢氧化物的性质

实验室配置二价铁盐常用的是铁的复盐 $FeSO_4 \cdot (NH_4)_2SO_4 \cdot 6H_2O$。

应了解铁的配位化合物及其应用。

能力自测

一、选择题

1. 所有金属中密度最小的是（　　）。

A. 铯　　B. 铷　　C. 钠　　D. 锂

2. 金属 Li 应保存在下列哪种物质之中（　　）。

A. 汽油　　B. 煤油　　C. 干燥空气　　D. 液态石蜡

3. Li 与氧气反应生成的化合物是（　　）。

A. LiO　　B. LiO_2　　C. Li_2O　　D. Li_2O_2

4. 下列各物质遇水后能放出气体并生成沉淀的是（　　）。

A. $SnCl_2$　　B. $Bi(NO_3)_3$　　C. Mg_3N_2　　D. $(NH_4)_2SO_4$

5. 向 $MgCl_2$ 溶液中加入 Na_2CO_3 溶液，生成的沉淀为（　　）。

A. $MgCO_3$　　B. $Mg(OH)_2$　　C. $Mg_2(OH)_2CO_3$　　D. $Mg(HCO_3)_2$

6. 元素 Be、Mg、Ca、Sr、Ba 的相同点是（　　）。

A. 与冰水迅速反应　　B. 原子体积相同

C. 可生成不溶于水的硫酸盐　　D. 氢氧化物均可与酸反应

7. $NaNO_3$ 受热分解的产物是（　　）。

A. Na_2O、NO_2、O_2　　B. $NaNO_2$、O_2　　C. $NaNO_2$、NO_2、O_2　　D. Na_2O、NO、O_2

8. 下列哪对元素的化学性质最相似（　　）。

A. Be 和 Mg　　B. Mg 和 Al　　C. Li 和 Be　　D. Be 和 Al

9. 下列金属中最软的是（　　）。

A. Li　　B. Na　　C. Cs　　D. Be

10. 关于ⅠA、ⅡA 元素性质的比较，下列叙述中不正确的是（　　）。

A. 由于 s 区元素的电负性小，所以都形成典型的离子型化合物

B. 在 s 区元素中，Be、Mg 因表面形成致密的氧化物保护膜而对水较稳定

C. s 区元素的单质都有很强的还原性

D. 除 Be、Mg 外，其他 s 区元素的硝酸盐或氯酸盐都可做焰火原料

11. 下列金属表现为两性的是（　　）。

A. Li　　B. Mg　　C. Ca　　D. Be

12. 下列物质中显两性的是（　　）。

A. $LiOH$　　B. $Mg(OH)_2$　　C. $Be(OH)_2$　　D. $Sr(OH)_2$

13. 铝在地壳中含量高，它在自然界的主要存在形式是（　　）。

A. 铝单质　　B. $Al_2O_3 \cdot 2H_2O$　　C. $NaAlO_2$　　D. 明矾

14. 下列关于 $Al(OH)_3$ 性质的叙述错误的是（　　）。

A. $Al(OH)_3$ 是两性的，其酸性与碱性相当　　B. $Al(OH)_3$ 是两性的，其酸性弱于碱性

C. 可溶于酸　　D. 可溶于过量的强碱

15. 下列关于氯化铝的性质叙述错误的是（　　）。

A. $AlCl_3 \cdot 6H_2O$ 加热，只能得到 Al_2O_3 和 HCl　　B. 易与电子对给予体形成配离子

C. $AlCl_3 \cdot 6H_2O$ 加热，可得到无水 $AlCl_3$　　D. 溶于水并强烈水解

16. 硼砂珠实验产生蓝色表示存在（　　）。

A. Cr　　B. Ni　　C. Co　　D. Fe

17. 在铝酸盐溶液中加入足量的氢氧化钠固体则（　　）。

A. 生成白色沉淀　　B. 有气体放出

C. 先生成白色沉淀，而后沉淀消失　　D. 生成白色沉淀，并放出气体

18. 下列各组物质中不能溶于冷浓硝酸的是（　　）。

A. Al、Cr、Fe　　B. Al、Mg、Sn

C. Sn、Al、Cu　　D. Zn、Mn、Fe

19. 下列关于 $SiCl_4$ 性质的叙述正确的是（　　）。

A. 在水中生成 H_4SiO_4 和 HCl　　B. 在潮湿空气中水解无“白烟”

C. 在水中生成 $H_2[SiCl_6]$　　D. 像 CCl_4 一样不水解

20. 下列各种矿物中，主要成分不是 SiO_2 的是（　　）。

A. 石英砂　　B. 水晶　　C. 玛瑙　　D. 刚玉

21. 下列化合物中不水解的是（　　）。

A. $SiCl_4$　　B. CCl_4　　C. BCl_3　　D. PCl_5

22. 铁锈的成分是（　　）。

A. Fe_2O_3　　B. Fe_3O_4　　C. $FeO \cdot H_2O$　　D. $Fe_2O_3 \cdot xH_2O$

23. 下列氧化物中氧化性最强的是（　　）。

A. SiO_2　　B. GeO_2　　C. SnO_2　　D. Pb_2O_3

24. SnS 在下列哪种溶液中溶解（　　）。

A. $(NH_4)_2S$　　B. Na_2S　　C. NaOH　　D. Na_2S_2

25. 加入无水 $CoCl_2$ 的硅胶干燥剂，呈现下列哪种颜色时需烘干处理（　　）。

A. 紫红　　B. 粉红　　C. 蓝紫　　D. 蓝色

26. PbO_2 是强的氧化剂的原因是（　　）。

A. Pb^{4+} 的有效电荷大　　B. Pb^{2+} 盐溶解度小

C. Pb 原子存在惰性电子对效应　　D. Pb^{2+} 易形成配离子

27. 与 Na_2CO_3 溶液反应生成碱式盐沉淀的是（　　）。

A. Al^{3+}　　B. Ba^{2+}　　C. Cu^{2+}　　D. Hg^{2+}

28. 具有半导体性质，工业上常用来制造各种半导体器件的元素是（　　）。

A. C　　B. Si　　C. S　　D. Al

29. 下列物质中最不稳定的是（　　）。

A. KNO_2　　B. KNO_3　　C. NH_4NO_2　　D. NH_4NO_3

30. 下列物质中，常可用来掩蔽 Fe^{3+} 的是（　　）。

A. Cl　　B. I　　C. SO_4^{2-}　　D. PO_4^{3-}

31. 列关于 NH_3 的说法中不正确的是（　　）。

A. 它是一种配位剂　　B. 它是一种还原剂

C. 它是一种碱　　D. 它不能在氧气中燃烧

32. 在氨水中不可能存在的物质是（　　）。

A. NH_3　　B. NH_4OH　　C. OH^-　　D. NH_4^+

33. 下列白磷的性质正确的是（　　）。

A. 没有毒　　B. 不溶于有机溶剂

C. 在空气中易被氧化　　D. 不与金属直接反应

34. 关于 PCl_3 的下列说法正确的是（　　）。

A. 分子构型为平面三角形　　B. 潮湿空气中不水解

C. 干燥氧气中不反应　　D. 遇干燥氯气生成 PCl_5

35. 在磷的含氧酸中，不具有还原性的是（　　）。

A. H_3PO_3　　B. H_3PO_2　　C. $H_4P_2O_5$　　D. $H_4P_2O_7$

36. 下列性质中哪一个是 H_3PO_4 和 HNO_3 相同的（　　）。

A. 酸的强度　B. 挥发性　C. 中心元素的氧化态　D. 氧化性的强弱

37. 下列物质中受热可得到 NO_2 的是（　　）。

A. $NaNO_3$　B. $LiNO_3$　C. KNO_3　D. NH_4NO_3

38. 遇水后能放出气体并有沉淀生成的是（　　）。

A. $Bi(NO_3)_3$　B. Mg_3N_2　C. $(NH_4)_2SO_4$　D. NCl_3

39. 下列含氧酸中属于三元酸的是（　　）。

A. H_3BO_3　B. H_3PO_2　C. H_3PO_3　D. H_3AsO_4

40. 下列叙述中错误的是（　　）。

A. 自然界中不存在单质硫

B. 由 H 和 ^{18}O 组成的水叫做重氧水

C. O_2 和 O_3 为同素异形体

D. 氧既有正氧化态的化合物，又有负氧化态的化合物

41. 下列叙述中不正确的是（　　）。

A. H_2O_2 既有氧化性又有还原性

B. H_2O_2 和 $K_2Cr_2O_7$ 的酸性溶液反应可生成 CrO_5

C. H_2O_2 是弱酸

D. H_2O_2 分子结构为直线型

42. 下列说法中错误的是（　　）。

A. H_2SO_3 可使品红褪色　B. SO_2 溶于水可制取纯 H_2SO_3

C. SO_2 分子为极性分子　D. H_2SO_3 既有氧化性又有还原性

43. 实验室中制备 SO_2 的方法主要是（　　）。

A. 单质硫在空气中燃烧　B. 焙烧 FeS_2

C. 亚硫酸盐与酸反应　D. 浓硫酸与铜反应

44. H_2O_2 与 PbS 反应的主要产物是（　　）。

A. S　B. $PbSO_4$　C. $PbSO_3$　D. PbO

45. 下列物质中，只有还原性，没有氧化性的是（　　）。

A. $Na_2S_2O_3$　B. Na_2S　C. Na_2SO_3　D. Na_2S_2

46. 能发生反应的一组是（　　）。

A. $Na_2S_2O_3$ 和 I_2　B. $AlCl_3$ 和 H_2S　C. Ag 和 HCl　D. $BaSO_4$ 和 HCl

47. 为使已变暗的古油画恢复原来的白色，使用的方法为（　　）。

A. 用氯水擦洗　B. 用 SO_3 漂白

C. 用稀 H_2O_2 溶液擦洗　D. 用 SO_2 气体漂白

48. 在常温下卤素单质呈液态的是（　　）。

A. F_2　B. Cl_2　C. Br_2　D. I_2

49. 下列离子中还原性最强的是（　　）。

A. F^-　B. Cl^-　C. I^-　D. Br^-

50. 由于 HF 分子间形成氢键而产生的现象是（　　）。

A. HF 的熔点高于 HCl　B. HF 是弱酸

C. 除 F^- 化物外，还有 HF_2^- 等化合物　D. 三种现象都是

51. 卤酸中氧化性最好的是（　　）。

A. $HClO_3$　B. $HBrO_3$　C. HIO_3　D. 三者都是

52. 盐酸是重要的工业酸，它的产量标志国家的化学工业水平，其主要性质是（　　）。

A. 浓 HCl 有配位性　B. 具有还原性　C. 具有强酸性　D. 三者都是

53. 氯元素会全部被氧化的反应是（　　）。

A. Cl_2+H_2O ══ $HCl+HClO$

B. $2NaCl+F_2$ ══ $2NaF+Cl_2$

C. $4HCl+MnO_2$ ══ $MnCl_2+Cl_2+2H_2O$

D. $2NaCl+3H_2SO_4+MnO_2$ ══ $MnSO_4+2NaHSO_4+2H_2O+Cl_2$

54. 实验室制备Cl_2的最常用的方法是（　　）。

A. MnO_2与浓盐酸共热　　B. $KMnO_4$与稀盐酸反应

C. MnO_2与稀盐酸反应　　D. $KMnO_4$与浓盐酸共热

55. 实验室制得的氯气含有HCl和水蒸气，欲通过二个洗气瓶净化除去。下列洗气瓶中试剂选择及顺序正确的是（　　）。

A. NaOH、浓H_2SO_4　　B. $CaCl_2$、浓H_2SO_4

C. H_2O、浓H_2SO_4　　D. 浓H_2SO_4、H_2O

56. 下列各试剂混合后能产生氯气的是（　　）。

A. $KMnO_4$与浓HCl　　B. NaCl与浓H_2SO_4

C. NaCl与浓HNO_3　　D. NaCl和MnO_2

57. 欲由KBr固体制备HBr气体应选择的酸是（　　）。

A. HAC　　B. HNO_3　　C. H_3PO_4　　D. H_2SO_4

58. 氢氟酸最好储存在（　　）中。

A. 金属容器　　B. 棕色玻璃瓶　　C. 塑料瓶　　D. 透明玻璃瓶

59. 卤素单质中与水不发生水解反应的是（　　）。

A. F_2　　B. Cl_2　　C. Br_2　　D. I_2

60. 下列有关卤素的论述不正确的是（　　）。

A. 溴可由氯作氧化剂制得　　B. 卤素单质都可由电解熔融卤化物得到

C. F_2是最强的氧化剂　　D. I_2是最强的还原剂

61. 波尔多液是硫酸铜和石灰乳配成的农药乳液，它的有效成分是（　　）。

A. 硫酸铜　　B. 硫酸钙　　C. 氢氧化钙　　D. 碱式硫酸铜

62. 下列离子在水溶液中不能稳定存在的是（　　）。

A. Cu^{2+}　　B. Cu^{+}　　C. Au^{3+}　　D. Hg_2^{2+}

63. 除去$ZnSO_4$溶液中所含有的少量$CuSO_4$，最好选用下列物种中的（　　）。

A. $NH_3 \cdot H_2O$　　B. NaOH　　C. Zn　　D. H_2S

64. 铜与热浓盐酸作用，产物是（　　）。

A. $CuCl_2$　　B. $(CuCl_4)^{2-}$　　C. CuCl　　D. $(CuCl_4)^{3-}$

65. 向$CuSO_4$溶液中加入Na_2CO_3溶液，得到的沉淀是（　　）。

A. $CuCO_3$　　B. $Cu(OH)_2$　　C. $Cu(OH)CO_3$　　D. $Cu_2(OH)_2CO_3$

66. 下列金属不能溶于浓NaOH的是（　　）。

A. Be　　B. Ag　　C. Zn　　D. Al

67. 下列金属中，熔点最高的是（　　）。

A. Cr　　B. Mo　　C. W　　D. Mn

68. 下列金属中，硬度最高的是（　　）。

A. Cr　　B. Mo　　C. W　　D. Mn

69. 下列金属中，不能被冷的浓硝酸钝化的是（　　）。

A. Cr　　B. Fe　　C. V　　D. Ti

70. 下列Mn的化合物最稳定的是（　　）。

A. Mn_2O_3　　B. MnO_2　　C. K_2MnO_4　　D. $KMnO_4$

71. 下列金属制备和提纯的方法，不可行的是（　　）。

A. 用Na还原$TiCl_4$制备Ti　　B. 热分解Cr_2O_3制备Cr

C. H_2还原WO_3制备W　　D. 羰化法提纯Ni

72. 下列物质的强氧化性与惰性电子对效应无关的是（　　）。

A. PbO_2　　B. $NaBiO_3$　　C. $KMnO_4$　　D. $Tl_2(SO_4)_3$

73. 下列化合物中，还原性最强的是（　　）。

A. $Mg(OH)_2$　　B. $Ca(OH)_2$

C. $Cu(OH)_2$　　D. $Mn(OH)_2$

74. 在酸性介质中加入过氧化氢时不生成过氧化物是（　　）。

A. $TiCl_4$　　B. $(VO_2)_2SO_4$　　C. $K_2Cr_2O_7$　　D. $KMnO_4$

75. 在$K_2Cr_2O_7$的浓盐酸溶液中，加入下列离子，能产生沉淀的是（　　）。

A. Sr^{2+}　　B. Mg^{2+}　　C. Ag^+　　D. Pb^{2+}

76. 下列氧化物酸性最强的是（　　）。

A. MnO　　B. Mn_2O_3　　C. MnO_2　　D. Mn_2O_7

77. 下面物质不能被$KMnO_4$氧化的是（　　）。

A. HCl　　B. H_2O_2　　C. $H_2C_2O_4$　　D. $H_2S_2O_8$

78. Al(Ⅲ)和Cr(Ⅲ)化学性质的不同点表现在（　　）。

A. 形成配合物的能力　　B. 形成复盐的能力

C. 盐类的水解性　　D. 氧化物的两性

二、填空题

1. 写出下列物质的化学式：

硼砂　刚玉　萤石　石膏　泻盐　芒硝　明矾　光卤石　重晶石

2. 周期表中元素Li与非同族元素________的性质相近似。

3. 与同族元素相比，锂的氢氧化物溶解度较________，碱性较________。

4. s区元素的氢氧化物中，具有两性的是________。

5. 周期表（主族元素）中具有对角线关系的元素是________；________；________。

6. 在炼钢中常用来除去生铁中Si、P的物质是________。

7. 硼砂是________，刚玉是________。

8. 硼酸是________元酸，其在水中的解离方程式为________。这体现了其________性质。

9. 硼砂的化学式为________，其水溶液呈________性，这在分析化学上常用定量测定________的浓度。

10. 乙硼烷中有________个B—H共价键，还有2个________键，B原子采用________杂化轨道成键。

11. Al_2S_3在水中，生成________沉淀和________气体。

12. HBO_3的分子结构为________，它的酸性不是它本身给出质子，而是因为它接受水中的________，而释放出质子，所以它是一种典型的________酸。

13. 锡石矿________、方铅矿________、金刚石________、小苏打________、石英________、水玻璃________、密陀僧________、铅黄________、铅丹________。

14. 最硬的单质是________。

15. 硅酸钠的水溶液俗称水玻璃或泡花碱，该溶液显________性，与盐酸反应、加热脱水后得到硅胶，在实验室中可用作干燥剂，实验室中使用的变色硅胶中含有少量的$CoCl_2$，烘干后的硅胶呈蓝色，吸水后的硅胶呈________色。

16. 石墨中碳原子轨道杂化方式是________，层内存在________键，层间存在

________力。

17. $SbCl_3$的水解反应式为________。

18. $K_2S_2O_8$________ $H_2S_2O_7$________ 明矾________ 蓝矾________ 砒霜________ 大苏打________ 雄黄________ 雌黄________。

19. 硼砂的化学式为________，加酸的反应式为________。

20. 王水指的是浓硝酸和浓盐酸按体积比________所配成的混合液，它可溶解________、________等不与硝酸反应的金属。

21. 单质磷常见的同素异形体主要有________、________和________三种。

22. 磷主要的三种同素异形体中，性质最活泼的是________，它在空气中易自燃，因此，通常应储存于________中以隔绝空气。

23. 白磷燃烧后的最终产物是________。

24. 在H_3BO_3、H_3PO_3、H_3PO_2、$H_2S_2O_7$中，属于一元酸的是________。

25. 硫的两种主要同素异形体是________和________。其中稳定态的单质是________，它受热到95℃时，转化为________，两者的分子都是________，具有________结构，其中硫原子的杂化方式是________。

26. 写出下列离子的结构式：

硫代硫酸根________；过二硫酸根________；

连二亚硫酸根________；连四硫酸根________。

27. 高空大气层中臭氧对生物界的保护作用是因为________。

28. 除去氢气中少量的SO_2、H_2S和水蒸气，应将氢气先通过________溶液，再通过________。

29. H_2S水溶液长期放置后变混浊，原因是________。

30. 写出下列物质的化学式：

胆矾________；石膏________；绿矾________；

芒硝________；皓矾________；泻盐________；

摩尔盐________；明矾________。

31. 染料工业上大量使用的保险粉的分子式是________，它具有强________性。

32. 卤素单质的颜色为F_2________，Cl_2________，Br_2________，I_2________。

33. 下列物质的颜色为I_2________，I_2溶于CCl_4中________，I_2溶于乙醇中________，少量I_2溶于KI溶液中________。（提示：紫色、紫黑色、红棕色、黄色）

34. 将$Cl_2(g)$通入热的$Ca(OH)_2$溶液中，反应产物是________。

35. 用NaCl固体和浓硫酸制HCl时，是充分考虑了HCl的________性、________性和________性。

36. 导致氢氟酸的酸性与其他氢卤酸明显不同的因素主要是________小而________特大。

37. 氧化性$HClO_3$________ HClO；酸性$HClO_3$________ HClO。

38. Cr与冷的稀硫酸反应生成的是________，与热的浓硫酸反应生成的是________。

39. 铬酸洗液是由________和________混合配置而成的。

40. $K_2Cr_2O_7$溶液与$BaCl_2$反应的方程式是：________。

41. 铬钾矾的分子式为________。

42. 随着溶液酸性增强，Cr(Ⅵ)的存在状态依次为：$CrO_4^{2-} \rightarrow$________。

43. Mn^{3+}在溶液中不稳定，易发生________反应，相应离子方程式________。

44. 向K_2MnO_4溶液中滴加硫酸，将发生________反应，化学方程式________。

45. 向$Cr_2(SO_4)_3$溶液中加入过量NaOH生成________。

46. $KMnO_4$溶液须盛放在______色瓶中避光保存，长期放置后，会在瓶壁产生一层棕色的垢，其主要成分为______，可以用______来清洗。

47. 将黄色$BaCrO_4$溶于浓盐酸最后得到一种绿色溶液，这过程中发生的化学反应方程式：______。

48. 分别写出各写出一个MnO_2作为氧化剂和还原剂时的反应方程式：______，______。

三、简答题

1. H_3BO_3与H_3PO_3化学式相似，为什么H_3BO_3为一元酸，而H_3PO_3为二元酸？

2. 为什么铝不溶于水，却易溶于浓NH_4Cl或浓Na_2CO_3溶液中？

3. 市售的NaOH中为什么常含有Na_2CO_3杂质？如何配制不含Na_2CO_3杂质的NaOH稀溶液？

4. 举例说明铍与铝的相似性。

5. 碱土金属的熔点比碱金属的高，硬度比碱金属的大，试说明其原因。

6. 为什么元素铍与其他非金属成键时，化学键带有较大的共价性，而其他碱土元素与非金属所成的键则带有较大的离子性？

7. 实验室中配制$SnCl_2$溶液时要采取哪些措施？其目的时什么？

8. 如何用实验方法证明Pb_3O_4中铅有两种价态？

9. 碳和硅为同族元素，为什么碳的氢化物种类比硅的氢化物种类多得多？

10. 为什么铅易溶于浓盐酸和稀硝酸中，而难溶于稀盐酸和冷的浓硝酸？

11. 举例说明硝酸盐热分解规律。

12. Au、Pt不溶于浓硝酸，但可溶于王水。请给出Au、Pt溶于王水的反应式，并解释王水有强氧化性的原因。

13. 虽然氮的电负性比磷高，但是为什么磷的化学性质比氮活泼？

14. 用什么试剂可以鉴别溶液中含有NH_4^+，写出反应方程式。

四、推断题

1. 有一份白色固体混合物，其中可能含有KCl、$MgSO_4$、$BaCl_2$、$CaCO_3$，根据下列实验现象，判断混合物中有哪几种化合物？

(1) 混合物溶于水，得透明澄清溶液；

(2) 对溶液做焰色反应，通过钴玻璃观察到紫色；

(3) 向溶液中加碱，产生白色胶状沉淀。

2. 一固体混合物可能含有$MgCO_3$、Na_2CO_3、$Ba(NO_3)_2$、$AgNO_3$和$CuSO_4$，将混合物溶于水中得到无色溶液和白色沉淀；将溶液进行焰色试验，火焰呈黄色；溶于水中得到的沉淀可溶于稀盐酸并放出气体，试判断哪些物质肯定存在，哪些物质肯定不存在，并分析原因。

3. 灰黑色的固体单质A，在常温下不与酸反应，与浓NaOH溶液作用时生成无色溶液B和气体C。气体C在灼热的条件下可以将一黑色的氧化物还原成红色的金属D；A在很高的温度下与氧气作用的产物为白色固体E。E与氢氟酸作用时能产生一无色气体F。F通入水中时生成白色沉淀G及溶液H。G用适量的NaOH溶液处理得到溶液B。试写出A、B、C、D、E、F、G和H所代表的物质的化学式，并用化学反应方程式表示各过程。

4. 无色晶体A溶于稀盐酸得到无色溶液，再加入NaOH溶液得到白色沉淀B。B溶于过量NaOH溶液得到无色溶液C。将B溶于盐酸后蒸发、浓缩后又析出A；向A的稀盐酸溶液加入H_2S溶液生成橙色沉淀D。D与Na_2S_2可以发生氧化还原反应，得到无色溶液E。将A置于水中生成白色沉淀F。试写出A、B、C、D、E和F所代表的物质的化学式。并用化学反应方程式表示各过程。

项目1 硫酸亚铁铵的制备

一、目的要求

1. 知识目标

了解制备硫酸复盐的一般方法。

2. 能力目标

（1）学会称量、加热、过滤、蒸发、结晶、检验等基本操作。

（2）能够用目视比色法测定离子的浓度。

二、实验原理

硫酸亚铁铵［$FeSO_4(NH_4)_2SO_4 \cdot 6H_2O$］，俗称摩尔盐，为浅蓝绿色透明晶体，易溶于水，存放时不易被空气中的氧所氧化，故比 $FeSO_4 \cdot 7H_2O$（俗称绿矾）稳定，但仍具有 Fe^{2+} 的还原性，是分析化学中常用的还原剂。

硫酸亚铁铵的制备分两步进行。第一步是制得硫酸亚铁，常用金属铁屑与稀硫酸反应：

$$Fe + H_2SO_4 \longrightarrow FeSO_4 + H_2 \uparrow$$

但由于 $FeSO_4$ 在弱酸性溶液中容易发生水解和氧化反应：

$$4FeSO_4 + O_2 + 2H_2O \longrightarrow 4Fe(OH)SO_4 \downarrow$$

所以，在制备过程中应使溶液保持较强的酸性。

不纯的铁中还可能含有硫、磷、砷等杂质，当与酸作用时能生成有毒的氢化物，它们都具有还原性，可用高锰酸钾溶液来处理：

$$5H_2S + 2MnO_4^- + 6H^+ \longrightarrow 5S + 2Mn^{2+} + 8H_2O$$

$$5PH_3 + 8MnO_4^- + 9H^+ \longrightarrow 5PO_4^{3-} + 8Mn^{2+} + 12H_2O$$

$$5AsH_3 + 8MnO_4^- + 9H^+ \longrightarrow 5AsO_4^{3-} + 8Mn^{2+} + 12H_2O$$

第二步是将制得的硫酸亚铁与等物质的量的硫酸铵混合，利用复盐的溶解度比组成它的简单盐小的特性（见实验后附表），经蒸发、浓缩、结晶制得硫酸亚铁铵复盐：

$$FeSO_4 + (NH_4)_2SO_4 + 6H_2O \longrightarrow FeSO_4(NH_4)_2SO_4 \cdot 6H_2O$$

复盐在溶液中全部电离为简单离子：

$$FeSO_4(NH_4)_2SO_4 \longrightarrow Fe^{2+} + 2NH_4^+ + 2SO_4^{2-}$$

在含有 Fe^{2+} 的溶液中，加入 $K_3[Fe(CN)_6]$（铁氰化钾）溶液，能生成蓝色配合物沉淀 $Fe_3[Fe(CN)_6]_2$。这个反应可用于 Fe^{2+} 的鉴定。

硫酸亚铁铵产品中的杂质主要是 Fe^{3+}。产品质量等级也常以 Fe^{3+} 含量多少来评定。其检定方法是取一定量产品配成一定浓度的溶液，加入 NH_4SCN 后，利用 Fe^{3+} 能与 SCN^- 形成血红色配离子［$Fe(SCN)_n$］$^{3-n}$ 的颜色深浅，与标准溶液进行目视比色，以确定 Fe^{3+} 杂质的含量范围，这种检定方法，通常称为限量分析。

三、主要仪器及试剂

1. 仪器

台秤，布氏漏斗，吸滤瓶，比色管（或大试管），250mL 锥形瓶，蒸发皿。

2. 试剂

固体 $(NH_4)_2SO_4$，$2mol \cdot L^{-1}$ H_2SO_4，10% Na_2CO_3 溶液（或化学除油液），$1mol \cdot L^{-1}$ NH_4SCN，$0.1mol \cdot L^{-1}$ $K_3[Fe(CN)_6]$，$1mol \cdot L^{-1}$ $BaCl_2$，$0.01mol \cdot L^{-1}$ $KMnO_4$，95%乙醇（体积

分数）铁屑。

四、实验内容

1. 铁屑化学去油污

（1）称取20g制备$FeSO_4 \cdot 7H_2O$所需要的铁屑。

（2）将所取铁屑放于小烧杯中，加10%Na_2CO_3溶液或化学除油液，加热至沸腾约10min，去除铁屑表面的油污，冷却，小心用倾析法倒去污液，然后用水洗涤3～4次，最后用蒸馏水洗涤一次，干燥后准确称量铁屑质量，备用。

2. 硫酸亚铁的制备

（1）铁屑与硫酸作用

方法一：在250mL锥形瓶中，放入洗净的铁屑，加入$2mol \cdot L^{-1}$ H_2SO_4溶液（需过量30%），盖上带玻璃导气管的塞子，导气管上连接一段橡皮管，橡皮管的另一端连接一根玻璃管，将玻璃管插入盛有100mL $0.01mol \cdot L^{-1}$ $KMnO_4$和10mL $2mol \cdot L^{-1}$ H_2SO_4的混合溶液的烧杯中（两人合用），将锥形瓶放在石棉网上小火加热，反应开始后，如有泡沫溢出，迅速停止加热（注意，如果发现导气管中$KMnO_4$和H_2SO_4混合液被倒吸时要迅速拔下锥形瓶的塞子），待反应稍缓时再加热，直至铁屑残留物在溶液中不再冒气泡为止（反应后期用少量蒸馏水淋洗锥形瓶壁，并使原溶液体积保持不变）。

方法二：如实验室通风条件较好，反应可在烧杯中进行。在250mL烧杯中，放入洗净的铁屑，加入$2mol \cdot L^{-1}$ H_2SO_4（需过量30%），盖上表面皿，用小火加热（有泡沫溢出时，移开表面皿），至铁屑残留物在溶液中不再冒气泡为止（反应后期用少量蒸馏水淋洗杯壁，并使原溶液体积保持不变）。

（2）趁热用倾析法以布氏漏斗减压过滤，用少量蒸馏水洗涤一次不溶物，将滤液立即倒入蒸发皿中。

3. 硫酸亚铁铵的制备

（1）在上面所得硫酸亚铁滤液中，加入根据$FeSO_4$的理论产量，按反应式计算所需质量的硫酸铵固体，搅拌溶解（可小火加热），得到澄清溶液。

（2）测量混合溶液的pH值，应使溶液pH值保持在1左右。如pH值较大，应滴加$2mol \cdot L^{-1}$ H_2SO_4溶液调整。

（3）将溶液在石棉网上小火加热（蒸发过程中不要搅动溶液），蒸发浓缩至液面出现一层晶体为止，让其自然冷却，硫酸亚铁铵结晶即可析出。

（4）用布氏漏斗减压过滤，尽量抽干，并用4～5mL 95%乙醇淋洗晶体，观察晶体的形状和颜色，用滤纸将晶体吸干，称量并计算产率。

4. 产品检查

（1）用实验方法证明产品含有NH_4^+、Fe^{2+}、SO_4^{2-}。

（2）Fe^{3+}的限量分析　称取1.0g制得的产品置于25mL比色管中（或大试管，用量酌减），用15mL不含溶解氧的蒸馏水（在250mL锥形瓶中，注入150～180mL蒸馏水，加2～3mL $2mol \cdot L^{-1}$ H_2SO_4溶液，煮沸约10min以除去溶解氧，盖好，冷却后供四人取用）溶解，再加入1mL $1mol \cdot L^{-1}$ NH_4SCN，最后用不含溶解氧的蒸馏水稀释到刻度，摇匀后和实验室提供的标准溶液的红色进行比较，确定产品中Fe^{3+}含量符合哪一级试剂规格（表1）。

表1　硫酸亚铁铵纯度级别表

规格	Ⅰ级	Ⅱ级	Ⅲ级
含Fe^{3+}量/$mg \cdot mL^{-1}$	0.05	0.10	0.20

标准溶液配制（由实验室配制）：

a. 在分析天平上准确称取硫酸亚铁铵 $NH_4Fe(SO_4)_2 \cdot 12H_2O$ 2.1585g，用少量蒸馏水溶解并加 10mL $2mol \cdot L^{-1}$ H_2SO_4，然后全部转移至 250mL 容量瓶中，用蒸馏水稀释至刻度，摇匀待用，此溶液含 Fe^{3+} $1.0mg \cdot mL^{-1}$。

b. 分别定量取上述溶液三份（1.25mL、2.50mL、5.00mL），倒入 25mL 比色管中，然后加入 1mL NH_4SCN（$1mol \cdot L^{-1}$），用蒸馏水稀释至刻度，混匀盖好。

五、思考与讨论

1. 计算实验中铁屑、硫酸、硫酸铵的用量。
2. 制备硫酸亚铁时为什么硫酸要过量？
3. 如何用实验方法检验产品中的 NH_4^+、Fe^{2+}、和 SO_4^{2-}？写出检验操作步骤。
4. 实验中可以从哪方面提高产率？

附表　有关物质的溶解度（g/100g 水）

物质	10℃	20℃	30℃	40℃	50℃
$(NH_4)_2SO_4$	73.0	75.4	78.0	81.0	84.5
$FeSO_4 \cdot 7H_2O$	20.5	26.5	32.9	40.2	48.6
$FeSO_4 \cdot (NH_4)_2SO_4 \cdot 6H_2O$	17.2	21.2	24.5	33.0	40.0

项目 2　粗食盐的提纯

一、目的要求

1. 知识目标

（1）了解用重结晶法提纯物质的原理；

（2）了解食盐中 SO_4^{2-}、Ca^{2+}、Mg^{2+} 等离子的定性检验方法。

2. 能力目标

学会溶解、过滤、蒸发、浓缩、结晶、干燥等基本操作。

二、实验原理

粗食盐中常含有不溶性杂质（如泥沙等），可通过溶解和过滤的方法除去。粗食盐中还含有可溶性杂质，主要是 Ca^{2+}、Mg^{2+}、K^+ 和 SO_2^{2-} 等离子，可选择适当的试剂使它们生成难溶化合物的沉淀而除去。具体方法如下：

（1）在粗盐溶液中加入过量的 $BaCl_2$ 溶液，除去 SO_2^{2-}：

$$Ba^{2+} + SO_4^{2-} \longrightarrow BaSO_4 \downarrow$$

过滤，除去不溶性杂质和 $BaSO_4$ 沉淀。

（2）在滤液中加入 NaOH 和 Na_2CO_3 溶液，除去 Mg^{2+}、Ca^{2+} 和沉淀 SO_2^{2-} 时加入的过量 Ba^{2+}：

$$Mg^{2+} + 2OH^- \longrightarrow Mg(OH)_2 \downarrow$$

$$Ca^{2+} + CO_3^{2-} \longrightarrow CaCO_3 \downarrow$$

$$Ba^{2+} + CO_3^{2-} \longrightarrow BaCO_3 \downarrow$$

过滤除去沉淀。

（3）溶液中过量的 Na_2CO_3 可以用盐酸中和除去。

（4）粗盐中的 K^+ 和上述的沉淀剂都不反应。由于 KCl 的溶解度大于 NaCl 的溶解度，且含量较少，因此在蒸发和浓缩过程中，NaCl 先结晶出来，而 KCl 则留在溶液中。故通过蒸发结晶除去 K^+。

三、主要仪器及试剂

1. 仪器

台秤，烧杯，量筒，普通漏斗，布氏漏斗，吸滤瓶，蒸发皿，酒精灯。

2. 试剂

粗食盐，$6mol \cdot L^{-1}$ HCl，$6mol \cdot L^{-1}$ HAc，$6mol \cdot L^{-1}$ NaOH，$1mol \cdot L^{-1}$ $BaCl_2$，饱和 Na_2CO_3。饱和 $(NH_4)_2C_2O_4$，镁试剂。

四、实验内容

1. 粗食盐的提纯

(1) 称量和溶解　在台秤上称取10.0g粗食盐，置于100mL烧杯中，加入40mL蒸馏水，搅拌并加热使其溶解。

(2) SO_4^{2-} 的除去　在煮沸的食盐水溶液中，搅拌下逐滴加入 $1mol \cdot L^{-1}$ $BaCl_2$溶液至沉淀完全(约2mL)。继续加热5min，使 $BaSO_4$的颗粒长大而易于沉淀和过滤。

为检验 SO_4^{2-} 是否沉淀完全，可将酒精灯移开，待沉淀下降后，取少量上层清液于试管中，滴加几滴 $6mol \cdot L^{-1}$ HCl，再加1～2滴 $1mol \cdot L^{-1}$ $BaCl_2$溶液检验，观察溶液是否有浑浊现象。如清液不变浑浊，证明 SO_4^{2-} 已沉淀完全，如清液浑浊，则要继续加 $BaCl_2$ 溶液，直到沉淀完全为止。然后用小火加热3～5min以使沉淀颗粒长大而便于过滤，用布氏漏斗进行减压过滤，保留滤液，弃去沉淀。

(3) Ca^{2+}、Mg^{2+}、Ba^{2+}等离子的除去　在滤液中加入1mL $6mol \cdot L^{-1}$ NaOH 和2mL饱和 Na_2CO_3溶液，加热至沸腾，待沉淀下降后，取少量上层清液放在试管中，滴加 Na_2CO_3溶液，检查有无沉淀生成。如不再产生沉淀，用布氏漏斗进行减压过滤，保留滤液，弃去沉淀。

(4) 调节溶液的pH值　在滤液中逐滴加入 $6mol \cdot L^{-1}$ HCl，充分搅拌，并用玻璃棒蘸取滤液在pH试纸上试验，直至溶液呈微酸性为止（pH值约为3～4）。

(5) 蒸发浓缩　将滤液转移至蒸发皿中，放于泥三角上用小火加热，蒸发浓缩至溶液呈稀糊状为止，切不可将溶液蒸干。

(6) 结晶、减压过滤、干燥　将浓缩液冷却至室温，用布氏漏斗减压过滤，尽量将结晶抽干。再将晶体转移到蒸发皿中，放在石棉网上，用小火加热并搅拌以干燥，直至不冒水蒸气为止。

(7) 计算产率　将精食盐冷至室温，称重计算产率。最后把精盐放入指定容器中。

2. 产品纯度的检验

取粗盐和精盐各1g，分别溶于5mL蒸馏水中。再各分装于三支小试管中，组成三组，对照检验它们的纯度。

① SO_4^{2-} 的检验　在第一组溶液中分别加入2滴 $6mol \cdot L^{-1}$ HCl，使溶液呈酸性，再加入3～5滴 $1mol \cdot L^{-1}$ $BaCl_2$，如有白色沉淀，证明 SO_4^{2-} 存在。记录结果，进行比较。

② Ca^{2+}的检验　第二组溶液中分别加入2滴 $6mol \cdot L^{-1}$ HAc使溶液呈酸性，再加入3～5滴饱和的 $(NH_4)_2C_2O_4$溶液。如有白色 CaC_2O_4沉淀生成，证明 Ca^{2+}存在。记录结果，进行比较。

③ Mg^{2+}的检验　在第三组溶液中分别加入3～5滴 $6mol \cdot L^{-1}$ NaOH使溶液呈碱性，再加入1滴“镁试剂”。若有蓝色沉淀生成，证明 Mg^{2+}存在。记录结果，进行比较。

镁试剂是一种有机染料，在碱性溶液中呈红色或紫色，但被 $Mg(OH)_2$沉淀吸附后，则呈蓝色。

五、思考与讨论

1. 加入40mL水溶解10g食盐的依据是什么？加水过多或过少有什么影响？
2. 怎样除去实验过程中所加的过量沉淀剂 $BaCl_2$、NaOH 和 Na_2CO_3？
3. 提纯后的食盐溶液浓缩时为什么不能蒸干？

4. 在检验 SO_4^{2-} 时，为什么要加入盐酸溶液？

5. 普通过滤与减压过滤的正确使用与区别是什么？

项目 3　碱金属和碱土金属

一、目的要求

1. 知识目标

（1）熟悉碱金属、碱土金属的活泼性。掌握碱土金属氢氧化物和盐类的溶解性；

（2）练习焰色反应并熟悉使用金属钾．钠的安全措施。

2. 能力目标

（1）熟悉实验安全知识。

（2）学会 pH 试纸的使用。

二、实验原理

钠与空气中氧作用生成 Na_2O_2，Na_2O_2 和水反应生成 H_2O_2，在酸性条件下，H_2O_2 能使 $KMnO_4$ 褪色。

$$2Na + O_2 \xlongequal{\triangle} Na_2O_2\text{（黄色粉末）}$$

$$Na_2O_2 + 2H_2O \xlongequal{} H_2O_2 + 2NaOH$$

$$5H_2O_2 + 2MnO_4^- + 6H^+ \xlongequal{} 2Mn^{2+} + 8H_2O + 5O_2$$

Na、K 和冷水能发生剧烈的反应。Na 燃烧为黄光，有气体生成。K 燃烧为红光，有气体生成。

$$2Na + 2H_2O \xlongequal{} 2NaOH + H_2\uparrow$$

$$2K + 2H_2O \xlongequal{} 2KOH + H_2\uparrow$$

Mg 的性质不如 Na、K 活泼，与冷水不反应，和热水能发生缓慢反应，有氢气产生。

$$Mg + 2H_2O \xlongequal{} Mg(OH)_2 + H_2\uparrow$$

Mg、Ca、Ba 的金属性比较强，氧化物和氢氧化物呈碱性，不溶于碱而溶于酸。

$$Mg^{2+} + 2OH^- \xlongequal{} Mg(OH)_2\downarrow$$

$$Ca^{2+} + 2OH^- \xlongequal{} Ca(OH)_2\downarrow$$

$$Ba^{2+} + 2OH^- \xlongequal{} Ba(OH)_2\downarrow$$

$$Mg(OH)_2 + 2H^+ \xlongequal{} Mg^{2+} + 2H_2O$$

NH_4Cl 由于水解，溶液呈酸性，能溶解碱性氢氧化物。

$$Mg^{2+} + 2NH_3\cdot H_2O \xlongequal{} Mg(OH)_2\downarrow + 2NH_4^+$$

$$Mg(OH)_2 + 2H^+ \xlongequal{} Mg^{2+} + 2H_2O$$

碱金属和碱土金属中的钙、锶、钡的挥发性盐在无色的高温火焰中灼烧时，能使火焰呈现特定的颜色，称之为“焰色反应”。不同元素的原子结构不同，灼烧时就发出不同波长的光，从而使火焰呈现不同的颜色。利用焰色反应，可定性地鉴定这些金属元素是否存在，但一次只能鉴定一种离子。

常见的焰色 Na 呈黄色，K 呈浅紫色，Ca 呈洋红色，Sr 呈红色，Ba 呈黄绿色。

三、主要仪器及试剂

1. 仪器

烧杯，试管，小刀，镊子，坩埚，坩埚钳，离心机，电热碗。

2. 试剂

钠，钾，镁条，酚酞试剂，$1mol\cdot L^{-1}$ NaCl，$1mol\cdot L^{-1}$ KCl，$1mol\cdot L^{-1}$ $CaCl_2$，$1mol\cdot L^{-1}$

$SrCl_2$，1mol·L^{-1} $BaCl_2$，0.5mol·L^{-1} $MgCl_2$，0.5mol·L^{-1} $CaCl_2$，0.5mol·L^{-1} $BaCl_2$，2mol·L^{-1} NaOH（新配制），0.5mol·L^{-1}氨水，饱和 NH_4Cl，0.01mol·L^{-1} $KMnO_4$，2mol·L^{-1} H_2SO_4，6mol·L^{-1} HCl，6mol·L^{-1} NaOH，铂丝（或镍铬丝），pH 试纸，钴玻璃，滤纸。

四、实验内容

1. 钠、钾、镁的性质

（1）钠与空气中氧的作用　用镊子取一小块金属钠（绿豆大），用滤纸吸干其表面的煤油，切去表面的氧化膜，立即置于坩埚中加热。当钠开始燃烧时，停止加热。观察反应情况和产物的颜色、状态，冷却后，往坩埚中加入 2mL 蒸馏水使产物溶解，然后把溶液转移到一支试管中，用 pH 试纸测定溶液的酸碱性。再用 2mol·L^{-1} H_2SO_4酸化，滴加 1～2 滴 0.01mol·L^{-1} $KMnO_4$溶液。观察紫色是否褪去。由此说明水溶液是否有 H_2O_2，从而推知钠在空气中燃烧是否有 Na_2O_2生成。写出以上有关反应方程式。

（2）钠、钾、镁与水的作用　用镊子取一小块金属钾和金属钠，用滤纸吸干其表面的煤油，切去表面的氧化膜，立即将它们分别放入盛水的烧杯中。可将事先准备好的合适的漏斗倒扣在烧杯上，以确保安全。观察两者与水反应的情况，并进行比较。反应终止后，滴入 1～2 滴酚酞试剂，检验溶液的酸碱性。根据反应进行的剧烈程度，说明钠、钾的金属活泼性，写出反应式。

取一小段镁条，用砂纸擦去表面的氧化物，放入一支试管中，加入少量冷水，观察有无反应。然后将试管加热，观察反应情况。反应终止后，加入几滴酚酞检验水溶液的酸碱性，写出反应式。

2. 镁、钙、钡的氢氧化物的溶解性

（1）在三支试管中，分别加入 0.5mL 0.5mol·L^{-1} $MgCl_2$、$CaCl_2$、$BaCl_2$氯化镁溶液，再各加入 0.5mL 2mol·L^{-1}新配制的 NaOH 溶液，观察沉淀的生成。然后把沉淀分成两份，分别加入 6mol·L^{-1}盐酸溶液和 6mol·L^{-1}氢氧化钠溶液，观察沉淀是否溶解，写出反应方程式。

（2）在试管中加入 0.5mL 0.5mol·L^{-1}氯化镁溶液，再加入等体积 0.5mol·L^{-1} $NH_3 \cdot H_2O$，观察沉淀的颜色和状态。往有沉淀的试管中加入饱和 NH_4Cl 溶液，又有何现象？为什么？写出反应方程式。

3. 碱金属、碱土金属元素的焰色反应

取一支铂丝（或镍铬丝），铂丝的尖端弯成小环状，蘸以 6mol·L^{-1}盐酸溶液在氧化焰中灼烧片刻，再浸入盐酸中，再灼烧，如此重复直至火焰无色。依照此法，分别蘸取 1mol·L^{-1}氯化钠、氯化钾、氯化钙、氯化锶、氯化钡溶液在氧化焰中灼烧，观察火焰的颜色。每进行完一种溶液的焰色反应后，均需蘸浓盐酸溶液灼烧铂丝（或镍铬丝），烧至火焰无色后，再进行新的溶液的焰色反应。观察钾盐的焰色时，为消除钠对钾焰色的干扰，一般需用蓝色钴玻璃片滤光后观察。

五、思考与讨论

若实验室中发生镁燃烧的事故，可否用水或二氧化碳来灭火，若不能应用何种方法灭火？

物质的聚集状态

Chapter 03

知识目标

1. 掌握理想气体状态方程；
2. 掌握道尔顿分压定律；
3. 掌握溶液的表示方法及计算；
4. 熟悉溶胶的性质及应用。

物质总是以一定的聚集状态存在于自然界，常温、常压下，物质存在三种不同的聚集状态，气体、液体和固体，这三种聚集状态各有其特点，且在一定条件下可以相互转化。当物质处于不同的聚集状态时，其理化性质是不同的。理解和掌握有关物质的聚集状态的知识对解决各种化学问题是十分重要的。此外，在特殊条件下，物质的存在形式还有等离子体状态和超临界状态。

第一节　气体

气体的基本特性是具有扩散性和可压缩性。气体的存在状态主要决定于四个因素，即压力、体积、温度和物质的量，反映这四个物理量直接关系的方程式为气体状态方程。

一、理想气体状态方程式

我们把分子本身不占体积，分子间没有相互作用力的气体称为理想气体。理想气体是一种假设的气体模型，通常遇到的实际气体都是非理想气体。只有在压力不太高和温度不太低的情况下，分子间距离很大，气体的体积已远远超过分子本身所占的体积，因而可忽略后者，而且分子间作用力也因分子间距离拉大而迅速减小，实际气体的存在状态才接近于理想气体，用理想气体的状态方程式来计算才不会引起显著的误差。

理想气体状态方程为：

$$pV=nRT \tag{3-1}$$

式中　p——气体压强，Pa；

V——气体体积，m^3；

n——气体物质的量，mol；

T——气体的热力学温度，K；

R——摩尔气体常数，其数值及单位可用下面的方法来确定，已知在标准状况（$p=101.325kPa$，$T=273.15K$）下，1mol气体的标准摩尔体积为$22.4141\times10^{-3}m^3$，则：

$$R=\frac{pV}{nT}=\frac{101.325\times10^3Pa\times22.4141\times10^{-3}m^3}{1mol\times273.15K}=8.315J\cdot mol^{-1}\cdot K^{-1}$$

【例3-1】 某氢气钢瓶的容积为50.0L，25.0℃时，压力为500KPa，计算钢瓶中氢气的质量。

解：根据式(3-1)，得：

$$n=\frac{pV}{RT}=\frac{500\times10^3\text{Pa}\times50\times10^{-3}\text{m}^3}{8.314\text{Pa}\cdot\text{m}^3\cdot\text{mol}^{-1}\cdot\text{K}^{-1}\times298.15\text{K}}=10.1\text{mol}$$

氢气的摩尔质量为 $2.01\text{g}\cdot\text{mol}^{-1}$，钢瓶中氢气的质量为：$m=10.1\text{mol}\times2.01\text{g}\cdot\text{mol}^{-1}=20.3\text{g}$。

二、道尔顿分压定律

气体常以混合物的形式存在。如果将几种彼此不发生化学反应的气体放在同一容器中，其中某一组分气体 B 对容器壁所施加的压力，称为该气体的分压（p_B），它等于相同温度下该气体单独占有与混合气体相同体积时所产生的压力。1801 年道尔顿（Dalton. J）通过实验发现，混合气体的总压力等于各组分气体分压力之和。以上关系就称作道尔顿分压定律。

若用 p_1，p_2…分别表示气体 1，2，…的分压力，p 代表总压力，则道尔顿分压定律可表示为：

$$p=p_1+p_2+\cdots$$

或

$$p=\sum p_i \tag{3-2}$$

设有一混合气体，有 i 个组分，p_i 和 n_i 分别是各组分的分压和物质的量，V 为混合气体的体积，则：

$$p_i=\frac{n_i}{V}RT \tag{3-3}$$

由道尔顿分压定律可知：

$$p=\sum p_i=\sum n_i\frac{RT}{V}=n\frac{RT}{V} \tag{3-4}$$

式中，n 为混合气体的总的物质的量。由此可见，气体状态方程不仅适用于某一纯净的气体，也适用于气体混合物。

将式(3-3) 除以式(3-4)，可得：

$$\frac{p_i}{p}=\frac{n_i}{n}$$

或

$$p_i=\frac{n_i}{n}p \tag{3-5}$$

令

$$x_i=\frac{n_i}{n}$$

则

$$p_i=x_ip \tag{3-6}$$

式(3-6) 中，x 表示混合物中某种物质的含量，称为摩尔分数。例如，某混合物由 A、B 两组分组成，它们的物质的量分别为 n_A、n_B，则 A 组分的摩尔分数 x_A 和 B 组分 x_B 分别为：

$$x_A=\frac{n_A}{n_A+n_B}=\frac{n_A}{n},x_B=\frac{n_B}{n_A+n_B}=\frac{n_B}{n}$$

由于

$$n=n_A+n_B$$

显然

$$x_A+x_B=1$$

即混合物中各组分摩尔分数之和必等于 1，由此可见，式(3-6) 是道尔顿分压定律的另一种表达形式，表示混合气体某组分的分压等于该组分的摩尔分数与混合气体总压之乘积。

实际工作中常用各组分气体的体积分数表示混合气体的组成。在同温同压下，气体的物质的量与体积成正比，因此，混合气体中组分 B 的体积分数等于 B 的摩尔分数，即：

$$\frac{V_B}{V}=\frac{n_B}{n} \tag{3-7}$$

式中，V_B 表示组分气体 B 的体积；V 表示混合气体的总体积。

将式(3-7) 带入式(3-5) 可得：

$$p_B = \frac{V_B}{V} p \tag{3-8}$$

严格地讲，分压定律只适用于理想气体混合物，但对压力不太高的真实混合气体，在温度不太低的情况下也可以近似使用。在无机及分析化学中，把气体均近似作理想气体。

【例 3-2】 冬季草原上的空气主要含有氮气（N_2）、氧气（O_2）和氩气（Ar）。在压力为 9.7×10^4 Pa 及温度为 -22℃时，收集的一份空气试样经测定其中氮气、氧气和氩气的体积分数依次为 78%、21%、1%。计算收集试样时各气体的分压。

解：根据式(3-8)

$$p_B = \frac{V_B}{V} p$$

$$p(N_2) = 0.78p = 0.78 \times 9.7 \times 10^4 \text{Pa} = 7.6 \times 10^4 \text{Pa}$$

$$p(O_2) = 0.21p = 0.21 \times 9.7 \times 10^4 \text{Pa} = 2.0 \times 10^4 \text{Pa}$$

$$p(\text{Ar}) = 0.010p = 0.010 \times 9.7 \times 10^4 \text{Pa} = 0.097 \times 10^4 \text{Pa}$$

【例 3-3】 在一钢制圆筒容器中盛有 5.00mol 石墨和 5.00mol O_2。此混合物点火燃烧后石墨全部变成 CO_2 和 CO。当容器冷却至原来的温度时发现压力增加 17%。试计算最后混合气体中 CO_2、CO 和 O_2 的摩尔分数。

解：石墨燃烧反应为

$$\text{C(s)} + O_2\text{(g)} = CO_2\text{(g)}$$

$$\text{C(s)} + \frac{1}{2}O_2\text{(g)} = \text{CO(g)}$$

当燃烧产物为 CO_2 时，反应前后气体物质的量不变；当燃烧产物为 CO 时，反应后气体物质的量增加 1 倍。现设生成 CO 的物质的量为 $x$mol，则燃烧后气体物质的量的增加为 $(x - \frac{1}{2}x)$mol，又因为温度和体积不变时压力与气体物质的量成正比，所以

$$\frac{\left(x - \frac{1}{2}x\right)\text{mol}}{5.00\text{mol}} = 17\%$$

$$x = 1.70$$

即

$$n(\text{CO}) = 1.70\text{mol} \quad n(CO_2) = (5.00 - 1.70)\text{mol} = 3.30\text{mol}$$

$$n(O_2) = (5.00 - \frac{1}{2} \times 1.70 - 3.30)\text{mol} = 0.85\text{mol}$$

所以产物中

$$x(\text{CO}) = \frac{1.70\text{mol}}{(1.70 + 3.30 + 0.85)\text{mol}} = 0.29$$

$$x(CO_2) = \frac{3.30\text{mol}}{(1.70 + 3.30 + 0.85)\text{mol}} = 0.564$$

$$x(O_2) = 1.00 - 0.291 - 0.564 = 0.145$$

第二节 溶 液

一、概述

溶液作为物质存在的一种形式，广泛存在于自然界。溶液是指一种或一种以上的物质以分子或离子形式分散于另一物质中形成的均一、稳定的混合物。在形成溶液时，物态不改变的组分称为溶剂。当溶液由几种相同物态的组分形成时，常把其中数量最多的一种组分称为溶剂。溶液可分为固态溶液（如某些合金）、气态溶液（如空气）和液态溶液。最常见的是液态溶液，特别是以水为溶

剂的水溶液。

不同的溶质分别溶于某种溶剂中，所得的溶液性质往往各不相同。溶液的性质既不同于纯溶剂，也不同于纯溶质。溶液的性质可分为两类：一类性质与溶质的本性及溶质和溶剂的相互作用有关，如溶液的颜色、密度、酸碱性、导电性、气味等；另一类性质与溶质的本性无关，只取决于溶液中溶质的粒子数目，如稀溶液的蒸气压下降、沸点升高、凝固点降低和渗透压等。这些与溶质的性质无关，只与溶液的浓度有关的性质，称为稀溶液的"依数性"。

二、溶液浓度的表示方法及其计算

在一定量的溶液或溶剂中所含溶质的量叫溶液的浓度。溶液的性质常与它们浓度有关，化学上常用的溶液溶度表示方法有物质的量浓度、质量摩尔浓度、质量分数和摩尔分数。

1. 物质的量浓度

物质 B 的物质的量除以混合物的体积，称为物质 B 的物质的量浓度。在不可能混淆时，可以简称为浓度。用符号 c_B 表示，即：

$$c_B = n_B / V \tag{3-9}$$

式中，n_B 为物质 B 的物质的量；V 为混合物的体积；浓度常用的单位为 $mol \cdot L^{-1}$。

2. 质量摩尔浓度

溶液中溶质 B 的物质的量除以溶剂的质量，称为溶质 B 的质量摩尔浓度。其数学表达式为：

$$b_B = n_B / m_A \tag{3-10}$$

式中，b_B 为溶质 B 的质量摩尔浓度；n_B 是溶质 B 的物质的量；m_A 是溶剂的质量。质量摩尔浓度的单位为 $mol \cdot kg^{-1}$。

由于物质的量不受温度的影响，所以溶液的质量摩尔浓度是一个与温度无关的物理量。

3. 质量分数

物质 B 的质量与混合物的质量之比，称为 B 的质量分数，其数学表达式为：

$$w_B = m_B / m \tag{3-11}$$

式中，w_B 为物质 B 的质量分数，量纲为一，是指单位质量溶液中所含物质 B 的质量；m_B 为物质 B 的质量；m 为混合物的质量。

4. 摩尔分数

物质 B 的物质的量占溶液中所有物质总的物质的量的分数。其数学表达式为：

$$x_B = n_B / n \tag{3-12}$$

式中，x_B 为物质 B 的摩尔分数；n_B 为物质 B 的物质的量；n 为溶液中所有物质总的物质的量，量纲为一；x_B 又称为 B 的物质的量分数。

5. 它们之间是有关系的，在一定的条件下可以换算。

（1）物质的量浓度与质量分数

如果已知溶液的密度 ρ 和溶质 B 的质量分数 w_B，则该溶液的浓度可表示为：

$$c_B = \frac{n_B}{V} = \frac{m_B}{M_B V} = \frac{m_B}{M_B m/\rho} = \frac{\rho m_B}{M_B m} = \frac{w_B \rho}{M_B} \tag{3-13}$$

（2）物质的量浓度与质量摩尔浓度

如果已知溶液的密度 ρ 和溶液的质量 m，则有：

$$c_B = \frac{n_B}{V} = \frac{n_B}{m/\rho} = \frac{n_B \rho}{m}$$

若该系统是一个二组分系统，且 B 组分的含量较少，则 m 近似等于溶剂的质量 m_A，上式可近似成为：

$$c_B = \frac{n_B \rho}{m} = \frac{n_B \rho}{m_A} = b_B \rho \tag{3-14}$$

若该溶液是稀的水溶液，则在数值上，c_B 约等于 b_B。 (3-15)

【例 3-4】 将 0.300g NaCl 晶体溶于 100g 水中，假设体积不变，计算：

① 溶液中 NaCl 的物质的量浓度；

② 溶液中 NaCl 的质量摩尔浓度；

③ 溶液中 NaCl 的质量分数；

④ 溶液中 NaCl 的摩尔分数。

解： 先计算 NaCl 的物质的量和水的物质的量，

$$n(\mathrm{NaCl})=\frac{m(\mathrm{NaCl})}{M(\mathrm{NaCl})}=\frac{0.300}{58.14}=5.13\times10^{-3}(\mathrm{mol})$$

$$n(\mathrm{H_2O})=\frac{m(\mathrm{H_2O})}{M(\mathrm{H_2O})}=\frac{100}{18.02}=5.55(\mathrm{mol})$$

① 溶液中 NaCl 的物质的量浓度：

$$c(\mathrm{NaCl})=\frac{n(\mathrm{NaCl})}{V}=\frac{5.13\times10^{-3}}{100\times10^{-3}}=5.13\times10^{-2}(\mathrm{mol\cdot L^{-1}})$$

② 溶液中 NaCl 的质量摩尔浓度：

$$b(\mathrm{NaCl})=\frac{n(\mathrm{NaCl})}{m(\mathrm{H_2O})}=\frac{5.13\times10^{-3}}{100\times10^{-3}}=5.13\times10^{-2}(\mathrm{mol\cdot kg^{-1}})$$

③ 溶液中 NaCl 的质量分数：

$$w(\mathrm{NaCl})=\frac{m(\mathrm{NaCl})}{m}=\frac{0.300}{100+0.300}\times100\%=0.299\%$$

④ 溶液中 NaCl 的摩尔分数：

$$x(\mathrm{NaCl})=\frac{n(\mathrm{NaCl})}{n}=\frac{n(\mathrm{NaCl})}{n(\mathrm{NaCl})+n(\mathrm{H_2O})}\times100\%$$

$$=\frac{5.13\times10^{-3}}{5.13\times10^{-3}+5.55}\times100\%=9.23\times10^{-3}\%$$

【例 3-5】 已知质量分数为 98.0%磷酸的密度 $\rho=1.844\mathrm{g\cdot mL^{-1}}$，若配制 500mL $c(\mathrm{H_3PO_4})=0.10\mathrm{mol\cdot L^{-1}}$ 的稀磷酸，应取 98.0%磷酸多少毫升？

解： 设需取 98.0%磷酸的体积为 V，则根据配制前后磷酸物质的量不变，有：

$$\frac{\rho Vw}{M(\mathrm{H_3PO_4})}=cV'$$

$$V=\frac{cV'M(\mathrm{H_3PO_4})}{\rho w}=\frac{0.10\times500\times10^{-3}\times98}{1.844\times10^{3}\times0.98}=2.7\times10^{-3}(\mathrm{L})$$

即磷酸的体积为 2.7mL。

三、固体在溶液中的溶解度

不同物质的溶解能力是不同的，例如 100g 水可溶解 257g $\mathrm{AgNO_3}$，但只能溶解 3×10^{-20} g HgS，物质溶解能力的大小通常用溶解度来表示。

在一定温度下，某固态物质在 100g 溶剂中达到饱和状态时所溶解的溶质的质量，叫做这种物质在这种溶剂中的溶解度。如 20℃时 KCl 在水中的溶解度是 34，这意味着 20℃时 100g 水中最多能溶解 34g 的 KCl。

物质溶解与否，溶解能力的大小，一方面决定于溶剂和溶质的本性，另一方面也与外界条件如温度、压强、溶剂种类等有关。在相同条件下，有些物质易于溶解，而有些物质则难于溶解，即不同物质在同一溶剂里溶解能力不同。通常把某一物质溶解在另一物质里的能力称为溶解性。例如，糖易溶于水，而油脂不溶于水，就是它们对水的溶解性不同。溶解度是溶解性的定量表示。

在未注明的情况下，通常溶解度指的是物质在水里的溶解度。在 100g 水中溶解度在 1g 以上的，称为“可溶”物质；溶解度在 1g 以下 0.1g 以上的，称为“微溶”物质；在 0.1g 以下的为“难溶”物质；绝对不溶的物质是不存在的。在无机化合物，特别是盐类化合物范围内，记住下面所列的比较常见的化合物在水中的溶解度，是有必要的。

1. 可溶物质

（1）硝酸盐、乙酸盐、氯化物及高氯酸盐（高氯酸钾仅微溶于水）。

（2）氯化物、溴化物及碘化物（银、亚汞及铅的化合物除外）。

（3）硫酸盐（钙、锶、钡、银、亚汞及铅的硫酸盐除外）。

（4）铬酸盐（钙、锶、钡、银、亚汞及铅的铬酸盐除外）。

（5）钠盐、钾盐、铵盐［少数例外，如 $NaSb(OH)_6$、K_2PtCl_6、$(NH_4)_2PtCl_6$、$K_3Co(NO_2)_6$ 及 $(NH_4)_3Co(NO_2)_6$ 等］。

2. 难溶物质

（1）硫化物（碱金属或碱土金属的硫化物除外）。

（2）碳酸盐及磷酸盐（正盐）（钠、钾、铵的碳酸盐和磷酸盐除外）。

（3）氯化物、氢氧化物、草酸盐、硼酸盐及氟化物（钠、钾、铵的化合物及氟化银除外）。

第三节　胶体

胶体的概念由英国化学家格雷厄姆于 1861 年提出。20 世纪初，俄国科学奖维伊曼通过对 200 多种化合物实验，证明了几乎各种典型的晶体物质都可通过降低其溶解度或选用适当分散剂的方法制成溶胶。

胶体分散系是由颗粒直径在 1～100nm 的分散相组成的系统，它含有数百万乃至上亿个原子，是一类难溶的多分子聚集体。溶胶是多相的高分散系统，具有很高的表面能。从热力学角度来看，它是不稳定系统。胶体粒子有互相聚结而降低其表面能的趋势，即具有聚结不稳定性。正因为这个原因，在制备溶胶时要有稳定剂存在，否则得不到稳定的溶胶。

胶体分散系按分散相和分散介质聚集态不同可分成多种类型，其中以固体分散在水中的溶胶最常见。本节主要介绍这种类型的胶体。

一、胶体的性质

1. 动力学性质——布朗运动

在超显微镜下可以观察到胶体中分散的颗粒在不断地作无规则的运动，这是英国植物学家布朗（Brown R）在 1827 年观察花粉悬浮液时首先看到的，故这种运动称为布朗运动。布朗运动的产生是由于不断发生热运动的液体介质分子从各个方面对胶粒撞击的结果，在每一个瞬间胶粒受到各个方向的撞击力是不同的，所以它们时刻以不同的的方向、不同的速度作不规则运动。胶粒越小，布朗运动就越剧烈。布朗运动是胶体分散系的特征之一。

2. 光学性质——丁铎尔效应

1869 年英国物理学家丁铎尔（Tyndall J）发现，当一束光线透过胶体，从入射光的垂直方向可以观察到胶体里出现的一条光亮的“通路”。后人为了纪念他的发现，将这一现象叫丁铎尔效应。当光线射入分散系统时，可能发生两种情况：①若分散相的粒子大于入射光的波长，则主要发生光的反射，粗分散系就属于这种情况。②若分散相的粒子小于入射光的波长，则主要发生光的散射。此时每个粒子变成一个新的小光源，向四面八方发射与入射光波长相同的光。

可见光的波长为 400～700nm，而溶胶粒子的直径为 1～100nm，因此会发生光的散射。当光通过以小分子或离子存在的溶液时，由于溶质的颗粒太小，不会发生散射，主要是透射。因此，可以用丁铎尔效应来区别溶胶和真溶液。

3. 电学性质——电泳

在外加电场下，胶体粒子在分散介质中的定向移动称为电泳。例如，在一个 U 形管中加入棕红色的氢氧化铁溶胶，并在溶胶的表面小心滴入少量蒸馏水，使溶胶表面与水之间有一明显的界面。然后在两边 U 形管的蒸馏水中插入铂电极，并给电极加上电压。经过一段时间的通电，可以观察到U形管中溶胶的液面不再相同，在负极端溶胶界面比正极端高。说明该溶胶在电场中往负极端迁移，溶胶粒子带正电，这就是氢氧化铁溶胶的电泳。胶粒带何种电荷有时与制备方法有关，但是多数情况下，金属硫化物、硅酸、土壤、淀粉及金、银等胶粒带负电，称负溶胶；多数情况下，金属氢氧化物的胶粒带正电，称正溶胶。

二、溶胶的应用

胶体在自然界尤其是生物界普遍存在，早在古代就已经利用了胶体的知识，如制陶、造纸、制墨业，以及豆制品、药物制剂的制造等方面。它与人类的生产、生活及环境有着密切的联系。胶体的应用很广，且随着技术的进步，其应用领域还在不断扩大。工农业生产和日常生活中的许多重要材料和现象，都在某种程度上与胶体有关。例如，在金属、陶瓷、聚合物等材料中加入固态胶体粒子，不仅可以改进材料的耐冲击强度、耐断裂强度、抗拉强度等机械性能，也可以改进材料的光学性质，有色玻璃就是由某些胶态金属氧化物分散于玻璃中制成的。在医学上，越来越多地利用高度分散的胶体来检验或治疗疾病，如胶态磁流体治癌术是将磁性物质制成胶体粒子，作为药物的载体，在磁场作用下将药物送到病灶，从而提高疗效。另外，血液本身就是由血球在血浆中形成的胶体分散系，与血液有关的疾病的一些治疗、诊断方法就利用了胶体的性质，如血液透析、血清纸上电泳等。土壤里许多物质如黏土、腐殖质等常以胶体形式存在，所以土壤里发生的一些化学过程也与胶体有关。国防工业上有些火药、炸药必须制成胶体，冶金工业上的选矿，石油原油的脱水，塑料橡胶及合成纤维等的制造过程都会用到胶体知识。在日常生活里，也会经常接触并应用到胶体知识，如食品中的牛奶、豆浆、粥等都与胶体有关。

知识链接

气溶胶——冻结的烟雾、固态烟、最轻的固体

气凝胶是一种固体物质形态，是世界上密度最小的固体之一。一般常见的气凝胶为硅气凝胶，但也有碳气凝胶存在。

目前最轻的硅气凝胶仅有 $3mg \cdot cm^{-3}$，比空气重三倍，所以也被称为“冻结的烟”或“蓝烟”。由于里面的颗粒非常小（nm级），所以可见光经过它时散射较小，就像阳光经过空气一样。由于气凝胶中99.8%以上是空气，所以有非常好的隔热效果，3.3cm的气凝胶相当于20～30块普通玻璃的隔热功能。即使把气凝胶放在玫瑰与火焰之间，玫瑰也会丝毫无损。气凝胶在航天探测上也有多种用途，在俄罗斯“和平”号空间站和美国“火星探路者”的探测器上都用到这种材料。气凝胶在粒子物理实验室中用作切连科夫效应的探测器。在高能加速器研究机构B介子工厂的Belle实验探测器中，一个称为气凝胶切连科夫计数器（aerogel cherenkov counter，ACC）的粒子鉴别器，就是一个最新的应用实例。这个探测器利用了气凝胶介于液体与气体之间的低折射系数特性，同时具有高透光度、质量轻、固体形态的性质，优于使用传统低温液体或是高压空气的方法。

气凝胶在“863”高技术强激光研究方面也有应用。纳米多孔材料具有重要应用价值，如利用低于临界密度的多孔靶材料，可望提高电子碰撞激发产生的X射线激光的光束质量，节约驱动能，利用微球形节点结构的新型多孔靶，能够实现等离子体三维绝热膨胀的快速冷却，提高电子复合机制产生的X射线激光的增益系数，利用超低密度材料吸附核染料，可构成激光惯性约束聚变的高增益冷却靶。气凝胶具有纤细的纳米多孔网络结构、巨大的比表面积且其结构介观尺度上可控，成为研制新型低密度靶的最佳候选材料。

由于硅气凝胶的低声速特性，它还是一种理想的声学延迟或高温隔音材料。初步实验结果表明，密度在 $300kg \cdot m^{-3}$ 左右的硅气凝胶作为耦合材料，能使声强提高30dB，如果采用具有密度梯度的硅气凝胶，可望得到更高的声强增益。

在环境保护及化学工业方面，纳米结构的气凝胶还可作为新型气体过滤材料。与其他材料不同的是该材料空洞大小分布均匀、气孔率高，是一种高效气体过滤材料。由于该材料具有特别大的比表面积，在作为新型催化剂或催化剂的载体方面亦有广阔的应用前景。

气凝胶还应用于在储能器件方面。有机气凝胶经过烧结工艺处理后可得到碳气凝胶，这种导电的多孔材料是继纤维状活性炭以后发展起来的一种新型碳素材料，具有很大的比表面积（$600\sim1000m^2\cdot kg^{-1}$）和高电导率（$10\sim25s\cdot cm^{-1}$）而且密度变化范围广。例如，在其微孔洞内充入适当的电解液，可以制成新型可充电电池，它具有储电容量大、内阻小、质量轻、充放电能力强、可多次重复使用等优异特性。

作为一种新型纳米多孔材料，除硅气凝胶外，已研制的还有其他单元、二元或多元氧化物气凝胶、有机气凝胶及碳气凝胶。作为一种独特的材料制备手段，相关的工艺在其他新材料研制中得到广泛应用，如制备气孔率极高的多孔硅、制备高性能催化剂的金属——气凝胶混合材料、高温超导材料、超细陶瓷粉末等。目前，国际上关于气凝胶材料的研究工作主要集中在德国的威尔茨堡大学、BASF公司，美国的劳伦兹·利物莫尔国家实验室，桑迪亚国家实验室，法国的蒙彼利埃材料研究中心，日本高能物理国家实验室等，国内主要集中在同济大学玻尔固体物理实验室、国防科技大学等。

本章小结

1. 理想气体状态方程式：我们把分子本身不占体积，分子间没有相互作用力的气体称为理想气体，理想气体状态方程为式为 $pV=nRT$。

2. 道尔顿分压定律：混合气体的总压力等于各组分气体分压力之和，即 $p=\sum p_i$。

3. 溶液浓度的表示方法

（1）物质的量浓度：$c_B=n_B/V$。

（2）质量摩尔浓度：$b_B=n_B/m_A$。

（3）质量分数：$w_B=m_B/m$。

（4）摩尔分数：$x_B=n_B/n$。

4. 胶体的性质：布朗运动、丁铎尔效应和电泳。

能力自测

一、选择题

1. 质量摩尔分数的单位是（　　）

A. mol　　B. $mol\cdot L^{-1}$　　C. 1　　D. $mol\cdot kg^{-1}$

2. 以下关于溶胶的叙述正确的是（　　）

A. 均相，稳定，粒子能通过半透膜

B. 多相，比较稳定，粒子不能通过半透膜

C. 均相，比较稳定，粒子能透过半透膜

D. 多相，稳定，粒子不能通过半透膜

3. 土壤胶粒带负电荷，对它凝结能力最强的电解质是（　　）

A. $AlCl_3$　　B. $MgCl_2$　　C. Na_2SO_4　　D. $K_3[Fe(CN)_6]$

二、计算题

1. 在一个250mL容器中装入一未知气体至压力为101.3kPa，气体试样的质量为0.164g，实验温度为25℃，求该气体的分子量。

2. 将 0℃和 98.0kPa 下的 2.00mL N_2和 60℃和 53.0kPa 下的 50.00mL O_2，在 0℃混合于一个 50.00mL 容器中。此混合物的总压力是多少？

3. 现有一气体，在 35℃和 101.3kPa 的水面上收集，体积为 500mL。如果在同样条件下，将它压缩成 250mL，干燥气体的最后分压是多少？

4. $CHCl_3$在 40℃时蒸气压为 49.3kPa。于此温度和 101.3kPa 压力线，有 4.00L 空气缓慢地通过 $CHCl_3$（即每个气泡都为 $CHCl_3$蒸气所饱和）。求：

(1) 空气和 $CHCl_3$混合气体的体积是多少？

(2) 被空气带走的 $CHCl_3$的质量是多少？

5. 从一瓶氯化钠溶液中取出 50g 溶液，蒸干后得到 4.5g 热氯化钠固体，试确定这瓶溶液中溶质的质量分数及该溶液的质量摩尔浓度。

6. 一种防冻溶液为 40g 乙二醇（$HOCH_2CH_2OH$）与 60g 水的混合物，计算该溶液的质量摩尔浓度及乙二醇的质量分数。

7. 已知浓 H_2SO_4的质量分数为 96%，密度为 $1.84g \cdot mL^{-1}$，如何配制 500mL 物质的量浓度为 $0.20mol \cdot L^{-1}$ 的 H_2SO_4溶液？

凝固点降低法测定摩尔质量

一、目的要求

1. 了解凝固点降低法测定溶质摩尔质量的原理和方法，加深对稀溶液依数性的认识；

2. 练习移液管和分析天平的使用，练习刻度分值为 0.1℃的温度计的使用。

二、实验原理

难挥发非电解质稀溶液的凝固点下降与溶液的质量摩尔浓度（b）成正比。

$$\Delta T_f = T_f^* - T_f = K_f b \quad (1)$$

式中，ΔT_f为凝固点降低值；T_f^*为纯溶剂的凝固点，T_f为溶液的凝固点，K_f为摩尔凝固点降低常数（单位为 $K \cdot kg \cdot mol^{-1}$）。式(1) 可改写为：

$$\Delta T_f = K_f \frac{m_2}{Mm_1} 1000 \quad (2)$$

式中，m_1和 m_2分别为溶液中溶剂和溶质的质量（单位为 g）；M 为溶质的摩尔质量（单位为 $g \cdot mol^{-1}$）。移项后可得：

$$M = K_f \frac{1000 m_2}{\Delta T_f m_1} \quad (3)$$

要测定 M，需求得 ΔT_f，即需要通过实验测得溶剂的凝固点和溶液的凝固点。

凝固点的测定可采用过冷法。将纯溶剂逐渐降温至过冷，然后促其结晶。当晶体生成时，放出凝固热，使体系温度保持相对恒定，直至全部凝成固体后才会再下降。相对恒定的温度即为该纯溶剂的凝固点（纯液体的冷却曲线见图 3-1）。

图 3-2 是溶液的冷却曲线，它与纯溶剂的冷却曲线不同。这是因为当溶液达到凝固点时，随着溶剂成为晶体从溶液中析出，溶液的浓度不断增大，其凝固点会不断下降，所以曲线的水平的段向下倾斜。可将斜线延长使与过冷前的冷却曲线相交，交点的温度即为此溶液的凝固点。

为了保证凝固点测定的准确性，每次测定要尽可能控制在相同的过冷程度。

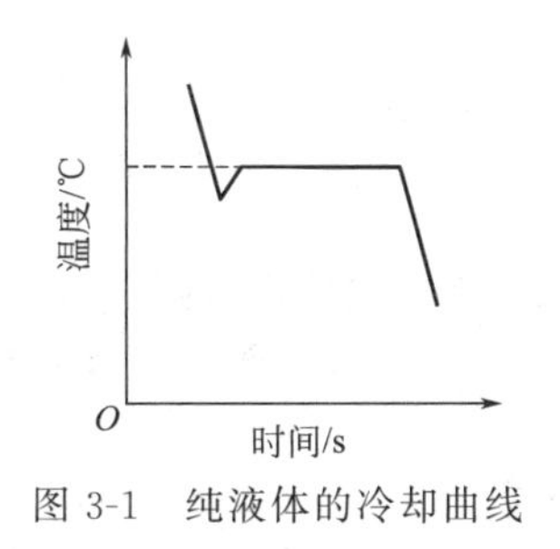

图 3-1 纯液体的冷却曲线

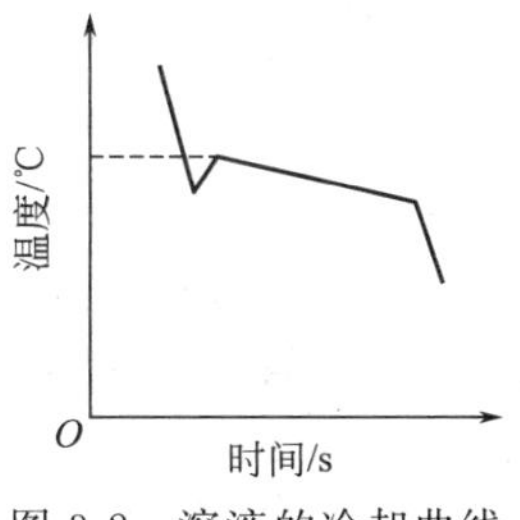

图 3-2 溶液的冷却曲线

三、实验仪器及试剂

仪器：精密温度计，分析天平。

试剂：萘（s），苯。

四、实验内容

1. 纯苯熔点的测定

实验装置见图 3-3。用干燥移液管吸取 25.00mL 苯于干燥的大试管中，插入温度计和搅拌棒，调节温度计高度，使水银球距离管底 1cm 左右，记下苯液的温度。然后将试管插入装有冰水混合物的大烧杯中（试管液面必须低于冰水混合物的液面）。开始记录时间并上下移动试管中的搅拌棒，每隔 30s 记录一次温度。当冷至比苯的凝固点（5.4℃）高出 1～2℃时停止搅拌，待苯液过冷到凝固点以下约 0.5℃左右再继续进行搅拌。当开始有晶体出现时，由于有热量放出，苯液温度将略有上升，然后一段时间内保持恒定，一直记录至温度明显下降。

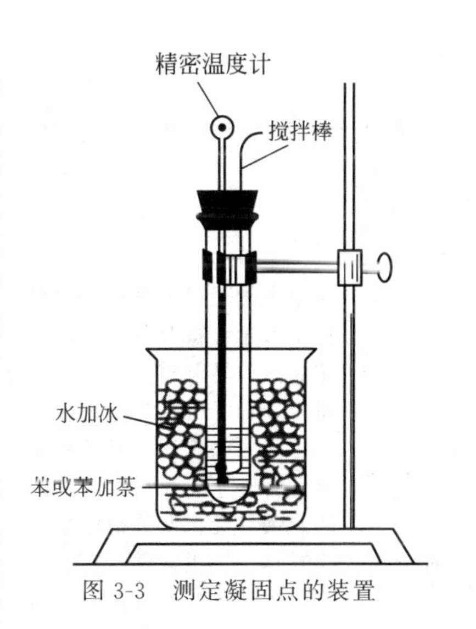

图 3-3 测定凝固点的装置

2. 萘-苯溶液凝固点的测定

在分析天平上称取纯萘 1～1.5g（称准至 0.01g）倒入装有 25.00mL 苯的大试管中，插入温度计和搅拌棒，用手温热试管并充分搅拌，使萘完全溶解。按上述实验方法和要求，测定萘-苯溶液的凝固点。回升后的温度并不如纯苯那样保持恒定，而是缓慢下降，一直记录到温度明显下降。

五、数据记录及结果处理

1. 求纯苯和萘-苯溶液的凝固点

纯苯

时间/min	0.5	1	1.5	2	2.5	…
温度/℃						

萘-苯溶液

时间/min	0.5	1	1.5	2	2.5	…
温度/℃						

以温度为纵坐标，时间为横坐标，在方格纸上作出冷却曲线，求出纯苯及萘-苯溶液的凝固点 T_f^* 及 T_f。

2. 萘摩尔质量的计算

由式(3) 计算萘的摩尔质量 M。

六、思考题

1. 为什么纯溶剂和溶液的冷却曲线不同？如何根据冷却曲线确定凝固点？

2. 测定凝固点时，大试管中的液面必须低于还是高于冰水浴的液面？当溶液温度在凝固点附近时为何不能搅拌？

3. 严重过冷现象为什么会给实验结果带来较大的误差？

4. 实验中所配的溶液浓度太浓或太稀会给实验结果带来什么影响？为什么？

附：苯在不同温度时的密度

温度/℃	密度/g·mL^{-1}	温度/℃	密度/g·mL^{-1}	温度/℃	密度/g·mL^{-1}
10	0.887	17	0.881	24	0.876
11	0.887	18	0.880	25	0.875
12	0.886	19	0.879	26	0.874
13	0.885	20	0.879	27	0.874
14	0.884	21	0.879	28	0.873
15	0.883	22	0.878	29	0.872
16	0.882	23	0.877	30	0.871

参考文献

[1] 南京大学无机及分析化学编写组．无机及分析化学．北京：高等教育出版社，2015.

[2] 南京大学无机及分析化学编写组．无机及分析化学．北京：高等教育出版社，1998.

[3] 王秀彦，马凤霞．无机及分析化学．北京：化学工业出版社，2016.

[4] 贾之慎．无机及分析化学．北京：高等教育出版社，2008.

[5] 陈德余．张胜建．无机及分析化学．北京：科学出版社，2012.

[6] 陈荣三，张树在，黄孟健，等．无机及分析化学．北京：高等教育出版社，1985.

[7] 王惠霞．无机及分析化学．西安：西北大学出版社，2006.

[8] 李瑞祥．无机化学．北京：化学工业出版社，2013.

[9] 南京大学无机及分析化学编写组．无机及分析化学实验．北京：高等教育出版社，2006.

化学反应速率和化学平衡

Chapter 04

知识目标

1. 掌握化学反应速率的概念及其表示法，化学平衡的概念，化学平衡常数的一般计算；
2. 掌握影响化学反应速率的因素，理解影响化学平衡移动的原因；
3. 了解化学反应速率理论。

化学反应速率和化学平衡是研究化学反应时的两个重要问题。化学反应速率讨论的是化学反应进行的快慢问题，化学平衡讨论的是化学反应进行的程度问题。了解掌握化学反应速率和化学平衡等有关理论，就可以通过改变反应条件控制反应速率，调节反应进行的程度使反应按照预想的方向进行。

第一节　化学反应速率

一、化学反应速率概述

化学反应有快有慢，不同的反应，在相同的条件下有不同的反应速率；相同的反应，当条件不同时速率也不相同。描述反应的快慢，需要有一个共同的标准，通常用反应速率作为比较的尺度。

1. 化学反应速率的表示方法

在化学反应中，随着反应的进行，反应物浓度不断减小，生成物浓度不断增大。通常用单位时间内反应物或生成物浓度的变化来表示化学反应速率。

如在给定条件下，合成氨的反应：

	N_2	+	$3H_2$	$=$	$2NH_3$
起始浓度/$mol \cdot L^{-1}$	1.0		3.0		0
2s 浓度/$mol \cdot L^{-1}$	0.8		2.4		0.4

上述反应的速率可以用反应物氮气或氢气单位时间内浓度的减少表示，分别为：

$$\overline{v}(N_2)=-\frac{\Delta c(N_2)}{\Delta t}=-\frac{0.8-1.0}{2}=0.1(mol \cdot L^{-1} \cdot s^{-1})$$

$$\overline{v}(H_2)=-\frac{\Delta c(H_2)}{\Delta t}=-\frac{2.4-3.0}{2}=0.3(mol \cdot L^{-1} \cdot s^{-1})$$

因为反应速率是正值，所以用反应物浓度的减少表示反应速率时，必须在式子中加一个负号，使反应速率为正值。

若用产物氨气单位时间内的浓度增加表示反应速率，则为：

$$\bar{v}(NH_3)=\frac{\Delta c(NH_3)}{\Delta t}=\frac{0.4-0}{2}=0.2(\text{mol}\cdot\text{L}^{-1}\cdot\text{s}^{-1})$$

在同一时间间隔内，用氮气、氢气或氨气表示的反应速率其数值不同，但同一反应在同一时间段的反应速率实质是相同的，因此它们之间必定有内在的联系，即反应物减小量（mol）的绝对值、产物生成量（mol），与化学反应方程式的计量数成正比。则用氮气、氢气或氨气表示的反应速率与化学反应方程式的计量数的关系成正比：

$$\bar{v}=-\frac{v(N_2)}{1}=-\frac{v(H_2)}{3}=\frac{v(NH_3)}{2}$$

以上讨论的是一段时间间隔内的反应速率，绝大多数化学反应在反应进行中速率是不断变化的，因此在描述化学反应快慢时可选用平均反应速率或瞬时反应速率来表示。

（1）平均反应速率　平均反应速率是指某一段时间内反应的平均速率，可表示为：

$$\bar{v}=-\frac{\Delta c(\text{反应物})}{\Delta t}\text{或}\bar{v}=\frac{\Delta c(\text{产物})}{\Delta t}$$

式中　$\bar{v}$——平均反应速率，$\text{mol}\cdot\text{L}^{-1}\cdot\text{s}^{-1}$；

Δc——反应物或生成物浓度变化，$\text{mol}\cdot\text{L}^{-1}$；

Δt——反应时间，s。

（2）瞬时反应速率　某一时刻的化学反应速率称为瞬时反应速率。它可以用极限的方法来表示。如对一般反应，以反应物 A 的浓度来表示反应速率，则有：

$$v(A)=-\lim_{\Delta t\to 0}\frac{[\Delta c(A)]}{\Delta t}$$

2. 反应速率理论

不同的化学反应有不同的速率？决定反应速率的原因是什么？为了解决这一问题，化学家们做了大量的研究，提出了多种学说。其中较重要的是有效碰撞理论和过渡态理论。

（1）碰撞理论　碰撞理论认为，反应发生的必要条件是反应物分子间的相互碰撞，如果每次碰撞都能发生反应，据有关计算，几乎所有的反应都是爆炸反应，但事实并非如此。

事实上，只有极少数反应物分子间的碰撞才能发生反应，能够发生反应的碰撞称为有效碰撞。发生有效碰撞的分子同其他反应物分子的能量状态不同，这些分子具有较高的能量，他们相互靠近时，能够克服分子无限接近时电子云之间的斥力，从而导致分子中的原子重排，即发生了化学反应。碰撞理论把这些具有较高能量的分子称为活化分子，活化分子间的碰撞才有可能是有效碰撞。

活化分子具有的最低能量（$E_{\text{最低}}$）与反应物分子具有的平均能量（$E_{\text{平均}}$）的差称为活化能，用 E_a 表示：

$$E_a=E_{\text{最低}}-E_{\text{平均}}$$

一定温度下，每个反应都有特定的活化能。反应的活化能越大，反应速率越慢；反应的活化能越小，反应速率越快。

碰撞理论可以解释简单的气体分子间的化学反应，但在处理比较复杂的分子间的反应时却遇到了困难，这是因为碰撞理论没有考虑分子具有复杂的结构。

（2）过渡态理论　过渡态理论认为，化学反应不只是通过反应物分子间简单碰撞就能完成的，当两个具有足够能量的分子相互接近并发生碰撞后，要经过一个中间的过渡状态，即首先形成一种活化络合物。如反应 A+B—C ⟶ A—B+C，其反应历程可表示为：

$$A+B{-}C\longrightarrow[A\cdots B\cdots C]\longrightarrow A{-}B+C$$

式中［A…B…C］即为 A 和 B—C 处于过渡状态时，所形成的一个类似配合物结构的物质，称为活化配合物。这时原有的化学键（B—C键）被削弱但未完全断裂，新化学键（A—B键）开始形成但尚未完全形成。由此可知，活化能实际上是指在化学反应中，破坏旧键所需的最低能量（见图4-1）。由于不同的物质其化学键不同，所以在各种化学反应中所需的活化能也不相同。反应的活化能越大，活化分子越少，反应速率就越慢。故活化能是决定化学反应速率的内因。

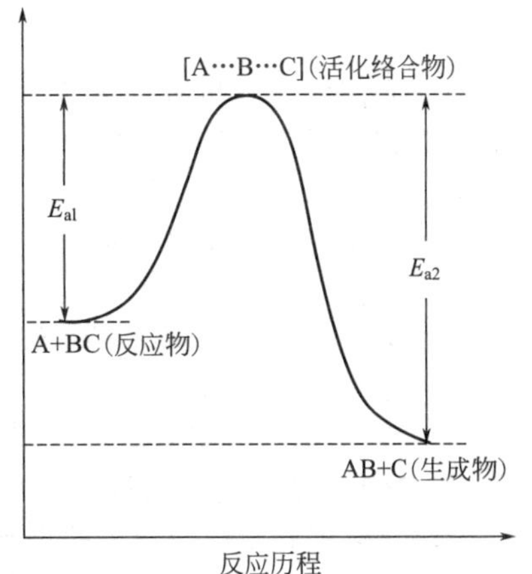

图4-1　反应历程的能量图

二、化学反应速率的影响因素

反应速率的大小首先决定于参加反应的物质的本性，其次是外界条件，如反应物的浓度、温度和催化剂等。

1. 浓度（压力）对反应速率的影响

大量实验证明，在一定温度下，化学反应速率与浓度有关，反应物浓度增大，反应速率加快，要阐明这些，需明确以下概念。

(1) 基元反应和非基元反应　化学动力学把反应分为基元反应（简单反应）和非基元反应（复杂反应）。一步能完成的反应称为基元反应。如：

$$NO_2(g) \xlongequal{} 2NO(g)+O_2(g)$$

分几步进行的反应称为非基元反应例如：

$$H_2(g)+I_2(g) \xlongequal{} 2HI(g)$$

实际反应是分两步进行的：

第一步　$I_2(g) \xlongequal{} 2I(g)$

第二步　$H_2(g)+2I(g) \xlongequal{} 2HI(g)$

每一步为一个基元反应，总反应为两步反应的加和。

反应方程式只能表示反应物与生成物之间的数量关系，并不能表明反应进行的实际过程。实验证明，大多数化学反应并不是简单地一步完成，而是分步进行的。

(2) 质量作用定律　对于基元反应，一定温度下，增大反应物的浓度可加快反应速率。例如，物质在纯氧中燃烧比在空气中燃烧更为剧烈。显然，反应物浓度越大，反应速率越快。

化学家在大量实验的基础上总结出：在一定温度下，化学反应速率与各反应物浓度幂（幂次等于反应方程式中该物质分子式前的系数）的乘积成正比，这一规律称为质量作用定律。例如：

$$2NO_2(g) \xlongequal{} 2NO(g)+O_2(g) \qquad v \propto c^2(NO_2) \qquad v=kc^2(NO_2)$$

$$NO_2+CO \xlongequal{} NO+CO_2 \qquad v \propto c(NO_2)c(CO) \qquad v=kc(NO_2)c(CO)$$

在一定温度下，对一般基元反应：

$$aA+bB \xlongequal{} gG+hH$$

$$v \propto c^a(A)c^b(B) \qquad v=kc^a(A)c^b(B) \tag{4-1}$$

式中，比例系数 k 称为速率常数。显然，一定温度下，当 $c(A)=c(B)=1mol \cdot L^{-1}$ 时，$v=k$。因此，速率常数 k 的物理意义是单位浓度时的反应速率。k 是化学反应在一定温度下的特征常数，其数值的大小，取决于反应的本质，一定温度下，不同反应的速率常数不同。k 值越大，反应速率越快。对于同一反应，k 值随温度的改变而改变，一般情况下，温度升高，k 值增大。

式中，浓度项的幂称为反应级数，其中 a 是反应对A的级数；b 是反应对B的级数；$a+b$ 为总反应的级数。

必须指出，质量作用定律只适用于基元反应和非基元反应中的每一步基元反应，对于非基元反应的总反应，则不能由反应方程式直接写出其反应速率方程式。

此外，在书写反应速率方程式时，反应物的浓度是指气态物质或溶液的浓度。固态或纯液体的浓度是常数，可以并入速率常数内，因此在质量作用定律表达式中不包括固体或纯液体物质的浓度。如：

$$C(s)+O_2(g)\xlongequal{\quad}CO_2(g) \qquad v=kc(O_2)$$

对于有固体物质参加的反应，由于反应只在固体表面进行，因此反应速率仅与固体表面积的大小和扩散速率有关，可以通过增大固体物质的表面积，即通过固体物质粉碎加快反应速率。

对于有气态物质参加的反应，压力会影响反应速率。在一定温度时，增大压力，气态反应物的浓度增大，反应速率加快；相反，降低压力，气态反应物的浓度减小，反应速率减慢。例如：

$$N_2(g)+O_2(g)\xlongequal{\quad}2NO(g)$$

当压力增大一倍时，反应速率增大至原来的四倍。

对于没有气体参加的反应，由于压力对反应物的浓度影响很小，所以当改变压力，其他条件不变时，对反应速率影响不大。

2. 温度对反应速率的影响

温度是影响化学反应速率的重要因素之一。不同的化学反应，其反应速率与温度的关系比较复杂，一般情况下，大多数化学反应速率随着温度的升高而加快。荷兰物理化学家范特霍夫（J. H van't Hoff）根据实验事实归纳出一条经验规律：一般化学反应，在一定的温度范围内，温度每升高 10℃，反应速率或反应速率常数一般增大 2～4 倍。例如，氢气和氧气化合生成水的反应：

$$2H_2+O_2\xlongequal{\quad}2H_2O$$

在室温下，反应慢到难以察觉。如果温度升至 500℃时，只需 2 小时左右就可以完全反应，而 600℃以上则以爆炸的形式完成。

日常生活中温度对化学反应速率的影响随处可见。夏天，由于气温高，食物易变质，把食物放在冰箱中，由于温度低，反应速率慢，可延长食物的保存期。用高压锅可以缩短煮饭的时间，是因为高压锅内可以得到高于 100℃的温度。

由速率方程可知，反应速率是由速率常数和浓度决定的。温度的变化对浓度的影响是极其微小的，其影响的实质是对速率常数的影响。

1899 年阿伦尼乌斯根据实验数据结果，总结出反应速率与温度的定量关系，即阿伦尼乌斯公式：

$$k=A\mathrm{e}^{-\frac{E_a}{RT}} \tag{4-2}$$

式中　k——速率常数；

T——热力学温度；

R——摩尔气体常数，8.314J·mol^{-1}·K^{-1}；

E_a——活化能；

e——自然对数的底（e=2.718）；

A——给定反应的特征常数，与反应物分子的碰撞频率反应物分子定向碰撞的空间因素均有关。

式(4-2) 以对数形式表示为：

$$\ln k=-\frac{E_a}{RT}+\ln A$$

若某一反应在温度 T_1时的速率常数为 k_1，在温度 T_2时的速率常数为 k_2，则：

$$\ln k_1=-\frac{E_a}{RT_1}+\ln A$$

$$\ln k_2=-\frac{E_a}{RT_2}+\ln A$$

后式减前式得：

$$\ln\frac{k_2}{k_1}=\frac{E_a}{R}\left(\frac{1}{T_1}-\frac{1}{T_2}\right)=\frac{E_a}{R}\left(\frac{T_2-T_1}{T_2T_1}\right) \tag{4-3}$$

对于特定的反应，在一定温度范围内，可以认为活化能及 A 不随温度的变化而改变。由式(4-3)

可以看出，温度升高，速率常数增大，且活化能越大，速率常数增加的幅度越大，即反应速率随温度的变化越显著。

3. 催化剂对反应速率的影响

催化剂是一种能改变化学反应速率，而其自身在反应前后质量和化学组成均不改变的物质。催化剂能改变反应速率的作用称为催化作用。

能加快反应速率的催化剂，叫正催化剂。能减慢反应速率的催化剂，叫负催化剂。如为防止塑料、橡胶老化及药物变质，常添加某种物质以减慢反应速率，这些被添加的物质就是负催化剂。通常我们所说的催化剂是指正催化剂。催化剂具有以下的基本特征：①反应前后其质量和化学组成不变；②量小但对反应速率影响大；③有一定的选择性，一种催化剂只催化一种或少数几种反应；④催化剂既催化正反应，也催化逆反应。

催化剂在反应前后其质量、组成均不变，这并不意味着它不参与反应。催化剂改变反应速率正是由于它参加了反应，降低了反应的活化能，从而使活化分子的百分数增加，反应速率加快。催化剂存在时活化能降低，催化剂同等程度地降低正逆反应的活化能。当某一反应的温度、浓度不变时，使用催化剂改变了活化能，因而在速率方程上，催化剂对反应的影响体现在速率常数上（$k=Ae^{-\frac{E_a}{RT}}$），使用不同的催化剂，其速率常数不同。

第二节　化学平衡

一、化学平衡概述

1. 平衡的建立

在一定的反应条件下，一个反应既能由反应物变为生成物，在相同条件下，也能由生成物变为反应物，这样的反应称为可逆反应。

绝大多数的化学反应具有一定的可逆性。如在一密闭容器中，将氮气和氢气按 1∶3 混合，它们将发生反应：

$$N_2+3H_2 \rightleftharpoons 2NH_3$$

在一定条件下，反应刚开始时，正反应速率较大，逆反应的速率几乎为零，随着反应的进行，反应物（N_2和 H_2）浓度逐渐减小，正反应速率逐渐减小，生成物（NH_3）浓度逐渐增大，逆反应速率逐渐增大。当正反应速率等于逆反应速率时，体系中反应物和产物的浓度均不再随时间改变而变化，体系所处的状态称为化学平衡。如图 4-2 所示。

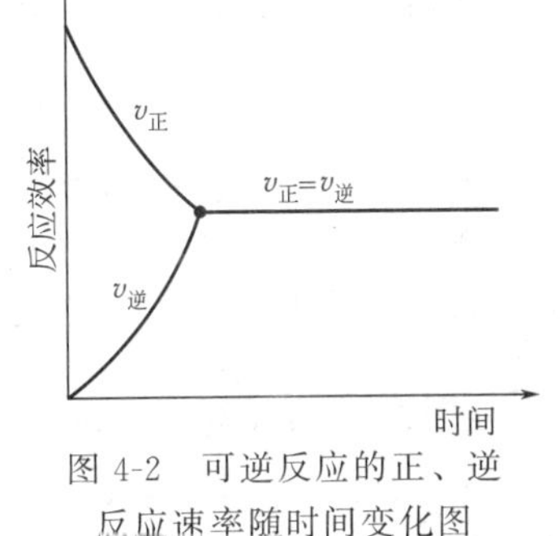

图 4-2　可逆反应的正、逆反应速率随时间变化图

如果条件不改变，这种状态可以维持下去。从外表看，反应似乎已经停止，实际上正逆反应仍在进行，只不过是它们的速率相等，方向相反，使整个体系处于动态平衡。

化学平衡有以下特点：

① 达到化学平衡时，正逆反应速率相等（$v_正=v_逆$），外界条件不变，平衡会一直维持下去。

② 化学平衡是动态平衡，达平衡后反应并没有停止，因 $v_正=v_逆$，所以体系中各物质浓度保持不变。

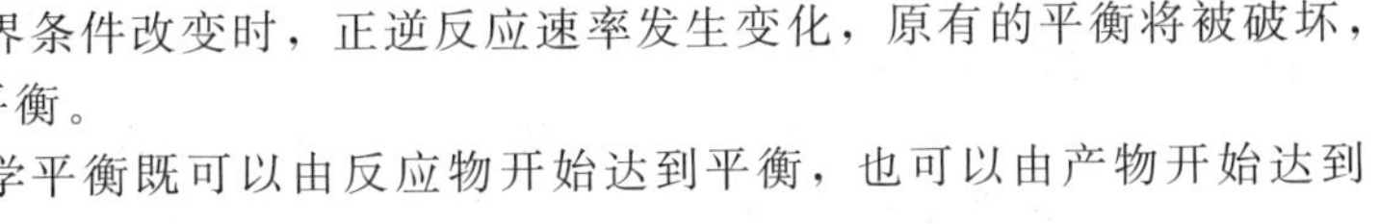

③ 化学平衡是有条件的。当外界条件改变时，正逆反应速率发生变化，原有的平衡将被破坏，反应继续进行，直到建立新的动态平衡。

④ 由于反应是可逆的，因而化学平衡既可以由反应物开始达到平衡，也可以由产物开始达到平衡。如：

$$N_2+3H_2 \rightleftharpoons 2NH_3$$

平衡既可从 N_2 和 H_2 反应开始达到平衡，也可从 NH_3 分解开始达到平衡。

2. 平衡常数

（1）经验平衡常数　化学反应处于平衡状态时各物质的浓度称为平衡浓度。对可逆反应：

$$aA + bB \rightleftharpoons gG + hH$$

在一定温度下达平衡时，各生成物浓度幂的乘积与反应物浓度幂的乘积之比为一常数，称为该反应的化学平衡常数，简称平衡常数，用 K 表示。其表达式为：

$$K = \frac{[G]^g [H]^h}{[A]^a [B]^b} \tag{4-4}$$

式中，[G]、[H]、[A]、[B] 分别表示生成物 G、H 和反应物 A、B 的平衡浓度。

若 G、H、A、B 均为稀溶液，写平衡常数表示式时，一般用 K_c 表示：

$$K_c = \frac{c^g(G)c^h(H)}{c^a(A)c^b(B)} \tag{4-5}$$

式中，K_c 称为浓度平衡常数；$c(G)$、$c(H)$、$c(A)$、$c(B)$ 分别表示 G、H、A、B 各物质的平衡浓度，单位为 $mol \cdot L^{-1}$。

若为气体反应，由于气体的分压与浓度成正比，因此平衡常数可用各气体相应的平衡分压表示，称为压力平衡常数，用 K_p 表示：

$$K_p = \frac{p^g(G)p^h(H)}{p^a(A)p^b(B)} \tag{4-6}$$

式中，$p(G)$、$p(H)$、$p(A)$、$p(B)$ 分别表示各物质的平衡分压，单位为 MPa。

例如：

$$N_2(g) + 3H_2(g) \rightleftharpoons 2NH_3(g)$$

其压力平衡常数和浓度平衡常数可分别表示为：

$$K_p = \frac{p^2(NH_3)}{p(N_2)p^3(H_2)}; \qquad K_c = \frac{c^2(NH_3)}{c(N_2)c^3(H_2)}$$

对于理想气体混合物，各气体物质的分压 p_i 等于其摩尔分数 N_i 与总压 p 的乘积（道尔顿分压定律）：

$$p_i = N_i \cdot p$$

可逆反应：

$$CO(g) + H_2O(g) \rightleftharpoons CO_2(g) + H_2(g)$$

平衡常数关系式：

$$K_p = \frac{p(CO_2)p(H_2)}{p(CO)p(H_2O)} = \frac{N(CO_2)p \times N(H_2)p}{N(CO)p \times N(H_2O)p}$$

总压一定时，各气体总压比等于分压比等于摩尔分数比，等于物质的量（mol）之比：

$$p_1 : p_2 = (N_1 p) : (N_2 p) = N_1 : N_2 = \frac{n_1}{\sum n} : \frac{n_2}{\sum n} = n_1 : n_2$$

K_c、K_p 值可通过实验测定或质量作用定律推导得到，常用于生产工艺研究和设计中，所以又称经验平衡常数，其单位取决于 Δn，分别为 $(mol \cdot L^{-1})^{\Delta n}$、$(MPa)^{\Delta n}$，$\Delta n$ 为生成物化学计量数与反应物化学计量数之差，即 $\Delta n = (g+h) - (a+b)$，通常 K_c、K_p 只给出数值而不标出单位。

根据理想气体状态方程式和分压定律，经推导可得 K_c 与 K_p 之间的关系为 $K_c = K_p(RT)^{-\Delta n}$ 或 $K_p = K_c(RT)^{\Delta n}$，由此可以看出参与反应的物质所采用的物理量不同，经验平衡常数具有不同的数值。显然，对于 $\Delta n = 0$ 的反应，$K_c = K_p$，此时 K_c、K_p 均是量纲为一的值。

K_c、K_p 表达式中，当压力单位为 MPa，体积单位为 L，浓度单位为 $mol \cdot L^{-1}$ 时，R 的值为 $8.314 \times 10^{-3} MPa \cdot L \cdot mol^{-1} \cdot K^{-1}$。

（2）标准平衡常数　标准平衡常数又称热力学平衡常数，用 $K^{\ominus}$ 表示。在标准平衡常数表达式中，各物质的浓度用相对浓度 $c(A)/c^{\ominus}$ 表示。对气体反应，各物质的分压用相对分压 $p(A)/p^{\ominus}$ 表示。$c^{\ominus}$ 为标准浓度，且 $c^{\ominus} = 1mol \cdot L^{-1}$，$p^{\ominus}$ 为标准压力，且 $p^{\ominus} = 0.101325MPa$。

对反应：

$$aA + bB \rightleftharpoons gG + hH$$

若为稀溶液中的反应，一定温度下达平衡时，则有：

$$K^{\ominus}=\frac{\{c(\mathrm{G})/c^{\ominus}\}^{g}\{c(\mathrm{H})/c^{\ominus}\}^{h}}{\{c(\mathrm{A})/c^{\ominus}\}^{a}\{c(\mathrm{B})/c^{\ominus}\}^{b}}$$

若为气体反应，一定温度下达平衡时，则有：

$$K^{\ominus}=\frac{\{p(\mathrm{G})/p^{\ominus}\}^{g}\{p(\mathrm{H})/p^{\ominus}\}^{h}}{\{p(\mathrm{A})/p^{\ominus}\}^{a}\{p(\mathrm{B})/p^{\ominus}\}^{b}}$$

可见，标准平衡常数 $K^{\ominus}$ 与经验平衡常数 K（K_c 或 K_p）不同，$K^{\ominus}$ 的量纲为一。由于 $c^{\ominus}=1\mathrm{mol\cdot L^{-1}}$，$p^{\ominus}=0.101325\mathrm{MPa}$，所以对稀溶液中反应，$K^{\ominus}$ 和 K_c 两者在数值上是相等的；而对气体反应，由 $K^{\ominus}$、K_p 的表达式可以得出 $K^{\ominus}$ 与 K_p 的关系为：$K^{\ominus}=K_p p^{\ominus^{-\Delta\nu}}$

（3）书写平衡常数表达式的规则

① 对于多相体系中的纯固体、纯液体和水的浓度是一常数，其浓度不写入表达式中。

例如：

$$CaCO_3(s)\rightleftharpoons CaO(s)+CO_2(g)$$

$$K=p(CO_2)$$

$$Cr_2O_7^{2-}(aq)+H_2O(l)\rightleftharpoons 2CrO_4^{2-}(aq)+2H^+(aq)$$

$$K=\frac{[CrO_4^{2-}]^2[H^+]^2}{[Cr_2O_7^{2-}]}$$

② 平衡常数的表达式及其数值随化学反应方程式的写法不同而不同，但其实际含义是相同的。如：

$$N_2O_4(g)\rightleftharpoons 2NO_2(g)\qquad K_1=\frac{[NO_2]^2}{[N_2O_4]}$$

$$\frac{1}{2}N_2O_4(g)\rightleftharpoons NO_2(g)\qquad K_2=\frac{[NO_2]}{[N_2O_4]^{1/2}}$$

$$2NO_2(g)\rightleftharpoons N_2O_4(g)\qquad K_3=\frac{[N_2O_4]}{[NO_2]^2}$$

以上三种平衡常数表达式都描述同一平衡体系，但 $K_1\neq K_2\neq K_3$。因此使用时，平衡常数表达式必须与反应方程式相对应。

③ 当几个反应相加（或相减）得一总反应时，则总反应的平衡常数等于各相加（或相减）反应的平衡常数之积（或商），这就是多重平衡规则。

如某温度下，已知下列反应：

$$2NO(g)+O_2(g)\rightleftharpoons 2NO_2(g)\qquad K_1=a$$

$$2NO_2(g)\rightleftharpoons N_2O_4(g)\qquad K_2=b$$

若两式相加得：

$$2NO(g)+O_2(g)\rightleftharpoons N_2O_4(g)$$

则

$$K=K_1K_2=ab$$

3. 化学平衡计算

有关平衡的计算大体可分为两类，一类是由平衡组成计算平衡常数，另一类是由平衡常数计算平衡组成或转化率。

某一反应的平衡转化率是指化学反应达平衡后，反应物转化为生成物的百分数，是理论上能达到的最大转化率，用 ε 表示：

$$\varepsilon=\frac{\text{某反应物的消耗量}}{\text{反应开始时反应物的总量}}\times 100\%$$

① 由平衡组成计算平衡常数

【例 4-1】 在 973K 时，下列反应达平衡状态：

$$2SO_2(g)+O_2(g)\rightleftharpoons 2SO_3(g)$$

若反应在 2.0L 容器中进行，开始时，SO_2 为 1.00mol，O_2 为 0.5mol，平衡时生成 0.6mol SO_3，计算该条件下的 K_c、K_p 和 $K^{\ominus}$。

解：	$2SO_2(g)$	+	$O_2(g)$ ⇌ $2SO_3(g)$
起始 n/mol	1.0	0.5	0
转化 n/mol	0.6	0.3	0.6
平衡 n/mol	0.4	0.2	0.6
平衡 c/mol·L^{-1}	0.4/2=0.2	0.2/2=0.1	0.6/2=0.3

则

$$K_c=\frac{[SO_3]^2}{[SO_2]^2[O_2]}=\frac{0.3^2}{0.2^2\times 0.1}=22.5$$

$$K_p=K_c(RT)^{\Delta n}=22.5\times(8.314\times 10^{-3}\times 973)^{2-3}=2.781$$

$$K^{\ominus}=K_p p^{\ominus -\Delta n}=2.781\times(0.101325)^{-(2-3)}=0.2818$$

② 由平衡常数计算平衡组成或转化率

【例 4-2】 $AgNO_3$和$Fe(NO_3)_2$两种溶液存在如下反应：

$$Fe^{2+}+Ag^{+} \rightleftharpoons Fe^{3+}+Ag$$

25℃时，溶液中Fe^{2+}和Ag^{+}浓度均为0.100mol·L^{-1}，达到平衡时Ag^{+}的转化率为19.4%，计算该温度下的平衡常数。

解：	Fe^{2+}	+	Ag^{+}	⇌	Ag	+	Fe^{3+}
起始浓度/mol·L^{-1}	0.100		0.100				0.000
平衡浓度/mol·L^{-1}	0.100(1−19.4%)		0.100(1−19.4%)				0.100×19.4%

$$K=\frac{[Fe^{3+}]}{[Fe^{2+}][Ag^{+}]}=\frac{0.194}{(0.100-0.194)(0.100-0.194)}=2.99$$

二、化学平衡的移动

化学平衡是相对的、有条件的。当外界条件改变时，化学平衡就会被破坏，各种物质的浓度（或分压）就会改变，反应继续进行，直到建立新的平衡。这种由于条件变化导致化学反应由原平衡状态转变到新平衡状态的过程，称为化学平衡的移动。影响化学平衡的因素主要有浓度、压力和温度。

1. 浓度对化学平衡的影响

对于任意可逆反应：

$$aA+bB \rightleftharpoons gG+hH$$

令

$$Q_c=\frac{c^g(G)\,c^h(H)}{c^a(A)\,c^b(B)}$$

式中，$c(A)$、$c(B)$、$c(G)$、$c(H)$ 分别为各反应物和生成物的任意浓度；Q_c为可逆反应的生成物浓度幂的乘积与反应物浓度幂的乘积之比，称为浓度商。如果他们都等于平衡浓度，则$Q_c=K_c$。如果$Q_c\neq K_c$，则反应尚未达到平衡。如果向已达平衡的反应系统中加入反应物A或B，即增大反应物的浓度，由于$Q_c<K_c$，平衡被破坏，反应将向右进行，随着反应物A和B浓度的减小和生成物G和H浓度的增大，Q_c值增大，当$Q_c=K_c$时，反应又达到一个新的平衡。在新的平衡系统中，A、B、G、H的浓度不同于原来平衡系统中的浓度。同理，如果增大平衡系统中生成物G和H的浓度，或减小反应物A的浓度，由于$Q_c>K_c$，平衡将向左移动，直到$Q_c=K_c$，建立新的平衡为止。

浓度对化学平衡的影响可归纳为：其他条件不变时，增大反应物浓度或减小生成物浓度，平衡向右移动；增大生成物浓度或减小反应物浓度，平衡向左移动。

2. 压力对化学平衡的影响

对液相和固相中发生的反应，改变压力，对平衡几乎没有影响。但对于有气体参加的反应，压力的影响必须考虑。对于有气体参与的任一反应：

$$aA+bB \rightleftharpoons gG+hH$$

令

$$Q_p=\frac{p^g(G)\,p^h(H)}{p^a(A)\,p^b(B)}$$

式中，Q_p为分压商，$p(A)$、$p(B)$、$p(G)$、$p(H)$ 分别为各反应物和生成物的任意分压。反应达到平衡时，$Q_p=K_p$。恒温下，对已达平衡的气体反应体系，增加总压或减小总压时，体系内各组分的分压将同时增大或减小相同的倍数。因此，总压力的改变对化学平衡的影响有两种情况：①如果反应物气体分子计量总数与生成物气体分子计量总数相等，即 $a+b=g+h$，增加总压或减小总压都不会改变 Q_p 值，仍有 $Q_p=K_p$，平衡不发生移动。②如果反应物气体分子计量总数与生成物气体分子计量总数不等，即 $a+b\neq g+h$，增加总压或减小总压都将会改变 Q_p 值，$Q_p\neq K_p$，则导致平衡移动。例如：

$$N_2(g)+3H_2(g)\rightleftharpoons 2NH_3(g)$$

增加总压力，平衡将向生成 NH_3 的方向移动，减小总压力，平衡将向产生 N_2 和 H_2 的方向移动。

压力对化学平衡的影响可归纳为：其他条件不变时，增加体系的总压力，平衡将向气体分子计量总数减少的方向移动；减小体系的总压力，平衡将向气体分子计量总数增多的方向移动。

3. 温度对化学平衡的影响

温度对化学平衡的影响与浓度、压力的影响有本质的区别。浓度、压力变化时，平衡常数不变，只导致平衡发生移动。但温度变化时平衡常数发生改变。实验测定表明，对于正向放热（$q<0$）反应，温度升高，平衡常数减小，此时，$Q>K$，平衡向左移动，即向吸热方向移动。对于正向吸热（$q>0$）反应，温度升高，平衡常数增大，此时，$Q<K$，平衡向右移动。

温度对化学平衡的影响可归纳为：其他条件不变时，升高温度，化学平衡向吸热方向移动；降低温度，化学平衡向放热方向移动。

4. 催化剂与化学平衡

使用催化剂能同等程度的增大正逆反应速率，平衡常数 K 并不改变，因此使用催化剂不会使化学平衡发生移动，只能缩短可逆反应达到平衡的时间。

综合上述影响化学平衡移动的各种因素，1884 年法国科学家勒·夏特列（Le chatelier）概括出一条普遍规律：如果改变平衡体系的条件之一（如浓度、压力或温度），平衡就向能减弱这个改变的方向移动。这个规律被称为勒夏特列原理，也叫平衡移动原理。此原理适用于所有的动态平衡体系，但必须指出，它只能用于已经建立平衡的体系，对于非平衡体系则不适用。

三、化学反应速率和化学平衡移动的综合应用

化工生产中，反应速率和化学平衡是两个同等重要的问题，既要保证一定的速率，又要尽可能使转化率最高，因此必须综合考虑，采用最有利的工艺，以达到最高的经济效益。以合成氨为例，讨论选择工艺条件的一般原则。

合成氨反应： $N_2(g)+3H_2(g)\rightleftharpoons 2NH_3(g)$　　$\Delta H^{\ominus}=-96.4\text{kJ}\cdot\text{mol}^{-1}$

$$E_a=326\text{kJ}\cdot\text{mol}^{-1}$$

（1）合成氨反应是放热反应，由式：$\ln\dfrac{K_2}{K_1}=\dfrac{\Delta H^{\ominus}}{R}\left(\dfrac{T_2-T_1}{T_2T_1}\right)$可看出，温度高反应速率快，但对合成氨化学平衡不利；温度低对合成氨化学平衡有利，但反应速率慢。氨合成塔内有一个最适应的温度分布，即单位时间内生成氨最多的温度。另外，选择温度时必须要考虑催化剂的存在，由于合成氨的活化能较高，为了提高反应速率，须使用催化剂。最适宜的温度与反应气体的组成、压力及所用催化剂的活性有关，所选择的温度不应超过催化剂的使用温度。

（2）从合成氨的反应式可知，其正反应方向为气体物质的量减小的方向，根据平衡移动原理，提高压力有利于氨的合成。在选择压力时还要考虑能量消耗、原料费用、设备投资在内的综合费用。因此，压力高虽然有利于合成氨，但其选择主要取决于技术经济条件。

由以上分析可知，合成氨反应合适的条件是中温、中压、使用催化剂。

由合成氨反应推广到一般，选择反应条件时应综合考虑反应速率和化学平衡，既要有适宜的速率，又要有尽可能大的转化率。

（3）任何反应都可以通过增加反应物的浓度或降低产物的浓度来提高转化率。通常，使价格相对较低的反应物适当过量，起到增加反应物浓度的目的，但原料比不能失当，否则会将其他原料浓度降低。对于气相反应，更要注意原料气的性质，有的原料配比一旦进入爆炸范围将会造成不良后果。

（4）相同的反应物，若同时可能发生几种反应，如多数有机反应，而其中只有一个反应是生产需要的，则必须首先保证主反应的进行，同时，尽可能遏制副反应的发生。

人物介绍——勒·夏特列（Le chatelier）

勒·夏特列（Le chatelier）（1850～1936），1850 年 10 月 8 日出生于法国巴黎的一个化学世家。他的祖父和父亲都从事跟化学有关的事业和企业，当时法国许多知名化学家是他家的座上客。因此，他从小就受化学家们的熏陶，中学时代他特别爱好化学实验，一有空便到祖父开设的水泥厂实验室做化学实验。1875 年，他以优异的成绩毕业于巴黎工业大学，1887 年获博士学位，随即升为化学教授，1907 年还兼任法国矿业部长，在第一次世界大战期间出任法国武装部长，1919 年退休。

勒·夏特列（Le chatelier）是一位精力旺盛的法国科学家，他研究过水泥的煅烧和凝固，陶器和玻璃器皿的退火，磨蚀剂的制造以及燃烧，玻璃和炸药的发展等问题。

勒·夏特列（Le chatelier）一生发现、发明众多，最主要的成就是发现了平衡原理，即勒夏特列原理。这一原理不仅适用于化学平衡，而且适用于一切平衡体系，如物理、生理甚至社会上各种平衡系统。此外，勒夏特列还发明了热电偶和光学高温计，高温计可顺利地测定 3000℃以上的高温。他还发明了乙炔氧焰发生器，迄今还用于金属的切割和焊接。

勒·夏特列（Le chatelier）特别感兴趣的是科学和工业之间的关系，以及怎样从化学反应中得到最高的产率。他因于 1888 年发现了“勒夏特列原理”而闻名于世界。

勒·夏特列（Le chatelier）不仅是一位杰出的化学家，还是一位杰出的爱国者。当第一次世界大战发生时，法兰西处于危急中，他担任了武装部长的职务，为保卫祖国而战斗。

本章小结

1. 活化能

（1）碰撞理论定义的活化能　活化分子的最低能量与反应物分子的平均能量之差。

（2）过渡态理论定义的活化能　活化络合物的能量与反应物（产物）能量之差。

2. 基元反应与非基元反应

（1）基元反应　由反应物一步生成的反应，也称简单反应。

（2）非基元反应　由两个或两个以上的基元反应组成的反应，也称复杂反应。

3. 平衡常数

（1）经验平衡常数　$K_c=\dfrac{c^g(\mathrm{G})c^h(\mathrm{H})}{c^a(\mathrm{A})c^b(\mathrm{B})}$　$K_p=\dfrac{p^g(\mathrm{G})p^h(\mathrm{H})}{p^a(\mathrm{A})p^b(\mathrm{B})}$

（2）标准平衡常数 $K^{\ominus}=\dfrac{\{c(\mathrm{G})/c^{\ominus}\}^g\{c(\mathrm{H})/c^{\ominus}\}^h}{\{c(\mathrm{A})/c^{\ominus}\}^a\{c(\mathrm{B})/c^{\ominus}\}^b}$　$K^{\ominus}=\dfrac{\{p(\mathrm{G})/p^{\ominus}\}^g\{p(\mathrm{H})/p^{\ominus}\}^h}{\{p(\mathrm{A})/p^{\ominus}\}^a\{p(\mathrm{B})/p^{\ominus}\}^b}$

4. 质量作用定律

在一定温度下，对一般基元反应：$a\mathrm{A}+b\mathrm{B}=\!=\!=g\mathrm{G}+h\mathrm{H}$　　$v=kc^a(\mathrm{A})c^b(\mathrm{B})$

5. 平衡移动原理

勒夏特列原理：如果改变平衡体系的条件之一（如浓度、压力或温度），平衡就向能减弱这个改变的方向移动。

6. 基本计算

(1) 由平衡常数计算平衡组成或转化率。

(2) 由平衡组成计算平衡常数。

能力自测

1. 基元反应是指(　　)。

A. 反应物分子直接作用转化为产物分子

B. 按照化学反应计量方程式由反应物生成产物

C. 在一定温度下，反应物浓度越大，反应速率越大

D. 经过若干步骤由反应物生成产物

2. 有关反应速率的叙述中错误的是(　　)。

A. 绝大多数反应的反应速率随温度升高而增大

B. 活化能大的反应速率也大

C. 速率常数大的反应速率大

D. 对于相同温度下的不同的反应，活化能越大，速率常数随温度的变化率越大。

3. 298K时，反应 $N_2(g)+3H_2(g)=\!=\!=2NH_3+922kJ\cdot mol^{-1}$ 若温度升高，则(　　)。

A. 正反应速率增大，逆反应速率减小

B. 正、逆反应速率均增大

C. 正反应速率减小，逆反应速率增大

D. 正、逆反应速率均减小

4. 下列关于催化剂的说法正确的是(　　)。

A. 催化剂不参与化学反应

B. 能使化学反应大大加速的物质就是催化剂

C. 催化剂参与了化学反应，而在反应过程中又被重新再生

D. 催化剂能改变化学反应的平衡转化率

5. 反应 $H_2+CO_2 \rightleftharpoons H_2O+CO$，在259K达平衡，平衡时 $c(H_2)=c(CO_2)=0.44mol\cdot L^{-1}$，$c(H_2O)=c(CO)=0.56mol\cdot L^{-1}$。求此温度下反应的经验平衡常数及开始时 H_2 和 CO_2 的浓度。

6. 反应 $C(s)+CO_2(g) \rightleftharpoons 2CO(g)$，在1000℃时，$K^{\ominus}=168$，当 $p(CO)=50.7kPa$ 时，求 $p(CO_2)$。

7. 在308K和总压力为 1.013×10^5kPa 时，N_2O_4 有27.02%分解为 NO_2。

(1) 计算 $N_2O_4(g) \rightleftharpoons 2NO_2(g)$ 反应的 $K^{\ominus}$；

(2) 温度不变，计算总压增至 2.026×10^5kPa 时，N_2O_4 的离解百分率；

(3) 从计算结果说明压力对平衡的影响。

8. PCl_5 在523K达分解平衡，$PCl_5(g) \rightleftharpoons PCl_3(g)+Cl_2(g)$ 平衡浓度 $c(PCl_5)=1mol\cdot L^{-1}$，$c(PCl_3)=c(Cl_2)=0.204mol\cdot L^{-1}$，若温度不变，压力减小一半，计算新的平衡体系中各物质的浓度。

9. 在一密闭容器中，反应 $CO(g)+H_2O(g) \rightleftharpoons CO_2(g)+H_2(g)$ 的平衡常数 $K^{\ominus}=2.6$ (476℃)，求：

(1) 当 H_2O 和 CO 的物质的量之比为1时，CO 的转化率是多少？

(2) 当 H_2O 和 CO 的物质的量之比为3时，CO 的转化率是多少？

(3) 根据计算结果说明浓度对平衡的影响。

实训项目

蔗糖水解反应速率常数的测定

一、目的要求

1. 掌握测定蔗糖水解反应速率常数的方法；
2. 掌握旋光仪的使用方法。

二、实验原理

蔗糖在水中转化成葡萄糖与果糖，其反应方程式为：

$$C_{12}H_{22}O_{11}+H_2O \rightleftharpoons C_6H_{12}O_6+C_6H_{12}O_6$$

为使水解反应加速，反应常常以 H^+ 为催化剂，故在酸性介质中进行。由于在较稀的蔗糖溶液中，水是大量的，反应达到终点时，虽有部分水分子参加反应，但可认为其没有改变。因此，在一定的酸度下，反应速率只与蔗糖的浓度有关，所以本反应可视为一级反应。该反应的速率方程为：

$$-\frac{dc}{dt}=Kc$$

积分后：
$$\ln\frac{c_0}{c}=Kt \quad 或 \quad \ln c=-Kt+\ln c_0$$

式中，c_0为反应开始时蔗糖的浓度；c 为时间 t 时的蔗糖浓度，K 为水解反应的速率常数。

从上式中可以看出，在不同的时间测定反应物的浓度，并以 $\ln c_t$ 对 t 作图，可得一条直线，由直线斜率即可求出反应速率常数 K，然而反应是不断进行的，要快速分析出某一时刻反应物的浓度比较困难，但根据反应物蔗糖及生成物都具有旋光性，且他们的旋光性不同，可利用体系在反应过程中旋光度的改变来量度反应的进程。

旋光度与浓度呈正比，且溶液的旋光度为各组分的旋光度之和（加和性）。若以 α_0，α_t，α_∞ 分别为时间 0，t，∞时溶液的旋光度，则可导出：

$$c_0 \propto (\alpha_0-\alpha_\infty), c_t \propto (\alpha_t-\alpha_\infty)$$

所以可以得出：

$$\ln[(\alpha_0-\alpha_\infty)/(\alpha_t-\alpha_\infty)]=Kt$$

即：
$$\ln(\alpha_t-\alpha_\infty)=-Kt+\ln(\alpha_0-\alpha_\infty)$$

上式中 $\ln(\alpha_t-\alpha_\infty)$ 对 t 作图，所得直线的斜率即可求得反应速度常数 K。

一级反应的半衰期则用下式求取：

$$t_{1/2}=\ln 2/K=0.693/K$$

三、实验仪器和试剂

仪器：旋光仪，超级恒温槽，电热水浴恒温槽，计时器，100mL 具塞锥形瓶，50mL 移液管。

试剂：ω(蔗糖)=0.2 蔗糖水，c(HCl)=3mol·L^{-1} 盐酸溶液。

四、实验内容

1. 旋光仪零点的寻找

接通旋光仪电源，将旋光仪装满水，管内应无气泡，擦干旋光管，若两端玻璃片不干净，用擦镜纸擦净，将旋光管放入旋光仪，测定仪器零点。反复测定几次，直到能熟练找到暗面，并会正确读数，倒出旋光管中的蒸馏水。

2. 水解反应溶液旋光角的测定

将超级恒温槽调节在 298.2K 分别取 50mL ω(蔗糖)=0.1 蔗糖溶液和 50mL c(HCl)=3mol·

L^{-1} HCl溶液于两个100mL锥形瓶中，并浸入恒温槽10～15min，然后将HCl溶液倒入蔗糖溶液的锥形瓶中，并同时开始计时（两个瓶来回倒几次，使HCl溶液和蔗糖溶液混合均匀）。迅速用此混合溶液洗涤旋光管2～3次，再装满旋光管，用滤纸擦净管外的溶液后，放入旋光仪中，读出第一个旋光角数据（要求在溶液混合后1～2min内读出）。最初15min每隔3min测一次，以后每5min测一次。

3. α_∞的测定

将装有剩余的反应溶液的100mL锥形瓶放入323.2K电热恒温水浴锅中温热30min，取出锥形瓶再恒定在实验温度后，将溶液装入旋光管，测定其旋光角α_∞。

五、实验数据处理

1. 将实验数据和处理结果填入下表：

实验温度________℃　　大气压__________Pa　　α_∞=________

时间 t/min						
α_t						
$\lg(\alpha_t-\alpha_\infty)$						

2. 以$\lg(\alpha_t-\alpha_\infty)$为纵坐标，$t$为横坐标作图，由所得的直线斜率计算反应速率常数$k$和$t_{\frac{1}{2}}$。

六、注意事项

1. 实验前应了解旋光仪的原理和使用方法。

2. 旋光管管盖只要旋至不漏水即可，旋得过紧会压碎玻璃片，或因玻璃片受力产生应力而致使有一定的假旋光，同时装满液体的旋光管内不应有气泡存在。

3. 由于混合液的酸度很高，因此旋光管一定要擦净后才能放入旋光仪内，以免管外黏附的混合液腐蚀旋光仪。

4. 测定α_∞时，水浴加热温度不可过高，否则会引起其他副反应。加热过程中也应避免溶液蒸发影响浓度。

5. 测定过程中，旋光仪调节好后，应先记录时间，再读取旋光角数值。

参考文献

[1] 傅献彩．大学化学．北京：高等教育出版社，1999.
[2] 林俊杰，王静．无机化学．北京：化学工业出版社，2007.
[3] 赵玉娥，王传胜．基础化学．北京：化学工业出版社，2009.
[4] 王炳强，曾玉香．化学检验工职业技能鉴定试题集．北京：化学工业出版社，2015.

定量分析基础

Chapter 05

知识目标

1. 掌握误差、偏差的表示方法和有关计算，误差的分类及减免方法；
2. 掌握有效数字的修约和计算规则；
3. 掌握可疑值的取舍方法；
4. 掌握滴定分析对化学反应的要求及常见的滴定方式；
5. 掌握基准物的概念及标准滴定溶液的制备方法；
6. 了解分析化学的任务和作用，分析化学的分类，样品定量分析的一般步骤，滴定分析法的分类。

定量分析是无机及分析化学的一个重要组成部分，定量分析的任务是确定物质中有关组分的含量。

第一节　分析化学概论

一、分析化学的任务和作用

分析化学是研究物质化学组成、含量和结构的分析方法及有关理论的一门科学。分析化学主要包括定性分析与定量分析两大部分。定性分析的任务是确定物质由哪些组分（元素、离子、基团或化合物）组成，对于有机化合物还需要确定其分子结构；定量分析的任务是确定物质中有关组分的含量。一般在进行分析工作时，首先要确定物质由哪些组分组成，即进行定性分析，然后根据试样组成选择适当的分析方法来测定各组分含量，即定量分析。在实际生产中，大多数情况下物料的基本组成是已知的，只需要对生产中的原料、半成品、成品以及其他辅料进行定量分析，所以这里主要讨论定量分析。

分析化学是研究物质及其变化的重要方法之一，被运用到化学的各个学科，并对环境科学、材料科学、生命科学、能源、医疗卫生等的发展具有十分重要的作用。如环境保护目前在全世界备受瞩目，分析化学在环境监测和治理环境污染方面起着关键的作用；在新材料科学的研究中，材料的性能与其化学组成和结构有密切的关系；在生命科学、生物工程领域中，分析化学在揭示生命起源、研究疾病和遗传的奥秘等方面起着重要的作用；在资源和能源科学中，分析化学是获取地质矿物组分、结构和性能信息以及揭示地质环境变化过程的重要手段；在医学科学研究领域中，药品检验、新药研制都直接用到分析化学；在空间科学研究中，星际物质分析是其中重要的组成部分，等等。分析化学在工农业生产及国防建设中有着重要的作用。工业生产中作为质量管理手段的产品质量检验和工艺流程控制离不开分析化学，所以分析化学被称为工业生产的“眼睛”；在农业生产中的土壤的普查，农药、化肥的使用，农产品的品质检验等方面都需要分析化学；在国防建设中，分析化学对核武器、航天材料以及化学试剂等的研究和生产起着重要的作用；在实行依法治国的基本国策中，分析化学又是执法取证的重要手段。在科学技术发展的今天，分析化学将会更广泛的吸取当代科学技术的最新成就，在国民经济的各个领域发挥越来越大的作用。

二、定量分析的方法

分析化学的分类方法很多，除按任务分为定性分析和定量分析外，还可根据分析对象、测定原理、被测组分含量、试样用量和具体要求的不同，分为以下几种类型。

1. 无机分析和有机分析

按分析对象不同，分析化学可分为无机分析和有机分析。无机分析的对象是无机化合物；有机分析的对象是有机化合物。

2. 化学分析和仪器分析

按测定原理和操作方法，可分为化学分析和仪器分析。以物质的化学反应为基础的分析方法称为化学分析法。化学分析法主要包括滴定分析法和重量分析法。根据化学反应的类型不同，滴定分析法又分为酸碱滴定法、配位滴定法、氧化还原滴定法和沉淀滴定法。以物质的物理和物理化学性质为基础的分析方法称为物理或物理化学分析法。由于这类分析都要使用特殊的仪器设备，所以又称为仪器分析法，它包括光学分析、电化学分析、色谱分析、质谱分析、核磁共振波谱分析，以及放射化学分析、电子探针和离子探针微区分析等。

3. 常量分析、半微量分析和微量分析

根据分析时所取试样量的多少，分析方法可分为常量分析（固体试样的质量＞0.1g，液体试样体积大于10mL）、半微量分析（固体试样的质量为0.01～0.1g，液体试样体积为1～10mL）和微量分析（固体试样的质量＜0.01g，液体试样体积＜1mL）。

4. 常量组分分析、微量组分分析和痕量组分分析

根据被测组分含量的高低不同，分析方法可分为常量组分分析（含量＞1%）、微量组分分析（含量为0.01%～1%）、痕量组分分析（含量＜0.01%）。

5. 例行分析、快速分析和仲裁分析

例行分析也称常规分析，是工厂化验室对日常生产过程中的质检分析，通常使用标准试验方法。快速分析适用于迅速得到分析结果的情况，分析误差往往比较大，准确度只需满足车间生产要求即可。仲裁分析是不同单位对同一试样分析结果发生争论时，请权威机构用公认的标准试验方法进行裁决性的分析工作。

三、定量分析的一般程序

定量分析的任务是确定样品中有关组分的含量。完成一项分析任务，通常包括以下程序：试样的采集与制备、试样的分解、消除干扰、测定和数据处理并报出分析结果。

1. 取样

在分析工作中被用来作为分析的物质体系被称为样品或试样，它可以是固体，也可以是液体或气体。采集试样的目的就是要从被检测的总体物料中取得具有代表性的样品，即所采集的样品在组成和含量上能够代表原始物料的平均组成。采取有代表性的样品应该依据有关的国家标准或行业标准的规定进行。

2. 试样的分解

在分析工作中，通常将试样分解后转入溶液再进行分析测定。根据试样的性质不同，分解的方法亦有所区别。无机试样通常采用溶解法、熔融法及半熔法进行分解。有机试样的分解则通常采用干法（又称灰化法）和湿法（又称消化法）两种方法。

3. 消除干扰

对于复杂物质，在测定其中某一组分时，若共存的其他组分对待测组分的测定有干扰，则应设法消除。消除干扰的方法主要有两种，一种是掩蔽方法，另一种是分离方法。目前常用的掩蔽方法有沉淀掩蔽法、配位掩蔽法和氧化还原掩蔽法等。常用的分离方法有沉淀分离、萃取分离、离子交换和色谱法分离等。

4. 测定

不同的试样，应根据试样的性质、含量以及分析要求选择合适的方法进行测定。一种组分往往可通过多种方法进行测定，但究竟选择哪种方法更合适，则必须结合实际情况加以选择、确定。

5. 数据处理并报出分析结果

根据测定的有关数据计算出待测组分的含量，并对分析结果的可靠性进行分析评价，最后报出分析结果。

想一想

什么是常量组分分析、微量组分分析和痕量组分分析，食醋中总酸度的测定属于其中哪一种?

第二节　定量分析的误差

一、误差的产生及表示方法

随着科学技术的发展，对分析结果的可靠性提出了更高的要求。定量分析的目的就是准确测定试样中各组分的含量。但是在实际工作中，由于受到分析方法、测量仪器、所用试剂及分析人员主观条件等方面的限制，误差是客观存在的。不准确的分析结果会导致产品报废，资源浪费，甚至会在科学上得出错误的结论。因此，作为分析人员在进行定量分析时，不仅要得到待测组分的含量，还需对分析结果进行合理评价，判断分析结果的可靠程度，查出误差产生的原因，采取有效措施减小误差，从而提高分析结果的准确度。

1. 误差的表示

(1) 准确度与误差　准确度是指测定值与真实值相接近的程度，它说明测定值的准确性，以误差来衡量。误差一般用绝对误差和相对误差来表示。绝对误差（E）表示测定值（x_i）与真实值（x_T）之差，即：

$$E = x_i - x_T \tag{5-1}$$

显然，绝对误差越小，测定值与真实值越接近，测定结果越准确。

相对误差（E_r）是指绝对误差在真实值中所占的比例，即：

$$E_r = \frac{E}{x_T} \times 100\% \tag{5-2}$$

相对误差能够反映误差在真实值中所占的比例，这对于比较各种情况下测定结果的准确度更为方便，故最常用。

绝对误差和相对误差都有正值和负值之分，正值表示分析结果偏高，负值表示分析结果偏低。

【例 5-1】 有一铁矿石试样，经测定，得知 Fe_2O_3 的质量分数为 50.29%，而 Fe_2O_3 的真实质量分数为 50.36%，求分析结果的绝对误差和相对误差。

解：

$$E = x_i - x_T = 50.29\% - 50.36\% = -0.07\%$$

$$E_r = \frac{E}{x_T} \times 100\% = -0.07\%/50.36\% = -0.14\%$$

(2) 精密度与偏差　在实际分析工作中，一般要对试样进行多次平行测定，试样的测定结果用多次平行测定结果的算术平均值（$\bar{x}$）来表示分析结果：

$$\overline{x}=\frac{x_1+x_2+\cdots+x_n}{n}=\frac{1}{n}\sum_{i=1}^{n}x_i \tag{5-3}$$

精密度是指在相同的条件下，一组平行测定结果之间相互接近的程度。精密度的高低以偏差来衡量。

① 绝对偏差和相对偏差　个别测定值 x_i 与多次测定结果的平均值 $\overline{x}$ 之差称为绝对偏差，以 d_i 表示。绝对偏差在平均值中所占的比例称为相对偏差（d_r）。

$$d_i=x_i-\overline{x} \tag{5-4}$$

$$d_r=\frac{d_i}{\overline{x}}\times 100\% \tag{5-5}$$

偏差的大小可表示分析结果的精密度，偏差越小表明测定结果的精密度越高。绝对偏差和相对偏差只能用来衡量单次测定结果对平均值的偏差。为了更好地说明测定结果的精密度，在一般分析工作中常用平均偏差和标准偏差表示。

② 平均偏差　平均偏差（$\overline{d}$）是指各次测定偏差绝对值的平均值，是绝对平均偏差的简称。

$$\overline{d}=\frac{\sum|d_i|}{n}=\frac{\sum|x_i-\overline{x}|}{n}(i=1,2,\cdots,n) \tag{5-6}$$

相对平均偏差（$\overline{d}_r$）是平均偏差 $\overline{d}$ 在平均值 $\overline{x}$ 中所占的比例。

$$\overline{d}_r=\frac{\overline{d}}{\overline{x}}\times 100\% \tag{5-7}$$

③ 标准偏差　标准偏差又称均方根偏差（s），其数学表达式为：

$$s=\sqrt{\frac{\sum(x_i-\overline{x})^2}{n-1}} \tag{5-8}$$

标准偏差在平均值中所占的比例叫作相对标准偏差，也称变异系数（CV）。其计算式为：

$$CV=\frac{s}{\overline{x}}\times 100\% \tag{5-9}$$

用标准偏差表示精密度比用平均偏差表示更合理。因为单次测定值的偏差经平方以后，较大的偏差就能显著地反映出来。所以在生产和科研的分析报告中常用标准偏差表示精密度。

④ 极差　测量数据的精密度有时也用极差来表示。极差是指一组测量数据中最大值与最小值之差，它表示偏差的范围，通常以 R 表示。

$$R=x_{max}-x_{min} \tag{5-10}$$

$$相对极差=\frac{R}{\overline{x}}\times 100\% \tag{5-11}$$

极差的计算非常简单，但其最大的缺点是没有充分利用各个测量数据，故其准确性较差。

【例 5-2】 某试样经分析测得锰的质量分数为 43.26%，43.25%，43.22%，43.27%。试计算分析结果的平均值，单次测得值的平均偏差和标准偏差。

解：

$$\overline{x}=\frac{x_1+x_2+\cdots+x_n}{n}=\frac{43.26\%+43.25\%+43.22\%+43.27\%}{2}=43.25\%$$

$$\overline{d}=\frac{\sum|x_i-\overline{x}|}{n}=(0.01\%+0.00\%+0.03\%+0.02\%)/4=0.015\%$$

$$s=\sqrt{\frac{\sum(x_i-\overline{x})^2}{n-1}}=0.022\%$$

（3）准确度与精密度的关系　准确度和精密度是判断分析结果是否准确的依据，但两者在概念上又是有区别的。好的精密度是获得准确结果的前提和保证，精密度差，所得结果不可靠，也就谈不上准确度高。但是精密度高，准确度不一定高，因为可能在一个实验的多次平行测定中存在相同的系统误差，只有在减免或校正了系统误差的前提下，精密度高，其准确度才可能高。图 5-1 显示了甲、乙、丙、丁四人同时测定某试样中氯含量时所得的结果。

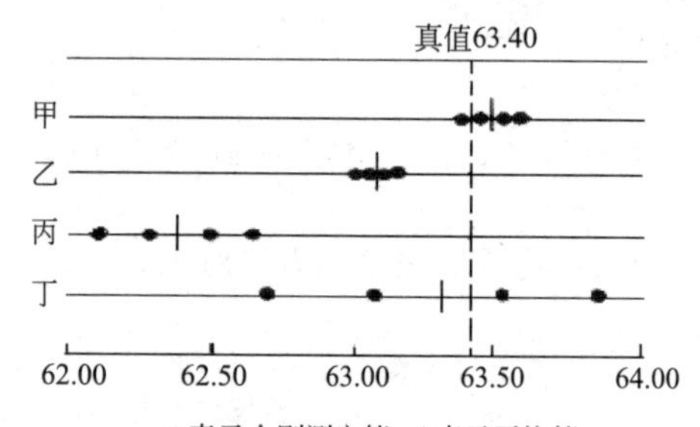

图 5-1　四人测定结果的比较

由图 5-1 可以看出，甲所得结果的精密度和准确度均较好，结果可靠；乙分析结果的精密度虽然很高但准确度较低；丙的精密度和准确度都很差；丁的精密度很差，虽然平均值接近真实值，但这是由于正负误差相互抵消的结果，而其精密度很差表明了该数据是不可靠的，因而也就失去了衡量准确度的意义。

2. 误差分类

根据误差的性质和来源不同，误差可分为系统误差和随机误差两种类型。

（1）系统误差　系统误差是由于分析过程中某些固定原因造成的，它具有单向性，在多次平行测定中会重复出现。其正负、大小是可测的，故又称为可测误差。系统误差主要来源于以下几个方面：

① 方法误差　方法误差是指由于分析方法本身不够完善所造成的误差。这种误差与方法本身固有的特性有关，与分析者的操作技术无关。例如滴定分析中，滴定反应不能定量地完成或者有副反应发生，都将影响分析结果，使测定结果偏高或偏低，产生误差。

② 试剂误差　试剂误差是指由于试剂的纯度不够或蒸馏水中含有微量杂质而引起的误差。

③ 仪器误差　仪器误差是指由于仪器本身精度不够或未经校准而引起的误差。例如天平灵敏度不符合要求，所用滴定管的刻度值与真实值不相符等，都会在使用过程中使测定结果产生误差。

④ 操作误差　操作误差是指在正常操作情况下，由于操作人员主观原因所造成的误差。例如滴定管读数偏高或偏低，滴定终点颜色辨别偏深或偏浅等。

（2）随机误差　随机误差是由于一些偶然的、意外的、无法控制的外界因素所引起的误差。例如测量时环境温度、压力、湿度、仪器性能的微小变化，分析人员操作的微小差别等，这些不确定的因素都可能带来随机误差。

这类误差对测定结果的影响程度不确定。在同一条件下进行多次平行测定所出现的随机误差有时正、有时负，误差的数值也不固定，有时大、有时小，不可预测，故该误差又称为偶然误差。随机误差是不可避免的。

二、提高分析结果准确度的方法

1. 选择合适的分析方法

各种分析方法的准确度和灵敏度是不同的。称量分析和滴定分析，灵敏度虽然不高，但对于高含量组分的测定，能获得比较准确的结果，相对误差是千分之几。若改用仪器分析，则相对误差可达到百分之几。例如用 NaOH 滴定法测定乙酸含量，分析方法的相对误差小于 0.1%。对于低含量组分的测定，称量分析和滴定法的灵敏度一般达不到，而仪器分析法的灵敏度较高，相对误差虽然较大，但对于低含量的组分的测定，因允许有较大的相对误差，所以这时采用仪器分析法是比较合适的。

2. 减小测量误差

为了保证分析结果的准确度，必须尽量减小测量误差。例如在分析中，对于称量这个步骤，就应设法减小称量误差。一般分析天平的称量误差为±0.0001g，采用减量法要称量 2 次，可能引起的误差是±0.0002g，为了使测量时的相对误差在 0.1%以下，根据前面所讲的公式可以计算出试样的最低称量质量应该是：

$$\text{试样质量}=\frac{\text{绝对误差}}{\text{相对误差}}=\frac{0.0002\text{g}}{0.001}=0.2\text{g}$$

即称量的试样质量必须在 0.2g 以上，才能使测量时的相对误差在 0.1%以下。同样在滴定分析中，为了使测量时的相对误差小于 0.1%，消耗滴定剂的体积必须在 20mL 以上，而最好保持体积 30mL 左右。

3. 消除测量过程中的系统误差

系统误差的减免可通过对照试验、空白试验、校准仪器和分析结果的校正等方法来实现。

① 对照试验　进行对照试验时，常用已知准确量的标准试样与被测试样在相同的条件下，采用同样的分析方法进行测定。除采用标样进行对照试验外，也可采用可靠的分析方法与所选用的方法同时测定某试样，由测定结果作统计检验；或者通过回收试验进行对照，判断方法的可靠性，以消除方法误差。对照试验是检验有无系统误差存在的有效方法。

② 空白试验　由试剂和器皿带进杂质所造成的系统误差，一般可用空白试验来消除。所谓空白试验就是在不加试样的情况下，按照试样分析同样的操作步骤和条件进行试验。试验所得结果称为空白值。从试样分析结果中扣除空白值后，就得到比较可靠的分析结果。

空白值一般不应很大，否则扣除空白时会引起较大的误差。当空白值较大时，就只好从提纯试剂和改用其他适当的器皿来解决问题。

③ 校准仪器　仪器不准确引起的系统误差，可以通过校准仪器来减小其影响。在准确度要求较高的分析中，对所用的测量仪器如砝码、移液管和滴定管等，必须进行校准，并在计算结果时采用校正值。在日常分析工作中，因仪器出厂时已进行过校准，只要仪器保管妥善，通常可以不再进行校准。

④ 分析结果的校正　分析过程中的系统误差，有时可采用适当的方法进行校正。例如用硫氰酸盐比色法测定钢铁中的钨时，钒的存在引起正的系统误差。为了消除钒的影响，可采用校正系数法。根据实验结果，1%钒相当于0.2%钨，即钒的校正系数为0.2（校正系数随实验条件略有变化）。因此，在测得试样中钒的含量后，利用校正系数，即可由钨的测定结果中消除钒的结果，从而得到钨的正确结果。

4. 增加平行测定次数，减小随机误差

进行多次平行测定是减小随机误差的有效方法。表面上随机误差的出现似乎没有什么规律，但是如果在消除系统误差以后，对同一试样在同一条件下进行多次重复测定，并将测定的数据用数理统计的方法进行处理，便可发现：

① 大小相近的正负误差出现的概率相等，即绝对值相近而符号相反的误差是以同等机会出现的；

② 绝对值小的误差出现的概率大，绝对值大的误差出现的概率小。

随机误差的这种规律性，可用图5-2曲线表示。图5-2中横坐标 x 代表误差的大小，纵坐标 y 代表误差发生的概率，该曲线称为随机误差的正态分布曲线。该曲线反映了随机误差的分布规律。可见在消除系统误差的前提下，增加测定次数，则大小相等的正负误差就可以相互抵消，平均值就接近于真实值。因此，增加测定次数可以减小随机误差。在一般的分析测定中，测定次数为3～4次，基本上可以得到比较准确的分析结果。

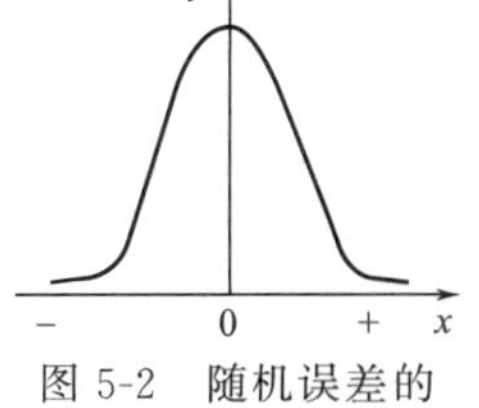

图5-2　随机误差的正态分布曲线

在定量分析中，除系统误差和随机误差外，还有一类“过失误差”，是指工作中的差错，一般是因粗枝大叶或违反操作规程所引起的。例如溶液溅失、沉淀穿滤、加错试剂、读错刻度、记录和计算错误等，往往引起分析结果有较大的误差。因此操作者应加强工作责任心，严格遵守操作规程，认真仔细地进行实验，做好原始记录，反复核对，以避免类似错误的发生。

三、可疑数据的取舍

在定量分析中，得到一组数据后，往往有个别数据与其他数据相差较远，这一数据称为可疑值，又称异常值。对于可疑值，首先要从技术上查清出现的原因，如果在重复测定中发现某次测定有失常情况，如在溶解样品时有溶液溅出，滴定时不慎加入过量滴定剂等，这次测定值必须舍去。若是测定并无失误而结果又与其他值差异较大，则对于该异常值是保留还是舍去，应按一定的统计学方法进行检验。统计学处理异常值有多种方法，下面重点介绍 $4\overline{d}$ 检验法和 Q 检验法。

（1）$4\overline{d}$ 检验法　$4\overline{d}$ 法即 4 倍平均偏差法，其具体做法如下：

① 除可疑值外，求出其余数据的算术平均值 $\overline{x}$ 及平均偏差 $\overline{d}$；

② 求可疑值与平均值 $\overline{x}$ 之差的绝对值；

③ 将该绝对值与 $4\overline{d}$ 比较。

若 $|可疑值-\overline{x}| \geqslant 4\overline{d}$，则可疑值应舍去；若 $|可疑值-\overline{x}| < 4\overline{d}$，则可疑值应保留。

【例 5-3】 标定某 NaOH 溶液物质的量浓度时，得到下列数据：0.1005mol·L^{-1}、0.1007mol·L^{-1}、0.1006mol·L^{-1}、0.1013mol·L^{-1}，试根据 $4\overline{d}$ 法判断 0.1013mol·L^{-1} 这个数据是否该舍去。

解： 上述四个数据中可疑值为 0.1013mol·L^{-1}。其余数据的 $\overline{x}$ 和 $\overline{d}$ 为：

$$\overline{x}=\frac{0.1005+0.1007+0.1006}{3}=0.1006(\text{mol}\cdot\text{L}^{-1})$$

$$\overline{d}=\frac{0.0001+0.0001+0.0000}{3}=0.00007$$

可疑值与平均值之差的绝对值为：

$$|0.1013-0.1006|=0.0007 \quad 而\ 4\overline{d}=4\times0.00007=0.00028$$

因为 $0.0007>4\overline{d}(0.00028)$，所以数据 0.1013mol·L^{-1} 应舍去。

（2）Q 检验法　可疑值的取舍也可以通过 Q 检验法进行判断。当测定次数 $3\leqslant n\leqslant10$ 其检验步骤为：

① 将测得的数据按由小到大的顺序排列：x_1、x_2、…、x_n；

② 求出最大值与最小值之差，即极差 x_n-x_1；

③ 求出可疑值 x_n 或 x_1 与其邻近数据之差 x_n-x_{n-1} 或 x_2-x_1；

④ 按下式计算出 Q 值：

$$Q_{计}=\frac{x_n-x_{n-1}}{x_n-x_1} \quad 或 \quad Q_{计}=\frac{x_2-x_1}{x_n-x_1}$$

⑤ 根据所要求的置信度和测定次数，查 Q 表（见表 5-1），比较由 n 次测定求得的 $Q_{计}$ 值与表中所列相同测量次数 Q 值的大小：若 $Q_{计}>Q_{表}$，则相应的可疑值应舍去；若 $Q_{计}<Q_{表}$，则相应的可疑值应保留。

表 5-1　不同置信度下的 Q 值

测定次数	90%	95%	99%	测定次数	90%	95%	99%
3	0.94	0.98	0.99	7	0.51	0.59	0.68
4	0.76	0.85	0.93	8	0.47	0.54	0.63
5	0.64	0.73	0.82	9	0.44	0.51	0.60
6	0.56	0.64	0.74	10	0.41	0.48	0.57

【例 5-4】 某一试验的 5 次测量值分别为 2.63%、2.50%、2.65%、2.63%、2.65%，试用 Q 检验法检验测定值 2.50%是否为离群值？（置信度为 90%）

解：（1）首先将各数值按递增的顺序进行排列：

2.50%、2.63%、2.63%、2.65%、2.65%

（2）求出最大值与最小值之差：

$$x_n-x_1=2.65\%-2.50\%=0.15\%$$

（3）求出可疑值与其最邻近数据之差：

$$x_2-x_1=2.63\%-2.50\%=0.13\%$$

（4）计算 Q 值：

$$Q_{计}=\frac{x_2-x_1}{x_n-x_1}=\frac{0.13\%}{0.15\%}=0.87$$

（5）查表5-1，当$n=5$时，$Q_{0.90}=0.64$，$Q_{计}>Q_{0.90}$，所以可疑值2.50%应弃去。

上述两种方法，$4\overline{d}$法计算简单，且不必查表，但数据统计处理不够严密，常用于处理一些要求不高的实验数据。Q检验法符合数理统计原理，方法简便严谨，适用于测定次数在3～10次之间的数据处理。

想一想

滴定分析中，滴定管读数常有±0.01mL的误差，为了使测量时的相对误差小于0.1%，如何计算至少应消耗的滴定剂的体积？

第三节　有效数字和运算规则

一、有效数字

在分析工作中，为了得到准确的分析结果，不仅要准确地进行测量，还要正确地进行记录和计算，即纪录的数字不仅表示数量的大小，还要正确地反映测量的准确程度，通常用有效数字来体现测量值的可信程度。

有效数字是指在分析工作中能够实际测量得到的数字。在有效数字中，前面的数字都是准确数字，只有最后一位数字是可疑的，一般有上下1～2个单位的误差。例如，用分析天平称得某物体的质量为0.2130g，在这一数值中，0.213是准确的，最后一位数字“0”是可疑的，即其真实质量在0.2130g±0.0001g范围内，此时称量的绝对误差为±0.0001g，相对误差为：

$$E_r=\frac{\pm0.0001}{0.2130}\times100\%=\pm0.05\%$$

若将上述称量结果记录为0.213g，虽然两者的值是相同的，但其相对误差却变为±0.5%。可见，数据的位数不仅能表示数值的大小，更重要的是反映了测定的准确程度。因此，记录数据的位数不能随意增减。

关于有效数字，应注意以下几点：

（1）记录测量所得数据时，只允许保留一位可疑数字。

（2）记录测量数据时，绝不能够因为最后一位数字是零而随意舍去。

（3）有效数字与小数点的位置及量的单位无关。

（4）数字“0”在数据中具有双重意义。在第一个非“0”数字前的所有的“0”都不是有效数字，因为它只起定位作用，与精度无关，例如0.0382是3位有效数字；而第一个非“0”数字后的所有的“0”都是有效数字，例如，25.00是4位有效数字。

（5）pH、pK、lg$K$等对数值，其有效数字位数仅决定于小数部分的数字位数。例如，pH=4.30，为两位有效数字。

二、有效数字运算规则

1. 有效数字修约规则

在数据处理过程中，涉及到的各测量值的有效数字位数可能不同，因此需要根据准确度及运算规则，合理保留各测量值的有效数字位数，弃去不必要的多余数字。目前多采用“四舍六入五成双”的规则进行修约。“四舍六入五成双”规则规定：四舍六入五成双；五后非零就进一，五后皆零视奇偶，五前为偶应舍去，五前为奇则进一。

例如将下列数据修约成二位有效数字：21.49→21；9.86→9.9；9.5503→9.6；8.2500→8.2；

6.5500→6.6。

修约时，只能对原始数据进行一次修约到所需要的位数，不得连续进行多次修约。例如，将3.5491修约成二位有效数字，应一次修约为3.5，而不得按下法连续修约为3.6。

$$3.5491 \rightarrow 3.549 \rightarrow 3.55 \rightarrow 3.6$$

2. 有效数字运算规则

在分析结果的计算中，正确保留各测量数据有效数字位数对分析结果有很重要的意义，因此，在进行结果运算时，应遵循下列规则：

(1) 加减法　在加减法运算中，计算结果有效数字位数的保留，以小数点后位数最少的数据为准，即以绝对误差最大的数据为准。

例如：$0.13+0.0254+62.816=0.13+0.02+62.82=62.97$。

在这个计算中0.13的绝对误差最大，小数点后第二位的数字已经是不确定了，因此其他各数据应该先修约成小数点后只有两位，然后再相加。

(2) 乘除法　在乘除法运算中，计算结果有效数字位数的保留，应以各数据中有效数字位数最少的数据为准，即以相对误差最大的数据为准。

例如：$$\frac{0.0233\times23.68\times6.2}{16.3}$$

以上四个数据的计算结果应为：

$$\frac{0.0233\times23.68\times6.2}{16.3}=\frac{0.0233\times23.7\times6.2}{16.3}=0.210=0.21。$$

为了提高计算结果的可靠性，可以暂时多保留一位有效数字，得到最后结果，再弃去多余的数字。在这个计算中采用的方法是先修约，修约过程中多保留一位，再计算，最后进行结果修约。

(3) 乘方和开方　对数据进行乘方或开方时，所得结果的有效数字位数保留应与原数据相同。

例如：$8.62^2=74.3044$保留三位有效数字则为74.3，$\sqrt{8.65}=2.941088\cdots$保留三位有效数字则为2.94。

(4) 对数计算　所取对数的小数点后的位数（不包括整数部分）应与原数据的有效数字的位数相等。

例如：$\lg102=2.00860017\cdots$保留三位有效数字则为2.009。

(5) 在混合计算中，有效数字的保留以最后一步计算的规则执行。

(6) 在计算中常遇到分数、倍数等，可视为多位有效数。

(7) 在乘除运算过程中，首位数为“8”或“9”的数据，有效数字位数可以多取一位。

(8) 表示分析方法的精密度和准确度时，大多数取1～2位有效数字。

(9) 通常对于组分含量在10%以上时，一般要求分析结果保留四位有效数字；含量为1%～10%时，保留三位有效数字；低于1%时，一般只要求保留两位有效数字。

想一想

$$\frac{(25.00-18.69)\times0.05213\times58.443}{0.4345\times1000}\times100\%$$计算结果应保留几位有效数字？

第四节　滴定分析方法

一、滴定分析过程和分类

滴定分析是将已知准确浓度的标准滴定溶液滴加到被测物质的溶液中直至标准滴定溶液和被测

物质按化学计量关系恰好反应完全，然后根据所加标准滴定溶液的浓度和所消耗的体积，计算出被测物质含量的分析方法。由于这种测定方法是以测量溶液体积为基础，故又称为容量分析。

1. 滴定分析基本术语

（1）标准滴定溶液（滴定剂） 在进行滴定分析过程中，我们将已知准确浓度用于滴定的试剂溶液称为标准滴定溶液。

（2）滴定 滴定时，将标准滴定溶液装在滴定管中，通过滴定管逐滴加入到盛有一定量被测物溶液的锥形瓶（或烧杯）中进行测定，这一操作过程称为滴定。

（3）化学计量点 当加入的标准滴定溶液与被测物恰好按化学计量关系完全反应的那一点，称化学计量点。

（4）指示剂 在化学计量点时，反应往往没有易被人察觉的外部特征，因此通常是加入某种试剂，利用该试剂的颜色突变来判断化学计量点的到达，这种能改变颜色的试剂称为指示剂。

（5）滴定终点 滴定时，指示剂颜色发生突变即停止滴定的那一点称为滴定终点。

（6）终点误差 滴定终点往往与理论上的化学计量点不一致，它们之间存在有很小的差别，由此造成的误差称为终点误差。

滴定分析是化学分析中最重要的分析方法之一。滴定分析法适用于常量组分的分析（组分含量$>1\%$）。该方法操作简便、快速，所用仪器设备简单，测定结果准确度高，可以测定很多无机物和有机物。

2. 滴定分析法的分类

滴定分析法主要包括酸碱滴定法、配位滴定法、氧化还原滴定法和沉淀滴定法等。

（1）酸碱滴定法 以酸、碱之间的质子转移反应为基础的滴定分析方法。它是滴定分析中应用最广泛的方法之一。酸碱滴定法可用于测定一般的酸、碱以及能够与酸碱直接或间接发生定量反应的各种物质。

（2）配位滴定法 它是以配位反应为基础的一种滴定分析法。主要用于测定各种金属离子的含量。

（3）氧化还原滴定法 以氧化还原反应为基础的滴定分析方法。氧化还原滴定法应用非常广泛，利用该法不仅可以直接测定具有氧化性或还原性的物质，而且还可以间接测定各种能够与氧化剂或还原剂发生定量反应的非氧化、还原性物质。

（4）沉淀滴定法 以沉淀反应为基础的滴定分析方法。目前应用最多的是以生成难溶性银盐反应为基础的银量法，该法常用硝酸银作为沉淀剂测定Cl^-、Br^-、SCN^-等离子。

二、滴定反应的条件和方式

1. 滴定反应的条件

化学反应很多，但并非所有化学反应都适用于滴定分析。用于滴定分析的化学反应，必须具备下列条件。

（1）反应要按一定的化学反应式进行，即反应应具有确定的化学计量关系，不发生副反应。

（2）反应必须定量进行，通常要求反应完全程度$\geqslant 99.9\%$。

（3）反应速率要快。对于速率较慢的反应，可以通过加热、增加反应物浓度、加入催化剂等措施来加快。

（4）有适当的方法确定滴定终点。

2. 滴定方式

（1）直接滴定法 直接滴定法是用标准滴定溶液直接滴定待测物质溶液的方法。凡能满足滴定分析要求的反应都可用直接滴定法。例如用 NaOH 标准滴定溶液可直接滴定 HCl、H_2SO_4、HAc 等试样；用 $KMnO_4$标准滴定溶液可直接滴定 $C_2O_4^{2-}$ 等；用 EDTA 标准滴定溶液可直接滴定 Zn^{2+}、Ca^{2+}、Mg^{2+}等；用 $AgNO_3$标准滴定溶液可直接滴定 Cl^-等。直接滴定法是最常用和最基本的滴定方式，简便、快速，引入的误差较少。

如果反应不能完全符合直接滴定法的要求时，则可选择采用下述方式进行滴定。

（2）返滴定法　返滴定法（又称回滴法）是在待测试液中准确加入适当过量的标准滴定溶液，待反应完全后，再用另一种标准滴定溶液返滴剩余的第一种标准滴定溶液，从而测定待测组分的含量。这种滴定方式主要用于滴定反应速度较慢或反应物是固体，没有合适的指示剂的情况。例如，Al^{3+}与 EDTA 溶液反应速度慢，不能直接滴定，可采用返滴定法。即在一定的 pH 条件下，于待测的 Al^{3+} 试液中加入适当过量的 EDTA 溶液，加热促使反应完全。然后再用另外的锌标准滴定溶液返滴剩余的 EDTA 溶液，从而计算出试样中铝的含量。

（3）置换滴定法　置换滴定法是向试液中加入一种适当的化学试剂，使其与待测组分反应，并定量地置换出另一种可被滴定的物质，再用标准滴定溶液滴定该生成物，然后根据滴定剂的消耗量以及生成物与待测组分的化学计量关系计算出待测物质的含量。若被测物质与滴定剂不能完全按照化学反应方程式所示的计量关系定量反应，或伴有副反应时，则可以用置换滴定法来完成测定。

例如，$Na_2S_2O_3$不能直接滴定 $K_2Cr_2O_7$，因为反应没有一定的计量关系。但是 $Na_2S_2O_3$ 可以滴定 I_2，若在 $K_2Cr_2O_7$的酸性溶液中加入过量的 KI，则 $K_2Cr_2O_7$ 被还原并生成一定量的 I_2，即可用 $Na_2S_2O_3$进行滴定。

（4）间接滴定法　某些待测组分不能直接与滴定剂反应，但可通过其他的化学反应，间接测定其含量。例如，欲测定溶液中 Ca^{2+}，Ca^{2+}既不能与酸碱反应，也没有氧化性或还原性，但它可以与 $C_2O_4^{2-}$ 作用形成草酸钙沉淀，经过滤洗净后，加入硫酸使其溶解，就可以用高锰酸钾标准滴定溶液滴定与 Ca^{2+}结合的 $C_2O_4^{2-}$，根据它们之间的计量关系间接求得 Ca^{2+} 的含量。

由于可以采用返滴定法、置换滴定法和间接滴定法等多种滴定方式，因而极大地扩展了滴定分析的应用范围。

三、标准滴定溶液

标准滴定溶液是一种已知准确浓度的溶液，在滴定分析中，标准滴定溶液的浓度和用量是计算待测组分含量的主要依据，因此正确配制标准滴定溶液，准确地计算标准滴定溶液的浓度以及对标准滴定溶液进行妥善保存，对于提高滴定分析的准确度有重大意义。

1. 基准物质

可用于直接配制标准滴定溶液或标定溶液浓度的物质称为基准物质。作为基准物质必须具备以下条件：

（1）组成恒定并与化学式相符。若含结晶水，其结晶水的实际含量也应与化学式严格相符，例如 $H_2C_2O_4 \cdot 2H_2O$、$Na_2B_4O_7 \cdot 10H_2O$ 等。

（2）纯度足够高（达 99.9%以上），杂质含量应低于分析方法允许的误差范围。

（3）性质稳定，不易吸收空气中的水分和 CO_2，不分解，不易被空气所氧化。

（4）有较大的摩尔质量，以减少称量时相对误差。

（5）试剂参加滴定反应时，应严格按反应式定量进行，没有副反应。

表 5-2 列出了工作基准试剂的干燥条件及其应用。

表 5-2　工作基准试剂的干燥条件和应用

工作基准试剂			干燥条件	标定对象
名称	分子式	分子量		
无水碳酸钠	Na_2CO_3	105.99	270～300℃灼烧至恒重	盐酸
邻苯二甲酸氢钾	$KHC_8H_4O_4$	204.22	105～110℃干燥至恒重	氢氧化钠
三氧化二砷	As_2O_3	197.84	硫酸干燥器中干燥至恒重	碘
草酸钠	$Na_2C_2O_4$	134.00	105～110℃干燥至恒重	高锰酸钾
碘酸钾	KIO_3	214.00	180℃±2℃干燥至恒重	硫代硫酸钠

续表

工作基准试剂			干燥条件	标定对象
名称	分子式	分子量		
溴酸钾	$KBrO_3$	167.00	120℃±2℃干燥至恒重	硫代硫酸钠
重铬酸钾	$K_2Cr_2O_7$	294.18	120℃±2℃干燥至恒重	硫代硫酸钠
氧化锌	ZnO	81.38	于已在800℃±50℃恒重的铂坩埚中，逐渐升温于800℃灼烧至恒重	乙二胺四乙酸二钠
碳酸钙	$CaCO_3$	100.09	110℃±2℃干燥至恒重	乙二胺四乙酸二钠
氯化钠	NaCl	58.442	500～600℃灼烧至恒重	$AgNO_3$
氯化钾	KCl	74.551	500～600℃灼烧至恒重	$AgNO_3$
乙二胺四乙酸二钠	$C_{10}H_{14}N_2O_8Na_2 \cdot 2H_2O$	372.24	硝酸镁饱和溶液（有过剩的硝酸镁晶体）恒湿器中放置7天	氯化锌
硝酸银	$AgNO_3$	169.87	在硫酸干燥器中干燥至恒重	氯化钠
苯甲酸	C_6H_5COOH	122.12	五氧化二磷干燥器中干燥至恒重	氢氧化钠

2. 标准滴定溶液

标准滴定溶液的配制方法有直接法和标定法两种。

(1) 直接法　准确称取一定量的基准物质，经溶解后，定量转移于一定体积的容量瓶中，用去离子水稀释至刻度。根据溶质的质量和容量瓶的体积，即可计算出该标准滴定溶液的准确浓度。

(2) 标定法　用来配制标准滴定溶液的物质大多数是不能满足基准物质条件的，如 HCl、NaOH、$KMnO_4$、I_2、$Na_2S_2O_3$等试剂，它们不适合用直接法配制成标准溶液，需要采用标定法。标定法又称间接法，是将一般试剂先配成所需近似浓度的溶液，然后用基准物质或另一种标准滴定溶液来确定它的准确浓度。例如，HCl 易挥发且纯度不高，欲配制 $0.1mol \cdot L^{-1}$ HCl 标准滴定溶液，先粗略配制成浓度大约是 $0.1mol \cdot L^{-1}$的溶液，然后称取一定量的基准试剂，无水碳酸钠进行标定，根据基准试剂的质量和待标定标准滴定溶液的消耗体积计算该标准滴定溶液的浓度。

有时也可用另一种标准溶液标定，如 NaOH 标准滴定溶液可用已知准确浓度的 HCl 标准滴定溶液标定。方法是移取一定体积的已知准确浓度的 HCl 标准滴定溶液，用待定的 NaOH 标准溶液滴定至终点，根据 HCl 标准溶液的浓度和体积以及待标定的 NaOH 标准溶液消耗体积计算 NaOH 溶液的浓度。这种方法准确度不及直接用基准物质标定的好。

3. 标准滴定溶液浓度的表示方法

在滴定分析中，无论采用何种滴定方法，都必须使用标准滴定溶液。因此，正确地配制标准滴定溶液以及准确地标定其浓度，对于提高滴定分析结果的准确度和可靠性有重要意义。分析工作中常用的溶液浓度表示方法有以下几种：

(1) 物质的量浓度 c_A　指溶质 A 的物质的量与相应溶液的体积之比。即：

$$c_A = \frac{n_A}{V} \tag{5-12}$$

式中　c_A——溶质 A 的物质的量浓度，$mol \cdot L^{-1}$；

n_A——溶质 A 的物质的量，mol；

V——溶液的体积，L。

由式(5-12)可得

$$n_A = c_A V \tag{5-13}$$

$$m_A = n_A M_A = c_A V M_A \tag{5-14}$$

【例 5-5】 欲准确配制 250.0mL $0.02000mol \cdot L^{-1}$的 $K_2Cr_2O_7$标准滴定溶液，应该称取 $K_2Cr_2O_7$多少克？

解： $m(K_2Cr_2O_7) = c(K_2Cr_2O_7)VM(K_2Cr_2O_7) = 0.02000 \times 250.0 \times 10^{-3} \times 294.2 = 1.471(g)$

（2）滴定度　在化工分析中有时亦采用滴定度表示标准滴定溶液的浓度。滴定度是指每毫升 A 标准滴定溶液相当于待测组分 B 的质量，用 $T_{B/A}$（或 $T_{待测组分/滴定剂}$）表示，单位为 $g \cdot mL^{-1}$。

四、滴定分析计算

1. 两种溶液间的计算

标准滴定溶液 A 与待测物质 B 两种溶液反应可表示为：

$$aA + bB \longrightarrow cC + dD$$

待测物质 B 的物质的量 n_B 与标准滴定溶液 A 的物质的量 n_A 的计量关系为：

$$\frac{n_B}{n_A} = \frac{b}{a} \quad 即 \quad n_B = \frac{b}{a} n_A \tag{5-15}$$

则

$$c_B V_B = \frac{b}{a} c_A V_A$$

【例 5-6】 滴定 25.00mL 氢氧化钠溶液，消耗 $c(H_2SO_4) = 0.04900 mol \cdot L^{-1}$ 硫酸溶液 25.90mL，求该氢氧化钠溶液的物质的量浓度。

解：

$$H_2SO_4 + 2NaOH = Na_2SO_4 + 2H_2O$$

$$c(NaOH)V(NaOH) = 2c(H_2SO_4)V(H_2SO_4)$$

$$c(NaOH) = \frac{2c(H_2SO_4)V(H_2SO_4)}{V(NaOH)}$$

$$= \frac{2 \times 0.04900 \times 25.90 \times 10^{-3}}{25.00 \times 10^{-3}}$$

$$= 0.1015 \ (mol \cdot L^{-1})$$

答：该氢氧化钠溶液的物质的量浓度 $0.1015 mol \cdot L^{-1}$。

2. 固体物质 B 与溶液 A 之间反应的计算

对于固体物质 B，当其质量为 m_B 时，与溶液 A 反应的关系式为：

$$aA + bB = cC + dD$$

则

$$\frac{m_B}{M_B} = \frac{b}{a} c_A V_A \tag{5-16}$$

【例 5-7】 配制 $0.1 mol \cdot L^{-1}$ HCl 溶液用基准试剂 Na_2CO_3 标定其浓度，试计算 Na_2CO_3 的称量范围。已知 $M(Na_2CO_3) = 105.99 g \cdot mol^{-1}$。

解： 用 Na_2CO_3 标定 HCl 溶液浓度的反应为

$$2HCl + Na_2CO_3 = 2NaCl + CO_2 \uparrow + H_2O$$

则

$$\frac{m(Na_2CO_3)}{M(Na_2CO_3)} = \frac{1}{2} \times \frac{c(HCl)V(HCl)}{1000}$$

$$m(Na_2CO_3) = \frac{c(HCl)V(HCl)M(Na_2CO_3)}{2 \times 1000}$$

为保证标定的准确度，HCl 溶液的消耗体积一般在 30～40mL 之间。

$$m_1 = \frac{0.1 \times 30 \times 105.99}{2 \times 1000} g = 0.16g$$

$$m_2 = \frac{0.1 \times 40 \times 105.99}{2 \times 1000} g = 0.21g$$

可见为保证标定的准确度，基准试剂 Na_2CO_3 的称量范围应在 0.16～0.21g。

3. 求待测组分的含量

在滴定过程中，设试样质量为 m_s，试样中待测组分 B 的质量为 m_B，则待测组分的质量分数为：

$$w_B = \frac{m_B}{m_s} \times 100\% = \frac{b}{a} \times \frac{c_A V_A M_B}{m_s} \times 100\% \tag{5-17}$$

式中　w_B——待测组分B的质量分数；

m_A——滴定剂A的物质的量浓度，$mol \cdot L^{-1}$；

V_A——滴定剂A所消耗的体积，L；

M_B——待测组分B的摩尔质量，$g \cdot mol^{-1}$。

【例5-8】 用$c(H_2SO_4)=0.1010mol \cdot L^{-1}$的硫酸标准滴定溶液测定$Na_2CO_3$试样的含量时，称取0.2009g Na_2CO_3试样，消耗18.32mL硫酸标准滴定溶液，求试样中Na_2CO_3的质量分数。已知$M(Na_2CO_3)=105.99g \cdot mol^{-1}$。

解：滴定反应式为

$$H_2SO_4+Na_2CO_3 = Na_2SO_4+CO_2\uparrow+H_2O$$

$$w(Na_2CO_3)=\frac{c(H_2SO_4)V(H_2SO_4)M(Na_2CO_3)}{m_s\times 1000}\times 100\%$$

代入数据，得

$$w(Na_2CO_3)=\frac{0.1010\times 18.32\times 105.99}{0.2009\times 1000}\times 100\%=97.62\%$$

答：试样中Na_2CO_3的质量分数为97.62%。

在滴定分析中，若选取分子、原子、离子、电子等基本粒子，或这些基本粒子的特定组合为基本单元，则滴定到达化学计量点时，待测组分的物质的量（n_A）就等于所消耗标准滴定溶液的物质的量（n_B），也就是等物质的量规则。即：

$$n_A=n_B \tag{5-18}$$

基本单元的选取多根据反应的具体情况来确定。

对于质子转移的酸碱反应，通常以转移一个质子的特定组合作为反应物的基本单元。例如，盐酸和碳酸钠的反应：

$$2HCl+Na_2CO_3 = 2NaCl+H_2O+CO_2\uparrow$$

反应中盐酸给出一个质子，碳酸钠接受两个质子，因此分别选取HCl和$(1/2)Na_2CO_3$作为基本单元。由于反应中盐酸给出的质子数必定等于碳酸钠接受的质子数，因此根据质子转移数选取基本单元后，反应到达化学计量点时：

$$n(HCl)=n\left(\frac{1}{2}Na_2CO_3\right)$$

或

$$c(HCl)V(HCl)=c\left(\frac{1}{2}Na_2CO_3\right)V(Na_2CO_3)$$

氧化还原反应是电子转移的反应，通常以转移一个电子（e）的特定组合作为反应物的基本单元。例如，高锰酸钾标准滴定溶液滴定Fe^{2+}的反应：

$$MnO_4^-+5Fe^{2+}+8H^+ = Mn^{2+}+5Fe^{3+}+4H_2O$$

$$MnO_4^-+5e^-+8H^+ \longrightarrow Mn^{2+}+4H_2O$$

$$Fe^{2+}-e^- \longrightarrow Fe^{3+}$$

高锰酸钾在反应中得到5个电子，Fe^{2+}在反应中失去1个电子，因此应分别选取$(1/5)KMnO_4$和Fe^{2+}作为其基本单元，则反应到达化学计量点时：

$$c\left(\frac{1}{5}KMnO_4\right)V(KMnO_4)=c(Fe^{2+})V(Fe^{2+})$$

即达到化学计量点时，两者的物质的量相等：

$$n_A=n_B$$

$$c_AV_A=c_BV_B$$

【例5-9】 称取铁矿石试样0.3143g溶于酸并将Fe^{3+}还原为Fe^{2+}。用$c\left(\frac{1}{6}K_2Cr_2O_7\right)=0.1200mol \cdot L^{-1}$的$K_2Cr_2O_7$标准滴定溶液滴定，消耗$K_2Cr_2O_7$溶液21.30mL。计算试样中$Fe_2O_3$的

质量分数。已知 $M(Fe_2O_3)=159.7g \cdot mol^{-1}$。

解：滴定反应为

$$Cr_2O_7^{2-}+6Fe^{2+}+14H^+ = 2Cr^{3+}+6Fe^{3+}+7H_2O$$

$$Cr_2O_7^{2-} \xrightarrow{+6e} 2Cr^{3-} \qquad Fe_2O_3 \xrightarrow{-2e} 2Fe^{2+} \xrightarrow{-2e} 2Fe^{3+}$$

按等物质的量规则 $n(\frac{1}{2}Fe_2O_3)=n(\frac{1}{6}K_2Cr_2O_7)$

则 $$w(Fe_2O_3)=\frac{c(\frac{1}{6}K_2Cr_2O_7)V(K_2Cr_2O_7)M(\frac{1}{2}Fe_2O_3)}{m_s \times 1000} \times 100\%$$

代入数据得

$$w(Fe_2O_3)=\frac{0.1200 \times 21.30 \times \frac{1}{2} \times 159.7}{0.3143 \times 1000} \times 100\% = 64.94\%$$

答：试样中 Fe_2O_3 的质量分数为 64.94%。

4. 滴定度和物质的量浓度之间的换算关系为：

$$T_{B/A}=\frac{c_A M_B}{1000} \tag{5-19}$$

式中 c_A——标准滴定溶液 A 为基本单元的物质的量浓度，$mol \cdot L^{-1}$；

$T_{B/A}$——标准滴定溶液 A 对待测组分 B 的滴定度，$g \cdot mL^{-1}$；

M_B——待测组分 B 为基本单元的摩尔质量，$g \cdot mol^{-1}$。

【例 5-10】 计算 $c(HCl)=0.1015mol \cdot L^{-1}$ 的 HCl 溶液对 Na_2CO_3 的滴定度。

解：反应式为 $2HCl+Na_2CO_3 = 2NaCl+CO_2\uparrow+H_2O$

根据质子转移数选 HCl 为基本单元，则 Na_2CO_3 的基本单元为 $\frac{1}{2}Na_2CO_3$。

则 $$T_{Na_2CO_3/HCl}=\frac{c(HCl) \cdot M(\frac{1}{2}Na_2CO_3)}{1000}$$

代入数据得 $$T_{Na_2CO_3/HCl}=\frac{0.1015 \times \frac{1}{2} \times 105.99}{1000} g \cdot mL^{-1} = 0.005379 g \cdot mL^{-1}$$

想一想

$CaCO_3$ 因难溶于水，与 HCl 标准滴定溶液反应速度较慢，是否可用直接滴定完成测定？ 如果不行，想一想如何用 HCl 标准滴定溶液完成 $CaCO_3$ 的测定？

知识链接

标　　准

生产原料及产品质量的检验，一般要遵循一定的标准。例如，标准滴定溶液的配制和标定要遵循国家标准 GB/T 601—2016 的规定。标准按使用范围划分有国际标准、区域标准、国家标准、行业标准、地方标准、企业标准。

国际标准由共同利益国家间的合作与协商制定，是为大多数国家所承认的，具有先进水平的标准。如国际标准化组织（International Standards Organization，ISO）所制定的标准。区域性标准是局限在几个国家或地区组成的集团使用的标准，如欧盟制定和使用的标准。国家标准是指在我国范围内使用的标准，国家标准是由国务院标准化行政主管部门制定。对没有国家标准而又需要在全国某个行业范围内统一的技术要求，可以制定成行业标准，行业标准由国务院有关行政主管部门制定。对没有国家标准和行业标准而又需要在省、自治区、直辖市范围内统一的工业产品的安全、卫生要求，可以制定地方标准，地方标准由省、自治区、直辖市标准化行政主管部门制定。企业生产的产品没有国家标准和行业标准的，应当制定企业标准，作为组织生产的依据，并报给有关部门备案。

我国国家标准分为强制性标准和推荐性国家标准。国家标准的代号由大写汉字拼音字母构成。强制性国家标准代号为“GB”；推荐性国家标准代号为“GB/T”。国家标准的编号由国家标准的代号、标准发布顺序号和标准发布年代号（四位数组成）。

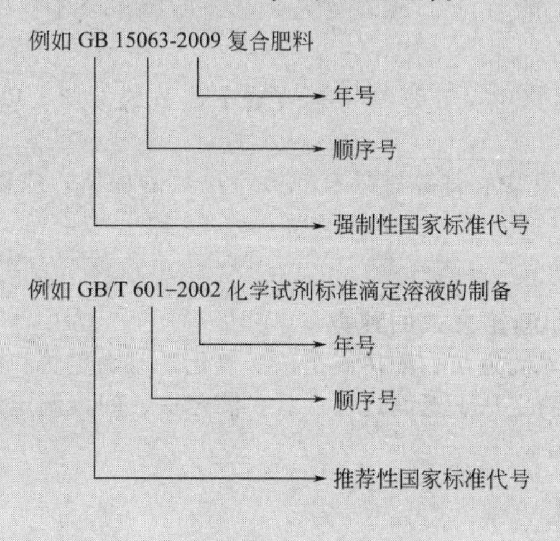

本章小结

本章主要包括三部分内容，第一部分为分析化学的概述，第二部分为定量分析中的误差及结果处理，第三部分为滴定分析的相关知识。

一、分析化学概述

1. 分析化学的任务

分析化学任务包括定性分析与定量分析。

2. 定量分析的一般程序

试样的采集与制备→试样的分解→消除干扰→测定和数据处理并报出分析结果。

二、定量分析测定中的误差及数据处理

1. 误差表示方法

（1）准确度是指测定值与真实值相接近的程度，以误差来衡量。

（2）精密度是指在相同的条件下，一组平行测定结果之间相互接近的程度。精密度的高低以偏差来衡量。

高的精密度是获得准确结果的前提和保证，也就是准确度高一定要精密度好，但是精密度高，准确度不一定高。

2. 误差来源及误差的减免

（1）误差来源　根据误差的性质和与产生的原因，可分为系统误差和随机误差。

系统误差来源为：方法误差、试剂误差、仪器误差和操作误差。

随机误差又称偶然误差。

（2）误差的减免

① 系统误差的减免　可通过对照试验、空白试验、校准仪器和分析结果的校正等方法来实现。

② 随机误差的减免　进行多次平行测定是减小随机误差的有效方法。

3. 可疑数据的取舍

（1）$4\bar{d}$ 检验法

（2）Q 检验法

4. 有效数字修约规则及运算规则

（1）有效数字的修约规则　四舍六入五成双，五后非零就进一，五后皆零视奇偶，五前为偶则不进，五前为奇则进一。

（2）有效数字运算规则

① 加减法　在加减法运算中，计算结果有效数字位数的保留，以小数点后位数最少的数据为准。

② 乘除法　在乘除法运算中，计算结果有效数字位数的保留，应以各数据中有效数字位数最少的数据为准。

三、滴定分析

1. 滴定分析法的分类和滴定方式的种类

滴定分析法主要包括酸碱滴定法、配位滴定法、氧化还原滴定法和沉淀滴定法等。

滴定方式主要分为直接滴定法、返滴定法、置换滴定法、间接滴定法。

2. 标准滴定溶液的制备

（1）直接法

（2）标定法（又称间接法）

3. 滴定分析计算

一、选择题

1. 下列各数中，有效数字位数为四位的是（　　）。

A. $[H^+]=0.0003mol \cdot L^{-1}$　　B. pH=8.89

C. $c(HCl)=0.1001mol \cdot L^{-1}$　　D. $4000mg \cdot L^{-1}$

2. 比较两组测定结果的精密度（　　）。

甲组：0.19%，0.19%，0.20%，0.21%，0.21%

乙组：0.18%，0.20%，0.20%，0.21%，0.22%

A. 甲、乙两组相同　　B. 甲组比乙组高

C. 乙组比甲组高　　D. 无法判别

3. 同一样品分析，采取同样的分析方法，三次测得的结果依次为 21.26%，21.27%，21.28%，其第二次测定结果的相对偏差是（　　）。

A. 0.03%　　B. 0.00%　　C. 0.06%　　D. −0.06%

4. 下列方法中可以减少随机误差的是（　　）。

A. 增加平行测定的次数　　B. 进行对照试验

C. 进行空白试验　　D. 进行仪器的校正

5. 测定某铁矿石中铁的含量，称取0.2952g，下列分析结果合理的是（　　）。

A. 52%　　B. 52.4%　　C. 52.42%　　D. 52.420%

6. 三人对同一样品的分析，采用同样的方法，测得结果为：甲：31.27%，31.26%，31.28%；乙：31.17%，31.22%，31.21%；丙：31.32%，31.28%，31.30%。则甲、乙、丙三人精密度的高低顺序为（　　）。

A. 甲＞丙＞乙　　B. 甲＞乙＞丙　　C. 乙＞甲＞丙　　D. 丙＞甲＞乙

7. 在一组平行测定中，测得试样中钙的含量分别为22.39%，22.38%，22.36%，22.40%，22.48%，用Q检验判断、应弃去的是（　　）（$Q_{0.90}=0.64$）。

A. 22.38%　　B. 22.40%　　C. 22.48%　　D. 22.39%

8. 用50mL移液管移出溶液的准确体积应记录为（　　）。

A. 50mL　　B. 50.0mL　　C. 50.00mL　　D. 50.000mL

9. 下列四个数据中修约为四位有效数字后为0.5624的是（　　）。

(1) 0.56235 (2) 0.562349　(3) 0.56245 (4) 0.562451

A. 1，2　　B. 3，4　　C. 1，3　　D. 2，4

10. 测量结果与被测量真值之间的一致程度，称为（　　）。

A. 重复性　　B. 再现性　　C. 准确性　　D. 精密性

11. 如果要求分析结果达到0.1%的准确度，使用灵敏度为0.1mg的天平称量时，采用减量法称量至少要取（　　）。

A. 0.1g　　B. 0.05g　　C. 0.2g　　D. 0.5g

12. 滴定分析中，若怀疑试剂在放置中失效可通过（　　）的方法检验。

A. 仪器校正　　B. 对照试验　　C. 空白试验　　D. 无合适方法

13. 分析测定中出现的下列情况，属于偶然误差的是（　　）。

A. 滴定时所加试剂中含有微量的被测物质　B. 滴定管的最后一位读数偏高或偏低

C. 所用试剂含干扰离子　D. 室温升高

14. 在滴定分析法测定中出现的下列情况，（　　）属于系统误差。

A. 试样未经充分混匀　B. 滴定管的读数读错

C. 滴定时有液滴溅出　D. 砝码未经校正

15. 滴定分析所用指示剂是（　　）。

A. 本身具有颜色的辅助试剂　B. 利用本身颜色变化确定化学计量点的外加试剂

C. 本身无色的辅助试剂　D. 能与标准溶液起作用的外加试剂

二、简答题

1. 何谓有效数字？

2. 标准溶液的方法配制的方法有几种，如何进行配制？

3. 作为基准物质必须具备什么条件？

三、计算题

1. 按有效数字运算规则，计算下列结果。

(1) $7.9936 \div 0.9967 - 5.02$

(2) $2.187 \times 0.584 + 9.6 \times 10^{-5} - 0.0326 \times 0.00814$

2. 某测定镍合金的含量，六次平行测定的结果是34.25%，34.35%，34.22%，34.18%，34.29%，34.40%。计算：

(1) 平均值；平均偏差；相对平均偏差；标准偏差。

(2) 若已知镍的标准含量为34.33%，计算以上结果的绝对误差和相对误差。

3. 用某法分析汽车尾气中SO_2含量，得到下列结果：4.88%，4.92%，4.90%，4.87%，4.86%，4.84%，4.71%，4.86%，4.89%，4.99%。用Q检验法判断有无可疑值舍弃？（置信

度95%）

4. 称取0.3280g $H_2C_2O_4 \cdot 2H_2O$ 标定NaOH溶液，消耗NaOH溶液体积25.78mL，求NaOH浓度。

5. 称取基准物碳酸钠1.6098g，在270℃灼烧成为Na_2CO_3后，用水溶解并稀释100.00mL，准确吸取25.00mL溶液，以甲基橙为指示剂，用HCl溶液滴定至终点时消耗30.00mL，计算HCl标准滴定溶液的浓度？

分析天平称量练习

一、目的要求

1. 学会分析天平的使用，学会称量方法；
2. 初步掌握固定称量法和减量法称样。

二、实验原理

1. 直接称量法

对某些在空气中没有吸湿性的试样，可以用直接称量法称量。即用药匙取试样放在已知质量的清洁而干燥的表面皿或称量纸上，一次称取一定量的试样，然后将试样全部转移到接收容器中。

2. 减量法（差减法）称样

减量法称样是最常用的称量方法。即称取试样的质量由两次称量之差而求得。这种方法称出试样的质量不要求固定的数值，只需在要求的称量范围之内即可。这种称量方法适用于一般的颗粒状、粉状和液体样品。由于称量瓶和滴瓶都有磨口瓶塞，对于称量较易吸湿、氧化、挥发的试样很有利。

三、实验仪器和试剂

仪器：电子天平，表面皿，称量瓶，药匙，锥形瓶（或小烧杯）。

试剂：固体试剂（可用Na_2CO_3，$KHC_8H_4O_2$或NaCl，$K_2Cr_2O_7$）。

四、实验内容

1. 直接称量法

按分析天平称量操作程序，准确称出表面皿的质量和一个洁净、干燥的称量瓶的质量。

2. 减量法称量

在上述称量瓶中装入Na_2CO_3约至称量瓶的1/3～1/2左右，在电子天平上准确称其质量，记为m_1g。然后按减量法操作，移取试样0.2～0.3g于锥形瓶中，并准确称出称量瓶和剩余试样的质量，记为m_2g，计算出锥形瓶中试样质量。以同样的方法连续称出三份试样，每份试样均称准至0.1mg。

五、实验报告

1. 直接称量法

表面皿的质量：________g

称量瓶的质量：________g

2. 减量法

称量为 (m_1-m_2)g。

试样序号	1	2	3
倾样前称量瓶＋试样质量/g 倾样后称量瓶＋试样质量/g 称出试样质量/g			

滴定分析基本操作练习

一、目的要求

1. 学会滴定分析仪器的洗涤和使用方法。
2. 练习滴定分析指示剂终点的确定。

二、实验仪器和试剂

仪器：滴定管、容量瓶、移液管、锥形瓶、烧杯、吸耳球。

试剂：HCl 溶液（0.01mol·L^{-1}），NaOH 溶液（0.01mol·L^{-1}），甲基橙指示液（1g·L^{-1}），酚酞指示液（1g·L^{-1}）。

三、实验内容

1. 清点实验仪器

2. 玻璃仪器的洗涤与准备

进行分析工作前，将仪器按正确洗涤方法洗涤干净，使之达到壁内外不挂水珠。洗涤时注意保护好滴定管旋塞、管尖，容量瓶磨口和移液管管尖，防止损坏。按要求进行涂油、装水、试漏等操作。

3. 仪器的使用和操作

（1）用 0.01mol·L^{-1} NaOH 溶液润洗碱式滴定管 2～3 次。每次 5～10mL，然后将溶液倒入碱式滴定管中，调好零点。

（2）用 0.01mol·L^{-1} HCl 溶液润洗酸式滴定管 2～3 次。每次 5～10mL，然后将溶液倒入酸式滴定管中，调好零点。

（3）由碱式滴定管中放出 NaOH 溶液 20～25mL（以约 10mL·min^{-1}的速度放出溶液），注入250mL 锥形瓶中，加入 1～2 滴甲基橙指示剂，用 HCl 溶液滴定至溶液由黄色变为橙色。如此反复练习滴定操作和观察终点。读准最后 HCl 和 NaOH 溶液的体积（mL），平行滴定三份，计算平均结果和相对平均偏差。要求相对平均偏差不大于 0.2%。

（4）用移液管吸取 25.00mL HCl 溶液于 250mL 锥形瓶中，加 1～2 滴酚酞指示剂，用 NaOH 溶液滴定至微红色 30s 不褪色即为终点。读取所用 NaOH 溶液的体积。如此平行滴定三份，要求所用 NaOH 溶液的体积的差值不超过±0.04mL。

（5）容量瓶使用练习　以水代替，配制 250mL 溶液。

四、实验报告

1. 用 HCl 滴定 NaOH 溶液

项目	1	2	3
V(NaOH)/mL V(HCl)/mL V(HCl)平均值/mL 相对平均偏差			

2. 用 NaOH 滴定 HCl 溶液

试样序号	1	2	3
$V(HCl)/mL$			
$V(NaOH)/mL$			

参考文献

[1] 孙义．无机及分析化学．北京：北京广播电视大学出版社，2014.
[2] 黄一石，乔子荣．定量化学分析．北京：化学工业出版社，2004.
[3] 武汉大学主编．分析化学．北京：高等教育出版社，1991.
[4] 韩忠霄，孙乃有．无机及分析化学．北京：化学工业出版社，2006.
[5] 王炳强，曾玉香．化学检验工职业技能鉴定试题集．北京：化学工业出版社，2015.

酸碱平衡与酸碱滴定法

Chapter 06

知识目标

1. 掌握酸碱质子理论及其基本概念；
2. 掌握弱酸弱碱和两性物质等的解离平衡和 pH 值计算；
3. 掌握影响弱酸、弱碱解离平衡的各种影响因素，并能应用于实践；
4. 了解缓冲溶液的原理，并能进行配制和 pH 值计算；
5. 掌握酸碱滴定过程中不同阶段溶液 pH 值的变化规律。

本章内容分为两部分。前部分是酸碱基础理论知识，即酸碱定义及其解离平衡，以及各种物质和体系中 pH 值的计算。后部分是应用，即酸碱滴定过程中如何选择指示剂以及不同阶段 pH 值的计算。

第一节　酸碱理论基础

酸碱的认识来源于长期的生活实践，最初人们认为具有酸味的物质就是酸，而能够抵消酸性的物质就是碱。18 世纪后期，人们认识物质的程度加深，提出氧元素是酸的必备成分。到了 19 世纪初叶，盐酸、氢碘酸、氢氰酸等均已被发现，分析结果表明这些酸不含氧而皆含氢，于是人们又认为氢是酸的基本元素。1884 年瑞典科学家阿伦尼乌斯首先提出了近代的酸碱电离理论。他认为：凡是在水溶液中电离产生的阳离子全部是 H^+ 的物质叫酸，电离产生的阴离子全部是 OH^- 的物质叫碱。酸碱电离理论极大地推动了酸碱化学科学的发展。例如：

酸　$$HCl = H^+ + Cl^-$$

碱　$$NaOH = Na^+ + OH^-$$

酸碱发生中和反应生成盐和水：

$$HCl + NaOH = NaCl + H_2O$$

但电离理论有一定局限性，它只适用于水溶液，不适用于无水或非水溶液。一类物质如 NH_4Cl、$AlCl_3$ 等，其自身并不含 H^+，水溶液却呈酸性；另一类物质如 NH_3、CO_3^{2-} 等，自身并不含 OH^-，却具有碱性。为此，后期又出现多种酸碱理论，其中比较重要的是布朗斯特-劳莱的酸碱质子理论。

一、酸碱质子理论

1923 年，丹麦化学家布朗斯特和英国化学家劳莱分别提出了酸碱质子理论。该理论认为：凡能释放 H^+ 的物质是酸，凡是能接受 H^+ 的物质是碱。它们相互关系表示如下：

$$酸 \rightleftharpoons H^+ + 碱$$

例如：

$$HAc \rightleftharpoons H^+ + Ac^-$$
$$HCl \rightleftharpoons H^+ + Cl^-$$
$$NH_4^+ \rightleftharpoons H^+ + NH_3$$

酸和碱之间的这种对应关系称为酸碱的共轭关系。上述式子中左边的都为酸，右边非质子部都为碱，等式两边的酸碱互为共轭关系。左边的酸是右边碱的共轭酸，右边碱是左边酸的共轭碱，二者成为共轭酸碱对，如 HAc 和 Ac^-，HCl 和 Cl^-，NH_4^+ 和 NH_3。酸给出质子的倾向越强，其共轭碱接受质子的倾向就越弱。即酸的酸性越强，它的共轭碱的碱性越弱；反之亦然，碱性越强，其共轭酸酸性越弱。注意，有些物质既可释放 H^+ 又可接受 H^+（如 HCO_3^- 放出 H^+ 变成 CO_3^{2-}，接受 H^+ 变成 H_2CO_3），它们既是酸又是碱，称为两性物质。

以上各个式子表示的是共轭酸碱对的质子得失反应，称为酸碱半反应。由于质子的半径极小，只有氢原子的十万分之一，电荷密度极高，游离的质子不可能在水溶液中独立存在（或只能在生成瞬间存在），因此，当一种酸给出质子时，溶液中必定有一种碱来接受质子。故上面所举的共轭酸碱对的平衡式，只是从概念出发，溶液中并不存在那样的平衡。实际上的酸碱平衡是两个共轭酸碱对共同作用的结果。

二、酸碱反应实质

酸碱半反应只存在于理论层面，现实中游离质子从酸中解离出来，必然要转移到另一能接受的物质上去，因此说酸碱平衡是两个共轭酸碱对共同作用的结果。

例如 HAc 在水溶液中解离时，溶液水就是接受质子的碱，他们的半反应和酸碱反应表示如下：

$$\underset{酸_1}{HAc} \rightleftharpoons H^+ + \underset{碱_1}{Ac^-}$$

$$\underset{碱_2}{H_2O} + H^+ \rightleftharpoons \underset{酸_2}{H_3O^+}$$

$$\underset{酸_1}{HAc} + \underset{碱_2}{H_2O} \rightleftharpoons \underset{酸_2}{H_3O^+} + \underset{碱_1}{Ac^-}$$

两个共轭酸碱对相互作用而达到平衡，水起了碱的作用。

碱在水溶液中接受质子的过程，也必须有溶剂水分子的参与。例如：

$$NH_3 + H^+ \rightleftharpoons NH_4^+$$
$$H_2O \rightleftharpoons H^+ + OH^-$$
$$NH_3 + H_2O \rightleftharpoons NH_4^+ + OH^-$$

同样也是两个共轭酸碱对相互作用而达平衡，但是水起了酸的作用，因此水是两性物质。

根据酸碱质子理论，酸和碱的中和反应也是一种质子的传递反应，例如：

$$HCl \rightleftharpoons H^+ + Cl^-$$
$$NH_3 + H^+ \rightleftharpoons NH_4^+$$

$$\underset{酸_1}{HCl} + \underset{碱_2}{NH_3} \rightleftharpoons \underset{酸_2}{NH_4^+} + \underset{碱_1}{Cl^-} \quad (H^+ \text{ 由 } HCl \text{ 传递给 } NH_3)$$

根据酸碱质子理论，盐的水解反应也是一种质子的传递反应，例如：

$$NaAc \rightleftharpoons Na^+ + Ac^-$$
$$Ac^- + H^+ \rightleftharpoons HAc$$
$$H_2O \rightleftharpoons H^+ + OH^-$$
$$Ac^- + H_2O \rightleftharpoons HAc + OH^-$$

由此可见，各种酸碱反应的实质都是质子的传递反应，质子传递的最终结果是较强碱夺取较强酸给出的质子而转变成为它的共轭酸，较强酸释放质子转变为它的共轭碱。这种反应的实现对环境没有要求，只要质子能够从一种物质传递到另一种物质上就可以了，因此，酸碱反应进行的程度取决于参与反应的酸碱给出和接受质子能力的大小，总的来说，参加反应的酸和碱越强，反应进行得就越完全。

综上可见，酸碱质子理论扩大了酸碱的概念和应用范围，解释了一些非水溶剂和气体间的酸碱反应现象，并把水溶液和非水溶液中各种情况下的酸碱反应统一起来。酸碱质子理论得到广泛的应用。

想一想

质子理论的酸和碱和我们高中阶段所学的酸碱有什么区别?

H_2CO_3、NaAc、NH_4Ac、NaH_2PO_4、$NH_3 \cdot H_2O$ 电解质中，哪些是酸，哪些是碱?

第二节　酸碱的解离平衡

根据酸碱质子理论，酸碱在溶液中表现出来的强度，不仅与酸碱本性有关，同时与溶剂的性质有关。例如，HAc 在水中是弱酸，但在液氨中却变成较强酸，因为液氨接受 H^+ 的能力强于水，所以说电解质在溶液中建立的离子平衡决定于自身，也受溶剂的影响。

一、水的解离

水作为一种极弱电解质，是最重要的溶剂。绝大部分水是以水分子形式存在，只有少量的水能解离出 H^+ 和 OH^-，具有微弱的导电性。

因为水分子遇强酸呈碱性，遇强碱呈酸性，具有“酸、碱”两性的特点，因此，水分子之间存在质子传递现象，即一个水分子可以从另一个水分子中夺取质子，二者生成相应的 H_3O^+ 和 OH^-：

$$H_2O + H_2O \rightleftharpoons H_3O^+ + OH^-$$

这种水分子之间的质子传递称为质子自递作用。该自递反应的平衡常数称为水的质子自递常数，表示为 K_w，其表达式为：

$$K_w = [H_3O^+][OH^-]$$

水合质子 H_3O^+ 常简写作 H^+，故水的质子自递常数又可简化为：

$$K_w = [H^+][OH^-]$$

这个平衡常数，也称为水的离子积。K_w 与浓度、压力无关，与温度有关。当温度一定时为常数，如 25℃时，$K_w = 1.0 \times 10^{-14}$，$pK_w = 14$。

水的解离受温度的影响，温度升高，K_w 也升高。但在室温条件下进行计算时，可忽略温度的影响，水不同温度时的 K_w 见表 6-1。

表 6-1　水不同温度时的 K_w

温度/℃	K_w
0	1.139×10^{-15}
5	1.846×10^{-15}
10	2.920×10^{-15}
15	4.505×10^{-15}
20	6.809×10^{-15}
24	1.000×10^{-14}
25	1.008×10^{-14}
30	1.469×10^{-14}

续表

温度/℃	K_w
35	2.089×10^{-14}
40	2.919×10^{-14}
45	4.018×10^{-14}
50	5.474×10^{-14}
55	7.296×10^{-14}
60	9.614×10^{-14}

二、弱酸弱碱的解离平衡

在水溶液中，酸的解离是指酸与水之间的质子转移反应，即酸给出质子转变为其共轭碱，而水接受质子转变为其共轭酸；碱的解离是指碱与水之间的质子转移反应，即水给质子转变为其共轭碱，而碱接受质子转变为其共轭酸。

（一）一元酸碱的解离

1. 一元酸的解离

一元酸的解离以 HAc 在水中发生解离反应为例：

$$HAc + H_2O \rightleftharpoons Ac^- + H_3O^+$$

HAc 解离平衡常数用 K_a 表示为：

$$K_a = \frac{[H^+][Ac^-]}{[HAc]} \qquad K_a = 1.8\times10^{-5}$$

NH_4^+ 在水中发生的解离平衡为：

$$NH_4^+ + H_2O \rightleftharpoons NH_3 + H_3O^+$$

$$K_a = \frac{[H^+][NH_3]}{[NH_4^+]} \qquad K_a = 5.6\times10^{-10}$$

HS^- 在水中发生的解离平衡为：

$$HS^- + H_2O \rightleftharpoons S^{2-} + H_3O^+$$

$$K_a = \frac{[H^+][S^{2-}]}{[HS^-]} \qquad K_a = 7.1\times10^{-15}$$

K_a 叫做酸的解离常数，也叫酸常数。K_a 越大，酸的强度越大，由 $K_a(HAc) > K_a(NH_4^+) > K_a(HS^-)$，可知酸的强弱顺序为：$HAc > NH_4^+ > HS^-$。

2. 一元碱的解离

HAc 共轭碱 Ac^- 的解离平衡常数用 K_b 表示为：

$$Ac^- + H_2O \rightleftharpoons HAc + OH^-$$

$$K_b = \frac{[OH^-][HAc]}{[Ac^-]} \qquad K_b = 5.6\times10^{-10}$$

$$NH_3 + H_2O \rightleftharpoons NH_4^+ + OH^-$$

$$K_b = \frac{[OH^-][NH_4^+]}{[NH_3]} \qquad K_b = 1.8\times10^{-5}$$

K_b 是碱的解离常数，也叫碱常数。K_b 越大，碱的强度越大。

从上面共轭酸碱对的 K_a 和 K_b 值发现，酸碱的强弱取决于酸碱本身给出质子或接受质子能力的大小。物质给出质子的能力越强，其酸性就越强；反之就越弱。同样，物质接受质子的能力越强，其碱性就越强；反之就越弱。酸碱解离常数 K_a、K_b 可定量地说明酸碱的强弱程度。

同样也可以看出，一种酸的酸性越强，其 K_a 值越大，则其相应共轭碱的碱性越弱，其 K_b 越小。显然，一元共轭酸碱对的 K_a 和 K_b 有如下关系：

$$K_aK_b=\frac{[H^+][Ac^-]}{[HAc]}\times\frac{[OH^-][HAc]}{[Ac^-]}=[H^+][OH^-]$$

则25℃时，$K_aK_b=K_w=1.0\times10^{-14}$

（二）多元酸碱的解离

多元酸在水溶液中是分级解离的，存在多个共轭酸碱对，这些共轭酸碱对的K_a、K_b之间也有一定的对应关系。例如，二元酸$H_2C_2O_4$分两步解离：

$$H_2C_2O_4 \rightleftharpoons H^+ + HC_2O_4^- \qquad K_{a1}=\frac{[H^+][HC_2O_4^-]}{[H_2C_2O_4]}$$

$$HC_2O_4^- \rightleftharpoons H^+ + C_2O_4^{2-}$$

$$K_{a2}=\frac{[H^+][C_2O_4^{2-}]}{[HC_2O_4^-]}$$

同理，相应的二元碱$C_2O_4^{2-}$也进行两步水解：

$$C_2O_4^{2-}+H_2O \rightleftharpoons HC_2O_4^- + OH^- \qquad K_{b1}=\frac{[OH^-][HC_2O_4^-]}{[C_2O_4^{2-}]}$$

$$HC_2O_4^- + H_2O \rightleftharpoons H_2C_2O_4 + OH^- \qquad K_{b2}=\frac{[OH^-][H_2C_2O_4]}{[HC_2O_4^-]}$$

由上述平衡可得： $K_{a1}\times K_{b2}=K_{a2}\times K_{b1}=K_w$

同理可得，三元酸及其共轭碱之间的关系：

$$K_{a1}\times K_{b3}=K_w$$

$$K_{a2}\times K_{b2}=K_w$$

$$K_{a3}\times K_{b1}=K_w$$

【例6-1】 已知水溶液中，草酸$H_2C_2O_4$的$K_{a1}=5.9\times10^{-2}$，$K_{a2}=6.4\times10^{-5}$，计算$C_2O_4^{2-}$的K_{b1}和K_{b2}的值。

解：水溶液中，$H_2C_2O_4$和$C_2O_4^{2-}$为二元共轭酸碱对，由$K_{a1}\times K_{b2}=K_{a2}\times K_{b1}=K_w$可得：

$$K_{b1}=\frac{K_w}{K_{a2}}=1.6\times10^{-10}$$

$$K_{b2}=\frac{K_w}{K_{a1}}=1.7\times10^{-13}$$

多元酸碱在水溶液中是一种复杂的酸碱平衡，计算这些酸碱平衡常数时，应注意各级K_a和K_b之间的对应关系。

（三）同离子效应和盐效应

以上讨论的都是单一的弱酸、弱碱溶液。如果在弱酸弱碱溶液中加入一些其他物质，如在HAc溶液中加入一些NaAc，对HAc的解离平衡有何影响？

酸碱平衡是一种动态平衡，当改变平衡的某一条件时，平衡就会被破坏并移动，结果使弱酸或弱碱的解离程度有所增减。因此可以应用化学平衡移动的原理，通过改变外界条件，控制弱酸、弱碱的解离程度。由于温度变化对解离平衡常数的改变较小，常温范围下可以认为温度对解离平衡基本没有影响。因此影响解离平衡的主要因素是浓度，主要指同离子效应和盐效应。

1. 同离子效应

在弱电解质溶液中加入与弱电解质具有相同离子的强电解质，使弱电解质解离度略有降低的效应，称为同离子效应。例如，在HAc水溶液中，加入NaAc强电解质，使原溶液中的Ac^-浓度增大，产生同离子效应，HAc溶解度降低。

$$HAc \rightleftharpoons Ac^- + H^+$$

$\longleftarrow$——平衡移动方向（加入NaAc强电解质后）

2. 盐效应

在弱电解质溶液中加入不含有与弱电解质相同离子的强电解质，使弱电解质解离度略有增大的效应，称为盐效应。例如，HAc 水溶液中，加入 NaCl 强电解质，使溶液中原水解离子重新聚合成分子概率减小，产生盐效应，HAc 溶解度增大。实验证明在 1L $0.10\text{mol}\cdot\text{L}^{-1}$ HAc 中加入 0.10mol NaCl，会使 HAc 的解离度由原来的 0.013 上升到 0.017。

$$HAc \rightleftharpoons Ac^- + H^+$$

$\longrightarrow$平衡移动方向(加入 NaCl 强电解质后)

但是，弱电解质溶液的解离程度受多种影响因素的影响，除了主要的同离子效应和盐效应外，还包括酸效应、络合效应等，是这些影响因素综合作用的结果。但是在溶液中的主要影响因素还是同离子效应和盐效应，当二者同时存在时，比如在 HAc 水溶液中，加入 NaAc 强电解质，这里既有同离子效应又有盐效应。因盐效应的影响要比同离子效应小得多，故一般只考虑后者而忽略前者。

第三节 酸碱水溶液 pH 值的计算

一、溶液的酸碱性和 pH

溶液的酸碱性通常通过 $[H^+]$ 和 $[OH^-]$ 的关系体现出来：

$[H^+]=[OH^-]$,$[H^+]=1.0\times10^{-7}\text{mol}\cdot\text{L}^{-1}$　　溶液为中性

$[H^+]>[OH^-]$,$[H^+]>1.0\times10^{-7}\text{mol}\cdot\text{L}^{-1}$　　溶液为酸性

$[H^+]<[OH^-]$,$[H^+]<1.0\times10^{-7}\text{mol}\cdot\text{L}^{-1}$　　溶液为碱性

溶液可以通过 $[H^+]$ 或 $[OH^-]$ 表示溶液的酸碱性，但是 $[H^+]$ 和 $[OH^-]$ 的值很小，书写不便，故现多采用 pH 来表示溶液的酸碱性，pH 为：

$$pH=-\lg[H^+]$$

也可用 pOH 表示溶液的酸碱性：

$$pOH=-\lg[OH^-]$$

25℃时，水溶液 $K_w=1.0\times10^{-14}$，即 $pK_w=pH+pOH=14$。因此，通过溶液的 $[H^+]$ 就可以求出 $[OH^-]$。

溶液的酸碱性与 pH 值的关系如下：

$pH=7$　　$[H^+]=1.0\times10^{-7}\text{mol}\cdot\text{L}^{-1}$　　溶液为中性

$pH>7$　　$[H^+]>1.0\times10^{-7}\text{mol}\cdot\text{L}^{-1}$

溶液为酸性

$pH>7$　　$[H^+]<1.0\times10^{-7}\text{mol}\cdot\text{L}^{-1}$

溶液为碱性

总之，pH 值越小，溶液的酸性就越强；pH 值越大，溶液的碱性就越强。

二、一元弱酸弱碱溶液 pH 值的计算

酸碱 pH 值的计算主要依据酸碱的解离平衡常数 K_a、K_b，下面就以一元弱酸 HA 为例进行 pH 值的分析。设 HA 的初始浓度为 c_0，当 HA 达到解离平衡时 H^+ 浓度为 $[H^+]$ A^- 浓度为 $[A^-]$，则 $[H^+]$ 和 $[A^-]$ 相等：

	HA	$\rightleftharpoons$	H^+	+	A^-
解离前	c_0		0		0
解离平衡时	$c_0-[H^+]$		$[H^+]$		$[H^+]$

根据化学反应平衡定律 $K_a=\dfrac{[H^+]^2}{c_0-[H^+]}$

若计算［H^+］允许有5%以内的误差，同时满足 $c_a/K_a \geqslant 500$ 和 $c_aK_a \geqslant 20K_w$（c_a表示一元弱酸的浓度）两个条件，式子可进一步简化为：

$$[H^+]=\sqrt{c_aK_a}$$

这就是计算一元弱酸［H^+］常用的最简式，计算结果的相对误差约为2%，其准确度已满足通常计算的要求。

同样原理，对于一元弱碱水溶液的碱性计算，若计算［OH^-］允许有5%以内的误差，同时满足 $c_b/K_b \geqslant 500$ 和 $c_bK_b \geqslant 20K_w$（c_b表示一元弱碱的浓度）两个条件，则有下列类似的最简计算公式：

$$[OH^-]=\sqrt{c_bK_b}$$

【例 6-2】 计算 $0.10mol \cdot L^{-1}$ HAc 溶液的 pH 值。

解： 已知 HAc 的 $K_a=1.8\times10^{-5}$，$c_a=0.10mol \cdot L^{-1}$，则

$$c/K_a>500, 且 cK_a>20K_w$$

因此可以用一元弱酸最简计算公式计算［H^+］：

$$[H^+]=\sqrt{c_aK_a}=\sqrt{0.10\times1.8\times10^{-5}}=1.34\times10^{-3}(mol \cdot L^{-1})$$

则 $$pH=2.87$$

【例 6-3】 计算 $0.10mol \cdot L^{-1}$ NH_3溶液的 pH 值。

解： 已知 NH_3 的 $K_b=1.8\times10^{-5}$，$c_b=0.10mol \cdot L^{-1}$，则

$$c/K_b>500, 且 cK_b>20K_w$$

因此可以用一元弱碱最简计算公式计算［OH^-］：

$$[OH^-]=\sqrt{c_bK_b}=\sqrt{0.1\times1.8\times10^{-5}}=1.34\times10^{-3}(mol \cdot L^{-1})$$

则 $$pOH=14-pH=14-2.87=11.13$$

三、多元弱酸、弱碱溶液 pH 值的计算

含有一个以上可置换氢原子的酸叫做多元酸。多元酸的解离是分步进行的。例如：

$$H_2S \rightleftharpoons H^+ + HS^-$$

$$K_{a1}=\frac{[H^+][HS^-]}{[H_2S]}=1.1\times10^{-7}$$

$$HS^- \rightleftharpoons H^+ + S^{2-}$$

$$K_{a2}=\frac{[H^+][S^{2-}]}{[HS^-]}=1.3\times10^{-13}$$

K_{a1}和K_{a2}分别称为 H_2S 的一级和二级解离常数。一般情况下，无机多元弱酸 $K_{a1} \gg K_{a2} \gg K_{a3}$…，彼此相差约$10^5$倍。多元弱酸在水中解离时，第二步解离远比第一步困难，第三步又远比第二步困难，而且第一步解离出来的 H^+ 对下面几步解离产生同离子效应，所以，计算多元弱酸溶液中［H^+］时，只需考虑第一级解离平衡。

同理，计算多元弱碱溶液，也以第一步解离过程对溶液 pH 的影响为主，进行酸碱度的计算。

由以上讨论可见，多元弱酸、弱碱溶液的解离平衡比一元弱酸、弱碱复杂。处理这类溶液的平衡应注意以下几点：

(1) 多元弱酸 $K_{a1} \gg K_{a2} \gg K_{a3}$，计算溶液［$H^+$］时，可作一元弱酸处理，酸的强度也可由 K_{a1}来衡量。

(2) 多元弱酸或弱碱溶液中，同时存在几级平衡。如 H_2S 溶液中有 $K_{a1}=\frac{[H^+][HS^-]}{[H_2S]}=1.1\times10^{-7}$，$K_{a2}=\frac{[H^+][S^{2-}]}{[HS^-]}=1.3\times10^{-13}$，但绝不能把 K_{a1} 和 K_{a2} 关系式中 H^+ 分别理解为第一步和第二步解离出来的 H^+。一份溶液中只有一种［H^+］，即溶液中 H^+ 的总浓度。严格地说，

H_2S溶液中的 H^+ 来自于三方面：H_2S 第一步解离，HS^- 和 H_2O 的解离。因前者比后者贡献大得多，故把 K_{a1} 和 K_{a2} 关系式中的 H^+ 都看作来自 H_2S 的第一步解离。

（3）离子形式的多元弱酸、弱碱，其 K_a 和 K_b 值一般不能直接查到，可通过共轭酸碱公式 $K_aK_b=K_w$ 算得。但对于多元酸碱来说，要特别注意 K_a 和 K_b 对应哪一级。例如，对共轭酸碱对 H_2CO_3/HCO_3^- 来说，K_a 是 H_2CO_3 的 K_{a1}，K_b 是 HCO_3^- 作为碱时的碱解离常数，即 CO_3^{2-} 的 K_{b2}。

四、两性物质溶液 pH 值的计算

既能给出质子又能接受质子的物质称为两性物质，较重要的两性物质有 $NaHCO_3$、Na_2HPO_4、NaH_2PO_4、NH_4Ac 和氨基酸等，两性物质的质子转移平衡比较复杂，应根据具体情况的主要平衡进行近似计算。

如 $H_2PO_4^-$ 既能给出质子又能接受质子。

作为酸：$H_2PO_4^- + H_2O \rightleftharpoons H_3O^+ + HPO_4^{2-}$　　$K_{a2}=\dfrac{[H^+][HPO_4^{2-}]}{[H_2PO_4^-]}=6.3\times10^{-8}$

作为碱：$H_2PO_4^- + H_2O \rightleftharpoons OH^+ + H_3PO_4$　　$K_{b3}=\dfrac{[OH^-][H_3PO_4]}{[H_2PO_4^-]}=1.3\times10^{-12}$

在两个平衡中，因为 $K_{a2}\gg K_{b3}$，表示 $H_2PO_4^-$ 失去质子的能力大于获取质子的能力，所以溶液呈酸性，同样方法可说明 HPO_4^{2-} 呈碱性。

对于 HPO_4^- 这样的两性物质，当溶液浓度不是很稀时（$c/K_{a2}>20$），根据质子转移平衡关系可推导出 H^+ 浓度的近似计算公式为：

$$[H^+]=\sqrt{K_{a1}K_{a2}}$$

K_{a1}，K_{a2} 分别表示 $H_2PO_4^-$ 的相应弱酸 H_3PO_4 的一级和二级解离常数。

【例 6-4】 计算 $0.10mol\cdot L^{-1}$ NH_4Ac 溶液的 pH 值。

解： 已知 NH_4^+ 的共轭碱 $NH_3\cdot H_2O$ 的 $K_b=1.8\times10^{-5}$，NH_4^+ 的 $K_{a1}=\dfrac{K_w}{K_b}=\dfrac{1.0\times10^{-14}}{1.8\times10^{-5}}=5.6\times10^{-10}$，$Ac^-$ 的共轭酸 HAc 的 $K_{a2}=1.76\times10^{-5}$，则 $c/K_{a2}>20$

$$[H^+]=\sqrt{K_{a1}K_{a2}}=\sqrt{1.76\times10^{-5}\times5.6\times10^{-10}}=0.99\times10^{-7}mol\cdot L^{-1}$$

$$pH=7.00$$

注意，对于 NH_4Ac 类两性物质，以 K_{a1} 表示阳离子酸（NH_4^+）的解离常数，K_{a2} 表示阴离子碱（Ac^-）的共轭酸（HAc）的解离常数。

第四节　缓冲溶液

溶液的酸度对许多化学反应有着重要的影响，只有将溶液的酸度控制在一定的范围内，这些反应才能顺利进行，这就是使用缓冲溶液的目的。

一、缓冲溶液原理及其组成

缓冲溶液就是一种能对抗少量强酸、强碱或稀释作用引起体系 pH 值的改变，具有缓冲作用的溶液。缓冲溶液的作用，在于它能使溶液的 pH 不因外加少量酸、碱或适当稀释等因素而发生显著变化。缓冲溶液通常有如下三类：弱酸及其盐、弱碱及其盐、多元弱酸的酸式盐及次级盐。

现以 HAc-NaAc 混合溶液为例说明缓冲溶液的原理：HAc 是弱电解质，在水溶液中只有部分电离，溶液中存在着大量的 HAc 分子；NaAc 是强电解质，在水溶液中完全电离成 Ac^-。因此，溶液中存在着大量的 HAc 和 Ac^-，这就构成了缓冲溶液体系。

$$HAc(多) \rightleftharpoons H^+ + Ac^-(少)$$

$$NaAc \rightleftharpoons Na^+ + Ac^-(多)$$

如果在此缓冲溶液中，加入少量的强酸，则强酸中 H^+ 与溶液中 Ac^- 结合成 HAc 分子，解离平衡向左移动，使溶液中的 $[H^+]$ 几乎没有增加，pH 变动很小。此时缓冲溶液起到了抗酸的作用。

如果在此缓冲溶液中，加入少量的强碱，则强碱中 OH^- 与溶液中的 H^+ 结合生成 H_2O，引起 HAc 继续电离（即反应向右进行），以补充消耗的 H^+。因此，溶液中的 $[H^+]$ 降低不多，pH 变动很小，此时缓冲溶液起到了抗碱的作用。

如果将溶液适当稀释（体积变化），虽然 $[H^+]$ 降低了，但 $[Ac^-]$ 也降低了，同离子效应减弱，促使 HAc 的电离增加，解离平衡向右进行，即新产生的 H^+ 抵消了稀释作用造成 H^+ 浓度的减少，结果使溶液 pH 基本不变。

二、缓冲溶液 pH 值的计算

缓冲溶液的浓度都很大，所以求算其 pH 值一般不要求十分准确，可以用近似方法处理。下面以 HAc-NaAc 缓冲溶液为例，设缓冲体系中共轭酸碱对的浓度一般都很大，且有同离子效应的存在，故可将上式中的 [HAc]、$[Ac^-]$ 近似用 c_a、c_b 代替，则

$$[H^+]=K_a\times\frac{[HAc]}{[Ac^-]}=K_a\times\frac{c_a}{c_b}$$

即

$$pH=pK_a-\lg\frac{c_a}{c_b}$$

这是计算弱酸及其共轭碱水溶液缓冲体系中 $[H^+]$ 的近似公式。

同理，由弱碱及其共轭酸组成的缓冲体系，其 $[OH^-]$ 或 pOH 可按下式计算：

$$[OH^-]=K_b\times\frac{c_b}{c_a}\quad 或\quad pOH=pK_b-\lg\frac{c_b}{c_a}$$

即

$$pH=14-pOH=14-pK_b+\lg\frac{c_b}{c_a}$$

【例 6-5】 现有 50mL 含有 $0.10mol\cdot L^{-1}$ 的 HAc 和 $0.10mol\cdot L^{-1}$ 的 NaAc 配制成的缓冲溶液，求该缓冲溶液的 pH 是多少？

解： 此为 HAc 和 NaAc 组成的缓冲溶液，已知 $K_a=1.8\times10^{-5}$，HAc 浓度为 $0.10mol\cdot L^{-1}$，NaAc 浓度为 $0.10mol\cdot L^{-1}$，根据缓冲溶液 pH 计算公式，则：

$$pH=pK_a-\lg\frac{c_a}{c_b}=4.74-\lg\frac{0.10}{0.10}=4.74$$

三、缓冲溶液的选择和配制

缓冲溶液抵御少量酸碱和稀释作用而保持溶液 pH 基本不变的能力称为缓冲能力。任何缓冲溶液的缓冲能力都有一定的限度。由上面缓冲溶液的 pH 计算可知，缓冲溶液的选择和配制主要取决于以下几个方面：

(1) 缓冲溶液 pH 主要取决于 K_a 的大小。在实际配制一定 pH 缓冲溶液时，则要选用 pK_a（或 pK_b）等于或接近于该 pH 值（或 pOH 值）的共轭酸碱对。例如配制 pH=5 左右的缓冲溶液，可选用 $pK_a=4.74$ 的 HAc-Ac^- 缓冲对；配制 pH=9 左右的缓冲溶液，可选用 $pK_b=9.25$ 的 NH_4^+-NH_3 缓冲对。

(2) 缓冲溶液 pH 与共轭酸碱对的浓度比值有关。对于同一种缓冲溶液而言，配制时通过适当调整 c_a、c_b 的比例，就可配制出不同 pH 值的缓冲溶液。但是当加入少量酸或碱时，c_a/c_b 或 c_b/c_a 的值改变不大，故溶液的 pH 变化不大。

(3) 缓冲溶液共轭酸碱对浓度比值为 1∶1 时，缓冲溶液的 pH 就等于其 pK_a，此时缓冲能力最强。

(4) 实验表明，当 c_a/c_b 在 1/10～10/1 之间，其缓冲能力就可以满足一般的实验要求，即

pH＝pK_a±1 为缓冲溶液的有效缓冲范围。

（5）在实际应用中，大多数缓冲溶液是加 NaOH 到弱酸溶液或加 HCl 到弱碱溶液中配制而成。

（6）根据计算结果配制缓冲溶液。

在选择药用缓冲对时，还应考虑所选用的共轭酸碱是否与主药发生配伍禁忌，共轭酸碱对在高压灭菌和储存期内是否稳定以及是否有毒等。若配制精确 pH 值的缓冲溶液还应用 pH 计进行校准。

人体中由于食物的消化、吸收或组织中的新陈代谢作用，不断会产生酸性或碱性的代谢物质。例如，有机食物被完全氧化可产生碳酸，嘌呤被氧化可产生尿酸。蔬菜、水果、豆类等食物中含有较多的碱性盐类等等。为什么这些酸性或碱性的物质进入血液后，血液的 pH 值还能维持在 7.35～7.45 之间？

第五节　酸碱指示剂

酸碱滴定分析中判断终点的方法通常有两种，一种是利用电位变化的指示方法，另一种是化学指示剂法，即借助酸碱指示剂，通过其在化学计量点附近发生颜色转变来指示终点的方法。自英国科学家波义耳发现酸碱指示剂及 1877 年勒克人工合成酚酞指示剂以来，酸碱指示剂被广泛应用，本节主要讨论这种方法。

一、酸碱指示剂的变色原理

酸碱指示剂一般是有机弱酸、弱碱或两性物质，它们的酸式体和碱式体在不同 pH 溶液中具有不同的结构，呈现不同颜色。当被滴定溶液的 pH 改变时，指示剂结构发生相应变化，从而引起颜色变化，指示终点到达。例如，酚酞指示剂是有机弱酸，其在水溶液中存在着不同型体和颜色。

酚酞是一种有机二元弱酸，分子式很复杂，水溶液中会发生电离，达到解离平衡。酚酞在水溶液中是无色分子（内脂式），碱性溶液中是红色离子状态（醌式），酸性溶液中是无色离子状态（羟酸盐式）。因此，酚酞在酸性溶液里呈无色；当溶液中 H^+ 浓度降低，pH 升高至碱性时呈红色。酚酞的变色范围是 pH＝8.2～9.8。

OH　OH　C—OH　COO^-　⇌（OH^- / H^+，pK_{a1}＝9.1）　O　O^-　C　COO^-　⇌（OH^- / H^+）　O^-　O^-　C—OH　COO^-

无色　酸性溶液　　红色（醌式）　碱性溶液　　无色　（羧酸盐式）

酚酞的醌式或醌式酸盐，在碱性介质中很不稳定，会慢慢地转化成无色羧酸盐式。因此，酚酞显色实验若用氢氧化钠溶液时，要用氢氧化钠稀溶液，不能用浓溶液。

又如，甲基橙是有机弱碱，它在水溶液中存在两种型体，分别为醌式和偶氮式。

$(CH_3)_2N^+$═⟨⟩═N—N(H)—⟨⟩—SO_3^-　⇌（OH^- / H^+）　$(CH_3)_2N$—⟨⟩—N═N—⟨⟩—SO_3^-

红色（醌式）　　pK_a＝3.4　　黄色（偶氮式）

增大溶液酸度，甲基橙主要以醌式结构存在，溶液呈红色；降低溶液酸度，甲基橙则主要以偶氮式结构存在，溶液变黄色。

由此可见，指示剂变色原理是基于溶液 pH 变化导致了指示剂结构发生变化，从而引起溶液颜色变化。

二、酸碱指示剂的变色范围

指示剂发生颜色变化的 pH 范围称为指示剂的变色范围。现以弱酸型指示剂 HIn 为例，以 HIn 表示指示剂酸式体，以 In^- 表示指示剂碱式体，来说明指示剂的变色范围。

HIn 指示剂在水溶液中存在如下酸碱解离平衡：

$$HIn \rightleftharpoons H^+ + In^-$$

$$\text{酸式} \Rightarrow \text{碱式}$$

$$K_{HIn}=\frac{[H^+][In^-]}{[HIn]} \qquad \frac{[H^+]}{K_{HIn}}=\frac{[HIn]}{[In^-]}$$

由上可见，对于给定的指示剂，在一定温度下，式中 K_{HIn} 是一个常数，等式右侧的酸式体和碱式体的浓度比取决于溶液的 pH，即 $[HIn]$、$[In^-]$ 的比值只取决于溶液的 H^+ 浓度。当 H^+ 浓度发生改变时，$[HIn]/[In^-]$ 也随之改变，从而使溶液呈现不同的颜色。

人的眼睛对各种颜色的敏感程度不同而且能力有限。一般来讲，只有当酸式体与碱式体两种型体的浓度相差 10 倍以上时，人的眼睛才能辨别出其中浓度大型体的颜色，而浓度小的另一型体的颜色则辨别不出来。指示剂颜色变化与溶液的 pH 的关系如下：

$\frac{[H^+]}{K_{HIn}}=\frac{[HIn]}{[In^-]}\geqslant 10$，$pH\leqslant pK_{HIn}-1$，人眼只能看到酸式色；

$\frac{[H^+]}{K_{HIn}}=\frac{[HIn]}{[In^-]}\geqslant 10$，$pH\leqslant pK_{HIn}+1$，人眼只能看到碱式色；

$\frac{1}{10}\leqslant\frac{[HIn]}{[In^-]}\leqslant 10$，$pH=pK_{HIn}\pm 1$，人眼只能看到混合色。

$pH=pK_{HIn}\pm 1$ 的范围内能看到指示剂颜色的过渡色，称为指示剂的变色范围。常用的酸碱指示剂及其变色范围见表 6-2。

表 6-2　常用的酸碱指示剂及其变色范围

指示剂名称	颜色		pK_a	pT	变色范围	配制方法
	酸式色	碱式色				
百分酚蓝(1)	红	黄	1.6	2.6	1.2～2.8	0.1%的 20%乙醇溶液
甲基橙	红	黄	3.4	4.0	3.1～4.4	0.1%的水溶液
溴甲酚绿	黄	蓝	4.9	4.4	3.8～5.4	0.1%的 20%乙醇溶液
甲基红	红	黄	5.0	5.0	4.4～6.2	0.1%的水溶液
溴甲酚紫	黄	紫	6.1	6.1	5.2～6.8	0.1%的 20%乙醇溶液
溴百里酚蓝	黄	蓝	7.3	7.3	6.0～7.6	0.1%的 20%乙醇溶液
百里酚蓝(2)	黄	蓝	8.9	9.0	8.0～9.6	0.1%的 20%乙醇溶液
酚酞	无	红	9.1	9.0	8.2～9.8	0.1%的 90%乙醇溶液
百分酚酞	无	蓝	10.0	10.0	9.4～10.6	0.1%的 90%乙醇溶液
混合指示剂(1)	紫	黄绿		4.1	3.1～4.4	一份 0.1%甲基橙水溶液＋一份蓝钠水溶液
混合指示剂(2)	黄	紫		8.3	8.2～8.4	一份 0.1%甲酚红钠水溶液＋ 三份百里酚蓝钠水溶液

许多酸碱指示剂的变色范围不是 $pH=pK_{HIn}\pm 1$，因为实际变色范围是依靠人眼观察得到的，

而每个人的眼睛对颜色的敏感度不同，所以不同资料报道的变色范围也略有不同。

由于指示剂具有一定变色范围，只有在酸碱滴定的化学计量点附近 pH 发生突跃时，指示剂才从一种颜色变为另一种颜色，因此指示剂变色范围越窄越好。在化学计量点时，微小的 pH 改变可使指示剂变色敏锐，所以要选择指示剂的 pK_{HIn} 尽可能地接近化学计量点时溶液的 pH。指示剂的变色范围全部或部分处在滴定突跃范围之内是指示剂选择的主要原则。除此之外，使用指示剂时还应注意以下问题。

1. 指示剂的用量

滴定分析中，指示剂加入量的多少会影响变色的敏锐程度。因为指示剂本身就是有机弱酸或有机弱碱，也会消耗滴定剂，影响结果的准确度。广谱性指示剂用量不能太多，2～3 滴为宜。单色指示剂，其浓度过高会使变色点的 pH 发生改变。双色指示剂，颜色决定于比值，用量影响不大，但用量多则色调深，观察色变不明显，对终点判断不利。

2. 溶液的温度

许多酸碱指示剂变色范围 $pK_{HIn}\pm1$ 受温度的影响。一般情况下，与显色反应相关的各种常数均是温度的函数，K_{HIn} 也不例外。因此温度的变化也会改变指示剂的变色范围。例如甲基橙指示剂，在 18℃时，变色范围是 pH＝3.1～4.4，100℃的变色范围是 pH＝2.5～3.7；酚酞指示剂在 18℃时变色范围是 pH＝8.2～9.8，100℃时是 pH＝8.0～9.2。一般酸碱滴定在常温下进行。

3. 电解质的影响

电解质的存在会改变溶液的离子强度，某些盐类有吸收不同波长光的性质，影响了指示剂颜色的深度和色调。

4. 颜色变化易于识别

由于深色较浅色明显，所以当溶液由浅色变为深色时，肉眼容易辨别出来。例如，酸滴定碱时选用甲基橙为指示剂时，终点颜色由黄色变为橙色，颜色易于识别。同样，用碱滴定酸时，选用酚酞为指示剂，终点颜色由无色变为红色，颜色转变敏锐。

三、混合指示剂

在某些酸碱滴定中，有时需要将指示剂的变色范围控制在很窄的 pH 范围内，用上述单一指示剂往往不能满足要求，此时可采用混合指示剂。混合指示剂主要是利用颜色互补作用原理，使得酸碱滴定的变色范围变窄，终点指示敏锐。常用的混合指示剂有两类，一类是由两种或两种以上酸碱指示剂混合而成，如溴甲酚绿（$pK_{HIn}=4.9$）和甲基红（$pK_{HIn}=5.2$）。溴甲酚绿酸式型体呈黄色，碱式型体呈蓝色；甲基红酸式型体呈红色，碱式型体呈黄色。在不同酸度条件下，甲基红、溴甲酚绿两种指示剂的酸式型体颜色、碱式型体颜色分别叠加后，所呈现的互补颜色与其单独使用时的颜色有所不同，在 pH＜5.1 时呈酒红色，pH＞5.1 时呈绿色，而在 pH＝5.1 变色点处，甲基红-溴甲酚绿的过渡色为浅灰色，使终点颜色变化十分敏锐。另一类是在某种常用酸碱指示剂中加入一种惰性染料，如中性红与染料亚甲基蓝配制而成的混合指示剂，在 pH＝7.0 时呈现紫蓝色，变色范围只有 0.2 个 pH 单位左右，比单独中性红的变色范围要窄得多。常用的混合酸碱指示剂见表 6-3。

表 6-3 常用的混合酸碱指示剂

指示剂名称	变色点 pH 值	颜色		备注
		酸式色	碱式色	
一份 1.0g/L 甲基橙水溶液 一份 2.5g/L 靛蓝二磺酸钠溶液	4.1	紫	黄绿	pH＝4.1 灰色
三份 1.0g/L 溴甲酚绿乙醇溶液 一份 2.0g/L 甲基红乙醇溶液	5.1	酒红	绿	pH＝5.1 灰色

续表

指示剂名称	变色点 pH 值	颜色		备注
		酸式色	碱式色	
一份 1.0g/L 中性红乙醇溶液 一份 1.0g/L 亚甲基蓝乙醇溶液	7.0	蓝紫	绿	pH=7.0 蓝紫色
一份 1.0g/L 甲基红钠盐水溶液	8.3	黄	紫	pH=8.2 玫瑰色
一份 1.0g/L 百里酚蓝钠盐水溶液				pH=8.4 紫色
一份 1.0g/L 酚酞乙醇溶液	9.9	无	紫	pH=9.6 玫瑰色
一份 1.0g/L 百里酚蓝乙醇溶液				pH=10.0 紫色

如果把甲基红、溴百里酚蓝、百里酚蓝、酚酞按一定比例混合，溶于乙醇，配成混合指示剂，可随溶液 pH 的变化而呈现不同的颜色。实验室中使用的 pH 试纸就是基于混合指示剂的原理制成的。

想一想

我们知道酸碱滴定分析中，选用酸碱指示剂要遵循哪些规则。

试想，假如在滴定分析可以实现的前提条件下，用强碱滴定弱酸时，能否选用甲基橙为指示剂;同样，用强酸滴定弱碱时，能否选用酚酞为指示剂，为什么?

第六节　酸碱滴定和指示剂的选择

在酸碱滴定中，被滴定溶液的 pH 随标准溶液的逐滴加入而变化，这种变化可用酸碱滴定曲线来表示。所谓酸碱滴定曲线，就是表示酸碱滴定过程中溶液 pH 变化情况的曲线。不同类型的酸碱滴定，其滴定曲线的形状不同。为了减小酸碱滴定的终点误差，就必须设法使指示剂的变色点与酸碱反应的化学计量点尽量吻合。下面分别介绍不同类型酸碱滴定的滴定曲线及其指示剂的选择。

一、强酸强碱的滴定

强酸强碱的滴定包括强酸滴定强碱和强碱滴定强酸。现以 $c(NaOH)=0.1000mol \cdot L^{-1}$ 溶液滴定 20.00mL $c(HCl)=0.1000mol \cdot L^{-1}$ 溶液为例，讨论在滴定过程中溶液 pH 的变化情况。

（一）滴定过程 pH 值的计算

NaOH 滴定 HCl 的过程分为四个阶段。

1. 滴定开始前

滴定开始前，溶液中 $[H^+]=c(HCl)=1.00\times10^{-1}mol \cdot L^{-1}$，所以 pH=1.00。

2. 滴定开始至化学计量点前

此阶段溶液的酸碱性取决于剩余 HCl 的浓度：

$$[H^+]=\frac{c(HCl)V(HCl)-c(NaOH)V(NaOH)}{V(HCl)+V(NaOH)}$$

例如，当滴入 NaOH 的体积为 18.00mL 时，得：

$[H^+]=5.26\times10^{-3}mol \cdot L^{-1}$，所以 pH=2.28。

同理，当滴入 NaOH 的体积为 19.98mL 时（即相对误差为−0.1%时），得 pH=4.30。

3. 化学计量点时

化学计量点时，HCl 和 NaOH 恰好完全反应，溶液呈中性，即

$[H^+]=[OH^-]=1.0\times10^{-7}\text{mol}\cdot L^{-1}$，所以 pH=7.00。

4. 化学计量点后

此阶段溶液的酸碱性取决于过量的 NaOH 溶液浓度。

$$[OH^-]=\frac{c(NaOH)V(NaOH)-c(HCl)V(HCl)}{V(HCl)+V(NaOH)}$$

$[OH^-]=5.00\times10^{-5}\text{mol}\cdot L^{-1}$，即 $[H^+]=2.00\times10^{-10}\text{mol}\cdot L^{-1}$，所以 pH=9.70。

以上方法多处取点计算，可得到表 6-4 的结果。

表 6-4　用 NaOH 滴定 HCl（浓度皆为 $0.1000\text{mol}\cdot L^{-1}$）**的 pH 变化**

加入的 NaOH 体积/mL	溶液 H^+ 浓度/$\text{mol}\cdot L^{-1}$	溶液 pH
0.00	1.00×10^{-1}	1.00
18.00	5.26×10^{-3}	2.28
19.00	2.56×10^{-3}	2.59
19.80	5.03×10^{-4}	3.30
19.96	1.00×10^{-4}	4.00 突跃范围
19.98	5.00×10^{-5}	4.30 突跃范围
20.00	1.00×10^{-7}	7.00 突跃范围
20.02	2.00×10^{-10}	9.70
20.04	1.00×10^{-10}	10.00
20.20	2.01×10^{-11}	10.70
22.00	2.10×10^{-12}	11.68
40.00	3.00×10^{-13}	12.52

（二）滴定曲线和滴定突跃

1. 滴定曲线

表示滴定过程中溶液 pH 变化情况的曲线称为酸碱滴定曲线。下面就以滴定剂 NaOH 加入量为横坐标，以溶液的 pH 为纵坐标，绘制 pH-V 关系曲线，即可得到如图 6-1 所示的酸碱滴定曲线。

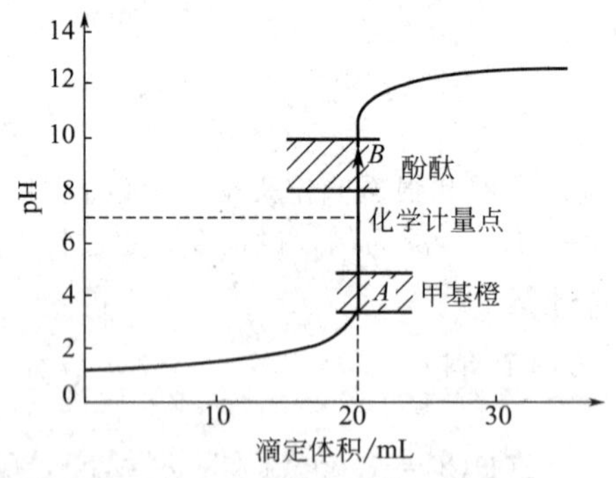

图 6-1　用 NaOH 滴定 20mL HCl（浓度皆为 $0.1000\text{mol}\cdot L^{-1}$）的 pH 变化

从表 6-4 和图 6-1 中可以看出：从滴定开始到滴入 19.80mL NaOH 溶液时，溶液的 pH 仅改变 2.30 个单位，曲线变化比较平坦；再滴入 0.18mL NaOH 溶液时，溶液的 pH 又增加了 1 个单位，曲线变化加快并且攀升起来；当继续滴入 0.02mL NaOH 溶液时，恰好是酸碱滴定反应的化学计量点，此时溶液的 pH 迅速达到 7.00；再滴入 0.02mL 过量的 NaOH 溶液时，溶液的 pH 迅速升到 9.70；此后继续滴加过量的 NaOH 溶液，所引起溶液 pH 增长的幅度越来越小。

2. 滴定突跃

由图 6-1 可见，当滴定处于化学计量点附近，前后总共只滴加了 0.04mL NaOH 溶液时（约为 1 滴滴定剂），而溶液的 pH 却从 4.30 突变为 9.70，改变了 5.40 个 pH 单位，在滴定曲线上所表现的几乎是一条垂直线段。这种在化学计量点前后（一般为±0.1%相对误差范围内），因滴定剂的微小改变而使溶液的 pH 发生巨大变化的现象，成为滴定突跃。突跃所在的 pH 变化范围，称为滴定突跃范围，简称突跃范围。经过滴定“突跃”后，溶液由酸性转变成碱性，量的渐变最终孕育着质的改变。

以上讨论的是 $c(NaOH)=0.1000mol \cdot L^{-1}$ 溶液滴定 20.00mL $c(HCl)=0.1000mol \cdot L^{-1}$ 溶液的情况，如果改变溶液的浓度，化学计量点的 pH 仍然是 7.00，但滴定突跃的长短不同。如图 6-2 所示。酸碱溶液浓度跃大，滴定突跃越大；酸碱溶液浓度越小，突跃范围越小。但是要注意滴定过程中所使用的滴定剂浓度较高，会在接近化学计量点时容易滴入过量（即使是半滴），从而导致终点误差较大。因此，酸碱滴定中的标准滴定溶液的浓度通常为 $0.1 \sim 0.2mol \cdot L^{-1}$。

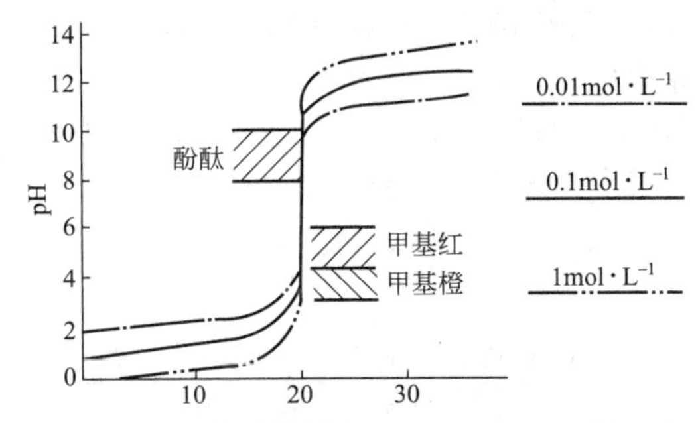

图 6-2 用不同浓度的 NaOH 滴定浓度为 $0.1000mol \cdot L^{-1}$ 20mL HCl 的 pH 变化

（三）指示剂的选择

滴定突跃范围为选择酸碱指示剂提供了重要依据，最理想的指示剂应恰好在化学计量点时变色。实际上，凡在滴定范围内变色灵敏的指示剂，均可用来指示滴定的终点。因此选择指示剂的原则是：指示剂的变色范围应全部或部分处在滴定突跃范围之内。在上述例子中，滴定突跃范围为 pH=4.30～9.70，可用酚酞、甲基红或甲基橙等作指示剂。使用甲基橙时应滴定至溶液由红色刚变为黄色，否则终点误差将大于 0.10%。

如果用 $c(HCl)=0.1000mol \cdot L^{-1}$ 溶液滴定 20.00mL $c(NaOH)=0.1000mol \cdot L^{-1}$ 溶液，得到的滴定曲线如图 6-3 所示（pH 变化方向从大到小），滴定突跃范围为 pH=9.70～4.30，不宜使用甲基橙作指示剂，否则，即使是滴定至溶液由黄色变为橙色（混合色），也有很大的误差。也不宜选用酚酞指示剂，因为其变色方向是由红色变为无色，滴定终点不易观察。此时选择甲基红比较合

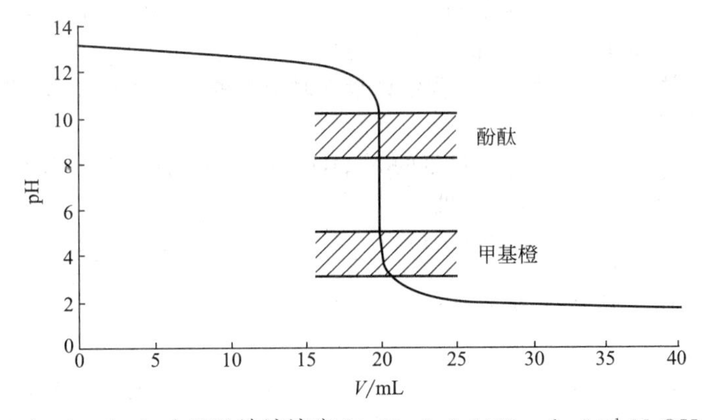

图 6-3 用 $0.1000mol \cdot L^{-1}$ HCl 溶液滴定 20.00mL $0.1000mol \cdot L^{-1}$ NaOH 的 pH 变化

适，滴定至溶液由黄色变为橙色（混合色）即为终点。若选用中性红-亚甲基蓝混合指示剂（变色点为 pH=7.00），终点颜色由绿色转变为蓝紫色，误差将会更小。

二、一元弱酸弱碱的滴定

弱酸、弱碱可分别用强碱、强酸来滴定，与强碱滴定强酸的情况类似。现以 $c(NaOH)=0.1000mol \cdot L^{-1}$ 溶液滴定 20.00mL $c(HAc)=0.1000mol \cdot L^{-1}$ 溶液为例，讨论在滴定过程中溶液 pH 的变化情况。

（一）滴定过程 pH 值的计算

NaOH 滴定 HAc 的过程分为四个阶段。

1. 滴定开始前

滴定开始前，HAc 溶液中 $c(HAc)=0.1000mol \cdot L^{-1}$，其 $[H^+]$ 可按一元弱酸最简公式进行计算，已知 HAc 的 $K_a=1.8\times10^{-5}$，则

$[H^+]=\sqrt{c_aK_a}=\sqrt{0.10\times1.8\times10^{-5}}=1.34\times10^{-3}$　所以 pH=2.87。

2. 滴定开始至化学计量点前

此阶段溶液中未反应的 HAc 与反应产物 Ac^- 同时存在，构成了 HAc-NaAc 缓冲体系。其 $[H^+]$ 可按缓冲溶液最简公式进行计算。

$$pH=pK_a-\lg\frac{c_a}{c_b}$$

其中

$$c_a=\frac{c(HAc)V(HAc)-c(NaOH)V(NaOH)}{V(HAc)+V(NaOH)}$$

$$c_b=\frac{c(NaOH)V(NaOH)}{V(HAc)+V(NaOH)}$$

故

$$pH=pK_a-\lg\frac{c(HAc)V(HAc)-c(NaOH)V(NaOH)}{c(NaOH)V(NaOH)}$$

例如，当滴入 NaOH 的体积为 10.00mL 时，得：

$[H^+]=1.8\times10^{-5}mol \cdot L^{-1}$，pH=4.74。

同理，当滴入 NaOH 的体积为 19.98mL 时，得 pH=7.74。

3. 化学计量点

化学计量点时，HAc 和 NaOH 恰好完全反应，HAc 全部生成 NaAc，溶液呈碱性，此时 $c_b=c(Ac^-)=0.05000mol \cdot L^{-1}$。已知 HAc 的 $K_a=1.8\times10^{-5}$，则 Ac^- 的 $K_b=5.6\times10^{-10}$。相应的 $[OH^-]$ 可用一元弱碱的最简公式计算。

$$[OH^-]=\sqrt{c_bK_b}=\sqrt{0.05\times5.6\times10^{-10}}=5.29\times10^{-6}(mol \cdot L^{-1})$$

$[H^+]=1.89\times10^{-9}mol \cdot L^{-1}$，　pH=8.72。

可见，用 NaOH 滴定 HAc 时，达到化学计量点时溶液的 pH 大于 7.0，溶液呈碱性。

4. 化学计量点后

滴定达到化学计量点后，由于存在过量的 NaOH，使得 Ac^- 所产生的碱性显得微不足道，故溶液 $[OH^-]$ 主要取决于过量 NaOH 的浓度。

$$[OH^-]=\frac{c(NaOH)V(NaOH)-c(HAc)V(HAc)}{V(HAc)+V(NaOH)}$$

与强碱滴定强酸达到化学计量点后溶液的酸碱性计算情况类似，当滴入 NaOH 的体积为 20.02mL 时，得：

$[OH^-]=5.00\times10^{-5}mol \cdot L^{-1}$，即 $[H^+]=2.00\times10^{-10}mol \cdot L^{-1}$，所以 pH=9.70。

如此多处取点计算可得到表 6-5 的结果和图 6-4 的曲线。

表 6-5　用 NaOH 滴定 HAc（浓度皆为 0.1000mol·L^{-1}）有关参数及 pH 的变化

加入的 NaOH 体积/mL	溶液的 H^+ 浓度/mol·L^{-1}	溶液的 pH
0.00	1.34×10^{-3}	2.87
10.00	1.80×10^{-5}	4.74
18.00	2.00×10^{-6}	5.70
19.80	1.82×10^{-7}	6.74
19.96	3.61×10^{-8}	7.44
19.98	1.80×10^{-8}	7.74
20.00	1.89×10^{-9}	8.72
20.02	2.00×10^{-10}	9.70
20.04	1.00×10^{-10}	10.00
20.20	2.01×10^{-11}	10.70
22.00	2.10×10^{-12}	11.68
40.00	3.00×10^{-13}	12.52

（二）滴定曲线和滴定突跃

1. 滴定曲线

下面就以滴定剂 NaOH 加入量为横坐标，以溶液的 pH 为纵坐标绘制 pH-V 关系曲线，即可得到如图 6-4 所示的酸碱滴定曲线。由图示可以看出，滴定前，由于 HAc 是弱酸，溶液中的［H^+］较 HCl 等强酸中的［H^+］低，pH 较大。化学计量点前，溶液中未反应的 HAc 与反应产物 NaAc 组成缓冲体系，pH 变化相对较缓，曲线变化较为平坦。而在化学计量点附近，体系的缓冲作用减弱，滴定曲线逼近垂直段，出现 pH 骤然攀升现象。到达化学计量点（pH＝8.72）时，溶液的 pH 值发生突变，滴定突越为 pH＝7.7～9.7。NaOH 加入量仅增 0.04mL，体系 pH 便可增加 2 个单位，但相对滴定 HCl，滴定突跃变小。

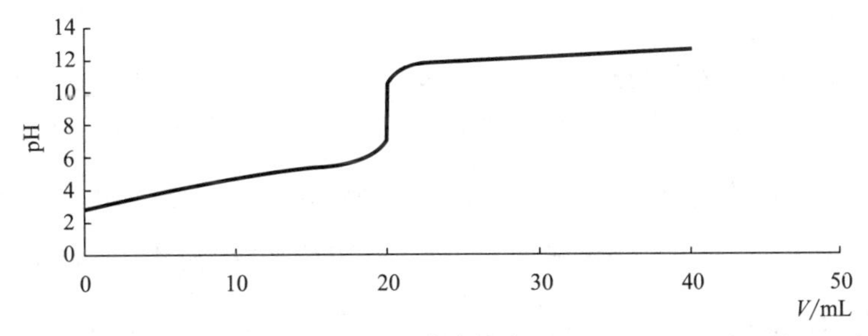

图 6-4　用 NaOH 滴定 20mL HAc（浓度皆为 0.1000mol·L^{-1}）的 pH 变化

2. 滴定突跃

强碱滴定一元弱酸滴定突跃范围的大小，不仅与溶液的浓度有关，而且与弱酸的相对强弱有关。图 6-5 为用 c(NaOH)＝0.1000mol·L^{-1}滴定 0.1000mol·L^{-1}不同强度酸溶液的滴定曲线，该图清楚地表明了 K_a值对滴定突跃的影响。当被滴定酸的浓度一定时，K_a值跃大、突跃范围越大；K_a值越小、突跃范围越小。

如果弱酸的 K_a值很小且浓度也很低，突跃范围必然很窄，就很难选择合适的指示剂。实践证明，只有一元弱酸的 $cK_a\geqslant10^{-8}$时，才能获得较为准确的滴定结果，终点误差不大于±0.20%，这也是判断弱酸能否被强碱滴定的基本条件。

强酸滴定一元弱碱的情况与上述强碱滴定一元弱酸的情况非常相似，用于判断强碱滴定一元弱酸的基本条件类似地适用于强酸滴定一元弱碱。

综上所述，无论是强碱滴定一元弱酸还是强酸滴定一元弱碱，其直接准确滴定的基本条件为 cK_a 或 cK_b 均应$\geqslant10^{-8}$。否则，由于滴定突越范围太窄，难以选择合适的滴定指示剂。

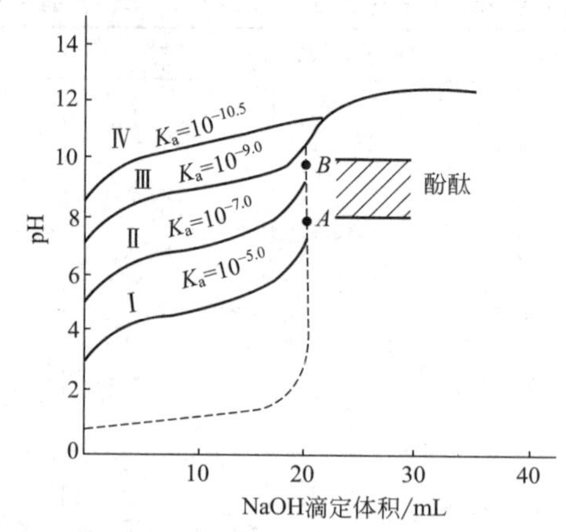

图 6-5 用 0.1000mol·L^{-1} NaOH 滴定 0.1000mol·L^{-1}不同强度酸溶液的滴定曲线

（三）指示剂的选择

强碱滴定弱酸，根据化学计量点附近的突跃范围，酚酞、百里酚蓝、百里酚酞是合适的指示剂。在酸性溶液中变色的指示剂如甲基橙和甲基红完全不适合。

强酸滴定弱碱，根据化学计量点附近的突跃在酸性范围内，可以考虑用甲基橙、甲基红作指示剂；如果用酚酞作指示剂，则会造成很大的错误。所以用标准碱溶液滴定弱酸时，宜用酚酞作指示剂；用标准酸滴定弱碱时，宜用甲基红作指示剂。

三、多元弱酸弱碱的滴定

相对于一元酸碱，多元酸碱进行滴定时候要考虑的问题要复杂一些。比如，能否分布滴定，分步滴定突跃范围，以及指示剂的合理选择等等。

（一）多元酸的滴定

多元酸在水中是逐级解离的，每级给出质子的能力不同，其浓度和各级解离常数决定了质子能否被准确滴定。从 NaOH 滴定 $H_2C_2O_4$等多个实验中可以证明，二元酸能被分步准确滴定的判断依据如下。

（1）若 $cK_{a1} \geqslant 10^{-8}$，$cK_{a2} < 10^{-8}$，而$\dfrac{cK_{a1}}{cK_{a2}} \geqslant 10^4$，则只有第一级解离出来的 H^+ 能被滴定至终点，即在第一化学计量点处仅有一个突跃（第二级解离出的 H^+不能被准确滴定）。

（2）若 $cK_{a1} \geqslant 10^{-8}$，$cK_{a2} \geqslant 10^{-8}$，而$\dfrac{cK_{a1}}{cK_{a2}} < 10^4$，则两级解离出的 H^+ 可一并被滴定至终点，但只是在第二化学计量点处有一个比较大的 pH 突跃，不能进行分步滴定。

（3）若 $cK_{a1} \geqslant 10^{-8}$，$cK_{a2} \geqslant 10^{-8}$，而$\dfrac{cK_{a1}}{cK_{a2}} \geqslant 10^4$，则两级解离的 H^+ 能分别被准确滴定至终点，即在第一、第二化学计量点处各有一个突跃，可进行分步滴定。

对于三元酸分步滴定的判断，可用类似的方法处理。

（二）多元酸碱 pH 值的计算

现以 0.1000mol·L^{-1} NaOH 溶液滴定 0.1000mol·L^{-1} H_3PO_4溶液来进行计算分析。

$$H_3PO_4 + H_2O \rightleftharpoons H_3O^+ + H_2PO_4^- \qquad K_{a2} = 7.6 \times 10^{-3}$$

$$H_2PO_4^- + H_2O \rightleftharpoons H_3O^+ + HPO_4^{2-} \qquad K_{a2} = 6.3 \times 10^{-8}$$

$$HPO_4^{2-} + H_2O \rightleftharpoons H_3O^+ + PO_4^{2-} \qquad K_{a3} = 4.4 \times 10^{-13}$$

显然，$cK_{a1} > 10^{-8}$，$cK_{a2} > 10^{-8}$，而$\dfrac{cK_{a1}}{cK_{a2}} > 10^4$，则前两级解离的 H^+ 能分别被准确滴定至终

点，即在第一、第二化学计量点处各有一个突跃，可进行分步滴定，而第三步解离的 H^+ 不能被准确滴定。因为有两个滴定突跃，则对应的化学计量点 pH 可用两性物质最简计算式计算。

第一化学计量点，生成的产物是 $H_2PO_4^-$：

$$[H^+]=\sqrt{K_{a1}K_{a2}}=\sqrt{7.6\times10^{-3}\times6.3\times10^{-8}}=2.2\times10^{-5}\text{mol}\cdot\text{L}^{-1}$$

$$\text{pH}=4.66$$

第二化学计量点，生成的产物是 HPO_4^{2-}：

$$[H^+]=\sqrt{K_{a2}K_{a3}}=\sqrt{6.3\times10^{-8}\times4.4\times10^{-13}}=1.6\times10^{-10}\text{mol}\cdot\text{L}^{-1}$$

$$\text{pH}=9.78$$

（三）多元酸碱滴定时指示剂的选择

还是以 0.1000mol·L^{-1} NaOH 溶液滴定 0.1000mol·L^{-1} H_3PO_4 溶液来进行计算分析。在这个滴定过程中，第一、第二分步滴定的终点，可分别选择甲基红、酚酞作指示剂。但是，多元酸的滴定反应交叉进行，使化学计量点附近的曲线倾斜，滴定突跃不明显，终点误差较大。但是采用混合指示剂，效果会更好。如果第一、第二分步滴定的终点，分别改用溴甲酚绿-甲基红（变色点为 pH＝5.1）、酚酞-百里酚酞（变色点为 pH＝9.9），其变色点和滴定突跃非常吻合，而且滴定终点变化也更为敏锐，有效地降低终点误差。用 0.1000mol·L^{-1} NaOH 滴定 0.1000mol·L^{-1} 不同强度酸溶液的滴定曲线见图 6-6。

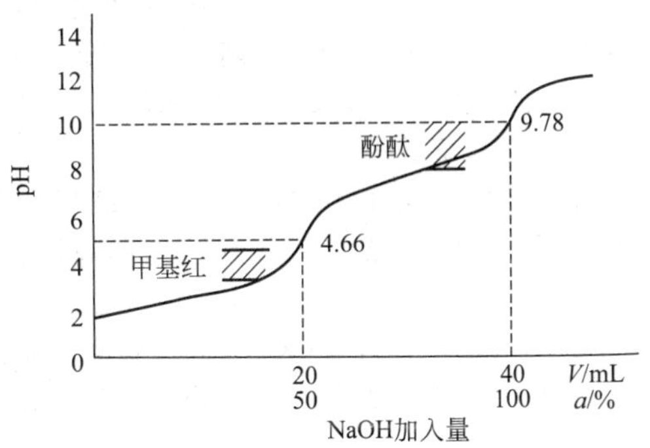

图 6-6　0.1000mol·L^{-1} NaOH 滴定 0.1000mol·L^{-1} H_3PO_4 溶液的滴定曲线

第七节　酸碱滴定法的应用

一、酸碱标准溶液的配制和标定

（一）酸标准溶液的配制和标定

在酸碱滴定中，一般采用强酸配制酸标准溶液的方法，如 HCl、H_2SO_4、HNO_3 等。由于 HNO_3 常含有杂质，能干扰指示剂变色，稳定性较差，所以很少用作标准溶液。盐酸溶液无氧化还原性，酸性强，且价格低廉，易于得到，用得最多。但市售盐酸中 HCl 含量不稳定，有杂质，不能直接配制成标准溶液，只能用间接法配制。即先配制成近似浓度的溶液，再通过基准物质来标定其准确浓度使成为标准溶液。标定盐酸标准溶液通常采用的基准物质是无水碳酸钠（Na_2CO_3）或硼砂（$Na_2B_4O_7\cdot10H_2O$）。

1. 无水碳酸钠（Na_2CO_3）

无水 Na_2CO_3 容易制得纯品，价廉，但易吸湿。Na_2CO_3 临用前需要在 270～300℃ 干燥至恒重，以除去少量水和少量 $NaHCO_3$ 杂质，装入磨口塞瓶内，置于干燥器中冷却备用。称量时多采用减重法，动作要快，避免吸收空气中水分导致误差。

其标定反应式为：

$$CO_3^{2-}+2H^+\rightleftharpoons H_2O+CO_2\uparrow$$

用 Na_2CO_3 标定 HCl 溶液的化学计量点 pH 值约为 3.9，可选用甲基橙作为指示剂。若欲标定盐酸的浓度约为 0.1mol·L^{-1}，使消耗的盐酸体积为 20～30mL，则根据滴定反应可算出称取无水碳酸钠质量为 0.11～0.16g。

2. 硼砂（$Na_2B_4O_7 \cdot 10H_2O$）

硼砂摩尔质量大，不易吸湿，容易制得纯品，但容易在空气中风化失去结晶水，多保存在相对湿度为60%的环境中。其标定反应式为：

$$B_4O_7^{2-} + 2H^+ + 5H_2O \rightleftharpoons 4H_3BO_3$$

用硼砂标定HCl溶液的化学计量点pH值约为5.3，可选用甲基红作指示剂。若欲标定盐酸的浓度约为$0.1mol \cdot L^{-1}$，使消耗的盐酸体积为20～30mL，根据滴定反应可算出称取硼砂的质量为0.38～0.57g。

（二）碱标准溶液的配制和标定

碱标准溶液一般采用NaOH配制。NaOH易吸H_2O和CO_2生成Na_2CO_3，故多采用间接法配制。配制方法为：先配制NaOH饱和溶液，此时Na_2CO_3溶解度很小，Na_2CO_3结晶析出下沉后，取饱和NaOH中层清液，用新煮沸并冷却的蒸馏水稀释至所需的浓度，再用基准物质标定。氢氧化钠溶液对玻璃具有腐蚀性，饱和氢氧化钠溶液应储存在聚乙烯试剂瓶中。常用的基准物质有邻苯二甲酸氢钾和草酸等。

邻苯二甲酸氢钾（$KHC_8H_4O_4$，缩写为KHP）是药典采用的标定氢氧化钠溶液的方法，其摩尔质量大，不含结晶水，不吸湿，容易制成纯品，且易保存，使用前在120℃烘干1h后即可使用。其标定反应式为：

$$HOOCC_6H_4COOK + NaOH = NaOOCC_6H_4COOK + H_2O$$

用邻苯二甲酸氢钾标定NaOH溶液，化学计量点pH值约为9.20，可选用酚酞作指示剂。

二、酸碱滴定法的应用

酸碱滴定法可用来测定各种酸、碱以及能够与酸碱反应的物质，还可以间接的方法测定一些既非酸又非碱的物质，广泛应用于工业、农业、医药、卫生、食品等各个领域，在国家标准、部级标准以及行业标准中多有使用，凡涉及酸度、碱度等检测项目，大多采用简单易行的酸碱滴定法。下面就几个典型的应用实例来进行应用分析。

1. 食用醋中总酸度的测定

食醋的主要成分是乙酸，此外还含有少量其他有机弱酸，如乳酸等。用NaOH滴定时，凡是解离常数$K_a \geqslant 10^{-8}$的酸均被测定，因此测出的是总酸量。由于是强碱滴定弱酸，反应产物是弱酸强碱盐，呈微碱性，等电点pH值为8.6，滴定突跃在碱性范围内，可用酚酞做指示剂。滴定反应如下：

$$CH_3COOH + NaOH = CH_3COONa + H_2O$$

则乙酸的质量为：$m(CH_3COOH) = c(NaOH) \times V(NaOH) \times 10^{-3} \times M(CH_3COOH)(g)$

2. 乙酰水杨酸（阿司匹林）的测定

乙酰水杨酸（$C_9H_8O_4$）属于解热镇痛药，芳酸酯类。在水溶液中可解离出H^+（$pK_a = 3.49$），故可用NaOH标准溶液直接滴定，以酚酞为指示剂，滴定反应如下：

$$C_9H_8O_4 + NaOH \rightleftharpoons C_9H_7O_4Na + H_2O$$

则乙酰水杨酸的含量为（m_s为实际参加反应的试样质量）：

$$w(C_9H_8O_4) = \frac{c(NaOH) \times V(NaOH) \times 10^{-3} \times M(C_9H_8O_4)}{m_s} \times 100\%$$

3. 混合碱的测定

工业烧碱、纯碱等产品大多都是混合碱。烧碱的主要成分为NaOH，但在运输和储存过程中，常因吸收空气中的CO_2而生成部分Na_2CO_3。纯碱通常有三种存在形式，Na_2CO_3、Na_2CO_3和NaOH、Na_2CO_3和$NaHCO_3$。这些混合碱，可以通过双指示剂法进行测定。

所谓双指示剂法，就是分别以酚酞、甲基橙为指示剂的分步滴定法。该方法常用的滴定剂为HCl标准溶液。当滴定至酚酞几乎无色时，记录所消耗的体积V_1（此时NaOH全部反应，而Na_2CO_3则生成$NaHCO_3$）；如果继续滴定HCl标准溶液，至甲基橙由黄色变为橙色，共计消耗的

体积为 V_2（此时只有 $NaHCO_3$ 反应生成 H_2CO_3）。通过化学反应方程式可以得知，Na_2CO_3 生成 $NaHCO_3$ 所消耗的 HCl 体积和 $NaHCO_3$ 反应生成 H_2CO_3 所消耗的 HCl 体积相等。则：

（1）当混合碱中存在着 NaOH 和 Na_2CO_3 时，NaOH 和 Na_2CO_3 所消耗的 HCl 体积和为 V_1，$NaHCO_3$ 所消耗的 HCl 体积为 V_2，且 Na_2CO_3 则生成 $NaHCO_3$ 所消耗的 HCl 体积和 $NaHCO_3$ 反应生成 H_2CO_3 所消耗的 HCl 体积相等，则 $V_1 > V_2$。

则 NaOH 和 Na_2CO_3 的质量分数分别为：

$$w(\mathrm{NaOH})=\frac{c(\mathrm{HCl})(V_1-V_2)M(\mathrm{NaOH})}{m_s}$$

$$w(\mathrm{Na_2CO_3})=\frac{c(\mathrm{HCl})(2V_2)M(\mathrm{Na_2CO_3})}{m_s}$$

（2）当混合碱中存在着 Na_2CO_3 和 $NaHCO_3$ 时，Na_2CO_3 和 $NaHCO_3$ 所消耗的 HCl 体积和为 V_1，$NaHCO_3$ 所消耗的 HCl 体积为 V_2，且 Na_2CO_3 生成 $NaHCO_3$ 所消耗的 HCl 体积和 $NaHCO_3$ 反应生成 H_2CO_3 所消耗的 HCl 体积相等，则 $V_1 < V_2$。

则 Na_2CO_3 和 $NaHCO_3$ 的质量分数分别为：

$$w(\mathrm{Na_2CO_3})=\frac{c(\mathrm{HCl})(2V_1)M(\mathrm{Na_2CO_3})}{m_s}$$

$$w(\mathrm{NaHCO_3})=\frac{c(\mathrm{HCl})(V_2-V_1)M(\mathrm{NaHCO_3})}{m_s}$$

混合碱的测定也可采用氯化钡法进行滴定分析。另外采用酚酞、甲基橙双指示剂法，还可对不含其他碱性杂质的磷酸盐进行滴定法测定。

知识链接

酸碱指示剂的发现

酸碱指示剂是检验溶液酸碱性的常用化学试剂，像科学上的许多其他发现一样，酸碱指示剂的发现也是年轻化学家罗伯特·波义耳善于观察、勤于思考、勇于探索的结果。

300 多年前一天的清晨，英国年轻的科学家罗伯特·波义耳正准备到实验室去做实验，一位花木工为他送来一篮非常鲜美的紫罗兰，喜爱鲜花的波义耳随手取下一朵带进了实验室，把鲜花放在实验桌上开始了实验，当他从大瓶里倾倒出淡黄色液体盐酸时，一股刺鼻的气味从瓶口涌出，还有少许酸沫飞溅到鲜花上。罗伯特·波义耳想“真可惜，盐酸弄到鲜花上了”。为洗掉花上的酸沫，他把花放到水里，一会儿发现紫罗兰颜色变红了。波义耳既新奇又兴奋，他猜想，可能是盐酸使紫罗兰颜色变红色，为进一步验证这一现象，他立即返回住所，把那篮鲜花全部拿到实验室，取出当时已知的几种酸的稀溶液，把紫罗兰花瓣分别放入其中，结果现象完全相同，紫罗兰都变为红色。由此罗伯特·波义耳推断，不仅盐酸，而且其他各种酸都能使紫罗兰变为红色。

偶然的发现，激发了科学家的探求欲望，后来，罗伯特·波义耳又弄来其他花瓣做试验，并制成花瓣的水或乙醇浸液，用它来检验是不是酸，同时用它来检验一些碱溶液，也产生了一些变色现象。这位追求真知，永不困倦的科学家，为了获得丰富、准确的第一手资料，他还采集了药草、牵牛花、苔藓、月季花、树皮和各种植物的根…泡出了多种颜色的不同浸液，有些浸液遇酸变色，有些浸液遇碱变色。不过有趣的是，他从石蕊苔藓中提取的紫色浸液，酸能使它变红色，碱能使它变蓝色，这就是最早的石蕊试液，波义耳把它称作指示剂。为使用方便，波义耳用一些浸液把纸浸透、烘干制成纸片，使用时只要将小纸片放入被检测的溶液，纸片上就会发生颜色变化，从而显示出溶液是酸性还是碱性。今天，我们使用的石蕊、酚酞试纸、pH 试纸，就是根据波义耳发现的原理研制而成的。

本章小结

1. 酸碱质子理论

酸碱定义：凡能释放 H^+ 的物质是酸，凡是能接受 H^+ 的物质是碱。且酸的酸性越强，其共轭碱的碱性越弱；反之亦然，碱性越强，其共轭酸越弱。

根据酸碱质子理论，酸碱反应的实质是质子的传递。

2. 一元、多元弱酸弱碱的解离平衡和 pH 值计算

水的质子自递平衡关系式：$pK_w = pH + pOH = 14$

一元共轭酸碱对的 K_a 和 K_b 有如下关系：25℃时，$K_a K_b = K_w = 1.0\times10^{-14}$

计算一元弱酸 H^+ 浓度最常用的最简式：$[H^+]=\sqrt{c_a K_a}$

同理，计算一元弱碱 OH^- 浓度最常用的最简式：$[OH^-]=\sqrt{c_a K_b}$

补充：两性物质，当溶液浓度不是很稀时（$c/K_{a2}>20$），根据质子转移平衡关系可推导出 $[H^+]$ 的近似计算公式为：$[H^+]=\sqrt{K_{a1}K_{a2}}$

3. 缓冲溶液

缓冲溶液是一种能对抗少量强酸、强碱或稀释作用而引起的体系 pH 值改变，具有缓冲作用的溶液。

缓冲溶液的有效缓冲范围：$pH = pK_a \pm 1$

计算弱酸及其共轭碱水溶液组成的缓冲体系中 $[H^+]$ 的近似公式：$pH = pK_a - \lg\dfrac{c_a}{c_b}$

4. 酸碱指示剂

酸碱指示剂一般是有机弱酸、弱碱或两性物质，它们的酸式体和碱式体在 pH 不同的溶液中具有不同的结构，且呈现不同的颜色。

指示剂的变色范围：$pH = pK_{HIn} \pm 1$

指示剂选择的主要原则：指示剂的变色范围全部或部分处在滴定突跃范围之内。

5. 酸碱滴定法的应用

酸碱滴定曲线：以滴定剂加入量为横坐标，以溶液 pH 为纵坐标，绘制 pH-V 关系曲线。从曲线关系可以确定滴定突跃范围，从而选择指示剂。

酸碱标准溶液的配制和标定：酸标准溶液一般采用强酸配制，比如盐酸。标定盐酸标准溶液通常采用的基准物质是无水碳酸钠（Na_2CO_3）或硼砂（$Na_2B_4O_7\cdot10H_2O$）。碱标准溶液一般采用氢氧化钠配制，标定氢氧化钠溶液常用的基准物质有邻苯二甲酸氢钾和草酸等。

酸碱滴定法可用来测定各种酸、碱以及能够与酸碱反应的物质。混合碱的测定是难点也是重点。

注意，无论是强碱滴定弱酸还是强酸滴定弱碱，其直接准确滴定的基本条件为 cK_a 或 $cK_b \geq 10^{-8}$。否则，由于滴定突跃范围太窄，难以选择合适的滴定指示剂，酸碱滴定无法进行。

能力自测

一、选择题

1. 0.04mol·L^{-1} H_2CO_3 溶液的 pH 值为（　　）。（$K_{a1}=4.2\times10^{-7}$，$K_{a2}=5.6\times10^{-11}$）

A. 4.73　　B. 5.61　　C. 3.89　　D. 7.00

2. 0.1mol·L^{-1} NH_4Cl 溶液的 pH 值为（　　）。（氨水的 $K_b=1.8\times10^{-5}$）

A. 5.13　　B. 6.13　　C. 6.87　　D. 7.00

3. pH=5 和 pH=3 的两种盐酸以 1∶2 体积比混合，混合溶液的 pH 值是（　　）。

A. 3.17　　B. 10.1　　C. 5.3　　D. 8.2

4. 标定 NaOH 溶液常用的基准物是（　　）。

A. 无水 $NaCO_3$　　B. 邻苯二甲酸氢钾　　C. $CaCO_3$　　D. 硼砂

5. 酚酞指示剂的变色范围为（　　）。

A. 8.2～9.8　　B. 4.4～10.0　　C. 9.4～10.6　　D. 7.2～8.8

6. 双指示剂法测混合碱，加入酚酞指示剂时，滴定消耗 HCl 标准溶液体积为 15.20mL；加入甲基橙作指示剂，继续滴定又消耗了 HCl 标准溶液体积为 25.72mL，则溶液中存在（　　）。

A. $NaOH+Na_2CO_3$　　B. $NaHCO_3+Na_2CO_3$

C. $NaHCO_3$　　D. Na_2CO_3

7. 酸碱滴定曲线直接描述的内容是（　　）。

A. 指示剂的变色规律　　B. 滴定过程中 pH 变化规律

C. 滴定过程中酸碱浓度变化规律　　D. 滴定过程中酸碱体积变化规律

8. $0.10mol \cdot L^{-1}$ HAc 溶液的 pH 值为（　　）。($K_a=1.8\times10^{-5}$)

A. 4.74　　B. 2.88　　C. 5.3　　D. 1.8

9. 按质子理论，Na_2HPO_4 是（　　）。

A. 中性物质　　B. 酸性物质　　C. 碱性物质　　D. 两性物质

10. 配制 pH=7 的缓冲溶液时，选择最合适的缓冲对是（　　）。[$K_a(HAc)=1.8\times10^{-5}$，$K_b(NH_3)=1.8\times10^{-5}$；$K_{a1}(H_2CO_3)=4.2\times10^{-7}$，$K_{a2}(H_2CO_3)=5.6\times10^{-11}$；$K_{a1}(H_3PO_4)=7.6\times10^{-3}$，$K_{a2}(H_3PO_4)-6.3\times10^{-8}$，$K_{a3}(H_3PO_4)=4.4\times10^{-13}$]

A. HAc-NaAc　　B. NH_3-NH_4Cl

C. NaH_2PO_4-Na_2HPO_4　　D. $NaHCO_3$-Na_2CO_3

11. 已知 $0.10mol \cdot L^{-1}$ 一元弱酸溶液的 pH=3.0，则 $0.10mol \cdot L^{-1}$ 共轭碱 NaB 溶液的 pH 值是（　　）。

A. 11　　B. 9　　C. 8.5　　D. 9.5

12. 以甲基橙为指示剂标定含有 Na_2CO_3 的 NaOH 标准溶液。再用该标准 NaOH 溶液滴定某酸，以酚酞为指示剂，则某酸测定结果（　　）。

A. 偏高　　B. 偏低　　C. 不变　　D. 无法确定

13. 多元酸能分步滴定的条件是（　　）。

A. $K_{a1}/K_{a2}\geqslant10^6$　　B. $K_{a1}/K_{a2}\geqslant10^4$　　C. $K_{a1}/K_{a2}\leqslant10^6$　　D. $K_{a1}/K_{a2}\leqslant10^5$

14. 酸碱滴定中指示剂选择依据是（　　）。

A. 标准溶液的浓度　　B. 酸碱滴定 pH 突跃范围

C. 被滴定酸或碱的浓度　　D. 被滴定酸或碱的强度

15. $010mol \cdot L^{-1}$ 的下列溶液中，酸性最强的是（　　）。

A. H_3BO_3（$K_a=5.8\times10^{-10}$）　　B. $NH_3 \cdot H_2O$（$K_b=1.8\times10^{-5}$）

C. 苯酚（$K_a=1.1\times10^{-10}$）　　D. HAc（$K_a=1.8\times10^{-5}$）

16. $H_2PO_4^-$ 的共轭碱是（　　）。

A. HPO_4^{2-}　　B. PO_4^{3-}　　C. H_3PO_4　　D. OH^-

17. 多元酸的滴定是（　　）。

A. 可以看成其中一元酸的滴定过程

B. 可以看成是相同强度一元酸的混合物滴定

C. 可以看成是不同强度一元酸的混合物滴定

D. 可以看成是不同浓度一元酸的混合物滴定

18. 缓冲组分浓度比是 1∶1 时，缓冲容量（　　）。

A. 最大　　B. 最小　　C. 不受影响　　D. 无法确定

19. 用 HCl 标准溶液滴定 Na_2CO_3 和 NaOH 混合溶液，可得到（　　）个滴定突跃。

A. 0　　B. 1　　C. 2　　D. 3

20. 用 NaOH 溶液标签浓度为 0.3000mol·L^{-1}，该溶液从空气中吸收了少量的 CO_2，现以酚酞为指示剂，用标准 HCl 溶液标定，标定结果比标准浓度（　　）。

A. 高　　B. 低　　C. 不变　　D. 无法确定

二、计算题

1. 分别计算各混合溶液的 pH 值：

（1）0.3L 0.5mol·L^{-1} HCl 与 0.2L 0.5mol·L^{-1} NaOH 混合；

（2）0.25L 0.2mol·L^{-1} NH_4Cl 与 0.5L 0.2mol·L^{-1} NaOH 混合；

（3）0.5L 0.2mol·L^{-1} NH_4Cl 与 0.5L 0.2mol·L^{-1} NaOH 混合；

（4）0.5L 0.2mol·L^{-1} NH_4Cl 与 0.25L 0.2mol·L^{-1} NaOH 混合。

2. 通过计算，比较 0.10mol·L^{-1} $NH_4H_2PO_4$ 溶液和 0.10mol·L^{-1} NaH_2PO_4 溶液的 pH 值有何异同？

3. 将 100mL 0.20mol·L^{-1} HAc 和 50mL 0.20mol·L^{-1} NaOH 溶液混合，求混合溶液的 pH 值。

4. 若配制 pH=10.0 的缓冲溶液 1.0L，用去 15mol·L^{-1} 的 NH_3 水 350mL，问需要 NH_4Cl 多少克？

5. 用 NaOH 标准溶液滴定某弱酸 HA，若两者的初始浓度相同，当滴定至 50% 时，溶液的 pH=5.00；滴定至 100% 时，溶液的 pH=8.00；滴定至 200% 时，溶液的 pH=12.00。则该酸的 K_a 为多少？

6. 欲配制 500mL pH=9.0，$[NH_4^+]$=1.0mol·L^{-1} 的缓冲溶液，需密度为 0.904g·mL^{-1}，（氨的质量分数为 26%）的浓氨水多少毫升？固体氯化铵多少克？

7. 称取某未知混合碱试样 0.6800g 溶于水后，以酚酞作指示剂，用 0.1800mol·L^{-1} HCl 标准滴定溶液滴定至终点，消耗体积为 23.00mL，再以甲基橙为指示剂滴定至终点，又消耗 26.80mL，试判断混合碱的组成。

8. 0.3582g 含 $CaCO_3$ 及不与酸作用杂质的石灰石与 25.00mL 0.1471mol·L^{-1} HCl 溶液反应，过量的酸用 10.15mL NaOH 溶液回滴。已知 1mL NaOH 溶液相当于 1.032mL HCl 溶液。求石灰石的纯度。

三、问答题

1. 下列物质溶于水后，溶液是酸性、碱性还是中性？

（1）Na_2CO_3　（2）NH_4Cl　（3）NH_4Ac　（4）$NaHCO_3$　（5）$Al(OH)_3$

2. 若硼砂未能保存在相对湿度 60% 的容器中，而存放在相对湿度为 30% 容器中，采用此硼砂标定 HCl 溶液时，所标出的浓度值将偏高还是偏低？

3. 什么是滴定突跃，它的大小与哪些因素有关，酸碱滴定中指示剂的选择原则是什么？

4. 指出下列物质中的共轭酸碱对：HAc、Ac^-、NH_3、NH_4^+、H_2CO_3、HCO_3^-、CO_3^{2-}、H_2S、HS^-、S^{2-}、$H_2C_2O_4$、$HC_2O_4^-$、$C_2O_4^{2-}$、H_3PO_4、$H_2PO_4^-$、HPO_4^{2-}、PO_4^{3-}。

5. 采用双指示剂法测定混合碱的组成时，加入甲基橙指示剂后，在临近滴定终点前，为什么要将溶液加热至沸，冷却后再继续滴定至终点？

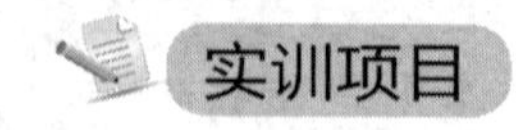

酸碱标准溶液的配制和标定

一、实验目的

1. 复习巩固天平的使用方法；

2. 巩固容量器皿的使用方法；

3. 掌握酸碱溶液的配制和标定方法。

二、实验原理

浓盐酸含有杂质而且易挥发，氢氧化钠易吸收空气中水分和CO_2，因此它们均非基准物质，不能直接配制成标准溶液，其溶液的准确浓度需要先配制成近似浓度的溶液，然后用其他基准物质进行标定。

常用于标定酸溶液的基准物质有无水碳酸钠（Na_2CO_3）或硼砂（$Na_2B_4O_7 \cdot 10H_2O$）；常用于标定碱溶液的基准物质有邻苯二甲酸氢钾（$KHC_8H_4O_4$）。

1. 用碳酸钠（Na_2CO_3）标定 HCl 溶液反应方程式如下：

$$Na_2CO_3 + 2HCl = 2NaCl + CO_2\uparrow + H_2O$$

由反应式可知，2mol HCl 正好与 1mol Na_2CO_3完全反应。由于生成的H_2CO_3是弱酸，在室温下，其饱和溶液浓度约为 0.04mol·L^{-1}，等量点时 pH 值约为 4，故可选用甲基红或甲基橙作指示剂。

2. 用 $KHC_8H_4O_4$标定 NaOH 溶液，反应方程式如下：

$$KHC_8H_4O_4 + NaOH = KNaC_8H_4O_4 + H_2O$$

由反应可知，1mol $KHC_8H_4O_4$和 1mol NaOH 完全反应，到达等量点时，溶液呈碱性，pH 值为 9，可选用酚酞作指示剂。

通常我们也可采用已知浓度的 HCl（NaOH）标准溶液来标定未知浓度的 NaOH（HCl）溶液。终点产物为 NaCl，pH=7，选用甲基橙或酚酞作指示剂均可。本实验采用该方法测定 NaOH 溶液的浓度。

三、实验仪器及试剂

1. 仪器

台秤，分析天平，量筒（10mL）1 支，碱式滴定管（25mL）1 支，酸式滴定管（25mL）1 支，锥形瓶（250mL）3 只，带玻璃塞和胶塞的 500mL 试剂瓶各 1 个，容量瓶 250mL 一个。

2. 药品

浓 HCl（密度 1.18～1.19g·cm^{-3}），固体 NaOH（分析纯）或 50%的 NaOH 溶液，无水Na_2CO_3（分析纯），0.2%甲基橙水溶液，0.2%甲基红乙醇溶液，0.2%酚酞乙醇溶液。

四、实验内容

1. 溶液的配制

（1）0.1mol·L^{-1} HCl 溶液的配制　用洁净的 10mL 量筒量取浓盐酸 4.5mL，倒入事先已加入少量蒸馏水的 500mL 洁净试剂瓶中，用蒸馏水稀释至 500mL，盖上玻璃塞，摇匀，贴好标签。

（2）0.1mol·L^{-1} NaOH 溶液的配制

① NaOH 饱和水溶液的配制，用表面皿在台秤上称取固体氢氧化钠 120g，因为 NaOH 极易吸水，故称取时动作要迅速，称好后放入称有 100mL 蒸馏水的烧杯内，用玻璃棒搅拌使 NaOH 溶解，制成饱和溶液，待冷却后，置于聚乙烯塑料瓶中，用橡皮塞密闭，静置数日，取上清溶液使用。

② 0.1mol·L^{-1} NaOH 溶液的配制，用洁净的 10mL 量筒量取上述配好的饱和 NaOH 上清液 5.6mL，加新煮沸过的冷蒸馏水至 1000mL 具橡皮塞的试剂瓶中，密闭摇匀，贴上标签备用。标签上写明试剂名称、浓度、配制日期、专业、姓名。

2. 标定

（1）0.1mol·L^{-1} HCl 溶液的标定

① 准确称取无水Na_2CO_3 1.1～1.3g 于锥形瓶中，加 30mL 蒸馏水溶解，定量转移到 250ml 容量瓶中，稀释至标线，摇匀备用；用移液管（事先用配好的碳酸钠基准液淌洗 2～3 次）将

25.00mL 碳酸钠标准溶液移入锥形瓶中，加蒸馏水 25mL，甲基橙指示剂 2 滴，此时溶液呈黄色。

② 将洗净的酸式滴定管用待标定的 HCl 溶液淌洗 2～3 次（每次 5～10mL），然后在滴定管内装满 HCl 溶液，排出滴定管尖的气泡，放准整刻度（如 0.00mL，1.00mL 等），并记下读数。

③ 用待标定的盐酸标准溶液滴定碳酸钠标准溶液至溶液刚刚由黄色变为橙色即为终点（由于终点较难辨别，另取蒸馏水 25mL，加碱少许及甲基橙指示剂 2 滴，使呈黄色，作为对照），记录所消耗 HCl 溶液的体积。平行测定三份（碳酸钠都要重新称量）。每次装液必须在零刻度线附近。注意，临近终点时，应仔细慢慢地滴定，切勿滴过终点。重复滴定 2～3 次，每两次结果不应相差 0.05mL，否则应重做。

（2）$0.1mol \cdot L^{-1}$ NaOH 溶液的标定　将已标定好的 HCl 溶液，准确地从滴定管中放出 20.00mL 在干净的锥形瓶中，再加入 2 滴酚酞溶液，用待标定的 NaOH 溶液滴定至粉红色，半分钟内不褪色即为终点，记录消耗掉 NaOH 溶液的体积（mL）。平行测定三份。每次装液必须在零刻度线附近。

五、数据处理

1. 根据下式计算 HCl 溶液浓度：

$$c(HCl)=\frac{2\times m(Na_2CO_3)}{M(Na_2CO_3)\times V(HCl)}$$

式中　$m(Na_2CO_3)$——参与反应碳酸钠的质量，g；

$V(HCl)$——滴定时消耗 HCl 溶液的体积，mL；

$M(Na_2CO_3)$——Na_2CO_3的摩尔质量，$g \cdot mol^{-1}$；

$c(HCl)$——所求 HCl 标准溶液的准确浓度，$mol \cdot L^{-1}$。

HCl 溶液标定的有关数据填入下表：

项目	Ⅰ	Ⅱ	Ⅲ
称取 Na_2CO_3/g			
HCl 溶液初读数/mL			
HCl 溶液终读数/mL			
HCl 溶液消耗量/mL			
HCl 溶液的浓度/$mol \cdot L^{-1}$			
HCl 溶液的浓度平均值			
绝对极差			
相对极差			

在分析化学中，相对极差可用于表示数值的离散（集中）程度。极差（绝对极差）/数值平均值=相对极差。

2. 根据下式计算 NaOH 溶液浓度：

$$c(NaOH)=\frac{V(HCl)\times c(HCl)}{V(NaOH)}$$

式中　$c(HCl)$——参与反应的 HCl 的摩尔浓度，$mol \cdot L^{-1}$；

$V(HCl)$——参与反应的 HCl 体积，mL；

$V(NaOH)$——滴定时消耗 NaOH 溶液的体积，mL；

$c(NaOH)$——所求 NaOH 标准溶液的准确浓度，$mol \cdot L^{-1}$。

NaOH 溶液的标定的有关数据填入下表：

项目	Ⅰ	Ⅱ	Ⅲ
HCl 溶液的浓度/mol·L^{-1}			
NaOH 溶液初读数/mL			
NaOH 溶液终读数/mL			
NaOH 溶液消耗量/mL			
NaOH 溶液的浓度/mol·L^{-1}			
NaOH 溶液的浓度数值平均值			
绝对极差			
相对极差			

六、思考题

1. 为什么 HCl 和 NaOH 标准溶液都不能用直接法配制？

2. 滴定管在装溶液前为什么要用此溶液润洗？用于滴定的锥形瓶或烧杯是否也要润洗，为什么？

3. 基准物质称完后，需加 30mL 水溶解，水的体积是否要准确量取，为什么？

七、注释

[1] 能用于直接配制标准溶液或标定溶液浓度的物质，称为基准物质或基准试剂。它应具备以下条件：组成与化学式完全相符，纯度足够高，储存稳定，参与反应时按反应式定量进行。

[2] 固体 NaOH 易吸收空气中的 CO_2，使 NaOH 表面形成一薄层碳酸盐，实验室配制不含 CO_3^{2-} 的 NaOH 溶液一般有两种方法：

A. 以少量蒸馏水洗涤固体 NaOH，除去表面生成的碳酸盐后，将 NaOH 固体溶解于加热至沸点并冷至室温的蒸馏水中。

B. 利用 Na_2CO_3 在浓 NaOH 溶液中溶解下降的性质，配制接近于饱和的 NaOH 溶液，静置，让 Na_2CO_3 沉淀析出后，吸取上层澄清溶液，即为不含 CO_3^{2-} 的 NaOH 溶液。

铵盐中氮的测定

一、目的要求

1. 掌握用 $KHC_8H_4O_4$ 标定 NaOH 标准溶液反应机理及过程。

2. 了解把弱酸强化为可用酸碱滴定法直接滴定强酸的方法。

3. 掌握用甲醛法测铵态氮的原理和方法。

二、实验原理

1. 铵盐中氮含量的测定

硫酸铵 $(NH_4)_2SO_4$ 是常用的氮肥之一，是强酸弱碱盐，可用酸碱滴定法测定其含氮量。但由于 NH_4^+ 的酸性太弱（$K_a=5.6\times10^{-10}$），不能直接用 NaOH 标准溶液准确滴定，生产和实验室中广泛采用甲醛法进行测定。

将甲醛与一定量的铵盐作用，生成相当量的酸（H^+）和质子化的六亚甲基四铵盐（$K_a=$

7.1×10^{-6})，反应如下：

$$4NH_4^+ + 6HCHO \rightleftharpoons (CH_2)_6N_4H^+ + 3H^+ + 6H_2O$$

生成的 H^+ 和质子化的六亚甲基四胺（$K_a=7.1\times10^{-6}$），均可被 NaOH 标准溶液准确滴定（弱酸 NH_4^+ 被强化）。

$$(CH_2)_6N_4H^+ + 3H^+ + 4OH^- = 4H_2O + (CH_2)_6N_4$$

4mol NH_4^+ 相当于 4mol 的 H^+，相当于 4mol 的 OH^-，相当于 4mol 的 N，所以 N 与 NaOH 的化学计量数比为 1∶1。化学计量点时溶液呈弱碱性（六亚甲基四胺为有机碱），可选用酚酞作指示剂。

终点：无色→微红色（30s 内不褪色）。

注意：

（1）若甲醛中含有游离酸（甲醛受空气氧化所致，应除去，否则产生正误差），应事先以酚酞为指示剂，用 NaOH 溶液中和至微红色（pH≈8）。

（2）若试样中含有游离酸（应除去，否则产生正误差），应事先以甲基红为指示剂，用 NaOH 溶液中和至黄色（pH≈6）。(能否用酚酞指示剂?)

2. NaOH 标准溶液的标定

用基准物质（邻苯二甲酸氢钾、草酸）准确标定出 NaOH 溶液的浓度。本实验所用基准物为邻苯二甲酸氢钾。

三、实验仪器和试剂

1. 仪器

烘箱，称量瓶，电子天平，干燥器，台秤等。

2. 试剂

NaOH，0.2%甲基红，20%甲醛，酚酞指示剂（0.2%乙醇溶液），邻苯二甲酸氢钾（s）（A. R，在 100～125℃下干燥 1h 后，置于干燥器中备用）。

四、实验内容

1. 配制 0.1mol·L^{-1} NaOH 溶液（略）

2. 0.1mol·L^{-1} NaOH 溶液的标定

用差减法准确称取 0.4～0.6g 已烘干的邻苯二甲酸氢钾三份，分别放入三个已编号的 250mL 锥形瓶中，加 40～50mL 水溶解（可稍加热以促进溶解），加入 1～2 滴酚酞，再用 NaOH 溶液滴定至溶液呈现微红色（30s 内不褪）。记录 V(NaOH)，计算 c(NaOH) 和标定结果的相对偏差。

3. 甲醛溶液的处理

取原装甲醛（40%）的上层清液 20mL 于烧杯中，用水稀释一倍，加入 2～3 滴 0.2%的酚酞指示剂，用 0.1mol·L^{-1}的 NaOH 溶液中和至甲醛溶液呈微红色。

4. 试样中含氮量的测定

准确称取 0.3g 的 $(NH_4)_2SO_4$ 试样三份，分别置于 250mL 锥形瓶中。用 50mL 蒸馏水溶解。加入 10mL 20%已中和的甲醛水溶液，再加入 2 滴酚酞指示剂摇匀。静置 1 分钟后（强化酸），用 0.1mol·L^{-1} NaOH 标准溶液滴定至溶液呈粉红色，并持续半分钟不褪，即为滴定终点。记录滴定所消耗的 NaOH 标准溶液的体积，平行做 3 次。根据 NaOH 标准溶液的浓度和滴定消耗的体积，计算试样中氮的含量和测定结果的相对偏差。

五、实验记录与数据处理

表 1　0.1mol·L^{-1} NaOH 溶液的标定（略）

表 2　硫酸铵肥料中含氮量的测定（甲醛法）

项目 \ 次数	1	2	3
m(试样)/g			
NaOH 溶液初读数/mL			
NaOH 溶液终读数/mL			
NaOH 溶液消耗量/mL			
$m[(NH_4)_2SO_4]$/g			
m(N)/g			
N 的含量/g			
绝对极差			

六、思考题

1. NH_4^+ 为 NH_3 的共轭酸，为什么不能直接用 NaOH 溶液滴定？

2. NH_4NO_3、NH_4Cl 或 NH_4HCO_3 中的含氮量能否用甲醛法测定？

七、实验指导

1. 强调甲醛中的游离酸和 $(NH_4)_2SO_4$ 试样中的游离酸的处理方法。

2. 强调试样中含氮量测定时终点颜色的变化。

3. 强调对组成不太均匀的试样的称样要求。

八、注释

甲醛溶液中常含有微量甲酸，必须预先以酚酞为指示剂，用 0.1mol・L^{-1} NaOH 溶液中和至甲醛溶液变为粉红色方可使用。

食醋中总酸量测定

一、目的要求

1. 学会用中和法直接测定酸性物质。

2. 学习强碱滴定弱酸的基本原理及指示剂的选择。

3. 掌握食醋中总酸量测定的原理和方法。

二、实验原理

1. 标准溶液：已知准确浓度的强碱溶液（氢氧化钠）。

2. 基准物质：能够用于直接配制或标定标准溶液的物质。满足下列 5 个要求：(1) 试剂组成与化学式完全符合；(2) 纯度足够高；(3) 很稳定；(4) 较大的摩尔质量；(5) 按反应式定量进行，无副反应。

3. 标准溶液的配制：直接法、标定法。

4. 标定碱标准溶液时，常用邻苯二甲酸氢钾和草酸钠等作基准物质，亦可用标准酸溶液与之比较进行间接标定，用邻苯二四酸氢钾标定氢氧化钠，反应如下：

$$KHC_8H_4O_4 + NaOH = KNaC_8H_4O_4 + H_2O$$

食醋的主要成分是乙酸，此外还含有少量其他有机弱酸，如乳酸等。用 NaOH 滴定时，凡是

离解常数 $K_a \geqslant 10^{-8}$ 的酸均被测定，因此测出的是总酸量。由于是强碱滴定弱酸，反应产物是弱酸强碱盐，呈微碱性，滴定突跃在碱性范围内，等电点 pH 值在 8.6 左右，可用酚酞做指示剂。

5. 实验反应方程：

$$CH_3COOH + NaOH \longrightarrow CH_3COONa + H_2O$$

三、实验仪器和试剂

1. 仪器

烘箱，称量瓶，电子天平，干燥器，台秤等。

2. 试剂

NaOH，酚酞指示剂（0.2%乙醇溶液），邻苯二甲酸氢钾（s）（A.R，在 100～125℃下干燥 1h 后，置于干燥器中备用）。

四、实验内容

1. 0.1mol·L^{-1}NaOH 溶液的配制与标定

用差减法平行称量 $KHC_8H_4O_4$ 三份，每份在 0.2～0.3g 之间，倒入锥形瓶中用水溶解完全，加入酚酞指示剂，用待标定的 NaOH 溶液滴定至终点。计算 NaOH 溶液浓度。

2. 食醋总酸量的测定

洗净的移液管用少量待测的食醋淌洗 2～3 次，然后准确移取 25.00mL 食醋于 250mL 容量瓶中并定容，平行移取 25.00mL 稀释后的食醋三份，分别加入锥形瓶中，加入 2 滴酚酞指示剂，摇匀，用 0.1mol·L^{-1}NaOH 标准溶液滴定至呈微红色，30s 内不褪色即为终点。记下所消耗 NaOH 的体积 V。平行测定 3 次。计算食醋中乙酸含量（单位：g·100mL^{-1}）。

五、数据分析

按照公式总酸量

项目	1	2	3
$M(KHC_8H_4O_4)$/g			
NaOH 浓度/mol·L^{-1}			
NaOH 滴定前读数/mL			
NaOH 滴定终点读数/mL			
NaOH 反应体积/mL			
总酸度/g·100mL^{-1}			
平均总酸度/g·100mL^{-1}			
绝对差值/%			

$$P = \frac{c \times V_1 \times 10^{-2} \times M}{V_2 \times 10^{-2}} \times 10$$

要求实验结果的相对平均偏差≤±0.2%

六、注意事项

1. 碱标准溶液常用 NaOH 来配制，KOH 价格较高，仅在个别特殊情况下使用。

2. 由于 NaOH 固体易吸收空气中的 CO_2 和水分，不能直接配制碱标准溶液，而必须用标定法。

3. NaOH 吸收空气中的 CO_2，使配得的溶液中含有少量 Na_2CO_3，使滴定反应复杂化，甚至使测定发生一定误差，因此，应配制不含碳酸盐的碱溶液。

4. 苛性碱标准溶液侵蚀玻璃，长期保存最好用塑料瓶储存。在一般情况下，可用玻璃瓶储存，但必须用橡皮塞。

5. 邻苯二甲酸氢钾易得到纯品，摩尔质量大，在空气中不易吸水，容易保存。

6. 酸碱滴定中CO_2的影响有时不能忽略，终点时pH值越低，CO_2影响越小，一般说，pH值小于5时的影响可忽略。如用甲基橙为指示剂，终点pH值约为4，CO_2基本上不被滴定，而碱标准溶液中的CO_3^{2-}也基本被中和成CO_2，用酚酞为指示剂，终点pH值约为9，CO_3^{2-}被滴定为HCO_3^-，（包括空气中溶解的CO_2形成的CO_3^{2-}。）

七、其他

1. 称量时，所用锥形瓶外壁要干并编号（以后称量同）。
2. 针对天平和滴定操作练习中存在的问题，作必要的讲解和示范。
3. 示范容量瓶的使用方法（清洁，检漏，转移溶液，定容，摇匀）。
4. 提醒学生计算乙酸总量，NaOH的浓度用实验标定值。

八、评分标准参考

得分(仅占40%准确度和精密度)	优40	良32	及格24	不及格16
准确度(相对误差)	±0.5	±1	±1.5	±1.5以外
精密度(相对平均偏差)	≤0.2	≤0.3	≤0.5	>0.5

若准确度和精密度不在同一分栏档次，可取其平均值。

九、思考题

1 标定NaOH标准溶液的基准物质常有哪几种？本实验选用的基准物质是什么？与其他基准物质比较，它有什么显著的优点？

要点：标定NaOH标准溶液的基准物质常用邻苯二甲酸氢钾和草酸。与其他基准物质比较，邻苯二甲酸氢钾易得到纯品，在空气中不易吸水，容易保存，且摩尔质量大，称量样品相对多，引起的误差相对小。

2. 称取NaOH及$KHC_8H_4O_4$各用什么天平？为什么？

要点：NaOH需要标定，故只需要用普通天平称量。$KHC_8H_4O_4$是基准物质，需要知道准确的量，故需要精确称量，选用万分之一天平。

3. 无CO_2蒸馏水如何配制？如果稀释食醋的蒸馏水中含有CO_2对测定结果有何影响？

4. 滴定时所使用的移液管和锥形瓶都需要用食醋溶液润洗吗？为什么？

参考文献

[1] 南京大学无机及分析化学编写组．无机及分析化学．北京：高等教育出版社，2015.

[2] 王炳强，曾玉香．化学检验工职业技能鉴定试题集．北京：化学工业出版社，2015.

[3] 叶芬霞．无机及分析化学．北京：高等教育出版社，2014.

[4] 戴静波．药用基础化学．北京：化学工业出版社，2012.

[5] 符明淳，王霞．分析化学．北京：化学工业出版社，2008.

[6] 韩忠霄，孙乃有．无机及分析化学．北京：化学工业出版社，2007.

[7] 魏音，刘景清．佛尔哈德与他的沉淀滴定法．化学教育，2001，7～8：94.

沉淀溶解平衡与沉淀滴定法

Chapter 07

知识目标

1. 掌握溶度积、溶解度的概念，并在实际分析中正确应用二者；
2. 掌握溶度积规则，并能进行沉淀溶解平衡的相关计算；
3. 掌握摩尔法和佛尔哈德法等典型沉淀滴定法的基本原理和主要应用；
4. 了解重量分析法的基本原理，以及对沉淀条件的要求。

在实际科研和生产工作中，人们常常会利用沉淀反应进行定性、定量分析。虽然很多化学反应都会生成沉淀，但符合沉淀滴定分析条件的却寥寥无几。或是因为生成的沉淀组成不确切，无法按照计量关系有效计算；或是生成沉淀的溶解度较大，不能沉淀完全；或是没有合适指示剂判断滴定终点等诸多因素，导致沉淀滴定法在实际上应用最多的还是银量法。

第一节　溶度积

在溶液中沉淀的形成和溶解是一个动态的化学平衡，平衡状态中反应进行的程度可以用沉淀反应参数——溶度积来反映。

一、溶度积概述

（一）溶度积常数

不同物质在水中溶解度是不同的，绝对不溶解的物质并不存在。工作中根据不同电解质在298K的100g水中溶解质量不同，将电解质划分为四类，见表7-1。

表 7-1　电解质的分类

电解质分类	沉淀质量/(g/100g 水)
易溶电解质	沉淀质量＞10g
可溶电解质	1＜沉淀质量＜10g
微溶电解质	0.1g＜沉淀质量＜1g
难溶电解质	沉淀质量＜0.1g

AgCl、$BaSO_4$等都是难溶电解质，其固体的形成与溶解和在溶液中相应离子之间存在的平衡称为沉淀溶解平衡。例如，把AgCl晶体放入水中会有少量溶解，因为晶体表面的Ag^+、Cl^-在水分子的作用下，离开晶体表面，称为自由运动的水合分子，这是溶解。同时，溶液中的Ag^+、Cl^-在水中相互碰撞会重新结合成AgCl晶体，或者碰触到固体重新回到固体表面，这是沉淀过程。在一定温度下，沉淀和溶解的速度相等时，就达到了沉淀溶解平衡，这是一种动态平衡。AgCl虽然难

溶，但是一旦溶解就完全解离，因此沉淀溶解平衡是一种多相平衡，有如下反应式：

$$AgCl \underset{沉淀}{\overset{溶解}{\rightleftharpoons}} Ag^+(aq)+Cl^-(aq)$$

根据化学平衡定律，反应平衡常数为：

$$K_{sp}^{\ominus}=\frac{[Ag^+][Cl^-]}{[AgCl]}$$

[AgCl] 是 AgCl 晶体未溶解的浓度，按照化学反应平衡的表示规则，常数 $K_{sp}^{\ominus}$ 为：

$$K_{sp}^{\ominus}=[Ag^+][Cl^-]$$

$K_{sp}^{\ominus}$称为溶度积常数，简称溶度积，反映了物质的溶解能力，与温度有关，多数情况下，沉淀的溶度积常数随着温度的升高而增大，但不显著。溶度积常数与浓度无关。

用通用的 A_mB_n 来表达一般意义上的难溶电解质，温度一定，则其饱和溶液的沉淀溶解平衡表达式为：

$$A_mB_n \rightleftharpoons mA^{n+}(aq)+nB^{m-}(aq)$$

$$K_{sp}^{\ominus}(A_mB_n)=[A^{n+}]^m[B^{m-}]^n$$

比如氢氧化锌溶解时：

$$Zn(OH)_2 \rightleftharpoons Zn^{2+}+2OH^-$$

$$K_{sp}^{\ominus}[Zn(OH)_2]=[Zn^{2+}][OH^-]^2$$

从表达式可以看出，任何沉淀在溶液中，总会存在着一定量的离子，只是溶解能力有不同，即 $K_{sp}^{\ominus}$ 大小有差异。$K_{sp}^{\ominus}$仅仅适用于难溶强电解质的饱和溶液，不适用于微溶和易溶电解质溶液。

（二）溶解度和溶度积关系

了解溶解度和溶度积关系，首先要明确溶解度和溶度积的概念。溶解度是物质在 298K 时，100g 水中能够溶解该物质的质量，用 S 表示，可表达所有电解质的溶解能力，单位为 g·(100g 水)$^{-1}$或 mol·L^{-1}。溶度积为一定温度下难溶电解质平衡时浓度幂的乘积，用 $K_{sp}^{\ominus}$ 表示，仅表达难溶电解质的溶解能力，单位是 mol·L^{-1}。因此，溶解度和溶度积都能衡量难溶电解质的溶解能力，应用时可以互换，但局限于相同类型的电解质。对于不同类型的电解质只能通过溶解度比较溶解能力，此时需要将溶度积数据换算成溶解度。

用已知的溶解度求算溶度积时，要注意单位换算，有时候要将 g·(100g 水)$^{-1}$换算成 mol·L^{-1}，由于溶度积涉及的都是难溶电解质，溶解度很小，其饱和溶液的密度非常接近纯水的密度，g·(100g 水)$^{-1}$可以近似认为 10×g·L^{-1}，一切就变得很简单。

【例 7-1】 在标准状态下，AgCl 的溶解度为 1.93×10^{-3}g·L^{-1}，求其 $K_{sp}^{\ominus}$。

解：溶度积计算单位为 mol·L^{-1}，因此要先换算单位，已知 $M(AgCl)=143.3$g·mol^{-1}，则

$$S=1.35\times10^{-5}\text{mol}\cdot\text{L}^{-1}$$

$$\begin{matrix}[AgCl] \rightleftharpoons & [Ag^+] & + & [Cl^-]\\ & S & & S\end{matrix}$$

$$K_{sp}^{\ominus}=[Ag^+][Cl^-]=S^2=(1.35\times10^{-5})^2=1.82\times10^{-10}$$

【例 7-2】 Ag_2CrO_4在 298.15K 时的溶度积 $K_{sp}^{\ominus}$为 1.12×10^{-12}，求其溶解度。

解：设 Ag_2CrO_4的溶解度为 S (mol·L^{-1})，则饱和溶液中离子浓度为：

$$\begin{matrix} & Ag_2CrO_4 \rightleftharpoons & 2Ag^+ & + & CrO_4^{2-}\\ 平衡浓度 & & 2S & & S\end{matrix}$$

$$K_{sp}^{\ominus}=[Ag^+]^2[CrO_4^{2-}]=(2S)^2\cdot S=4S^3=1.12\times10^{-12}$$

$$S=\sqrt[3]{\frac{1.12\times10^{-12}}{4}}=6.54\times10^{-5}(\text{mol}\cdot\text{L}^{-1})$$

上述溶解度和溶度积之间的换算是有条件的，首先要求难溶电解质溶于水的部分必须完全解离；其次要求解离的离子不能发生水解、配位等副反应；第三要求难溶强电解质溶液不受同离子效

应和盐效应等因素影响。

二、沉淀平衡的移动

（一）溶度积规则

在一定温度下，某难溶电解质溶液在任意状态时，各离子浓度幂的乘积称为离子积，用符号 Q 表示。即

$$A_mB_n \rightleftharpoons mA^{n+}(aq)+nB^{m-}(aq)$$

$$Q(A_mB_n)=[A^{n+}]^m[B^{m-}]^n$$

Q 表示任意状态下的有关离子浓度幂的乘积，其数值不定。$K_{sp}^{\ominus}$ 表示难溶电解质饱和溶液中离子浓度幂的乘积，和温度有关，是 Q 的一个特例。对于任意给定的难溶电解质溶液，Q 与 $K_{sp}^{\ominus}$ 比较有三种情况：

（1）$Q>K_{sp}^{\ominus}$，过饱和溶液，溶液中会有沉淀析出；

（2）$Q=K_{sp}^{\ominus}$，饱和溶液，溶液中的沉淀和溶解达到平衡；

（3）$Q<K_{sp}^{\ominus}$，不饱和溶液，反应向沉淀溶解方向进行。

这就是溶度积规则，通过溶度积规则可以看出化学反应进行的趋势，判断沉淀是否生成或溶解。

（二）沉淀平衡的移动

1. 沉淀的生成

沉淀生成的条件：$Q>K_{sp}^{\ominus}$

【例 7-3】 将等体积的 4×10^{-3} mol·L^{-1} 的 $AgNO_3$ 和 4×10^{-3} mol·L^{-1} K_2CrO_4 混合，有无 Ag_2CrO_4 沉淀产生？已知 $K_{sp}^{\ominus}(Ag_2CrO_4)=1.12\times10^{-12}$。

解： 等体积混合后，浓度为原来的一半：

$$[Ag^+]=2\times10^{-3}\text{mol}\cdot\text{L}^{-1},[CrO_4^{2-}]=2\times10^{-3}\text{mol}\cdot\text{L}^{-1}$$

$$Q_i=[Ag^+]^2[CrO_4^{2-}]=(2\times10^{-3})^2\times2\times10^{-3}=8\times10^{-9}>K_{sp}^{\ominus}(CrO_4^{2-})$$

所以有沉淀析出。

【例 7-4】 用 2.0×10^{-3} mol·L^{-1} $MnCl_2$ 溶液和 0.5mol·L^{-1} $NH_3\cdot H_2O$ 溶液各 100mL 相互混合，问在氨水中应含有多少克 NH_4Cl 才不至于生成 $Mn(OH)_2$ 沉淀？已知 $K_{sp}^{\ominus}[Mn(OH)_2]=1.9\times10^{-13}$。

解： 刚混合时 $$[Mn^{2+}]=\frac{2.0\times10^{-3}}{2}=1.0\times10^{-3}(\text{mol}\cdot\text{L}^{-1})$$

如果刚好不产生 $Mn(OH)_2$ 沉淀：则

$$[OH^-]\leqslant\sqrt{\frac{K_{sp}^{\ominus}}{[Mn^{2+}]}}=\sqrt{\frac{1.9\times10^{-12}}{1.0\times10^{-2}}}=1.38\times10^{-5}(\text{mol}\cdot\text{L}^{-1})$$

$$NH_3\cdot H_2O\text{-}NH_4Cl\text{ 中}:[OH^-]=K_b^{\ominus}\frac{c_{碱}}{c_{盐}}$$

$$c_{盐}=1.77\times10^{-5}\times\frac{0.512}{1.38\times10^{-5}}=0.32(\text{mol}\cdot\text{L}^{-1})$$

$$m=0.32\times200\times10^{-3}\times53.5=3.42(\text{g})$$

根据溶度积规则，在难溶电解质溶液中，若 $Q>K_{sp}^{\ominus}$，则有沉淀生成。为促使沉淀生成，可加入沉淀剂以及应用同离子效应等方法。

（1）加入沉淀剂 在 Na_2SO_4 溶液中加入 $BaCl_2$ 溶液，使 $Q>K_{sp}^{\ominus}$，$BaSO_4$ 沉淀析出，$BaCl_2$ 就是沉淀剂。

【例 7-5】 将 10mL 0.010mol·L^{-1} $BaCl_2$ 溶液和 30mL 0.005mol·L^{-1} Na_2SO_4 溶液相混合，是

否有 $BaSO_4$ 沉淀生成？

解： 已知 $K_{sp}^{\ominus}(BaSO_4)=1.07\times10^{-10}$，两溶液混合后：

$$[Ba^{2+}]=2.50\times10^{-3}mol\cdot L^{-1}$$

$$[S]=3.75\times10^{-3}mol\cdot L^{-1}$$

$$Q=[Ba^{2+}][S]=(2.50\times10^{-3})\times(3.75\times10^{-3})=9.38\times10^{-6}$$

因为 $Q>K_{sp}^{\ominus}$，所以有沉淀生成。

（2）同离子效应和盐效应　在难溶电解质的饱和溶液中，加入一种与难溶电解质含有相同离子的强电解质，难溶电解质的沉淀平衡发生移动，其结果可使难溶电解质的溶解度降低。这种因加入含有相同离子的电解质而使沉淀溶解度降低的效应叫做沉淀溶解平衡中的同离子效应。例如在难溶电解质 $BaSO_4$ 的饱和溶液中，加入含有共同离子 Ba^{2+} 或 SO_4^{2-} 的强电解质溶液，$BaSO_4$ 的溶解度就会降低。

【例 7-6】 已知室温下 $BaSO_4$ 在纯水中的溶解度为 $1.05\times10^{-5}mol\cdot L^{-1}$，$BaSO_4$ 在 $0.010mol\cdot L^{-1}$ Na_2SO_4 溶液中的溶解度比在纯水中小多少？已知 $K_{sp}^{\ominus}(BaSO_4)=1.07\times10^{-10}$。

解： 设 $BaSO_4$ 在 $0.010mol\cdot L^{-1}$ Na_2SO_4 溶液中的溶解度为 $x\,mol\cdot L^{-1}$，则溶解平衡时：

$$BaSO_4(s)\rightleftharpoons Ba^{2+}+SO_4^{2-}$$

平衡时浓度/$mol\cdot L^{-1}$　　　　x　　$0.010+x$

$$K_{sp}^{\ominus}(BaSO_4)=[Ba^{2+}][SO_4^{2-}]=x(0.010+x)=1.07\times10^{-10}$$

因为溶解度 x 很小，所以 $0.010+x\approx0.010$

$$0.010x=1.07\times10^{-10}$$

所以 $x=1.07\times10^{-8}(mol\cdot L^{-1})$

计算结果与 $BaSO_4$ 在纯水中的溶解度相比较，溶解度为原来的 $\dfrac{1.07\times10^{-8}}{1.05\times10^{-4}}$，即约为 0.0010 倍。

实际工作中，常利用同离子效应达到使某种离子沉淀完全的目的，所加入的试剂成为沉淀剂，沉淀剂一般是指易溶的强电解质。注意洗涤沉淀时，要用含相同离子的稀溶液进行洗涤，以减少沉淀溶解造成的损失。另外沉淀剂也并非越多越好，应适量。一般应过量 50%～100%，但对于不易挥发除去的沉淀剂应过量 20%～30%，否则会发生盐效应或配位效应。

向难溶电解质的饱和溶液中加入一些与该难溶电解质非共有离子的其他可溶性盐类时，会引起难溶电解质溶解度增大，这种现象称为盐效应。

产生盐效应的主要原因是：向难溶电解质的饱和溶液中加入其他可溶性盐类或过量沉淀剂时，增加了离子强度，离子之间的相互牵制作用增强，离子之间相互碰撞结合的机会减小，沉淀溶解平衡破坏，平衡向沉淀溶解的方向进行，增大了沉淀的溶解度。例如，在 AgCl 沉淀溶液中加入 $NaNO_3$ 电解质，沉淀溶解度增大。一般来说，组成沉淀的离子电荷越高，加入其他盐类的离子电荷越大，盐效应也越强。

（3）酸效应和配位效应　由于溶液酸度变化而引起沉淀溶解度的改变称为酸效应。溶液酸度升高时，组成沉淀的一些弱酸根阴离子如 CO_3^{2-}、PO_4^{2-}、$C_2O_4^{2-}$、S^{2-} 等以及 OH^- 都会与 H^+ 结合生成弱电解质，降低了阴离子的浓度，使难溶的弱酸盐或氢氧化物溶解，增大了沉淀的溶解度。而当酸度降低时，组成沉淀的金属阳离子会发生水解，生成弱电解质金属氢氧化物，降低了阳离子的浓度，因此也会增大沉淀的溶解度。

【例 7-7】 往 $Cd(NO_3)_2$ 溶液中通入 H_2S 生成 CdS 沉淀，要使溶液中所剩 Cd^{2+} 浓度不超过 $2.0\times10^{-6}mol\cdot L^{-1}$，计算溶液允许的最大酸度。

解： 查表得 $K_{sp}^{\ominus}(CdS)=8.0\times10^{-27}$，$K_{a1}^{\ominus}(H_2S)=9.1\times10^{-8}$，$K_{a2}^{\ominus}(H_2S)=1.1\times10^{-10}$

饱和 $[H_2S]=0.1mol\cdot L^{-1}$

$$K_{sp}^{\ominus}=[Cd^{2+}][S^{2-}],[Cd^{2+}]\leqslant2.0\times10^{-6}$$

$$[S^{2-}]\geqslant\frac{K_{sp}^{\ominus}}{2.0\times10^{-6}}=\frac{8.0\times10^{-27}}{2.0\times10^{-6}}=4.0\times10^{-21}mol\cdot L^{-1}$$

$$K_{a1}^{\ominus}K_{a2}^{\ominus}=\frac{[H^+]^2[S^{2-}]}{[H_2S]}=9.1\times10^{-8}\times1.1\times10^{-10}=\frac{[H^+]^2\times4.0\times10^{-21}}{0.10}$$

$$[H^+]\leqslant0.01582\text{mol}\cdot L^{-1},\ pH\geqslant1.80$$

配位效应是由于组成沉淀的金属离子和一些试剂发生配位反应而增大沉淀溶解度的现象。例如，在含有 AgCl 沉淀溶液中加入适量氨水，AgCl 沉淀将会溶解。主要原因是 AgCl 沉淀与氨发生配位反应产生了二氨合银配离子，破坏了 AgCl 的沉淀溶解平衡，增大了 AgCl 沉淀的溶解度。

影响沉淀溶解度主要是同离子效应、盐效应、酸效应和配位效应，其中同离子效应是减小沉淀溶解度的最大影响因素，有利于沉淀产生，而其他三个方面都是沉淀产生的不利因素。四大因素之间相互影响，不同情况下会有主次之分，不同情形要客观分析，才能提高分析的准确度。

除此之外，温度、溶剂、沉淀颗粒大小、沉淀时间等也都会对沉淀的溶解度产生影响。

2. 分步沉淀

分步沉淀就是向离子混合溶液中慢慢滴加沉淀剂，离子分先后被沉淀出来的现象。分步沉淀的基本原则是当溶液中同时存在几种离子时，离子积 Q 最先达到溶度积 $K_{sp}^{\ominus}$ 的难溶电解质首先析出。这是因为，首先满足 $Q>K_{sp}^{\ominus}$ 的待沉淀离子，所需沉淀剂最少，所以最先满足沉淀条件。

在实际工作中，溶液一般都是多种离子共存，如果加入沉淀剂，可能有几种离子与之反应生成沉淀，形成沉淀时会有一定的先后次序之分。例如，在含有相同浓度的 Cl^-、I^- 溶液中，逐滴加入 $AgNO_3$ 溶液，将会先看到黄色的 AgI 沉淀，然后看见白色的 AgCl 沉淀。这是因为二者的溶度积不同，与 Ag^+ 结合生成沉淀先后顺序不同。已知 $K_{sp}^{\ominus}(AgI)=8.3\times10^{-17}$，$K_{sp}^{\ominus}(AgCl)=18\times10^{-10}$，因为 $K_{sp}^{\ominus}(AgCl)>K_{sp}^{\ominus}(AgI)$，所以 AgI 沉淀先析出。

【例 7-8】 在含有 $0.03\text{mol}\cdot L^{-1}\ Pb^{2+}$ 和 $0.02\text{mol}\cdot L^{-1}\ Cr^{3+}$ 的溶液中，逐滴加入 NaOH（忽略体积变化），问哪种离子先沉淀？若要溶液中残留的 Cr^{3+} 浓度小于 $1\times10^{-5}\text{mol}\cdot L^{-1}$，而 Pb^{2+} 不析出沉淀，问溶液的 pH 应维持在什么范围？

解： 查表得 $K_{sp}^{\ominus}[Pb(OH)_2]=1.2\times10^{-15}$，$K_{sp}^{\ominus}[Cr(OH)_3]=6.3\times10^{-31}$

沉淀 Pb^{2+}，需 $[OH^-]=\sqrt{\frac{K_{sp}^{\ominus}[Pb(OH)_2]}{[Pb^{2+}]}}=\sqrt{\frac{1.2\times10^{-15}}{0.03}}=2.0\times10^{-7}\text{mol}\cdot L^{-1}$

沉淀 Cr^{3+}，需 $[OH^-]=\sqrt[3]{\frac{K_{sp}^{\ominus}[Cr(OH)_2]}{[Cr^{3+}]}}=\sqrt[3]{\frac{6.3\times10^{-31}}{0.02}}=3.21\times10^{-10}\text{mol}\cdot L^{-1}$

$Cr(OH)_3$ 先沉淀。

当残留的 $[Cr^{3+}]<1\times10^{-5}\text{mol}\cdot L^{-1}$

$$[OH^-]>\sqrt[3]{\frac{K_{sp}^{\ominus}[Cr(OH)_2]}{[Cr^{3+}]}}=\sqrt[3]{\frac{6.3\times10^{-31}}{1\times10^{-5}}}=3.98\times10^{-9}\text{mol}\cdot L^{-1},\ pH>5.60$$

刚好不析出 $Pb(OH)_2$ 时，$[OH^-]<2.0\times10^{-7}$，$pH<7.30$

所以 $5.60<pH<7.30$

对于分步沉淀出现的先后次序，不能简单地以溶度积的大小来判断。前面讲过，沉淀的溶解能力大小可以用溶度积和溶解度来表示，这是指相同类型的沉淀而言；对于不同类型的沉淀，其溶解度大小要用溶解度来判定。同理，相同浓度不同类型的沉淀出现的次序，主要依据溶解度来进行判断。

3. 沉淀的溶解

沉淀溶解的条件：$Q<K_{sp}^{\ominus}$

凡是能够破坏沉淀溶解平衡的因素，都能影响沉淀的质量。当溶液中离子浓度降低，使 $Q<K_{sp}^{\ominus}$，沉淀就会溶解。目前可以有以下几种方法能够减少沉淀的质量，促进沉淀溶解。

（1）通过酸碱反应使沉淀溶解　在难溶电解质饱和溶液中加入酸，生成弱电解质，降低阴离子浓度，使沉淀溶解。例如难溶氢氧化物、碳酸盐、亚硫酸盐和某些硫化物等难溶盐与酸都能反应，使得沉淀中阴离子减少，沉淀溶解。部分反应式为：

$$Cu(OH)_2 + 2H^+ \rightleftharpoons Cu^{2+} + 2H_2O$$

$$CaCO_3 + 2H^+ \rightleftharpoons Ca^{2+} + H_2O + CO_2\uparrow$$

$$CuS + 8HNO_3(浓) \rightleftharpoons Cu^{2+} + SO_4^{2-} + 8NO_2\uparrow + 4H_2O$$

（2）通过氧化还原反应使沉淀溶解　很多难溶物质能够和一些强氧化剂反应，使沉淀溶解，例如 HNO_3。HNO_3是一种强氧化剂，可以将硫化物沉淀溶液中的 S^{2-} 氧化为 S，使 S^{2-} 浓度降低，离子积小于溶度积，沉淀溶解。

（3）通过配位反应使沉淀溶解　在沉淀溶液中，加入配位剂生成配位化合物，形成沉淀的离子浓度减小，沉淀溶解。例如在 $Cu(OH)_2$中加入氨水，会产生 $[Cu(NH_3)_4]^{2+}$，促进沉淀溶解。

（4）通过沉淀转化使沉淀溶解　沉淀的转化就是由一种沉淀转化为另一种沉淀的过程。例如，在淡黄色 $PbCrO_4$沉淀的溶液中加入（NH_4）$_2$S 溶液并搅拌之，可以观察到沉淀由淡黄色 PbCrO 变成黄色 PbS 的现象，这就是沉淀的转化。为什么难溶电解质 $PbCrO_4$能转化为另一种难溶电解质 PbS 呢？这种现象可以根据沉淀溶解平衡常数大小来判断转化的可能性，$K_{sp}^{\ominus}(PbS) = 1.3\times10^{-28}$，$K_{sp}^{\ominus}(PbCrO_4) = 2.8\times10^{-13}$，从该转化反应平衡常数可以看出 $K_{sp}^{\ominus}(PbS) \ll K_{sp}^{\ominus}(PbCrO_4)$，因此这个反应不仅能自发进行，而且进行得很彻底。由此可见，将溶解度较大的沉淀转化为溶解度较小的沉淀，两个沉淀平衡常数相差越大，转化就越容易实现。如果溶解度较小的沉淀转化为溶解度较大的沉淀，在平衡常数小于 1 的情况下，这种转化虽然比较困难，但在一定的条件下也是能够实现的。如 $BaSO_4$（$K_{sp}^{\ominus} = 1.1\times10^{-10}$）沉淀不溶于酸，若用 Na_2CO_3溶液处理即可转化为易溶于酸的 $BaCO_3$沉淀（$K_{sp}^{\ominus} = 5.1\times10^{-9}$），此转化反应为：

$$BaSO_4(s) + Na_2CO_3(aq) \rightleftharpoons BaCO_3(s) + Na_2SO_4(aq)$$

从上例可见，当溶解度较小的沉淀转化为溶解度较大的沉淀时，如果 K 值不太小的沉淀，其转化反应在适当条件下还是能够实现的。

想一想

什么是难溶强电解质？ 该物质与我们本章学习有何意义？

$BaSO_4$、$CaCO_3$、$Al(OH)_3$、 $Cu(OH)_2$电解质中， 哪些是难溶强电解质， 哪些是难溶弱电解质？ 你还熟悉哪些这类电解质呢？

第二节　沉淀滴定法

沉淀滴定法是以沉淀反应为基础的一种滴定分析方法。在实际分析工作中，因副反应、共沉淀等现象存在，能够用于滴定分析的沉淀反应很少，必须具有以下条件的沉淀反应才能用于滴定分析。

1. 沉淀反应能迅速地、按照计量关系定量地进行；
2. 沉淀反应生成沉淀的溶解度足够小，对于 1∶1 型沉淀，其 $K_{sp}^{\ominus} \leqslant 10^{-10}$；
3. 必须有合适的方法指示终点；
4. 沉淀的吸附现象不能影响终点的确定。

符合以上沉淀滴定条件，并在实践中应用最为广泛的是银量法。它是利用形成难溶性银盐的反应进行滴定的分析方法。银量法主要测定含有 Cl^-、Br^-、I^-、SCN^-、Ag^+ 等离子的有机化合物，在实际分析工作中有着重要的意义。

一、摩尔法

摩尔法是摩尔在1858年建立的，在中性或弱碱性溶液中，用硝酸银标准溶液滴定 Cl^-、Br^- 等待测组分，以铬酸钾来指示滴定终点的一种银量法。

1. 滴定原理

下面就以待测组分 Cl^- 为例，来阐明摩尔法的滴定原理。在含有待测组分 Cl^- 的中性或弱碱性溶液中，加入 K_2CrO_4 指示剂，然后用 $AgNO_3$ 标准溶液直接滴定 Cl^-，产生 AgCl 白色沉淀，当 Cl^- 沉淀完全后，继续滴加 $AgNO_3$ 标准溶液就会和溶液中的 K_2CrO_4 反应，产生砖红色沉淀，指示终点到达。

滴定反应　$Ag^+ + Cl^- = AgCl\downarrow$（白色）　$S = 1.3\times10^{-5}mol\cdot L^{-1}$

滴定终点　$2Ag^+ + CrO_4^{2-} = Ag_2CrO_4\downarrow$（砖红色）　$S = 6.5\times10^{-5}mol\cdot L^{-1}$

2. 滴定条件

摩尔法滴定反应中存在两个主要的问题，指示剂铬酸钾用量和溶液酸度。

（1）指示剂用量　指示剂铬酸钾本身颜色较深，为黄色，其与银离子结合的 Ag_2CrO_4 的溶度积和溶解度接近于待测 Cl^- 和银离子结合成 AgCl 沉淀的溶度积和溶解度，因此，指示剂的用量必须适宜。若指示剂浓度太大，Cl^- 还未沉淀完全就有砖红色 Ag_2CrO_4 沉淀出现，终点提前到达；若指示剂浓度太小，滴定至化学计量点仍未有砖红色 Ag_2CrO_4 沉淀出现，终点延迟。

指示剂铬酸钾用量计算方法为：在化学计量点时，$K_{sp}^{\ominus}(AgCl) = 1.8\times10^{-10}$

$$K_{sp}^{\ominus}(AgCl) = [Ag^+][Cl^-]$$

$$[Ag^+] = \sqrt{K_{sp}^{\ominus}(AgCl)} = 1.3\times10^{-5}mol\cdot L^{-1}$$

此时砖红色的 Ag_2CrO_4 刚好出现，$K_{sp}^{\ominus}(Ag_2CrO_4) = 1.12\times10^{-12}$

则需要溶液中的 $[CrO_4^{2-}]$ 为：

$$\frac{K_{sp}^{\ominus}(Ag_2CrO_4)}{[Ag^+]^2} = 7.1\times10^{-3}mol\cdot L^{-1}$$

由理论计算可知，在化学计量点指示剂 $[CrO_4^{2-}]$ 的浓度控制在 $7.1\times10^{-3}mol\cdot L^{-1}$ 即可。但在实际工作中，由于指示剂铬酸钾本身为黄色，颜色较深，会对指示的砖红色 Ag_2CrO_4 沉淀有干扰，因此实际用量要比理论量要少些，一般控制在 $5.0\times10^{-3}mol\cdot L^{-1}$（即50～100mL滴定液中加入5% K_2CrO_4 溶液1mL左右）最好。

（2）溶液酸度　摩尔法应在中性和弱碱性溶液中（pH=6.6～10.5）进行。酸性和强碱性溶液都会影响滴定的准确度。如果 pH<6.5，CrO_4^{2-} 生成 $Cr_2O_7^{2-}$，$[CrO_4^{2-}]$ 降低，滴定反应到达化学计量点时不能形成砖红色 Ag_2CrO_4 沉淀，终点延迟。

$$2H^+ + 2CrO_4^{2-} \rightleftharpoons 2HCrO_4^- \rightleftharpoons Cr_2O_7^{2-} + H_2O$$

如果 pH>10.5，Ag^+ 将会生成黑色的 Ag_2O 沉淀，影响终点判断。

$$2Ag^+ + 2OH^- = Ag_2O + H_2O$$

当溶液碱性较大且有铵盐时候，铵盐容易形成 NH_3，进而 NH_3 会和 Ag^+ 生成配离子 $[Ag(NH_3)_2]^+$，额外消耗一部分 $AgNO_3$ 标准溶液，因此滴定时溶液酸度应控制在 pH=6.5～7.2。

摩尔法滴定操作要控制溶液的pH值范围，若酸性太强，可用硼砂、$NaHCO_3$ 或 $CaCO_3$ 中和；若碱性太强，则用稀硝酸进行中和。调酸碱度时都可用酚酞做指示剂。

3. 应用范围

（1）摩尔法容易受离子干扰。能与 Ag^+ 生成沉淀或配合物的物质（如 S^{2-}、NH_3、EDTA等），能与生成沉淀的阳离子（如 Ba^{2+}、Pb^{2+}、Hg^{2+} 等），都会干扰滴定准确度。

（2）摩尔法适用于用 Ag^+ 滴定 Cl^-，不能用 Cl^- 滴定 Ag^+，因为滴定前待测溶液中就形成了 Ag_2CrO_4，难以转变为 AgCl 而造成滴定误差。

（3）摩尔法主要用于测定 Cl^-、Br^-，AgCl 和 AgBr 沉淀对待测离子有较强的吸附作用，因此滴定过程中应该剧烈摇动，以减弱吸附作用。而 AgI 和 AgSCN 沉淀具有更强烈的吸附性，不适宜使用该方法测定 I^- 和 SCN^-。

二、佛尔哈德法

佛尔哈德法建立于 1874 年。在酸性介质中，以铁铵矾［$NH_4Fe(SO_4)_2$］作指示剂，用硫氰酸铵（NH_4SCN）标准溶液直接滴定含 Ag^+ 或间接测定卤素化合物的一种银量滴定法。可分为直接滴定法和返滴定法。

1. 滴定原理

（1）直接滴定法　在酸性介质中，以铁铵矾［$NH_4Fe(SO_4)_2$］作指示剂，用硫氰酸铵（NH_4SCN）标准溶液直接滴定 Ag^+，待硫氰酸银（AgSCN）沉淀完全，稍过量的 SCN^- 与 Fe^{3+} 反应生成红色络离子，指示已到达滴定终点。

滴定反应　$Ag^+ + SCN^- = AgSCN\downarrow$（白色）

滴定终点　$Fe^{3+} + SCN^- = [Fe(SCN)]^{2+}$（红色）

由于生成的沉淀能吸附溶液中待测组分 Ag^+，使待测组分减少，终点提前到达，因此在滴定过程中需要剧烈振摇锥形瓶，将吸附的 Ag^+ 释放出来。

（2）返滴定法　采用返滴定法可测定 Cl^-、Br^- 和 I^-。即加入过量硝酸银标准溶液，将 Cl^-、Br^- 和 I^- 生成卤化银沉淀后，再用硫氰酸铵返滴剩余的 Ag^+。

滴定反应　Ag^+（过量）$+ Cl^- = AgCl\downarrow$（白色）　$K_{sp}^{\ominus}(AgCl) = 1.8\times10^{-10}$

滴定反应 Ag^+（剩余）$+ SCN^- = AgSCN\downarrow$（白色）　$K_{sp}^{\ominus}(AgSCN) = 1.1\times10^{-12}$

滴定终点　$Fe^{3+} + SCN^- = [Fe(SCN)]^{2+}$（红色）

用该法测定 Cl^- 时，由于氯化银（AgCl）沉淀的溶解度比硫氰酸银（AgSCN）的大，接近终点时可能发生氯化银沉淀转化为硫氰酸银，将多消耗硫氰酸铵滴定剂而引起较大的误差。为避免此现象，可加入硝基苯等试剂保护氯化银沉淀，或在返滴定前将 AgCl 过滤除去。该法较摩尔法的优点是干扰少、应用范围广。

2. 滴定条件

（1）指示剂用量和加入时间　指示剂用量要稍大，因为红色配合物容易褪色，因此观察到 $[Fe(SCN)]^{2+}$ 的微红色，理论上最低浓度为 $6.0\times10^{-6}mol\cdot L^{-1}$。此时 Fe^{3+} 的浓度约为 $0.4mol\cdot L^{-1}$，较高的 Fe^{3+} 浓度会使溶液颜色呈现橙黄色而影响滴定终点颜色的判断。因此 Fe^{3+} 浓度应保持在 $0.015mol\cdot L^{-1}$，滴定误差不超过 0.2%。

必须注意在测定 I^- 时，加入过量的硝酸银标准溶液后，再加入铁铵矾指示剂，否则 I^- 会与 Fe^{3+} 反应而析出游离碘，影响分析结果准确性。

（2）溶液酸度　佛尔哈德法使用环境为酸性，可在 $0.1\sim1.0mol\cdot L^{-1}$ 的 HNO_3 溶液介质中进行。在中性和碱性溶液中，Fe^{3+} 发生水解生成棕色 $Fe(OH)_3$，强碱性也会将 Ag^+ 生成黑色的 Ag_2O 沉淀，影响终点判断。

3. 应用范围

（1）佛尔哈德法可以测定 Ag^+、X^-、SCN^- 等。

（2）佛尔哈德法具有更高的准确性，因为该法是在酸性溶液中进行，可以排除许多弱酸根离子（如 Ac^- 等）的干扰，提高了准确性。

三、法扬司法

法扬司法是法扬司在 1923 年建立的。法扬司法是一种利用吸附指示剂，以硝酸银为标准溶液来指测定卤化物和硫氰酸盐含量的银量法。

1. 滴定原理

滴定吸附指示剂是一类有色有机染料，它的阴离子在溶液中容易被带正电荷的胶状沉淀所吸附，吸附后结构变形而引起颜色变化，从而指示滴定终点。

用 $AgNO_3$ 滴定 Cl^- 时，常用荧光黄作指示剂。荧光黄是一种有机弱酸，用 HFIn 表示，在水溶液中的电离为：

$$HFIn \rightleftharpoons H^+ + FIn^-（黄绿色）$$

化学计量点前，溶液中 Cl^- 过量，吸附指示剂 FIn^-（荧光黄）不被吸附，呈现黄绿色。

化学计量点后，微过量的 Ag^+ 使 AgCl 沉淀吸附 Ag^+ 带正电荷，此时它强烈吸附荧光黄的 FIn^-，使其结构发生改变，溶液由黄绿色变为粉红色。反应过程为：

$$AgCl \cdot Ag^+ + FIn^-（黄绿色）\rightleftharpoons AgCl \cdot Ag^+ \cdot FIn^-（粉红色）$$

由黄绿色变为粉红色即为滴定终点。

2. 滴定条件

(1) 溶液酸度　常用的吸附剂多数为有机弱酸，起指示作用的是指示剂的阴离子，防止指示剂的阴离子与 H^+ 结合，就要根据实际情况控制酸度。

(2) 待测离子浓度适宜　待测离子浓度不能太低，否则生成沉淀少，终点观察困难。如果待测组分是 Cl^-，则 $[Cl^-] \geqslant 0.005 mol \cdot L^{-1}$ 才能进行测定，但是 Cl^- 浓度也不能太大，否则会引起胶体聚沉。

(3) 沉淀的比表面积　吸附指示剂是被吸附在沉淀表面上发生的颜色变化。为了使终点颜色变化明显，需要沉淀有较大表面积，因此滴定时常加入糊精或淀粉等胶体保护剂，使其保持胶体状态。

(4) 卤化银易感光变色，影响终点的观察，因此滴定时应避免强光照射。

(5) 胶体对指示剂的吸附能力应该略小于对被测离子的吸附能力，否则指示剂将在化学计量点前变色，但是也不能太小，否则会使终点延迟。卤化银对卤素离子和常用指示剂的吸附能力顺序为：$I^- > SCN^- >$ 曙红 $> Cl^- >$ 荧光黄。

3. 应用范围

不同指示剂与沉淀的吸附能力不同。因此，滴定时应选用沉淀对指示剂吸附力略小于对被测离子吸附力的指示剂，否则终点提前。但沉淀对指示剂的吸附力也不能太小，否则终点推迟且变色不敏锐。常见的吸附指示剂及其使用条件见表 7-2。

表 7-2　常用吸附指示剂

指示剂	被测离子	滴定剂	适用 pH 范围
荧光黄	Cl^-	Ag^+	7～10
二氯荧光黄	Cl^-	Ag^+	4～10
曙红	Br、I^-、SCN^-	Ag^+	2～10
溴甲酚绿	SCN^-	Ag^+	4～5
甲基紫	Ag^+、S	Cl^-、Ba^{2+}	酸性溶液

四、应用与示例

1. 标准溶液的配制与标定

银量法标准溶液主要是 $AgNO_3$ 和 NH_4SCN 溶液。若用纯硝酸银，则符合基准物要求，可以直接配制标准溶液，但 $AgNO_3$ 见光易析出 Ag，故保存于棕色玻璃瓶中，存于暗处。实际工作中常将分析纯 $AgNO_3$ 先配成近似浓度的溶液，再用基准 NaCl 标定。标定方法最好采用与用此标准溶液进行试样测定相同的方法，可以消除方法误差。滴定时应使用酸式滴定管。

NH_4SCN 标准溶液可用已标定好的 $AgNO_3$ 标准溶液和铁铵矾指示剂直接进行标定。

2. 银量法的应用

银量法可以测定无机卤化物、难溶性银盐、硫氰酸盐、有机碱的氢卤酸盐以及巴比妥类药物的含量。

（1）可溶性氯化物中氯的测定　海水、地下水、盐湖水中氯离子含量比较高，可采用摩尔法。若水中还含有容易与 Ag^+ 反应的 NH_3、S^{2-} 等，则采用佛尔哈德法。

【例 7-9】 称取 0.4000g 食盐试样，溶于水后，用 K_2CrO_4 作指示剂，用 0.3000mol·L^{-1} 的 $AgNO_3$ 标准溶液滴定，消耗 22.50mL，计算 NaCl 的质量分数。

解：

$$w(\text{NaCl})=\frac{c(\text{AgNO}_3)\times V(\text{AgNO}_3)\times M(\text{NaCl})}{m(\text{NaCl})}\times 100\%$$

$$=\frac{0.3000\times 22.5\times 10^{3}\times 58.44}{0.4000}\times 100\%=98.62\%$$

（2）银合金中银的测定　银合金用硝酸溶解并制成溶液：

$$\text{Ag}+2\text{HNO}_3 = \text{AgNO}_3+2\text{NO}_2\uparrow+\text{H}_2\text{O}$$

试样溶解时必须煮沸，可以除去氮的氧化物，以免它与 SCN^- 作用生成红色化合物，影响滴定终点的观察。试样溶解后，用铁铵矾做指示剂，用 NH_4SCN 标准溶液滴定。

$$\text{HNO}_2+\text{H}^++\text{SCN}^- = \text{NOSCN(红色)}+\text{H}_2\text{O}$$

【例 7-10】 称取银合金试样 0.3000g，用酸溶解后，加铁铵矾指示剂，用 0.1000mol·L^{-1} NH_4SCN标准溶液滴定，用去 23.80mL，计算样品中银的含量。

解：

$$\text{银的摩尔质量}=107.9\text{g}\cdot\text{mol}^{-1}$$

$$\text{银含量}=\frac{0.1000\times 23.80\times 107.9}{0.3000\times 10^{3}}\times 100\%=85.60\%$$

想一想

$K_{sp}^{\ominus}(AgCl)=1.8\times 10^{-10}$，$K_{sp}^{\ominus}(Ag_2CrO_4)=1.12\times 10^{-12}$。

为什么在 AgCl 溶度积大于 Ag_2CrO_4溶度积的前提下，用 $AgNO_3$标准溶液直接滴定含 K_2CrO_4指示剂的待测组分 Cl^- 时，先生成 AgCl 沉淀呢？

第三节　重量分析法

一、重量分析法概述

重量分析法主要用于含量大于 1%的常量组分的分析测定，是通过物理或化学反应将试样中的待测组分与其他组分分离，称量其质量，根据待测组分和试样的质量计算该组分含量的定量方法。重量分析法不需要基准物质也没有容量器皿引起的误差，相对误差一般为 0.1%～0.2%，准确度比较高。缺点是分析程序多，耗时长，对低含量组分的测定误差比较大，已逐渐被滴定法所取代。

重量分析法包括分离和称量两个过程。根据分离待测组分所用方法的不同，重量分析法一般可分为挥发法、萃取法、沉淀法和电解法等。

1. 挥发法

这种方法是利用了物质的挥发性，通过加热或蒸馏，使一定质量试样中的待测组分挥发，以试样质量的减少值（或吸收剂质量的增加值）求待测组分的含量。如 $BaCl_2\cdot 2H_2O$ 中结晶水含量的测定：称取 $BaCl_2$试样，加热，使水分逸出至恒重，再次称量，从两次质量之差求结晶水含量；或者用吸湿剂（如高氯酸镁）吸收逸出的水分，根据吸湿剂重量的增加计算出结晶水的含量。

这种方法适用于粮食水分、油脂水分及挥发物的测定。

2. 萃取法

萃取法是利用待测组分在两种互不相溶的溶剂里溶解能力的不同，将待测组分用萃取剂从溶液里提取出来，再将萃取剂蒸干，准确称量干燥萃取物质量的操作方法。例如，用四氯化碳从碘水中萃取碘，就是采用萃取的方法。

萃取法广泛地应用于生物技术、化工和冶金行业中，用溶剂萃取法提取纯金、银已有许多研究，相应技术在国外多年前就已经非常成熟。

3. 沉淀法

沉淀法是利用沉淀反应的原理，在待测试样中加入适当的沉淀剂，使待测组分生成难溶化合物，经分离、洗涤、过滤、烘干或灼烧，准确称量沉淀，求出被测组分的含量。

从20世纪80年代初期起，沉淀法开始被广泛用于铁电材料、超导材料、冶金粉末、陶瓷材料、颜料、播磨以及其他材料的制备和分析。沉淀法是重量分析的主要方法。

二、重量分析法的主要操作过程

重量分析的基本操作包括：试样的溶解、沉淀、过滤、洗涤、烘干和灼烧至恒重、称量、计算结果。

1. 溶解

根据待测试样的性质，选用不同的溶解试剂。不溶解于水的试样，可采用酸溶、碱溶或熔融的方法。

2. 沉淀

将沉淀剂加入到含待测组分的溶液中，使生成沉淀。使待测组分的沉淀完全而纯净，要满足五个条件：稀、热、慢、搅、陈。

稀：将沉淀的溶液配制成适当稀溶液。

热：沉淀时应将溶液加热。

慢：沉淀剂的加入速度要缓慢。

搅：沉淀时要不断搅拌。

陈：沉淀完全后，要静止一段时间陈化。

为达到上述要求，沉淀操作时，应一手拿滴管，缓慢滴加沉淀剂使形成沉淀，并检查沉淀是否完全。

3. 过滤和洗涤

过滤和洗涤的目的是将沉淀和母液分离，均采用倾滗法。过滤按照沉淀的性质选用疏密程度不同的无灰滤纸或玻璃砂芯埚过滤。洗涤是为了进一步除去不挥发的盐类杂质和母液。洗涤时要选择适当的洗涤液，以防沉淀溶解或形成胶体。溶解度小的不易形成胶体的沉淀采用蒸馏水作洗液；溶解度较大的晶形沉淀采用沉淀剂的稀释液作洗液；溶解度小易形成胶体的沉淀采用易挥发的电解质作洗液，如 HNO_3、HCl、NH_4Cl、$(NH_4)_2CO_3$ 等。

洗涤的原则是少量多次。

4. 烘干和灼烧

烘干的目的是除去沉淀中的水分和挥发性的物质同时使沉淀组成达到恒定，温度一般低于250℃。灼烧既能起到烘干的作用，又能使沉淀组分恒定，一般灼烧温度都高于800℃，使沉淀形式转变成称量形式。以滤纸过滤的沉淀常置于瓷坩埚中进行烘干和灼烧；使用玻璃砂芯坩埚过滤的沉淀应在电烘箱里烘干。

5. 称量至恒重

通过称量形式即可计算出分析结果。反复烘干（或灼烧）、冷却，直至恒重，即沉淀经过反复烘干或灼烧后冷却称量的质量相差不大于0.2mg。

三、重量分析法对沉淀的要求

在重量分析中，沉淀是经过烘干或灼烧后再称量的，在烘干或灼烧过程中可能发生化学变化，因而称量的物质可能不是原来的沉淀，而是从沉淀转化而来的另一种物质。因此，重量分析中“沉淀形式”和“称量形式”可能是相同的，也可能是不同的。分析时生成的难溶化合物沉淀的组成形式(未干燥和灼烧)，称为沉淀形式。沉淀经过烘干（或灼烧）后称量物的组成形式，称为称量形式。例如：

$$BaCl_2 + Na_2SO_4 = 2NaCl + BaSO_4\downarrow \rightleftharpoons BaSO_4\downarrow$$

（沉淀形式）　　（称量形式）

$$Mg^{2+} + (NH_4)_2HPO_4 \longrightarrow MgNH_4PO_4 \cdot 6H_2O \longrightarrow Mg_2P_2O_7$$

（沉淀形式）　　（称量形式）

1. 对沉淀剂的要求

(1) 要有较好的选择性，只与待测组分发生沉淀反应，与其他组分不发生反应。

(2) 沉淀剂要易挥发或易分解，烘干或灼烧时多余的沉淀剂易除去。

2. 对沉淀形式的要求

(1) 沉淀的溶解度要小。溶解度小能保证待测组分沉淀完全，同时要求沉淀在滤液和洗涤液(总体积一般为200mL）中溶解的量要小于称量误差（0.2mg)。

(2) 沉淀要易于过滤和洗涤，尽量得到粗大的晶形沉淀。

(3) 沉淀的纯度要高。沉淀力求纯净，避免因过滤和洗涤造成污染。

3. 对称量形式的要求

(1) 沉淀的组成要恒定，并确定与化学式相符合，这是计算结果的依据。

(2) 沉淀的性质必须稳定，不与空气中的二氧化碳、水等反应。

(3) 沉淀要有较大的摩尔质量，以减少称量误差，提高分析的准确度。

四、影响沉淀纯度的因素

重量分析法要求被测组分留在溶液中的量尽可能小，并设法控制在分析天平允许的称量误差(0.1mg) 范围内，但通常认为溶解度很小的物质也并不总是能满足这个要求。为了达到沉淀纯度高且完全的目的，还可以考虑下列因素的影响。

1. 共沉淀现象

沉淀析出时，该条件下溶液中某些可溶性杂质也夹杂在沉淀中同时沉淀下来，这种现象称为共沉淀。主要有吸附共沉淀、混晶共沉淀、包埋共沉淀等三种类型。

(1) 吸附共沉淀　吸附共沉淀是由沉淀表面的吸附作用引起的共沉淀现象。沉淀对不同杂质离子的吸附能力，主要取决于沉淀和杂质离子的性质，即具有选择性，优先吸附构晶离子，其次是与构晶离子大小相近、电荷相同的离子。在沉淀颗粒内部，正、负离子按晶格的一定顺序排列，处在内部的每个构晶离子都被异电荷离子所包围。例如，AgCl 沉淀中，每个 Ag^+ 都被 Cl^- 包围，而每个 Cl^- 都被 Ag^+ 所包围，整个沉淀内部处于静电平衡状态。但处于沉淀颗粒表面和晶棱、晶角处的构晶离子静电力没有平衡，因而具有吸引异电荷离子的能力。AgCl 沉淀在过量 NaCl 溶液中，沉淀表面首先吸附 Cl^- 使沉淀表面带负电荷，形成吸附层。然后再通过静电引力作用吸附溶液中的 Na^+ 或 H_3O^+ 形成扩散层。吸附层和扩散层共同组成了包围着沉淀颗粒表面的双电层。处于双电层中的正、负离子构成了沉淀表面吸附的杂质化合物。在上述例子中，NaCl 就是沾污 AgCl 沉淀的杂质。

(2) 混晶共沉淀　每种晶形沉淀，都有一定的晶体结构。如果溶液中杂质离子与沉淀构晶离子的电荷相同、半径相近、晶体结构相似时，则在沉淀过程中杂质离子可以取代构晶离子进入晶格而形成混晶。例如，Pb^{2+} 与 Ba^{2+} 离子半径相近，$BaSO_4$ 与 $PbSO_4$ 的晶体结构相似，只要溶液中有 Pb^{2+}（无论其浓度多么低）就有可能混入 $BaSO_4$ 的晶格中，与 $BaSO_4$ 形成混晶而被共沉淀。

形成混晶的选择性较高，要避免也困难。而且由混晶造成的共沉淀，很难用洗涤、陈化，甚至重结晶等方法除去杂质离子，要减少或消除混晶生成的最好方法是将有关杂质预先分离除去。

（3）包埋共沉淀　沉淀过程中，如果沉淀的生成速度过快，开始时吸附在沉淀表面上的杂质来不及被构晶离子置换离开，就会被随后沉积下来的沉淀覆盖，包藏在沉淀的内部，这种共沉淀现象称为包埋。包埋的杂质被包埋在沉淀内部，不能通过洗涤的方法除去，但可通过陈化或重结晶来降低杂质含量。

2. 后沉淀现象

当沉淀过程结束后，沉淀与母液一起放置过程中（即陈化作用），溶液中某些原本难以沉淀出来的杂质，也在沉淀表面逐渐沉积下来的现象，称为后沉淀。例如，在含有 Cu^{2+}、Zn^{2+} 的酸性溶液中，通入 H_2S 时，最初得到的 CuS 沉淀中并不夹杂 ZnS，但放置一段时间后发现黑色的 CuS 沉淀表面沉积了一层白色的 ZnS。其原因是在放置过程中，CuS 沉淀表面吸附溶液中的 S^{2-}，沉淀表面的 S^{2-} 浓度增大，又开始吸附带相反电荷的 Zn^{2+}，结果沉淀表面的 S^{2-} 浓度与 Zn^{2+} 浓度之积超过其溶度积，从而有 ZnS 沉淀析出。

共沉淀和后沉淀现象影响了沉淀的纯度，在重量分析中它们对分析结果与杂质和待测组分的具体情况有关，一般后沉淀现象没有共沉淀普通。而减少后沉淀的方法很简单，就是在沉淀完毕后，缩短沉淀与母液一起放置的时间。

知识链接

佛尔哈德与沉淀滴定法

雅克布·佛尔哈德 1834 年 6 月 4 日生于达姆斯塔特，1852 年夏入吉森大学学习化学。他学习勤奋，1855 年 8 月 6 日已通过考试获博士学位，于同年冬季学期赴海得伯格大学本生教授处继续学习。1857 年佛尔哈德应李比希之邀赴慕尼黑大学，进行教学。1860 年秋遵从父命随霍夫曼来到伦敦，霍夫曼要他从实习生做起，从事亚乙基脲的制备研究，并给予具体的帮助和严格要求。一年之后，佛尔哈德回国时，已成为安心研究的青年科学工作者。

1862 年初，佛尔哈德应聘马尔堡大学，研究课题是用科尔贝方法合成氯乙酸。1863 年，佛尔哈德再应李比希之邀重到慕尼黑大学任自费讲师，经历了他工作最繁重的时期。有时他每天要给学生讲授有机化学（夏季学期）或理论化学（冬季学期），要在自建的实验室里指导学生实验，兼任皇家科学院植物生理研究所助理研究员和巴伐利亚农业实验站站长。1869 年晋职为编外教授，接替李比希部分授课和编刊任务。从 1871 年第 158 期，他与艾伦迈耶共同接手编辑《化学纪事》，从 1878 年起由佛尔哈德独立承担编务，主持出版事宜直至他逝世。

以硫氰酸盐滴定法测银最早是夏本替尔于 1870 年提出的，经佛尔哈德研究应用，于 1874 年以《一种新的容量分析测定银的方法》推荐给化学界，受到广泛关注。他报告了以此方法测定银的具体操作和数据比较，并指出此法还有用于间接测定能被银定量沉淀出的氯、溴、碘化物的可能性。此法在酸性介质中进行，使用可溶性指示剂，优于颇受局限的摩尔法。佛尔哈德此时还探讨了铜的干扰与排除（无干扰上限 70%），以及对铜多银少或贫银样品的处理办法，确定“这是一个值得推荐的方法”。4 年之后，佛尔哈德已能从《硫氰酸铵在容量分析中的应用》广泛角度提出问题，报告他对硫氰酸铵滴定法测定银、汞（近似的），间接测定氯、溴、碘化物、氰化物、铜、与硫氰酸盐共存的卤化物，以及经卡里乌斯法或碱熔氧化法处理后测定有机化合物中的卤族元素等的研究结果。后来还有用硫氰酸钾标定高锰酸钾溶液的基准或铁盐还原的指示剂（1901）的建议，针对所遇硫氰酸铵溶液能与定量沉出的氯化银、氰化银继续反应影响测定，沉出的碘化银吸附碘化物致结果产生不同，多种其他元素的影响，以及间接法测定铜等技术问题都提出了可行的解决办法。最终使佛尔哈德方法得以成功，并推广开来。

本章小结

1. 溶度积

是一定温度下难溶电解质饱和溶液中离子浓度幂的乘积。溶解度是指一定温度、压力下，1L难溶电解质饱和溶液中难溶电解质溶解的量。

同型沉淀溶解能力可用溶度积和溶解度进行比较；异型沉淀的溶解能力只能用溶解度进行判断。

2. 溶度积的应用：溶度积规则

当 $Q=K_{sp}$时，无沉淀析出，是平衡状态的饱和溶液；

当 $Q<K_{sp}$时，无沉淀析出，反应向沉淀溶解方向移动，是非平衡状态的不饱和溶液；

当 $Q>K_{sp}$时，有沉淀析出，反应向沉淀生成方向移动，是非平衡状态的过饱和溶液。

3. 典型沉淀滴定法

摩尔法：在中性或弱碱性溶液中，用硝酸银测定卤素化合物，以铬酸钾为指示剂的沉淀滴定方法。测定对象以 Cl^- 和 Br^- 为主。

佛尔哈德法：在 HNO_3溶液中，用 KSCN 或 NH_4SCN 滴定待测离子，用铁铵矾为指示剂的沉淀滴定方法。滴定方法分直接和间接两种，直接滴定法测定对象以 Ag^+ 为主，间接滴定方法测定对象以 Cl^-、Br^- 和 SCN^- 为主。

4. 沉淀条件

晶形沉淀和无定型沉淀条件在溶液浓度、温度和陈化处理方面区别较大。

能力自测

一、选择题

1. CaF_2饱和溶液的浓度是 $2\times10^{-4}mol\cdot L^{-1}$，则其溶度积常数为（　　）。

A. 2.6×10^{-9}　　B. 4×10^{-8}　　C. 3.2×10^{-11}　　D. 8×10^{-12}

2. 在 AgCl 水溶液中，其 $[Ag^+]=[Cl^-]=1.34\times10^{-9}$ $mol\cdot L^{-1}$，AgCl 的 $K_{sp}^{\ominus}=1.8\times10^{-10}$ 则该溶液为（　　）。

A. 氯化银沉淀溶液　　B. 不饱和溶液　　C. $[Ag^+]>[Cl^-]$　　D. 饱和溶液

3. Ag_2CrO_4在 25℃ 时，溶解度为 8.0×10^{-5} $mol\cdot L^{-1}$，它的溶度积为（　　）。

A. 5.1×10^{-8}　　B. 6.4×10^{-9}　　C. 2.0×10^{-12}　　D. 1.3×10^{-8}

4. 对于一难溶电解质 $A_mB_n(s)\rightleftharpoons mA^{n+}+nB^{m-}$，要使沉淀从溶液中析出，则必须（　　）。

A. $[A^{n+}]^m\ [B^{m-}]^n=K_{sp}^{\ominus}$　　B. $[A^{n+}]^m\ [B^{m-}]^n>K_{sp}^{\ominus}$

C. $[A^{n+}]^m\ [B^{m-}]^n<K_{sp}^{\ominus}$　　D. $[A^{n+1}]^m>[B^{m-1}]^n$

5. 溶液 $[H^+]\geqslant0.24mol\cdot L^{-1}$时，不能生成硫化物沉淀的离子是（　　）。

A. Pb^{2+}　　B. Cu^{2+}　　C. Cd^{2+}　　D. Zn^{2+}

6. Fe_2S_3的溶度积表达式是（　　）。

A. $K_{sp}^{\ominus}=[Fe^{3+}][S^{2-}]$　　B. $K_{sp}^{\ominus}=[Fe^{3+}][S_2^{3-}]$

C. $K_{sp}^{\ominus}=[Fe^{3+}]^2[S^{2-}]^3$　　D. $K_{sp}^{\ominus}=[2Fe^{3+}]^2\ [S^{2-}]^3$

7. 将（　　）气体通入 $AgNO_3$溶液时有黄色沉淀产生。

A. HBr　　B. HI　　C. CHCl　　D. NH_3

8. 用摩尔法测定纯碱中的氯化钠，应选择的指示剂是（　　）。

A. $K_2Cr_2O_7$　　B. K_2CrO_4　　C. KNO_3　　D. $KClO_3$

9. 法扬司法采用的指示剂是（　　）。

A. 铬酸钾　　B. 铁铵矾　　C. 吸附指示剂　　D. 自身指示剂

10. 25℃时AgCl在纯水中的溶解度为1.34×10^{-9} mol·L^{-1}，则该温度下AgCl的$K_{sp}^{\ominus}$为（　　）。

A. 8.8×10^{-10}　　B. 5.6×10^{-10}　　C. 3.5×10^{-10}　　D. 1.8×10^{-10}

11. 晶核的形成有两种情况，一是均相成核作用，一是异相成核作用。当均相成核作用大于异相成核作用时，形成的晶核（　　）。

A. 少　　B. 多　　C. 为晶体晶核　　D. 为无定形晶核

12. 用佛尔哈德法测定Cl^-时，未加硝基苯保护沉淀，分析结果会（　　）。

A. 偏高　　B. 偏低　　C. 无影响　　D. 不一定

13. 指出下列条件适于佛尔哈德法的是（　　）。

A. pH=6.5～10　　B. 以K_2CrO_4为指示剂

C. 滴定酸度为$[H^+]$=0.1～1 mol·L^{-1}　　D. 以荧光黄为指示剂

14. pH=4时用摩尔法测定Cl^-含量，将使结果（　　）。

A. 偏高　　B. 偏低　　C. 无影响　　D. 不一定

二、计算题

1. 用移液管吸取生理盐水溶液10.00mL，加入K_2CrO4指示剂1.0mL，用1.1045mol·L^{-1} $AgNO_3$标准溶液滴定至终点，用去14.72mL，计算生理盐水的质量浓度［M(NaCl)=58.5g·mol^{-1}］。

2. 称取纯NaCl 0.1169g，加水溶解后，以K_2CrO_4为指示剂，用$AgNO_3$溶液滴定，共用去20.00mL，求该$AgNO_3$溶液的浓度。M(NaCl)=55.44g·mol^{-1}

3. 称取含有NaCl和NaBr的试样0.6280g，溶解后用$AgNO_3$溶液处理，获得干燥AgCl和AgBr沉淀0.5064g，另称取相同质量的试样一份，用0.1050mol·L^{-1} $AgNO_3$溶液滴定至终点，用去28.34mL，计算试样中NaCl和NaBr的各自含量。M(NaCl)=58.44g·mol^{-1}，M(NaBr)=102.92g·mol^{-1}，M(AgCl)=143.g·mol^{-1}，M(AgBr)=187.78g·mol^{-1}。

4. 在含有相等浓度的Cl^-和I^-的溶液中，逐滴加入$AgNO_3$溶液，哪一种离子先沉淀？第二种离子开始沉淀时，Cl^-和I^-的浓度比为多少？$K_{sp}^{\ominus}$(AgCl)=1.8×10^{-10}，$K_{sp}^{\ominus}$(AgI)=8.3×10^{-17}。

5. 称取分析纯NaCl 1.1690g，加水溶解后，配成250.0mL溶液，吸取此溶液25.00mL，加入$AgNO_3$溶液30.00mL，剩余的Ag^+用NH_4SCN回滴，计用去12.00mL。已知直接滴定25.00mL $AgNO_3$溶液时需要20.00mL NH_4SCN溶液。计算$AgNO_3$和NH_4SCN溶液的浓度。

6. 在含有0.03mol·L^{-1} Pb^{2+}和0.02mol·L^{-1} Cr^{3+}的溶液中，逐滴加入NaOH（忽略体积变化），问哪种离子先沉淀？若要使溶液中残留的Cr^{3+}浓度小于1×10^{-5}mol·L^{-1}，而Pb^{2+}不析出沉淀，问溶液的pH应维持在什么范围？

7. 已知$M(OH)_2$的$K_{sp}^{\ominus}=4\times10^{-15}$，向0.10mol·L^{-1} M^{2+}溶液中加入NaOH，使99%的M^{2+}沉淀时，该溶液的pH为多少？

三、问答题

1. 说明以下测定中，分析结果偏高还是偏低，或者没有影响？为什么？

（1）用佛尔哈德法测定I^-时，先加入铁铵矾指示剂，再加入过量的$AgNO_3$。

（2）摩尔法滴定I^-。

（3）法扬司法测定Cl^-时，以曙红为指示剂。

2. 下面说法对不对，为什么？

（1）对两种以上难溶电解质的溶解度进行比较时，可以用溶度积，也可以用溶解度。

（2）如果要使溶液中的某种离子沉淀完全，加入的沉淀剂越多越好。

（3）沉淀完全就是将溶液中某种离子完全沉淀下来，溶液中不再有该离子。

3. 试说明为什么？

(1) 氯化银在 $1mol \cdot L^{-1}$ HCl 溶液中比在水中较易溶解。

(2) 铬酸银在 $0.110mol \cdot L^{-1}$ HCl 溶液中比在 $0.001mol \cdot L^{-1}$ K_2CrO_4 溶液中较难溶解。

(3) $BaSO_4$ 沉淀要陈化，而 AgCl 和 $Fe(OH)_3$ 沉淀不要陈化。

(4) $BaSO_4$ 可用水洗涤，而 AgCl 要用稀 HNO_3 洗涤。

4. 为什么 CaF_2 沉淀在 pH=3 溶液中的溶解度较 pH=5 中大？

生理盐水中氯化钠含量的测定（银量法）

一、目的要求

1. 学习银量法测定氯的原理和方法；
2. 掌握摩尔法的实际应用。

二、实验原理

银量法需借助指示剂来确定终点。根据所用指示剂的不同，银量法又分为摩尔法、佛尔哈德法和法扬司法。

本实验是在中性溶液中以 K_2CrO_4 为指示剂。用 $AgNO_3$ 标准溶液来测定 Cl^- 的含量：

$$Ag^+ + Cl^- \longrightarrow AgCl\downarrow（白）$$

$$2Ag^+ + CrO_4^{2-} \longrightarrow Ag_2CrO_4\downarrow（砖红色）$$

由于 AgCl 的溶解度小于 Ag_2CrO_4 的溶解度。所以滴定过程中 AgCl 先沉淀出来，当 AgCl 定量沉淀后，微过量的 $AgNO_3$ 溶液便与 Ag_2CrO_4 生成砖红色的沉淀，指示出滴定的终点。

本法也可用于测定有机物中氯的含量。

三、实验试剂

$AgNO_3$ 固体（A. R），NaCl 固体（A. R），5% K_2CrO_4 溶液生理盐水样品。

四、实验内容

1. $0.01mol \cdot L^{-1}$ $AgNO_3$ 标准溶液的配制

$AgNO_3$ 标准溶液可直接用分析纯的 $AgNO_3$ 结晶配制，但由于 $AgNO_3$ 不稳定，见光易分解，故若需精确测定，则需用基准物（NaCl）来标定。

(1) 直接配制　用称量瓶精密称取 100～105℃烘干至恒重的纯净硝酸银约 4.3g，置于洁净的小烧杯中，加入不含 Cl^- 的蒸馏水 30mL，使之溶解。转入 250mL 棕色容量瓶中加水至刻度，充分摇匀，计算其准确浓度。

(2) 间接配制　将 NaCl 置于坩埚中，500～600℃灼烧至恒重，冷却，放置在干燥器中、备用。用台秤称取 8.4g $AgNO_3$ 溶解后稀释至 250mL。

(3) 标定　准确称取 0.15～0.2g NaCl 三份，分别置于两个锥形瓶中，各加 25mL 水使其溶解，加 1mL 的 5% K_2CrO_4 溶液。在充分摇动下，用 $AgNO_3$ 溶液滴定至刚出现稳定的砖红色。记录 $AgNO_3$ 溶液的用量。重复滴定两次。计算 $AgNO_3$ 溶液的浓度。

2. 测定生理盐水中 NaCl 的含量

将生理盐水稀释一倍后，用移液管精确移取已稀释的生理盐水 25mL 置于锥形瓶中，加入 1mL 的 5% K_2CrO_4 指示剂，用标准 $AgNO_3$ 溶液滴定至刚出现稳定的砖红色（边摇边滴）。重复滴定两次，计算 NaCl 的含量。

五、数据处理

生理盐水中氯化钠含量的测定（银量法）

记录项目	1	2	3
称量瓶＋$AgNO_3$重(倒出前)/g			
称量瓶＋$AgNO_3$重(倒出后)/g			
$w(AgNO_3)$			
$AgNO_3$溶液的浓度			
$AgNO_3$溶液最初读数/mL			
$AgNO_3$溶液最终读数/mL			
$AgNO_3$溶液消耗的体积/mL			
NaCl/%			
平均值			
相对偏差			

六、思考题

1. K_2CrO_4指示剂浓度大小对测定Cl^-有何影响？
2. 滴定液的酸度应控制在什么范围为宜，为什么？
3. 本实验可不可以用荧光黄代替K_2CrO_4作指示剂，为什么？

参考文献

[1] 南京大学无机及分析化学编写组．无机及分析化学．北京：高等教育出版社，2015.
[2] 王炳强，曾玉香．化学检验工职业技能鉴定试题集．北京：化学工业出版社，2015.
[3] 叶芬霞．无机及分析化学．北京：高等教育出版社，2014.
[4] 戴静波．药用基础化学．北京：化学工业出版社，2012.
[5] 符明淳，王霞．分析化学．北京：化学工业出版社，2008.
[6] 韩忠霄，孙乃有．无机及分析化学．北京：化学工业出版社，2007.
[7] 魏音，刘景清．佛尔哈德与他的沉淀滴定法．化学教育，2001，7～8：94.

氧化还原反应与氧化还原滴定法

Chapter 08

知识目标

1. 掌握氧化还原反应、氧化数、电极电势、标准电极电势及条件电极电势的概念；
2. 掌握氧化还原反应的实质及配平方法；
3. 掌握能斯特方程式的使用及电极电势的应用；
4. 掌握氧化还原滴定法的原理、分类、氧化还原滴定曲线、指示剂；
5. 掌握常见氧化还原滴定法的标准溶液及其配制方法、常见氧化还原滴定法的应用及相关计算。

氧化还原反应是化学反应中的一大类极为重要的反应，它不仅在工、农业生产和日常生活中具有重要意义，而且对生命过程也具有重要的作用，生物体内的许多反应都直接和间接与氧化还原反应相关。

氧化还原滴定法是以氧化还原反应为基础的滴定分析方法，氧化还原滴定法应用非常广泛，它不仅可用于无机分析，而且可以广泛用于有机分析，在水质分析、药品生产、药品分析及检测等方面被普遍应用。

第一节　氧化还原反应

氧化还原反应是一类参加反应的物质之间有电子转移（或偏移）的反应。不同元素的原子相互化合后，各元素在化合物中各自处于某种化合状态。

一、氧化还原反应概述

（一）氧化数

为了表示各元素在化合物中所处的化合状态，引入了氧化数（又称氧化值）的概念。1970 年国际纯化学和应用化学联合会（IUPAC）定义了氧化数的概念，即氧化数是某元素一个原子的荷电数。确定氧化数的规则如下：

（1）单质中元素原子的氧化数为零，例如，H_2分子中，H 的氧化数都是 0。

（2）化合物分子中，所有原子氧化数的代数和为零。

（3）单原子离子的氧化数为它带有的电荷数，复杂离子内所有原子氧化数的代数和等于其带有的电荷数。例如 Ca^{2+}，Ca 的氧化数为＋2。

（4）氧在化合物中，一般氧化数为－2，氢在化合物中，一般氧化数为＋1。但在过氧化物中，氧的氧化数为－1。氟的氧化物 OF_2 中，氧的氧化数为＋2。金属氢化物中如 CaH_2 中，氢的氧化数为－1。

想一想

Fe_2O_3、$KMnO_4$和 $Na_2C_2O_4$中 Fe、Mn 和 C 的氧化数各为多少?

(二) 氧化与还原反应

元素氧化数升高的过程称为氧化反应，发生氧化反应的物质称为还原剂。还原剂能使其他物质还原，而本身被氧化。同理，氧化数降低的过程称为还原反应，发生还原反应的物质称为氧化剂。氧化剂能使其他物质氧化，而本身被还原。

氧化反应与还原反应是同时发生的，且元素氧化数升高的总数必等于氧化数降低的总数。这种元素氧化数在反应过程中发生变化的化学反应称为氧化还原反应。氧化还原反应的实质就是反应过程中某些元素的原子之间有电子的得失（或电子的偏移)。例如，锌与硫酸铜的反应。

$2e^-$（Zn → $CuSO_4$）

$$Zn + CuSO_4 = ZnSO_4 + Cu$$

Zn	$CuSO_4$	$ZnSO_4$	Cu
氧化剂	还原剂	↓	↓
被还原	被氧化	氧化产物	还原产物

在氧化还原反应中，并非所有参与反应的物质都会发生元素氧化数的改变，参与反应却没有氧化数的变化的物质，通常称为介质。例如，高锰酸钾与过氧化氢的反应。

$1\times2e^-$（+7 → −1）

$$\overset{+7}{2KMnO_4} + \overset{-1}{5H_2O_2} + 3H_2SO_4 = \overset{+2}{2MnSO_4} + K_2SO_4 + \overset{0}{5O_2} + 8H_2O$$

$2KMnO_4$	$5H_2O_2$	$2MnSO_4$	K_2SO_4
氧化剂	还原剂	↓	↓
被还原	被氧化	还原产物	氧化产物

反应中，H_2O_2被氧化成 O_2，是还原剂；$KMnO_4$被还原成 Mn^{2+}，是氧化剂；H_2SO_4是介质。

二、氧化还原反应方程式的配平

氧化还原反应配平的原则就是：反应过程中元素氧化数升高的总数必等于氧化数降低的总数，即原子之间电子的得失（或电子的偏移）的总数相等。

氧化还原反应配平方法有很多，最常用的是得失电子守恒法，其步骤是：标变价、找变化、求总数、配系数。

(1) 标出氧化数发生变化的元素氧化数的始态和终态，计算变化数。

(2) 求氧化数的总变化数　氧化数的总变化数=（始态−终态）×最小公倍数。氧化数升高的物质的最小公倍数即为还原剂的系数；反之，氧化数降低的物质的最小公倍数即为氧化剂的系数。

(3) 用观察法配平介质的系数（质量守恒定律)。

(4) 检查配平后的方程式是否符合质量守恒定律（离子方程式还要看是否符合电荷守恒)。

【例 8-1】 配平化学式：$C+HNO_3 \longrightarrow NO_2\uparrow+CO_2\uparrow+H_2O$

解: (1) 标变价、找变化

$$\overset{0}{C}+H\overset{+5}{N}O_3 \longrightarrow \overset{+4}{N}O_2\uparrow+\overset{+4}{C}O_2\uparrow+H_2O$$

$$\uparrow 4 \quad \downarrow 1$$

(2) 求总数、配系数

$$1C+4HNO_3 \longrightarrow NO_2\uparrow+CO_2\uparrow+H_2O$$

$$\uparrow 4\times1 \quad \downarrow 1\times4$$

（3）质量守恒定律

$$C+4HNO_3 \xlongequal{} 4NO_2\uparrow+CO_2\uparrow+2H_2O$$

检查配平后的方程式符合质量守恒定律。

想一想

配平下列化学式：

1. $FeS_2 + O_2 \longrightarrow Fe_2O_3 + SO_2$
2. $KMnO_4 + KNO_2 + H_2SO_4 \longrightarrow MnSO_4 + K_2SO_4 + KNO_3 + H_2O$

第二节　电极电势

电极电势又称电极电位或电极势，用于描述电极得失电子能力的相对强弱。它主要是由电极和电解质溶液跟电极接触处存在双电层而产生的平衡电势。电极电势的大小主要取决于电极的本性，并受温度、介质和离子浓度等因素的影响。

一、电极电势与能斯特方程式

（一）原电池和氧化还原电对

氧化还原反应是伴随电子沿着一定方向有规则转移的反应，借助于氧化还原反应电子的定向移动将化学能转变为电能的装置称为原电池。

如图 8-1 所示，分别将锌片插入硫酸锌溶液中，铜片插入硫酸铜溶液中，两种溶液用一个装满饱和氯化钾溶液和琼胶的倒置 U 形管（称为盐桥）连接起来，再用导线连接锌片和铜片，即为铜锌原电池。将连接锌片和铜片的导线中间接一个电流计，使电流计的正极和铜片相连，负极和锌片相连，则看到电流计的指针发生偏转。这说明反应中确有电子的定向转移。

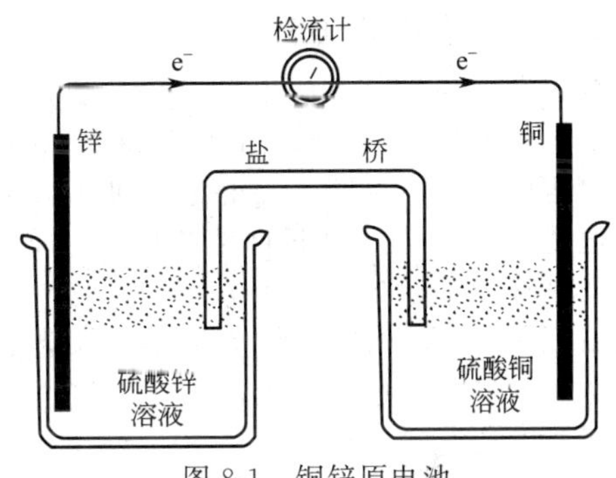

图 8-1　铜锌原电池

在铜锌原电池里，锌片上的锌原子失去电子变成锌离子，进入溶液中，因此锌片上有了过剩电子而成为负极，在负极上发生氧化反应；同时由于铜离子得到电子变成铜原子，沉积在铜片上。因此，铜片上有了多余的正电荷成为正极，在正极上发生了还原反应。则：

负极：　　$Zn-2e^- \xlongequal{} Zn^{2+}$　　氧化反应

正极：　　$Cu^{2+}+2e^- \xlongequal{} Cu$　　还原反应

原电池由两个电极构成，每个电极称为电对或半电池，每个电极上发生的氧化或还原反应，称为电极反应或半电池反应。如，铜锌原电池是由一个铜电极和一个锌电极组成的，Zn 和 $ZnSO_4$ 溶液组成锌半电池，称为一个电对，即 Zn^{2+}/Zn 电对；Cu 和 $CuSO_4$ 溶液组成铜半电池，称为一个电对，即 Cu^{2+}/Cu 电对。铜锌原电池的电极反应为：

Zn^{2+}/Zn 电对　　$Zn-2e^- \xlongequal{} Zn^{2+}$　　氧化反应

Cu^{2+}/Cu 电对　　$Cu^{2+}+2e^- \xlongequal{} Cu$　　还原反应

（二）电极电势产生

每个原电池都由两个电极构成。原电池能够产生电流的事实，说明在原电池的两极之间有电势差存在，也说明了每一个电极都有一个电势。

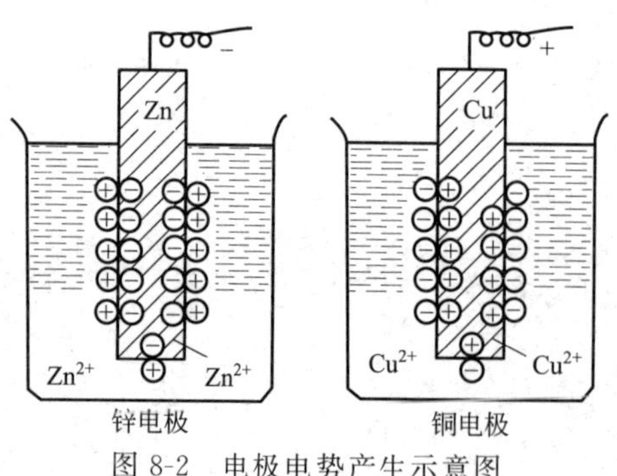

图 8-2　电极电势产生示意图

德国化学家能斯特（H. W. Nernst）提出了双电层理论（electron double layer theory）解释电极电势产生的原因：当金属放入溶液中时，一方面金属晶体中处于热运动的金属离子在极性水分子的作用下，离开金属表面进入溶液，金属带负电荷，金属周围的溶液带正电荷，如图 8-2 锌电极所示。金属性质愈活泼，这种趋势就愈大；另一方面溶液中的金属离子，由于受到金属表面电子的吸引，而在金属表面沉积，金属带正电荷，金属周围的溶液带负电荷，如图 8-2 铜电极所示。溶液中金属离子的浓度愈大，这种趋势也愈大。不论是上述哪一种情况，在一定浓度的溶液中达到平衡后，在金属和溶液两相界面上都会形成了一个带相反电荷的双电层（electron double layer），双电层的厚度虽然很小（约为 10^{-8} 厘米数量级），但却在金属和溶液之间产生了电势差。通常人们就把产生在金属和盐溶液之间的双电层间的电势差称为金属的电极电势（electrode potential）。

电极电势以符号 $E(M^{n+}/M)$ 表示，单位为 V（伏）。如锌电极的电极电势以 $E(Zn^{2+}/Zn)$ 表示，铜电极的电极电势以 $E(Cu^{2+}/Cu)$ 表示。原电池的电动势 E 就等于正极的电极电势与负极的电极电势之差。由于金属的溶解是氧化反应，金属离子的沉积是还原反应，故电极上的氧化还原反应是电极电势产生的根源。

（三）标准电极电势

为了获得各种电极的电极电势数值，通常以某种电极的电极电势作为标准与其他各待测电极组成电池，通过测定电池的电动势，而确定各种不同电极的相对电极电势 E 值。1953 年国际纯粹化学与应用化学联合会（IUPAC）的建议，采用标准氢电极（standard hydrogen electrode，SHE）作为标准电极，如图 8-3 所示，并人为地规定在任意温度下标准氢电极的电极电势为零。

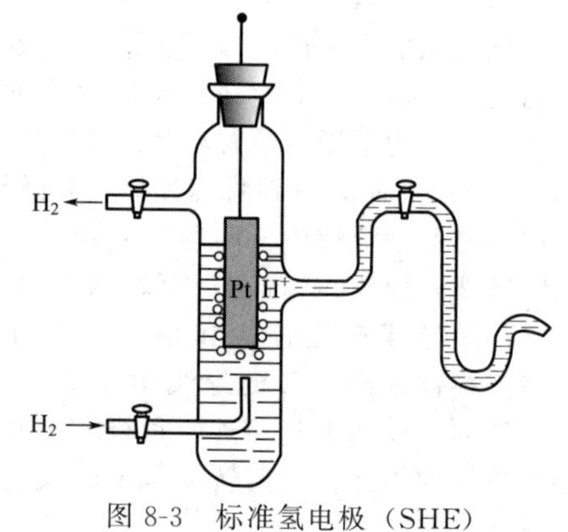

图 8-3　标准氢电极（SHE）

如果将某种电极和标准氢电极连接组成原电池，在标准状态下，即 298.15K 时，当所有溶液作用物的浓度（严格讲活度）为 $1mol \cdot L^{-1}$，所有气体作用物的分压为 101.33kPa 时，测定出来的电池电动势即是该电极的标准电极电势，用符号 $\varphi^{\ominus}$ 表示。

例如，在标准状态下，将标准锌电极与标准氢电极组成原电池，测该原电池的电动势 $E=0.763V$。由电流的方向可知，锌电极为负极，氢电极为正极，由于原电池的电动势 E 就等于正极的电极电势与负极的电极电势差（$E=\varphi^{+}-\varphi^{-}$）。

即：
$$E=\varphi^{\ominus}(H_2/H^{+})-\varphi^{\ominus}(Zn^{2+}/Zn)$$
$$0.763=0.00-\varphi^{\ominus}(Zn^{2+}/Zn)$$
得：
$$\varphi^{\ominus}(Zn^{2+}/Zn)=-0.763(V)$$

运用同样方法，理论上可测得各种电极的标准电极电势，但有些电极与水剧烈反应，不能直接测得，可通过热力学数据间接求得。实际应用中，常选用一些电极电势较稳定的电极如饱和甘汞电极和银-氯化银电极作为参比电极和其他待测电极构成电池，求得其他电极的电势。饱和甘汞电极的电极电势为 0.24V。银-氯化银电极的电极电势为 0.22V。目前许多种电极的标准电极电势都已测定，其数值大小见表 8-1 及表 8-2。

表 8-1　在酸性溶液中标准电极电位表

电极反应	E/V	电极反应	E/V
$Li^{+}+e^{-}=Li$	-3.045	$Cu^{2+}+e^{-}=Cu^{+}$	0.153
$Rb^{+}+e^{-}=Rb$	-2.98	$AgCl+e^{-}=Ag+Cl^{-}$	0.2223
$K^{+}+e^{-}=K$	-2.925	$HAsO_2+3H^{+}+3e^{-}=Aa+2H_2O$	0.2475
$Cs^{+}+e^{-}=Cs$	-2.923	$BiO^{+}+2H^{+}+3e^{-}=Bi+H_2O$	0.320
$Ba^{2+}+2e^{-}=Ba$	-2.906	$Cu^{2+}+2e^{-}=Cu$	0.3402
$Sr^{2+}+2e^{-}=Sr$	-2.892	$Ag_2CrO_4+2e^{-}=2Ag+CrO_4^{2-}$	0.4463
$Ca^{2+}+2e^{-}=Ca$	-2.869	$H_2SO_3+4H^{+}+4e^{-}=S+3H_2O$	0.479
$Na^{+}+e^{-}=Na$	-2.714	$Cu^{+}+e^{-}=Cu$	0.521
$La^{3+}+3e^{-}=La$	-2.522	$I_2+2e^{-}=2I^{-}$	0.5355
$Mg^{2+}+2e^{-}=Mg$	-2.375	$Cu^{2+}+Cl^{-}+e^{-}=CuCl$	0.538
$Ce^{3+}+3e^{-}=Ce$	-2.355	$TeO_2+4H^{+}+4e^{-}=Te+2H_2O$	0.593
$Sc^{3+}+3e^{-}=Sc$	-2.077	$Cu^{2+}+Br^{-}+e^{-}=CuBr$	0.640
$Be^{2+}+2e^{-}=Be$	-1.70	$AgC_2H_3O_2+e^{-}=Ag+C_2H_3O_2^{-}$	0.644
$Ti^{2+}+2e^{-}=Ti$	-1.630	$Ag_2SO_4+2e^{-}=2Ag+SO_4^{2-}$	0.654
$V^{2+}+2e^{-}=V$	-1.175	$O_2+2H^{+}+2e^{-}=H_2O_2$	0.695
$Mn^{2+}+2e^{-}=Mn$	-1.1029	$Fe^{3+}+e^{-}=Fe^{2+}$	0.771
$TiO^{2+}+2H^{+}+4e^{-}=Ti+H_2O$	-0.882	$NO_3^{-}+2H^{+}+e^{-}=NO_2+H_2O$	0.775
$Zn^{2+}+2e^{-}=Zn$	-0.7628	$Hg_3^{2+}+2e^{-}=2Hg$	0.7983
$Cr^{3+}+3e^{-}=Cr$	-0.744	$Ag^{+}+e^{-}=Ag$	0.7996
$U^{4+}+e^{-}=U^{3+}$	-0.631	$Cu^{2+}+I^{-}+e^{-}=CuI$	0.86
$Ca^{3+}+3e^{-}=Ca$	-0.560	$2Hg^{2+}+2e^{-}=Hg_2^{2+}$	0.920
$Sb+3H^{+}+3e^{-}=H_3Sb$(气)	-0.510	$NO_3^{-}+3H^{+}+2e^{-}=HNO_2+H_2O$	0.934
$H_3PO_3+2H^{+}+2e^{-}=H_3PO_2+H_2O$	-0.499	$NO_3^{-}+4H^{+}+3e^{-}=NO+2H_2O$	0.957
$Fe^{2+}+2e^{-}=Fe$	-0.447	$AuBr_2^{-}+e^{-}=Ar+2Br^{-}$	0.983
$Cr^{3+}+e^{-}=Cr^{2+}$	-0.407	$Cu^{2+}+2CN^{-}+e^{-}=Cu(CN)_2^{-}$	1.103
$Cd^{2+}+2e^{-}=Cd$	-0.4026	Br_2(液)$+2e^{-}=2Br^{-}$	1.066
$PbSO_4+2e^{-}=Pb+SO_4^{2-}$	-0.3588	$2IO_3^{-}+12H^{+}+10e^{-}=I_2+6H_2O$	1.178
$PbI_2+2e^{-}=Pb+2I^{-}$	-0.358	$ClO_4^{-}+2H^{+}+2e^{-}=ClO_3^{-}+H_2O$	1.189
$In^{3+}+3e^{-}=In$	-0.3382	$MnO_2+4H^{+}+2e^{-}=Mn^{2+}+2H_2O$	1.224
$Tl^{+}+e^{-}=Tl$	-0.3363	$ClO_3^{-}+3H^{+}+2e^{-}=HClO_2+H_2O$	1.214
$PtS+2H^{+}+2e^{-}=Pt+H_2S$	-0.297	$O_2+4H^{+}+4e^{-}=2H_2O$	1.228
$Co^{2+}+2e^{-}=Co$	-0.277	$Cr_2O_7^{2-}+14H^{+}+6e^{-}=2Cr^{3+}+7H_2O$	1.232
$H_3PO_4+2H^{+}+2e^{-}=H_3PO_3+H_2O$	-0.276	$Cl_2+2e^{-}=2Cl^{-}$	1.35827
$PbCl_2+2e^{-}=Pb$(汞)$+2Cl^{-}$	-0.2675	$PbO_2+4H^{+}+2e^{-}=Pb^{2+}+2H_2O$	1.455
$V^{3+}+e^{-}=V^{2+}$	-0.255	$2BrO_3^{-}+12H^{+}+10e^{-}=Br_2+6H_2O$	1.491
$Ni^{2+}+2e^{-}=Ni$	-0.230	$Au^{3+}+3e^{-}=Au$	1.498
$2SO_4^{2-}+4H^{+}+2e^{-}=S_2O_3^{2-}+2H_2O$	-0.22	$MnO_4^{-}+8H^{+}+5e^{-}=Mn^{2+}+4H_2O$	1.507
$CuI+e^{-}=Cu+I^{-}$	-0.1852	$Mn^{3+}+e^{-}=Mn^{2+}$	1.5415
$AgI+e^{-}=Ag+I^{-}$	-0.1522	$2HBrO+2H^{+}+2e^{-}=Br_2+2H_2O$	1.574
$Sn^{2+}+2e^{-}=Sn$	-0.1364	$2HClO+2H^{+}+2e^{-}=Cl_2+2H_2O$	1.594
$Pb^{2+}+2e^{-}=Pb$	-0.1263	$Ce^{4+}+e^{-}=Ce^{3+}$	1.61
$2H^{+}+2e^{-}=H_2$	0.0000	$HClO_2+2H^{+}+2e^{-}=HClO+H_2O$	1.645
$[Ag(S_2O_3)_2]^{3-}+e^{-}=Ag+2S_2O_3^{2-}$	0.017	$MnO_4^{-}+4H^{+}+3e^{-}=MnO_2+2H_2O$	1.679
$CuBr+e^{-}=Cu+Br$	0.033	$PbO_2+SO_4^{2-}+4H^{+}+2e^{-}=PbSO_4+2H_2O$	1.6913
$TiO^{2+}+2H^{+}+e^{-}=Ti^{3+}+H_2O$	0.06	$H_2O_2+2H^{+}+2e^{-}=2H_2O$	1.776
$CuCl+e^{-}=Cu+Cl^{-}$	0.0137	$Co^{3+}+e^{-}=Co^{2+}$	1.83
$S+2H^{+}+2e^{-}=H_2S$(aq)	0.142	$O_3+2H^{+}+2e^{-}=O_2+H_2O$	2.976
$Sb_2O_3+6H^{+}+6e^{-}=2Sb+3H_2O$	0.1445	$OH+H^{+}+e^{-}=H_2O$	2.85
$Sn^{4+}+2e^{-}=Sn^{2+}$	0.151	$F_2+2e^{-}=2F^{-}$	2.866

表 8-2　在碱性溶液中标准电极电位表

电极反应	E/V	电极反应	E/V
$Ca(OH)_2+2e^-$ ══ $Ca+2OH^-$	−3.03	$Cu_2O+H_2O+2e^-$ ══ $2Cu+2OH^-$	−0.358
$Ba(OH)_2\cdot 8H_2O+2e^-$ ══ $Ba+8H_2O+2OH^-$	−2.99	$Cu(CNS)+e^-$ ══ $Cu+CNS^-$	−0.27
$La(OH)_3+3e^-$ ══ $La+3OH^-$	−2.90	$CrO_4^{2-}+4H_2O+3e^-$ ══ $Cr(OH)_3+5OH^-$	−0.13
$Mg(OH)_2+2e^-$ ══ $Mg+2OH^-$	−2.690	$Cu(NH_3)_2^++e^-$ ══ $Cu+2NH_3$	−0.11
$Al^{3+}+3e^-$ ══ Al(0.1MNaOH)	−1.706	$2Cu(OH)_2+2e^-$ ══ $Cu_2O+2OH^-+H_2O$	−0.080
$Mn(OH)_2+2e^-$ ══ $Mn+2OH^-$	−1.56	$MnO_2+2H_2O+2e^-$ ══ $Mn(OH)_2+2OH^-$	−0.05
$Cr(OH)_3+3e^-$ ══ $Cr+3OH^-$	−1.48	$NO_3^-+H_2O+2e^-$ ══ NO_2^-+2OH	0.01
$ZnS+2e^-$ ══ $Zn+S^{2-}$	−1.405	$HgO+H_2O+2e^-$ ══ $Hg+2OH^-$	0.977
$Zn(OH)_2+2e^-$ ══ $Zn+2OH^-$	−1.245	$N_2H_4+4H_2O+2e^-$ ══ $2NH_4OH+2OH^-$	0.1
$CrO_2^-+2H_2O+3e^-$ ══ $Cr+4OH^-$	−1.2	$Co(NH_3)_6^{3+}+e^-$ ══ $Co(NH_3)_6^{2+}$	0.108
$Zn(NH_3)_4^{2+}+2e^-$ ══ $Zn+4NH_3$	−1.04	$Mn(OH)_3+e^-$ ══ $Mn(OH)_2+OH^-$	0.15
$FeS+2e^-$ ══ $Fe+S^{2-}$	−0.95	$Co(OH)_3+e^-$ ══ $Co(OH)_2+OH^-$	0.17
$PbS+2e^-$ ══ $Pb+S^{2-}$	−0.93	$PbO_2+H_2O+2e^-$ ══ $PbO+2OH^-$	0.247
$SO_4^{2-}+H_2O+2e^-$ ══ $SO_3^{2-}+2OH^-$	−0.93	$IO_3^-+3H_2O+6e^-$ ══ I^-+6OH^-	0.26
$Fe(OH)_2+2e^-$ ══ $Fe+2OH^-$	−0.877	$Ag(SO_3)_2^{3-}+e^-$ ══ $Ag+2SO_3^{2-}$	0.295
$SnS+2e^-$ ══ $Sn+S^{2-}$	−0.87	$Ag_2O+H_2O+2e^-$ ══ $2Ag+2OH^-$	0.342
$Cd(OH)_2+2e^-$ ══ $Cd+2OH^-$	−0.869	$Ag(NH_3)_2^++e^-$ ══ $Ag+2NH_3$	0.373
$2H_2O+2e^-$ ══ H_2+2OH^-	−0.828	$TeO_4^{2-}+H_2O+2e^-$ ══ $TeO_3^{2-}+2OH^-$	0.4
$NiS+2e^-$ ══ $Ni+S^{2-}$	−0.814	$O_2+2H_2O+4e^-$ ══ $4OH^-$	0.401
$FeCO_3+2e^-$ ══ $Fe+CO_3^{2-}$	−0.756	$Ag_2CO_3+2e^-$ ══ $2Ag+CO_3^{2-}$	0.47
$Co(OH)_2+2e^-$ ══ $Co+2OH^-$	−0.73	$IO^-+H_2O+2e^-$ ══ I^-+2OH^-	0.485
$Ni(OH)_2+2e^-$ ══ $Ni+2OH^-$	−0.72	$MnO_4^{2-}+2H_2O+2e^-$ ══ MnO_2+4OH^-	0.60
$Fe_2S_3+2e^-$ ══ $2FeS+S^{2-}$	−0.715	$2AgO+H_2O+2e^-$ ══ Ag_2O+2OH^-	0.607
$SnO_2^-+2H_2O+3e^-$ ══ $Sn+4OH^-$	−0.66	$BrO_3^-+3H_2O+6e^-$ ══ Br^-+6OH^-	0.610
$Cd(NH_3)_4^{2+}+2e^-$ ══ $Cd+4NH_3$	−0.597	$ClO_2^-+H_2O+2e^-$ ══ ClO^-+2OH^-	0.66
$Fe(OH)_3+e^-$ ══ $Fe(OH)_2+OH^-$	−0.56	$H_3IO_6^{2-}+2e^-$ ══ $IO_3^-+3OH^-$	0.7
$PbCO_3+2e^-$ ══ $Pb+CO_3^{2-}$	−0.509	$2NH_2OH+2e^-$ ══ $N_2H_4+2OH^-$	0.73
$Ni(NH_3)_6^{2+}+2e^-$ ══ $Ni+6NH_3$(水)	−0.476	$Ag_2O_3+H_2O+2e^-$ ══ $2AgO+2OH^-$	0.739
$Li_2O_3+3H_2O+6e^-$ ══ $2Bi+6OH^-$	−0.46	$BrO^-+H_2O+2e^-$ ══ Br^-+2OH^-	0.761
$NiCO_3+2e^-$ ══ $Ni+CO_3^{2-}$	−0.45	$ClO^-+H_2O+2e^-$ ══ Cl^-+2OH^-	0.841
$Cu(CN)_2^-+e^-$ ══ $Cu+2CN^-$	−0.429	ClO_2+e^- ══ ClO_2^-	0.936
$Hg(CN)_4^{2-}+2e^-$ ══ $Hg+4CN^-$	−0.37	$O_3+H_2O+2e^-$ ══ O_2+2OH^-	1.24

注意事项：

（1）表 8-1 及表 8-2 一般采用电极反应的还原电势，每一电极的电极反应均写成还原反应形式，即氧化型$+ne$ ══ 还原型。

（2）标准电极电势是平衡电势，每个电对标准电极电势值的正负号，不随电极反应进行的方向而改变。标准电极电势为正值表示组成电极的氧化型物质，得电子的倾向大于标准氢电极中的 H^+，如铜电极中的 Cu^{2+}；如标准电极电势的为负值，则组成电极的氧化型物质得电子的倾向小于标准氢电极中的 H^+，如锌电极中的 Zn^{2+}。

（3）表 8-1 及表 8-2 中的标准电极电势的大小可用来判断在标准状态下电对中氧化型物质的氧化能力和还原型物质的还原能力的相对强弱，而与参与电极反应物质的数量无关。即无论半电池反应式的系数怎样变化，标准电极电势大小不变。

$$Zn^{2+}+2e^- \Longrightarrow Zn \qquad \varphi^{\ominus}=-0.763V$$

$$\frac{1}{2}Zn^{2+}+e^- \Longrightarrow \frac{1}{2}Zn \qquad \varphi^{\ominus}=-0.763V$$

（4）表 8-1 及表 8-2 中的标准电极电势值仅适用于标态时的水溶液的电极反应。对于非水、高温、固相反应，则有一定局限性。

（四）能斯特方程

标准电极电势是在标准状态下测定的。如果条件改变，则电对的电极电势也随之发生改变。电极电势的大小，首先取决于电极的本性，它是通过标准电极电势来体现的，即标准电极电势大小只与本性有关。其次，除了电极本性外，温度，反应物浓度，溶液的 pH，若有气体参加反应，气体分压对电极电势也有影响，这些因素发生改变，电极电势的大小也将改变。德国化学家能斯特（W. Nernst）通过热力学的理论推导出溶液中离子的浓度（或气体的分压）、温度等的改变所引起电极电势变化的定量关系：

半电池反应： $Ox(氧化态)+ne^- \rightleftharpoons Red(还原态)$

$$\varphi=\varphi^{\ominus}+\frac{RT}{nF}\ln\frac{c_{Ox}}{c_{Red}} \tag{8-1}$$

该方程称为能斯特（Nernst）方程

式中 φ——非标准状态时的电极电势，V；

$\varphi^{\ominus}$——标准状态时的电极电势，V；

R——气体常数，8.314J・mol^{-1}・K^{-1}；

n——电极反应中电子的转移数；

F——法拉第常数，96487C・mol^{-1}；

T——热力学温度 273.15+t℃，K。

当温度为 298.15K 时，将各常数代入上式，把自然对数换成常用对数，能斯特方程可简化为：

$$\varphi=\varphi^{\ominus}+\frac{0.05916}{n}\lg\frac{c_{Ox}}{c_{Red}} \tag{8-2}$$

应用能斯特方程式时需注意以下几点：

（1）公式(8-2) 中的 c_{Ox}应该代入氧化态物质浓度以其系数为指数的值，c_{Red}应该代入还原态物质浓度以其系数为指数的值，即若电极反应式中氧化态、还原态物质前的系数不等于 1 时，c_{Ox}是指氧化态物质浓度的系数次方的大小，c_{Red}是指还原态物质浓度的系数次方的大小。

（2）若电极反应式中氧化态、还原态为纯固体或纯液体（包括水），则其浓度为 1mol・L^{-1}，即 c_{Ox}、c_{Red}等于 1。

（3）若电极反应式中氧化态、还原态为气体，则 c_{Ox}、c_{Red}用气体分压表示，气体分压代人公式时，应除以标准态压力 101.3kPa。

（4）若在电极反应中，有 H^+、OH^-或其他介质参加反应，则这些物质的浓度也应根据其在电极反应式中的位置代入能斯特方程的计算中，即 c_{Ox}是指氧化态物质，及相关介质浓度的系数次方的乘积；c_{Red}是指还原态物质，及相关介质浓度的系数次方的大小乘积。

【例 8-2】 已知 $\varphi^{\ominus}(MnO_4^-/Mn^{2+})=1.507V$，求 298.15K，pH=6，$MnO_4^-$ 和 Mn^{2+} 的浓度均为 1mol・L^{-1}时，MnO_4^-/Mn^{2+} 电对的电极电势。

解： 电极反应为：

$$MnO_4^- + 8H^+ + 5e^- \rightleftharpoons Mn^{2+} + 4H_2O$$

298.15K 时，根据能斯特方程可知：

$$\varphi(MnO_4^-/Mn^{2+})=\varphi^{\ominus}(MnO_4^-/Mn^{2+})+\frac{0.05916}{5}\lg\frac{c(MnO_4^-)\cdot c^8(H^+)}{c(Mn^{2+})}$$

已知：

$$c(MnO_4)=c(Mn^{2+})=1mol\cdot L^{-1}$$

$$\varphi^{\ominus}(MnO_4^-/Mn^{2+})=1.507V$$

$$pH=6$$

代入能斯特方程得：

$$\varphi(MnO_4^-/Mn^{2+})=1.507+\frac{0.05916\times8}{5}\lg c(H^+)$$
$$=1.507-\frac{0.05916\times8}{5}pH$$
$$=1.507-\frac{0.05916\times8}{5}\times6$$
$$=+0.9391(V)$$

计算结果可表明，溶液 pH 值越大，电极电势值越小，MnO_4^- 的氧化能力越弱。反之，pH 值越小，即溶液的酸度越大，电极电势越大，MnO_4^- 的氧化能力越强。所以，常在酸性较强的溶液中使用氧化剂 $KMnO_4$。

想一想

已知：$\varphi^\ominus(Fe^{3+}/Fe^{2+})=0.771V$，求 298.15K 时，$c(Fe^{3+})=1mol\cdot L^{-1}$，$c(Fe^{2+})=0.0001mol\cdot L^{-1}$时，电对 Fe^{3+}/Fe^{2+} 的电极电势是多少？若 $c(Fe^{3+})=0.0001mol\cdot L^{-1}$，$c(Fe^{2+})=1mol\cdot L^{-1}$时，电对 Fe^{3+}/Fe^{2+} 的电极电势是多少？并且根据计算结果分析氧化态物质的浓度，与还原态物质的浓度对电极电势的影响。

二、电极电势的应用

标准电极电势是电化学中极为重要的数据，它可以定量比较氧化剂及还原剂的强弱，判断标准状态下氧化还原反应的方向和次序。

（一）比较氧化剂及还原剂的强弱

标准电极电势值的大小代表电对物质得失电子能力的大小，因此，可用于判断标准状态下氧化剂、还原剂氧化还原能力的相对强弱。标准电极电势值愈大，电对中氧化态物质的氧化能力愈强，是强氧化剂；而对应的还原态物质的还原能力愈弱，是弱还原剂。反之，标准电极电势值愈小，电对中还原态物质的还原能力愈强，是强还原剂；而对应氧化态物质的氧化能力愈弱，是弱氧化剂。

【例 8-3】 已知 $\varphi^\ominus(Cu^{2+}/Cu)=0.345(V)$、$\varphi^\ominus(Fe^{2+}/Fe)=-0.441(V)$ 比较标准状态下，两电对物质氧化还原能力的相对强弱。

解： 由题可知：

$$\varphi^\ominus(Cu^{2+}/Cu)>\varphi^\ominus(Fe^{2+}/Fe)$$

说明：氧化态物质的氧化能力相对大小为：$Cu^{2+}>Fe^{2+}$。还原态物质的还原能力相对大小为：Cu<Fe。

值得注意的是，标准电极电势大小只可用于判断标准状态下氧化剂、还原剂氧化还原能力的相对强弱。若电对处于非标准状态时，则应根据能斯特方程计算出非标准电极电势值，然后判断物质的氧化性和还原性的强弱。

想一想

1. 比较标准状态下，下列电对物质氧化还原能力的相对强弱：

$$\varphi^\ominus(Cl_2/Cl^-)=-1.36(V);\varphi^\ominus(I_2/I^-)=-0.53(V)$$

2. 标准状态下，在下列电对中选择出最强的氧化剂和最强的还原剂。并指出各氧化态物种的氧化能力和各还原态物种的还原能力强弱顺序。

MnO^{4-}/Mn^{2+}、Cu^{2+}/Cu、Fe^{3+}/Fe^{2+}、I^2/I^-、Cl^2/Cl^-、Sn^{4+}/Sn^{2+}

（二）判断氧化还原反应的方向

任何一个氧化还原反应，原则上都可以设计成原电池。因此利用原电池的电动势可以判断氧化还原反应进行的方向。两种物质之间能否发生氧化还原反应，以及氧化还原反应的方向，取决于它们电对的电极电势差。只要电对的电极电势差不为零，即可发生氧化还原反应，并且电极电势差越大，氧化还原反应越容易发生。而氧化还原反应的自发进行方向，总是强的氧化剂从强的还原剂那里夺取电子，变成弱的还原剂和弱的氧化剂，即：

$$\text{强氧化剂 1} + \text{强还原剂 2} \Longrightarrow \text{弱还原剂 1} + \text{弱氧化剂 2}$$

因此，利用标准电极电势表和能斯特方程，可以判断氧化还原反应自发进行的方向。从电极电势的数值来看，氧化还原反应以“高电势的氧化型氧化低电势的还原型”的方向进行。在判断氧化还原反应能否自发进行时，通常指的是正向反应。

【例 8-4】 判断标准状态下下列氧化还原反应进行的方向：

$$2Fe^{3+} + 2Br^- \rightleftharpoons Br_2 + 2Fe^{2+}$$

解：将此氧化还原反应折成两个半反应，并查出它们的标准电极电势：

$$Fe^{3+} + e^- \rightleftharpoons Fe^{2+} \qquad \varphi^{\ominus}(Fe^{3+}/Fe^{2+}) = +0.771V$$

$$Br_2 + 2e^- \rightleftharpoons 2Br^- \qquad \varphi^{\ominus}(Br_2/Br^-) = +1.0873V$$

可见：$\varphi^{\ominus}(Br_2/Br^-) > \varphi^{\ominus}(Fe^{3+}/Fe^{2+})$，而电对中的氧化态 Br_2，较强的还原剂是电极电势低的电对中的还原态 Fe^{2+}，因此，该反氧化还原反应体系中较强的氧化剂是电极电势高的应将可自发的向左进行，即：

$$Br_2 + 2Fe^{2+} \Longrightarrow 2Fe^{3+} + 2Br^-$$

想一想

判断标准状态下下列氧化还原反应进行的方向。

$Zn + MgCl_2 \rightleftharpoons Mg + ZnCl_2$

$MnO_4^- + HNO_2 \rightleftharpoons Mn^{2+} + NO_3^-$

（三）判断氧化还原反应的次序

如果在含有多种还原剂（或氧化剂）物质的溶液中，加入一种或者多种氧化剂（或还原剂）时，那么哪种氧化剂与哪种还原剂之间会先发生氧化还原反应？即当有多个氧化还原反应都可能发生时间，该如何判断氧化还原反应的次序？利用电极电势的大小可以解决这个问题。即在适合的条件下，所有可能发生的氧化还原反应中，电极电势相差最大的电对间首先进行反应。当溶液中含有多种还原剂时，若加入氧化剂，则该氧化剂首先与最强的还原剂发生氧化还原反应。同理当溶液中含有多种氧化剂时，若加入还原剂，则该还原剂首先与最强的氧化剂发生氧化还原反应。

【例 8-5】 试判断标准状态下，向含有 Fe^{2+} 和 Sn^{2+} 的溶液中，滴入 $KMnO_4$ 溶液时，首先是发生什么氧化还原反应？

解：杳表可知：

$$\varphi^{\ominus}(MnO_4^-/Mn^{2+}) = 1.51V$$

$$\varphi^{\ominus}(Fe^{3+}/Fe^{2+}) = 0.77V$$

$$\varphi^{\ominus}(Sn^{4+}/Sn^{2+}) = 0.15V$$

分析：

$$\varphi^{\ominus}(MnO_4^-/Mn^{2+}) - \varphi^{\ominus}(Fe^{3+}/Fe^{2+}) = 1.51 - 0.77 = 0.74(V)$$

$$\varphi^{\ominus}(MnO_4^-/Mn^{2+}) - \varphi^{\ominus}(Sn^{4+}/Sn^{2+}) = 1.51 - 0.15 = 1.36(V)$$

$$1.36(V) > 0.74(V)$$

即 $\varphi^{\ominus}(MnO_4^-/Mn^{2+})-\varphi^{\ominus}(Sn^{4+}/Sn^{2+})>\varphi^{\ominus}(MnO_4^-/Mn^{2+})-\varphi^{\ominus}(Fe^{3+}/Fe^{2+})$

可见，$KMnO_4$ 首先氧化 Sn^{2+}，只有将 Sn^{2+} 完全氧化后才能氧化 Fe^{2+}。

必须指出，以上判断只有在有关的氧化还原反应速度足够快的情况下才正确。非标准状态下氧化还原反应的次序可以利用标准电极电势表和能斯特方程来判断，同样氧化还原反应的次序是电极电势相差最大的电对间首先进行反应。

想一想

试判断标准状态下，向含有相同浓度的 Fe^{2+}、I^- 混合溶液中，加入氧化剂 $K_2Cr_2O_7$ 溶液。问哪一种离子先被氧化？

第三节　氧化还原滴定法的基本原理

氧化还原滴定法是以氧化还原反应为基础的分析方法，是滴定分析中应用最广泛的方法之一，它不仅可用于无机分析，而且可以广泛用于有机分析。氧化还原滴定法可以直接测定许多具有还原性和氧化性的物质，也可以间接测定某些不具有氧化还原性的物质，如土壤有机质，水中耗氧量，水中溶解氧等。

一、条件电极电势

在实际氧化还原滴定工作时，溶液中电对的氧化态或还原态常具有多种存在形式，溶液的酸度，沉淀的产生，配合物的生成等，一旦发生变化或有副反应发生，电对的氧化态或还原态的存在形式也随之变化，从而引起电极电势的改变，在使用能斯特方程时应考虑以上因素，才能使计算结果与实际情况较为相符。因而在实际氧化还原滴定中引入了条件电极电势，简称条件电势，符号用 φ' 表示，条件电极电势是指在一定介质条件下氧化态和还原态的总浓度都为 $1mol \cdot L^{-1}$，或二者浓度比值为 1 时，考虑了溶液酸度、离子强度以及副反应系数等各种外界因素影响后的实际电极电势。条件电极电势可通过查表或计算求得，它在一定条件下为一常数。

二、氧化还原滴定曲线

在氧化还原滴定过程中，随着滴定剂的加入，被滴定物质的氧化态和还原态的浓度逐渐改变，电对的电极电势也随之改变。这种改变与其他类型的滴定一样，呈现出规律性的变化，以加入的标准溶液的体积为横坐标，溶液的电极电势为纵坐标，可绘制得氧化还原滴定的曲线。

(一) 氧化还原滴定曲线的绘制

现以在 $1mol \cdot L^{-1} H_2SO_4$ 溶液中，用 $0.1mol \cdot L^{-1} Ce(SO_4)_2$ 标准溶液滴定 20.00mL0.1mol·$L^{-1} FeSO_4$ 溶液为例绘制氧化还原滴定曲线。

滴定离子反应式为：　　$Ce^{4+}+Fe^{2+} = Ce^{3+}+Fe^{3+}$

还原反应：$Ce^{4+}+e^- \rightleftharpoons Ce^{3+}$　　$\varphi'(Ce^{4+}/Ce^{3+})=1.44V$

氧化反应：$Fe^{3+}+e^- \rightleftharpoons Fe^{2+}$　　$\varphi'(Fe^{3+}/Fe^{2+})=0.68V$

滴定过程中溶液体系的电极电势的变化情况见表 8-3。

表 8-3　$0.1mol \cdot L^{-1} Ce(SO_4)_2$ 标准溶液滴定 20.00mL0.1mol·$L^{-1} FeSO_4$ 溶液体系的电极电势

加入 Ce^{4+} 溶液的体积 V/mL	滴定分数 f/%	体系的电极电势 φ/V
1.00	5.00	0.60
10.00	50.00	0.68

续表

加入 Ce^{4+} 溶液的体积 V/mL	滴定分数 f/%	体系的电极电势 φ/V
18.00	90.00	0.74
19.80	99.00	0.80
19.98	99.90	0.86 } 滴定突跃
20.00	100.0	1.06 } 滴定突跃
20.02	100.1	1.26 } 滴定突跃
20.20	101.0	1.32
22.00	110.0	1.38
30.00	150.0	1.42
40.00	200.0	1.44

表 8-3 滴定分数是指实际加入的 0.1mol·$L^{-1}$$Ce(SO_4)_2$标准溶液的量占达到计量点时应加入的标准溶液的量的百分比。

根据表 8-3 的数据，以 0.1mol·$L^{-1}$$Ce(SO_4)_2$标准溶液加入的百分数为横坐标，溶液体系的电极电势为纵坐标，绘制可得氧化还原滴定曲线，见图 8-4。

(二) 氧化还原滴定曲线的分析

(1) 对于可逆对称的氧化还原电对，滴定分数为 50%时，氧化还原滴定溶液体系的电极电势就是被测物电对的条件电极电势；而滴定分数为 200%时，氧化还原滴定溶液体系的电极电势就是滴定剂电对的条件电极电势。

(2) 氧化还原滴定在化学计量点附近存在滴定突跃，0.1mol·L^{-1} $Ce(SO_4)_2$标准溶液滴定 20.00mL 0.1mol·$L^{-1}$$FeSO_4$溶液的滴定突跃发生在标准溶液的加入量为 19.98~20.02mL 的时候，此时溶液体系的电极电势由 0.86V 突跃为 1.26V。

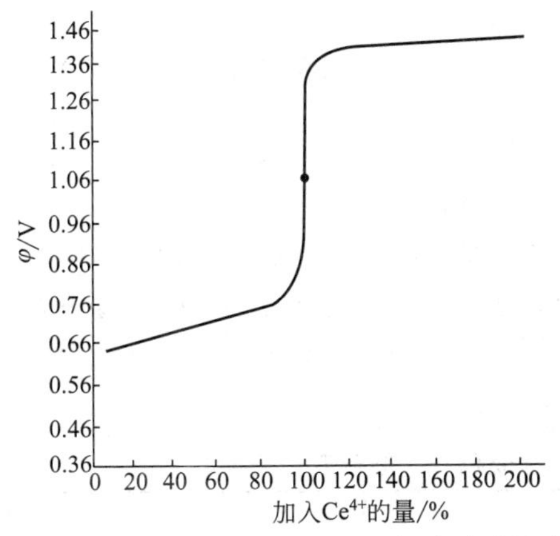

图 8-4 0.1mol·$L^{-1}$$Ce(SO_4)_2$标准溶液滴定 20.00mL 0.1mol·$L^{-1}$$FeSO_4$溶液的滴定曲线

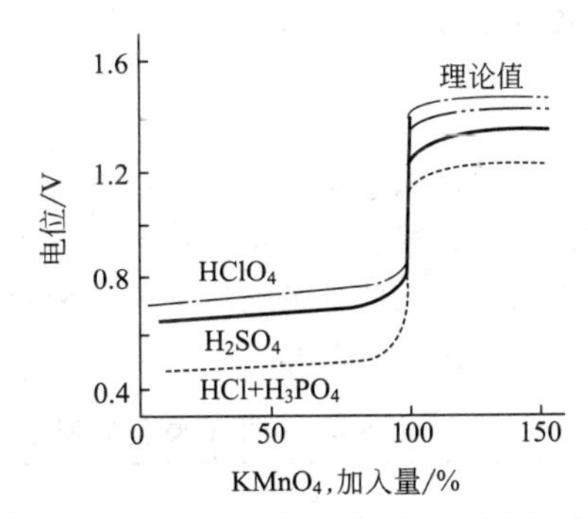

图 8-5 $KMnO_4$标准溶液在不同介质中滴定 Fe^{2+}的氧化还原滴定曲线

(3) 氧化还原滴定的滴定突跃范围的大小，与发生氧化还原反应的两个电对的条件电极电势相差的大小有关。两个电对条件电极电势相差越大，氧化还原滴定的滴定突跃范围越大；反之，两个电对条件电极电势相差越小，则氧化还原滴定的滴定突跃范围越小。

(4) 氧化还原滴定曲线的滴定突跃范围的大小常因滴定时介质的不同而发生改变。改变的情况可以用 $KMnO_4$标准溶液在不同介质中滴定 Fe^{2+}的氧化还原滴定曲线来验证，见图 8-5。

三、氧化还原滴定中的指示剂

氧化还原滴定常用的指示剂一般可分为三种：自身指示剂、专属指示剂和氧化还原指示剂。

1. 自身指示剂

在氧化还原滴定中，有些标准溶液本身有颜色，而滴定反应的生成物为无色或颜色很浅，达到化学计量点时，稍过量的标准溶液就可使滴定反应溶液呈现某种颜色，达到指示滴定终点的目的；或者在氧化还原滴定中，有些被滴定的物质本身有颜色，反应的生成物为无色或颜色很浅，达到化学计量点时，滴定反应溶液呈现出由有色变为无色的现象，也达到指示滴定终点的目的。出现这两种情况时，在氧化还原滴定体系中则不用外加指示剂，而是利用标准溶液或被滴定物质本身的颜色变化指示滴定终点，这种在氧化还原滴定中起着指示剂作用的标准溶液或被滴定物质被称为自身指示剂。

例如，在以高锰酸钾为标准溶液的氧化还原滴定中，由于 MnO_4^- 的还原产物 Mn^{2+} 几乎无色，而高锰酸钾的水溶液本身呈紫红色，只要 MnO_4^- 的浓度达到 $2\times10^{-6}mol\cdot L^{-1}$，即相当于往 100mL 溶液中加入 $0.02mol\cdot L^{-1}$ $KMnO_4$ 0.01mL，就能显示其鲜明的颜色，达到化学计量点时，稍过量的 MnO_4^- 就可使滴定反应溶液呈现粉红色，所以在高锰酸钾法的氧化还原滴定中不用外加指示剂，使用高锰酸钾自身指示剂即可指示滴定终点。

2. 专属指示剂

有些物质本身不具有氧化还原性，但它能与氧化剂或还原剂作用产生特殊的颜色，在氧化还原滴定中可利用这些物质这一特性达到指示滴定终点的目的，这类指示剂称为专属指示剂或显色指示剂。

例如，可溶性淀粉与游离碘生成深蓝色配合物，显色反应极灵敏，当 I_2 溶液浓度为 $5\times10^{-6}mol\cdot L^{-1}$ 时即能看到蓝色，而可溶性淀粉本身不具有氧化还原性，添加到氧化还原滴定中不会引起任何副反应，所以在氧化还原滴定法的碘量法中，常用可溶性淀粉溶液作指示剂，当 I_2 被还原为 I^- 时蓝色消失，当 I^- 被氧化为 I_2 时蓝色出现。

3. 氧化还原指示剂

这类指示剂是一些本身具有氧化还原性的有机化合物，其氧化态和还原态具有明显不同的颜色，能因氧化还原作用而发生颜色变化以指示终点。

若分别以 In_{Ox} 和 In_{Red} 表示氧化还原指示剂的氧化态和还原态，则在氧化还原滴定中氧化还原指示剂的电极反应可表示为：

$$\underset{\text{A色}}{In_{Ox}} + ne^- \longrightarrow \underset{\text{B色}}{In_{Red}}$$

在氧化还原滴定达到化学计量点时，稍过量的标准溶液可使氧化还原指示剂从还原态颜色变到氧化态的颜色，或者从氧化态颜色变到还原态的颜色，达到指示滴定终点的目的。每种氧化还原指示剂都有自身特定的电极电势变色范围或变色点。常用的氧化还原指示剂的电极电势变色点、颜色变化及配制方法见表 8-4。

表 8-4 常用的氧化还原指示剂的电极电势变色点、颜色变化及配制方法

指示剂	电极电势变色点/V	颜色		指示剂溶液
		氧化态	还原态	
亚甲基蓝	0.53	蓝绿	无色	0.05%的水溶液
二苯胺	0.76	紫色	无色	0.1%浓硫酸溶液
二苯胺磺酸钠	0.84	紫红	无色	0.05%水溶液
羊毛罂红 A	1.00	橙红	黄绿	0.1%浓硫酸溶液
邻二氮菲亚铁	1.06	浅蓝	红色	$0.025mol\cdot L^{-1}$水溶液
邻苯胺基苯甲酸	1.08	紫红	无色	0.1%碳酸钠溶液

在氧化还原滴定选择指示剂时，应选择指示剂电极电势变色范围或变色点在滴定突跃范围内的氧化还原指示剂，而且尽量使指示剂电极电势变色范围或变色点与氧化还原滴定计量点的电极电势

一致或接近。

第四节　常用的氧化还原滴定法

氧化还原滴定法常用强氧化剂或较强的还原剂作为标准溶液，氧化滴定剂有高锰酸钾、重铬酸钾、硫酸铈、碘、碘酸钾、高碘酸钾、溴酸钾、铁氰化钾、氯胺等；还原滴定剂有亚砷酸钠、亚铁盐、氯化亚锡、抗坏血酸、亚铬盐、亚钛盐、亚铁氰化钾、肼类等。根据所用标准溶液的不同，可将氧化还原滴定法分为高锰酸钾法、重铬酸钾法、碘量法、溴酸钾法等。下面重点介绍最常用的三种氧化还原滴定法：高锰酸钾法、重铬酸钾法和碘量法。

一、高锰酸钾法

（一）概述

高锰酸钾法是以高锰酸钾为标准溶液的氧化还原滴定法，高锰酸钾法可用直接滴定的方式定量测定还原性物质，也可用间接方法测定氧化性物质。高锰酸钾法测定氧化性物质的方法是先将一定量（过量）的还原剂加入到被测定的氧化性物质中，待反应完毕后，再用 $KMnO_4$ 标准溶液返滴定过量的还原剂溶液。

高锰酸钾是强氧化剂，在碱性溶液中，高锰酸钾被还原成 MnO_2，而 MnO_2 是棕色沉淀，妨碍终点观察，因此不能用作氧化还原滴定分析。其半反应方程如下：

$$MnO_4^- + 2H_2O + 3e^- \rightleftharpoons MnO_2\downarrow + 4OH^- \quad \varphi^\ominus = +0.595V$$

在酸性溶液中，高锰酸钾被还原成无色的 Mn^{2+}，常用作氧化还原滴定的标准溶液。其半反应方程为：

$$MnO_4^- + 8H^+ + 5e^- \rightleftharpoons Mn^{2+} + 4H_2O \quad \varphi^\ominus = +1.507V$$

值得注意的是：

（1）高锰酸钾用于氧化还原滴定分析时，常用 H_2SO_4 酸化而不能用 HNO_3 或 HCl 酸化。不能用 HNO_3，是因为 HNO_3 有氧化性，可能与被测物质反应；也不能用 HCl，是因为 HCl 中的 Cl^- 有还原性，可能与 MnO_4^- 反应。

（2）高锰酸钾用于氧化还原滴定分析时，被测溶液酸的浓度一般控制在 $0.5 \sim 1mol \cdot L^{-1}$ 为宜。因为，如测溶液酸的浓度过高会引起 $KMnO_4$ 分解，分解反应如下：

$$4MnO_4^- + 12H^+ = 4Mn^{2+} + 5O_2\uparrow + 6H_2O$$

（3）高锰酸钾法使用高锰酸钾自身可作指示剂，达到滴定终点时，溶液呈现粉红色。

（二）高锰酸钾标准溶液的配制与标定

1. 高锰酸钾标准溶液的配制

一方面，高锰酸钾在制备和储存过程中，会产生少量的二氧化锰杂质；另一方面，蒸馏水中常含少量有机杂质，用蒸馏水配制高锰酸钾溶液时，蒸馏水中的有机杂质能还原高锰酸钾，使初配的高锰酸钾溶液的浓度发生变化。因此，直接配制的高锰酸钾溶液不能用于氧化还原滴定分析。

为使高锰酸钾溶液浓度较快达到稳定，常将配好的高锰酸钾溶液煮沸 1h，然后放置 2～3 天；也可用新煮沸后放冷的蒸馏水配制高锰酸钾溶液，置棕色玻璃瓶中，在暗处放置 7～10 天，然后用烧结玻璃漏斗过滤，以除去二氧化锰，注意过滤不能用滤纸，因滤纸能还原高锰酸钾。用这两种方法配制的 $KMnO_4$ 溶液浓度都约为 $0.1mol \cdot L^{-1}$。

2. 高锰酸钾标准溶液的标定

标定高锰酸钾溶液常用的基准物质为 $Na_2C_2O_4$、$H_2C_2O_4 \cdot 2H_2O$、$(NH_4)_2SO_4 \cdot FeSO_4 \cdot 6H_2O$ 及纯铁丝等。

草酸钠是最为常用的标定高锰酸钾溶液的基准物质，因其不含结晶水，无吸水性，易于精制。在硫酸溶液中，高锰酸钾与草酸钠的反应为：

$$2KMnO_4+5Na_2C_2O_4+8H_2SO_4 \xlongequal{} 2MnSO_4+10CO_2\uparrow+K_2SO_4+5Na_2SO_4+8H_2O$$

草酸钠标定高锰酸钾的反应虽然有着极高的平衡常数，但在常温下，上式反应是慢反应。为使反应加速，可将草酸钠溶液预热后再进行滴定，预热温度要控制在70～80℃，如果溶液温度高于90℃，草酸可能部分分解：

$$H_2C_2O_4 \xlongequal{} CO\uparrow+CO_2\uparrow+H_2O$$

草酸钠标定高锰酸钾的操作过程要注意：反应开始时滴定速度要慢，当锥形瓶中溶液已产生了少量Mn^{2+}后，滴定速度要逐渐加快，因为Mn^{2+}能催化高锰酸钾与草酸的反应，使速率大大加快。这种因反应产物引起的催化作用，叫自动催化。达到终点时溶液呈微红色并在30s内不褪色，由于空气中的还原性物质能与高锰酸钾反应，故滴定终点的微红色常不能持久。

（三）高锰酸钾法的应用实例

1. H_2O_2的测定

高锰酸钾法测定H_2O_2含量时可用直接滴定的方式进行。由于H_2O_2易受热分解，滴定操作应在室温下进行。滴定反应方程为：

$$2KMnO_4+5H_2O_2+3H_2SO_4 \xlongequal{} 2MnSO_4+5O_2+K_2SO_4+8H_2O$$

具体的测定方法是：

（1）配浓度约为0.1mol·L^{-1}高锰酸钾溶液　取一定量分析纯高锰酸钾，用蒸馏水溶解，将溶解后的溶液加热至微沸并保持1h，冷却后倒入棕色试剂瓶中，于暗处静置2～3天后再用3号微孔玻璃漏斗过滤，滤液贮于棕色试剂瓶中备用。

（2）标定高锰酸钾溶液　取一定量分析纯$Na_2C_2O_4$，在110℃烘干约2h，并且在干燥器中冷却至室温，在冷却至室温后的基准物质$Na_2C_2O_4$中加蒸馏水和少量稀硫酸使之溶解，将溶解后的溶液，加热至70～80℃，趁热用待标定的浓度约为0.1mol·L^{-1}高锰酸钾溶液滴定，标定过程要先慢后快，但临近终点时滴定速度要减慢，直至溶液呈现微红色并持续半分钟不褪色即为终点。

高锰酸钾标准溶液浓度为：

$$c(KMnO_4)=\frac{2}{5}\times\frac{m(Na_2C_2O_4)}{M(Na_2C_2O_4)\times\frac{V(KMnO_4)}{1000}}$$

式中　$c(KMnO_4)$——高锰酸钾标准溶液的浓度，mol·L^{-1}；

$m(Na_2C_2O_4)$——标定高锰酸钾溶液时使用的$Na_2C_2O_4$的质量，g；

$M(Na_2C_2O_4)$——$Na_2C_2O_4$的摩尔质量，g·mol^{-1}；

$V(KMnO_4)$——标定高锰酸钾溶液时使用的$KMnO_4$溶液的体积，mL。

（3）测定待测物质中H_2O_2的含量　用标定后的高锰酸钾标准溶液，在室温下测定待测物质中H_2O_2的含量。

$$H_2O_2\text{ 含量}(g\cdot ml^{-1})=\frac{5}{2}\times\frac{c(KMnO_4)\times\frac{V(KMnO_4)}{1000}\times M(H_2O_2)}{V(H_2O_2)}$$

式中　$c(KMnO_4)$——高锰酸钾标准溶液的浓度，mol·L^{-1}；

$V(KMnO_4)$——测定待测物质中H_2O_2的含量时使用的$KMnO_4$溶液的体积，mL；

$M(H_2O_2)$——H_2O_2的摩尔质量，g·mol^{-1}；

$V(H_2O_2)$——测定待测物质中H_2O_2的含量时使用的待测溶液的体积，mL。

由于H_2O_2与$KMnO_4$溶液开始反应速率很慢，$KMnO_4$紫色不易褪去，滴定开始时可以再加入2～3滴1mol·L^{-1} $MnSO_4$溶液为催化剂，以加快反应速率。

若待测定物质为市售双氧水，则须经稀释后方可滴定，因为市售双氧水中H_2O_2的质量分数约为30%，浓度较大。

2. 钙含量的测定

不能直接和高锰酸钾反应的非氧化性或还原性物质，不能用直接滴定的方式测定。试样中钙含量的测定，就是应用高锰酸钾法测定非氧化还原性物质的典型例子。

首先将含有钙元素的待测物质制成含 Ca^{2+} 试液，再将该试液与足量的 $C_2O_4^{2-}$ 反应生成草酸钙沉淀，沉淀经过滤、洗涤后，溶于热的稀 H_2SO_4 中，释放出与 Ca^{2+} 等量的 $C_2O_4^{2-}$，然后用 $KMnO_4$ 标准溶液直接滴定。有关反应为：

$$Ca^{2+} + C_2O_4^{2-} = CaC_2O_4$$

$$CaC_2O_4 + 2H^+ = Ca^{2+} + H_2C_2O_4$$

$$2MnO_4^- + 5H_2C_2O_4 + 6H^+ = 2Mn^{2+} + 10CO_2 + 8H_2O$$

具体的测定方法是：

（1）预处理好待测物质。

（2）配制浓度约为 0.1mol·L^{-1}高锰酸钾溶液。

（3）标定高锰酸钾溶液。

（4）测定待测物质中 Ca^{2+} 的含量。

用标定后的高锰酸钾标准溶液，滴定预处理好的待测物质。待测物质中 Ca^{2+} 的百分比含量为：

$$w(Ca^{2+}) = \frac{5}{2} \times \frac{c(KMnO_4) \times \frac{V(KMnO_4)}{1000} \times M(Ca)}{m(\text{试样})} \times 100\%$$

式中　$w(Ca^{2+})$——待测物质中 Ca^{2+} 的百分比含量；

$c(KMnO_4)$——高锰酸钾标准溶液的浓度，mol·L^{-1}；

$V(KMnO_4)$——测定待测物质中 Ca^{2+} 的含量时使用的 $KMnO_4$ 溶液的体积，mL；

$M(Ca)$——Ca 的摩尔质量，g·mol^{-1}；

m(试样)——待测物质的质量，g。

二、碘量法

（一）概述

碘量法是以碘作氧化剂或以碘化物作还原剂进行氧化还原滴定的方法。碘是中等强度的氧化剂，I^- 是中等强度的还原剂。碘量法的应用相当广泛，在氧化还原滴定法中占有重要地位。碘量法可分为直接碘量法和间接碘量法两种。用 I_2 的标准溶液直接测定某些还原性物质的方法称为直接碘量法，又称为碘滴定法；先用足量的 I^- 与待测物质作用，使 I^- 氧化成 I_2，然后用 $Na_2S_2O_3$ 标准溶液滴定所生成的 I_2 的测定方法称为间接碘量法，又称为滴定碘法。

碘量法的电对反应是：

$$I_2 + 2e^- \rightleftharpoons 2I^- \qquad \varphi^{\ominus} = 0.5355V$$

碘量法中的指示剂为专属指示剂——可溶性淀粉，可溶性淀粉与游离碘生成深蓝色配合物，当 I_2 溶液浓度为 5×10^{-6} mol·L^{-1} 时即能看到蓝色，反应极灵敏。碘量法中当 I_2 被还原为 I^- 时蓝色消失；当 I^- 被氧化为 I_2 时蓝色出现，由此确定滴定终点。

碘量法实际应用时要注意：滴定反应应在冷溶液中进行，并使用碘瓶，不能剧烈摇动，因为碘有挥发性。

（二）直接碘量法

直接碘量法只适用于测定电极电势比 $\varphi(I_2/I^-)$ 低的还原性物质，但能被 I_2 氧化的物质不多，所以直接碘量法在应用上受到限制。直接碘量法用 I_2 作标准溶液，其配制方法为用升华的方法制得的纯碘，可以直接配制成标准溶液。但通常是用市售的碘先配成近似浓度的碘溶液，然后用已知浓度的 $Na_2S_2O_3$ 溶液标定碘溶液的准确浓度。

$$I_2 + 4S_2O_3^{2-} = 2I^- + 2\underset{\text{连四硫酸根离子}}{S_4O_6^{2-}}$$

由于碘在水中的溶解度很小，在配制碘溶液的时候可加入 KI，使其形成 I_3^- 配离子，可增加 I_2

的溶解度，并降低碘的挥发性。

$$I_2 + I^- \rightleftharpoons I_3^-$$

滴定时，加入KI的碘溶液可释放出I_2：

$$I_3^- \rightleftharpoons I_2 + I^-$$

注意：配制好的I_2标准溶液应要防止见光、受热，否则浓度将发生变化。

直接碘量法滴定条件为酸性、中性或弱碱性。若滴定溶液pH值大于9，则I_2发生歧化反应：

$$3I_2 + 6OH^- = IO_3^- + 5I^- + 3H_2O$$

（三）间接碘量法

间接碘量法可用于测定电极电势比中$\varphi(I_2/I^-)$高的氧化性物质，它是利用I^-的还原性，间接测定具有氧化性的物质含量的方法。间接碘量法可以测定许多无机物和有机物，应用十分广泛。

间接碘量法在实际使用过程中一定要注意控制滴定溶液的酸度，以及防止I_2的挥发和I^-的氧化。

直接碘量法滴定反应需要在中性或弱酸性溶液中进行。若在碱性溶液中滴定，则I_2与$S_2O_3^{2-}$可发生下列副反应。另外，在碱性溶液中滴定，I_2也会发生歧化反应。

$$S_2O_3^{2-} + 4I_2 + 10OH^- = 2SO_4^{2-} + 8I^- + 5H_2O$$

$$3I_2 + 6OH^- = IO_3^- + 5I^- + 3H_2O$$

间接碘量法若在强酸性溶液中滴定，则$Na_2S_2O_3$可分解，而且I^-可能被空气中的氧氧化：

$$S_2O_3^{2-} + 2H^+ = SO_2\uparrow + S\downarrow + H_2O$$

$$4I^- + 4H^+ + O_2 = 2I_2 + 2H_2O$$

这些副反应都会影响间接碘量法滴定反应的定量关系，降低测定的准确度。

间接碘量法在应用时还要防止I_2的挥发和I^-的氧化，具体方法是：可以加入过量KI防止I_2的挥发，一般加入KI的量是理论量的3～4倍；另外，滴定操作应在室温下进行，滴定的速度要适当，不要剧烈摇动，并且滴定时使用碘瓶，都是防止I_2的挥发的有效措施。

间接碘量法的标准溶液是硫代硫酸钠溶液，硫代硫酸钠$Na_2S_2O_3 \cdot 5H_2O$为无色晶体，市售硫代硫酸钠常含S、Na_2CO_3和Na_2SO_4等少量杂质，且易风化、潮解，为非基准物质，不能直接配制标准溶液。而且硫代硫酸钠的水溶液也不稳定，硫代硫酸钠可与溶解在水中的CO_2及O_2反应：

$$Na_2S_2O_3 + CO_2 + H_2O = NaHCO_3 + NaHSO_3 + S\downarrow$$

$$2Na_2S_2O_3 + O_2 = 2Na_2SO_4 + 2S\downarrow$$

另外，硫代硫酸钠还可以与水中的微生物发生反应，如嗜硫菌可分解硫代硫酸钠：

$$Na_2S_2O_3 \xlongequal{\text{微生物}} Na_2SO_3 + S\downarrow$$

因此，配制硫代硫酸钠标准溶液必须用新煮沸过的冷蒸馏水，这样不仅可以除去溶解在水中的O_2和CO_2，而且能杀死细菌，另外，配制时需加入少量Na_2CO_3作稳定剂，使pH值保持在9～10，放置8～10天，待其浓度稳定后，再进行标定，标定后的硫代硫酸钠标准溶液才可用于间接碘量法的滴定。硫代硫酸钠标准溶液不宜长期保存。

硫代硫酸钠标准溶液可用碘标准溶液或一级基准物质标定。可用的一级基准物质有$K_2Cr_2O_7$、KIO_3、$KBrO_3$等。

由于$K_2Cr_2O_7$价廉、易提纯，常用作一级基准物质，但是却不能直接用$K_2Cr_2O_7$标定$Na_2S_2O_3$标准溶液，因为它不仅把大部分硫代硫酸钠氧化为连四硫酸钠，还把另一部分氧化成硫酸钠，没有一定的计量关系来确定滴定的结果。因此，用$K_2Cr_2O_7$标定$Na_2S_2O_3$必须是用间接法，即在酸性溶液中，$K_2Cr_2O_7$与过量KI作用生成I_2，再用硫代硫酸钠溶液滴定：

$$K_2Cr_2O_7 + 6KI + 14HCl = 2CrCl_3 + 3I_2 + 8KCl + 7H_2O$$

$$I_2 + 2Na_2S_2O_3 = 2NaI + Na_2S_4O_6$$

用$K_2Cr_2O_7$标定$Na_2S_2O_3$溶液时的计量关系如下：

$$3n(K_2Cr_2O_7) \sim n(I_2) \sim \frac{1}{2}n(Na_2S_2O_3)$$

即：

$$c(Na_2S_2O_3) = \frac{1000 \times 6m(K_2Cr_2O_7)}{M(K_2Cr_2O_7) \times V(Na_2S_2O_3)}$$

式中 $m(K_2Cr_2O_7)$——$K_2Cr_2O_7$的质量，g；

$M(K_2Cr_2O_7)$——$K_2Cr_2O_7$的摩尔质量，$g \cdot mol^{-1}$；

$V(Na_2S_2O_3)$——滴定消耗的 $Na_2S_2O_3$的体积，mL。

（四）碘量法应用实例

1. 维生素 C 的含量的测定

维生素 C($C_6H_8O_6$) 是生物体内不可缺少的维生素之一，它具有抗坏血病的功能，所以又称抗坏血酸。它也是衡量蔬菜、水果食用部分品质的常用指标之一。抗坏血酸分子中的烯二醇基具有较强的还原性，可以用直接碘量法进行测定，滴定反应如下：

$$C_6H_8O_6 + I_2 \rightleftharpoons \underset{\text{脱氢抗坏血酸}}{C_6H_6O_6} + 2HI$$

碱性条件更有利于该滴定反应向右进行。碘量法测定维生素 C 的含量的计量关系为：

$$nC_6H_8O_6 \sim nI_2$$

维生素 C 的还原性很强，在碱性溶液中易被空气氧化，所以在实际滴定操作时可加入一些 HAc，使溶液保持一定的酸度，以减少维生素 C 受 I_2以外的氧化剂作用的影响。

2. 次氯酸钠含量的测定

次氯酸钠又叫安替福民，为一杀菌剂，可用间接碘量法测定。在酸性溶液中先将 ClO^- 转化为 Cl_2，用足量的 KI 与其作用，使 I^- 氧化成 I_2，然后用 $Na_2S_2O_3$标准溶液滴定所生成的 I_2，有关反应如下：

$$NaClO + 2HCl = Cl_2 + NaCl + H_2O$$

$$Cl_2 + 2KI = I_2 + 2KCl$$

$$I_2 + 2Na_2S_2O_3 = 2NaI + Na_2S_4O_6$$

碘量法测定维生素 C 的含量的计量关系为：

$$nNaClO \sim nCl_2 \sim nI_2 \sim 2nNa_2S_2O_3$$

三、重铬酸钾法

（一）概述

重铬酸钾法是以重铬酸钾为标准溶液的氧化还原滴定法，重铬酸钾在酸性条件下是一种强氧化剂，但是其氧化能力没有高锰酸钾强，因此，重铬酸钾法的使用范围没有高锰酸钾法广泛，常用于铁和土壤有机质的测定。

重铬酸钾价格低廉、摩尔质量大、容易提纯，常用作一级基准物质。重铬酸钾的溶液也相当稳定，只要存放在密闭的容器中，其浓度可长期保持不变，因此，在 140～150℃时干燥后，重铬酸钾可以用容量瓶直接配制成标准溶液进行氧化还原滴定。重铬酸钾法滴定的半反应为：

$$Cr_2O_7^{2-} + 14H^+ + 6e^- = 2Cr^{3+} + 7H_2O \qquad \varphi^{\ominus} = 1.33V$$

重铬酸钾的氧化性较弱，选择性较高，在 HCl 浓度不太高时，可在盐酸介质中滴定。重铬酸钾法滴定反应速度快，滴定在常温下进行即可。重铬酸钾法滴定使用的氧化还原指示剂，最常用的是二苯胺磺酸钠。

特别要注意的是：重铬酸钾法的标准溶液及其还原产物，即 $K_2Cr_2O_7$和 Cr^{3+} 严重污染环境，使用重铬酸钾法滴定后应注意废液的处理，以免污染环境。

（二）重铬酸钾法应用实例

Fe^{2+} 含量的测定用重铬酸钾法，由于 Fe^{2+} 极易被空气中的氧气氧化成为 Fe^{3+}，所以在滴定前要先将称取的试样在酸性条件下溶解，再加入适量的 H_3PO_4，然后再加入指示剂二苯胺磺酸钠，用重铬酸钾标准溶液直接滴定至终点。加入适量的 H_3PO_4 主要作用是让待测溶液中可能产生的 Fe^{3+} 与 H_3PO_4 结合，生成无色可溶性的配合物 $[Fe(PO_4)_2]^{3-}$ 和 $[Fe(HPO_4)_2]^-$，利用这一性质，分析化学上常用 PO_4^{3-} 掩蔽 Fe^{3+}，从而消除黄色的 Fe^{3+} 的颜色影响，同时降低待测溶液中 Fe^{3+} 的浓度，增加测定的准确度。

重铬酸钾法测定亚铁盐中 Fe^{2+} 含量滴定反应为：

$$Cr_2O_7^{2-}+6Fe^{2+}+14H^+ = 2Cr^{3+}+6Fe^{3+}+7H_2O$$

可见，该滴定反应的计量关系为：

$$nFe^{2+} \sim 6nK_2Cr_2O_7$$

四、氧化还原滴定计算示例

【例 8-6】 在 0.1000g 工业甲醇中加入少量 H_2SO_4 溶液，在加入 25.00mL0.01667mol·L^{-1} 的 $K_2Cr_2O_7$ 溶液，待反应完成后，以邻苯氨基苯甲酸作指示剂，用 0.1000mol·L^{-1} 的 $(NH_4)_2Fe(SO_4)_2$ 溶液返滴定过量的 $K_2Cr_2O_7$，用去 $(NH_4)_2Fe(SO_4)_2$ 溶液 10.00mL。求试样中甲醇的含量。

解：在 H_2SO_4 介质中，甲醇可被 $K_2Cr_2O_7$ 氧化成 CO_2 和 H_2O：

$$CH_3OH+Cr_2O_7^{2-}+8H^+ = CO_2\uparrow+2Cr^{3+}+6H_2O$$

过量的 $K_2Cr_2O_7$ 与 $(NH_4)_2Fe(SO_4)_2$ 反应的方程式为：

$$Cr_2O_7^{2-}+6Fe^{2+}+14H^+ = 2Cr^{3+}+6Fe^{3+}+7H_2O$$

可见 $K_2Cr_2O_7$ 与 $(NH_4)_2Fe(SO_4)_2$ 反应的计量关系为：

$$nCr_2O_7^{2-} \sim 6nFe^{2+}$$

与 $(NH_4)_2Fe(SO_4)_2$ 反应的 $K_2Cr_2O_7$ 的物质的量为：

$$n(K_2Cr_2O_7)=\frac{1}{6}\times c[(NH_4)_2Fe(SO_4)_2]\times V[(NH_4)_2Fe(SO_4)_2]$$

CH_3OH 与 $K_2Cr_2O_7$ 反应的计量关系为：

$$nCH_3OH \sim nK_2Cr_2O_7$$

CH_3OH 的物质的量为加入 $K_2Cr_2O_7$ 的总物质的量减去与 $(NH_4)_2Fe(SO_4)_2$ 作用的 $K_2Cr_2O_7$ 物质的量：

$$n(CH_3OH)=c(K_2Cr_2O_7)\times V(K_2Cr_2O_7)-\frac{1}{6}\times c[(NH_4)_2Fe(SO_4)_2]\times V[(NH_4)_2Fe(SO_4)_2]$$

$$=0.01667\times 25.00\times 10^{-3}-\frac{1}{6}\times 0.1000\times 10.00\times 10^{-3}$$

$$=2.501\times 10^{-4}(mol)$$

因此，试样中甲醇的含量为：

$$w(CH_3OH)=n(CH_3OH)M(CH_3OH)/G\times 100\%$$

$$=2.501\times 10^{-4}\times 32.04/0.1000\times 100\%$$

$$=8.01\%$$

想一想

1. 今有 PbO-PbO_2混合物。现称取试样 1.234g，加入 20.00mL 0.2500mol·L^{-1}草酸溶液将 PbO_2还原为 Pb^{2+}，然后用氨中和，这时，Pb^{2+} 以 PbC_2O_4形式沉淀。过滤，滤液酸化后用 $KMnO_4$滴定，消耗 0.0400mol·L^{-1} $KMnO_4$溶液 10.00mL。沉淀溶解于酸中，滴定时消耗 0.0400mol·L^{-1} $KMnO_4$溶液 30.00mL。计算试样中 PbO 和 PbO_2的百分含量。

2. 用 KIO_3作基准物标定 $Na_2S_2O_3$溶液。称取 0.1500g KIO_3与过量 KI 作用，析出的 I_2用 $Na_2S_2O_3$溶液滴定，用去 24.00mL。此 $Na_2S_2O_3$溶液的浓度为多少？每毫升相当多少克碘？

生物体内的氧化还原反应

生物体内有很多直接或间接的氧化还原反应，如光合作用的本质是一个复杂的氧化还原过程，氧化还原反应与其他化学反应或生化反应协同作用，构成生物的成长、繁殖、新陈代谢等生命活动的物质基础。

现代科学发现细胞内膜结构的两侧，具有一定的电极电势差，这种电极电势差被称为生物膜电势，细胞膜电势的大小一般为 −100～−30mV。实验表明，当一个刺激沿神经细胞传递时或当肌肉细胞收缩时，其细胞膜电势在会发生相应的变化。人通过视觉、听觉、触觉、思维过程以及自觉不自觉的肌肉收缩的过程，与生物膜电极电势相关联。

在现代医学中，普遍利用监测生物膜电极电势差的变化情况进行疾病诊断。例如，应用心电图诊断心脏是否工作正常；利用脑电图了解大脑中神经细胞的电活性；利用肌动电流图监测骨架肌肉电活性等。

生物体内的氧化还原体系的存在，为用电化学的方法研究生命活动过程提供了可能。目前研究较多的是利用生物电化学传感器监测生物体内某些物质的变化。生物电化学传感器的主要部分为一特殊材料制成的膜电极，其对某些物质具有选择性响应，从而具有一定的膜电势。利用生物体具有分子识别特征，从而对特定物质产生选择性亲和力，这样可制成不同的生物电极。根据生物材料的不同，生物电极又分为酶电极、微生物电极、免疫电极、组织电极和细胞电极等。

本章小结

1. 基本概念：氧化还原反应、氧化数、电极电势、标准电极电势及条件电极电势。

氧化还原反应是一类参加反应的物质之间有电子转移（或偏移）的反应。

氧化数是某元素一个原子的荷电数，这个荷电数可由假设每个键中的电子指定给电负性更大的原子而求得。

电极电势又称电极电位或电极势，用于描述电极得失电子能力的相对强弱。在金属电极和电解质溶液跟电极接触处存在双电层间的电势差称为金属的电极电势。电极电势的大小主要取决于电极的本性，并受温度、介质和离子浓度等因素的影响。

标准氢电极是人为地规定在任意温度下，H^+活度为 $1mol \cdot L^{-1}$，H_2分压为 101.33kPa 时，电极电势为零的电极。如果将某种电极和标准氢电极连接组成原电池，在标准状态下，即 298.15K 时，当所有溶液作用物的浓度（严格讲活度）为 $1mol \cdot L^{-1}$，所有气体作用物的分压为 101.33kPa 时，测定出来的电池电动势即是该电极的标准电极电势，用符号 $\varphi^{\ominus}$表示。

条件电极电势是指在一定介质条件下氧化态和还原态的总浓度都为 $1mol \cdot L^{-1}$或二者浓度比值为 1 时，考虑了溶液酸度、离子强度以及副反应系数等各种外界因素影响后的实际电极电势。条件电极电势可通过查表或计算求得，它在一定条件下为一常数。

2. 氧化还原的实质及配平方法

氧化还原反应配平的原则是反应过程中元素氧化数升高的总数必等于氧化数降低的总数，即原子之间电子的得失（或电子的偏移）的总数相等。氧化还原反应配平方法有很多，最常用的是得失电子守恒法，其步骤是：标变价、找变化、求总数、配系数。

3. 能斯特方程式的使用

能斯特方程可用于计算温度为 298.15K 时，非标准状态时的电对电极电势大小：

$$\varphi=\varphi^{\ominus}+\frac{0.05916}{n}\lg\frac{c_{\mathrm{Ox}}}{c_{\mathrm{Red}}}$$

4. 电极电势的应用

电极电势是电化学中极为重要的数据，它可以定量比较氧化剂及还原剂的强弱，判断标准状态下氧化还原反应的方向和次序。

5. 氧化还原滴定法的基本原理、分类、氧化还原滴定曲线、指示剂

氧化还原滴定法是以氧化还原反应为基础的分析方法，是滴定分析中应用最广泛的方法之一，它不仅可用于无机分析，而且可以广泛用于有机分析。氧化还原滴定法可以直接测定许多具有还原性和氧化性的物质，也可以间接测定某些不具有氧化还原性的物质，如土壤有机质，水中耗氧量、水中溶解氧等。

最常用的三种氧化还原滴定法：高锰酸钾法、重铬酸钾法和碘量法。

在氧化还原滴定过程中，以加入的标准溶液的体积为横坐标，溶液的电极电势为纵坐标，可绘制得氧化还原滴定的曲线。

氧化还原滴定常用的指示剂一般可分为三种：自身指示剂、专属指示剂和氧化还原指示剂。

6. 常见氧化还原滴定法的标准溶液及其配制方法、常见氧化还原滴定法的应用及相关计算

高锰酸钾法是以高锰酸钾为标准溶液的氧化还原滴定法，高锰酸钾法可用直接滴定的方式定量测定还原性物质，也可用间接方法测定氧化性物质。高锰酸钾法测定氧化性物质的方法是先将一定量（过量）的还原剂加入到被测定的氧化性物质中，待反应完毕后，再用 $KMnO_4$ 标准溶液返滴定过量的还原剂溶液。可以基准物质 $Na_2C_2O_4$ 标定高锰酸钾溶液。

碘量法是以碘作氧化剂或以碘化物作还原剂进行氧化还原滴定的方法。碘是中等强度的氧化剂，I^- 是中等强度的还原剂。碘量法的应用相当广泛，在氧化还原滴定法中占有重要地位。碘量法可分为直接碘量法和间接碘量法两种。用 I_2 的标准溶液直接测定某些还原性物质的方法称为直接碘量法，又称为碘滴定法；先用足量的 I^- 与待测物质作用，使 I^- 氧化成 I_2，然后用 $Na_2S_2O_3$ 标准溶液滴定所生成的 I_2 的测定方法称为间接碘量法，又称为滴定碘法。可用 $Na_2S_2O_3$ 标定碘标准溶液。

重铬酸钾法是以重铬酸钾为标准溶液的氧化还原滴定法，重铬酸钾在酸性条件下是一种强氧化剂，但是其氧化能力没有高锰酸钾强，因此，重铬酸钾法的使用范围没有高锰酸钾法广泛，常用于铁和土壤有机质的测定。重铬酸钾常用作一级基准物质直接配制成标准溶液进行氧化还原滴定。

能力自测

一、选择题

1. 二苯胺磺酸钠是 $K_2Cr_2O_7$ 滴定 Fe^{2+} 的常用指示剂，它属于（　　）。

A. 自身指示剂　　B. 氧化还原指示剂　　C. 特殊指示剂　　D. 其他指示剂

2. 在间接碘量法中，若滴定开始前加入淀粉指示剂，测定结果将（　　）。

A. 偏低　　B. 偏高　　C. 无影响　　D. 无法确定

3. 在 Sn^{2+}、Fe^{3+} 的混合溶液中，欲使 Sn^{2+} 氧化为 Sn^{4+} 而 Fe^{2+} 不被氧化，应选择的氧化剂是（　　）。($E^{\ominus}_{Sn^{4+}/Sn^{2+}}=0.15V$，$E^{\ominus}_{Fe^{3+}/Fe^{2+}}=0.77V$)

A. KIO_3（$E^{\ominus}_{IO_3^-/I_2}=1.20V$）　　B. H_2O_2（$E^{\ominus}_{H_2O_2/2OH^-}=0.88V$）

C. $HgCl_2$（$E^{\ominus}_{HgCl_2/Hg_2Cl_2}=0.63V$）　　D. SO_3^{2-}（$E^{\ominus}_{SO_3^{2-}/S}=-0.66V$）

4. $KMnO_4$滴定法所需的介质是（　　）。

A. 硫酸　　B. 盐酸　　C. 磷酸　　D. 硝酸

5. 间接碘法要求在中性或弱酸性介质中进行测定，若酸度大高，将会（　　）。

A. 反应不定量　　B. I_2易挥发

C. 终点不明显　　D. I^-被氧化，$Na_2S_2O_3$被分解

6. 碘量法测Cu^{2+}时，KI最主要的作用是（　　）。

A. 氧化剂　　B. 还原剂　　C. 配位剂　　D. 沉淀剂

7. Fe^{3+}/Fe^{2+}电对的电极电位升高和（　　）因素无关。

A. 溶液离子强度的改变使Fe^{3+}活度系数增加　B. 温度升高

C. 催化剂的种类和浓度　　D. Fe^{2+}的浓度降低

8. 用草酸钠作基准物标定高锰酸钾标准溶液时，开始反应速率慢，稍后，反应速率明显加快，这是（　　）起催化作用。

A. 氢离子　　B. MnO　　C. Mn^{2+}　　D. CO_2

9. 对高锰酸钾滴定法，下列说法错误的是（　　）。

A. 可在盐酸介质中进行滴定　　B. 直接法可测定还原性物质

C. 标准滴定溶液用标定法制备　　D. 在硫酸介质中进行滴定

10. 下列测定中，需要加热的有（　　）。

A. $KMnO_4$溶液滴定H_2O_2　　B. $KMnO_4$溶液滴定$H_2C_2O_4$

C. 银量法测定水中氯　　D. 碘量法测定$CuSO_4$

二、计算题

1. 298.15K时下列各电对的电极电势：

（1）Fe^{3+}/Fe^{2+}，$c(Fe^{3+})=1mol\cdot L^{-1}$，$c(Fe^{2+})=0.5mol\cdot L^{-1}$

（2）Sn^{4+}/Sn^{2+} $c(Sn^{4+})=1mol\cdot L^{-1}$，$c(Sn^{2+})=0.2mol\cdot L^{-1}$

2. 计算电对MnO_4^-/Mn^{2+}在$[MnO_4^-]=0.10mol\cdot L^{-1}$，$[Mn^{2+}]=1.0mol\cdot L^{-1}$，以及$[H^+]=0.10mol\cdot L^{-1}$时的电极电势。

3. 25.00mL KI溶液用稀HCl及10.00mL 0.05000mol·L^{-1} KIO_3溶液处理，煮沸以挥发释放I_2。冷却后加入过量KI使之与剩余的KIO_3作用，然后将溶液调至弱酸性。析出的I_2用0.1010mol·L^{-1} $Na_2S_2O_3$标准溶液滴定，用去21.27mL。计算KI溶液的浓度。

4. 一定质量的$H_2C_2O_4$需用21.26mL的0.238mol·L^{-1}的NaOH标准溶液滴定，同样质量的$H_2C_2O_4$需用25.28mL的$KMnO_4$标准溶液滴定，计算$KMnO_4$标准溶液的浓度。

5. 称取苯酚样品0.4000g，用NaOH溶解后，转移到250mL容量瓶中，用水稀释至刻度，摇匀。从中取20.00mL试液，加入25.00mL 0.02580mol·L^{-1} $KBrO_3$溶液（其中含有过量KBr)，然后加入HCl及KI，待I_2析出后，再用0.1010mol·L^{-1} $Na_2S_2O_3$标准溶液滴定，用去了20.20mL。试计算试样中苯酚的含量。

6. 称取软锰矿试样0.4012g，用0.4488g $Na_2C_2O_4$处理，滴定剩余的$Na_2C_2O_4$需消耗0.01012 mol·L^{-1} $KMnO_4$标准溶液30.20mL，计算试样中MnO_2的含量。

7. 称取制造油漆的填料红丹（Pb_3O_4）0.1000g，用盐酸溶解，在热时加0.02mol·$L^{-1}$$K_2Cr_2O_7$溶液25mL，析出$PbCrO_4$（$2Pb^{2+}+Cr_2O_7^{2-}+H_2O = PbCrO_4\downarrow+2H^+$），冷却后过滤，将$PbCrO_4$沉淀用盐酸溶解，加入KI和淀粉溶液，用0.1000mol·$L^{-1}$$Na_2S_2O_3$溶液滴定时，用去12.00mL。求试样中$Pb_3O_4$的质量分数。

重铬酸钾法测定亚铁盐中的铁含量

一、目的要求

1. 掌握 $K_2Cr_2O_7$ 标准溶液的配制方法；

2. 掌握重铬酸钾法测定亚铁盐中铁含量的原理和方法。

二、实验原理

重铬酸钾在酸性介质中可将 Fe^{2+} 定量地氧化，其本身被还原为 Cr^{3+}，反应为：

$$Cr_2O_7^{2-}+6Fe^{2+}+14H^+ \longrightarrow 2Cr^{3+}+6Fe^{3+}+7H_2O$$

$K_2Cr_2O_7$ 为基准物质，可用直接法配制成标准溶液，在硫-磷混合酸介质中，$K_2Cr_2O_7$ 标准溶液可定量滴定溶液中的 Fe^{2+}，准确测定试样中的铁含量，滴定以二苯胺磺酸钠为指示剂，滴定终点溶液呈现紫红色。

三、实验仪器及试剂

1. 仪器

25.00mL 酸式滴定管，100.00mL 容量瓶，250mL 锥形瓶，250mL 烧杯，20mL 量筒，100mL 量筒。

2. 试剂

硫酸亚铁铵，$K_2Cr_2O_7$（A. R.），0.2%二苯胺磺酸钠指示剂，硫磷混合酸。

四、实验内容

1. 0.1mol·L⁻¹ $K_2Cr_2O_7$ 标准溶液的配制

将分析纯 $K_2Cr_2O_7$ 在 150～200℃烘干约一小时后，放干燥器中冷却至室温，用分析天平准确称取已烘干的 $K_2Cr_2O_7$ 约 0.5g，在 100.00mL 洁净的容量瓶中定容，摇匀。计算其准确浓度。

2. 亚铁盐中铁含量的测定

准确称取约 0.4～0.6g 硫酸亚铁铵置于干燥的 250mL 锥形瓶内，加 50mL 蒸馏水溶解、7mL 硫磷混合酸，再加 5～6 滴二苯胺磺酸钠指示剂，用 $K_2Cr_2O_7$ 标准溶液滴定，溶液呈持久的紫色即为终点，记录 $K_2Cr_2O_7$ 标准溶液用量 $V(K_2Cr_2O_7)$ mL。平行测定三次。做空白对照试验。

五、注释

若样品中含有 Fe^{3+}，则需将 Fe^{3+} 还原为 Fe^{2+}。常用的方法为：在浓 HCl 介质中用 $SnCl_2$ 将 Fe^{3+} 还原为 Fe^{2+}，过量的 $SnCl_2$ 用 $HgCl_2$ 氧化除去，此时溶液中应有白色丝状沉淀生成。主要反应为：

$$2FeCl_4^- +SnCl_4^{2-}+2Cl^- \longrightarrow 2FeCl_4^{2-}+SnCl_6^{2-}$$

$$SnCl_4^{2-}+2HgCl_2 \longrightarrow SnCl_6^{2-}+Hg_2Cl_2\downarrow$$

六、数据记录

1. 0.1mol·L⁻¹ $K_2Cr_2O_7$ 标准溶液的配制

项目	干燥过的 $K_2Cr_2O_7$ 基准试剂
m_1/g	
m_2/g	

2. 亚铁盐中铁含量的测定

记录项目＼平行试验	Ⅰ	Ⅱ	Ⅲ
$V(K_2Cr_2O_7)/mL$			
V_0/mL			

七、结果与分析

1. 测定结果

记录项目＼平行试验	Ⅰ	Ⅱ	Ⅲ
$c(K_2Cr_2O_7)/mol \cdot L^{-1}$			
$c(Fe^{2+})/mol \cdot L^{-1}$			
平均 $c(Fe^{2+})/mol \cdot L^{-1}$			

2. 结果分析

八、思考题

1. 为什么要测定完第一份试样后，再依次测定第二份、第三份试样？
2. 用 $K_2Cr_2O_7$法测定 Fe^{2+}时，滴定前为什么要加硫-磷混合酸？

过氧化氢含量的测定

一、目的要求

1. 掌握 $KMnO_4$标准溶液的配制和标定方法；
2. 学习 $KMnO_4$法测定 H_2O_2含量的方法，思考该测定方法的理论依据。

二、实验原理

H_2O_2是医药上的消毒剂，H_2O_2分子中含有一个过氧键—O—O—，既可在一定条件下作为氧化剂，又可在一定条件下作为还原剂。它在酸性溶液中很容易被 $KMnO_4$氧化而生成游离的氧和水。$KMnO_4$滴定 H_2O_2的反应为：

$$5H_2O_2 + 2MnO_4^{2-} + 6H^+ = 2Mn^{2+} + 8H_2O + 5O_2\uparrow$$

在一般工业分析中，常用 $KMnO_4$标准溶液测定 H_2O_2的含量，由反应式可知，H_2O_2反应中氧化数变化为 2。

H_2O_2样品的产品中常加有乙酰苯胺等有机物作为稳定剂，乙酰苯胺也可被 $KMnO_4$氧化，为避免误差的产生一般可采用碘量法或铈量法测定。

在生物化学中，常利用此法间接测定过氧化氢酶的活性。例如，血液中存在过氧化氢酶能使过氧化氢分解，所以用一定量的过氧化氢与其作用，然后在酸性条件下用标准 $KMnO_4$溶液滴定残余的 H_2O_2，就可以了解酶的活性。

三、实验仪器及试剂

1. 仪器

25mL 酸式滴定管 1 支，250mL 容量瓶 1 只，250mL 锥形瓶 3 只，1mL 移液管 1 支，25mL 移液管 1 支，500mL 烧杯 1 只，500mL 棕色试剂瓶 2 只，100mL 量筒 1 个，3 号（或 4 号）微孔玻璃漏斗 1 个。

2. 试剂

$Na_2C_2O_4$固体（A. R.），$KMnO_4$固体，3mol·L^{-1}硫酸溶液，30%H_2O_2。

四、实验内容

1. 0.02mol·L^{-1} $KMnO_4$标准溶液的配制和标定

（1）0.02mol·L^{-1} $KMnO_4$标准溶液的配制　称取约0.8g高锰酸钾，置于500mL烧杯中，加250mL蒸馏水，用玻璃棒搅拌使之溶解，再将配好的溶液加热至微沸并保持1h，冷却后倒入棕色试剂瓶中，于暗处静置2～3天。然后再用3号微孔玻璃漏斗过滤，滤液储于棕色试剂瓶中。

（2）0.02mol·L^{-1} $KMnO_4$标准溶液的标定　将分析纯的$Na_2C_2O_4$，在110℃下烘干约2h，然后置于干燥器中冷却备用，准确称取已烘干，并冷却至室温的$Na_2C_2O_4$ 0.08～0.10g，置于250mL洁净的锥形瓶中，加新煮沸过的去离子水2mL和3mol·L^{-1}硫酸10mL使之溶解。待$Na_2C_2O_4$溶解后，水浴锅中加热至70～80℃，趁热用待标定的高锰酸钾溶液滴定，每加入一滴$KMnO_4$溶液，摇动锥形瓶，使$KMnO_4$颜色褪去后，再继续滴定。由于产生的少量Mn^{2+}对滴定反应有催化作用，使反应速率加快，滴定速度可以逐渐加快，但临近终点时滴定速度要减慢，直至溶液呈现微红色并持续半分钟不褪色即为终点，记录滴定所耗用$KMnO_4$的体积。平行测定三次，做空白对照试验。按下式计算$KMnO_4$溶液的准确浓度。以三次平行测定结果的平均值作为$KMnO_4$标准溶液的浓度。

$$c(KMnO_4)=\frac{\frac{2}{5}m(Na_2C_2O_4)}{V(KMnO_4)-M(Na_2C_2O_4)}$$

式中　$c(KMnO_4)$——高锰酸钾标准溶液的浓度，mol·L^{-1}；

$m(Na_2C_2O_4)$——标定高锰酸钾溶液时使用的$Na_2C_2O_4$的质量，g；

$M(Na_2C_2O_4)$——$Na_2C_2O_4$的摩尔质量，g·mol^{-1}；

$V(KMnO_4)$——标定高锰酸钾溶液时使用的$KMnO_4$溶液的体积，mL。

2. H_2O_2含量的测定

用移液管移取30% H_2O_2溶液1.00mL，置于250mL容量瓶中，加去离子水稀释至刻度，充分摇匀。然后用移液管移取25.00mL上述溶液，置于250mL锥形瓶中，加入50mL去离子水和10mL 3mol·L^{-1}硫酸溶液，用$KMnO_4$标准溶液滴定至溶液呈现微红色，在半分钟内不褪色即为终点。记录滴定时所消耗的$KMnO_4$溶液体积。平行测定三次，做空白对照试验。

按下式计算样品中H_2O_2的含量：

$$H_2O_2\text{ 含量}(g\cdot mL^{-1})=\frac{5}{2}\times\frac{c(KMnO_4)\times\frac{V(KMnO_4)}{1000}\times M(H_2O_2)}{1.00\times\frac{25}{250}}$$

式中　$c(KMnO_4)$——高锰酸钾标准溶液的浓度，mol·L^{-1}；

$V(KMnO_4)$——测定待测物质中H_2O_2的含量时使用的$KMnO_4$溶液的体积，mL；

$M(H_2O_2)$——H_2O_2的摩尔质量，g·mol^{-1}。

五、数据记录与处理

1. $KMnO_4$标准溶液的标定

平行实验	1	2	3
$m(Na_2C_2O_4)$/g			
空白实验 $V_0(KMnO_4)$/mL			
$V(KMnO_4)$/mL			
$c(KMnO_4)$/mol·mL^{-1}			
平均 $c(KMnO_4)$/mol·mL^{-1}			

2. H_2O_2 含量的测定

平行实验	1	2	3
$V(H_2O_2)$/mL	25.00	25.00	25.00
空白实验 $V_0(KMnO_4)$/mL			
$V(KMnO_4)$/mL			
H_2O_2的含量/g·mL^{-1}			
平均 H_2O_2的含量/g·mL^{-1}			

六、思考题

1. $KMnO_4$溶液的配制过程中，能否用定量滤纸来代替微孔玻璃漏斗过滤，为什么？
2. 用 $Na_2C_2O_4$ 为基准物标定 $KMnO_4$溶液时，应该注意哪些反应条件？
3. 用 $KMnO_4$法测定 H_2O_2时，能否用 HNO_3或 HCl 来控制酸度，为什么？
4. 装过 $KMnO_4$溶液的滴定管或容器，常有不易洗去的棕色物质，这是什么，怎样除去？

参考文献

[1] 国家药典委员会编．中华人民共和国药典．北京：中国医药科技出版社，2015.
[2] 南京大学无机及分析化学编写组．无机及分析化学．北京：高等教育出版社，2015.
[3] 沈萍．无机化学与化学分析．武汉：中国地质大学出版社，2011.
[4] 李运涛．无机及分析化学．北京：化学工业出版社，2010.
[5] 陈必友，李启华．工厂分析化验手册．北京：化学工业出版社，2009.
[6] 董元彦，左贤云等．无机及分析化学．北京：科学出版社，2000.
[7] 倪哲明，陈爱民主编，无机及分析化学．北京：化学工业出版社，2009.
[8] 华中师范大学，等编．分析化学．北京：高等教育出版社，1986.

配位化合物及配位滴定法

Chapter 09

知识目标

1. 掌握配位化合物的组成和命名；
2. 掌握配合物的稳定常数、条件稳定常数及其应用；
3. 掌握配位滴定的基本原理、滴定曲线、酸效应曲线、影响滴定突跃的因素以及提高配位滴定选择性的方法；
4. 掌握金属指示剂的作用原理，以及常用金属指示剂的使用；
5. 掌握 EDTA 标准滴定溶液的配制方法、常见 EDTA 滴定法的应用及相关计算。

人们很早就开始接触配位化合物，当时大多用作日常生活用品，原料也基本上是由天然取得的，比如杀菌剂胆矾和用作染料的普鲁士蓝。最早对配合物的研究开始于 1798 年，法国化学家塔萨厄尔首次制备出配合物。1893 年，瑞士化学家维尔纳首次提出了现代的配位键、配位数和配位化合物结构等一系列基本概念，成功解释了很多配合物的电导性质、异构现象及磁性，维尔纳也被称为“配位化学之父”，并因此获得了 1913 年的诺贝尔化学奖。

以配位化合物形成反应为基础的滴定方法称为配位滴定法，可用于对金属离子进行测定。

第一节　配位化合物的组成和命名

配位化合物是一类组成复杂，应用广泛，并且对生命现象具有重要意义的化合物。例如，在植物生长中起光合作用的叶绿素，是一种含镁的配合物；人和动物血液中起着输送氧作用的血红素，是一种含有亚铁的配合物；维生素 B_{12} 是一种含钴的配合物；人和动物体内各种生物催化剂——酶的分子几乎都含有以配合状态存在的金属元素。

一、配位化合物的定义与组成

配位化合物（coordination compound）简称配合物，也叫错合物或络合物，它是由中心原子和围绕它的配体完全或部分由配位键结合形成的一类具有特征化学结构的化合物。

所谓配位键，又叫配位共价键，它由一个成键原子提供两个成键电子（孤对电子或多个不定域电子）成为电子给予体，另一个成键原子则成为电子接受体而形成的共价键。其中提供两个成键电子的原子，被称为配位原子，含有配位原子的分子或离子，被称为配体、配位体，或配位基，配体一般是由有机分子、无机分子或阴离子组成，偶尔也由正离子组成；而接受电子的成键原子，被称为中心原子（或中心离子），中心原子一般是由原子或金属阳离子组成，周期表中所有金属均可作为中心原子，其中过渡金属比较容易形成配合物，有时非金属也可作为中心原子。

配位化合物中中心原子与周围的配体之间形成的配位键的个数，称为配位数，注意，配位数不一定等于配体的个数。配体分为单齿配体（或称为单基配体）和多齿配体（或称为多基配体）两种，其中单齿配体是指只含有一个配位原子的配体，例如，CN、CO、NH_3和Cl^-等均是单齿配体，对于单齿配体的配位化合物来讲，配位数等于配体的个数。多齿配体是指含有两个或两个以上配位原子的配体，例如，乙二胺（$H_2N—CH_2—CH_2—NH_2$），简写为en，就是双齿配体，一分子配体中含有两个配位原子，即两个N原子，可以同时与中心原子形成两个配位键。草酸根（$^-OOC—COO^-$），简写为ox，也是双齿配体，两个羧基上的O原子都是配位原子。再如，乙二胺四乙酸根（$(^-OOC—CH_2)_2N—CH_2—CH_2—N(CH_2COO^-)_2$，简写为EDTA，就是六齿配体，一分子配体中含有六个配位原子，即两个N原子和四个羧基上的O原子，可以同时与中心原子形成六个配位键，因此，对于多齿配体的配位化合物来讲，配位数等于配体的个数与配体配位原子的个数的乘积。

配位化合物可为单核或多核，单核配位化合物是指只有一个中心原子的配位化合物，多核配位化合物是指有两个或两个以上中心原子的配位化合物。例如，$[Pt(NH_3)_2Cl_2]$和$[Ni(CO)_4]$均为单核配合物，而$[(CO)_3Fe(CO)_3Fe(CO)_3]$则是多核配合物。

此外，配位化合物中含有配位键的一部分被称为内界；与内界相对的不含有配位键的部分，被称为外界。

【例 9-1】 在硫酸铜溶液中逐滴加入氨水，有蓝色$Cu_2(OH)_2SO_4$沉淀生成，当继续加氨水至过量时，蓝色沉淀溶解变成深蓝色透明溶液，此深蓝色透明溶液是由SO_4^{2-}和$[Cu(NH_3)_4]^{2+}$组成的化合物，试写出总反应方程、产物各个组成部分的名称以及配位数的大小。

解： 总反应为：

$$CuSO_4+4NH_3 \xlongequal{} [Cu(NH_3)_4]SO_4\text{(深蓝色)}$$

$[Cu(NH_3)_4]SO_4$是单核单齿配合物；

Cu^{2+}是中心原子；

NH_3是单齿配体，配体的个数为4，配位数为4；

N是配位原子，Cu^{2+}与N之间是以配位共价键相结合；

$[Cu(NH_3)_4]$是内界；

SO_4^{2-}是外界，内界与外界之间是以离子键相结合。

【例 9-2】 试写出配位化合物$[Co(en)_2]^{3+}$各个组成部分的名称以及配位数的大小。

解：

$[Co(en)_2]^{3+}$是单核双齿配合物；

Co^{3+}是中心原子；

en是双齿配体，配体的个数为2，配位数为4；

N是配位原子，Co^{3+}与N之间是以配位共价键相结合；

$[Co(en)_2]^{3+}$是内界，配离子的电荷数是+3。

注意：影响中心原子的配位数大小的主要因素是中心原子的电荷和半径，同时配体的电荷、半径及配合物形成时的外界条件也有一定的影响。不同价态金属离子的配位数见表9-1。

表 9-1 不同价态金属离子的配位数

中心离子电荷	+1	+2	+3
配位数	2(4)	4(6)	(4)6
实例	Ag^+ 2 Cu^+,Au^+ 2,4	Cu^{2+},Zn^{2+},Ni^{2+},Co^{2+} 4,6 Fe^{2+},Ca^{2+} 6	Al^{3+} 4,6 Fe^{3+},Co^{3+},Cr^{3+} 6

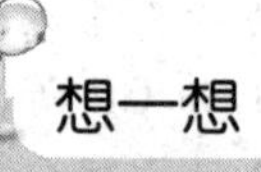

想一想

试写出下列配位化合物各个组成部分的名称以及配位数的大小。

$[Ni(CO)_4]$、$[SiF_6]^{2-}$、$[Pt(NH_3)_2Cl_2]$、$K[Pt(C_2H_4)Cl_3]$

二、配位化合物的应用

配位化合物是化合物中较大的一个类别，广泛应用于日常生活、工业生产及生命科学中，它不仅与无机化合物、有机金属化合物相关联，并且与现今化学前沿的原子簇化学、配位催化及分子生物学都有很大的重叠。配位化合物在分析化学、生物化学等领域都有广泛应用。研究配位化合物的化学分支称为配位化学，配位化学已发展成为化学学科中一个重要分支学科之一。

配位化合物在分析化学领域主要用于离子的分离、金属离子的滴定、掩蔽干扰离子等；在工业生产领域主要用于配位催化、制镜、提取金属、材料先驱物的合成、硬水软化等；在生物学领域主要用于常用的癌症治疗、重金属解毒等；另外，很多生物分子都是配合物，并且含铁的血红蛋白与氧气和一氧化碳的结合，很多酶及含镁的叶绿素的正常运作也都离不开配合物机理。

三、配位化合物的命名

在命名配位化合物时，一般遵循中文 IUPAC 命名法，命名规律有：

(1) 配位化合物的命名与盐的命名方法相似，命名方向由右向左，在有离子键的地方用“酸”或“化”字相连，若内界是阴离子的配位化合物只能命名为“某酸某”，在有配位键的地方用“合”字相连。

(2) 命名配离子时，配体的名称放在前，中心原子名称放在后。中心原子为离子时，在金属离子的名称之后附加带圆括号的罗马数字，以标注其氧化数，没有外界的配合物，中心原子的氧化数可不必标明。配体的名称前要用一、二、三等表示该配体个数，其中“一”可省略。另外，必要时加圆括号将配体名称括起来，以避免歧义。

例如，$[Cu(NH_3)_4]SO_4$的命名，与$CuSO_4$的命名一样，由右向左，Cu^{2+}与SO_4^{2-}之间用“酸”相连；中心原子Cu^{2+}与配体氨之间用“合”相连；氨的名称放在前，铜的名称放在后，并在铜字后附加（Ⅱ），以标注其氧化数；氨字前要加上配体个数四，即$[Cu(NH_3)_4]SO_4$的命名为硫酸四氨合铜（Ⅱ）。

注意某些容易混淆的配体的名称如下：

SCN(—SCN)	硫氰酸根	NCS(—NCS)	异硫氰酸根
NO_2(—NO_2)	硝基	ONO(—ONO)	亚硝酸根
NO	亚硝酰基	CO	羰基
CN(—CN)	氰根	NC(—NC)	异氰根

(3) 如果配合物中有多种配体，不同配体的名称之间还要用中圆点分开，只在最后一个配体与中心原子名称间加“合”字，若只有两个配体，圆点可以省略。配体的命名次序不是按分子书写的次序，而是按照以下次序命名，注意下述的每条规定均在其前一条的基础上：

① 先无机配体后有机配体；例如，$K[Pt(C_2H_4)Cl_3]$命名为三氯·（乙烯）合铂（Ⅱ）酸钾。

② 先阴离子类配体，后阳离子类配体，最后分子类配体。例如，$K[PtCl_3(NH_3)]$命名为三氯·一氨合铂（Ⅱ）酸钾。

③ 同类配体中，按配位原子的元素符号在英文字母表中的次序分出先后。例如，$[Co(NH_3)5H_2O]Cl_3$命名为三氯化一氨·五水合钴（Ⅲ）。

④ 配位原子相同，配体中原子个数少的在前。例如，$[Co(Py)(NH_3)(NO_2)(NH_2OH)]Cl$ 命名为氯化一硝基·一氨·一羟氨·一吡啶合钴（Ⅱ）。

⑤ 配体中原子个数相同，则按和配位原子直接相连的配体中的其他原子的元素符号在英文字母表中的次序。例如，NH 和 NO，则 NH 在前，NO 在后。

在实际工作中，配合物常用俗名命名。例如，$K_4[Fe(CN)_6]$ 称黄血盐；$K_3[Fe(CN)_6]$ 称赤血盐；$Fe_4[Fe(CN)_6]_3$ 称普鲁士蓝。

想一想

请分别写出下列配合物的名称。

$[Ni(CO)_4]$、$[SiF_6]^{2-}$、$[PtCl_2(NH_3)(C_2H_4)]$、$[Cd(en)_2(CN)_2]$

四、螯合物

螯合物是多基配体通过两个或两个以上的配位原子与同一形成体结合的具有环状结构的配合物，具有特殊的稳定性。能与形成体配合生成螯合物的配体称为螯合剂。环状结构是螯合物的特征。螯合物中的环一般是五元环或六元环。其他环则较少，亦不稳定。螯合物中的环数越多，其稳定性越强。

目前常用的一类螯合剂是氨羧配位剂，它是以氨基二乙酸 $[—N(CH_2COOH)_2]$ 为基体的有机螯合剂，以 N、O 为配位原子，能与大多数金属离子形成稳定的可溶性螯合物。

常用的氨羧配位剂有下列几种：亚氨基二乙酸（IMDA）、氨三乙酸（ATA 或 NTA）、环己二胺四乙酸（CYDT 或 DCTA）、乙二胺四乙酸（EDTA）乙二胺四丙酸（EDTP）、乙二醇二乙醚二胺四乙酸（EGTA）等等。其中 EDTA 应用最为广泛。

有些金属离子与螯合剂所形成螯合物具有特殊的颜色，可用于金属元素的分离或鉴定。例如，邻二氮非，即 1,10 二氮非与 Fe^{2+} 可生成橙红色螯合物，可用于鉴定 Fe^{2+} 的存在。

第二节　配位平衡

一、配合物的稳定常数

（一）配合物的稳定常数

在硝酸银溶液中逐滴加入氨水，有黑色 Ag_2O 沉淀生成，当继续加氨水至过量时，黑色沉淀会溶解变成无色透明溶液，即生成了 $Ag(NH_3)_2^+$ 配离子溶液，若向此溶液中滴加入 KBr，则会产生浅黄色的 AgBr 沉淀。这种现象充分说明，即使是氨水过量，$Ag(NH_3)_2^+$ 配离子溶液中仍然存在着少量的 Ag^+。即：

$$Ag^+ + 2NH_3 \underset{离解}{\overset{配合}{\rightleftharpoons}} [Ag(NH_3)_2]^+$$

Ag^+ 与 NH_3 的结合生成配离子 $Ag(NH_3)_2^+$ 的反应与配离子 $Ag(NH_3)_2^+$ 离解生成 Ag^+ 与 NH_3 的反应互为可逆反应，当两者在一定温度下最终会达到平衡，该平衡称为配位平衡。

配位平衡的平衡常数称为配离子的稳定常数，用符号 $K_{稳}$ 表示，也可用符号 K_f 表示，$K_{稳}$ 同其他化学平衡常数一样，只受到温度影响，与浓度等其他因素无关。其大小为：

$$K_{稳} = \frac{c\{[Ag(NH_3)_2]^+\}}{c(Ag^+) \times c^2(NH_3)}$$

$K_{稳}$ 越大说明生成配离子的倾向越大，配离子离解的倾向越小，配离子越稳定。因此，

可用 $K_{稳}$ 判断配离子的稳定程度。值得注意的是：对同类型的配离子，可以直接利用 $K_{稳}$ 比较其稳定性，$K_{稳}$ 越大，配离子稳定性越大；而对不同类型的配离子，不能简单地根据 $K_{稳}$ 的大小判断配离子稳定性的大小，需要进行相关计算才能比较其稳定性。常见配离子的稳定常数见表 9-2。

表 9-2　常见配离子的稳定常数（398.15K）

配离子	$K_f^{\ominus}$	$\lg K_f^{\ominus}$	配离子	$K_f^{\ominus}$	$\lg K_f^{\ominus}$
$[AgCl_2]^-$	1.74×10^5	5.24	$[Cd(CN)_4]^{2-}$	1.1×10^{16}	16.04
$[AgBr_2]^-$	2.14×10^7	7.33	$[Cd(NH_3)_4]^{2+}$	1.3×10^7	7.11
$[Ag(NH_3)_2]^+$	1.6×10^7	7.20	$[Cd(NH_3)_6]^{2+}$	1.4×10^5	5.15
$[Ag(S_2O_3)_2]^3$	2.88×10^{13}	13.46	$[CdI_4]^{2-}$	1.26×10^6	6.10
$[Ag(CN)_2]^-$	1.26×10^{21}	21.10	$[Co(SCN)_4]^{2+}$	1.0×10^3	3.00
$[Ag(SCN)_2]^-$	3.72×10^7	7.57	$[Co(NH_3)_6]^{2+}$	1.29×10^3	5.11
$[AgI_2]^-$	5.5×10^{11}	11.7	$[Co(NH_3)_6]^{3+}$	1.58×10^{35}	35.20
$[AlF_6]^{3-}$	6.9×10^{19}	19.84	$[CuCl_2]^-$	3.6×10^5	5.56
$[Al(C_2O_4)_3]^{3-}$	2.0×10^{16}	16.30	$[CuCl_4]^{2-}$	4.17×10^5	5.62
$[Au(CN)_2]^-$	2.0×10^{38}	38.30	$[CuI_2]^-$	5.7×10^8	8.76
$[CdCl_4]^{2-}$	3.47×10^2	2.54	$[Cu(CN)_2]^-$	1.0×10^{24}	24.00

（二）配合物的不稳定常数

配离子稳定性也可用不稳定常数表示，不稳定常数又被称为离解常数，用符号 $K_{不稳}$ 表示，也可用符号 K_d 表示，其表达式为：

$$K_{不稳}=\frac{c(Ag^+)\cdot c^2(NH_3)}{c\{[Ag(NH_3)_2]^+\}}$$

可见：

$$K_{不稳}=\frac{1}{K_{稳}}$$

因此，$K_{不稳}$ 愈大说明配离子离解的倾向越大，配离子愈不稳定。

（三）配合物的逐级稳定常数

实际上，在溶液中中心原子与配体的配合反应是分步进行的，每一步都有一个稳定常数，又称为逐级稳定常数，分别用符号 $K_{稳1}$、$K_{稳2}$ 等表示，例如，Cu^{2+} 与 NH_3 配合生成 $Cu(NH_3)_4^{2+}$ 的实际反应过程如下：

$$Cu^{2+}+NH_3 \rightleftharpoons Cu(NH_3)^{2+} \qquad K_{稳1}=\frac{c[Cu(NH_3)^{2+}]}{c(Cu^{2+})c(NH_3)}$$

$$Cu(NH_3)^{2+}+NH_3 \rightleftharpoons Cu(NH_3)_2^{2+} \qquad K_{稳2}=\frac{c[Cu(NH_3)_2^{2+}]}{c[Cu(NH_3)_4^{2+}]c(NH_3)}$$

$$Cu(NH_3)_2^{2+} + NH_3 \rightleftharpoons Cu(NH_3)_3^{2+} \qquad K_{稳3} = \frac{c[Cu(NH_3)_3^{2+}]}{c[Cu(NH_3)_2^{2+}]c(NH_3)}$$

$$Cu(NH_3)_3^{2+} + NH_3 \rightleftharpoons Cu(NH_3)_4^{2+} \qquad K_{稳4} = \frac{c[Cu(NH_3)_4^{2+}]}{c[Cu(NH_3)_3^{2+}]c(NH_3)}$$

总反应为：

$$Cu^{2+} + 4NH_3 \rightleftharpoons Cu(NH_3)_4^{2+} \qquad K_{稳} = \frac{c[Cu(NH_3)_4^{2+}]}{c[Cu(NH_3)_3^{2+}]c^4(NH_3)}$$

即：

$$K_{稳} = K_{稳1}K_{稳2}K_{稳3}K_{稳4}$$

$Cu(NH_3)_4^{2+}$的稳定常数与逐级稳定常数值如表9-3所示：

表9-3　$Cu(NH_3)_4^{2+}$的稳定常数与逐级稳定常数

配离子	$K_{稳1}$	$K_{稳2}$	$K_{稳3}$	$K_{稳4}$	$K_{稳}$
$Cu(NH_3)_4^{2+}$	1.35×10^4	3.02×10^3	7.41×10^2	1.29×10^2	3.9×10^{12}

由表9-3可见，配离子的逐级稳定常数相差不大，因此在实际工作中，一般总是加入过量的配位剂，这样水溶液中主要存在的是最高配位数的配离子，进行配位平衡的计算时，则只考虑其稳定常数$K_{稳}$即可。

二、配位平衡的计算

配离子的稳定常数可以用于计算配合物体系中各组分的浓度。

【例9-3】 已知$Cu(NH_3)_4^{2+}$的$K_{稳}=3.9\times10^{12}$，试计算溶液中$1.0\times10^{-3}mol\cdot L^{-1}$ $Cu(NH_3)_4^{2+}$和$1.0mol\cdot L^{-1}NH_3$处于平衡状态时游离Cu^{2+}的浓度。

解： 设溶液中处于平衡状态时游离Cu^{2+}的浓度$c(Cu^{2+})$为$x mol\cdot L^{-1}$

处于平衡状态时有以下反应：

$$Cu^{2+} + 4NH_3 \rightleftharpoons Cu(NH_3)_4^{2+}$$

$$K_{稳} = \frac{c[Cu(NH_3)_4^{2+}]}{c(Cu^{2+})c^4(NH_3)}$$

由题可知处于平衡状态时：

$c(Cu^{2+}) = x mol\cdot L^{-1}$；$c(NH_3) = 1.0mol\cdot L^{-1}$；$c[Cu(NH_3)_4^{2+}] = 1.0\times10^{-3}mol\cdot L^{-1}$

$$K_{稳} = \frac{c[Cu(NH_3)_4^{2+}]}{c(Cu^{2+})c^4(NH_3)} = \frac{1.0\times10^{-3}}{x\times(1.0)^4} = 3.9\times10^{12}$$

解得：$x = 2.56\times10^{-18}$ $(mol\cdot L^{-1})$

答：平衡时溶液中铜离子的浓度为$2.56\times10^{-18}mol\cdot L^{-1}$。

想一想

已知$Zn(NH_3)_4^{2+}$的$K_{稳} = 2.9\times10^9$，试计算将$0.020mol\cdot L^{-1}$的$ZnSO_4$溶液与$1.08mol\cdot L^{-1}$氨水等体积混合，溶液中游离Zn^{2+}的浓度是多少？

三、配位平衡移动

溶液中中心离子、配体以及由两者进行配位反应生成的配离子，三者之间存在配位平衡：

$$M + xL \underset{离解}{\overset{配合}{\rightleftharpoons}} ML_x$$

配位平衡是化学平衡的一种类型，当外界条件改变时，配位平衡也会和其他的化学平衡一样发生平衡移动，直至达到一个新的平衡。配位平衡会受到溶液中各成分的浓度的改变、溶液的酸碱性、沉淀反应、氧化还原反应等条件的影响。

1. 配位平衡与酸碱平衡

如果形成配离子的配体是 NH_3 或其他具有碱性的离子，比如：F^-、CN^-、SCN^-、CO_3^{2-} 以及有机酸根离子等，在达到配位平衡后，溶液的 pH 值发生变化时，配体可能会与 H^+ 结合生成弱酸，而致使配位平衡向离解方向移动，配离子的稳定性降低，这一现象被称为酸效应。

例如：

$$\begin{array}{l} Fe^{3+} + 6F^- \rightleftharpoons [FeF_6]^{3-} \\ \quad\quad\;\; + \\ \quad\quad\; 6H^+ \\ \quad\quad\;\; \Updownarrow \\ \quad\quad\; 6HF \end{array}$$

当 FeF_6^{3-} 的溶液中加入 H^+ 之后，平衡向解离的方向移动，致使 FeF_6^{3-} 的稳定性下降。

2. 配位平衡与沉淀溶解平衡

若向已达到平衡的配离子溶液中加入某一沉淀剂，使中心离子与沉淀剂结合而生成沉淀，则配位平衡向配离子解离方向移动；如向已达到平衡的沉淀溶液中加入某一配位剂，使中心离子与配位剂发生配位反应，则沉淀平衡向沉淀溶解方向移动，配位平衡与沉淀溶解平衡之间存在竞争，实质是配位剂与沉淀剂共同竞争中心离子的过程。

例如，向 $AgNO_3$ 溶液中加入 NaCl 溶液，则有白色沉淀产生，继续向溶液中加入 $6mol \cdot L^{-1}$ 浓氨水，可观察到白色沉淀溶解，生成无色溶液，再继续向溶液中加入 KBr 溶液后，又有浅黄色沉淀生成，若再继续向溶液中加入 $Na_2S_2O_3$ 溶液，可观察到浅黄色沉淀变为无色溶液。实验过程中发生的反应为：

$$AgNO_3 \xrightarrow{NaCl} AgCl\downarrow \xrightarrow{NH_3 \cdot H_2O} [Ag(NH_3)_2]^+$$

$$\xrightarrow{KBr} AgBr\downarrow \xrightarrow{Na_2S_2O_3} [Ag(S_2O_3)_2]^{3-}$$

即：

$Ag^+ + Cl^- = AgCl\downarrow$ 白色沉淀

$AgCl + 2NH_3 = Ag(NH_3)_2^+$ 无色溶液

$Ag(NH_3)_2^+ + Br^- = AgBr$ 浅黄色沉淀

$AgBr + 2S_2O_3^{2-} = Ag(S_2O_3)_2^{3-}$ 无色溶液

配位平衡与沉淀溶解平衡的竞争，决定反应方向的是沉淀和配离子的稳定常数 K_f 和溶度积 K_{sp} 的大小，以及配位剂，沉淀剂的浓度大小。中心离子与沉淀剂生成的沉淀越难溶解，即溶度积 K_{sp} 越小，则沉淀越容易生成，配离子越容易离解；反之稳定常数 K_f 越大，则配离子越容易生成，沉淀越易溶解。

3. 配位平衡与氧化还原平衡

若向已达到平衡的配离子溶液中加入某一氧化剂或还原剂，使中心离子发生氧化还原反应，从而降低了中心离子的浓度，则配位平衡向配离子解离方向移动；同时，对于溶液中的氧化还原反应而言，利用配位反应可改变金属离子的浓度，使得其氧化还原能力发生变化，可见，配位平衡与氧化还原平衡二者相互影响、相互制约。

例如，在已达到平衡的 $[Fe(SCN)_6]^{3-}$ 配离子溶液中加入还原剂 $SnCl_2$ 后，可观察到溶液血红色消失的现象，反应为：

$$2Fe^{3+} + 12SCN^- \rightleftharpoons 2[Fe(SCN)_6]^{3-}$$

$+$

Sn^{2+}

$\Updownarrow$

$2Fe^{2+}$

$+$

Sn^{4+}

总反应式为：

$$2[Fe(SCN)_6]^{3-} + Sn^{2+} \rightleftharpoons 2Fe^{2+} + 12SCN^- + Sn^{4+}$$

又例如，在溶液中 Fe^{3+} 能氧化 I^- 而发生氧化还原反应，若在此反应达到平衡后加入 NaF，则由于 F^- 能与 Fe^{3+} 发生配位反应，而使 $c(Fe^{3+})$ 降低，Fe^{3+} 的氧化能力下降，使氧化还原反应逆向进行。

$$2Fe^{3+} + 2I^- \rightleftharpoons 2Fe^{2+} + I_2$$

$+$

$12F^-$

$\Updownarrow$

$2[FeF_6]^{3-}$

总反应为：$2Fe^{3+} + I_2 + 12F^- \rightleftharpoons 2[FeF_6]^{3-} + 2I^-$

4. 配离子之间的转化和平衡移动

在已达到平衡的配离子溶液中加入另一种配位剂，与中心离子结合而生成另一种更加稳定的配合物，则发生了配离子之间的转化，原配位平衡向配离子解离方向移动。

例如，检测 Fe^{3+} 时，经常采用向溶液中，加入 KSCN 溶液，观察是否有血红色物质生成的方法来判断溶液中是否含有 Fe^{3+}，该检测方法中生成的血红色物质为配离子 $[Fe(SCN)_6]^{3-}$，若在该反应达到平衡后，向溶液中加入 NaF，会出现血红色逐渐退去的现象，那是因为血红色配离子 $[Fe(SCN)_6]^{3-}$ 转化成更稳定的无色配离子 $[FeF_6]^{3-}$。反应如下：

$Fe^{3+} + 6SCN^- \rightleftharpoons [Fe(SCN)_6]^{3-}$　血红色

$+$

$6F^-$

$\Updownarrow$

$[FeF_6]^{3-}$　无色

总反应为：

$$[Fe(SCN)_6]^{3-} + 6F^- \rightleftharpoons [FeF_6]^{3-} + 6SCN^-$$

注意：配离子之间的转化和平衡移动方向一定是向生成另一种更加稳定的配合物的方向。

第三节　EDTA 及其与金属离子的配位化合物

一、EDTA

螯合物是具有环状结构的稳定配合物，最常见的螯合剂是一些胺、羧酸类的化合物。例如，乙二胺、乙二胺四乙酸等，其中乙二胺四乙酸简称为 EDTA，常以 H_4Y 表示。乙二胺四乙酸中有两个氨基、四个羧基，是最典型的螯合剂，应用最为广泛，其结构如下：

```
HOOCCH2                    CH2COOH
       \                  /
        N—CH2—CH2—N
       /                  \
HOOCCH2                    CH2COOH
```

由于乙二胺四乙酸295K时，在水中的溶解度仅为0.02g/100g水，溶解度较小，因此，在配位滴定分析工作中通常使用乙二胺四乙酸的二钠盐，即 $Na_2H_4Y \cdot 2H_2O$ 配制标准溶液，乙二胺四乙酸的二钠盐也简称EDTA或EDTA二钠盐，295K时，乙二胺四乙酸的二钠盐在水中的溶解度为11.1g/100g水，该溶液的物质的量的浓度约为 $0.3mol \cdot L^{-1}$，pH值约为4.4，可见乙二胺四乙酸的二钠盐的溶解度比乙二胺四乙酸的大，作为标准溶液滴定效果更好。

乙二胺四乙酸在水溶液中，具有双偶极离子结构：

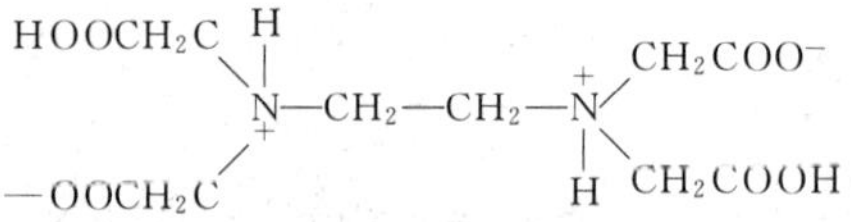

$$(HOOCH_2C)(^{-}OOCH_2C)\overset{+}{N}H-CH_2-CH_2-\overset{+}{N}H(CH_2COO^{-})(CH_2COOH)$$

因此，乙二胺四乙酸在水溶液中的存在形式会随酸度不同而不同，酸度越高乙二胺四乙酸结合的 H^+ 越多，即存在以下反应：

$$H_6Y^{2+} \rightleftharpoons H_5Y^+ \rightleftharpoons H_4Y \rightleftharpoons H_3Y^- \rightleftharpoons H_2Y^{2-} \rightleftharpoons HY^{3-} \rightleftharpoons Y^{4-}$$

当溶液酸度很高时，乙二胺四乙酸可以 H_6Y^{2+} 形式存在，当酸度很低时，EDTA可能以 Y^{4-} 形式存在，具体乙二胺四乙酸水溶液在不同酸度下的主要存在形式见表9-4。

表 9-4　EDTA 在不同酸度下的主要存在形式

pH值	<1	1～1.6	1.6～2.0	2.0～2.67	2.67～6.16	6.16～10.26	>10.26
EDTA主要存在形式	H_6Y^{2+}	H_5Y^+	H_4Y	H_3Y^-	H_2Y^{2-}	HY^{3-}	Y^{4-}

要说明的是：pH越高，EDTA的配位能力越强，EDTA是六齿配体，可与中心原子结合成六配位，5个五元环的螯合物。例如，EDTA与 Ca^{2+} 形成的螯合物中，EDTA是以 Y^{4-} 型与 Ca^{2+} 形成 CaY^{2-} 的配离子，其空间结构如下：

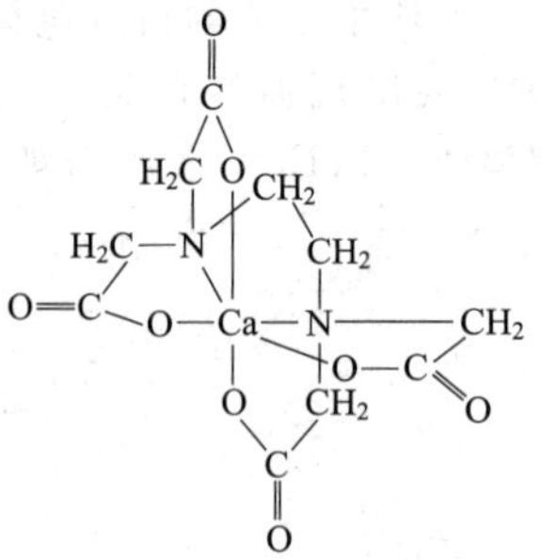

O=C—O—Ca—N—CH₂ ; H₂C—N ; H₂C ; CH₂ ; CH₂ ; O—C=O ; CH₂ ; O ; C=O ; O ; C=O

要以上为 CaY^{2-} 空间结构图中的原子标注。

EDTA不仅可以与过渡金属元素形成螯合物，还可与主族元素钠、钾、钙、镁等形成稳定的螯合物，这一特性在医学领域被用于螯合疗法，排除体内有害金属，例如，可用 $Na_2[Ca(EDTA)]$，顺利排除体内的铅。

另外，定量分析领域，常用EDTA作为标准溶液，利用EDTA能够与金属离子进行配位反应生成稳定的螯合物的特性，测定金属含量，利用EDTA标准溶液滴定金属离子的方法也称为EDTA滴定法。

二、EDTA与金属离子的配位特点

EDTA与金属离子形成的配合物还具有以下特点，使得EDTA滴定法应用很广泛。

1. 广谱性

EDTA具有广泛的配位性能，属于光谱型配位剂，EDTA几乎能与所有金属离子形成稳定的配合物。

2. 螯合比简单恒定

螯合比是指中心离子与螯合剂的数目之比，例如，$[Cu(en)_2]^{2+}$ 螯合比为1∶2，$[Co(en)_3]^{2+}$ 螯合比为1∶3。

EDTA中有两个氮、四个氧充当配位原子，大多数金属离子的配位数为4和6，故二者结合是以1∶1的形式结合的，即螯合比为1∶1。EDTA与不同价态的金属离子发生的配位反应可以用以下通式表示：

$$M^{2+}+H_2Y^{2-}=MY^{2-}+2H^+$$
$$M^{3+}+H_2Y^{2-}=MY^{-}+2H^+$$
$$M^{4+}+H_2Y^{2-}=MY+2H^+$$

可见，EDTA与不同价态的金属离子发生的配位反应时，螯合比与金属离子的价态无关，都是1∶1，即 $n_{EDTA}=n_M$，这使得EDTA滴定法计算简单。EDTA在不同酸度下的主要存在形式有七种，为了方便，以下均用符号Y来表示EDTA滴定法中EDTA的存在形式，则EDTA滴定法的反应式可简写成通式：

$$\underset{\text{金属离子}}{M} + \underset{\text{EDTA}}{Y} = \underset{\text{螯合物}}{MY}$$

3. 生成的螯合物稳定性高

EDTA与金属离子反应生成的螯合物稳定性很高，具有广泛的配位性。常见金属离子EDTA配合物的 $\lg K_{MY}$ 见表9-5。

表9-5 常见金属离子EDTA配合物的 $\lg K_{MY}$（$I=0.1$，293～298K）

离子	$\lg K_{MY}$	离子	$\lg K_{MY}$	离子	$\lg K_{MY}$
Na^+	1.66	Fe^{2+}	14.33	Ni^{2+}	18.56
Li^+	2.79	Ce^{3+}	15.98	Cu^{2+}	18.70
Ag^+	7.32	Al^{3+}	16.30	Hg^{2+}	21.70
Ba^{2+}	7.86	Co^{2+}	16.31	Sn^{2+}	22.11
Mg^{2+}	8.64	Pt^{3+}	16.40	Cr^{3+}	23.40
Be^{2+}	9.30	Cd^{2+}	16.46	Fe^{3+}	25.10
Ca^{2+}	10.69	Zn^{2+}	16.50	Bi^{2+}	27.94
Mn^{2+}	13.87	Pb^{2+}	18.5	Co^{3+}	36.00

4. 生成的螯合物溶解性好，配位反应快

EDTA与金属离子生成的螯合物都易溶于水，且配位反应大多较快，这使得EDTA与金属离子的配位反应适合作为配位滴定反应。

5. 生成的螯合物多为无色螯合物

EDTA与大多数无色金属离子形成无色螯合物，这有利于指示剂确定终点。但EDTA与有色金属离子反应会形成颜色更深的螯合物，具体情况见表9-6。

表9-6 EDTA与有色金属离子反应会形成螯合物的颜色

金属离子	金属离子颜色	螯合物颜色
Co^{3+}	粉红色	紫红色
Cr^{3+}	灰绿色	深紫色
Ni^{2+}	浅绿色	蓝绿色
Fe^{3+}	浅黄色	黄色
Mn^{2+}	浅粉红色	紫红色
Cu^{2+}	浅蓝色	深蓝色

因此，用 EDTA 滴定法测定有色金属离子时，要控制其浓度勿过大，否则，使用指示剂确定终点时，容易发生目测终点困难。

EDTA 是一种较好的配位滴定剂，但也有方法选择性较差的不足之处。

三、影响 EDTA 与金属离子配合物稳定性的因数

1. 主反应与副反应

EDTA 与金属离子配位反应中，涉及的化学平衡很复杂，往往除了要研究的反应之外，还存在着许多其他的反应，在配位滴定中的化学反应可用下式表示：

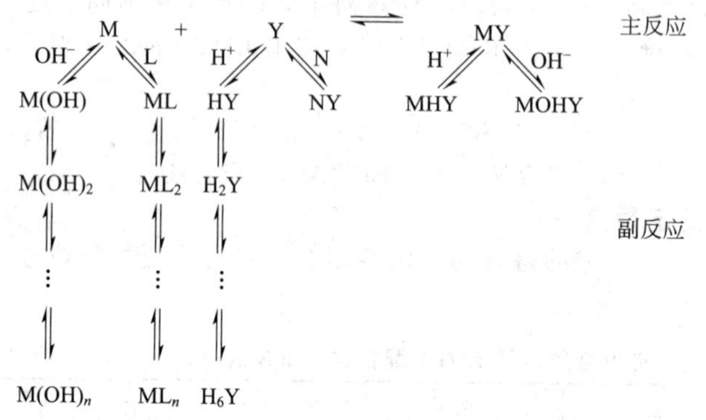

其中，M 是金属离子，Y 是滴定剂，L 是其他配位剂，N 是其他金属离子。

在配位滴定中把滴定剂和金属离子之间的反应称为主反应，而把其他与之有关的反应称为副反应，主要的副反应有三个方面：金属离子 M 的副反应、滴定剂 Y 的副反应和配合物 MY 的副反应。金属离子 M 的副反应包括：金属离子的水解效应和金属离子与其他配位剂的配位效应。滴定剂 Y 的副反应包括：滴定剂 EDTA 的酸效应和 EDTA 与其他金属离子的配位效应。配合物 MY 的副反应包括：配合物生成酸式配合物 MHY 即碱式配合物 MOHY 的副反应。

2. 酸效应

在 EDTA 溶液的七种型体中，只有 Y^{4-} 可以与金属离子直接发生配位反应，而 Y^{4-} 的配位能力受 H^+ 浓度的影响，H^+ 浓度越高 Y^{4-} 的配位能力越弱，这种现象称为酸效应。这是因为 EDTA 是一种多元酸，H^+ 的存在，会引起 $M+Y \rightleftharpoons MY$ 配位平衡逆向移动，使 M 与 Y 的主反应的配位能力下降，所以 pH 值越高，EDTA 的配位能力越强。

$$
\begin{array}{c} M+Y \rightleftharpoons MY \\ + \\ H^+ \\ \downarrow \\ HY \end{array}
$$

酸效应影响大小可用酸效应系数衡量，酸效应系数是指在一定的酸度下，未参与主反应的 EDTA 各种存在型体的总浓度 $c(Y')$，与直接参与主反应的 EDTA 的平衡浓度 $c(Y)$ 之比，酸效应系数用符号 $\alpha_{Y(H)}$ 表示：

$$
\alpha_{Y(H)}=\frac{c(Y')}{c(Y)}
$$

$$
c(Y')=c(Y^{4-})+c(HY^{3-})+c(H_2Y^{2-})+c(H_3Y^{-})+c(H_4Y)+c(H_5Y^{+})+c(H_6Y^{2+})
$$

一般情况下 $c(Y)<c(Y')$，酸度越大，由酸效应引起的副反应就越大，也就是说，酸度越大，$\alpha_{Y(H)}$ 就越大，EDTA 参与配位反应的能力越低。不同 pH 值时的 $\lg\alpha_{Y(H)}$ 见表 9-7。

表 9-7　不同 pH 值时的 $\lg\alpha_{Y(H)}$

pH	$\lg\alpha_{Y(H)}$	pH	$\lg\alpha_{Y(H)}$	pH	$\lg\alpha_{Y(H)}$
0	23.64	3.6	9.27	7.2	3.10
0.2	22.47	3.8	8.85	7.4	2.88
0.4	21.32	4.0	8.44	7.6	2.68
0.6	20.18	4.2	8.04	7.8	2.47
0.8	19.08	4.4	7.64	8.0	2.27
1.0	18.01	4.6	7.24	8.2	2.07
1.2	16.98	4.8	6.84	8.4	1.87
1.4	16.02	5.0	6.45	8.6	1.67
1.6	15.11	5.2	6.07	8.8	1.48
1.8	14.27	5.4	0.69	9.0	1.28
2.0	13.51	5.6	5.33	9.2	1.10
2.2	12.82	5.8	4.98	9.6	0.75
2.4	12.19	6.0	4.65	10.0	0.45
2.6	11.62	6.2	4.34	10.5	0.20
2.8	11.09	6.4	4.06	11.0	0.07
3.0	10.60	6.6	3.79	11.5	0.02
3.2	10.14	6.8	3.55	12.0	0.01
3.4	9.70	7.0	3.32	13.0	0.00

由表 9-7 可知，在 pH＝12 时，$\lg\alpha_{Y(H)}$ 接近于 0，所以 pH≥12 时，可忽略 EDTA 酸效应的影响。

3. 配位效应

当溶液中存在其他配位剂（L），并能与金属离子（M）发生配位反应，导致主反应 $M+Y \rightleftharpoons MY$ 配位平衡逆向移动，从而使得主反应能力下降的现象称为配位效应。

$$
\begin{array}{l}
M+Y \rightleftharpoons MY \\
+ \\
L \\
\downarrow \\
ML
\end{array}
$$

配位效应影响大小，可用配位效应系数衡量，配位效应系数是指未与 EDTA 配位的金属离子的总浓度 $c(M')$，与游离金属离子的总浓度 $c(M)$ 之比，配位效应系数用符号 $\alpha_{M(L)}$ 表示，即：

$$\alpha_{M(L)}=\frac{c(M')}{c(M)}$$

配位效应系数 $\alpha_{M(L)}$ 的大小仅与共存配位剂 L 的种类和浓度有关，共存配位剂的浓度越大，与被测金属离子形成的配合物越稳定，则配位效应越显著，对主反应影响越大。一些常见金属离子的 $\lg\alpha_{Y(H)}$ 值见表 9-8。

表 9-8　常见金属离子的 $\lg\alpha_{Y(H)}$ 值

金属离子	离子强度	pH													
		1	2	3	4	5	6	7	8	9	10	11	12	13	14
Al^{3+}	2					0.4	1.3	5.3	9.3	13.3	17.3	21.3	25.3	29.3	33.3
Bi^{3+}	3	0.1	0.5	1.4	2.4	3.4	4.4	5.4							
Ca^{2+}	0.1													0.3	1.0
Cd^{2+}	3									0.1	0.5	2.0	4.5	8.1	12.0
Co^{2+}	0.1								0.1	0.4	1.1	2.2	4.2	7.2	10.2

续表

金属离子	离子强度	pH													
		1	2	3	4	5	6	7	8	9	10	11	12	13	14
Cu^{2+}	0.1								0.2	0.8	1.7	2.7	3.7	4.7	5.7
Fe^{2+}	1									0.1	0.6	1.5	2.5	3.5	4.5
Fe^{3+}	3			0.4	1.8	3.7	5.7	7.7	9.7	11.7	13.7	15.7	17.7	19.7	21.7
Hg^{2+}	0.1			0.5	1.9	3.9	5.9	7.9	9.9	11.9	13.9	15.9	17.9	19.9	21.9
La^{3+}	3										0.3	1.0	1.9	2.9	3.9
Mg^{2+}	0.1											0.1	0.5	1.3	2.3
Mn^{2+}	0.1										0.1	0.5	1.4	2.4	3.4
Ni^{2+}	0.1									0.1	0.7	1.6			
Pb^{2+}	0.1							0.1	0.5	1.4	2.7	4.7	7.4	10.4	13.4
Th^{4+}	1				0.2	0.8	1.7	2.7	3.7	4.7	5.7	6.7	7.7	8.7	9.7
Zn^{2+}	0.1									0.2	2.4	5.4	8.5	11.8	15.5

4. 条件稳定常数

如果没有副反应发生，M与Y反应进行程度可用稳定常数 K_{MY} 表示，K_{MY} 值越大，配合物越稳定。但在实际的配位滴定中，由于副反应的存在 K_{MY} 值已不能反映主反应进行的程度，因此，引入条件稳定常数表示有副反应发生时主反应进行的程度。条件稳定常数用符号 K'_{MY} 表示。

$$K_{MY}=\frac{c(MY)}{c(M)c(Y)}$$

$$K'_{MY}=\frac{c(MY)}{c(M')c(Y')}$$

$$K'_{MY}=\frac{c(MY)}{\alpha_{M(L)}c(M)\alpha_{Y(H)}c(Y)}=K_{MY}\frac{1}{\alpha_{M(L)}\alpha_{Y(H)}}$$

$$\lg K'_{MY}=\lg K_{MY}-\lg\alpha_{M(L)}-\lg\alpha_{Y(H)}$$

在一定条件下，$\alpha_{M(L)}$、$\alpha_{Y(H)}$ 均为定值，因此 K'_{MY} 也是个常数。

在实际的滴定分析中，经常存在一些影响配位平衡的副反应，故常用 K'_{MY} 代替 K_{MY} 进行实际工作的分析。

第四节　配位滴定的基本原理

配位滴定法是以配位反应为基础进行的滴定分析法，一般是利用配位剂作标准溶液直接或间接测定被测物。配位滴定反应必须满足滴定分析的基本条件，要有明确的计量关系，生成的配合物最好只有一种，且无各级配合物存在。但是单基配体与大多数金属离子形成的配合物稳定性低，且存在着逐级配位的现象，而螯合剂与金属离子反应生成的螯合物稳定性高，螯合比恒定，能满足配位滴定的要求，因此，配位滴定一般不采用单基配体，而是利用螯合剂作为滴定剂。

一、EDTA配位滴定的滴定曲线

在EDTA配位滴定时，以EDTA的加入体积（或百分数）为横坐标，以被滴定的金属离子浓度的负对数pM为纵坐标作图，可得到配位滴定曲线，配位滴定曲线是反映滴定过程中随着滴定剂的加入，金属离子浓度变化规律的曲线。

1. 不同pH值条件下测定同一金属离子的配位滴定曲线

现以EDTA滴定法测 Ca^{2+} 含量为例绘制配位滴定曲线。假设滴定体系中不存在其他辅助配位剂，只考虑 EDTA 的酸效应，在 pH＝12.00 时，用 0.01000mol・L^{-1} EDTA 标准溶液滴定 20.00mL 0.01000mol・L^{-1} Ca^{2+} 溶液。滴定过程加入 EDTA 溶液的体积（或百分数），与相应的 pCa^{2+} 的变化情况列于表 9-9 中。

表 9-9　pH＝12.00 时，用 0.01000mol・L^{-1} EDTA 标准溶液滴定 20.00mL 0.01000mol・L^{-1} Ca^{2+} 溶液过程中 pCa^{2+} 值的变化情况

加入 EDTA 溶液		被配位的 Ca^{2+}/%	过量的 EDTA/%	pCa^{2+}
mL	比例/%			
0.00	0.0	0.0		2.0
18.00	90.0	90.0		3.3
19.80	99.0	99.0		4.3
19.98	99.9	99.9		5.3
20.00	100.0	100.0	0.0	6.6
20.02	100.1		0.1	8.0
20.20	101.0		1.0	9.0

再用同样的方法，分别在 pH＝10.00、pH＝9.00、pH＝7.00 及 pH＝6.00 时，用 0.010000mol・L^{-1} EDTA 标准溶液滴定 20.00mL 0.01000mol・L^{-1} Ca^{2+} 溶液，获取滴定过程加入 EDTA 溶液的体积（或百分数）与相应的 pCa^{2+} 的变化情况，以 EDTA 的加入百分数为横坐标，以被滴定的 Ca^{2+} 浓度的负对数 pM 为纵坐标作图，可得到以下配位滴定曲线，见图 9-1。

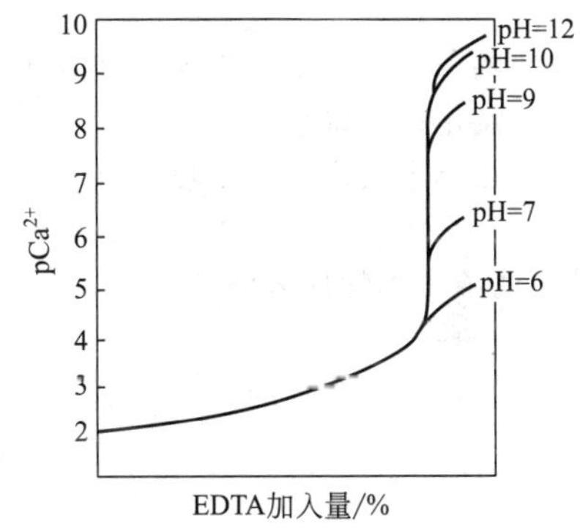

图 9-1　不同 pH 值条件下，用 0.01000mol・L^{-1} EDTA 标准溶液滴定 20.00ml 0.01000mol・L^{-1} Ca^{2+} 溶液的滴定曲线

由于：

$$\lg K'_{MY}=\lg K_{MY}-\lg\alpha_{M(L)}-\lg\alpha_{Y(H)}$$

若配位滴定体系中只考虑酸效应，则：

$$\lg K'_{MY}=\lg K_{MY}-\lg\alpha_{Y(H)}$$

因此，当酸度一定时，配合物越稳定，即 $\lg K_{MY}$越大时，$\lg K'_{MY}$越大，即滴定反应越彻底，滴定突跃范围也越大；而当配合物约稳定度一定时，$\lg K'_{MY}$的值随着 $\lg\alpha_{Y(H)}$ 的增大而减小，即 $\lg K'_{MY}$的值随着 pH 值的增大而增大。图 9-1 验证了这一理论，若单从酸度一个因素考虑，增加 pH 值能够增加突跃范围，对配位滴定有利，但是实际上，pH 值过大，会相应地增加金属离子水解的程度，反而使得 $\lg K'_{MY}$减小。

2. 测定不同 $\lg K'_{MY}$ 的金属离子的配位滴定曲线

同理以 EDTA 滴定法测金属离子 M^{n+} 含量，若配合物 MY 的条件稳定常数 $\lg K'_{MY}$分别为 $\lg K'_{MY}=2$，$\lg K'_{MY}=4$，$\lg K'_{MY}=6$，$\lg K'_{MY}=8$，$\lg K'_{MY}=10$，$\lg K'_{MY}=12$，$\lg K'_{MY}=14$，即用 0.01000mol・L^{-1} EDTA 标准溶液滴定 20.00mL 0.01000mol・L^{-1} 的 M^{n+} 溶液，绘制出相应的配位滴定曲线，如图 9-2 所示。

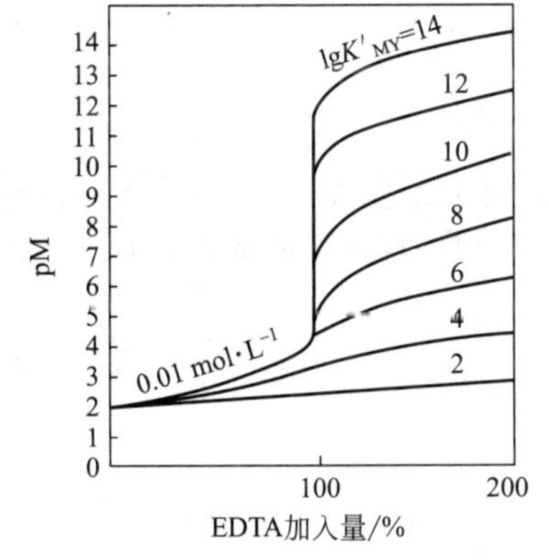

图 9-2　用 0.01000mol・L^{-1} EDTA 滴定 20.00mL 0.01000mol・L^{-1} 不同 $\lg K'_{MY}$ 的金属离子 M^{n+} 溶液时的滴定曲线

由滴定曲线的绘制过程可知，影响突跃范围的主要是条件稳定常数 K'_{MY}和金属离子的浓度 c(M)，pH 值对突跃范围的影响是通过影响 $\lg K'_{MY}$值的大小来实现的。

图 9-2 说明当金属离子的浓度 c(M) 一定时，配合物的条件稳定常数 K'_{MY}影响的主要是滴定突跃范围的上限，即 $\lg K'_{MY}$越大，突跃范围的上限越高，突跃范围越大，反

之亦然。

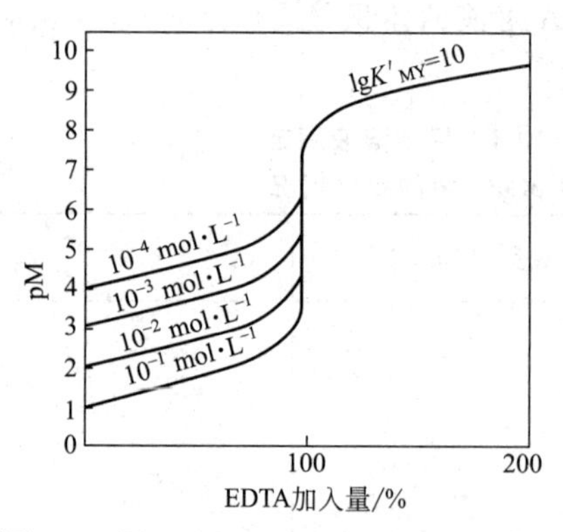

图 9-3　用 0.01000mol·L^{-1}EDTA 标准溶液滴定 20.00mL 不同浓度的同一金属离子溶液的滴定曲线

3. 测定不同浓度的同一金属离子的配位滴定曲线

若 $\lg K'_{MY}=10$，用相同浓度的 EDTA 溶液分别滴定不同浓度的同一金属离子，保持其他滴定条件一致，可得以下滴定曲线，如图 9-3 所示。

从图 9-3 可看出，在配位滴定中，被滴定金属离子的浓度影响的是滴定突跃范围的下限，即当 $\lg K'_{MY}$一定时，金属离子的浓度 c(M) 越大，突跃范围的下限越低，突跃范围越大，反之亦然。

二、准确滴定的条件

配位滴定一般要求相对误差不大于 0.1%。通过滴定曲线可知决定配位滴定准确度的主要依据是滴定突跃范围的大小，而滴定突跃范围的大小主要受条件稳定常数 K'_{MY}与金属离子的浓度 c(M) 的影响，那么配位滴定的准确滴定的条件是什么，即条件稳定常数 K'_{MY}与金属离子的浓度 c(M) 分别要满足什么条件才能满足配位滴定的准确度要求？

假设，被测金属离子的浓度 c(M) 大小为 Cmol·L^{-1}。已知准确的配位滴定允许的终点相对误差不大于 0.1%，即 0.999≤相对误差≤1.001，也就是说准确的配位滴定允许终点时最大有 0.1%的金属离子和配体未滴定。

$$M+Y=MY$$

由此可知，滴定终点时：

$$c(M)_{终点}\leqslant 0.001C$$
$$c(Y)_{终点}\leqslant 0.001C$$
$$c(MY)_{终点}\geqslant 0.999C$$

由于：

$$K'_{MY}=\frac{c(MY)}{c(M')c(Y')}$$

代入得：

$$K'_{MY}\geqslant\frac{0.999C}{0.001C\times 0.001C}=\frac{10^6}{C}$$

即：

$$C\times K'_{MY}\geqslant 10^6$$

当 $C=0.010$mol·L^{-1}时：

$$K'_{MY}\geqslant 10^8 \text{ 或 } \lg K'_{MY}\geqslant 8$$

由以上计算可知，准确配位滴定的条件是配合物的条件稳定常数 K'_{MY}要大于 10^8；当滴定的金属离子的初始浓度是 0.010mol·L^{-1}（配位滴定常用的浓度）时，c(M) 与 K'_{MY}的乘积要大于 10^6，即配位滴定中准确测定单一金属离子的条件是：

$$\lg K'_{MY}\geqslant 8;\lg c(M)K'_{MY}\geqslant 6$$

三、配位滴定允许的最低酸度和酸效应曲线

影响配位滴定准确度的主要因素是稳定常数 K'_{MY}与金属离子的浓度 c(M)，而滴定体系的 pH 值的大小会影响 $\lg K'_{MY}$值的大小，从而影响配位滴定的突跃范围和准确度。

单一金属离子被准确滴定的界限是 $\lg K'_{MY}\geqslant 8$，若假设在配位滴定中除 EDTA 的酸效应之外没有其他副反应，则 $\lg K'_{MY}\geqslant 8$ 主要受溶液酸度的影响，在金属离子初始浓度一定时，随着酸度的增

强，$\lg K'_{MY}$减小，最后可能导致 $\lg K'_{MY}<8$，这时便不能准确滴定，因此，准确的配位滴定要求滴定体系的酸度有一上限，酸度一旦超过这一上限，便不能保证 $\lg K'_{MY}\geqslant 8$，不能保证配位滴定的准确度，这一酸度被称为配位滴定允许的最高酸度，与之相应的配位滴定体系的 pH 值被称为配位滴定允许的最低 pH 值。

当用 EDTA 滴定法测定不同的金属离子时，不同的金属离子与 EDTA 所形成的配合物稳定性是不同的，配合物的稳定性与溶液的酸度有关，滴定不同的金属离子，有不同配位滴定允许的最低 pH 值，若以金属离子的 $\lg K_{MY}$为横坐标，以 pH 为纵坐标作图，即得 EDTA 的酸效应曲线，该曲线又称为林邦（Ring-bom）曲线，如图 9-4 所示。

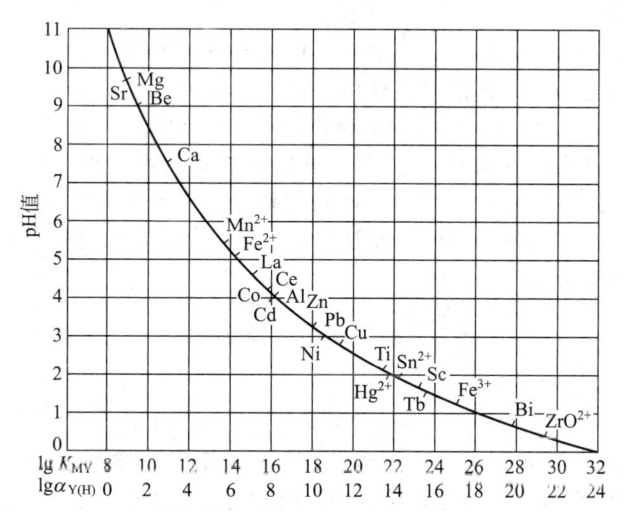

图 9-4　EDTA 的酸效应曲线（金属离子浓度 0.01mol·L^{-1}）

在实际工作中，图 9-4 的酸效应曲线主要有三方面的应用：

（1）在酸效应曲线上，可以得到指定中心离子准确滴定所允许的最低 pH 值；

（2）在酸效应曲线上，可以得到在指定的 pH 值范围内，可以被 EDTA 准确滴定的中心离子和有滴定干扰的中心离子的种类；

（3）利用酸效应曲线，可以判断在同一溶液中共存多种中心离子时，利用控制酸度的方法进行准确的 EDTA 滴定法分步测定的可能性，可以进行分步测定，还可以利用酸效应曲线，确定滴定方案。

另外，虽然酸效应曲线可以确定中心离子准确滴定所允许的最低 pH 值，但要注意的是，pH 值过大，会相应地增加金属离子水解的程度，反而使得 $\lg K'_{MY}$减小，滴定突跃范围也越小，滴定反应越不彻底，滴定准确度下降，因此，对于不同的中心离子，因其性质的不同，在用 EDTA 法测定时不仅有准确滴定所允许的最低 pH 值，同时还有准确滴定所允许的最高 pH 值。在没有辅助配位剂存在时，中心离子准确滴定所允许的最高 pH 值，即最低酸度通常可以由一定浓度的金属离子形成氢氧化物沉淀时的 pH 进行估算。

配位滴定中常用加入缓冲溶液的方法控制滴定体系的酸度。

想一想

在 pH= 5.0 时，能否用 0.020mol·L^{-1}EDTA 标准溶液直接准确滴定 0.020mol·L^{-1} Mg^{2+}？在 pH= 10.0 的氨性缓冲溶液中如何?

四、提高配位滴定选择性的方法

配位滴定法在实际应用时，样品中往往有多种金属离子共存，而 EDTA 又能与很多金属离子形成稳定的配合物，所以在滴定某一金属离子时常常受到共存离子的干扰，为减少或消除共存离子干扰，提高配位滴定选择性，在实际滴定中常用以下几种方法。

1. 控制溶液酸度

假设 EDTA 滴定法待测样品溶液中同时含有两种金属离子 M 和 N，且 $c(\mathrm{M})=c(\mathrm{N})$，M 和 N 均可与 EDTA 形成稳定配合物，$\lg K'_{\mathrm{MY}}>\lg K'_{\mathrm{NY}}$。

若 $\lg K'_{\mathrm{MY}}$ 与 $\lg K'_{\mathrm{NY}}$ 相差足够大，随着滴定剂 EDTA 的加入，M 首先与 EDTA 反应，待 M 被定量测定后，EDTA 才与 N 作用，这样 N 的存在并不干扰 M 的准确滴定。当然两种共存金属离子 M 和 N 与 EDTA 形成的配合物的条件稳定常数相差越大，准确滴定 M 离子的可能性就越大；反之，两种共存金属离子 M 和 N 与 EDTA 形成的配合物的条件稳定常数相差越小，金属离子 N 干扰金属离子 M 测定的可能性就越大，准确滴定 M 离子的可能性就越小。对于有干扰离子存在的配位滴定，准确滴定的相对误差不能够超过 0.5%，肉眼判断终点颜色变化时，滴定突跃至少应有 0.2 个 pM 单位。根据理论推导，要想在 M 和 N 两种金属离子共存时，通过控制酸度进行分别滴定，准确测定 M 离子，必须同时满足：

$$\frac{c(\mathrm{M})K'_{\mathrm{MY}}}{c(\mathrm{N})K'_{\mathrm{NY}}}\geqslant 10^{5}\text{；且 } K'_{\mathrm{MY}}\geqslant 10^{8}$$

即两种金属离子分别滴定的判别式为：

$$\lg c(\mathrm{M})K'_{\mathrm{MY}}-\lg c(\mathrm{N})K'_{\mathrm{NY}}\geqslant 5\text{；且 }\lg K'_{\mathrm{MY}}\geqslant 8$$

若配位滴定的样品中有两种以上的金属离子共存时，要判断能否通过控制酸度进行分别滴定，应首先考虑配合物稳定常数最大和与之最接近的那两种离子是否能分别滴定，然后依次两两考虑。

想一想

溶液中 Fe^{3+}、Al^{3+} 浓度均为 $0.1\mathrm{mol\cdot L^{-1}}$，能否控制溶液酸度用 EDTA 滴定 Fe^{3+}？

当被测金属离子与干扰离子的配合物的稳定性相差不大，即不能满足两种金属离子分别滴定的判别式时，可以通过其他方法提高滴定的选择性。

2. 掩蔽

常用的掩蔽法有配位掩蔽法、沉淀掩蔽法和氧化还原掩蔽法等，其中以配位掩蔽法最常用。

(1) 利用某种配位剂与干扰离子形成稳定的配合物，从而消除干扰的掩蔽方法称为配位掩蔽法，其中配位剂又称为掩蔽剂。

例如，pH=10 时，用 EDTA 滴定法测定同时含有 Mg^{2+} 和 Zn^{2+} 两种金属离子的待测样品溶液中的 Mg^{2+} 时，Zn^{2+} 的存在会干扰滴定，若加入 KCN，KCN 可与 Zn^{2+} 形成稳定配离子，KCN 即为掩蔽剂，Zn^{2+} 被其掩蔽，从而消除了 Zn^{2+} 对 EDTA 滴定 Mg^{2+} 的干扰。

又如，用 EDTA 滴定水中的 Ca^{2+}、Mg^{2+} 的含量，以测定水的硬度时，Fe^{3+} 和 Al^{3+} 的存在就会干扰滴定，消除 Fe^{3+} 和 Al^{3+} 干扰可用三乙醇胺掩蔽。

一些常用的掩蔽剂和被掩蔽的金属离子如表 9-10 所示。

表 9-10　常用的掩蔽剂和被掩蔽的金属离子

掩蔽剂	pH 值	被掩蔽离子
KCN	>8.0	Ag^{+}、Cu^{2+}、Zn^{2+}、Co^{2+}、Hg^{2+} 等
NH_4F	4～6	Al^{3+}、Sn^{4+}、W^{6+} 等

续表

掩蔽剂	pH值	被掩蔽离子
三乙醇胺	10	Al^{3+}、Fe^{3+}、Sn^{4+}等
酒石酸	5.5	Fe^{3+}、Al^{3+}、Sn^{4+}、Ca^{2+}

注意：掩蔽剂适用的pH值范围应与配位滴定的pH值范围一致。

(2) 沉淀掩蔽法　利用某一沉淀剂与干扰离子生成难溶性沉淀，降低干扰离子浓度，使得EDTA可以在不分离沉淀的条件下直接滴定被测离子的方法称为沉淀掩蔽法。

例如，在pH=10时，用EDTA滴定法测定同时含有Mg^{2+}和Ca^{2+}两种金属离子的待测样品溶液中的Ca^{2+}含量时，Mg^{2+}也会被滴定，即Mg^{2+}会干扰滴定，这时若加入NaOH，使溶液pH>12，则使Mg^{2+}形成$Mg(OH)_2$沉淀，在不分离沉淀的条件下，EDTA可直接测定Ca^{2+}，而不受Mg^{2+}的干扰。

(3) 氧化还原掩蔽法　当某种价态的共存离子对滴定有干扰时，利用氧化还原反应改变干扰离子的价态，消除对被测离子的干扰的方法称为氧化还原掩蔽法。

例如，在用EDTA滴定Hg^{2+}、Bi^{3+}、Sn^{4+}、Th^{4+}等离子时，若有Fe^{3+}存在，就会干扰滴定，若加入盐酸羟胺或抗坏血酸，将Fe^{3+}还原为Fe^{2+}，而Fe^{2+}与EDTA形成的配合物稳定性比Fe^{3+}的EDTA形成的配合物稳定性差，Fe^{2+}的存在不会干扰滴定，因而可消除Fe^{3+}的滴定干扰。

3. 解蔽

将干扰离子掩蔽以滴定被测离子后，再加入一种试剂，使已被掩蔽剂配位的干扰离子重新释放出来，这种作用称为解蔽，所用试剂称为解蔽剂。

例如，测定铜合金中的Zn^{2+}、Pb^{2+}时，可在氨性溶液中用KCN掩蔽Cu^{2+}和Zn^{2+}，在pH=10时，以铬黑T作指示剂，用EDTA测定Pb^{2+}的含量，在完成Pb^{2+}含量的测定后，在滴定溶液中加入甲醛或三氯乙醛，则$Zn(CN)_4^{2-}$被破坏而释放出来Zn^{2+}，即解蔽被掩蔽的Zn^{2+}，然后用EDTA滴定释放出来的Zn^{2+}，即可测定Zn^{2+}的含量。

除此之外，还可以采用预先分离和其他配价剂的方法提高配位滴定的选择性。

第五节　金属指示剂

一、金属指示剂的作用原理

配位滴定指示终点的方法很多，其中最重要的是使用金属指示剂确定终点。在配位滴定中，利用一种能与金属离子生成有色配合物的显色剂来指示滴定终点，这种显色剂称为金属离子指示剂，简称金属指示剂。金属指示剂是一种有机染料，一定条件下能与被滴定的金属离子形成与指示剂本身颜色不同的有色配合物。

滴定剂加入之前，待测溶液显示出指示剂配合物的颜色，随着滴定剂EDTA的加入，游离金属离子逐渐被配位，当达到反应的化学计量点时，EDTA从指示剂配合物中夺取金属离子，使指示剂In游离出来，滴定体系的颜色就从指示剂配合物的颜色变为指示剂本身颜色，从而指示终点达到。若金属指示剂用In表示，待测金属离子用M表示，EDTA用Y表示，则反应过程如下：

滴定剂加入之前：

$$\underset{\substack{\text{指示剂本身颜色}\\(\text{甲色})}}{\mathrm{In}} + \mathrm{M} \rightleftharpoons \underset{\substack{\text{指示剂配合物颜色}\\(\text{乙色})}}{\mathrm{MIn}}$$

当达到反应的化学计量点时：

$$\underset{\text{乙色}}{MIn} + Y \rightleftharpoons MY + \underset{\text{甲色}}{In}$$

二、金属指示剂应具备的条件

能与金属离子生成有色化合物的显色剂很多，但是能够充当配位滴定指示剂，准确指示配位滴定终点的却不多，因为合格的金属指示剂必须具备以下条件：

(1) 在配位滴定体系选定的pH值范围内，金属指示剂与待测定金属离子生成有色配合物MIn的颜色必须与游离态的金属指示剂In本身的颜色明显不同；在滴定终点时滴定体系有明显的颜色变化，易于判断滴定终点。

例如，二甲酚橙为紫色的晶体，是一种七元有机弱酸，易溶于水，溶于水后有七级酸式离解，在其七级酸式离解产物中有两种不同的颜色，在pH<6.3时，形成的酸式离解产物为H_7In～H_3In^{4-}，H_7In～H_3In^{4-}都是黄色，在pH>6.3时，形成的酸式离解产物为H_2In^{5-}～In^{7-}，H_2In^{5-}～In^{7-}都是红色，酸式离解过程如下：

$$\underset{\substack{\text{黄色} \\ pH<6.3}}{H_3In^{4-}} \rightleftharpoons H^+ + \underset{\substack{\text{红色} \\ pH>6.3}}{H_2In^{5-}}$$

而二甲酚橙与金属离子生成的配合物也都是红色的，所以二甲酚橙只能够用于pH<6.3的配位滴定的终点指示。

(2) 金属指示剂与待测定金属离子生成有色配合物的显色反应必须灵敏、迅速，并且有很好的变色可逆性。

(3) 金属指示剂与待测定金属离子生成的有色配合物MIn必须要有足够的稳定性，而MIn的稳定性还必须比EDTA与金属离子生成的配合物MY的稳定性低。若MIn过于稳定，在配位滴定计量点附近，EDTA就不能从MIn中夺取金属离子M，使得滴定终点推迟，甚至得不到滴定终点。但若MIn稳定性不够，在配位滴定计量点之前，EDTA会过早地从MIn中夺取金属离子M，使得滴定终点提前出现，也无法保障滴定准确度。MIn的稳定性要满足的条件是：

$$\lg K'_{MY} - \lg K'_{MIn} \geqslant 2\text{；并且 } \lg K'_{MIn} \geqslant 2$$

(4) 金属指示剂封闭现象　如果滴定体系中存在干扰离子N，并且能够与金属指示剂形成很稳定的配合物NIn，在化学计量点附近，即使加入了过量的EDTA，也不能出现颜色改变的现象称为指示剂的封闭。金属指示剂必须消除封闭现象才能准确指示配位滴定终点。

例如，水的总硬度测定时，控制pH=10，使用铬黑T作为指示剂，如溶液中存在Al^{3+}、Fe^{3+}等离子，在化学计量点附近，即使加入了过量的EDTA，铬黑T也不会改变颜色，无法指示滴定终点，即铬黑T出现封闭现象。

金属指示剂封闭现象的解决方法是加入掩蔽剂，使干扰离子生成更稳定的配合物，在上例中加入三乙醇胺，就可以消除Al^{3+}、Fe^{3+}的干扰，但是如果干扰离子量太大，则需要分离除去干扰离子。

(5) 金属指示剂僵化现象　金属指示剂与金属离子生成有色配合物MIn必须易溶于水，如果溶解度太小，使得滴定剂Y与金属指示剂配合物MIn置换反应缓慢，导致配位滴定终点滞后，这种现象称为指示剂僵化。在实际滴定测定中必须防止金属指示剂发生僵化现象，才能准确指示滴定终点。

防止金属指示剂僵化现象的方法是加热或加入有机溶剂，增大其溶解度，可防止金属指示剂发生僵化，另外，在接近计量点时，放慢滴定速度，并且剧烈振荡，也可降低金属指示剂僵化的程度。

例如，防止金属指示剂PAN发生僵化的方法是加入乙醇或加热滴定液，即可准确指示配位滴定终点。

(6) 金属指示剂的氧化现象　金属指示剂必须性质稳定，便于储藏和使用。金属指示剂多为含有双键的有色化合物，在水溶液中不稳定，易被氧化剂分解，若指示剂在指示滴定终点时已经发生变质，也会导致滴定终点滞后，甚至不出现滴定终点的现象，因此，在实际滴定过程中也必须防止指示剂的分解变质，解决方法是加入适量的还原剂混合使用，以增加其稳定性，防止指示剂的分解变质。

例如，配制铬黑 T 时，常加入适量的还原剂或配成三乙醇胺溶液后再使用。再如，钙指示剂常与固体 KCl 或 NaCl 混匀使用，以增加其稳定性。

三、常用金属指示剂

常用的金属指示剂的名称、简称、适应的 pH 范围、本身颜色、配合物颜色、配制方法、可直接测定的金属离子以及使用的注意事项，见表 9-11。

表 9-11　常用的金属指示剂

指示剂	适应的 pH 值范围	颜色变化		可直接测定 的离子	配制方法	注意事项
		In	MIn			
铬黑 T 简称 BT 或 EBT	8～10	蓝	红	pH=10，Mg^{2+}、Zn^{2+}、Cd^{2+}、Pb^{2+}、Mn^{2+}、稀土元素离子	1∶100NaCl （固体）	Fe^{3+}、Al^{3+}、Cu^{2+}、Ni^{2+} 等离子封闭 EBT
二甲酚橙 简称 XO	<6	亮黄	红	pH<1，ZrO^{2+} pH=1～3.5，Bi^{3+}、Tb^{4+} pH=5～6，Tl^{3+}、Zn^{2+}、Pb^{2+}、Cd^{2+}、Hg^{2+}、稀土元素离子	5%水溶液	Fe^{3+}、Al^{3+}、Ti^{4+}、Ni^{2+} 等离子封闭 XO
磺基水杨酸简称 ssal	1.5～2.5	无色	紫红	pH=1.5～2.5，Fe^{3+}	5%水溶液	ssal 本身无色，FeY^- 呈黄色
钙指示剂 简称 NN	12～13	蓝	红	pH=12～13，Ca^{2+}	1∶100NaCl （固体）	Fe^{3+}、Al^{3+}、Cu^{2+}、Ni^{2+}、Ti^{4+}、Co^{2+}、Mn^{2+} 等离子封闭 NN
PAN	2～12	黄	紫红	pH=2～3，Th^{4+}、Bi^{3+} pH=4～5，Cu^{2+}、Ni^{2+}、Pb^{2+}、Cd^{2+}、Zn^{2+}、Mn^{2+}、Fe^{2+}	0.1%乙醇溶液	Min 在水中溶解度小，为防止 PAN 僵化，滴定时须加热

以上金属指示剂在实际配位滴定中应用较多的指示剂是铬黑 T 和二甲酚橙。

金属指示剂的选择与使用条件都比较苛刻，不仅要考虑金属指示剂使用的 pH 适应范围必须与配位滴定所要求的 pH 范围匹配，还要防止金属指示剂发生封闭、僵化与氧化现象。实际配位滴定工作中，大多采用实验方法来确定金属指示剂，先试验颜色变化的敏锐性，然后检查滴定结果的准确度。

第六节　配位滴定法的应用

一、EDTA 标准滴定溶液的制备

EDTA 标准溶液可用 EDTA 二钠盐（$Na_2H_2Y_2H_2O$）直接配制，具体配制方法是：在 120℃下烘干 EDTA 二钠盐至恒重，在干燥器中冷却至室温，然后用分析天平准确称取，在容量瓶中定容。但是蒸馏水中一般含有少量金属离子，故在实际操作中 EDTA 标准溶液最好用标定法间接配制。

标定 EDTA 的基准物质有很多：Zn、Cu、Bi、$CaCO_3$、MgO、$MgSO_4 \cdot 7H_2O$ 等，如表 9-12 所示。在实际操作中一般以标定条件与待测定的条件一致为原则选择标定 EDTA 的基准物质，这样可以减少方法误差，提高 EDTA 法测定的准确度。

表 9-12　常用标定 EDTA 的基准物质

<table>
<tr><th rowspan="2">基准试剂</th><th rowspan="2">处理方法</th><th colspan="2">滴定条件</th><th rowspan="2">终点颜色变化</th></tr>
<tr><th>pH 值范围</th><th>指示剂</th></tr>
<tr><td>Cu</td><td>1∶1HNO$_3$溶解，加 H$_2$SO$_4$蒸发，除去 NO$_2$</td><td>4.3
(HAc-NaAc)</td><td>PAN</td><td>红→黄绿</td></tr>
<tr><td>Pb</td><td>1∶1HNO$_3$溶解，加热，除去 NO$_2$</td><td rowspan="2">(NH$_3$-NH$_4$Cl)
5～6
(六亚甲基四胺)</td><td rowspan="2">铬黑 T
二甲酚橙</td><td>红→蓝</td></tr>
<tr><td>Zn</td><td rowspan="3">1∶1HNO$_3$溶解</td><td>红→黄</td></tr>
<tr><td>CaCO$_3$</td><td>>12
(KOH)</td><td>钙指示剂</td><td>酒红→蓝</td></tr>
<tr><td>MgO</td><td>10
(NH$_3$-NH$_4$Cl)</td><td>铬黑 T</td><td>红→蓝</td></tr>
</table>

注意：由于 EDTA 可与 Ca^{2+} 反应，形成稳定配合物，而软质玻璃瓶中含有可被 EDTA 溶解的 Ca^{2+}，因此 EDTA 标准溶液不能储存在软质玻璃瓶中，否则其浓度会降低，EDTA 标准溶液应储存在聚乙烯塑料瓶中或硬度玻璃瓶中。

二、配位滴定方式

周期表中大多数元素都能用配位滴定法测定。配位滴定方式可以采用直接滴定、间接滴定、返滴定、置换滴定四种方式，采用适当的滴定方式，不仅可以扩大配位滴定的应用，也可以提高配位滴定的选择性。

1. 直接滴定

在适当条件下，直接用 EDTA 标准溶液测定被测金属离子的方法即为直接滴定方式，直接滴定法方便快捷，引入误差较小，这是 EDTA 法最常用的基本方法，采用直接滴定法必须满足配位滴定的基本条件，并且要求配位反应速度快；在选用的滴定条件下，被测离子不发生水解和沉淀等副反应。可用直接滴定方式测定的金属离子有：Ba^{2+}、Zn^{2+}、Ca^{2+}、Mg^{2+}、Fe^{2+}、Fe^{3+}、Cu^{2+}、Pb^{2+}、Mn^{2+}、Co^{2+}、Cd^{2+}、Ni^{2+} 和 Th^{4+}。

例如，用 EDTA 法测定水的总硬度，可以采用直接滴定的方式，利用氨缓冲溶液调节滴定溶液 pH，在 pH=10 时，加入铬黑 T 作指示剂，用 EDTA 标准溶液直接滴定待测样品，至溶液呈现浅蓝色即为终点，利用 EDTA 标准溶液的浓度 c 与滴定消耗的体积 V 即可求出水的总硬度。

2. 返滴定法

如果出现待测金属离子与 EDTA 反应速度慢，在滴定条件下被测离子发生副反应，缺乏合适的指示剂或出现指示剂封闭等情况，不能采用直接滴定法，在这些情况下则采用返滴定法。返滴定法就是在待测液中加入定量过量的 EDTA 标准溶液，再用另一种金属盐类溶液滴定过量的 EDTA，待测物质的含量即为加入 EDTA 标准溶液的总量减去过量的 EDTA 的量。

例如，Al^{3+} 与 EDTA 的配位反应速度缓慢，且对二甲酚橙等指示剂有封闭作用，不能用直接滴定法测定 Al^{3+}，因此，在测 Al^{3+} 时，先调滴定体系 pH 值，使得 pH≈3.5，在滴定溶液中加入定量过量的 EDTA 标准溶液，加热使 Al^{3+} 与 EDTA 充分反应，待反应完全后，调 pH＝5～6，再加入二甲酚橙作指示剂，用 Zn^{2+} 标准溶液返滴定过量的 EDTA，Al^{3+} 的含量即为加入 EDTA 的总量减去与 Zn^{2+} 标准溶液反应的 EDTA 的量。常用返滴定方式测定的金属离子、返滴定剂和滴定条件如表 9-13 所示。

表 9-13 常用的返滴定剂和滴定条件

待测金属离子	pH 值范围	返滴定剂	指示剂	终点颜色变化
Al^{3+}、Ni^{2+}	5～6	Zn^{2+}	二甲酚橙	黄→紫红
Al^{3+}	5～6	Cu^{2+}	PAN	黄→蓝紫(或紫红)
Fe^{2+}	9	Zn^{2+}	铬黑 T	蓝→红
Hg^{2+}	10	Mg^{2+}、Zn^{2+}	铬黑 T	蓝→红
Sn^{2+}	2	Th^{4+}	二甲酚橙	蓝→红

3. 置换滴定法

当待测金属离子不适合用 EDTA 直接滴定时，有时会采用置换滴定法进行测定。置换滴定法就是利用置换反应，把待测金属离子置换成等物质的量的另一金属离子，或置换出 EDTA，然后滴定被置换出的金属离子，从而推测出待测金属离子的量的方法。配位滴定中的置换滴定法主要有：

(1) 置换出金属离子 如果待测金属离子 M 与 EDTA 反应不完全，形成的配合物不稳定，而金属离子 N 与 EDTA 反应完全，形成的配合物稳定，可以用直接滴定法进行滴定，若 M 可置换出另一配合物 NL 中的 N，则可采用置换滴定法，将 M 置换出等物质的量的 N，再用 EDTA 直接滴定 N，从而推测出待测金属离子 M 的含量，M 的含量即为滴定 N 所消耗的 EDTA 的量。反应过程如下：

$$M + NL \longrightarrow ML + N$$
$$N + Y \longrightarrow NY$$

例如，EDTA 法测 Ag^+ 就是采用置换滴定法，在待测溶液里加入 $Ni(CN)_4^{2-}$，置换出 Ni^{2+}，再用氨性缓冲溶液调 pH＝10，紫脲酸铵作指示剂，用 EDTA 滴定 Ni，即可测定 Ag^+ 的含量。反应过程如下：

$$2Ag^+ + Ni(CN)_4^{2-} \rightleftharpoons 2Ag(CN)_2^- + Ni^{2+}$$

(2) 置换出 EDTA 除了将金属离子 M 置换成金属离子 N 进行滴定以外，置换滴定法还有另一种形式，即置换出 EDTA，先将待测离子 M 与干扰离子全部用 EDTA 配位，配位完成后再加入选择性高的配位剂 L，以夺取 M 释放出 EDTA，再用另一种金属离子 N 标准溶液滴定被释放出 EDTA，金属离子 M 的物质的量与被释放出 EDTA 的物质的量相同，从而测定出金属离子 M 的含量。反应过程如下：

$$M + Y \longrightarrow MY$$
$$MY + L \longrightarrow ML + Y$$
$$N + Y \longrightarrow NY$$

例如，测定合金中的 Sn^{2+} 含量时，先在预处理后的待测溶液中加入过量的 EDTA，将可能存在的 Pb^{2+}、Zn^{2+}、Cd^{2+} 等，与 Sn^{4+} 一起配位，生成配合物 PbY、ZnY、CdY 与 SnY，配位完成后，再用 Zn^{2+} 标准溶液滴定剩余的 EDTA，以除去过量的 EDTA，然后再加入选择性强的 NaF，加热，溶液中的 SnY 会与 NaF 反应，把 SnY 中的 Y 释放出来，待置换出 EDTA 的反应完成后，将溶液冷却至室温，再用 Zn^{2+} 标准溶液滴定置换出的 EDTA，可测定 Sn^{2+} 的含量。

4. 间接滴定法

被测定组分不能与标准溶液直接反应时，将试样通过一定的反应后得到某种可被滴定的组分，再用适当的标准溶液滴定反应物，这种滴定方式称为间接滴定法。在配位滴定法中有些金属离子和非金属离子，例如，Li^+、Na^+、K^+、SO_4^{2-}、PO_4^{3-}、CN^-、Cl^- 等，不能和 EDTA 发生配位反应或与 EDTA 生成的配合物不稳定，可以采用间接滴定法测定。

例如，测定 PO_4^{3-} 时，PO_4^{3-} 不与 EDTA 进行配位反应，可采用间接滴定法测定 PO_4^{3-} 的含量，即在一定条件下将 PO_4^{3-} 沉淀为 $MgNH_4PO_4 \cdot 6H_2O$，过滤并洗涤沉淀，将洗涤后的沉淀溶解，调节 pH=10，以铬黑 T 为指示剂，用 EDTA 滴定沉淀溶解后生成的 Mg^{2+}，由测定的 Mg^{2+} 的物质的量间接推算 PO_4^{3-} 的量。

三、应用示例

采用 EDTA 滴定法测定铝的含量时，很多金属离子都干扰 Al 的测定，可根据实际情况采取适当措施消除干扰。

比如，测定合金、硅酸盐、水泥和炉渣等复杂试样中铝含量时，往往采用置换滴定法，以提高选择性，即滴定溶液中加入定量过量的 EDTA，配合反应完全后，再用 Zn^{2+} 标准溶液返滴定过量的 EDTA，除去过量的 EDTA 后，再加入过量的 NH_4F，加热至沸，此时 Al^{3+} 与 EDTA形成的配合物 AlY^- 与 F^- 之间可发生置换反应，释放出 EDTA，再用 Zn^{2+} 标准溶液滴定释放出来的 EDTA，Al^{3+} 的物质的量与释放出来的 EDTA 的物质的量相等，即可求得铝的含量。置换反应如下：

$$AlY^- + 6F^- + 2H^+ \rightleftharpoons AlF_6^{3-} + H_2Y^{2-}$$

采用 EDTA 滴定法测定铝含量也常用返滴定法，但是用返滴定法测定铝时所有能与 EDTA 形成稳定络合物的离子都干扰测定，而且还有其他干扰因素，滴定的选择性较差。

比如，用 EDTA 滴定法测定明矾 $KAl(SO_4)_2 \cdot 12H_2O$ 中 Al^{3+} 含量，由于 Al^{3+} 在水溶液中易形成一系列多核羟基络合物，这些多核羟基络合物与 EDTA 络合缓慢，且 Al^{3+} 对滴定指示剂二甲酚橙指示剂有封闭作用，故通常采用返滴定方式进行测定。

滴定反应方程为：

$$Al^{3+} + Y \rightleftharpoons AlY^-$$

$$Zn^{2+} + Y \rightleftharpoons ZnY$$

具体操作步骤如下：

1. 配制 0.02mo1 · L^{-1} EDTA 标准溶液

称取已烘干的 $Na_2H_2Y \cdot 2H_2O$ 1.6g，置于 250mL 烧杯中，加蒸馏水溶解，加入约 0.02g 的氯化镁，待溶解稀释至 200mL，然后转移至试剂瓶中，摇匀备用。

2. 配制 0.02mol · L^{-1} Zn 标准溶液

用分析天平准确称取基准物质 Zn 试剂 0.3～0.4g 于小烧杯中，盖上表面皿，沿杯嘴滴加 1∶1 HCl 溶液，至 Zn 试剂完全溶解后，用少量蒸馏水淋洗表面皿和烧杯内壁，然后将小烧杯中的溶解液全部转移至 250mL 容量瓶，定容、摇匀、计算浓度，贴上标签备用。

$$c(Zn^{2+}) = \frac{m(Zn)}{M(Zn) \times \frac{250}{1000}}$$

式中　$c(Zn^{2+})$——Zn 标准溶液的浓度，mol · L^{-1}；

$m(Zn)$——用分析天平准确称取基准物质 Zn 试剂的质量，g；

$M(Zn)$——Zn 试剂的摩尔质量，g · mol^{-1}。

3. 标定 EDTA 标准溶液

用 25.00mL 移液管准确移取 25.00mL Zn 标准溶液于洁净的锥形瓶中，加 2 滴二甲酚橙指示剂，滴加 20%六亚甲基四胺溶液至溶液呈现稳定的紫红色后，再多加 5mL 六亚甲基四胺，用 $0.02mol \cdot L^{-1}$ EDTA 标准溶液滴定，当锥形瓶中的溶液由紫红色恰好转变为黄色时即为终点，平行测定三次。计算 EDTA 标准溶液的准确浓度。

$$c(EDTA)=\frac{c(Zn)\times 25.00}{V(EDTA)}$$

式中 $c(EDTA)$——EDTA 标准溶液的准确浓度，$mol \cdot L^{-1}$；

$c(Zn)$——Zn 标准溶液的浓度，$mol \cdot L^{-1}$；

$V(EDTA)$——标定 EDTA 标准溶液时使用的 Zn 标准溶液的体积，mL。

4. 测定明矾试样中铝的含量

准确称取明矾试样 0.15～0.2g 置于洁净的锥形瓶中，加 25mL 蒸馏水溶解，用 25.00mL 移液管准确移取 $0.02mol \cdot L^{-1}$ EDTA 标准溶液 25.00mL 加于上述样品溶液中，调节溶液 pH 值为 3～4，在电热板上加热至沸，持续煮沸 3min，使 Al^{3+} 与 EDTA 配位反应完全，然后冷却至室温，注意，明矾因溶解缓慢，溶液会显浑浊，在加入过量 EDTA 并加热后，即可溶解，不会影响滴定。继续在锥形瓶中加入六亚甲基四胺 5mL，调节溶液 pH＝5～6，再加入二甲酚橙指示剂 3～4 滴，用 Zn 标准溶液返滴定至溶液由黄色变为橙色，即为终点，平行测定三次。计算明矾中铝的含量。注意：pH＜6 时，游离的二甲酚橙呈黄色，滴定至 Zn^{2+} 稍微过量时，Zn^{2+} 与部分二甲酚橙生成紫红色配合物，黄色与紫红色混合呈橙色，故终点颜色为橙色。

$$w(Al^{3+})=\frac{c(EDTA)\times 25.00-c(Zn)\times V(Zn^{2+})}{1000\times m(\text{明矾试样})}\times M(Al)\times 100\%$$

式中 $w(Al^{3+})$——明矾试样中铝的百分含量；

$c(EDTA)$——EDTA 标准溶液的准确浓度，$mol \cdot L^{-1}$；

$c(Zn)$——Zn 标准溶液的浓度，$mol \cdot L^{-1}$；

$V(Zn^{2+})$——测定明矾试样中铝的含量时消耗的 Zn 标准溶液的体积，mL；

$M(Al)$——Al 的摩尔质量，$g \cdot mol^{-1}$；

m（明矾试样）——待测物质明矾的质量，g。

【例 9-4】 试拟定分析方案测定 Zn^{2+} 和 Mg^{2+} 混合液中，Zn^{2+} 和 Mg^{2+} 的含量分别是多少？要求指出滴定剂、酸度、指示剂及所需其他试剂。

$$\lg K_{Zn^{2+}Y}=16.50\gg 8, \lg K_{Mg^{2+}Y}=8.64\gg 8$$

$$\Delta \lg K_{MY}=16.50-8.64=7.86\gg 5$$

控制酸度分别滴定两种金属离子的条件是：

$$\lg c(M)K_{MY}-\lg c(N)K_{NY}\geqslant 5, \text{且} \lg K_{MY}\geqslant 8$$

∴可以在不同的 pH 介质中分别滴定，根据酸效应曲线设计以下分析方案：

测 Zn^{2+}：在 pH＝5～6 的六亚二甲基四胺缓冲体系中，以二甲酚橙为指示剂，以 $0.01mol \cdot L^{-1}$ EDTA 滴定至溶液从红色变为亮黄。

测 Mg^{2+}：在上述溶液中加入 pH＝10 的氨性缓冲体系中，以为铬黑 T 指示剂，以 $0.01mol \cdot L^{-1}$ EDTA 滴定至溶液从红色变为蓝色。

想一想

试拟定分析方案测定含有 Fe^{3+} 的试液中 Bi^{3+} 的含量是多少？ 要求指出滴定剂、酸度、指示剂及所需其他试剂。

配位化合物在医学药学中的应用

配位化合物是一类广泛存在、组成较为复杂、在理论和应用上都十分重要的化合物。目前对配位化合物的研究已远远超出了无机化学的范畴，它涉及有机化学、分析化学、生物化学、催化动力学、电化学、量子化学等一系列学科。随着科学的发展，在生物学和无机化学的边缘已形成了一门新型的学科——生物无机化学。新学科的发展表明配位化合物在生命过程中起着重要的作用。

1. 配位化合物在生物体中的重要意义

生物体内结合酶都是金属螯合物，生命的基本特征之一是新陈代谢，生物体在新陈代谢过程中，几乎所有的化学反应都是在酶的作用下进行的，故酶是一种生物催化剂。目前发现的2000多种酶中，很多是一个或几个微量的金属离子与生物高分子结合成的稳定配合物。若失去金属离子，酶的活性就丧失或下降，若获得金属离子，酶的活性就恢复，例如，锌、铜、硒。

生物体内的锌参与许多酶的组成，使酶表现出活性，近年报道含锌酶已增加到200多种。生物体内重要代谢物的合成和降解都需要锌酶的参与，可以说锌涉及生命全过程。如，DNA聚合酶、RNA合成酶、碱性磷酸酶、碳酸酐酶、超氧化物歧化酶等，这些酶能促进生长发育，促进细胞正常分化和发育，促进食欲。当人体中的锌缺乏时，各种含锌酶的活性降低，胱氨酸、亮胱氨酸、赖氨酸的代谢紊乱，谷胱甘肽、DNA、RNA的合成含量减少，结缔组织蛋白的合成受到干扰，肠黏液蛋白内氨基酸己糖的含量下降，可导致生长迟缓、食欲缺乏、贫血、肝脾肿大、免疫功能下降等不良后果。

铜在机体中的含量仅次于铁和锌，是许多金属酶的辅助因子，如细胞色素氧化酶、超氧化物歧化酶、酪氨酸酶、尿酸酶、铁氧化酶、赖氨酰氧化酶、单胺氧化酶、双胺氧化酶等。铜是酪氨酸酶的催化中心，每个酶分子中配有2个铜离子，当缺乏铜时酪氨酸酶形成困难，无法催化酪氨酸酶转化为多巴氨氧化酶从而形成黑色素。缺铜患者黑色素形成不足，造成毛发脱色症。缺铜也是引起白癜风的主要原因。

硒是构成谷胱甘肽过氧化物酶的组成成分，参与辅酶Q和辅酶A的合成，谷胱甘肽过氧化物酶能催化还原谷胱甘肽，使其变为氧化型谷胱甘肽，同时使有毒的过氧化物还原成无害、无毒的羟基化合物，使H_2O_2分解，保护细胞膜的结构及功能不受氧化物的损害。硒的配合物能保护心血管和心脏的功能处于正常状态。缺硒可引起白肌病、克山病和大骨节病。

另外，生物体内许多蛋白质是金属螯合物。例如，铁在生物体内含量最高，是血红蛋白和肌红蛋白组成成分（在体内参与氧的储存运输，维持正常的生长、发育和免疫功能）。铁在血红蛋白、肌红蛋白和细胞色素分子中都以铁与原卟啉环形成配合物的形式存在。血红蛋白中的亚铁血红素的结构特征是血红蛋白与氧合血红蛋白之间存在着可逆平衡，血红蛋白起到氧的载体作用。另一类铁与含硫配位体键合的蛋白质称为铁硫蛋白，也称非血红蛋白。所有铁硫蛋白中的铁都是可变价态。所以铁的主要功能是电子传递体，它们参与生物体的各种氧化还原作用。锰以Mn^{3+}的形式存在于输锰蛋白质中，大部分以结合态的金属蛋白质存在于肌肉、骨骼、肝脏和血液中，主要参与造血过程，影响血的运输和代谢。

2. 配位化合物在药学方面的应用

金属配合物作为药物提高药效。例如，人们发现芦丁对癌细胞无杀伤作用，$CuSO_4$液对癌细胞仅有轻微杀伤作用，但芦丁铜（Ⅱ）配合物对癌细胞杀伤作用却很强。对黄芩苷金属配合物的研究表明，黄芩苷锌的抗炎、抗变态反应作用均强于黄芩苷。

有些具有治疗作用的金属离子因其毒性大、刺激性强、难吸收性等缺点而不能直接在临床上应用。但若把它们变成配位化合物就能降低毒性和刺激性，利于吸收，例如柠檬酸铁配合物可以治疗缺铁性贫血；酒石酸锑钾不仅可以治疗糖尿病，而且和维生素 B_{12} 等含钴螯合物一样可于治疗血吸虫病；博莱霉素自身并无明显的亲肿瘤性，与钴离子配合后则活性增强；阿霉素的铜、铁配合物较之阿霉素更易被小肠吸收，并透入细胞。二氯二羟基二（异丙胺）合铂（Ⅳ）、环丁烷 1,1-二羧二氨合铂（Ⅱ）、二卤茂金属等，副作用小，疗效更显著。

配位体作为螯合药物——解毒剂在生物体内的有毒金属离子和有机毒物不同，因为它们不能被器官转化或分解为无毒的物质。有些作为配位体的螯合剂能有选择地与有毒的金属或类金属（如砷汞）形成水溶性螯合物，经肾排出而解毒。因此，此类螯合剂称为解毒剂。例如，D-青霉胺、半胱霉酸、金精三羧酸在机体内可分别结合 Ca^{2+}、Ba^{2+}，形成水溶性配合物排出体外。2,3-二巯基丙醇可从机体内排除汞、金、镉、铅、锇、锑、砷等离子。EDTA 是分析化学中应用很广的配合滴定剂，在机体内可排出钙、铅、铜、铝、金离子，其中最为有效的是治疗血钙过多和职业性铅中毒，例如，Ca-EDTA 治疗铅中毒，是利用其稳定性小于 Pb-EDTA，Ca-EDTA 中的 Ca 可被 Pb 取代而成为无毒的、可溶性的 Pb-EDTA 配合物经。

配合物作抗凝血剂和抑菌剂在血液中加少量 EDTA 或枸橼酸钠，可螯合血液中的 Ca^{2+}，防止血液凝固，有利于血液的保存。另外，因为螯合物能与细菌生长所必需的金属离子结合成稳定的配合物，使细菌不能赖以生存，故常用 EDTA 作抑菌剂配合金属离子，防止生物碱、维生素、肾上腺素等药物被细菌破坏而变质。

配合物在临床检验中的应用是利用配合物反应生成具有某种特殊颜色的配离子，根据不同颜色的深浅可进行定性和定量分析。例如，测定尿中铅的含量，常用二硫腙与 Pb^{2+} 生成红色螯合物，然后进行比色分析。而 Fe^{3+} 可用硫氰酸盐和其生成血红色配合物来检验。再如，检验人体是否有机汞农药中毒，取检液经酸化后，加入二苯胺基脲醇清液，若出现紫色或蓝紫配合物，即证有汞离了存在。

本章小结

1. 基本概念

中心原子、配体、配位数、内界、外界、稳定常数、不稳定常数、逐级稳定常数、条件稳定常数。

中心原子：接受电子的成键原子，被称为中心原子，或中心离子。

配体：提供两个成键电子的原子，被称为配位原子；含有配位原子的分子或离子，被称为配体，或配位体，或配位基。

配位数：配位化合物中中心原子与周围的配体之间形成的配位键的个数，称为配位数。

内界：配位化合物中含有配位键的部分被称为内界。

外界；配位化合物中不含有配位键的部分，被称为外界。

稳定常数：配位平衡的平衡常数称为配离子的稳定常数，用符号 $K_{稳}$ 表示，也可用符号 K_f 表示，$K_{稳}$ 同其他化学平衡常数一样，只受到温度影响，与浓度等其他因素无关。

逐级稳定常数：实际上，在溶液中中心原子与配体的配合反应是分步进行的，每一步都有一个稳定常数，又称为逐级稳定常数。

条件稳定常数：在实际的配位滴定反应中，由于副反应的存在，稳定常数 K_{MY} 值已不能反映主反应进行的程度，因此，引入条件稳定常数表示有副反应发生时主反应进行的程度。条件稳定常数用符号 K'_{MY} 表示。

2. 配位平衡的影响因素，配位平衡常数的应用

配位平衡是化学平衡的一种类型，当外界条件改变时，配位平衡也会和其他的化学平衡一样发生平衡移动，直至达到一个新的平衡。配位平衡会受到溶液中各成分的浓度的改变、溶液的酸碱性、沉淀反应、氧化还原反应等条件的影响。

配离子的稳定常数可以用于计算配合物体系中各组分的浓度。

3. EDTA 与金属离子形成的配合物的特点，EDTA 的配位能力与酸度的关系，EDTA 的配制方法，影响 EDTA 与金属离子配合物稳定性的因数

EDTA 滴定法应用很广泛，因为 EDTA 与金属离子形成的配合物还具有这样的特点：广谱性，螯合比简单恒定，生成的螯合物稳定性高，生成的螯合物溶解性好，配位反应速度快、生成的螯合物多为无色螯合物。

乙二胺四乙酸在水溶液中的存在形式会随酸度不同而不同，pH 值越高，EDTA 的配位能力越强。

影响 EDTA 与金属离子配合物稳定性的因数有：主反应与副反应、酸效应、配位效应。

4. 配位滴定法的滴定曲线，影响滴定突跃的因素，准确配位滴定的条件，酸效应曲线的应用，指示剂，提高配位滴定选择性的方法

配位滴定曲线是反映滴定过程中随着滴定剂的加入，金属离子浓度变化规律的曲线。

影响滴定突跃的因素有 K'_{MY} 和 $c(M)$，另外 pH 值的大小可影响 K'_{MY}，从而间接影响滴定突跃范围的大小。

当金属离子的浓度 $c(M)$ 一定时，配合物的条件稳定常数 K'_{MY} 影响的主要是滴定突跃范围的上限，即 $\lg K'_{MY}$ 越大，突跃范围的上限越高，突跃范围越大，反之亦然。

在配位滴定中，被滴定金属离子的浓度影响的是滴定突跃范围的下限，即当 $\lg K'_{MY}$ 一定时，金属离子的浓度 $c(M)$ 越大，突跃范围的下限越低，突跃范围越大，反之亦然。

当配位物的稳定度即 $\lg K_{MY}$ 一定时，$\lg K'_{MY}$ 的值随着 pH 值的增大而增大，$\lg K'_{MY}$ 越大，即滴定反应越彻底，滴定突跃范围也越大。

配位滴定中准确测定单一金属离子的条件是：

$$\lg K'_{MY} \geqslant 8; \lg c(M) K'_{MY} \geqslant 6$$

酸效应曲线主要有三方面的应用：

（1）在酸效应曲线上，可以得到指定中心离子准确滴定所允许的最低 pH 值。

（2）在酸效应曲线上，可以得到在指定的 pH 值范围内，可以被 EDTA 准确滴定的中心离子，以及有滴定干扰的中心离子的种类。

（3）利用酸效应曲线，可以判断在同一溶液中共存多种中心离子时，利用控制酸度的方法进行准确的 EDTA 滴定法分步测定的可能性，如果可以进行分步测定，还可以利用酸效应曲线，确定滴定方案。

配位滴定法指示剂：在配位滴定中，利用一种能与金属离子生成有色配合物的显色剂来指示滴定终点，这种显色剂称为金属离子指示剂，简称金属指示剂，金属指示剂常有封闭、僵化和氧化现象。

提高配位滴定选择性，在实际滴定中常用以下几种方法：控制溶液酸度、掩蔽与解蔽。

5. EDTA 法的应用及相关计算

EDTA 标准溶液可用 EDTA 二钠盐（$Na_2H_2Y_2H_2O$）直接配制，但是蒸馏水中一般含有少量金属离子，故在实际操作中 EDTA 标准溶液最好用标定法间接配制，标定 EDTA 的基准物质有很多，如 Zn、Cu、Bi、$CaCO_3$、MgO、$MgSO_4 \cdot 7H_2O$ 等，在实际操作中一般以标定条件与待测定的条件一致为原则选择标定 EDTA 的基准物质，这样可以减少方法误差，提高 EDTA 法测定的准确度。

周期表中大多数元素都能用配位滴定法测定。配位滴定方式可以采用直接滴定、间接滴定、返滴定、置换滴定四种方式。

能力自测

一、选择题

1. 一般情况下，EDTA 与金属离子形成的络合物的络合比是（　　）。

A. 1∶1　　B. 2∶1　　C. 1∶3　　D. 1∶2

2. 用 EDTA 直接滴定有色金属离子 M，终点所呈现的颜色是（　　）。

A. 游离指示剂的颜色　　B. EDTA-M 络合物的颜色

C. 指示剂-M 络合物的颜色　　D. 上述 A+B 的混合色

3. 下列叙述中错误的是（　　）。

A. 酸效应使络合物的稳定性降低

B. 共存离子使络合物的稳定性降低

C. 配位效应使络合物的稳定性降低

D. 各种副反应均使络合物的稳定性降低

4. 配位滴定中加入缓冲溶液的原因是（　　）。

A. EDTA 配位能力与酸度有关　　B. 金属指示剂有其使用的酸度范围

C. EDTA 与金属离子反应过程中会释放出 H^+　　D. K'_{MY}会随酸度改变而改变

5. 某溶液主要含有 Ca^{2+}、Mg^{2+} 及少量 Al^{3+}、Fe^{3+}，今在 pH=10 时加入三乙醇胺后，用 EDTA 滴定，用铬黑 T 为指示剂，则测出的是（　　）。

A. Mg^{2+} 的含量　　B. Ca^{2+}、Mg^{2+} 的含量

C. Al^{3+}、Fe^{3+} 的含量　　D. Ca^{2+}、Mg^{2+}、Al^{3+}、Fe^{3+} 的含量

6. 铝盐药物的测定常用配位滴定法。加入过量 EDTA，加热煮沸片刻后，再用标准锌溶液滴定。该滴定方式是（　　）。

A. 直接滴定法　　B. 置换滴定法　　C. 返滴定法　　D. 间接滴定法

7. 用 Zn^{2+} 标准溶液标定 EDTA 时，体系中加入六亚甲基四胺的目的是（　　）。

A. 中和过多的酸　　B. 调节 pH 值　　C. 控制溶液的酸度　　D. 起掩蔽作用

8. 测定水中钙硬时，Mg^{2+} 的干扰用的是（　　）消除的。

A. 控制酸度法　　B. 配位掩蔽法　　C. 氧化还原掩蔽法　　D. 沉淀掩蔽法

9. 配位滴定中，指示剂的封闭现象是由（　　）引起的。

A. 指示剂与金属离子生成的络合物不稳定

B. 被测溶液的酸度过高

C. 指示剂与金属离子生成的络合物稳定性小于 MY 的稳定性

D. 指示剂与金属离子生成的络合物稳定性大于 MY 的稳定性

10. 产生金属指示剂的僵化现象是因为（　　）。

A. 指示剂不稳定　　B. MIn 溶解度小　　C. $K'_{MIn}<K'_{MY}$　　D. $K'_{MIn}>K'_{MY}$

二、命名下列配合物

（1）$(NH_4)_2[FeCl_5(H_2O)]$　　（2）$Na_3[Ag(S_2O_3)_2]$

（3）$K_2Na[Co(ONO)_6]$　　（4）$[CrCl_2(H_2O)_4]Cl$

（5）$[Co(en)_3]Cl_3$　　（6）$[Co(NO_2)_3(NH_3)_3]$

三、写出下列配合物的化学式

（1）一氯化二氯一水三氨合钴（Ⅲ）

（2）四硫氰二氨合铬（Ⅲ）酸铵

（3）硫酸一氯一氨二（乙二胺）合铬（Ⅲ）

（4）四氯合铂（Ⅱ）酸四氨合铜（Ⅱ）

四、问答题

有两个化合物 A 和 B 具有同一实验式 $Co(NH_3)_3(H_2O)_2ClBr_2$，在一干燥器干燥后，1mol A 很快失去 1mol H_2O，但在同样的条件下 B 不失去 H_2O；当 $AgNO_3$ 加入 A 中时，1mol A 沉淀出 1mol AgBr，而 1mol B 沉淀出 2mol AgBr。写出 A 和 B 的化学式和名称。

五、计算题

1. 若 M、N、Q、R、S 五种金属离子的浓度均为 $0.01mol \cdot L^{-1}$，判断哪些可以用配位剂 L 准

确滴定，滴定所允许的最低pH值是多少？

配合物	ML	NL	QL	RL	SL
$\lg K_{稳}$	18.0	13.0	9.0	7.0	3.0
pH	3.0	5.0	7.0	9.0	10.0

2. 测定铅锡合金中Pb、Sn含量时，称取试样0.2000g，用盐酸溶解后，准确加入50.00mL $0.03000mol \cdot L^{-1}$ EDTA，50mL水，加热煮沸2min，冷后，用六亚甲基四胺调节溶液至pH=5.5，使铅锡定量络合。用二甲酚橙作指示剂，用$0.03000mol \cdot L^{-1}$ $Pb(Ac)_2$标准溶液回滴EDTA，用去3.00mL。然后加入足量NH_4F，加热至40℃左右，再用上述Pb^{2+}标准溶液滴定，用去35.00mL，计算试样中Pb和Sn的质量分数。

3. 分析铜锌合金，称取0.5000g试样，处理成溶液后定容至100mL。取25.00mL，调至pH=6，以PAN为指示剂，用$0.05000mol \cdot L^{-1}$ EDTA溶液滴定Cu^{2+}和Zn^{2+}用去了37.30mL。另取一份25.00mL试样溶液用KCN以掩蔽Cu^{2+}和Zn^{2+}，用同浓度的EDTA溶液滴定Mg^{2+}，用去4.10mL。然后再加甲醛解蔽Zn^{2+}，用同浓度的EDTA溶液滴定，用去13.40mL。计算试样中铜、锌、镁的质量分数。

4. 称取含Bi、Pb、Cd的合金试样2.420g，用HNO_3溶解并定容至250mL。移取50.00mL试液于250mL锥形瓶中，调节pH=1，以二甲酚橙为指示剂，用$0.02479mol \cdot L^{-1}$ EDTA滴定，消耗25.67mL。然后用六亚甲基四胺缓冲溶液将pH值调至5，再以上述EDTA滴定，消耗EDTA24.76mL。加入邻二氮菲，置换出EDTA络合物中的Cd^{2+}，用$0.02174mol \cdot L^{-1}$ $Pb(NO_3)_2$标准溶液滴定游离EDTA，消耗6.76mL。计算此合金试样中Bi、Pb、Cd的质量分数。

水的总硬度的测定

一、目的要求

1. 掌握EDTA的配制及用硫酸镁标定EDTA的基本原理与方法；
2. 了解水的硬度的概念及其表示方法；
3. 掌握容量瓶、移液管的正确使用。

二、实验原理

乙二胺四乙酸二钠盐（习惯上称EDTA）是有机配位剂，能与大多数金属离子形成稳定的1∶1型的螯合物，计量关系简单，故常用作配位滴定的标准溶液。

通常采用间接法配制EDTA标准溶液。标定EDTA溶液的基准物有Zn、ZnO、$CaCO_3$、Bi、Cu、$MgSO_4 \cdot 7H_2O$、Ni、Pb等。选用的标定条件应尽可能与测定条件一致，以免引起系统误差。如果用被测元素的纯金属或化合物作基准物质，更为理想。本实验采用$CaCO_3$作基准物标定EDTA，以铬黑T(EBT)作指示剂，用pH≈10的氨性缓冲溶液控制滴定时的酸度。滴定至终点时，由紫红色变为蓝色。

含有钙、镁离子的水叫硬水。测定水的总硬度就是测定水中钙、镁离子的总含量，可用EDTA配位滴定法测定。滴定时，Fe^{3+}、Al^{3+}等干扰离子可用三乙醇胺予以掩蔽；Cu^{2+}、Pb^{2+}、Zn^{2+}等重属离子，可用KCN、Na_2S或巯基乙酸予以掩蔽。

水的硬度有多种表示方法，本实验要求以每升水中所含Ca^{2+}、Mg^{2+}总量（折算成CaO的质量）表示，单位$mg \cdot L^{-1}$。

$$\rho_{Ca}(mg \cdot L^{-1}) = \frac{(c\overline{V}_2)_{EDTA} \times M_{Ca} \times 10^3}{V_{水}}$$

$$\rho_{Mg}(mg \cdot L^{-1}) = \frac{c\,(\overline{V}_1 - \overline{V}_2)_{EDTA} \times M_{Mg} \times 10^3}{V_{水}}$$

$$总硬度(mg \cdot L^{-1}) = \frac{(c\overline{V}_1)_{EDTA} \times M_{CaO} \times 10^3}{V_{水}}(mg \cdot L^{-1})$$

$$= \frac{(c\overline{V}_1)_{EDTA} \times M_{CaO}}{V_{水}} \times 100(mg \cdot L^{-1})$$

三、仪器与试剂

1. 仪器

电子天平（0.1mg），容量瓶（100mL），移液管（25mL、50mL），酸式滴定管（25mL），锥形瓶（250mL）。

2. 试剂

EDTA($Na_2H_2Y \cdot 2H_2O$)，碳酸钙基准试剂 NH_3-NH_4Cl 缓冲溶液（pH=10.0），1mol·L^{-1} NaOH，铬黑 T 指示剂，钙指示剂。

四、实验内容

1. 0.01mol·L^{-1} EDTA 标准溶液的配制：

（1）0.01mol·L^{-1} Ca^{2+} 标准溶液　准确称取在 110℃ 干燥过的碳酸钙基准试剂约 0.12g（称准至 0.1mg）于 250mL 烧杯中，用少量水润湿，盖上表面皿，用滴管从烧杯嘴处滴加 6mol·L^{-1} HCl 至碳酸钙完全溶解，加热至沸，然后用洗瓶水把可能溅到表面皿上的溶液淋洗入杯中，再加少量水稀释，把全部溶液定量的转入 100mL 容量瓶中，用水稀释至刻度，摇匀，计算其准确浓度。

（2）0.01mol·L^{-1} EDTA 溶液的配制　称取已烘干的 $Na_2H_2Y \cdot 2H_2O$ 0.8g，置于 250mL 烧杯中，加去离子水溶解，加入约 0.02g 的氯化镁，待溶解稀释至 200mL，然后转移至试剂瓶中，摇匀。

2. EDTA 标准溶液浓度的标定

用移液管移取 25.00mL 标准钙溶液置于 250mL 锥形瓶中，加入约 25mL 蒸馏水、2mL 镁溶液、2～3mL 6mol·L^{-1} NaOH 溶液及约 10mg 钙指示剂，摇匀至指示剂溶解，溶液成明显红色，用 EDTA 溶液滴定，至由红色变为纯蓝色，即为终点，平行测定三次。根据消耗的 EDTA 标准溶液的体积，计算其浓度。

3. 水的总硬度测定

用 50mL 移液管取 100.00mL 水样于 250mL 锥形瓶中，加氨性缓冲溶液 5mL，EBT 指示剂3～5 滴，用 EDTA 标准溶液滴定，至溶液由酒红色变为蓝色即为终点，记录所消耗 EDTA 的体积 V_1。平行测定 3 次。

4. 钙的测定

用 50mL 移液管取 100.00mL 水样于 250mL 锥形瓶中，加 5mL 1mol·L^{-1}NaOH，钙指示剂 10～12 滴，用 EDTA 标准溶液滴定至溶液由酒红色变为蓝色即为终点，记录所消耗 EDTA 的体积 V_2。平行测定 3 次。

五、数据记录与处理

1. EDTA 的标定

项目	1	2	3
m(碳酸钙)/g			
$c(Ca^{2+})$/mol·L^{-1}			

续表

项目	1	2	3
$V(EDTA)/mL$			
$c_{EDTA}/mol \cdot L^{-1}$			
$\bar{c}_{EDTA}/mol \cdot L^{-1}$			
相对平均偏差			

2. 水的硬度的测定

项目	1	2	3
V_{H_2O}/mL	100.00	100.00	100.00
$\bar{c}_{EDTA}/mol \cdot L^{-1}$			
$V_{终}(EDTA)/mL$			
$V_{始}(EDTA)/mL$			
V_1/mL			
$\bar{V}_1/mL$			
$V_{终}(EDTA)/mL$			
$V_{始}(EDTA)/mL$			
V_2/mL			
$\bar{V}_2/mL$			
Ca^{2+}的含量$/mg \cdot L^{-1}$			
Mg^{2+}的含量$/mg \cdot L^{-1}$			
总硬度$/mg \cdot L^{-1}$			

六、注意事项

1. 络合滴定速度不能太快，特别是临近终点时要逐滴加入，并充分摇动，因为络合反应速度较中和反应要慢一些。

2. 在络合滴定中加入金属指示剂的量是否合适对终点观察十分重要，应在实践中细心体会。

3. 络合滴定法对去离子水质量的要求较高，不能含有 Fe^{3+}、Al^{3+}、Cu^{2+}、Mg^{2+} 等离子。

七、思考题

1. 用铬黑 T 指示剂时，为什么要控制 $pH \approx 10$？

2. 配位滴定法与酸碱滴定法相比，有哪些不同？操作中应注意哪些问题？

3. 用 EDTA 滴定 Ca^{2+}、Mg^{2+} 时，为什么要加氨性缓冲溶液？

参考文献

[1] 国家药典委员会编．中华人民共和国药典．北京：化学工业出版社，2015.

[2] 南京大学无机及分析化学编写组．无机及分析化学．北京：高等教育出版社，2015.

[3] 沈萍．无机化学与化学分析．武汉：中国地质大学出版社，2011.

[4] 李运涛．无机及分析化学．北京：化学工业出版社，2010.

[5] 陈必友，李启华．工厂分析化验手册．北京：化学工业出版社，2009.

[6] 董元彦，左贤云，等．无机及分析化学．北京：科学出版社，2000.

[7] 倪哲明，陈爱民．无机及分析化学．北京：化学工业出版社，2009.

[8] 华中师范大学，等．分析化学．北京：高等教育出版社，1986.

光谱分析法

Chapter 10

知识目标

1. 掌握朗伯比尔定律；
2. 掌握红外吸收光谱法的定性分析方法及其应用；
3. 学会使用紫外-可见分光光度计和红外光谱仪；
4. 了解可见-紫外分光光度法的应用。

第一节 光谱分析法的概论

一、光学分析法

光学分析法是一类重要的仪器分析方法，它主要根据物质发射、吸收电磁辐射以及与电磁辐射相互作用来进行分析的方法。雨后的彩虹，南极的极光，这些都是自然界的光谱，光谱是按照光的波长（或频率）的大小依次排列的图像。基于测量物质的光谱而建立起来的分析方法称为光谱分析法，它是光学分析法的一类。

二、电磁辐射与波粒二象性

电磁辐射是一种以极大速度通过空间传播的光量子流，它具有波动性和微粒性，亦称光的波粒二象性。光既是一种波，因而它具有波长（λ）和频率（ν）；光也是一种粒子，它具有能量（E）。它们之间的关系为

$$E=h\nu=h\frac{c}{\lambda} \tag{10-1}$$

式中，E 为能量，eV（电子伏特）；h 为普朗克常数（$6.626\times10^{-34}\text{J}\cdot\text{s}$）；$\upsilon$ 为频率，Hz（赫兹）；c 为光速，真空中约为 $3\times10^{10}\text{cm}\cdot\text{s}^{-1}$；$\lambda$ 为波长，不同的电磁辐射可采用不同的波长单位，可以是 m、cm、μm 或 nm，其间的换算关系为 $1\text{m}=10^2\text{cm}=10^6\mu\text{m}=10^9\text{nm}$。

从式 10-1 可知，不同波长的光能量的不同，光的能量与相应的光的波长成反比，与频率成正比，即波长愈长，能量愈小，波长愈短，能量愈大。

将各种电磁辐射（光）按其波长或频率大小顺序排列起来，称为电磁波谱。表 10-1 列出电磁波谱的有关参数。其中微波区和射频区波长较长，能量低，其次是红外光区，波长 2.5～25μm 的区域为中红外区，可见光区的波长为 400～780nm，紫外光区的波长为 10～400nm，其中 200～400nm 的近紫外部分是进行紫外光谱分析的常用区域。

当一束光或电磁辐射照射到物质时，光子就与物质的分子、原子或离子等粒子相互作用而交换能量。在通常状态下，物质中这些粒子处于基态，吸收一定频率的辐射后，由基态跃迁到

激发态，这个过程称为辐射的吸收。处于激发态的粒子是很不稳定的，大约 $10^{-8} \sim 10^{-9}$s，便以辐射的形式释放出多余的能量，重新回到基态，这个过程称为辐射的发射。只有当激发光子的能量等于受激发粒子由基态跃迁至激发态的能量差时，才能发生辐射的吸收，辐射的发射亦然。电磁辐射的波长和能量与跃迁的类型有关。若要使分子或原子的价电子激发所需要的能量为 1～20eV，根据式(10-1) 可以计算出该能量范围相应的电磁辐射波长为 62～1240nm。因此分子吸收紫外-可见光区的光子获得的能量足以使价电子跃迁。根据式(10-1) 可以计算出各种类型跃迁需要的能量所对应的波长。

表 10-1　电磁辐射区域及各区域对应的波谱或光谱技术

波长范围	频率/MHz	电磁辐射区域	能级跃迁类型
$5\times10^{-3}\sim0.14$nm	$6\times10^{14}\sim2\times10^{12}$	γ 射线区	核内部能级跃迁
$10^{-2}\sim10$nm	$3\times10^{14}\sim3\times10^{10}$	X 射线区	核内层电子能级跃迁
10～200nm	$3\times10^{10}\sim1.5\times10^{9}$	真空紫外区	核外层电子能级跃迁（价电子或非键电子）
200～400nm	$1.5\times10^{9}\sim7.5\times10^{8}$	近紫外区	
400～780nm	$7.5\times10^{8}\sim4.0\times10^{8}$	可见光区	
0.75～2.5μm	$4.0\times10^{8}\sim1.2\times10^{8}$	近红外光区	分子振动能级跃迁
2.5～50μm	$1.2\times10^{8}\sim6.0\times10^{6}$	中红外光区	分子振动—转动能级跃迁
50～1000μm	$6.0\times10^{6}\sim10^{5}$	远红外光区	分子转动能级跃迁
0.1～100cm	$10^{5}\sim10^{2}$	微波区	分子转动能级跃迁 电子自旋能级跃迁(磁诱导)
1～1000m	$10^{2}\sim0.1$	射频区	核自旋能级跃迁

三、光谱分析法的分类及应用

光谱分析法是基于光与物质相互作用时，测量由物质内部发生量子化的能级之间的跃迁而产生的发射或吸收辐射的波长和强度进行分析的方法。物质与辐射作用时，测量由物质内部发生量子化的能级之间的跃迁而产生的吸收、发射的波长和强度，可以进行定性、定量和结构的分析。光谱分析法可分为原子光谱和分子光谱。原子光谱法是由原子外层或内层电子能级的变化产生的，它的表现形式为线光谱，包括有原子发射光谱法、原子吸收光谱法、原子荧光法以及 X 射线原子荧光法。分子光谱法是由分子的电子能级、振动和转动能级的变化产生的，表现形式为带光谱，包括有紫外-可见吸收光谱法、红外吸收光谱法、分子荧光光谱法等。

光谱分析法是常用的灵敏、快速、准确的仪器分析方法之一，已广泛地用于地质、冶金、石油、化工、农业、医药、生物化学、环境保护等许多方面。例如应用原子吸收法可以测定食品中的微量元素、石油中的无机元素、环境中的重金属等，应用红外吸收光谱法和紫外光谱法可以进行药物的结构分析。

想一想

若要使分子振动能级激发所需要的能量为 0.05～1eV，你来具体计算一下要提供该能量的范围，相应的电磁辐射波长范围为多少，属于哪个电磁辐射区域？

第二节 紫外-可见分光光度法

一、吸收光谱

1. 吸收光谱的分类

当物质吸收的光能与该物质两个能级间跃迁所需要的能量满足 $\Delta E = h\nu$ 的关系时，将产生吸收光谱。吸收光谱法主要包括原子吸收光谱法和分子吸收光谱法。

原子吸收光谱法是由于原子外层电子选择性地吸收某些波长的电磁辐射而产生的。原子吸收光谱法就是根据原子的这种性质建立起来的。

分子吸收光谱法比较复杂。这是由分子结构的复杂性产生的。图 10-1 是双原子分子的能级示意图。从图中可以看出，在同一电子能级中有几个振动能级，而在同一振动能级中又有几个转动能级。电子能级间的能量差一般为 1～20eV，因此分子中电子跃迁产生的吸收光谱处于紫外和可见光区。这种由价电子跃迁而产生的分子光谱称为电子光谱。在电子能级跃迁时，同时伴有振动能级转动能级的跃迁。所以分子光谱通常比原子的线状光谱复杂得多，是由密集谱线组成的带光谱。

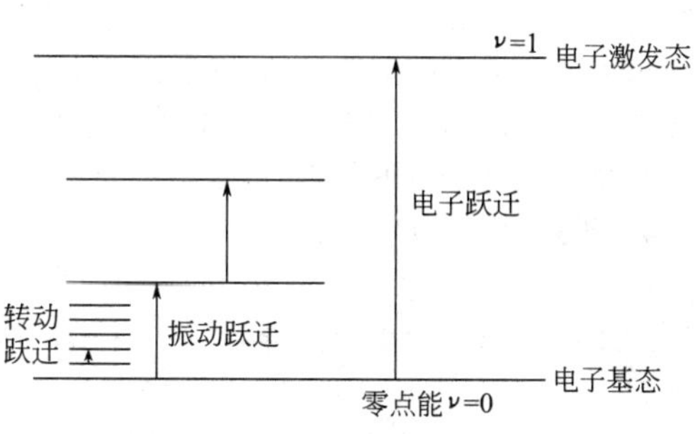

图 10-1 双原子分子能级示意图

如果用中红外光激发分子，则不足以引起电子的能级的跃迁，而只能引起分子振动能级（能量一般为 0.05～1eV）和转动能级（能量一般小于 0.05eV）的跃迁。这样得到的吸收光谱称为振动-转动光谱或红外吸收光谱。

2. 物质颜色的产生

常见的白光是一种复合光，它是由红、橙、黄、绿、青、蓝、紫七色按一定比例混合而成的。各种颜色光的近似波长如表 10-2 所示。如果把适当不同颜色的两种光按照一定强度比例混合，也可以成为白光，这两种颜色的光称为互补光。图 10-2 中处于对角线的两种颜色的光即为互补光。日光等白光实际上是由一对对互补光按适当强度比例混合而成的。当物质选择性地吸收了白光中某种波长的光时，它就会呈现出与之互补的那种光的颜色。例如，当一束白光通过 $KMnO_4$ 溶液时，该溶液选择性地吸收了 500～560nm 的绿色光，而呈现紫红色。

图 10-2 互补色光示意图

表 10-2 不同颜色光的近似波长范围

光的颜色	波长/nm	光的颜色	波长/nm
无色(紫外光)	<400	黄绿	560～580
紫	400～450	黄	580～600
蓝	450～480	橙	600～650
青	480～490	红	650～780
蓝绿	490～500	无色(红外光)	>780
绿	500～560		

3. 吸收光谱曲线

如果测量某种物质对不同波长单色光的吸收程度，以波长为横坐标，以吸光度为纵坐标作图，

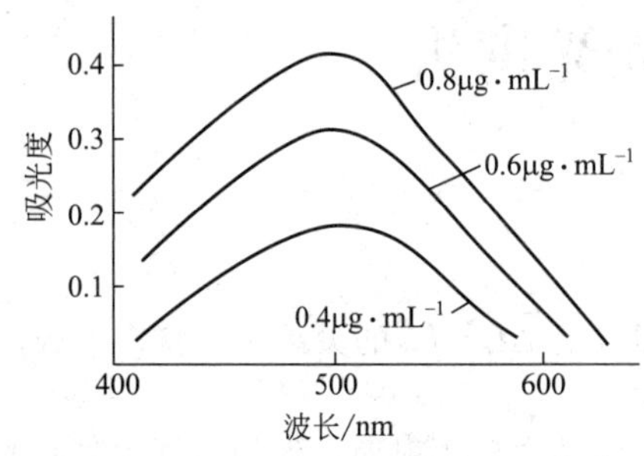

图 10-3 邻菲啰啉亚铁溶液吸收曲线

画出曲线，此曲线即称为该物质的光吸收曲线（或吸收光谱曲线），它能清楚地描述物质对不同波长光的吸收程度。图 10-3 所示的是三种不同浓度的邻菲啰啉亚铁溶液的三条光吸收曲线。

从吸收光谱曲线可以看出，邻菲啰啉亚铁溶液对不同波长的光吸收情况不同，对波长为 510nm 的青色光吸收最多，而对波长在 630nm 以后的光几乎不吸收。光吸收程度最大处的波长称为最大吸收波长，常以 λ_{max} 表示。在进行光度分析时，通常都是选择在 λ_{max} 的波长处来测量，因为此时可以得到最大的灵敏度。吸收光谱曲线可以反映物质对光的选择性吸收情况，3 条吸收光谱曲线说明了溶液浓度不同，但光的选择性吸收是相同的，即不同浓度的邻菲啰啉亚铁溶液其吸收光谱曲线形状相似，λ_{max} 也相同，只是浓度大，对光的吸收也相应增大。不同物质的吸收光谱曲线，其形状和最大吸收波长各不相同。因此可以利用吸收光谱曲线作为物质定性分析的依据。

4. 紫外-可见吸收光谱

（1）紫外-可见吸收光谱的产生　有机化合物的紫外-可见吸收光谱是由于分子中电子的能级跃迁所产生的，按照分子轨道理论，有机化合物分子中有三类电子：形成单键的 σ 电子；形成不饱和键的 π 电子；氧、氮、硫、卤素等含有未成键的孤对电子，称为 n 电子。当它们吸收一定的能量 ΔE 后，这些价电子将跃迁到较高的能级（激发态），此时电子所占的轨道称为反键轨道，而这种特定的跃迁使同分子内部结构有着密切的关系，有机化合物分子常见的 4 种跃迁类型是 $\sigma \rightarrow \sigma^*$（$\sigma^*$ 表示 σ 电子的反键轨道），$\pi \rightarrow \pi^*$（π^* 表示 π 电子的反键轨道），$n \rightarrow \sigma^*$ 和 $n \rightarrow \pi^*$。电子跃迁时吸收能量的大小顺序表示为：

$$\sigma \rightarrow \sigma^* > n \rightarrow \sigma^* > \pi \rightarrow \pi^* > n \rightarrow \pi^*$$

图 10-4 表明了几种分子轨道能量的高低及不同类型的电子跃迁所需要吸收能量的大小。

（2）常见有机化合物紫外吸收光谱

① 饱和烃　饱和单键碳氢化合物只有 σ 电子，因而只能产生 $\sigma \rightarrow \sigma^*$ 跃迁。由于 σ 电子最不易激发，需要吸收很大的能量，因而所吸收的辐射波长最短，处于小于 200nm 的远紫外区。所以它们在紫外光谱分析中常用作溶剂使用，如己烷、环己烷、庚烷等。

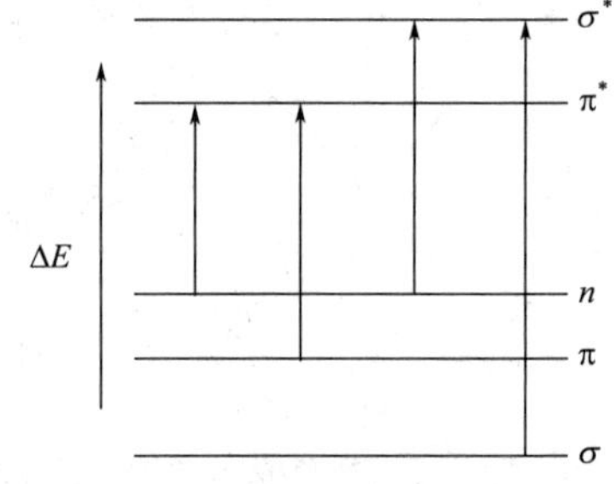

图 10-4 电子能级及电子跃迁示意图

当饱和单键碳氢化合物中的氢被氧、氮、卤素、硫等原子取代时，这些原子中含有 n 电子，可以发生 $n \rightarrow \sigma^*$ 跃迁，其吸收峰有的在 200nm 附近，但大多数仍出现在小于 200nm 区域内。

② 不饱和脂肪烃　如含有 C═C 、C≡C 或 C≡N 键的分子能发生 $\pi \rightarrow \pi^*$ 电子跃迁，其特征是吸收峰强度大，一般 ε 在 $5 \times 10^3 \sim 10^5 L \cdot mol^{-1} \cdot cm^{-1}$。孤立的 $\pi \rightarrow \pi^*$ 跃迁一般在 200nm 左右，但具有共轭双键的化合物，随着共轭体系的增长，$\pi \rightarrow \pi^*$ 跃迁需要的能量更小，吸收带向长波方向移动，吸收强度也有所增加（见表 10-3）。

表 10-3　共轭双键对吸收波长影响

名称	波长 λ_{max}/nm	摩尔吸收系数 ε	颜色
己三烯（ C═C ）$_3$	258	35000	无色
二甲基八碳四烯（ C═C ）$_4$	296	52000	无色
十碳五烯（ C═C ）$_5$	335	118000	微黄
二甲基十二碳六烯（ C═C ）$_6$	360	70000	微黄
双氢-β-胡萝卜素（ C═C ）$_8$	415	210000	黄

续表

名称	波长 λ_{max}/nm	摩尔吸收系数 ε	颜色
双氢-α-胡萝卜素（ C═C ）$_{10}$	445	63000	橙
番茄红素（ C═C ）$_{11}$	470	185000	红

如含有—OH、—NH_2、—X、—S 等基团的不饱和有机化合物，除了发生 $\pi \rightarrow \pi^*$ 跃迁外，其杂原子中的孤对电子还可以发生 $n \rightarrow \pi^*$ 跃迁，一般发生在近紫外区，吸收强度弱，一般 $\varepsilon < 100L \cdot mol^{-1} \cdot cm^{-1}$。

③ 芳香化合物　芳香族化合物一般都有 E_1 带、E_2 带和 B 带三个吸收峰。苯的紫外吸收光谱是由 $\pi \rightarrow \pi^*$ 跃迁组成的三个谱带（见图 10-5），即 E_1、E_2 具有精细结构的 B 吸收带。当苯环上引入取代基时，E_2 和 B 一般产生红移且强度加强。

稠环芳烃母体吸收带的最大吸收波长大于苯，这是由于它有两个或两个以上共轭的苯环，苯环数目越多，λ_{max} 越大。例如苯（255nm）和萘（275nm）均为无色，而并四苯为橙色，吸收峰波长在 460nm。并五苯为紫色，吸收峰波长为 580nm。

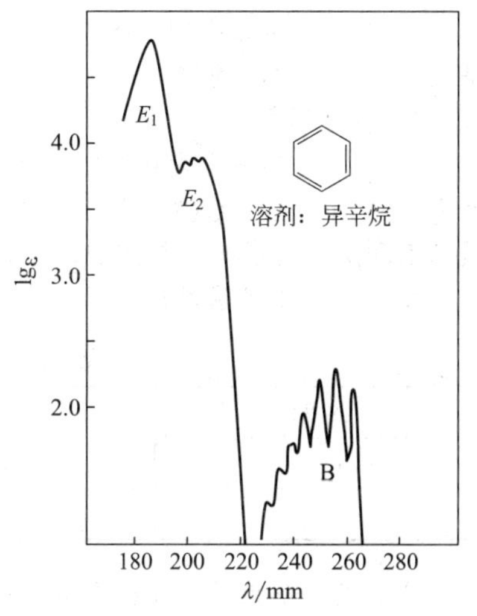

图 10-5　苯的紫外吸收光谱图

二、光吸收的基本定律（朗伯-比尔定律）

朗伯-比尔定律是光吸收的基本定律，也是分光光度分析法的依据和基础。

1. 透射比与吸光度

当一束辐射强度为 Φ_0 的平行的单色光垂直照射到一定浓度的均匀透明溶液时，由于溶液的吸收，透射光的辐射强度变为 Φ_{tr}（图 10-6），则 Φ_{tr} 与 Φ_0 之比称为透射比，用符号 τ 表示。

$$\tau = \frac{\Phi_{tr}}{\Phi_0} \tag{10-2}$$

透射比愈大说明透过的光愈多。当入射光辐射强度 Φ_0 一定时，透射光辐射强度 Φ_{tr} 越小，则说明溶液对光的吸收程度越大，相反亦然。物质对光的吸收程度可用吸光度 A 表示，吸光度与光强度、透射比之间的关系为：

$$A = \lg \frac{1}{\tau} = -\lg\tau = \lg \frac{\Phi_0}{\Phi_{tr}} \tag{10-3}$$

2. 朗伯-比尔定律

当一束平行的单色光垂直照射到一定浓度的均匀透明溶液时（见图 10-6），其吸光度与光通过的液层厚度成正比，这就是朗伯定律，其数学表达式为：

$$A = kb \tag{10-4}$$

式中，b 为溶液液层厚度，或称光程长度；k 为比例常数。

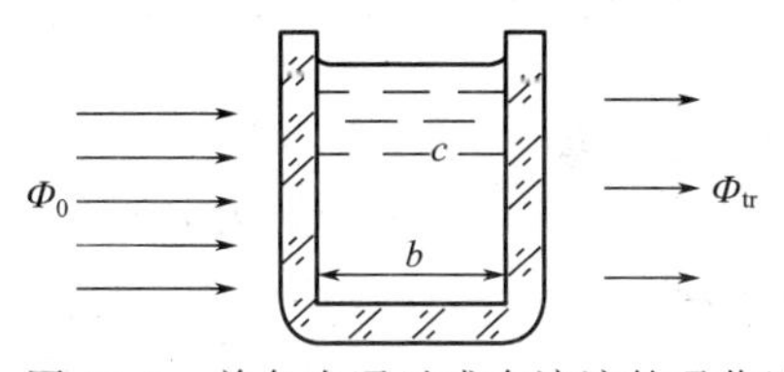

图 10-6　单色光通过盛有溶液的吸收池

当一束平行单色光垂直照射到同种物质不同浓度、相同液层厚度的均匀透明溶液时，则吸光度与溶液浓度成正比，这就是比尔定律。其数学表达式为：

$$A = k'c \tag{10-5}$$

式中，c 为溶液浓度；k' 为一比例常数。

当溶液液层厚度和浓度都可改变时，这时就要考虑两者同时对透射光通量的影响，将式(10-4) 和式(10-5) 合并，这就是朗伯-比尔定律，也称光吸收定律。其数学表达式为：

$$A = Kbc \tag{10-6}$$

式中，K 为比例常数，与入射光的波长、溶液的性质和温度等因素有关；b 为溶液液层厚度；c 为溶液浓度。

朗伯-比尔定律可表述为：当一束平行单色光垂直入射通过均匀、透明的吸光物质的稀溶液时，溶液对光的吸收程度与溶液的浓度及液层厚度的乘积成正比。

朗伯-比尔定律应用于各种光度法的吸收测量。其应用条件为：一是入射光必须是单色光；二是吸收发生在稀的均匀的介质；三是在吸收过程中，吸收物质之间不能发生相互作用。

3. 吸光系数

在朗伯-比尔数学表达式中，比例常数 K 称为吸光系数，其物理意义是单位浓度的溶液液层厚度为 1cm 时，在一定波长下测得的吸光度。K 值的大小取决于吸光物质的性质、入射光波长、溶液温度和溶剂性质等，与溶液浓度大小和液层厚度无关。

K 值大小因溶液浓度所采用的单位的不同而异，见表 10-4。

表 10-4 吸光系数与浓度单位之间的变化关系

c 的单位	K	名称	符号
$mol \cdot L^{-1}$	$L \cdot mol^{-1} \cdot cm^{-1}$	摩尔吸光系数	ε
$g \cdot L^{-1}$	$L \cdot g^{-1} \cdot cm^{-1}$	质量吸光系数	a

摩尔吸光系数是吸光物质的重要参数之一，它表示物质对某一特定波长光的吸收能力。ε 愈大，表示该物质对某波长光的吸收能力愈强，测定的灵敏度也就愈高。因此，测定时，为了提高分析的灵敏度，通常选择摩尔吸光系数大的有色化合物进行测定，选择具有最大 ε 值波长的光作入射光。一般认为 $\varepsilon < 1\times10^4 L \cdot mol^{-1} \cdot cm^{-1}$ 灵敏度较低；ε 在 $1\times10^4 \sim 6\times10^4 L \cdot mol^{-1} \cdot cm^{-1}$ 属中等灵敏度；$\varepsilon > 6\times10^4 L \cdot mol^{-1} \cdot cm^{-1}$ 属高灵敏度。

摩尔吸光系数由实验测得。在实际测量中，不能直接取 $1mol \cdot L^{-1}$ 这样高浓度的溶液去测量摩尔吸光系数，只能在稀溶液中测量后，换算成摩尔吸光系数。

【例 10-1】 用邻菲啰啉法测定铁，已知显色的试液中含 Fe^{2+} 浓度为 $50\mu g/100mL$，比色皿的厚度为 2cm，在波长 510nm 处测得吸光度为 0.198，计算摩尔吸光系数。已知 $M(Fe)=55.85g \cdot mol^{-1}$。

解：

$$c(Fe^{2+}) = \frac{50\times10^{-6}\times\frac{1000}{100}}{55.85} = 8.9\times10^{-6}(mol \cdot L^{-1})$$

$$\varepsilon = \frac{A}{bc} = \frac{0.198}{2\times8.9\times10^{-6}} = 1.1\times10^{4}(L \cdot mol^{-1} \cdot cm^{-1})$$

4. 吸光度的加和性

在某一波长下，如果样品中几种组分同时能够产生吸收，则样品的总吸光度等于各组分的吸光度之和，即：

$$A = A_1 + A_2 + A_3 + \cdots + A_n = \sum_{i=1}^{n} A_i \tag{10-7}$$

因此，该定律既可用于单组分分析，也可用于多组分的同时测定。

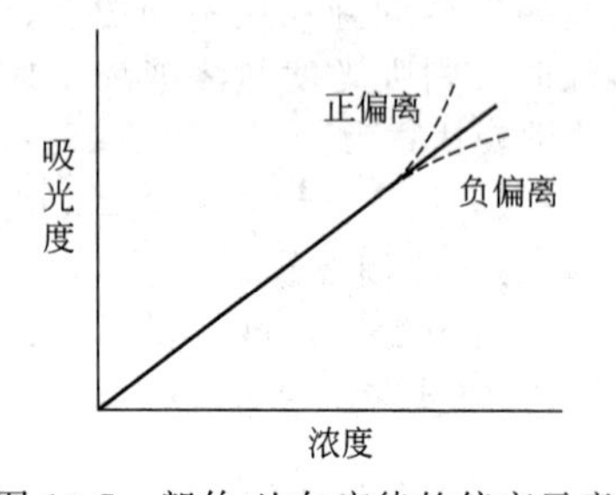

图 10-7 朗伯-比尔定律的偏离示意图

5. 朗伯-比尔定律的偏离现象

根据朗伯-比尔定律，对于厚度一定的溶液，用吸光度对溶液浓度作图，得到的应该是一条通过原点的直线，即二者之间应呈线性关系。但在实际工作中，吸光度与浓度之间常常偏离线性关系，如图 10-7 所示。这种现象称为偏离朗伯-比尔定律。产生偏离的重要因素有样品溶液因素和仪器因素两类。

三、紫外-可见分光光度计

分光光度计按使用波长范围可分为可见分光光度计和紫外-可见分光光度计两类。前者使用波长范围是400～780nm，后者使用波长范围是200～780nm。可见分光光度计只能测量有色溶液的吸光度，而紫外-可见分光光度计可测定在紫外、可见有吸收物质的吸光度。

紫外-可见分光光度计的型号很多，但是其基本的部件和结构相似，主要由五个部分组成，即光源、单色器、吸收池、检测器和信号处理及显示系统。示意图见图10-8。

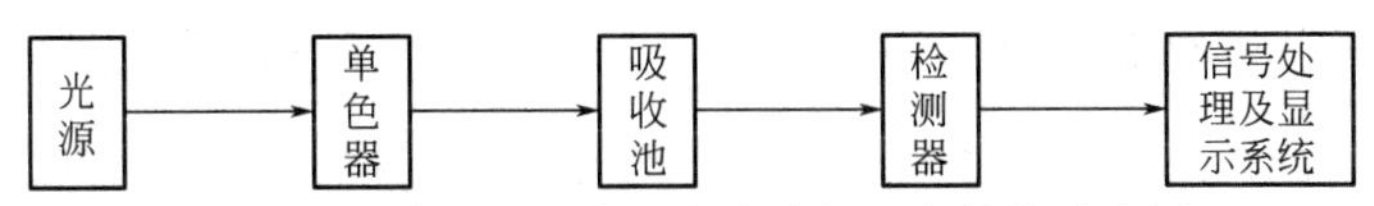

图10-8 紫外可见分光光度计的基本结构示意图

1. 光源

分光光度计光源的作用是提供符合要求的入射光。对光源的基本要求是在使用波长范围内能够发射连续的、有足够强度的和稳定性好的光谱。实际应用的光源一般分为紫外光光源和可见光光源。

分光光度计的可见光光源使用钨灯或卤钨灯，钨灯和卤钨灯可使用的范围在320～1000nm。为了保证钨灯发光强度稳定，需要配有稳压装置。

分光光度计的紫外光光源使用氢灯或氘灯。它们可在185～375nm范围内产生连续光源。为了发光强度稳定，也需要配有稳压装置。氘灯的光强度比氢灯要大3～5倍。

2. 单色器

单色器的作用是能将光源辐射的连续光分解为单色光，并能使所需要的某一波长的光通过。

单色器一般由狭缝、色散元件和透镜系统组成，见图10-9。其核心部分是色散元件，起分光的作用。色散元件主要是棱镜和光栅。目前生产的紫外-可见分光光度计大多采用光栅作为色散元件。透镜系统主要是用来控制光的方向。狭缝可调节光的强度和让所需要的单色光通过，狭缝对单色器的分辨率起重要作用，它对单色光的纯度在一定范围内起着调节作用。

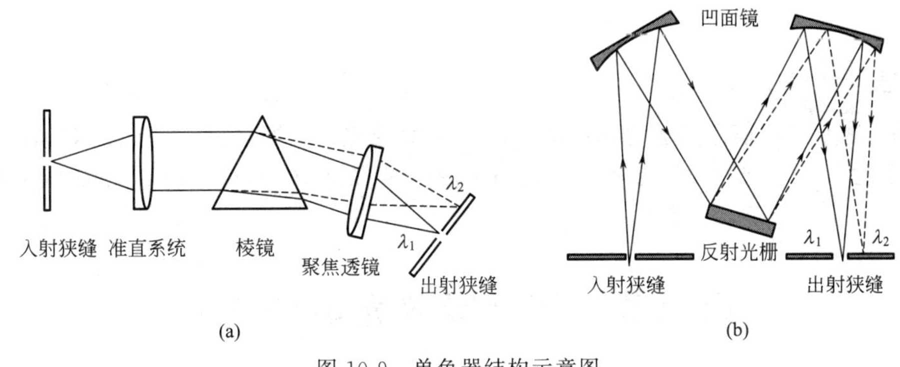

图10-9 单色器结构示意图

（a）为棱镜型；（b）为光栅型

3. 吸收池

吸收池用于盛放分析试样，一般有石英和玻璃材料两种。石英池适用于可见光区及紫外光区，玻璃吸收池只能用于可见光区。为减少光的损失，吸收池的光学面必须完全垂直于光束方向。在高精度的分析测定中（紫外区尤其重要），吸收池要挑选配对。因为吸收池材料的本身吸光特征以及吸收池的光程长度的精度等对分析结果都有影响。

4. 检测器

检测器是接收从吸收池透过的光，并将接收到的光信号转变为电信号输出，其输出电信号大小

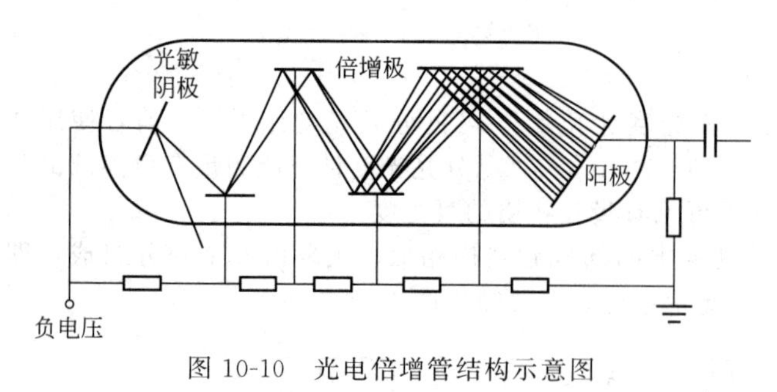

图 10-10　光电倍增管结构示意图

与透射光的强度成正比。常用的检测器有光电池、光电管和光电倍增管等。光电倍增管是检测微弱光最常用的光电元件，在紫外-可见分光光度计上应用较为广泛。

5. 信号处理及显示系统

它的作用是放大信号并以适当方式指示或记录下来。常用的信号指示装置有直读检流计、电位调节指零装置以及数字显示或自动记录装置等。很多型号的分光光度计装配有微处理机，一方面可对分光光度计进行操作控制，另一方面可进行数据处理。

四、紫外-可见吸收光谱法的应用

1. 定性分析

紫外-可见分光光度法可用于有机化合物的鉴定、结构推断和纯度检验。不同化合物往往在吸收光谱的形状、吸收峰的数目、位置和相应的摩尔吸光系数等方面表现出特征性，是定性鉴定的光谱依据。定性鉴定可采用光谱比较法，通常是在相同条件下，测定未知物和已知标准物的吸收光谱，并进行图谱对比，如果二者的图谱完全一致，则可初步认为待测物与标准物为同一种物质。但由于紫外-可见光谱较为简单，光谱信息少，特征性不强，而且不少简单官能团在近紫外及可见光区没有吸收或吸收很弱，因此，这种方法的应用有较大的局限性，要准确定性还要与其他方法联合起来使用。

2. 定量分析

紫外可见分光光度法常用于定量分析，根据测定波长的范围可分为可见分光光度定量分析法和紫外分光光度定量分析法。前者用于有色物质的测定，后者用于有紫外吸收的物质的测定，两者的测定原理和步骤相同，通过测定溶液对一定波长入射光的吸光度，依据朗伯-比尔定律，就可求出溶液中物质的浓度和含量。

想一想

$CuSO_4$之所以显蓝色是因为其吸收了白光中黄色光波，那么是否可以说 $CuSO_4$除了黄色光波，其他波长的光都没有吸收？如何清楚地描述 $CuSO_4$对不同波长光的吸收情况？

第三节　红外吸收光谱法简介

一、概述

红外光谱在可见光区和微波区之间，其波长范围约为 0.75～1000μm。根据实验技术和应用的不同，通常将红外光区划分为三个区域。如表 10-5 所示。

表 10-5　红外光区的划分

区　域	波长 $\lambda/\mu m$	波数 ν/cm^{-1}	能级跃迁类型
近红外光区	0.75～2.5	13300～4000	分子化学键振动的倍频和组合频
中红外光区	2.5～25	4000～400	分子振动，伴随转动
远红外光区	25～1000	400～10	分子转动，晶格振动

其中中红外区广泛用于化合物定性、定量和结构分析以及其他化学过程研究，本章主要介绍中红外吸收光谱。

如将物质对红外光的吸收情况记录下来，就得到该物质的红外吸收光谱图。由于物质对红外光具有选择性的吸收，因此，不同的物质便有不同的红外吸收光谱图，这样我们可以从未知物质的红外吸收光谱图来求证该物质是何种物质，这就是红外光谱定性的依据。由于物质的红外吸收光谱特征性强，气体、液体、固体样品都可被测定，并具有分析用量少、分析速度快、不破坏样品的特点，红外吸收光谱法已成为现代结构化学、分析化学常用的工具之一。

二、基本原理

红外吸收光谱是分子振动能级跃迁产生的。分子振动能级比转动能级大，因此分子发生振动能级变化时常伴随转动能级的变化。

1. 红外吸收光谱产生的条件

① 红外辐射应具有恰好能满足能级跃迁所需的能量。

② 物质分子在振动过程中应有偶极矩的变化（$\Delta\mu\neq0$）。

红外辐射具有适合的能量，能导致振动能级跃迁的产生。当一定频率（一定能量）的红外光照射分子时，如果红外光子的能量正好等于分子中某个基团的振动能级跃迁时所需的能量，就满足了第一个条件。为满足第二个条件，分子必须有偶极距的变化。任何分子就其整个分子而言，都是呈电中性的，但由于构成分子的各原子因价电子得失的难易，而表现出不同的电负性，分子也因此而显示出不同的极性。通常可用分子的偶极距 μ 来描述分子极性的大小。由于分子内原子处于在其平衡位置不断地振动的状态，在振动过程中分子的 μ 也发生相应的改变，分子也具有确定的偶极距变化频率。物质吸收红外辐射的第二个条件，实质是外界辐射迁移它的能量到分子中去，而这种能量的迁移是通过偶极距的变化（$\Delta\mu\neq0$）来实现的。只有当分子内的振动引起偶极距的变化时才能产生红外吸收，该分子称为红外活性的分子；$\Delta\mu=0$ 的分子振动不能产生红外吸收，称为非红外活性的分子，如对称分子（如 O_2、N_2、H_2、Cl_2 等双原子分子），分子中原子的振动并不引起 μ 的变化，因此没有红外活性，不能产生红外吸收光谱。

2. 分子振动

双原子分子中的原子以平衡点为中心，以非常小的振幅作周期性的伸缩振动，即两原子之间距离（键长）发生变化。由经典力学可推导出，影响伸缩振动频率（波数）的直接因素是构成化学键的原子的折合质量和化学键的力常数。化学键的力常数越大，折合质量越小，化学键的振动频率（波数）越高。

对于多原子分子的振动，随着原子数目增多，组成分子的键或基团和空间结构不同，多原子分子的振动比双原子分子要复杂得多。但是，可以将它们的振动分解成许多简单的基本振动。

（1）伸缩振动　伸缩振动是指原子沿键轴方向伸缩，使键长发生变化而键角不变的振动，用符号 ν 表示。伸缩振动又可分为对称伸缩振动（ν_s）和不对称伸缩振动（ν_{as}）。对称伸缩振动指振动时各键同时伸长或缩短；不对称伸缩振动是指振动时某些键伸长，某些键则缩短。

（2）变形振动　变形振动又称弯曲振动，是指键角发生周期性变化而键长不变的振动。变形振动可分为面内变形振动、面外变形振动。

变形振动在由几个原子所构成的平面内进行，称为面内变形振动。面内变形振动可分为两种：一是剪式振动（δ），在振动过程中键角的变化类似于剪刀的开和闭；二是面内摇摆振动（ρ），基团作为一个整体，在平面内摇摆。

变形振动在垂直于由几个原子所组成的平面外进行，称为面外变形振动。面外变形振动可分为两种：一是面外摇摆振动（ω），两个原子同时向面上或面下的振动；二是卷曲振动（τ），一个原子向面上，另一个原子向面下的振动。各种振动形式见图 10-11。

3. 红外吸收光谱的表示方法

如果以波长 λ（或波数 σ）为横坐标，表示吸收峰的位置，用透射比 τ 作纵坐标，表示吸收强

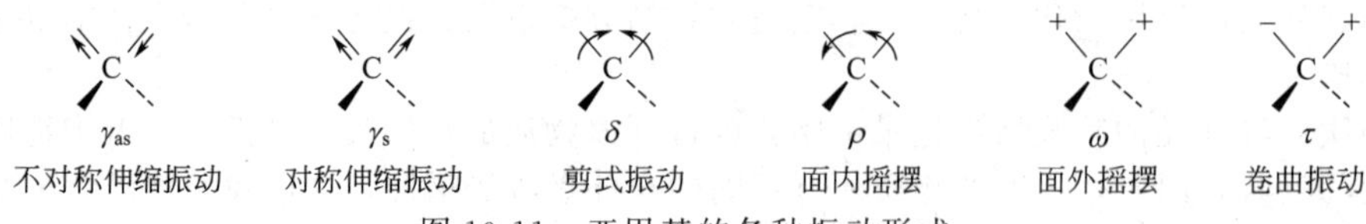

图 10-11 亚甲基的各种振动形式

度，将样品吸收红外光的情况用仪器记录下来，就得到了该样品的红外吸收光谱。其谱图一般用 τ-σ 曲线或 τ-λ 曲线来表示。图 10-12 为苯酚的红外光谱。

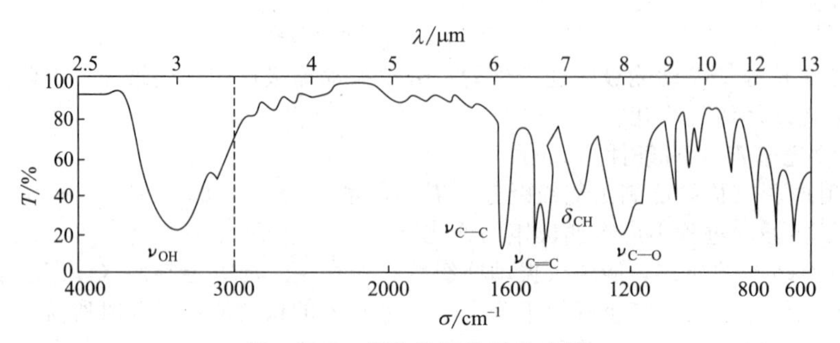

图 10-12 苯酚的红外吸收光谱

在红外谱图中，吸收峰的位置简称峰位，常用波长 λ（μm）或波数 σ（cm^{-1}）表示。由于波数直接与振动能量成正比，故红外光谱更多的是用波数为单位。波数的物理意义是单位厘米长度上波的数目，波数与波长的关系为：

$$\sigma(cm^{-1})=\frac{1\times10^4}{\lambda(\mu m)}$$

红外光谱中一般按摩尔吸光系数 ε 的大小来划分吸收峰的强弱等级，不同等级用相对应的符号表示，见表 10-6 所示。

表 10-6 吸收峰强弱等级表示

吸收峰强弱等级	极强峰	强峰	中强峰	弱峰	极弱峰
表示符号	vs	s	m	w	vw
ε/L·mol^{-1}·cm^{-1}	$\varepsilon>100$	$\varepsilon=20\sim100$	$\varepsilon=10\sim20$	$\varepsilon=1\sim10$	$\varepsilon<1$

红外光谱中峰的形状各异，常见的宽峰、尖峰、肩峰和双峰的形状如图 10-13 所示。

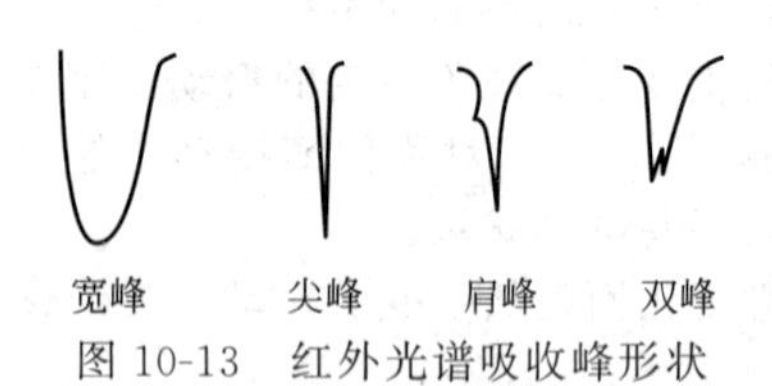

图 10-13 红外光谱吸收峰形状

4. 基团频率

红外光谱的最大特点是具有特征性，这种特征性与各种类型化学键振动的特征相联系。在研究了大量化合物的红外光谱后发现，不同分子中同一类型的基团的振动频率是非常相近的，都在一较窄的频率区间出现吸收谱带，这种吸收谱带的频率称为基团频率，其所在位置的吸收峰一般又称为特征吸收峰。例如，—CH_3 基团的特征频率在 $2800\sim3000cm^{-1}$ 附近，—OH 伸缩振动的强吸收谱带在 $3200\sim3700cm^{-1}$ 附近等。基团频率和特征吸收峰对于利用红外吸收光谱进行分子结构鉴定具有重要意义。

5. 红外吸收光谱的分区

红外吸收光谱的工作范围一般是 $4000\sim400cm^{-1}$，常见的基团都在这个区域内产生吸收带。按照红外吸收光谱与分子结构的关系可将整个红外光谱区分为基团频率区（或特征区）和指纹区两个区域。基团频率区（或特征区）波数在 $4000\sim1330cm^{-1}$ 范围内，可作为官能团定性分析的主要依据。

红外吸收光谱中波数在 1330～670cm^{-1}范围内称为指纹区。在此区域内各官能团吸收峰的波数不具有明显的特征性，由于吸收峰密集，如人的指纹，故称指纹区。有机物分子结构上的微小变化都会引起指纹区吸收峰的明显改变。将未知物红外光谱的指纹区与标准红外光谱图比较，可得出未知物与已知物是否相同的结论。因此指纹区在分辨有机物的结构时，也有很大的价值。

利用红外吸收光谱鉴定有机化合物结构，须熟悉重要的红外区域与结构（基团）的关系。通常中红外光区分为四个吸收区域，如表 10-7 所示。熟记各区域包含哪些基团的哪些振动，可帮助我们对化合物的结构作出非常有益的判断。

表 10-7　中红外光区四个区域的划分

区域	基　团	吸收频率/cm^{-1}	振动形式	吸收强度	说　明
第一区域	—OH(游离)	3650～3580	伸缩	m,sh	判断有无醇类、酚类和有机酸的重要依据
	—OH(缔合)	3400～3200	伸缩	s,b	
	$—NH_2$,—NH(游离)	3500～3300	伸缩	m	
	$—NH_2$,—NH(缔合)	3400～3100	伸缩	s,b	
	—SH	2600～2500	伸缩		
	C—H 伸缩振动				
	不饱和 C—H				不饱和 C—H 伸缩振动出现在 3000cm^{-1}以上
	≡C—H(三键)	3300 附近	伸缩	s	
	═C—H(双键)	3040—3010	伸缩	s	末端═C—H_2出现在 3085cm^{-1}附近
	苯环中 C—H	3030 附近	伸缩	s	强度上比饱和 C—H 稍弱，但谱带较尖锐
	饱和 C—H				饱和 C—H 伸缩振动出现在 3000cm^{-1}以下(3000—2800cm^{-1})，取代基影响较小
	$—CH_3$	2960±5	反对称伸缩	s	
	$—CH_3$	2870±10	对称伸缩	s	
	$—CH_2$	2930±5	反对称伸缩	s	三元环中的 CH_2 出现在 3050cm^{-1}
	$—CH_2$	2850±10	对称伸缩	s	—C—H 出现在 2890cm^{-1}，很弱
第二区域	—C≡N	2260～2220	伸缩	s 针状	干扰少
	—N≡N	2310～2135	伸缩	m	
	—C≡C—	2260～2100	伸缩	v	R—C≡C—H，2100—2140；R—C≡C—R′，2190—2260；若 R′=R，对称分子无红外谱带
	—C=C=C—	1950 附近	伸缩	v	
第三区域	C=C	1680～1620	伸缩	m,w	
	芳环中 C=C	1600,1580,1500,1450	伸缩	v	苯环的骨架振动
	—C=O	1850～1600	伸缩	s	其他吸收带干扰少，是判断羰基(酮类、酸类、酯类、酸酐等)的特征频率，位置变动大
	$—NO_2$	1600～1500	反对称伸缩	s	
	$—NO_2$	1300～1250	对称伸缩	s	
	S=O	1220～1040	伸缩	s	

区域	基团	吸收频率/cm^{-1}	振动形式	吸收强度	说明
第四区域	C—O	1300～1000	伸缩		C—O键(酯、醚、醇类)的极性很强,故强度强,常成为谱图中最强的吸收
	C—O—C	1150～900	伸缩	s	醚类中C—O—C的ν_{as}=1100±50是最强的吸收。C—O—C对称伸缩在900—1000,较弱
	$—CH_3$,$—CH_2$	1460±10	$—CH_3$反对称变形,CH_2变形	m	大部分有机化合物都含有CH_3、CH_2基,因此此峰经常出现
	$—CH_3$	1380～1370	对称变形	s	
	$—NH_2$	1650～1560	变形	m—s	
	C—F	1400～1000	伸缩	s	
	C—Cl	800～600	伸缩	s	
	C—Br	600～500	伸缩	s	
	C—I	500～200	伸缩	s	
	$=CH_2$	910～890	面外摇摆	s	
	$—(CH_2)_n—$,$n>4$	720	面内摇摆	v	

注:s—强吸收;b—宽吸收带;m—中等强度吸收;w—弱吸收;sh—尖锐吸收峰;v—吸收强度可变。

6. 影响基团频率位移的因素

分子中化学键的振动并不是孤立的,而要受到分子中其他部分,特别是相邻基团的影响,有时还会受到溶剂、测定条件等外部因素的影响。影响基团频率位移的因素主要有两大类:一是内因,主要包括电子效应、氢键效应、振动偶合效应、空间效应等由分子结构不同决定;二是外因,如样品的制备方法、溶剂的性质、样品所处的物态等由测试条件不同造成。

三、红外吸收光谱仪

红外光谱仪可分为色散型红外光谱仪和傅里叶变换红外光谱仪。目前应用较多的类型是傅里叶变换红外光谱仪。

1. 仪器组成

傅里叶变换红外光谱仪简称FTIR,主要部件有光源、迈克尔逊(Mickelson)干涉仪、样品池、检测器、计算机等部分。如图10-14所示。

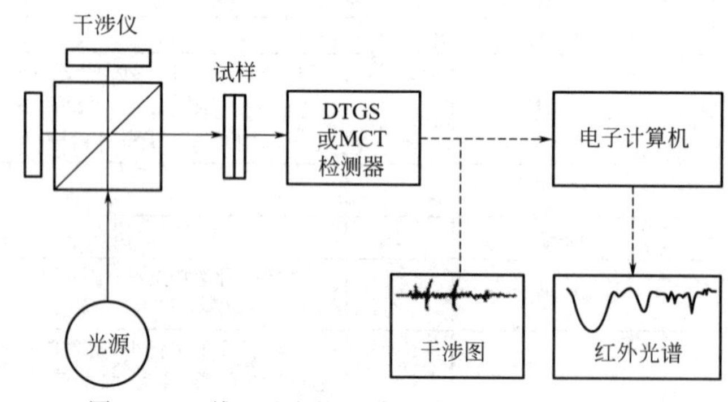

图10-14 傅里叶变换红外光谱仪工作原理示意图

(1)光源 光源要能发出稳定、高强度连续波长的红外光,通常使用能斯特灯或硅碳棒。能斯特灯是由稀土氧化物烧结而成的空心棒或实心棒;硅碳棒是由碳化硅烧结而成的实心棒。

(2)干涉仪 迈克尔逊干涉仪是FTIR的核心部件,干涉仪将光源传来的信号以干涉图的形式送往计算机进行快速的Fourier变换的数学处理,最后将干涉图还原为通常解析的光谱图。

(3)检测器 傅里叶变换红外光谱仪中检测器一般使用硫酸三甘肽(TGS),该检测器响应速度快,可用于快速扫描。

2. 工作原理

迈克尔逊干涉仪中，M_1、M_2为两块互相垂直的平面反射镜，见图 10-15，M_1固定不动，称为定镜，M_2可以沿图示的方向作往还微小移动，称为动镜。在 M_1、M_2之间放置一呈 45°角的光束分裂器 BS，它能把光源 S 投来的光分为强度相等的两光束Ⅰ和Ⅱ。光束Ⅰ和光束Ⅱ分别投射到动镜和定镜，然后又反射回来，透过样品，到达检测器 D。当两束光到达 D 时，其光程差将随动镜 M_2 的往复运动而呈现周期性的变化。这样由于光的干涉原理，在 D 处得到的是一个强度变化的余弦形式的信号，即干涉图谱。当入射光为连续波长的多色光时，得到的多色光干涉图是所有各单色光干涉图的加和。当多色光通过试样时，由于试样选择吸收了某些波长的光，干涉图发生了变化，变得极为复杂，如图 10-16(a) 所示。这种复杂的干涉图是难以解释的，需要经过计算机进行快速的傅立叶变换，就可得到一般所熟悉透射比随波数变化的普通红外光谱图，如图 10-16(b) 所示。

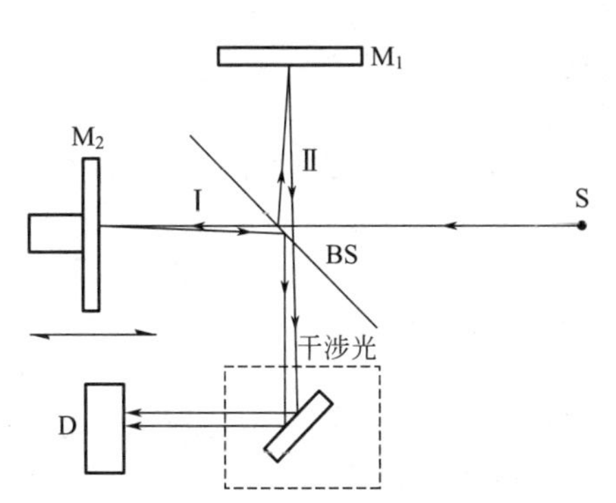

图 10-15 迈克尔逊干涉仪光学示意及工作原理图

M_1—固定镜；M_2—动镜；S—光源；

D—检测器；BS—光束分裂器

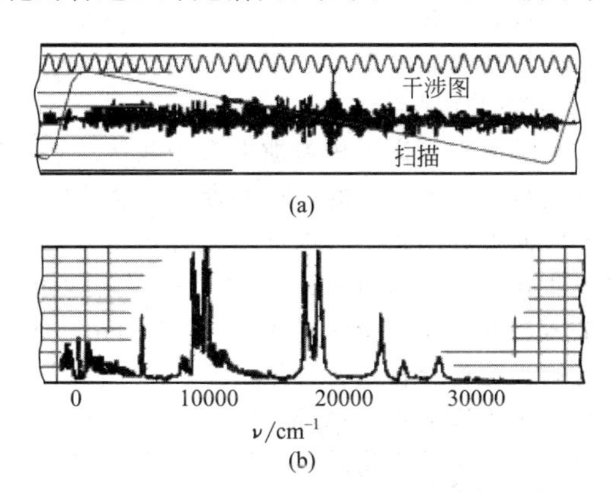

图 10-16 FTIR 光谱干涉图扫描转换

3. FTIR 光谱特点

(1) 扫描速度快，测量时间短，可在一秒至数秒内获得光谱图，比色散型仪器快数百倍。因此适用于对快速反应的跟踪，也便于与色谱仪的联用。

(2) 灵敏度高，检测限低，可达 10^{-12}～10^{-9}g。

(3) 分辨本领高，波数精度一般可达 0.5cm^{-1}，性能好的仪器可达 0.01cm^{-1}。

(4) 测量光谱范围宽，波数范围可达 10^4～10cm^{-1}，涵盖了整个红外光区。

(5) 测量的精密度、重现性好，可达 0.1%，而杂散光小于 0.01%。

四、红外光谱的应用

1. 有机化合物定性分析

(1) 红外光谱的定性分析，大致可以分为官能团定性和结构分析两个方面。官能团定性是根据化合物的特征基团频率来测定待测物质含有哪些基团，从而确定有关化合物的类别。结构分析则需要由化合物的红外吸收光谱并结合其他实验资料来推断有关化合物的化学结构式。

(2) 如果对已知物及其纯度进行定性鉴定，只要在得到样品的红外光谱图后，与纯物质的标准谱图进行对照，或者与文献中的标准谱图进行对照即可。如果两张谱图各吸收峰的位置和形状完全相同，峰的相对吸收强度也一致，就可初步判定该样品即为该种纯物质。

2. 对未知物进行定性分析的一般步骤：

(1) 试样的分离和精制　用各种分离手段（如分馏、萃取、重结晶、层析等）提纯未知试样，以得到单一的纯物质。否则，试样不纯不仅会给光谱的解析带来困难，还可能得出错误的结论。

(2) 收集未知试样的有关资料和数据　掌握试样的来源，元素的分子量，熔点、沸点、溶解度有关的化学性质，紫外吸收光谱，核磁共振波谱，质谱等。

（3）确定未知物的不饱和度　根据试样的分子式，计算不饱和度，可以估计分子结构中是否含有双键、三键和苯环。不饱和度是表示有机分子中碳原子的不饱和程度，用 U 表示，其经验公式为：

$$U=1+n_4+\frac{1}{2}(n_3-n_1) \tag{10-8}$$

式中，n_1、n_3、n_4分别为分子式中一价、三价和四价原子的数目。通常规定双键和饱和环状结构的不饱和度为1，三键的不饱和度为2，苯环的不饱和度为4。

比如 $C_6H_5NO_2$的不饱和度 $U=1+6+\frac{1}{2}(1-5)=5$，即一个苯环和一个 N═O 键。

（4）谱图解析　由于化合物分子中的各种基团具有多种形式的振动方式，所以一个试样物质的红外吸收峰有时多达几十个，但没有必要使谱图中各个吸收峰都得到解释，因为有时只要辨认几个至十几个特征吸收峰即可确定试样的结构，而且目前还有很多红外吸收峰无法解释。谱图解析并没有一个确定的程序可循，往往具有一定的经验性，主要根据谱图中峰的位置、强度和形状三个要素进行结构推测。光谱解析习惯上多用两区域法，即特征区和指纹区。

通过特征区的吸收峰可以判断化合物有哪些官能团，根据第一强峰可以估计化合物的类别。根据C－H伸缩振动类型可以推断化合物是芳香族还是脂肪族，饱和烃还是不饱和烃。C－H伸缩振动多发生在3100～2800cm^{-1}之间，高于3000cm^{-1}为不饱和烃，低于3000cm^{-1}为饱和烃。芳香族化合物的苯环骨架振动吸收在1620～1470cm^{-1}之间，若在（1600±20）cm^{-1}、（1500±25）cm^{-1}有吸收，可以确定化合物是芳香族。

指纹区的许多吸收峰都是特征区吸收峰的相关峰，这些相关峰可以更确定地鉴别化合物的官能团，以初步推断试样物质的类别，最后详细地查对有关光谱资料来确定其结构。

3. 红外光谱图的应用实例

【例 10-2】　某化合物的分子式为 C_8H_{14}，其红外光谱如图 10-17 所示，试进行解释并判断其结构。

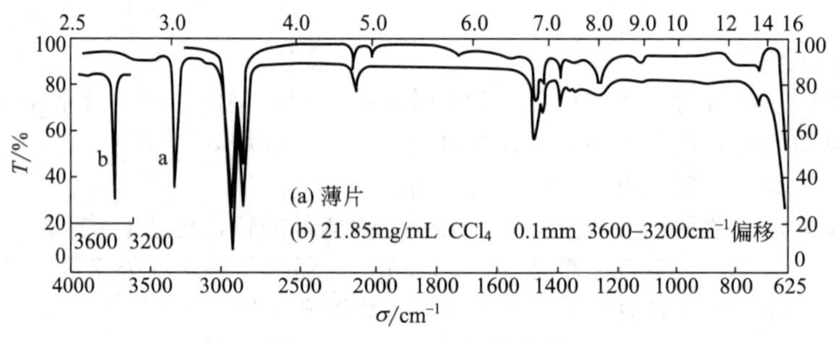

图 10-17　C_8H_{14}红外光谱

解：

（1）求化合物的不饱和度

$U=1+8+\frac{1}{2}(0-14)=2$ 表明化合物无苯环，可能有两个双键或一个三键。

（2）光谱解析

1650～1600cm^{-1}处无吸收峰，故无双键，这可能有三键，是炔类化合物；3300cm^{-1}处有尖锐吸收峰，2100cm^{-1}处有吸收峰，证实有炔键及与其连接的C—H，即C≡C—H基；余下的吸收峰为—CH_3、—CH_2的伸缩吸收峰及弯曲吸收峰，而1370cm^{-1}处峰无分裂，表明无 Me_2CH—及 Me_3C—的结构；720cm^{-1}有吸收，表明分子中有$\leftarrow CH_2 \rightarrow_n$，$n>4$ 的键状结构。

（3）推断结构

综上所述，化合物为 $CH_3—(CH_2)_5—C≡CH$，即1-辛炔。

【例 10-3】　有一分子式为 $C_7H_6O_2$的化合物，其红外光谱如图 10-18 所示，试推断其结构。

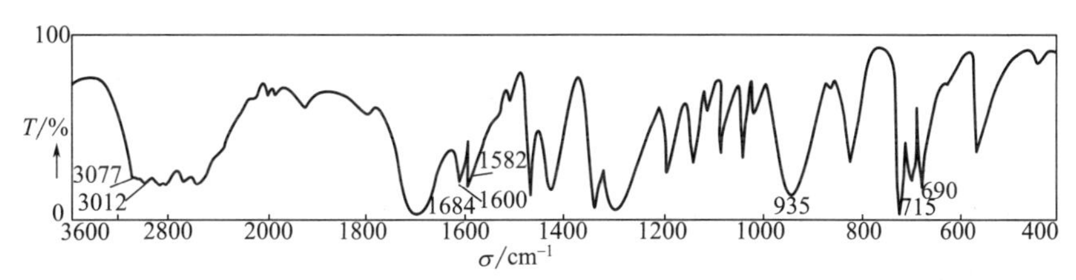

图 10-18　化合物 $C_7H_6O_2$ 的红外光谱

解：

(1) 计算不饱和度 $U=1+7+\frac{1}{2}(0-6)=5$，表明化合物可能有苯环及一个双键。

(2) $1684cm^{-1}$ 强峰是 $\nu_{C=O}$ 的吸收，在 $3300\sim2500cm^{-1}$ 区域有宽而散的 ν_{O-H} 峰，并在约 $935cm^{-1}$ 的 ν_{C-O} 位置有羧酸二聚体的 ν_{O-H} 吸收，在约 $1400cm^{-1}$、$1300cm^{-1}$ 处有羧酸的 ν_{C-O} 和 δ_{O-H} 的吸收，因此该化合物结构中含—COOH 基团。

(3) $1600cm^{-1}$、$1582cm^{-1}$ 是苯环 $\nu_{C=C}$ 的特征吸收，$3070cm^{-1}$、$3012cm^{-1}$ 是苯环的 ν_{C-H} 的特征吸收，$715cm^{-1}$、$690cm^{-1}$ 是单取代苯的特征吸收，所以该未知化合物中肯定存在单取代的苯环。

(4) 因此，综上所述可知其结构为：

想一想

如果在 $1850\sim1600cm^{-1}$ 出现强峰，可以判断化合物含有什么基团？

知识链接

标准曲线法

标准曲线法又称工作曲线法，它是分光光度法在实际工作中使用最多的一种定量方法。标准曲线的绘制方法是：配制四个以上浓度不同的待测组分的标准溶液，以空白溶液为参比溶液，在选定的波长下，分别测定各标准溶液的吸光度。以标准溶液浓度为横坐标，吸光度为纵坐标，在坐标纸上绘制曲线（见图 10-19），此曲线即称为标准曲线（或称工作曲线）。实际工作中，为了避免使用时出差错，在所作的工作曲线上还必须标明标准曲线的名称、所用标准溶液（或标样）名称和浓度、坐标分度和单位、测量条件（仪器型号、入射光波长、吸收池厚度、参比液名称）以及制作日期和制作者姓名。

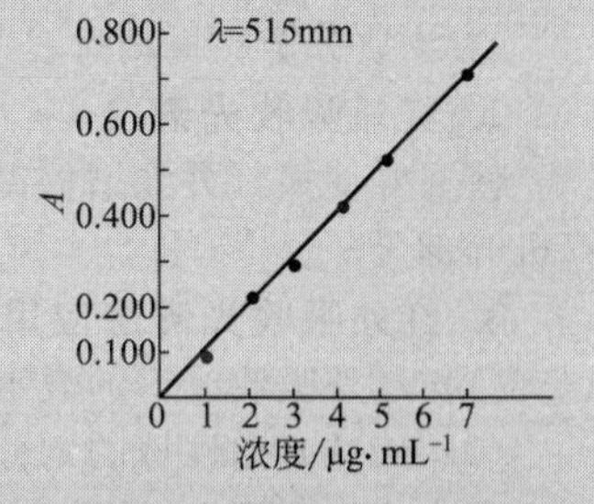

图 10-19　标准曲线

在测定样品时，应按相同的方法制备待测试液（为了保证显色条件一致，操作时一般是试样与标样同时显色），在相同测量条件下测量试液的吸光度，然后在工作曲线上查出待测试液浓度。为了保证测定准确度，要求标样溶液与试样溶液的组成保持一致，待测试液的浓度应在工作曲线线性范围内，最好在工作曲线中部。工作曲线应定期校准，如果实验条件变动（如更换标准溶液、所用试剂重新配制、仪器经过修理、更换光源等情况），工作曲线应重新绘制。如果实验条件不变，那么每次测量只要带一个标样，校验一下实验条件是否符合，就可直接用此工作曲线测量试样的含量。工作曲线法适于成批样品的分析，它可以消除一定的随机误差。

本章小结

一、紫外光谱

1. 朗伯-比尔定律

朗伯-比尔定律是光吸收的基本定律，也是分光光度分析法的依据和基础。

（1）透射比 τ 与吸光度 A

$$A=\lg\frac{1}{\tau}=-\lg\tau$$

（2）朗伯-比尔定律

$$A=Kbc$$

朗伯-比尔定律可表述为：当一束平行单色光垂直入射通过均匀、透明的吸光物质的稀溶液时，溶液对光的吸收程度与溶液的浓度及液层厚度的乘积成正比。

2. 紫外分光光度计

紫外-可见分光光度计基本的部件主要由五个部分组成，即光源、单色器、吸收池、检测器和信号处理及显示系统。

3. 紫外分光光度法

（1）定性分析　紫外-可见分光光度法可用于有机化合物的鉴定、结构推断和纯度检验。但这种方法的应用有较大的局限性，要准确定性还要与其他方法联合起来。

（2）定量分析　紫外可见分光光度法常用于定量分析，通过测定溶液对一定波长入射光的吸光度，依据朗伯-比尔定律，就可求出溶液中物质的浓度和含量。

二、红外光谱

1. 基本原理

红外吸收光谱是分子振动能级跃迁产生的。分子振动能级比转动能级大，因此分子发生振动能级变化时常伴随转动能级的变化。

红外吸收光谱产生的条件：

① 红外辐射应具有恰好能满足能级跃迁所需的能量。

② 物质分子在振动过程中应有偶极矩的变化（$\Delta\mu\neq0$）。

2. 红外吸收光谱仪

傅里叶变换红外光谱仪简称FTIR，主要部件有光源、迈克尔逊干涉仪、样品池、检测器、计算机等部分。

3. 红外吸收光谱法应用

（1）红外吸收光谱的表示方法　谱图一般用 τ-σ 曲线或 τ-λ 曲线来表示。

（2）红外光谱区域的划分　按照红外吸收光谱与分子结构的关系可将整个红外光谱区分为基团频率区（或特征区），波数在 $4000\sim1330\text{cm}^{-1}$ 范围内，可作为官能团定性分辨的主要依据。指纹区波数在 $1330\sim670\text{cm}^{-1}$ 范围内。

（3）应用　红外光谱的定性分析，主要根据谱图中峰的位置、强度和形状三个要素进行结构推测。光谱解析习惯上多用两区域法，即特征区及指纹区。

一、选择题

1. 光子能量 E 与波长 λ、频率 ν 和速度 c 及 h（普朗克常数）之间的关系为（　　）。

A. $E=h/\nu$　B. $E=h/\nu=h\lambda/c$　C. $E=h\nu=hc/\lambda$　D. $E=c\lambda/h$

2. 光量子的能量正比于辐射的（　　）。

A. 频率　B. 波长　C. 周期　D. 传播速度

3. 下列四个电磁波谱区中，请指出能量最小者（　　）。

A. X 射线　B. 红外区　C. 无线电波　D. 紫外和可见光区

4. 可见分光度法的适合检测波长范围是（　　）。

A. 400～760nm　B. 200～400nm　C. 200～760nm　D. 200～1000nm

5. 有两种不同有色溶液均符合朗伯-比尔定律，测定时若比色皿厚度，入射光强度及溶液浓度皆相等，以下说法正确的是（　　）。

A. 透过光强度相等　B. 吸光度相等　C. 吸光系数相等　D. 以上说法都不对

6. 某有色溶液在某一波长下用 1cm 吸收池测得其吸光度为 0.375，若改用 0.5cm 和 2cm 吸收池，则吸光度各为（　　）。

A. 0.188/0.750　B. 0.108/1.105　C. 0.088/1.025　D. 0.180/1.120

7. 紫外-可见分光光度计结构组成为（　　）。

A. 光源—吸收池—单色器—检测器—信号显示系统

B. 光源—单色器—吸收池—检测器—信号显示系统

C. 单色器—吸收池—光源—检测器—信号显示系统

D. 光源—吸收池—单色器—检测器

8. 紫外-可见分光光度计分析所用的光谱是（　　）光谱。

A. 原子吸收　B. 分子吸收　C. 分子发射　D. 质子吸收

9. 紫外分光光度法中，吸收池是用（　　）制作的。

A. 普通玻璃　B. 光学玻璃　C. 石英玻璃　D. 透明塑料

10. 可见分光光度法中，使用的光源是（　　）。

A. 钨丝灯　B. 氢灯　C. 氘灯　D. 汞灯

11. 下面四种气体中不吸收红外光的有（　　）。

A. H_2O　B. CO_2　C. HCl　D. N_2

12. 在分光光度法中，运用朗伯-比尔定律进行定量分析采用的入射光为（　　）。

A. 白光　B. 单色光　C. 可见光　D. 紫外光

13. 红外光谱是（　　）。

A. 分子光谱　B. 原子光谱　C. 发射光谱　D. 电子光谱

14. 在下面各种振动模式中，不产生红外吸收的是（　　）。

A. 乙炔分子中—C≡C—对称伸缩振动

B. 乙醚分子中 O—C—O 不对称伸缩振动

C. HCl 分子中 H—Cl 键伸缩振动

D. H_2O 分子中 H—O—H 对称伸缩振动

15. 分子不具有红外活性的是（　　）。

A. 分子的偶极矩为零　B. 双原子分子

C. 非极性分子　D. 分子振动时没有偶极矩变化

16. 预测以下各个键的振动频率所落的区域，正确的是（　　）。

A. O—H 伸缩振动数在 2500～1500cm^{-1}

B. C—O 伸缩振动波数在 2500～1500cm^{-1}

C. N—H 弯曲振动小数在 4000～2500cm^{-1}

D. C—N 伸缩振动波数在 1500～1000cm^{-1}

17. 某种化合物其红外光谱在 3000～2800cm^{-1}，1460cm^{-1}，1375cm^{-1}，和 725cm^{-1} 等处有主要吸收带，该化合物可能是（　　）。

A. 烷烃　　B. 烯烃　　C. 炔烃　　D. 芳烃

二、计算题

1. 某化合物的最大吸收波长 $\lambda_{max}=280nm$，光线通过该化合物的 $1.0\times10^{-5}mol\cdot L^{-1}$ 溶液时，透射比为 50%（用 2cm 吸收池），求该化合物在 280nm 处的摩尔吸收系数。

2. 某亚铁螯合物的摩尔吸收系数为 $12000L\cdot mol^{-1}\cdot cm^{-1}$，若采用 1.00cm 的吸收池，欲把透光率读数限制在 0.200～0.650，分析的浓度范围是多少？

3. 以丁二酮肟光度法测定微量镍，若配合物 $NiDX_2$ 的浓度为 $1.70\times10^{-5}mol\cdot L^{-1}$，用 2.0cm 吸收池在 470nm 波长下测得透射比为 30.0%。计算配合物在该波长的摩尔吸光系数。

4. 以邻二氮菲光度法测定 Fe（Ⅱ），称取试样 0.500g，经处理后，加入显色剂，最后定容为 50.0mL。用 1.0cm 的吸收池，在 510nm 波长下测得吸光度 $A=0.430$。计算试样中铁的百分含量；当溶液稀释 1 倍后，其透射比将是多少？（$\varepsilon_{510}=1.1\times10^{4}L\cdot mol^{-1}\cdot cm^{-1}$）

三、问答题

1. 何谓朗伯-比尔定律（光吸收定律）？写出数学表达式及各物理量的意义，引起吸收定律偏离的原因是什么？

2. 试比较可见分光光度计与紫外-可见分光光度计的区别。

3. 产生红外吸收的条件是什么？是否所有分子振动都能产生红外吸收光谱？

4. 红外光谱分成哪两个重要区段？各区段有什么特点和用途？

邻二氮菲分光光度法测定微量铁

一、目的要求

1. 了解邻二氮菲测定铁的基本原理及基本条件。熟悉绘制吸收曲线的方法，正确选择测定波长。

2. 学习绘制标准曲线的方法。掌握 721 型或 722 型分光光度计的正确使用方法，了解此仪器的结构。

二、实验原理

邻二氮菲（又名邻菲啰啉）是测定铁的一种良好的显色剂，在 pH=2.0～9.0 的溶液中，Fe^{2+} 与邻二氮菲生成稳定的橙红色配合物，配合物的配位比为 3∶1。测定时，如果铝和磷酸盐含量高或酸度高，则反应进行缓慢；酸度太低，则 Fe^{2+} 易水解，影响显色。本实验采用 HAc-NaAc 缓冲溶液（pH 值为 5.0～6.0）调整溶液的 pH，使溶液显色完全。

Fe^{3+} 与邻二氮菲作用形成蓝色配合物，稳定性较差，因此在实际应用中常加入还原剂，盐酸羟胺或对苯二酚使 Fe^{3+} 还原为 Fe^{2+}。

Bi^{3+}、Cd^{2+}、Hg^{2+}、Zn^{2+} 及 Ag^{+} 等离子与邻二氮菲作用生成沉淀，会干扰测定。CN^{-} 存在将与 Fe^{2+} 生成配合物，干扰也很严重。以上离子应事先设法除去。实验证实，相当于铁量 40 倍的 Sn^{2+}、Al^{3+}、Ca^{2+}、Mg^{2+}、Zn^{2+}、SiO_3^{2-}，20 倍的 Cr^{3+}、Mn^{2+}、VO_3^{-}、PO_4^{3-}，5 倍的 Co^{2+}、Ni^{2+}、Cu^{2+} 等离子不干扰测定。此方法测铁灵敏度高，选择性好，稳定性高。

三、实验仪器与试剂

仪器：721 型或 722 型分光光度计，容量瓶（50mL）7 只，吸量管（10mL）2 只。

试剂：铁标准溶液（100$\mu g \cdot mL^{-1}$），铁标准溶液（10$\mu g \cdot mL^{-1}$）、10%盐酸羟胺溶液（临用时配制），0.15%邻二氮菲溶液（临用时配制），HAc-NaAc缓冲溶液（pH≈5.0）。

四、实验内容

1. 显色溶液的配制：取50mL容量瓶7只，分别准确加入10.00$\mu g \cdot mL^{-1}$的铁标准溶液0.00、2.00、4.00、6.00、8.00、10.00（mL）及试样溶液5.00mL，再于各容量瓶中分别加入10%盐酸羟胺1mL、HAc-NaAc缓冲溶液5mL及0.15%邻二氮菲溶液2mL，每加一种试剂后均摇匀再加另一种试剂，最后用水稀释到刻度，充分摇匀，放置5min待用。

2. 比色皿读数误差的校正。

3. 测绘吸收曲线及选择测量波长：选用加有6.00mL铁标准溶液的显色溶液，以不含铁标准溶液的试剂溶液为参比，用2cm比色皿，在721型或722型分光光度计上，在波长450～550nm间，每隔20nm测定一次吸光度A值。在最大吸收波长左右，再每隔5nm各测一次。测定结束后，以测量波长为横坐标，以测得的吸光度为纵坐标，绘制吸收曲线。选择吸收曲线的峰值波长为本实验的测量波长，以λ_{max}表示。

4. 标准曲线的绘制：在选定波长λ_{max}下用2cm比色皿，以相同参比溶液测量铁标准系列的吸光度值。再以吸光度为纵坐标，总铁含量（$\mu g \cdot mL^{-1}$）为横坐标，绘制标准曲线。

5. 试样的分析：在相同条件下测定试样的吸光度值，从标准曲线上查出其所对应的铁含量，即为试样溶液的浓度，由此可计算出试样的原始浓度（$\mu g \cdot mL^{-1}$）。

五、数据记录和处理

1. 实验所用仪器型号：______型分光光度计　　实验所用比色皿规格：________cm比色皿

2. 吸收曲线的绘制

作图查得吸收曲线的峰值波长：λ_{max}=________nm

波长/nm	450	470	490	505	510	515	520	530	550
A									

3. 标准曲线的绘制

序号	0	1	2	3	4	5
吸取体积/mL	0	2.00	4.00	6.00	8.00	10.00
浓度/(μg/50mL)	0					

4. 试样溶液的吸光度A_x=________；从标准曲线上查出的浓度c_x=________μg/50mL

由下式计算出试样的原始浓度：

$$c_0=\frac{c_x \times 50mL}{5mL}=\_\_\_\_\_\_\_\_\_\_\ \mu g \cdot mL^{-1}$$

苯甲酸红外吸收光谱的测定（压片法）

一、目的要求

1. 掌握一般固体样品的制样方法以及压片机的使用方法；
2. 了解红外光谱仪的工作原理；
3. 掌握红外光谱仪的一般操作。

二、实验原理

不同的样品状态（固体、液体、气体以及黏稠样品）需要相应的制样方法。制样方法的选择和制样技术的好坏直接影响谱带的频率、数目和强度。对像苯甲酸这样的粉末样品常采用压片法。实际方法是：将研细的粉末分散在固体介质中，并用压片机压成透明的薄片后测定。固体分散介质一般是金属卤化物（如 KBr），使用时要将其充分研细，颗粒直径最好小于 2μm（因为中红外的波长是从 2.5μm 开始的）。

三、实验仪器与试剂

1. 仪器

WQF410 型或其他型号的红外光谱仪，压片机，模具和样品架，玛瑙研钵，不锈钢药匙，红外灯。

2. 试剂

干燥苯甲酸（分析纯），干燥溴化钾（光谱纯），无水乙醇（分析纯），擦镜纸。

四、实验内容

1. 开机：打开红外光谱仪主机电源，打开计算机，预热 20min 后进入 FX80 软件。

2. 固体样品制备：称取固体样品苯甲酸（已干燥）1～3mg，在玛瑙研钵中充分研细后，再加入 100～300mg 干燥的溴化钾，继续研磨至完全混匀。颗粒直径大小约为 2μm。将研好的混合物装于干净的压模内均匀铺洒，置压模于压片机上，慢慢均匀施加压力至约 30MPa 作用并维持 2min，再卸压，制成透明薄片。将该片装于样品架上，放于分光光度计的样品池处，在 4000～600cm^{-1}进行样品扫描，即得苯甲酸的红外谱图。

3. 红外光谱绘制：

① 检测背景，设置增益值使 $A/D\%$大约为 90%左右。

② 收集背景，扫描 64 次。

③ 样品扫描，插入制备好的样品，检测样品光谱调节增益使 $A/D\%$大约为 90%左右，收集透射或吸收光谱，扫描 32 次，保存。

④ 打印出试样的红外光谱图。

⑤ 关闭计算机，关闭红外光谱。

五、数据处理

1. 标出试样谱图上各主要吸收峰的波数值。

2. 选择试样苯甲酸的主要吸收峰，指出其归属。

参考文献

[1] 叶宪曾，张新祥．无仪器分析教程．北京：北京大学出版社，2007.

[2] 王炳强，高洪潮．仪器分析．北京：化学工业出版社，2010.

[3] 曹国庆，钟彤．仪器分析技术．北京：化学工业出版社，2009.

[4] 黄一石，吴朝华，杨小林．仪器分析．北京：化学工业出版社，2008.

[5] 王炳强，曾玉香．化学检验工职业技能鉴定试题集．北京：化学工业出版社，2015.

色谱分析法

Chapter 11

知识目标

1. 掌握色谱分析法的分类；
2. 掌握气相色谱法、高效液相色谱法的基本原理；
3. 熟悉气相色谱法、高效液相色谱法的定性及定量分析方法；
4. 了解气相色谱仪与高效液相色谱仪的基本操作。

色谱法从二十世纪初发明以来，经历了整整一个世纪、发展到今天已经成为最重要的分离分析方法，近四十年来，色谱学各分支如气相色谱、液相色谱、薄层色谱、凝胶色谱、渗透色谱和纸色谱都得到了深入的研究，并广泛应用于各个领域，如石油化工、有机合成、生理生化、医药卫生、环境保护，乃至空间探索等。

第一节　色谱分析法的概述

一、色谱分析法简介

色谱法（chromatography）又叫色层法或层析法，是一种分离分析方法，是分离分析多组分混合物质的极有效的物理及物理化学分析方法，是以试样中各组分与固定相和流动相之间的相互作用力（如吸附、分配、离子交换、排阻、亲和等作用力）的差异为依据而建立起来的各种分离分析方法。

将一滴含有混合色素的溶液滴在一块布或一片纸上，随着溶液的展开可以观察到一个个同心圆环出现，这种层析现象虽然古人就已有初步认识并有一些简单的应用，但真正首先认识到这种层析现象在分离分析方面具有重大价值的是俄国植物学家米哈伊尔·茨维特。1906 年俄国植物学家米哈伊尔·茨维特用碳酸钙填充竖立的玻璃管，以石油醚洗脱植物色素的提取液，经过一段时间洗脱之后，植物色素在碳酸钙柱中实现分离，由一条色带分散为数条平行的色带。由于这一实验将混合的植物色素分离为不同的色带，“色谱”一词由此而来。以后此法逐渐应用于无色物质的分离，“色谱”二字虽已失去原来的含义，但仍被人们沿用至今。

在色谱法中，将填入玻璃管或不锈钢管内静止不动的一相（固体或液体）称为固定相；自上而下运动的一相（一般是气体或液体）称为流动相，装有固定相的管子（玻璃管或不锈钢管）称为色谱柱。

当流动相中样品混合物经过固定相时，就会与固定相发生作用，由于各组分在性质和结构上的差异，与固定相相互作用的类型、强弱也有差异，因此在同一推动力的作用下，不同组分在固定相滞留时间长短不同，从而按先后不同的次序从固定相中流出。

二、色谱法分类

从色谱法的发展可知，各种类型的色谱法很多，可从不同的角度对其进行分类，主要有以下三种。

1. 按流动相和固定相的状态分类

液体为流动相的色谱称液相色谱（LC），同理液相色谱亦可分为液固色谱（LSC）和液液色谱（LLC）。

气体为流动相的色谱称为气相色谱（GC），根据固定相是固体吸附剂还是固定液（附着在惰性载体上的一薄层有机化合物液体），又可分为气固色谱（GSC）和气液色谱（GLC）。

超临界流体为流动相的色谱为超临界流体色谱（SFC）。

随着色谱工作的开展，通过化学反应将固定液键合到载体表面，这种化学键合固定相的色谱又称化学键合相色谱（CBPC）。见表 11-1。

表 11-1 色谱法分类

流动相	固定相	类型	
液体	固体	液-固色谱	液相色谱 LC
液体	液体	液-液色谱	
气体	固体	气-固色谱	气相色谱 GC
气体	液体	气-液色谱	
超临界流体			超临界流体色谱 SFC

2. 按固定相的操作方式分类

固定相装于管柱内的色谱法，称为柱色谱，按照管柱的粗细和固定相的填充方式不同，它又可分为填充柱色谱和毛细管柱色谱。柱色谱法是将固定相装在一金属或玻璃柱中，或是将固定相附着在毛细管内壁上做成色谱柱，试样从柱头到柱尾沿一个方向移动而进行分离的色谱法。

固定相呈平面状的色谱，称为平面色谱，按照平面材料的不同，它又可分为薄层色谱和纸色谱。纸色谱法是利用滤纸作固定液的载体，把试样点在滤纸上，然后用溶剂展开，各组分在滤纸的不同位置以斑点形式显现，根据滤纸上斑点位置及大小进行定性和定量分析。纸色谱法以吸附水分的滤纸作固定相。薄层色谱法是将适当粒度的吸附剂作为固定相涂布在平板上形成薄层，然后用与纸色谱法类似的方法操作以达到分离目的。薄层色谱法以涂敷在玻璃板上的吸附剂作固定相。

3. 按色谱过程的分离机制分类

(1) 吸附色谱法是用固体吸附剂作固定相，根据样品中不同组分在吸附剂上的物理吸附性能的差异进行分离，如气固色谱法、液固色谱法。

(2) 分配色谱法是液体做固定相，根据不同组分在固定相和流动相之间分配系数的不同进行分离，如气液色谱法、液液色谱法。

(3) 离子交换色谱法的固定相是离子交换剂，依据离子型化合物中各离子组分与离子交换剂上表面带电荷集团进行可逆性离子交换能力的差别进行分离，也可以说是利用组分在离子交换剂（固定相）上的亲和力大小不同而达到分离。

(4) 尺寸排阻色谱法是用多孔性凝胶作固定相，根据大小不同的分子在多孔固定相中的选择性渗透而达到分离，也称为凝胶色谱法或空间排阻色谱法。

(5) 亲和色谱法是以在不同基体上键合多种不同特征的配体作固定相（称固定化分子），根据不同组分与固定相的高专属亲和力进行分离，常用于蛋白质的分离。

(6) 生物色谱法是采用各种具有生物活性的材料（例如酶、载体蛋白、细胞膜、活细胞等）作固定相，利用固定相与各种生物活性物质的选择性结合进行分离。

三、色谱过程

在色谱分离过程中，当流动相携带试样对固定相做相对运动时，由于试样中各组分在固定相和流动相之间的作用力（如吸附力、溶解力、离子交换、分子排阻力和其他亲和力）存在微小差别，使得不同组分被流动相运载移动的速率不同，产生差速迁移，使得结构和性质有微小差别的不同组分按先后次序从固定相中流出而分离开来，可见差速迁移是色谱分离的基础。

下面以吸附柱色谱法为例来了解学习色谱分离的过程。

在吸附柱色谱法中，固定相是固体吸附剂，吸附剂对不同的组分表现出程度不同的吸附能力，待分离的组分随流动相通过吸附剂时，由于吸附剂对不同组分有不同的吸附力，使得不同组分随流动相迁移运载的速率不同，产生差速迁移，最后使得不同组分按先后次序流出色谱柱，实现分离。在吸附柱色谱法的整个分离过程中，始终贯穿着吸附剂对被分离组分的吸附与解吸附作用。吸附剂对不同的组分有不同的吸附能力，使得各组分在吸附剂上滞留的时间不同，随流动相运动的速率不同而分离，是一个吸附-解吸附的平衡过程。

由吸附柱色谱法的分离过程可知，色谱法利用不同组分在不同相态（固定相和流动相）中的选择性分配，以流动相对固定相中的混合物进行洗脱，混合物中不同的物质会以不同的速度沿固定相移动，最终达到分离的效果。

色谱分离过程的本质是待分离的组分在固定相和流动相之间分配平衡的过程，不同组分在两相之间的分配不同，使得各组分随流动相迁移的速度不相同，随着流动相的运动，混合物中的不同组分在固定相上相互分离。简言之，色谱分离过程就是试样中的各组分在色谱柱内两相间进行多次分配的过程。

综上可见，色谱法是利用混合物中各组分在两相（固定相和流动相）中吸附、分配、离子交换、亲和力、分子尺寸等的差异，使固定相对各组分的保留作用不同，产生差速迁移而进行分离的方法。

第二节　气相色谱法

一、气相色谱法的分类及特点

气相色谱法根据所用的固定相不同可分为气固色谱和气液色谱。

气相色谱法不仅能对混合物进行分离，同时还能对混合物中各组分进行定性和定量分析，因此应用于食品、药品、环境等各个领域。其特点有：

（1）高效能、高选择性　可分离分析性质相似的多组分混合物，如同系物、同分异构体等；可分离制备高纯物质，纯度可达99.99%。

（2）灵敏度高　可检出10^{-13}～10^{-11}g的物质。

（3）分析速度快　一般分析时间为几分钟到几十分钟。

（4）应用范围广　在仪器允许的气化条件下，凡是能够气化且稳定、不具腐蚀性的液体或气体，都可用气相色谱法分析。有的化合物沸点过高难以气化或对热不稳定而易分解，则可通过化学衍生化的方法，使其转变成易气化或对热稳定的物质后再进行分析。但不适用于高沸点、难挥发、热稳定性差的高分子化合物和生物大分子化合物的分析。

二、气相色谱法的基本原理

在气相色谱分析法中，多组分试样在色谱柱内的分离过程可用图11-1进行说明。若固定相为吸附剂，当被测试样由载气携带进入色谱柱时，试样中的混合组分会立即被吸附剂吸附。随着载气不断流过固定相，被吸附的组分又会被洗脱下来，此过程称为脱附。

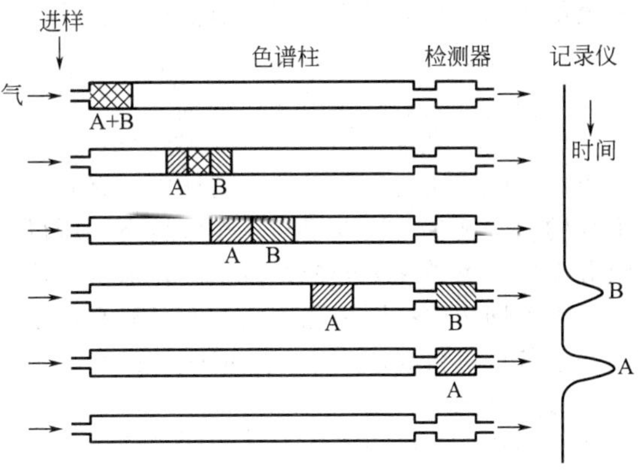

图11-1　试样在色谱柱中的分离过程

脱附的组分随着载气继续前进时，又可被前面的固定相所吸附。这样，随着载气的流动，被测组分在固定相表面进行反复多次的吸附、脱附过程。因混合组分中各组分的性质不同，被固定相吸附的难易程度也不同。较难被吸附的组分容易被脱附（图 11-1 中 B 组分），并会随着载气较快地向前移动，先流出色谱柱，而易被吸附的组分却不易被脱附（图 11-1 中 A 组分），向前移动较慢，后流出色谱柱。经过一定时间后，试样中各组分会先后流出色谱柱，达到彼此分离的目的。

当固定相为液相时，试样中各组分的分离是基于各组分在固定液中溶解度的差异。混合组分在色谱柱内经过反复多次溶解、挥发过程，使溶解度小的组分先流出色谱柱，溶解度大的组分后流出色谱柱。

组分在固定相和流动相（载气）之间发生的吸附与脱附或溶解和挥发的过程称为分配过程。被测组分按其吸附和溶解能力的不同，以一定的浓度比分配在固定相和流动相中。吸附或溶解能力强的组分，分配在固定相中的量多，而在流动相中的量少；相反，吸附或溶解能力弱的组分，分配在固定相中的量少，流动相中的量多。一般用分配系数 K 表示在一定温度下，组分在两相间达到分配平衡时的分配能力的大小。

$$K=\frac{\text{组分在固定相中的浓度}}{\text{组分在流动相中的浓度}}=\frac{c_S}{c_M}$$

在一定温度下，各组分在两相间的分配系数不相同，所以，当试样中的各组分在两相间移动时，进行反复多次的分配过程，最终可使分配系数有微小差别的各组分彼此得以分离。

在实际工作中，色谱分离过程非常复杂，人们试图从理论上来解释色谱分离过程中的各种柱现象和描述色谱流出曲线的形状以及评价柱子的有关参数。其中最具代表性的有塔板理论和速率理论。

1. 塔板理论

塔板理论（plate theory）是把色谱柱比作一个分馏塔，从而把色谱分离过程比作分馏过程。该理论假设色谱柱内有很多层分隔的塔板，塔板的数量称为理论塔板数，用 n 表示。在每一层塔板上，组分可达到一次分配平衡。因被分离组分的分配系数不同，经多次分配平衡后，可使不同的组分得以分离。显然，理论塔板数 n 越多，则进行的分配平衡次数越多，分离效能越高。若用 L 表示色谱柱的长度，则每层塔板的高度为 $H=L/n$，称理论塔板高度。可见，在一定长度的色谱柱内，H 越小，n 越多，色谱柱的分离效能越高。

塔板理论中理论塔板数 n 与半峰宽或峰宽之间的关系为：

$$n=5.54\left(\frac{t_R}{Y_{1/2}}\right)^2=16\left(\frac{t_R}{Y}\right)^2$$

用上式计算 n 时，t_R 与 $Y_{1/2}$ 或 Y 须用相同单位（时间或长度）。

由于保留时间 t_R 包括死时间 t_M，而死时间并不参与柱内分配，所以为了真实反映色谱柱的分离效能，通常用扣除死时间后的调整保留时间 t_R'，并用相应的有效塔板数 n' 或有效塔板高度 H' 作为柱效能指标。其关系式也相应地修正为：

$$n'=5.54\left(\frac{t_R'}{Y_{1/2}}\right)^2=16\left(\frac{t_R'}{Y}\right)^2$$

$$H'=L/n'$$

由此可见，在给定长度的色谱柱内，有效塔板数越多，有效塔板高度越小，组分在色谱柱内分配平衡的次数越多，柱效越高。柱效越高，所得色谱峰越窄，对被分离组分的分离效率越好。但若两组分在同一色谱柱上分配系数相同，那么无论该色谱柱的 n' 增加到多大，这两组分仍无法分离。另外，因不同物质在同一色谱柱上的分配系数不同，所以同一色谱柱对不同物质的柱效能也不同，故用塔板数或塔板高度表示柱效能时，必须指出是哪一种物质的塔板数或塔板高度。

2. 速率理论

塔板理论虽然提出了评价柱效能的指标，即塔板数和塔板高度，但未能具体说明影响塔板高度的因素。1956 年荷兰学者范第姆特等人提出了影响塔板高度的动力学因素，即速率理论（rate theory)，并提出了塔板高度 H 与各种影响因素的关系式——速率方程式，又称范第姆特方程式，即：

$$H=A+\frac{B}{u}+Cu \tag{11-1}$$

式中，u 为载气的线速度，cm/s；A 为涡流扩散项；B/u 为分子扩散项；Cu 为传质阻力项。

由上式可见，在 u 一定时，只有 A、B、C 较小时，H 才能较小，柱效才能较高；反之则柱效较低，色谱峰将扩张。

由范第姆特方程式可以看出许多影响柱效能的因素彼此呈对立关系，如流速加大，分子扩散项影响减少，传质阻力项影响增大；温度升高有利于传质，但又加剧分子扩散的影响等等。由此可见，要使柱效能得以提高，必须在色谱分离操作条件的选择上下工夫，尽可能地平衡这些矛盾的影响因素。速率理论不仅指出了影响柱效能的因素，而且也为选择最佳色谱分离操作条件提供了理论指导。

三、气相色谱仪的基本组成

气相色谱法是由惰性气体将气化后的试样带入加热的色谱柱，并携带各组分分子与固定相发生作用，并最终将组分从固定相带走，达到样品中各组分的分离。气相色谱仪的工作流程如图 11-2 所示。即由高压钢瓶供给的流动相（简称载气），经减压阀、净化器、稳压阀、流量计后，以稳定的压力和流速连续经过气化室，并携带气体样品进入色谱柱中进行分离。分离后的试样随载气依次进入检测器，检测器将组分的浓度（或质量）变化转变为电信号。电信号经放大器放大后，由记录器记录下来，得到色谱图。

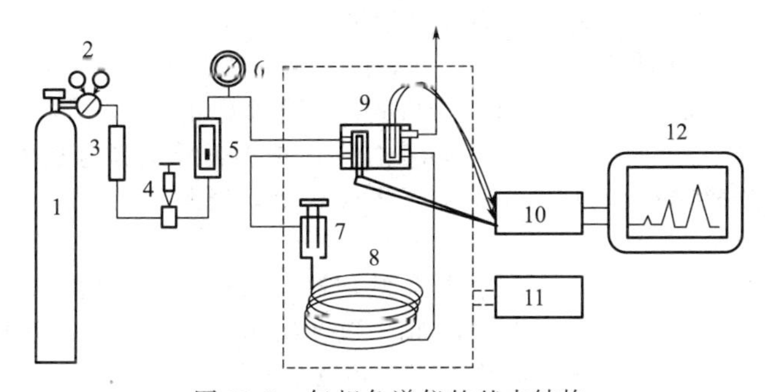

图 11-2　气相色谱仪的基本结构

1—载气；2—减压阀；3—干燥器；4—针形阀；5—转子流量计；6—压力表；7—进样器；8—色谱柱；9—热导池检测器；10—皂膜流量计；11—恒温箱；12—记录器

气相色谱仪的型号种类繁多，但它们的基本构造是一致的。它们都是由气路系统、进样系统、分离系统、检测系统、温度控制系统和数据处理系统六大部分组成。

1. 气路系统

气相色谱仪中的气路是一个载气连续运行的密闭管路系统。整个气路系统要求载气纯净、密闭性好、流速稳定及流速测量准确。气相色谱中的载气是载送样品进行分离的气体，是气相色谱的流动相。常用的载气有氮气和氢气，也会用氦气、氩气和空气。

气路系统包括气体钢瓶、减压阀、净化管、稳压阀、针型阀、稳流阀等。

（1）气源　气源是气相色谱仪载气和辅助气的来源，可以是高压气体钢瓶，氢气发生器以及空气压缩机。空气可以用空压机或钢瓶，作载气的氢气可以用氢气发生器，也可以用氢气钢瓶。

（2）减压阀　用来控制来自气源的气体的压力，用于氢气的减压阀称为氢气减压阀（或氢气表），用于氮气、氧气的减压阀称为氧气减压阀（或氧气表）。通过一个减压阀把 10MPa 以上的压力减到 0.5MPa 以下。将调节手柄以顺时针方向拧紧，压力就提高，以逆时针方向旋松出口压力就减小。

（3）净化管　气体钢瓶供给的气体经减压阀后，必须经净化管净化处理，以除去水分和杂质。

净化管通常为内径 50mm，长 200～250mm 的金属管。净化管内装有催化剂或分子筛、活性炭等，以吸附气源中的微量水和低分子量的有机杂质，有时还可以在净化管中装入一些活性炭，以吸附气源中分子量较大的有机杂质。具体装填什么物质取决于载气纯度的要求。

（4）稳压阀　稳压阀是气体流程中的重要控制部位，其作用是稳定流程中的气体压力。

（5）针型阀　针型阀可以用来调节载气流量，也可以用来控制作为燃气的氢气和作为助燃气的空气的流量。

（6）稳流阀　仪器若是进行程序升温操作，由于柱的阻力随着温度上升而增大，故柱后流量也将变化，使仪器的基线发生漂移。为了使仪器在程序升温的过程中，柱后的流量保持不变，所以安装稳流阀用以克服基线的漂移。

2. 进样系统

要想获得良好的气相色谱分析结果，首先要将样品定量引入色谱系统，并使样品有效地气化，然后用载气将样品快速带入色谱柱。气相色谱仪的进样系统包括进样器和气化室。进样系统的作用是将液体或固体试样，在进入色谱柱之前瞬间气化，然后快速定量地转入到色谱柱中。进样的大小，进样时间的长短，试样的气化速度等都会影响色谱的分离效果和分析结果的准确性和重现性。

（1）气化室　气化室的作用是将液体样品瞬间气化为蒸气。它实际上是个加热器，通常采用金属块作加热体。气相色谱分析要求气化室热容量要大，温度要足够高，气化室体积尽量小，无死角，以防止样品扩散减小死体积，提高柱效。气化室的可控温度为 50～400℃或更高，可根据样品的气化温度分几档控制，要求比色谱柱温度高 10～50℃，样品在气化室中应能瞬间气化，很快被载气带入色谱柱。载气在进入气化室前最好经过预热。

（2）进样器　色谱分析要求在最短的时间内，以“塞子”形式快速打进一定量的试样。

① 液体样品和固体样品进样器　液体样品可以采用微量注射器进样。常用的微量注射器有 1μL、5μL、10μL、50μL、100μL 等规格。实际工作中可根据需要选择合适的微量注射器，将注射器的针头通过自封硅橡胶垫插入气化室中。对于固体样品，通常用溶剂溶解后，用微量注射器进样，方法同液体进样一样。

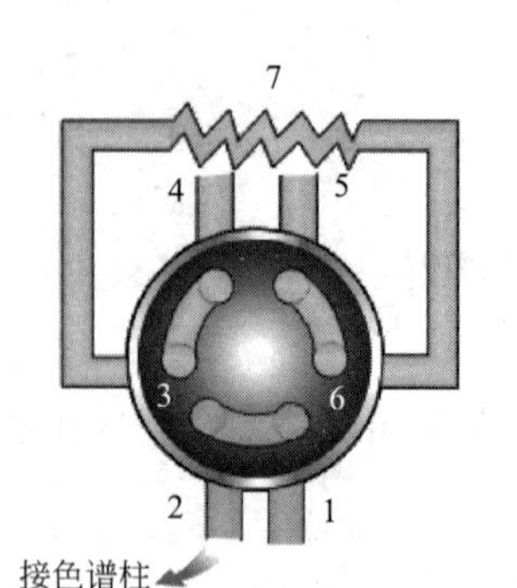

图 11-3　六通阀进样示意图

② 气体样品进样器　气体样品可用普通注射器进样，也可用六通阀进样，如图 11-3 所示。气体样品采用阀进样不仅定量重复性好，而且可以与环境空气隔离，避免空气对样品的污染。而采用注射器的手动进样很难做到上面这两点。气体进样阀的样品定量管体积一般在 0.25mL 以上。

六通阀进样器是气相色谱仪及高效液相色谱仪中最理想的进样器，它是由圆形密封垫（转子）和固定底座（定子）组成。其工作原理是：当六通阀处于取样位置时，流动相由 1，2 两通道直接进入色谱柱，而样品从通道 5 进入定量管 7，充满定量管后由通道 4 排出。因此在该状态，液体样品不能进入色谱柱，而只是充满了定量管。当六通阀旋转 60°后就可以进入进样位置，这是流动相经过通道 1，6 进入定量管，将定量管中的液体样品经过通道 2，3 带入到色谱柱，实现可定体积进样。

③ 自动进样器　除上述几种常见的进样器外，现在许多高档的气相色谱仪还配备了自动进样器，清洗、润冲、取样、进样、换样等过程自动完成，一次可放置数十个试样。

3. 分离系统

分离系统主要由柱箱和色谱柱组成，其中色谱柱是分离系统的核心，其功能是将多组分样品分离为单个组分。色谱柱一般可分为填充柱和毛细管柱。

（1）填充柱　填充柱是指在柱内均匀、紧密填充固定相颗粒的色谱柱。柱长一般在 1～5m，内径一般为 2～4mm。填充柱的柱材料多为不锈钢和玻璃，其形状有 U 形和螺旋形。

（2）毛细管柱　毛细管又称空心柱，其分离效率比填充柱高，可解决复杂的，填充柱难于解决的分析问题。常用的毛细管柱为涂壁空心柱，其内壁直接涂渍固定相，柱材料大多用熔融石英。柱长一般为30～50m，内径一般为0.1～0.5mm。

4. 检测系统

混合组分经色谱柱分离以后，按次序先后进入检测器。检测器的作用是将各组分在载气中的浓度变化转化为电信号，然后对被分离物质的组成和含量进行鉴定和测量。目前检测器的种类繁多，最常用的检测器为热导池检测器（TCD）和氢火焰离子化检测器（FID）。普及型的仪器大都配有这两种检测器。此外，电子捕获检测器（ECD）、氮磷检测器（NPD）及火焰光度检测器（EPD）等也用得比较多。

5. 温度控制系统

在气相色谱测定中，温度的控制是重要的指标，它直接影响色谱柱的选择分离、检测器的灵敏度和稳定性。温度控制主要指对色谱柱、气化室和检测器三处的温度控制，尤其是对色谱柱的控温精度要求很高。色谱柱的温度控制方式有恒温和程序升温两种。

（1）气化室温度　气化室温度应保证液体试样瞬间气化。一般气化室温度比柱温高10～50℃。

（2）色谱柱温度　一方面要有足够高的温度使样品组分在柱中保持气态。另一方面柱温应高于固定液的最低使用温度（即固定液的熔点），因为柱温若低于固定液的熔点，固定液凝固，则对被测组分不起分配作用。但柱温不能超过固定液允许的最高使用温度，否则会造成固定液的严重流失或热分解。

（3）检测器温度　检测器温度应保证被分离后的组分在通过检测器时不会冷凝。一般检测器温度选择与柱温相同或略高于柱温。

6. 数据处理系统

数据处理系统是气相色谱分析中必不可少的一部分，其最基本的功能是将检测器输出的模拟信号随时间的变化曲线（即色谱图）绘制出来。数据处理系统有电子电位差计、积分仪、色谱数据处理机和色谱工作站等。色谱工作站是由一台计算机来实时控制色谱仪器，并进行数据采集和处理的一个系统。它是由硬件和软件两个部分组成。硬件是一台计算机。软件主要包括色谱仪实时控制程序、峰识别和峰面积积分程序、定量计算程序、报告打印程序等。

四、定性定量分析方法

（一）相关术语

组分从色谱柱流出时，记录仪记录的信号-时间曲线即色谱图，也叫色谱流出曲线，如图11-4所示。该曲线反映了试样在色谱柱内分离的结果，是组分定性和定量的依据，同时也是研究色谱动力学和热力学的依据。

1. 基线

当不含被测组分的载气进入检测器时，所得流出曲线称为基线（baseline）。基线反映检测系统噪声随时间的变化情况，稳定的基线是一条直线，如图11-4所示的直线部分。

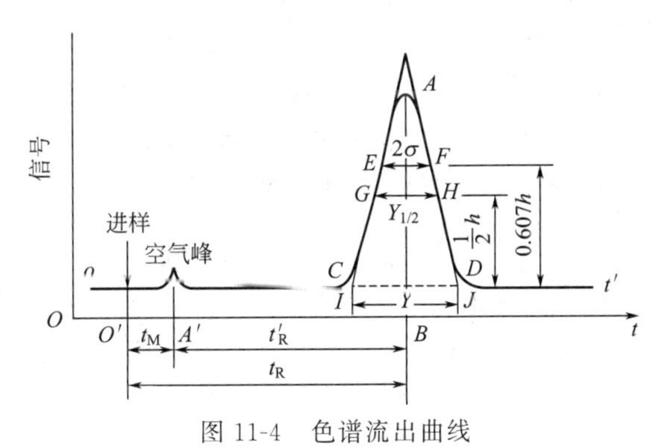

图11-4　色谱流出曲线

2. 保留值

试样中各组分在色谱柱中滞留时间的数值称为保留值（retention value）。通常用时间或将组分带出色谱柱所需载气的体积来表示。因不同组分与固定相之间的作用力的不同，所以在一定的固定相和操作条件下，不同组分具有不同的保留值，可作为定性的参数。

（1）死时间 t_M 和死体积 V_M　死时间（dead time）t_M 是指不与固定相作用的组分（如空气、甲烷等）从进样开始到柱后出现电信号最大值时所需的时间，如图 11-4 中的 $O'A'$。死体积（dead volume）V_M是指色谱柱内填充的固定相以外的空隙体积、气相色谱仪中管路和连接处的空间及检测器空间的总和。

死时间和死体积的关系为 $V_M=t_M F_0$，F_0是色谱柱出口处载气的流速。

（2）保留时间 t_R和保留体积 V_R　保留时间（retention time）是指被测组分从进样开始到出现最大电信号值时所需的时间。如图 11-4 中的 $O'B$。保留体积（retention volume）是指被测组分从进样到柱后出现最大电信号值时所通过载气的体积，即 $V_R=t_R F_0$。

（3）调整保留时间 t'_R和调整保留体积 V'_R　扣除死时间后的保留时间称为调整保留时间（adjusted retention time），如图 11-4 中的 $A'B$，即 $t'_R=t_R-t_M$。

同样，扣除死体积后的保留体积称为调整保留体积 $V'_R=V_R-V_M$或 $V'_R=t'_R F_0$

（4）相对保留值（relative retention value）r_{21}　相对保留值是指两个组分的调整保留值之比，即 $r_{21}=\dfrac{t'_{R(2)}}{t'_{R(1)}}=\dfrac{V'_{R(2)}}{V'_{R(1)}}$。

相对保留值的优点是，只要柱温、固定相性质不变，即使柱径、柱长、填充情况及流动相流速有所变化，r_{21}值仍保持不变，因此它在色谱定性中非常重要。

另外，r_{21}也可用来表示固定相的选择性能。r_{21}值越大，说明两组分的 t'_R相差越大，分离得就越好，当 $r_{21}=1$ 时，两组分不能被分离。

3. 区域宽度

区域宽度（peak width）是指色谱峰宽度。在色谱分析中要求区域宽度越窄越好。区域宽度一般有三种表示方式。

（1）标准偏差（standard deviation）　标准偏差 σ 指色谱峰峰高 0.607 倍处色谱峰宽度的一半。如图 11-4 中 EF 宽度的一半。

（2）半峰宽度（peak width at half-height）　半峰宽度 $Y_{1/2}$简称为半宽度，是指峰高一半处的峰宽，如图 11-4 中的 GH，它与标准偏差的关系为：

$$Y_{1/2}=2\sigma\sqrt{2\ln 2}=2.3546\sigma$$

因半峰宽比较容易测量，使用方便，故是最常用的定性参数。

（3）峰底宽度（peak width at peak base）　峰底宽度 Y 指通过流出曲线的两个拐点所作的切线在基线上的截距，如图 11-4 中的 IJ，它与标准偏差和半峰宽的关系为：

$$Y=4\sigma=1.699Y_{1/2}$$

气相色谱的流出曲线图可提供很多重要的定性和定量信息，如根据色谱流出曲线图上峰的个数，可给出该试样中至少含有的组分数；根据组分峰在曲线上的位置（保留值），可以进行定性鉴定；根据组分峰的面积或峰高，可以进行定量分析；根据色谱峰的保留值和区域宽度，可对色谱柱的分离效能进行评价。

（二）气相色谱法的定性分析方法

气相色谱定性分析的目的是确定试样的组成，即确定每个色谱峰各代表何种组分。定性分析的理论依据是在一定固定相和一定操作条件下，每种物质都有各自确定的保留值或确定的色谱数据，并且不受其他组分的影响。也就是说，保留值具有特征性。但在同一色谱条件下，不同物质也可能具有相同或相似的保留值，即保留值并非是专属的。因此，对于一个完全未知的混合样品单靠色谱法定型比较困难，往往需要采用多种方法综合解决，例如与质谱、红外光谱仪等联用。实际工作中一般所遇到的分析任务，绝大多数其成分大体是已知的，或者可以根据样品来源、生产工艺、用途等信息推测出样品的大致组成和可能存在的杂质。在这种情况下，只需利用简单的气相色谱定性方法便能解决问题。

气相色谱常用的定性分析方法包括以下几种。

1. 保留值定性法

（1）标准物质对照法　各种组分在给定的色谱柱上都有确定的保留值，可以作为定性指标。即通过比较已知纯物质和未知组分的保留值定性。如待测组分的保留值与在相同色谱条件下测得的已知纯物质的保留值相同，则可以初步认为它们是属同一种物质。由于两种组分在同一色谱柱上可能有相同的保留值，只用一根色谱往定性，结果不可靠。可采用另一根极性不同的色谱柱进行定性，比较未知组分和已知纯物质在两根色谱柱上的保留值，如果都具有相同的保留值，即可认为未知组分与已知纯物质为同一种物质。

利用纯物质对照定性，首先要对试样的组分有初步了解，预先准备用于对照的已知纯物质（标准对照品）。该方法简便，是气相色谱定性中最常用的定性方法。

如图 11-5 所示。将未知样品与已知标准醇物质在相同的色谱条件下得到的色谱图直接进行比较，可以推测未知样品中峰 2 可能是甲醇，峰 3 可能是乙醇，峰 4 可能是正丙醇，峰 7 可能是正丁醇，峰 9 可能是正戊醇。

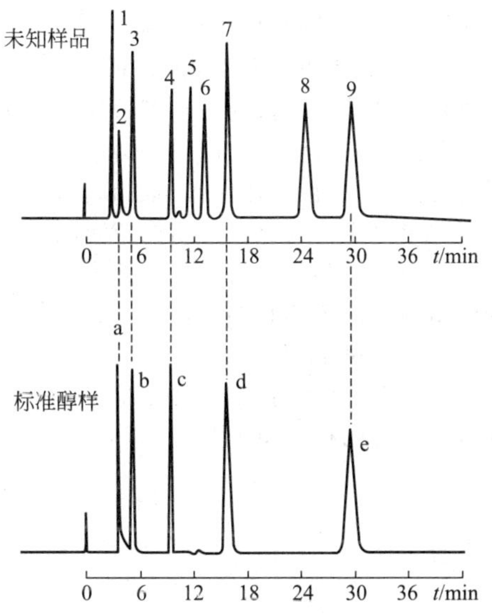

图 11-5　未知样品与已知标准醇物质在相同的色谱条件下得到的色谱图

1～9—未知物的色谱峰；a—甲醇；b—乙醇；c—正丙醇；d—正丁醇；e—正戊醇

实际过程中，将未知物质与已知纯物质的保留时间对照进行定性时，要求载气的流速、载气的温度和柱温一定要恒定，载气流速的微小波动、载气温度和柱温的微小变化，都会使保留时间有变化，从而对定性结果产生影响。实际过程中常采用相对保留值定性法和峰高定性法来避免因载气流速和温度的微小变化带来的影响。

（2）相对保留值定性法　相对保留值是指两个组分的调整保留值之比，$r_{is}=\frac{t'_{R(i)}}{t'_{R(3)}}$。

式中，$t'_{R(i)}$ 为待测组分的相对保留值；$t'_{R(s)}$ 为参考物质的相对保留值。

相对保留值只受柱温与固定相性质的影响，而与柱长、固定相的填充情况、载气流速等无关。由于相对保留值是被测组分与加入的参比组分（其保留值应与被测组分相近）的调整保留值之比，因此当载气的流速和温度发生微小变化时，被测组分与参比组分的保留值同时发生变化，而它们的比值即相对保留值则不变。因此在柱温和固定相一定时相对保留值为定值，可作为定性的较可靠参数。气相色谱手册及文献都登载相对保留值。利用此法时，先查手册，根据手册规定的实验条件及参考物质进行实验。参比组分通常选容易得到纯品的，而且与被分析组分相近的物质作基准物质，如正丁烷、环己烷、正戊烷、苯、对二甲苯、环己醇、环己酮等。

相对保留值定性法适用于没有待定性组分的纯物质的情况，也可与已知物对照法相结合，先用此法缩小范围，再用已知物进行对照。

2. 峰高定性法

在得到未知样品的色谱图后，在未知样品中加入一定量的已知纯物质，然后在同样的色谱条件下作已加纯物质的未知样品的色谱图。对比两张色谱图，哪个峰高了则该峰就是加入的已知纯物质的色谱峰。这种方法即可避免载气流速的微小变化对保留时间的影响，又可避免色谱图图形复杂时准确测定保留时间的困难。这是在确认某一复杂样品中是否含有某一组分的最好办法。

3. 保留指数定性法

在利用已知标准物直接对照定性时，已知标准物质的得到往往是一个很困难的问题。一个实验室也不可能具备有很多的各种各样的已知标准物质。为此人们发展了利用文献值对照定性的方法，即利用已知物的文献保留值与未知物的测定保留值进行比较对照来进行定性分析。为了保证已知物的文献保留值和未知物的实测保留值有可比性，就要从理论上解决保留值的通用性及它的可重复性。为此，1958 年匈牙利色谱学家 E. Kovats 首先提出用保留指数作为保留值的标准用于定性分析，这是使用最广泛并被国际上公认的定性指标。它具有重现性好、标准物统一及温度系数小等优点。

保留指数又称柯瓦茨指数（Kovats 指数），与其他保留数据相比，是一种重现性较好的定性参数。保留指数是将正构烷烃作为标准物，把一个组分的保留行为换算成相当于含有几个碳的正构烷烃的保留行为来描述，这个相对指数称为保留指数，定义式如下：

$$I_X=100\left[z+n\frac{\lg t'_{R(X)}-\lg t'_{R(Z)}}{\lg t'_{R(Z+n)}-\lg t'_{R(Z)}}\right]$$

式中，I_X为待测组分的保留指数；$t'_{R(X)}$、$t'_{R(Z)}$、$t'_{R(Z+n)}$分别为待测物 X 以及在其前后两侧出峰的正构烷烃（其碳原子数分别为 z 和 $z+n$）的调整保留时间。z 与 $z+n$ 为正构烷烃对的碳原子数。n 通常为 1，也可以是 2 或 3，但不超过 5。保留指数是用正构烷烃作为参照物，规定正构烷烃的保留指数是其碳原子数的 100 倍，如正己烷、正庚烷及正辛烷等的保留指数为 600、700、800，其他以此类推。将待测物的调整保留值与正构烷烃的调整保留值相比，折合成相应碳原子数的“正构烷烃”。这样，在色谱柱操作参数确定之后，特定物质的保留指数值应为一常数。所以，用保留指数来对色谱峰定性就比单纯用保留时间可靠得多。

在有关文献给定的操作条件下，将选定的标准和待测组分混合后进行色谱实验（要求被测组分的保留值在两个相邻的正构烷烃的保留值之间）。由上式计算待测组分 X 的保留指数 I_X，再与文献值对照，即可定性。

例如在一色谱柱上测得己烷，庚烷和某组分的调整保留时间分别为 262.1s、661.3s、395.4s。则待测组分的保留指数为：

$$I_X=100\times(6+1\times\frac{\lg 395.4-\lg 262.1}{\lg 661.3-\lg 262.1})=644$$

从文献上查得，在该色谱条件下，苯的保留指数为 644，再用纯苯做对照实验，可以确认该组分是苯。

保留指数的优点在于：

（1）以正构烷烃为参比标准，把某组分的保留行为用两个紧靠近它的正构烷烃来标定，这样使保留指数值计算得更为准确。

（2）保留指数值具有形象化特点，它是与被测物质具有相同调整保留时间的假想的正构烷烃的碳数原子乘以 100 来表示的。如某组分的保留指数 $I=733$，说明在该柱上，该组分的保留值在正庚烷（保留指数为 700）与正辛烷（保留指数为 800）之间，相当于含有 7.33 个碳原子的正构烷烃。

（3）测得保留指数值与文献值对照就可定性鉴定，而不必用纯物质相对照。保留指数仅与固定相的性质、柱温有关，与其他实验条件无关。只要柱温与固定相相同，其准确度和重现性都很好。

（4）保留指数与化合物结构的相关性要比其他保留值强，因此有利于判别化合物结构。

（5）保留指数是对数值，一组同系物的保留指数值与化合物沸点和碳原子数成直线关系。

但这种方法也有一定的局限性，如测保留指数时，柱子与柱温要与文献规定相同，还要有正构烷烃纯样，可供查阅的文献值太少等。

4. 与质谱、红外光谱联用定性

气相色谱对多组分复杂混合物的分离效率很高，但定性却很困难。而质谱、红外光谱和核磁共振等是鉴别未知物的有力工具，但要求所分析的试样组分很纯。因此，将气相色谱与质谱、红外光谱、核磁共振谱联用，复杂的混合物先经气相色谱分离成单一组分后，再利用质谱仪、红外光谱仪或核磁共振谱仪进行定性。未知物经色谱分离后，质谱可以很快地给出未知组分的分子量和电离碎片，提供是否含有某些元素或基团的信息。红外光谱也可很快得到未知组分所含各类基团的信息。对结构鉴定提供可靠的论据。近年来，随着电子计算机技术的应用，大大促进了气相色谱法与其他方法联用技术的发展。

（三）气相色谱法的定量分析方法

1. 气相色谱法的定量依据

在一定的操作条件下，检测器对某组分 i 的响应信号（峰面积 A 或峰高 h）与进入检测器的 i

组分的量（质量 m）成正比，可用下式表示为：

$$m_i = f_i A \text{ 或 } m_i = f_i h_i$$

上式是色谱定量分析的依据。式中 f_i 称为 i 组分的定量校正因子。为了计算色谱分析的定量结果，必须准确测出峰面积 A 或峰高 h，一般来说，对浓度敏感型检测器，常用峰高 h 定量；对质量敏感型检测器，常用峰面积 A 定量。

（1）峰高和峰面积的测量　峰高是峰尖至峰底（或基线）的距离，峰面积是色谱峰与峰底（或基线）所围成的面积，两者是气相色谱进行定量分析的重要参数，其测量精度将直接影响定量分析的精度。因此要准确地测量峰高和峰面积，关键在于峰底（或基线）的确定。峰底是从峰的起点与峰的终点之间的一条连接直线。一个完全分离的峰，峰底与基线是相重合的。

根据色谱图中峰形的不同，峰面积的测量方法有以下几种。

① 峰高乘以半峰宽法　当色谱峰为对称峰时，根据等腰三角形求面积的计算方法，近似用峰高乘以半峰宽，得出峰面积，$A = hY_{1/2}$

由于此法测得的峰面积，只有实际峰面积的 0.94 倍，故实际峰面积应为 $A = 1.065hY_{1/2}$ 在计算峰面积绝对值时（如测灵敏度），应乘以 1.065。但在计算相对值时，可消去系数 1.065。由于此法简单、快速，在实际工作中常被采用。但对于不对称峰、很窄或很小的峰，因 $Y_{1/2}$ 的测量误差较大，不能使用此法。

② 峰高乘平均峰宽法　此法是在峰高 0.15 和 0.85 处分别测出峰宽，然后求算其平均峰宽，再乘以峰高，得出峰面积。$A = h \times \dfrac{(Y_{0.15} + Y_{0.85})}{2}$

对于不对称的峰一般用此法计算求出的峰面积较准确。

③ 峰高乘保留时间法　因在一定的操作条件下，同系物的半峰宽与保留时间成正比，即：

$$Y_{1/2} \propto t_R$$

$$Y_{1/2} = bt_R$$

$$A = hY_{1/2} = hbt_R$$

在进行相对计算时，b 可消去，于是有 $A = hY_{1/2} = ht_R$。

此法适用于狭窄的峰，是一种简便快速的测量方法，常用于工厂控制产品质量分析。

上述几种测量峰面积的方法适用于使用老式记录仪记录色谱峰时，对色谱峰和峰面积进行手工测量。目前已很少采用手工测量法去测量色谱峰的峰高和峰面积。

④ 自动积分法　自动积分仪和色谱工作站能自动测出由曲线所包围的面积。仪器可根据人为设定积分参数（半峰宽、峰高和最小峰面积等）和基线来计算每个色谱峰的峰高和峰面积。然后直接打印出峰高和峰面积的结果，以供定量计算使用。自动积分仪有机械积分、电子模拟积分和数字积分等类型，是最方便的测量峰面积的工具。此法速度快，线性范围广，精密度一般可达 0.2%～2%。对不对称峰或较小的峰，也能得出较准确的结果。数字积分仪能自动打印出峰面积和保留时间值，使分析的自动化程度大大提高。

当各种操作条件（如色谱柱、温度和流速等）严格保持不变，同时在一定进样范围内半峰宽也不变时，可直接应用峰高来进行定量。此时：

$$m_i = fA_i = f_i hY_{1/2} = kh$$

用峰高定量快速、简便，尤其对狭窄对称峰的定量，比面积定量结果更准确。

（2）定量校正因子　气相色谱分析法的定量依据是在一定的条件下，各组分的峰面积与其进样量成正比。但相同量的不同物质，在检测器中的响应信号大小却不同，即检测器对不同组分的灵敏度不相同，结果反映在色谱图上的峰面积也不同，这样就不能用峰面积来直接计算不同物质的含量。因此，必须对所测的峰面积加以校正。为此引入了定量校正因子，即 $f_i = \dfrac{m_i}{A_i}$

式中，f_i 为组分 i 的绝对质量校正因子，其物理意义是指相当于单位峰面积的 i 组分的质量。由于绝对校正因子 f_i 不易测准，故实际常用的是相对校正因子 f'_i，它是组分的绝对质量校正因子

f_i和标准物的绝对质量较正因子 f_s之比。

$$f_i'=\frac{f_i}{f_s}=\frac{m_i/A_i}{m_s/A_s}=\frac{m_iA_s}{m_sA_i}$$

式中，A_i、A_s分别为组分 i 和标准物 s 的峰面积；m_i、m_s分别为组分 i 和标准物 s 的质量。

根据物质量的表示方法不同，有不同的 f_i'值，如相对质量校正因子、相对摩尔校正因子、相对体积校正因子等。相对质量校正因子的测量方法为准确称取一定量的被测组分的纯物质 m_i 和标准物 m_s，混合后，在实验条件下进样分析。分别测出峰面积 A_i、A_s，计算出相对校正因子。

常用的标准物对不同检测器是不同的，热导池检测器常用苯作标准物（也称基准物质），氢火焰离子化检测器常用正庚烷作标准物。

由相对校正因子 f_i'可求算检测器对某组分的相对灵敏度 s_i'(也称相对响应值)。相对灵敏度在数值上等于相对校正因子的倒数，即 $s_i'=\frac{1}{f_i'}$。

因为 f_i'和 s_i'值均为相对值，仅与被测组分、标准物质及检测器类型有关，而与操作条件、柱温、载气流速和固定液性质等无关。故在给定的分析条件下是一个定值，部分有机物的 f_i'和 s_i'值可查有关色谱手册。

2. 气相色谱法的定量分析方法

(1) 归一化法　归一化法适用于试样中所有组分全部流出色谱柱，并在色谱图上出现所有组分色谱峰的情况。假设试样中有 n 个组分，各组分的质量分别为 m_1，m_2，…，m_n，各组分含量的总和为 m，则试样中任一组分 i 的质量分数 w_i可用归一化法公式计算如下：

$$w_i=\frac{m_i}{m}\times100\%=\frac{m_i}{m_1+m_2+\cdots+m_n}\times100\%$$
$$=\frac{A_if_i'}{A_1f_1'+A_2f_2'+\cdots+A_nf_n'}\times100\%$$

当 f_i'为相对摩尔校正因子时，得到的是摩尔分数。

若试样中各组分的 f_i'值很接近，如同系物中沸点相近的不同组分，则上式可简化成：

$$w_i=\frac{A_i}{A_1+A_2+\cdots+A_n}\times100\%$$

另外，用峰高代替峰面积计算时可写成（式中 f_i'指峰高相对校正因子）：

$$w_i=\frac{h_if_i'}{h_1f_1'+h_2f_2'+\cdots+h_nf_n'}\times100\%$$

归一化法的优点是简便、准确，操作条件或进样量的变动对结果的影响小，但要得到准确的校正因子，需要用每一组分的基准物质直接测量，该过程较为麻烦，文献中虽可以查到一些化合物的校正因子，但并不全。值得注意的是，使用该法必须保证试样组分全部出峰，否则应考虑其他分析方法。

(2) 内标法　当只需测定试样中某几个组分的含量或试样中的组分不能全部出峰时，可采用内标法（internal standard method)。其测定原理是取一定量的纯物质作为内标物，加入到准确称取的试样中，然后测得色谱图。

根据内标物和试样的质量及相应的峰面积来计算被测组分的含量。设被测组分 i 的质量为 m_i，称取的试样质量为 m，试样中加入的内标物质量为 m_s，则：

$$m_i=f_i'A_i,m_s=f_s'A_s$$

两式相除整理后可得 $m_i=\frac{A_if_i'}{A_sf_s'}m_s$

被测组分 i 的质量分数 w_i为

$$w_i=\frac{m_i}{m}\times100\%=\frac{A_if_i'}{A_sf_s'}\frac{m_s}{m}\times100\%$$

一般以内标物为基准求算相对校正因子，所以 $f'_s=1$，此时内标法计算式可写成：

$$w_i=\frac{m_i}{m}\times 100\%=\frac{A_i}{A_s}\frac{m_s}{m}f'_i\times 100\%$$

式中的峰面积亦可用峰高代替，则：

$$w_i=\frac{m_i}{m}\times 100\%=\frac{h_i}{h_s}\frac{m_s}{m}f'_i\times 100\%$$

由于本法通过测量内标物和被测组分的峰面积的相对值来进行计算，可以抵消由操作条件变化而引起的误差，所以可得到较准确的结果。若要获得很高精度的结果时，可以加入数种内标物，以提高定量分析的精度。但内标物的选择必须符合以下几个条件：

① 内标物应为试样中不存在的纯物质；

② 内标物的色谱峰应位于被测组分的色谱峰附近或几个被测组分色谱峰的中间；

③ 内标物的加入量，应接近被测组分的量；

④ 内标物与样品应完全互溶，但不能发生化学反应。

内标法的优点是测定的结果较为准确，由于通过测量内标物及被测组分的峰面积的相对值来进行计算的，因而在一定程度上消除了操作条件等的变化所引起的误差。内标法的缺点是操作程序较为麻烦，每次分析时内标物和试样都要准确称量，有时寻找合适的内标物也有困难。

（3）内标标准曲线法　此法可认为是简化的内标法。如果称取同样量 m 的试样，加入固定量 m_s的内标物，则式$\frac{m_s}{m}f'_i\times 100\%$项为一常数，即 $w_i=\frac{A_i}{A_s}\cdot$常数。

可见，被测组分的质量分数 w_i与A_i/A_s成正比。若 w_i对A_i/A_s作图可得一条直线，如图 11-5 所示。根据此直线关系，采用标准曲线法定量十分方便。

制作标准曲线时，先将待测组分的纯物质配成不同浓度的标准溶液。取一定量的标准溶液和内标物，混合后进样分析，测得 A_i和A_s，以 A_i/A_s对标准溶液浓度作图，可得到标准曲线。分析样品时，取试样和内标物的量应与绘制标准曲线时所用的量相同，测出试样中被测组分与内标物的峰面积比 A_i/A_s，再从标准曲线上查出被测组分的浓度。

使用内标标准曲线法时应注意，在实际样品分析时所采用的色谱条件应尽可能与制作标准曲线时所用的条件一致，因此，在制作标准曲线时，不仅要注明色谱条件（如固定相、柱温、载气流速等），还应注明进样体积和内标物浓度。在制作内标标准曲线时，各点并不完全落在直线上，此时应求出面积比和浓度比的比值与其平均位的标准偏差，在使用过程中应定期进行单点校正，若所得值与平均值的偏差小于2，曲线仍可使用，若大于2，则应重作曲线，如果曲线在较短时期内即产生变动，则不宜使用内标法定量。

此法不必测出校正因子，消除了某些操作条件的影响，也不需要严格定量进样，适合于液体试样的分析。另外，此法与内标法相比可减少称量样品和计算数据的麻烦，适用于工厂质量控制分析。

（4）外标法（标准曲线法）　外标法（external standard methed）是用待测组分的纯物质来制作标准曲线的方法。即取被测组分的纯物质配成一系列不同浓度的标准溶液，分别取等体积准确进样，得出相应的色谱峰。绘制峰面积（或峰高）相对应浓度的标准曲线。然后在同样操作条件下，分析相同量的未知试样，从色谱图上测出被测组分的峰面积（或峰高），再从标准曲线上查出被测组分的浓度。

当试样中被测组分浓度变化不大时，可不必作标准曲线，而用单点校正法（直接比较法）测定，即配制一个与被测组分含量十分接近的标准溶液，分别分析相同量的试样和标准溶液，由被测组分和标准溶液的峰面积比（或峰高比），可直接求出被测组分的含量。

$$\frac{w_i}{w_s}=\frac{A_i}{A_s}\qquad\qquad w_i=\frac{A_i}{A_s}w_s$$

由于 w_s与A_s均为已知，故可令 $k_i=w_s/A_s$，则可得：

$$w_i = k_i A_i$$

式中，k_i为组分i的单位峰面积质量分数的校正值。只要测得A_i值，利用k_i值，由上式即可求出被测组分的质量分数。

外标法操作方便，计算简单，特别适合于批量样品的分析，但进样量要求十分准确，但由于每次样品分析的色谱条件（检测器的响应性能、柱温、流动相流速及组成、进样量、柱效等）很难完全一致，因此容易出现较大误差，得不到准确的测量结果。此外，标准工作曲线绘制时，一般使用待测组分的标准样品（或已知准确含量的样品），而实际样品的组成却千差万别，因此必将给测量带来一定的误差。

由上述定量方法可知，气相色谱定量分析与绝大部分的仪器定量分析一样，是一种相对定量方法，而不是绝对定量方法。这些定量方法各有优缺点和使用范围，比如在使用内标法定量时要测量待测组分和内标物的两个峰的峰面积（或峰高），根据误差叠加原理，内标法定量的误差中，由于峰面积测量引起的误差是标准曲线法定量的2倍。但是由于进样量的变化和色谱条件变化引起的误差，内标法比标准曲线法要小很多。总的来说，内标法定量比标准曲线法定量的准确度和精密度都要好。在实际工作中应根据分析的目的，要求以及样品的具体情况选择合适的定量方法。

五、应用与示例

气相色谱是二十世纪五十年代出现的一项重大科学技术成就。这是一种新的分离、分析技术，它在工业、农业、国防、建设、科学研究中都得到了广泛应用。

1. 气相色谱在药物分析中的应用

气相色谱在药物分析中的应用主要体现在顶空气相色谱法、气质联用技术、气相-红外联用技术、全二维气相色谱等技术在药物分析中的应用。

2. 气相色谱法在食品中的应用分析

现在在市场中存在着很多不安全的食品，由于其所含的成分或者是添加剂具有一定的危险性，尤其是随着油炸食品或者是烧烤食品中，淀粉类食品在一定的温度上非常容易产生丙烯酰胺。这是一类致癌物质，属于有毒物质，人类可以通过多种途径接触到这一物质，以消化道最快。经过流通，丙烯酰胺可以进入到胎盘中或者是婴幼儿的体内，经过反应后，其更容易与DNA结合，导致基因突变，致癌，影响人的健康。因此，有必要在进行食物的选择时提高警惕性，气相色谱分析恰好提供了相对成本较低而且效果很好的方法。以炸土豆片中丙烯酰胺的分析来看，Elite-wax ETR毛细柱显示出对分析复杂基体（像食品类中的丙烯酰胺）有出色的选择性，提高了食品的安全性。气相色谱法可以提高食品的筛选速度，分析水中是否含有卤化物，增强食品的安全检验水准，能分析食品中的农药残留，并且能对食品中的防腐剂含量进行测定。

3. 气相色谱仪在农业生产中的应用

在农业生产中常用气相色谱仪检测蔬菜中有机磷、有机氯、菊酯类及氨基甲酸酯类等农残。目前我国在农药残留量分析中，主要测定有机氯和有机磷农药的残留。样品经粉碎、油溶提取、浓缩、定容到一定体积等步骤，然后用微升注射器进入到色谱柱中。在检测时要注意的一些技术要点包括有采样、制样以及上机检测等。

在前处理操作中，必须要注意取样时，不能只取单株样品，应取混合样，打碎所有样品后用四分法，各取对角两部分样品，混匀后称样。前处理过程中需要使用多种实验器具，必须要保证这些器具的清洁，如玻璃器皿必须经溶剂浸泡清洗风干后才能使用，而且是一次使用，不能混用，这样才能确保实验器具不被污染。前处理过程中需要使用多种化学试剂，如丙酮、正己烷等，最好使用农残级化学试剂。提取和盐析的时间要按照标准进行，时间太短溶液扩散不充分，容易引起水溶性农药如甲胺磷等损失过大，影响回收率。浓缩时水浴锅的温度不能过高，氮吹不能过快，不能将样品吹干，应在近干时取出自然晾干，否则对甲胺磷等蒸气压高、沸点低、易分解的农药回收率影响大。样品净化时，活化、上样及洗脱过程必须确保小柱的吸附剂处于溶剂中，不能让吸附干涸，也不能净化过快，造成净化不彻底，从而影响回收率，应以液滴连续下滴但不成线为宜；洗脱完成后可在小柱上方用洗耳球加正压，使其中目标物全部流出。

4. 气相色谱仪在医学临床中的应用

气相色谱仪用于医疗，一般都做成专用仪器，即对某一医疗对象作临床应用。由于所采取的试验样品少，病人不直接与仪器产生联系，没有任何疼痛感或副作用，因此分析效率极高，适宜普及推广应用。

人体呼吸系统的四大疾病有慢性支气管炎、哮喘、肺气肿和肺心病，具有较广的普遍性，发病率很高的特点，早期诊断可及时治病防病，具有实际意义。用气相色谱仪可以测定人呼吸系统的O_2、N_2、CO、CO_2、He等气体，从呼出气、肺泡气、残气、弥散功能等几种测验中的气体成分就可判断肺功能的好坏，作出各种肺功能曲线，从而确定疾病的状况，对呼吸系疾病的治疗与防治有显著的效果。美国和日本1979年开始有肺功能气相色谱仪问世，许多医学院校和医院也相继建立了气相色谱仪肺功能测定实验室，深受广大公民的欢迎，发展很迅速，几乎已普及到乡镇一级医院，测定血气可对人体取1μL的血样（仅是普通检血的1/1000），注入血气分析气相色谱仪，即可快速分析测定出人体血液中的O_2、CO_2等气体成分。这比用电极法测定血气成分要节省达数小时时间，并少用血样2mL以上。此外对于血液中的血色素成分也可用色谱仪分析，方法也同样简单直观，而且用血量很少（只需2μL左右）。一般分析血液往往需要多种仪器配合，每分析一次需要一定数量的血液，总计约需5～10mL，这无疑对重症病人来说是个不小的负担。采用气相色谱仪分析，就没有此问题，而且可使多种组分同时进行分析测定出结果，大大简化了分析方法，特别适宜临床使用。

第三节 高效液相色谱法

一、高效液相色谱法的主要类型

高效液相色谱法按组分在固定相和流动相两相间分离机理的不同可分为：液-固吸附色谱法、液-液分配色谱法、化学键合相色谱法、离子交换色谱法、凝胶色谱法。

1. 液-固吸附色谱法

这是用固体吸附剂作固定相，被分析物质在固定相和载液之间进行分离。吸附剂的性质及物化条件对分离度和分析速度影响很大。当混合物随流动相（亦称淋洗液）通过吸附剂时，由于流动相及混合物中各个组分对吸附剂的吸附能力不同，故在吸附剂表面，混合物中各组分对吸附剂表面活性中心发生吸附竞争。这种吸附竞争能力的大小，决定了保留值的大小，即被活性中心分子吸附的越牢的分子保留值越大，反之越小，从而使不同的组分彼此分离。常用的吸附剂是硅胶，包括各种微球硅珠，此外还有氧化铝、氧化镁、活性炭等。其作用机制是当试样进入色谱柱时，溶质分子（X）和溶剂分子（S）对吸附剂表面活性中心发生竞争吸附（未进样时，所有的吸附剂活性中心吸附的都是M），溶质的分离取决于溶质与流动相分子在吸附剂表面上的吸附竞争，其吸附平衡常数为：

$$K=\frac{[X_{固相}][S_{液相}]^n}{[X_{液相}][S_{固相}]^n}$$

式中，X为溶质分子；S为溶剂分子。

上式表明，如果溶剂分子吸附性更强，则被吸附的溶质分子将相应减少，从而使吸附常数降低。反之，吸附常数大的组分，吸附剂对它的吸附能力强，保留值大，即出峰慢。

液-固吸附色谱法最适宜分离那些溶解在非极性溶剂中，具有中等分子量且为非离子性的试样，此外，还特别适宜于分离异构体。

2. 液-液分配色谱法

液-液分配色谱法是以溶质在流动相和固定相中的分配为基础，在液相色谱中，固定相是通过化学键合的方式固定在基质上。组分分离时依据不同的组分在互不相溶的两相中分配系数不同，因而溶质在两相间进行分配。当分配达到平衡时，分配系数为：

$$K=\frac{c_s}{c_m}=k\frac{V_m}{V_s}$$

式中，K 为分配系数；k 为容量因子；c_s、c_m分别为溶质在固定相和流动相中的浓度；V_m、V_s分别是流动相和固定相的体积。

按照固定相和流动相的相对极性，液-液分配色谱可分为：

① 正相液-液分配色谱法（normal phase liquid chromatography） 以极性物质为固定相，非极性溶剂为流动相，即为流动相的极性小于固定相的极性，组分在柱内的洗脱顺序按极性从小到大流出。

② 反相液-液分配色谱法（reverse phase liquid chromatography） 以非极性物质为固定相，极性溶剂为流动相，即流动相的极性大于固定相的极性。极性大的组分先流出，极性小的组分后流出，常用于分离极性较弱的油溶性样品。

液-液分配色谱法的固定相由载体和固定液组成。常用的载体主要是惰性的玻璃微球或吸附剂，如全多孔球形或无定形微粒硅胶、全孔氧化铝等。常用的固定液有下列几种：β,β'-氧二丙腈（ODPN）、聚乙二醇（PEG）、十八烷（ODS）和角鲨烷固定液等。固定液可以直接涂渍在多孔载体上组成固定相，但在使用过程中固定液易流失，使柱子的使用寿命不长。

液-液分配色谱法的流动相除一般要求外，还要求流动相尽可能不与固定相互溶。实际过程中选用流动相的依据是溶剂的极性，例如在正相液-液分配色谱中，可先选中等极性的溶剂为流动相，若组分的保留时间过短，表示溶剂的极性过大，则改用极性较弱的溶剂。此时若组分的保留时间太长，则选择极性在上述两种溶剂极性之间的溶剂，如此重复多次实验可选得最适宜的溶剂。

3. 化学键合相色谱法

固定液以化学键合（化学反应）的方式将固定液结合在载体的表面，采用这种固定相的色谱，称为化学键合相色谱（简称键合相色谱，EPC）。

化学键合固定相一般都采用硅胶（薄壳型或全多孔微粒型）为基体。在键合反应之前，要对硅胶进行酸洗、中和、干燥活化等处理，然后再使硅胶表面上的硅羟基（≡Si—OH）与各种有机物或有机硅化合物起反应，制备化学键合固定相。键合相主要有硅酸酯型（≡Si—O—C）键合相、硅氮型（≡Si—N）键合相、硅氧硅碳型（≡Si—O—Si—C）键合相、硅碳型（≡Si—C）键合相四种类型。其中以硅氧硅碳型（≡Si—O—Si—C）键合相应用最为普遍，如十八硅烷基（简称碳十八柱，ODS），反应如下：

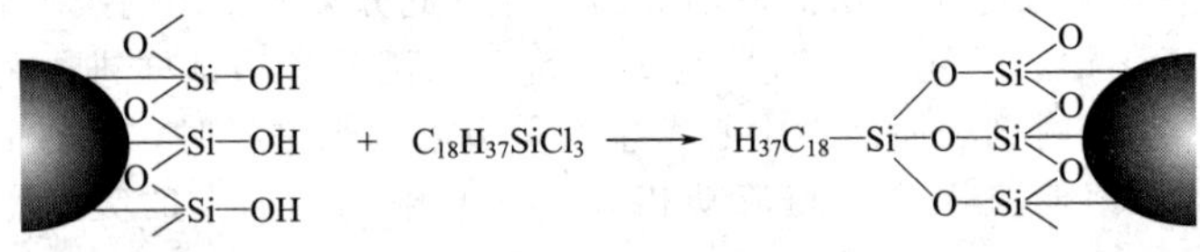

键合 C_{18}、C_8、C_1与苯基等非极性烃基团，用于反相色谱；键合氨基、氰基［氰乙硅烷基≡$Si(CH_2)_2CN$］等极性基团，可用于正相色谱；键合醚基和二羟基等弱极性基团，可用于反相或正相色谱。

化学键合相具有柱稳定性高、选择性高、柱效能高等特点，特别适合于梯度洗脱，为复杂体系的分离创造了条件。目前键合固定相色谱法已逐渐取代分配色谱法。化学键合相色谱的应用见表 11-2。

表 11-2 化学键合相色谱的应用

样品种类	键合基团	流动相	色谱类型	实例
低极性 溶解于烃类	$—C_{18}$	甲醇-水 乙腈-水 乙腈-四氢呋喃	反相	多环芳烃、甘油三酯、类脂、脂溶性维生素、氢醌

续表

样品种类	键合基团	流动相	色谱类型	实例
中等极性 可溶于醇	—CN $—NH_2$	乙腈-正己烷 氯仿 正己烷 异丙醇	正相	脂溶性维生素、甾族、芳香醇、胺、类脂止痛药、芳香胺、脂、氯化农药、苯二甲酸
	$—C_{18}$ $—C_8$ —CN	甲醇-水 乙腈	反相	甾族、可溶于醇的天然产物、维生素、芳香酸、黄嘌呤
	$—C_8$ —CN	甲醇、乙腈、水、缓冲液	反相	水溶性维生素、胺、芳醇、抗生素、止痛药
高极性 可溶于水	$—C_{18}$	水、甲醇、乙腈	反相离子对	酸、磺酸类染料、儿茶酚胺
	$—SO_3^-$	水、缓冲液	阳离子交换	无机阳离子、氨基酸
	$—NR_3^+$	磷酸缓冲液	阴离子交换	核苷酸、糖、无机阴离子、有机酸

4. 离子交换色谱法

离子交换色谱一般用于分离分析离子化合物，能离解的化合物和能与离子相互作用的化合物。离子交换色谱固定相是离子交换树脂。其中使用最多的是聚苯乙烯阳离子和阴离子交换树脂。离子交换色谱流动相也是离子性液体，大都是各种缓冲溶液。由于不同物质在流动相中溶解后，生成的离子对离子交换树脂中离子交换中心具有不同亲和力，使在固定相和流动相之间产生不同分配系数，对固定相离子亲和力高的，分配系数高，在柱中保留时间就长。分配系数与很多实验参数有关，如流动相的缓冲溶液的pH值改变可改变分配系数，因而改变分离情况。其他如离子电荷、离子半径、离子强度、温度等，均影响分配系数。

离子交换色谱主要用在分离测定氨基酸、蛋白质、核酸、无机离子等。在药物化学和生物化学中得到广泛应用。

5. 空间排阻色谱法

空间排阻色谱也称为尺寸排斥色谱或凝胶色谱。它与其他色谱分离机理有所不同，严格来说，固定相表面与试样组分分子之间没有吸附或溶解作用，它是基于分子尺寸和形状不同进行分离的一种色谱技术，它近似于分子筛效应。凝胶色谱的固定相是凝胶，凝胶内的孔穴大小与分离样品的分子大小相当。当试样随流动相在凝胶外间隙与凝胶孔穴旁流过，分子量大、分子体积大的分子不能渗透进凝胶孔穴而被排斥，较快的被流动相洗出来；较小的分子，能渗入大大小小的孔隙而完全不受排斥，所以最后流出；中等大小的分子则可渗入较大的孔隙中，但受到较小孔隙的排斥，所以介乎上述两种情况之间。这样，样品中各组分，按分子大小，先后由柱中洗出而分离。

在凝胶色谱中使用的凝胶固定相（多缩葡萄糖）是一种软性凝胶。其他还有半刚性材料，如聚苯乙烯、聚甲基丙烯酸甲酯；刚性材料，如表面多孔玻珠等。软性和半刚性固定相，在流动相作用下可改变孔穴大小，胶体体积可增大很多倍。凝胶色谱流动相一般是水、各种缓冲液、乙醇、丙酮等水溶性溶剂，也可用甲苯、卤代烷等有机溶剂。用水溶液作流动相，一般称为凝胶过滤色谱。用非水溶液作流动相，称为凝胶渗透色谱。

凝胶色谱是分离、鉴定高分子量化合物的有效手段，广泛地用来测定聚合物的分子量分布，用于评价各种聚合技术。

二、高效液相色谱法的基本原理

高效液相色谱（HPLC）法是以高压下的液体为流动相，并采用颗粒极细的高效固定相的柱色谱分离技术。高效液相色谱对样品的适用性广，不受分析对象挥发性和热稳定性的限制，因而弥补了气相色谱法的不足。在目前已知的有机化合物中，可用气相色谱分析的约占20%，而80%则需用高效液相色谱来分析。高效液相色谱和气相色谱在基本理论方面没有显著不同，同时二者都可与其他仪器联用，研究复杂化合物。但由于在液相色谱中以液体代替气相色谱中的气体作为流动相，而液体和气体的性质不相同。此外，液相色谱所用的仪器设备和操作条件也与气相色谱不同，所以，液相色谱与气相色谱有一定差别，主要有以下几方面：

（1）应用范围不同，高效液相色谱使用范围比气相色谱广。气相色谱仅能分析在操作温度下能气化而不分解的物质，一般只能分析沸点500℃以下，分子量450以下的物质。对高沸点化合物、非挥发性物质、热不稳定性化合物、离子型化合物及高聚物的分离、分析较为困难。致使其应用受到一定程度的限制，据统计只有大约20%的有机物能用气相色谱分析；而液相色谱则不受样品挥发度和热稳定性的限制，它非常适合分子量较大、难气化、不易挥发或对热敏感的物质、离子型化合物及高聚物的分离分析，大约占有机物的70%～80%。

（2）气相色谱用气体作流动相，载气种类较少，性质也比较相近，改变载气对柱效和分离能力影响较小。而高效液相色谱用液体作流动相，液体品种多，可以是水溶液，也可以是有机溶剂，性质差别大，可供选择范围广，流动相对柱效和分析速度都起重要作用。

（3）气相色谱固定相多是一般固体吸附剂和硅藻土担体及高沸点有机液体，成本较低。高效液相色谱固定相大都是新型固体吸附剂。化合键合固定相粒度小，成本较高，样品容量也较高。

（4）仪器原理及结构有所差别，高效液相色谱仪具有高压输液泵，色谱柱也可以不用恒温箱。检测器的原理和结构与气相色谱也不同，检测器的结构要复杂些，灵敏度要低些。

高效液相色谱分析的流程：由泵将储液瓶中的溶剂吸入色谱系统，然后输出，经流量与压力测量之后，导入进样器；被测物由进样器注入，并随流动相通过色谱柱，在柱上进行分离后进入检测器，检测信号由数据处理设备采集与处理，并记录色谱图；废液流入废液瓶；遇到复杂的混合物分离（极性范围比较宽）还可用梯度控制器作梯度洗脱，这和气相色谱的程序升温类似，不同的是气相色谱改变温度，而HPLC改变的是流动相极性，使样品各组分在最佳条件下得以分离。

高效液相色谱的分离过程同其他色谱过程一样，HPLC也是溶质在固定相和流动相之间进行的一种连续多次交换过程。它借溶质在两相间分配系数、亲和力、吸附力或分子大小不同而引起的排阻作用的差别使不同溶质得以分离。开始样品加在柱头上，假设样品中含有3个组分A、B和C，随流动相一起进入色谱柱，开始在固定相和流动相之间进行分配。分配系数小的组分A不易被固定相阻留，较早地流出色谱柱。分配系数大的组分C在固定相上滞留时间长，较晚流出色谱柱。组分B的分配系数介于A、C之间，第二个流出色谱柱。若一个含有多个组分的混合物进入系统，则混合物中各组分按其在两相间分配系数的不同先后流出色谱柱，达到分离的目的。不同组分在色谱过程中的分离情况，首先取决于各组分在两相间的分配系数、吸附能力、亲和力等是否有差异，这是热力学平衡问题，也是分离的首要条件。其次，当不同组分在色谱柱中运动时，谱带随柱长展宽，分离情况与两相之间的扩散系数、固定相粒度的大小、柱的填充情况以及流动相的流速等有关。所以分离最终效果则是热力学与动力学两方面的综合效益。

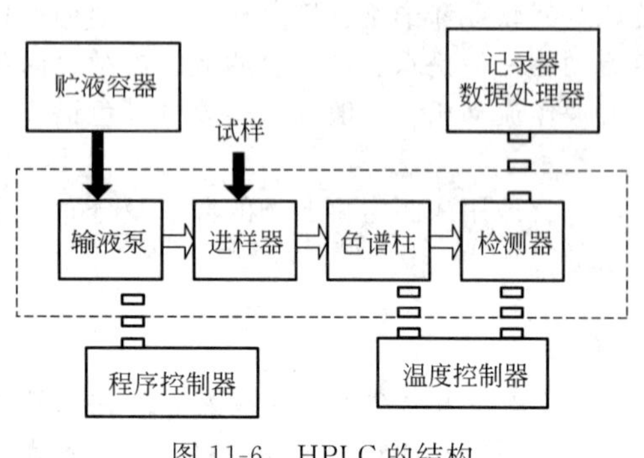

图11-6　HPLC的结构

三、高效液相色谱仪

典型的高效液相色谱仪是由高压输液系统、进样系统、分离系统、检测系统和色谱数据处理系统（色谱工作站）五个基本部分和相关辅助部件构成，见图11-6。

高效液相色谱仪的工作流程为：高压输液泵将储液器中的流动相以稳定的流速（或压力）输送至分析体系，在色谱柱之前通过进样器将样品导入，流动相将样品依次带入色谱柱，在色谱柱中各组分被分离并依次随流动相流至检测器，检测到的信号送至工作站记录、处理和保存，见图 11-7。

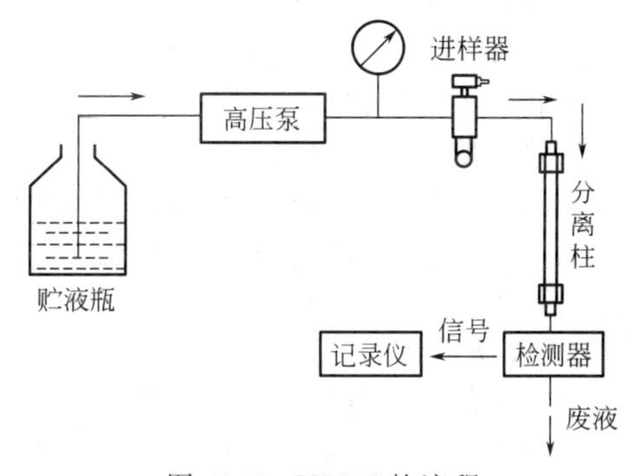

图 11-7　HPLC 的流程

1. 高压输液系统

输液系统由储液罐、过滤器、梯度洗脱装置、高压输液泵、脱气装置等组成。高压泵是高效液相色谱仪最重要的部件之一。由于高效液相色谱仪所用色谱柱直径细，固定相粒度小，流动相阻力大，因此，必须借助于高压泵使流动相以较快的速度流过色谱仪。高压泵需要满足以下条件：能提供 150～450kgf·cm^{-2} 的压强；流速稳定，流量可以调节；耐腐蚀。目前所用的高压泵有机械泵和气动放大泵两种。梯度淋洗装置可以将两种或两种以上的不同极性溶剂，按一定程序连续改变组成，以达到提高分离效果，缩短分离时间的目的。梯度淋洗的作用与气相色谱中的程序升温装置类似。

(1) 储液罐　储液罐为不锈钢、玻璃或氟塑料制成的容器，容量为 1～2L，用来储存足够数量、符合要求的流动相。储液罐可以是一个普通的溶剂瓶，也可以是一个专门设计的储液器。储液器往往和泵通过管路构成循环系统以便除去溶剂中的气体。现多数使用溶剂瓶，一般采用耐腐蚀的玻璃瓶或聚四氟乙烯瓶。储液罐的放置位置要高于泵体，以保持输液静压差，使用过程应密闭，以防止因蒸发引起流动相组成改变，还可防止气体进入。

(2) 高压输液泵　高压输液泵是高效液相色谱仪中关键部件之一，是流动相的动力源。高压输液泵功能是将溶剂储存器中的流动相以高压形式连续不断地送入液路系统，使样品在色谱柱中完成分离过程。液相色谱为了获得高柱效，所用色谱柱径较细，所填固定相粒度很小，因此，对流动相的阻力较大，为了使流动相能较快地流过色谱柱，就需要高压输液泵。高压输液泵应有足够的输出压力，使流动相能顺利通过颗粒很细的色谱柱，通常其压力范围为 25～40MPa；能输出恒定的流量，其流量精度应在 1%～2%；输出流动相的流量范围可调，对分析仪器一般为 3mL·min^{-1}；制备仪器为 10～20mL·min^{-1}；压力平稳，脉动小。

高压输液泵主要有恒压泵和恒流泵两类，常使用恒流泵。恒流泵又称机械泵，主要有机械注射泵与机械往复泵两类。

恒流泵特点是在一定操作条件下，输出流量保持恒定，其流量与流动相黏度和色谱柱引起阻力变化无关；恒压泵是指输出压力恒定，但其流量随色谱系统阻力而变化，故保留时间的重现性差。如果系统阻力不发生变化，恒压泵就能提供恒定的流量。

(3) 输液系统的辅助装置　辅助装置包括过滤器、混合器、脉动阻尼器、压力测量装置、流量测量装置和脱气装置。由于液相色谱柱、进样器等都很精密，微小的机械杂质将导致这些部件的损害，而不能正常工作，同时机械杂质在柱头的积累还影响柱子的使用，因此，溶剂需要过滤。脱气装置可以除掉溶于流动相中的各类气体，以保证柱效能。可采用通氮脱气、超声波脱气、自动脱气机脱气等。

(4) 梯度淋洗装置　在液相色谱中，当样品组成复杂时，有时会出现先出的峰分不开，后面的峰保留值又太大的现象，这时，可以采用梯度淋洗来调整混合溶剂的组成，改变溶剂强度或选择性。

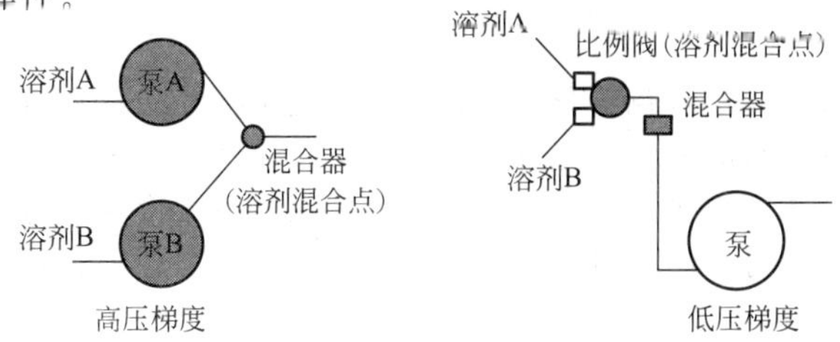

图 11-8　梯度淋洗装置示意图

梯度淋洗就是在分离过程中使两种或两种以上不同极性的溶剂按一定程序连续改变它们之间的比例，从而使流动相的强度、极性、pH 值或离子强度发生相应的变化，达到提高分离效果，缩短分析时间的目的。

梯度淋洗装置分为两类（见图 11-8）：① 外梯度装置（又称低压梯度），流动相在常温常压下混合，用高压泵压至柱系统，仅需一台泵即可。

② 内梯度装置（又称高压梯度），先将两种溶剂分别用泵增压后，再由泵按程序压入混合室，混合，再注入色谱柱。

梯度洗脱的实质是通过不断地变化流动相的强度，来调整混合样品中各组分的 k 值，使所有谱带都以最佳平均 k 值通过色谱柱。它在液相色谱中所起的作用相当于气相色谱中的程序升温，所不同的是，在梯度洗脱中溶质 k 值的变化是通过流动相的极性、pH 值和离子强度来实现的，而不是借改变温度（温度程序）来达到。

2. 进样系统

进样系统包括进样口、注射器和进样阀等，它的作用是把分析试样有效地送入色谱柱上进行分离。高效液相色谱柱比气相色谱柱短得多（约 5～40cm），因此柱外效应较突出。柱外效应是指色谱柱外因素引起的峰展宽，包括进样系统，连接管，检测器中存在的死体积。柱外展宽可分为柱前和柱后展宽，进样系统是引起柱前展宽的主要因素，因此高效液相色谱法中对进样技术要求较严。在液相色谱中，进样方式有隔膜式注射进样器进样，高压进样阀进样，自动进样装置等。

（1）隔膜式注射进样器　隔膜式注射进样器有硅橡胶隔膜，在原理上与气相色谱法完全一致。用微量注射器进样的优点有可柱头进样，减小死体积，充分发挥柱的效能，简单便宜；缺点是高压进样时漏液，会产生误差，隔垫使用次数有限，进样量小，重复性差。

（2）进样阀方式——六通阀进样　目前，广泛采用多通路进样阀，它可以承受很高的压力，由于进样量是由进样定量管决定的，因此，可以获得好的重复性，更换不同体积的进样定量管，可调整进样量。进样时，样品中不应混入机械杂质，溶解样品的溶剂最好与使用的流动相相同，以防止溶剂变化出现不溶物而堵塞柱子。

一般高效液相色谱流路中为高压力工作状态，通常使用耐高压的六通阀进样装置，六通阀结构如图 11-9 所示，进样量由定量环确定。操作时先将进样器手柄置于采样位置，此时进样口只与定量环接通，处于常压状态，用微量注射器（体积应大于定量环体积）注入样品溶液，样品停留在定量环中；然后转动手柄至进样位置，使定量环接入输液管路，由高压泵输送的流动相将样品送入色谱柱中。样品定量管的容积是固定的，因此进样重复性好。该进样装置的缺点是不能注入小体积样品（＜1.2μL），改变注入量时要更换定量管。

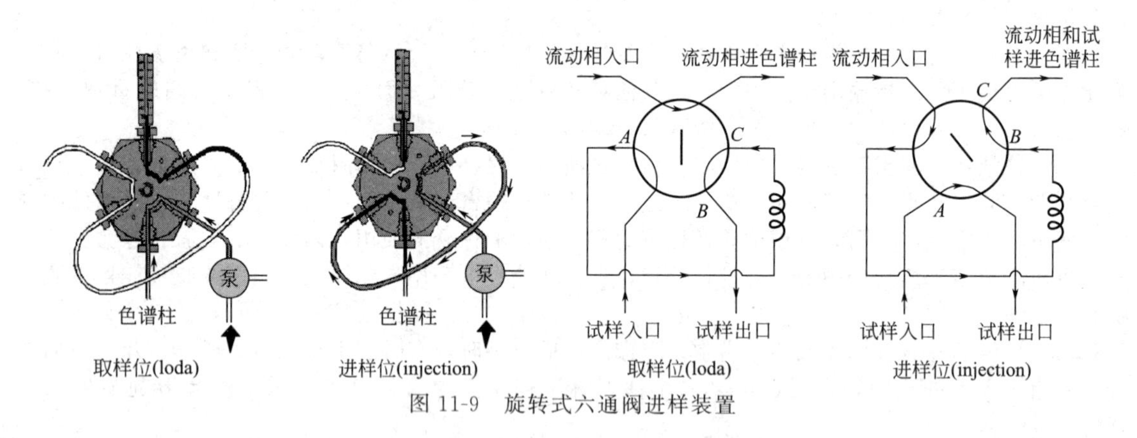

图 11-9　旋转式六通阀进样装置

3. 分离系统——色谱柱

分离系统包括色谱柱、恒温器和连接管等部件。进行色谱分离的首要工作是选择性能良好的色谱柱，即选择在确定的分离条件下分离效率高和分析时间短的色谱柱。

色谱柱的选择应考虑：固定相类型的选择，主要取决于样品分离模式；柱填料的结构，主要指颗粒的形状、大小、均匀性、比表面、平均孔径和孔容等；柱规格，指柱内径、柱长度和填料粒度；色谱柱的牌号/厂商。

色谱柱多为直型，内部充满微粒固定相。发展趋势是减小填料粒度和柱径以提高柱效。色谱柱可分为分析柱、制备柱、分析柱的保护柱。

在高效液相色谱分析中，柱温一般为室温或接近室温。适当提高柱温可改善传质，提高柱效，缩短分析时间。因此，在分析时可以采用带有恒温加热系统的金属夹套来保持色谱柱的温度，温度可以在室温到 60℃之间调节。对凝胶渗透色谱仪，其柱温可从室温至 150℃实现精确控制。

4. 检测器

检测器实际上是一种换能装置，它将流动相中组分含量的变化，转变成可测量的电信号（通常是电压），然后输入记录器。从原理分析，任何一种分析鉴定方法都可能用作色谱检测器。理想的检测器应该是灵敏度高、线性范围大、对所有待测组分相同响应的检测器。高效液相色谱的检测器很多，光学检测器（紫外、荧光、折光检测器）、电化学检测器（极谱、电导、库仑、离子选择电极）等。检测器要求高灵敏度、低噪声、大的线性范围、对所有化合物都响应，与 GC 一样。

最常用的液相色谱检测器依次是紫外检测器、示差折射检测器、荧光检测器和电化学检测器等检测器的主要性能见表 11-3。近年来出现的光散射检测器是新兴的通用型检测器。近年来发展迅速的光电二极管阵列检测器虽然价格较高，仍不失为一种较理想的检测器。

表 11-3　检测器的主要性能

性能/检测器	紫外	荧光	折光	安培	电导
测量参数	吸光度	荧光强度	折射率	电流	电导率
类型	选择性	选择性	通用	选择性	选择性
池体积/μL	1～10	3～20	3～10	< 1	1
噪声/测量参数单位	10^{-4}	10^{-3}	10^{-7}	10^{-9}	10^{-3}
最小检测浓度/g·mL^{-1}	10^{-10}	10^{-11}	10^{-7}	10^{-12}	10^{3}
线性范围	10^{3}	10^{3}	10^{4}	10^{5}	10^{4}
温度影响	小	小	大	大	大
流速影响	无	无	有	有	有
可否用于梯度洗脱	能	能	不能	不能	不能
对样品有无破性	无	无	无	无	无

四、定性定量分析方法

1. 定性分析方法

由于高效液相色谱过程中影响溶质迁移的因素较多，同一组分即便在相同操作条件下，不同色谱柱上的保留值也可能有很大差别，因此高效液相色谱法与气相色谱相比，定性难度较大。常用的定性方法是标准样品定性法，即利用每一种化合物在特定色谱条件下（流动相组成、色谱柱、柱温等相同），具有不同的保留值从而进行定性分析。除此外，还可以利用高效液相色谱-质谱联用技术实现在线检测，两谱联用仪给出样品的色谱图，并能快速给出每个色谱组分的质谱图，同时获得定性、定量信息。目前联用技术是复杂样品成分分析、鉴定最重要的手段。

2. 定量方法

高效液相色谱定量方法与气相色谱的定量方法类似，主要采用面积的归一化法、内标法或外标法等。

（1）归一化法　归一化法要求所有组分都能分离并出峰，其基本方法与气相色谱中的归一化法类似。由于高效液相色谱所用检测器为选择性检测器，对很多组分没有响应，因此高效液相色谱法很少使用归一化法。

（2）外标法　外标法是以待测组分纯品配制标准试样和待测试样同时作色谱分析来进行比较而定量的方法，可分为标准曲线法和直接比较法。具体方法参阅气相色谱的外标法定量。

（3）内标法　内标法是将已知量的参比物（内标物）加到已知量的试样中，使试样中参比物的浓度已知；在进行色谱测定后，待测组分峰面积和参比物峰面积之比应该等于待测组分的质量与参比物质量之比，求出待测组分的质量，进而求出待测组分的含量。内标法具有准确度高的特点。

五、应用与示例

1. 高效液相色谱仪在食品安全领域的应用

食品添加剂的检测方法多种多样，例如气相法、比色法等，但是液相色谱法的优势非常明显，故现代检测技术中，多偏向于使用液相色谱法来检测。近几年随着色谱柱填充制备技术的高速发展，已经可以一次性分离糖精钠、安赛蜜、苯甲酸、山梨酸、脱氢乙酸、柠檬黄、苋菜红、亮蓝这八种常用食品添加剂，其效率之高非其他仪器分析方法可比。

2. 高效液相色谱仪在工业上的应用

以往在石油化工、农药、环保等方面，经常采用薄层色谱法（TLC）和气相色谱法（OC）进行含量测定，而液相色谱法（LC）只是用于对组分标样的测定和分离的可能性的研究。自七十年代以来，我国就有数家科研部门以及工厂前后研制并生产了液相色谱仪。LC开始在我国许多科学领域进入了实用阶段，尤其是对那些热稳定性差或蒸气压低的样品组分的分析，更显示了LC的优越性。近几年来，HPLC在油品分析，尤其是在石油中多环芳烃、重质烃的测定方面取得了突破性的进展。

知识链接

建立高效液相色谱分析方法的一般步骤

高效液相色谱法用于未知样品的分离和分析，主要采用吸附色谱、分配色谱、离子色谱和体积排阻色谱四种基本方法，对生物分子或生物大分子样品还可采用亲和色谱法。当用高效液相色谱法去解决一个样品的分析问题时，往往可选择几种不同的HPLC方法，而不可能仅用一种HPLC方法去解决各式各样的样品分析问题。

一种高效液相色谱分析方法的建立，是由多种因素来决定的，除了样品的性质以及实验室具备的条件外，对液相色谱理论的理解，前人从事过的相近工作的借鉴以及分析工作者自身的实践经验，都对分析方法的建立起着重要的影响。

通常在确定被分析的样品以后，要建立一种高效液相色谱分析方法必须解决以下问题：

1. 根据被分析样品的特性选择适用于样品分析的一种高效液相色谱分析方法。
2. 选择一种适用的色谱柱，确定柱的规格（柱内径以及柱长）和选用固定相（粒径和孔径）。
3. 选择适当的或优化的分离操作条件，确定流动相的组成，流速以及洗脱方法。
4. 由获得的色谱图进行定性分析和定量分析。

本章小结

1. 色谱法（chromatography）又叫色层法或层析法，是一种分离分析方法，是分离分析多组分混合物质的极有效的物理及物理化学分析方法，是以试样中各组分与固定相和流动相之间的相互作用力（如吸附、分配、离子交换、排阻、亲和等作用力）的差异为依据而建立起来的各种分离分析方法。

2. 气相色谱法根据所用的固定相不同可分为气固色谱和气液色谱。

高效液相色谱法按组分在固定相和流动相两相间分离机理的不同要分为：液-固吸附色谱法、液-液分配色谱法、化学键合相色谱法、离子交换色谱法、凝胶色谱法。

3. 气相色谱仪由气路系统、进样系统、分离系统、检测系统、温度控制系统和数据处理系统六大部分组成。

典型的高效液相色谱仪是由高压输液系统、进样系统、分离系统、检测系统和色谱数据处理系统（色谱工作站）五个基本部分和相关辅助部件构成。

4. 定性分析的理论依据是：在一定固定相和一定操作条件下，每种物质都有各自确定的保留值或确定的色谱数据，并且不受其他组分的影响。

定量分析主要采用面积的归一化法、内标法或外标法等。

能力自测

一、选择题

1. 在色谱分析中，用于定性分析的参数是（　　）。

A. 保留值　　B. 峰面积　　C. 分离度　　D. 半峰宽

2. 在色谱分析中，用于定量分析的参数是（　　）。

A. 保留时间　　B. 保留体积　　C. 半峰宽　　D. 峰面积

3. 两组分能在分配色谱柱上分离的原因为（　　）。

A. 结构、极性上有差异，在固定液中的溶解度不同　　B. 分子量不同

C. 相对较正因子不等　　D. 沸点不同

4. 在一定柱长条件下，某一组分色谱峰的宽窄主要取决于组分在色谱柱中的（　　）。

A. 保留值　　B. 扩散速度　　C. 分配系数　　D. 容量因子

5. 液相色谱仪的结构，主要部分一般可分为（　　）。

A. 高压输液系统　　B. 进样系统　　C. 分离系统　　D. 检测系统　E. 以上都是

6. 在液相色谱中流动相选择原则（　　）。

A. 极性大的样品用极性大的洗脱剂

B. 极性小的样品用极性小的洗脱剂

C. 以上都是

7. 气相色谱中与含量成正比的是（　　）。

A. 保留值　　B. 保留时间　　C. 相对保留值　　D. 峰高

8. 液相色谱分析中，在色谱柱子选定以后，首先考虑的色谱条件是（　　）。

A. 流动相流速　　B. 流动相种类　　C. 柱温　　D. 检测器

二、计算题

1. 在一色谱柱上，测得各峰的保留时间如下，求未知峰的保留指数。

组分	空气	辛烷	壬烷	未知峰
t_R/min	0.6	13.9	17.9	15.4

2. 测得石油裂解气的气相色谱图（前面四个组分为经过衰减1/4而得到），经测定各组分的 f 值并从色谱图量出各组分峰面积为：

出峰次序	空气	甲烷	二氧化碳	乙烯	乙烷	丙烯	丙烷
峰面积	34	214	4.5	278	77	250	47.3
校正因子 f	0.84	0.74	1.00	1.00	1.05	1.28	1.36

用归一法定量，求各组分的质量分数各为多少？

3. 有一试样含甲酸、乙酸、丙酸及不少水、苯等物质，称取此试样1.055g。以环己酮作内标，

称取环己酮0.1907g，加到试样中，混合均匀后，吸取此试液3μL进样，得到色谱图。从色谱图上测得各组分峰面积及已知的S'值如下表所示：

项目	甲酸	乙酸	环己酮	丙酸
峰面积	14.8	72.6	133	42.4
响应值S'	0.261	0.562	1.00	0.938

求甲酸、乙酸、丙酸的质量分数。

三、问答题

1. 简要说明气相色谱分析的分离原理。
2. 气相色谱仪的基本设备包括哪几部分？各有什么作用？
3. 色谱定量分析中，为什么要用定量校正因子？在什么条件下可以不用校正因子？
4. 有哪些常用的色谱定量方法？试比较它们的优缺点和适用情况。

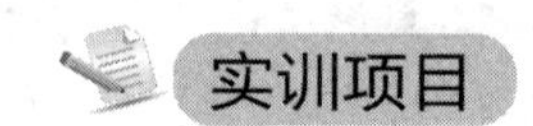

测定丁醇异构体的含量

一、目的要求

1. 学习归一法对样品的定量测定。
2. 掌握摩尔法的实际应用。

二、实验原理

采用归一化法对物质作定量分析。

$$w_i=\frac{m_i}{m}\times 100\%=\frac{m_i}{m_1+m_2+\cdots+m_n}\times 100\%$$
$$=\frac{A_i f'_i}{A_1 f'_1+A_2 f'_2+\cdots+A_n f'_n}\times 100\%$$

式中，w_i为被测组分i的百分含量；A_1、A_2、…、A_n为组分$1\sim n$的峰面积；f'_1、f'_2、…、f'_n为组分$1\sim n$的相对校正因子；m为样品的质量。

三、实验仪器与试剂

1. 仪器：气相色谱仪，色谱柱（DNP柱），氢气钢瓶，试剂瓶。
2. 试剂：异丁醇，仲丁醇，叔丁醇，伯丁醇（A.R.）。

四、实验内容

（1）准备工作

① 配制混合物试样　用一干燥且洁净的称量瓶称取0.5g叔丁醇，0.5g仲丁醇，0.5g异丁醇，0.5g伯丁醇（称准至0.001g），混合均匀、备用。

② 色谱仪的开机及参数设置　通入载气（N_2），检查气密性完好后，调节载气流量为20～30mL·min^{-1}。打开色谱仪电源，设置实验条件如下：柱温为75℃，气化室温度为160℃，热导检测器温度为80℃，桥电流为100mA，纸速为300mm·h^{-1}，衰减比为1∶1。打开色谱工作站软件。

（2）混合试样的分析　待仪器电路和气路系统达到平衡，基线平直后，用1μL清洗过的微量注射器，吸取混合试样0.6μL进样，分析测定，记录分析结果。

按上述方法再进样分析测定两次，记录分析结果。

(3) 结束工作　实验完成后，清洗进样器，按正确的顺序关机，并清理仪器台面，填写仪器使用记录。

五、实验报告

(1) 记录实验过程及实验参数。

(2) 将色谱图上测量出的各组分的峰高、半峰宽、计算的峰面积等填入下表。

组分	f'_m	h_i/min				$Y_{1/2}$/min				A/mm^2	Y_i
		1	2	3	平均值	1	2	3	平均值		
叔丁醇	0.98										
仲丁醇	0.97										
异丁醇	0.98										
伯丁醇	1.00										

(3) 计算各组分的质量分数。

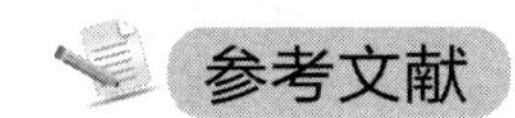

参考文献

[1] 方惠群，于俊生，史坚．仪器分析．北京：科学出版社，2015.

[2] 刘约权．现代仪器分析．北京：高等教育出版社，2015.

[3] 赵艳霞，段怡萍．仪器分析应用技术．中国轻工业出版社，2011.

[4] 袁存光．现代仪器分析．北京：化学工业出版社，2012.

[5] 刘珍．化学员读本仪器分析．北京：化学工业出版社，2004.

复杂物质的综合分析及分析化学中常用的分离方法

Chapter 12

知识目标

1. 了解剖析方法的特点和一般程序；
2. 了解复杂物质试样的采集方法；
3. 了解复杂物质试样的预处理方法；
4. 掌握分析化学中常用的分离方法。

第一节　概述

现代分析科学中，面临的最困难课题之一，就是对复杂样品体系的分析。所谓复杂体系，是指样品组分的多样性，如无机与有机化合物共存一体，高分子、大分子与小分子化合物共存一体，生命与非生命物质共存一体等。要对这种复杂体系的样品提供全面、准确的结构与成分表征信息，采用简单的分析方法和操作过程已不能胜任。要圆满完成一个复杂体系样品的分析，几乎囊括了全部现代分析方法，这就是所谓的综合分析，也称为剖析。剖析是分析科学的一个专业术语，也是分析科学中的一个学科。

一、常用的剖析方法及程序

通常剖析的试样是一个组成复杂的混合体系，现代分析方法中没有一种方法能独立完成这些复杂的分析课题，必须采用多种分离、分析和结构鉴定等方法相结合进行综合分析。而不同体系的试样，其分析过程和方法会有很大的差异。

1. 剖析方法的特点

(1) 剖析样品的复杂性和多样性　剖析样品通常是组成复杂的混合体系，在复杂体系的样品中，各组分的含量也相差悬殊，不同含量的组分要求不同的分析方法和分析过程。而且样品组分的稳定性也不一样，某些组分在加工、储存或应用过程中，可能发生某些变化。

(2) 剖析方法的综合性　如在无机元素分析中，对吸光光度法、原子吸收分光光度法、电子能谱法、分子荧光法、电位法、极谱及伏安法和流动注射分析法等进行选择应用。在分离分析中，对各种色谱分析法，如气相色谱法、薄层色谱法、离子交换色谱法、纸上色谱法和高效液相色谱法等进行选择应用。在有机成分分析中，如对质谱法、核磁共振、红外、紫外等波谱分析法进行选择应用。为了圆满地完成一个复杂物质剖析，整个剖析过程几乎囊括全部现代分析方法。

(3) 剖析过程的复杂性　剖析工作通常包括三个重要过程：一是将样品中各组分逐一分离、纯化的过程；二是对分离开的各组分进行定性、定量及结构鉴定的分析过程；三是对推测的结构进行合成、加工及应用性能验证和评价过程。所以整个剖析过程是把分离分析、结构分析与成分分析相结合的一门综合分析技术，又是把分析信息与合成加工及应用技术紧密结合的一项系统工程。

2. 剖析研究的一般程序

由于剖析样品的体系不同，剖析的目的及侧重点不同，剖析工作程序的差异性可能很大，试图用一种简单的模式去适应并完成所有样品的剖析研究，是不现实的。图 12-1 是以商品材料剖析为例，概述了剖析工作的一般程序。

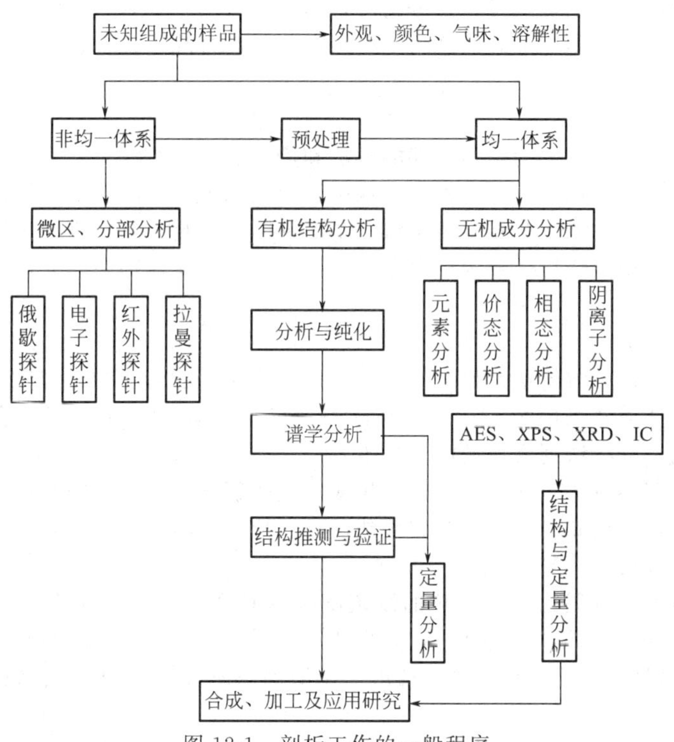

图 12-1 剖析工作的一般程序

二、复杂试样的采集方法

试样是指在分析工作中被采用以进行分析的物质体系，它可以是固体、液体或气体。采集的试样必须有代表性与均匀性，能够代表全部分析对象的组成，否则分析结构就毫无意义。

1. 液体试样的采集

液体试样一般也较均匀，取样单元可以较少。当液体的量较少时，搅拌均匀后取样；当液体的量较大时，应从不同的位置和深度分别采样，混合均匀后作为分析试样，以保证它的代表性。液体试样采样器多为塑料或玻璃瓶，一般情况下两者均可使用。但当要检测试样中的有机物时，宜选用玻璃器皿；而要测定试样中微量的金属元素时，则宜选用塑料取样器，以减少容器吸附和产生微量待测组分的影响。

2. 气体试样的采集

气体试样的组成一般也比较均一，但容易受多种因素的影响，必须在短时间内多点采用，如果是静态气体试样可以直接采样，用换气或减压的方法将气体试样直接装入玻璃瓶或塑料瓶。动态气体试样可以采用取样管取管道中气体。气体试样采集后难以运输，一般应立即进行分析。

3. 固体试样的采集

固体试样多样化，不均匀试样应选取不同部位进行取样，以保证所采试样的代表性。采集方法有随机抽样、系统抽样和判断采样法。采取的试样可用均匀器或其他办法混合均匀后，反复按四分法采样，即将混合均匀的样品堆成圆锥形，用铲子将锥顶压平成截锥体，通过截面圆心将锥体分成四等份，弃去任一相对两等份。将剩下的两等份收集在一起再混匀。这样就缩减一半，称为缩分一次。如需要再行缩分，按上述方法重复即可。

第二节　试样的预处理

当对复杂试样中的某一组分进行定量分析时，其他组分的存在常会对测定结果产生干扰，为了保证分析工作的顺利进行，得到准确的结果，必须在分析前排除干扰，这就是试样的预处理。

一、试样的分解

常用的分解试样的方法可分为两类，即溶解法和熔融法。溶解法就是将试样溶解在水中或其他溶剂中。熔融法就是将试样和固体溶剂置于坩埚中，混合均匀，在高温下加热，使坩埚内容物融化成液态，从而使试样中的被测组分转变成可溶于某溶剂的化合物，然后制成溶液。一般说来，溶解法较为简单和快速，而熔融法操作较为麻烦和费时，有时还会从溶剂引入大量盐类，而且还可能从坩埚带进一些杂质。

1. 溶解法

根据所用的溶剂不同，溶解法又可分为三种，即水溶法、酸溶法和碱溶法。水溶法仅适用于可溶于水的试样。碱溶法通常采用20%～30% NaOH溶液作为溶剂，主要用于溶解金属铝、锌合金以及某些酸性氧化物。酸溶法通常用的溶剂如下：

(1) 盐酸　盐酸能溶解比氢活泼的金属，生成相应的氯化物溶液，同时放出氢气。盐酸还能溶解铁、锰、钙、镁、锌等金属的氧化物和碳酸盐矿石。盐酸中的Cl^-能与很多金属离子生成稳定的络离子（如$HgCl_4^{2-}$、$PtCl_6^{2-}$等)。

(2) 硫酸　稀硫酸没有氧化性，而热的浓硫酸则具有强氧化性，浓硫酸还具有强烈的脱水作用。除Ba、Sr、Ca、Pb盐外，硫酸盐一般皆可溶于水。常用的无机酸中，硫酸的沸点最高(338℃)。所以溶解试样时，往往采用含有硫酸的试液加热蒸发到冒出三氧化硫白烟的办法，来除去试液中的盐酸、硝酸、氢氟酸等。

(3) 硝酸　几乎所有的硝酸盐都易溶于水，它是强氧化性的酸，没有络合性能，它可溶金属置换序中氢以下的多数金属，几乎所有的硫化物及其矿石皆可溶于硝酸中。

(4) 高氯酸　几乎所有的高氯酸盐都溶于水，高氯酸在加热的情况下（尤其是接近沸点时）是一种很强的氧化剂和脱水剂，能将钨和铬分别氧化成钨酸（H_2WO_4）和重铬酸（$H_2Cr_2O_7$），高氯酸本身则被还原成盐酸。如果有有机物存在，常发生爆炸，因此事先必须用浓硝酸氧化试样。

(5) 磷酸　磷酸是中强酸，它具有良好的络合能力。用磷酸溶样时，加热温度不宜过高，加热时间不可太长，冒出白烟时就应该停止加热，否则将析出难溶的焦磷酸盐，而且还将严重地腐蚀玻璃容器。溶样后如果需要用水稀释，则应趁溶液还相当热时就加水，以免析出凝胶。磷酸在高温时难免对玻璃容器有些腐蚀作用，所以磷酸溶样所用的玻璃容器不能用来测硅。

(6) 氢氟酸　氢氟酸的酸性不强，但其络合能力很强，能与许多种金属离子生成稳定的络离子。氢氟酸能与Si（如SiO_2、硅酸盐等）作用生成挥发性的SiF_4，所以可用来溶解石英、硅酸盐等试样。

2. 熔融法

熔融法可分为酸熔法和碱融法两种。

(1) 酸熔法　酸熔法是将试样和酸性溶剂混合在一起，进行熔融，以分解试样。在高温下，酸性焦硫酸钾溶剂能分解出酸性氧化物，它与碱性或中性氧化物起反应，就生成可溶于水或酸的含氧酸盐。

(2) 碱熔法　对于酸性氧化物（如黏土、硅酸盐等)、酸性炉渣、不溶于酸的残渣等，可以采用碱熔法，即与碱性溶剂一起熔融，以分解试样。常用的碱性溶剂是碳酸钠（熔点852℃)、碳酸钾（熔点891℃)、氢氧化钠（熔点328℃)、过氧化钠等。在用碱性溶剂进行熔融时，常使用混合溶剂。

熔融大部分是在高温下进行的复分解反应，使难溶盐转化为可溶于水或可溶于酸的化合物，以便进一步处理。为了使反应进行完全，通常加入6～12倍的过量溶剂。尽可能使试样与溶剂混合得更均匀。

二、特殊试样的保存

采集的样品应尽快分析，对于不能及时分析的样品应妥善保存。由于物理、化学和微生物的作用，样品在存放过程中应力求被测组分不损失、不污染。如应避免被测组分挥发、容器及共存固体悬浮物的吸附，防止共存物之间发生生化反应，避免微生物引起的样品分解等。应根据样品的性质、检测项目及分析方法，选择适当的样品保存方法。常用的保存方法有如下三种。

1. 密封保存法

防止空气中的氧气、水、二氧化碳等对样品的作用及挥发性组分的损失等。

2. 冷藏保存法

对易变质、含挥发性组分的样品，采用后应冷冻或冷藏保存。该方法特别适用于食品样品和生物样品的保存，较低温度下可减缓样品中各组分的物理化学作用、抑制酶的活性及细菌的生长和繁殖。

3. 化学保存法

在采集的样品中加入一定量的酸、碱或其他化学试剂作为调节剂、抑制剂或防腐剂，用以调节溶液的酸度，防止水解、沉淀等化学反应，抑制微生物的生长等。例如为了防止水样中的重金属离子水解、沉淀可以加入硝酸调节酸度；为了防止食品腐败变质可以加入苯甲酸、三氯甲烷等防腐剂。

样品的保存还应注意存放容器的选择、容器的洗涤及存放时间。容器的选择主要取决于样品的性质和检测项目，材料应是惰性的，且对被测组分吸附很小，易洗涤。如测定水样中微量金属离子时，选择聚乙烯或聚四氟乙烯塑料容器；测定有机污染物时可选择玻璃容器。容器使用前一定要洗涤干净。样品存放时间决定于样品性质、检测项目的要求和保存条件。

第三节　分析化学中常用的分离方法

在无机和分析化学中，常用的分离方法有沉淀分离法、溶剂萃取分离法、离子交换分离法、色谱分离法、挥发和蒸馏分离法等。本节主要介绍沉淀分离法、溶剂萃取分离法、离子交换分离法和色谱分离法。

一、沉淀分离法

沉淀分离法是利用沉淀反应进行分离的方法。它是根据溶度积原理，在试液中加入适当的沉淀剂，使待测组分沉淀出来，或将干扰组分沉淀除去，从而达到分离的目的。沉淀分离法可分为无机沉淀剂沉淀分离法、有机沉淀剂沉淀分离法（适用于常量组分的分离）和共沉淀分离法（适用于痕量组分的分离和富集）。

1. 无机沉淀剂沉淀分离法

(1) 氢氧化物的沉淀分离法　多数金属离子都能生成氢氧化物沉淀，由于各种氢氧化物沉淀的溶度积差别很大，因此可以通过控制溶液酸度的方法使某些金属离子形成氢氧化物沉淀而另一些金属离子不形成沉淀，而达到分离的目的。

常用的控制溶液酸度的沉淀剂有氢氧化钠、氨和铵盐组成的缓存溶液。利用氢氧化钠做沉淀剂可使两性金属离子（如 Al^{3+}、Cr^{3+}、Zn^{2+}、Pb^{2+} 等）与非两性金属离子（如 Ag^{+}、Cd^{2+}、Hg^{2+}、Fe^{3+}、Co^{2+}、Ni^{2+}、Mn^{2+} 等）进行分离。前者形成含氧酸盐留在溶液中，后者能定量地沉淀完全。利用氨和铵盐组成的缓存溶液，可控制 pH 值在 8～9 左右，可使高价金属离子与大部分一、二价金属离子进行分离。此时 Fe^{3+}、Al^{3+} 等形成沉淀，而 Ag^{+}、Cu^{2+}、Co^{2+}、Ni^{2+}、Zn^{2+}、Cd^{2+} 等与氨形成稳定的配合物而留于溶液中，达到与上述其他离子的分离。

由于所得的氢氧化物沉淀为胶状沉淀，因此共沉淀现象较为严重，分离效果不理想。常采用尽量大的浓度和尽量小的体积及加入大量无干扰作用的盐类进行“小体积沉淀法”来提高分离效果。

（2）金属硫化物的沉淀分离法　能形成硫化物沉淀的金属离子有40多种，由于各种金属硫化物的溶度积差异较大，因此可以通过控制溶液的酸度来控制溶液中硫离子的浓度，使金属离子彼此分离。硫化氢是硫化物沉淀分离的主要沉淀剂。

在0.3mol·L^{-1}的HCl溶液中通入H_2S，则Cu^{2+}、Pb^{2+}、Bi^{3+}、Cd^{2+}、Ag^{+}、As^{3+}、Hg^{2+}等能生成硫化物沉淀，可与其他离子分离。在弱酸条件下通入H_2S，除上述离子外，pH值为2左右时，Zn^{2+}能形成硫化物沉淀；pH值为5～6时，Ni^{2+}、Co^{2+}、Fe^{2+}等离子形成沉淀。

硫化物沉淀大多数是胶状沉淀，共沉淀现象比较严重，有时还会出现后沉淀现象。分离效果不理想。如用硫代乙酰胺作为沉淀剂可在酸性或碱性介质中水解产生H_2S或S^{2+}进行均匀沉淀法，使沉淀性质及分离效果有所改善。

2. 有机沉淀剂沉淀分离法

有机沉淀剂进行沉淀分离具有选择性较好、灵敏度较高、吸附杂质较少、沉淀性能较好等优点，使得该法应用日益广泛。常见的有机沉淀剂及其应用见表12-1。

表12-1　几种常见的有机沉淀剂及其分离应用

有机沉淀剂	分离应用
草酸	用于Ca^{2+}、Sr^{2+}、Ba^{2+}、Th(Ⅳ)、稀土金属离子与Fe^{3+}、Al^{3+}、Zr(Ⅳ)、Nb(Ⅴ)、Ta(Ⅴ)等离子的分离，前者形成草酸盐沉淀，后者生成可溶性配合物
铜试剂(N-亚硝基苯胲铵盐)	用于在1∶9 H_2SO_4介质中沉淀Fe^{3+}、Ti(Ⅴ)、V(Ⅴ)而与Al^{3+}、Cr^{3+}、Co^{2+}、Ni^{2+}等离子间的分离
铜试剂(二乙基胺二硫代甲酸钠)	用于沉淀除去重金属，使其与Al^{3+}、稀土和碱金属离子分离
丁二酮肟	用于与Ni^{2+}、Pd^{2+}、Pt^{2+}、Fe^{2+}生成沉淀而与其他金属离子分离

3. 共沉淀分离法

在试样中加入某种其他离子与沉淀剂形成沉淀，利用该沉淀作为载体，可将痕量组分定量地沉淀下来，然后再将沉淀溶解在少量溶剂中，以达到分离和富集的目的。这种方法称共沉淀分离法。常用的共沉淀分离法有无机共沉淀和有机共沉淀。

（1）无机共沉淀　无机共沉淀分离法主要分为表面吸附共沉淀和生成混晶进行共沉淀两种。

① 表面吸附共沉淀　在这种方法中，常用的共沉淀剂为$Fe(OH)_3$、$Al(OH)_3$、$Mg(OH)_2$、$CaCO_3$及硫化物等，它们都是表面积很大的非晶型沉淀，与溶液中微量组分接触时，容易产生表面吸附。而非晶型沉淀的快速聚集使得被吸附的组分来不及离开沉淀表面而夹杂于沉淀之中，起到浓缩和富集作用。

② 生成混晶进行共沉淀　当共存离子半径与被沉淀离子半径相近且与沉淀剂形成的晶体结构相同时，则极易形成混晶。常见的混晶有$BaSO_4$-$RaSO_4$、$BaSO_4$-$PbSO_4$、$Mg(NH_4)PO_4$-$Mg(NH_4)AsO_4$、$ZnHg(SCN)_4$-$CuHg(SCN)_4$等。

（2）有机共沉淀　利用有机共沉淀剂进行共沉淀分离的方式主要有以下两种。

① 利用胶体凝集作用的共沉淀　此法是利用有机共沉淀剂与含痕量元素的胶体发生凝集作用而沉淀下来的原理。如钨、铌、钽等贵金属元素的含氧酸胶体（负凝胶）、动物胶等有机共沉淀剂（酸性介质中带正电）发生凝集作用，达到富集和精炼贵金属的目的。

② 利用形成离子缔合物进行共沉淀　某些相对分子质量较大的有机化合物，如甲基紫、孔雀绿、品红及次甲基蓝等，在酸性溶液中以带正电荷的形式存在，当其遇到含金属离子或含氧酸根的配阴离子时，能形成难溶性的离子缔合物而发生共沉淀反应。如向含痕量锌离子的酸性溶液中加入

甲基紫和硫氰酸铵溶液，经共沉淀富集处理后可进行锌的定量测定。

二、溶剂萃取分离法

溶剂萃取分离是利用与水不混溶的有机溶剂同试液仪器振荡，放置分层，试液中的一些组分进入有机相，另一些组分留在水相，从而达到分离富集的目的。它所需的仪器设备简单，操作简易快速，分离富集效果好，既能用于大量元素的分离，又能用于微量元素的分离与富集。缺点是费时，工作量较大，而且萃取溶剂往往是有毒、易挥发、易燃的物质，因此在应用上受到一定限制。

1. 溶剂萃取分离法的基本原理

（1）萃取分离过程的本质　根据相似相溶原理，一般无机盐如 NaCl、$Ca(NO_3)_2$ 等都是离子型化合物，具有溶于水而难溶于有机溶剂的性质，这种性质称为亲水性；许多有机化合物如油脂、苯、长链烷烃等，它们是共价化合物，是非极性和弱极性化合物，因此这类化合物具有难溶于水而易溶于有机溶剂的性质，这种性质称为疏水性。萃取分离就是基于物质溶解性质的差异，采用与水不混溶的有机溶剂，从水溶液中把无机离子萃取到有机相中以实现分离的目的。萃取的过程是将物质由亲水性转化为疏水性的过程，反萃取的过程是将物质由疏水性转化为亲水性的过程。

（2）分配系数、分配比和萃取百分率、分离因数

① 分配系数　物质在水相和有机相中都有一定的溶解度。亲水性强的物质在水相中的溶解度较大，而在有机相中溶解度较小；疏水性的物质则相反。用有机溶剂从水相中萃取溶质 A 时，溶质 A 就会在两相间进行分配，如果溶质 A 在两相中存在的形式相同，达到分配平衡时在有机相中的平衡浓度 $c(\mathrm{A})_{有}$ 和在水相中的平衡浓度 $c(\mathrm{A})_{水}$ 之比在一定温度下是一常数，即

$$c(\mathrm{A})_{有}/c(\mathrm{A})_{水}=K_{\mathrm{D}} \tag{12-1}$$

式(12-1) 称为分配定律，K_{D}称为分配系数，K_{D}值越大，说明物质越容易被萃取，它与溶质和溶剂的性质及温度等因素有关。

② 分配比　在分析工作中，常常遇到溶质在水相和有机相中具有多种存在形式的情况，此时分配定律就不适用了。我们通常用分配比来表示分配的情况，分配比用符号 D 表示。

$$D=\frac{c_{(有)}}{c_{(水)}}=\frac{c_1(\mathrm{A})_{有}+c_2(\mathrm{A})_{有}+\cdots+c_n(\mathrm{A})_{有}}{c_1(\mathrm{A})_{水}+c_2(\mathrm{A})_{水}+\cdots+c_n(\mathrm{A})_{水}} \tag{12-2}$$

只有在最简单的萃取体系中，溶质在两相中的存在形式完全相同时，$D=K_{\mathrm{D}}$，而在大多数情况下 $D\neq K_{\mathrm{D}}$。当两相的体积相等时，若 $D>1$，说明溶质进入有机相的量比留在水相中的量多。在实际工作中，一般要求 D 至少大于 10。

③ 萃取百分率　对某种物质的萃取效率的大小，常用萃取百分率（E）来表示。溶质 A 在两相中的浓度分别为 $c_{(有)}$ 和 $c_{(水)}$，$V_{(有)}$、$V_{(水)}$分别为有机相和水相的体积。则萃取百分率（E）为

$$\begin{aligned}E&=\frac{溶质\ \mathrm{A}\ 在有机相中的总量}{溶质\ \mathrm{A}\ 在两相中的总量}\times100\%\\&=\frac{c_{(有)}V_{(有)}}{c_{(有)}V_{(有)}+c_{(水)}V_{(水)}}\times100\%\end{aligned} \tag{12-3}$$

萃取百分率（E）与分配比（D）的关系如下：将式(12-3) 中分子、分母都除以 $c_{(水)}V_{(有)}$

则得：

$$E=\frac{D}{D+\dfrac{V_{(水)}}{V_{(有)}}}\times100\% \tag{12-4}$$

由式(12-4) 表明 E 与 D 和溶剂的体积比（又称相比）有关。因此，被萃取物的分配比越大，则萃取效率越高。但 D 一定时，则 $V_{(水)}/V_{(有)}$ 的比值越小或增加有机溶剂的用量，则萃取百分率越高。但是，后者效果显著。当 $V_{(有)}=V_{(水)}$时，E 仅取决于 D。如果一次萃取要求 E 达到 99.9%时，则 D 值必须大于 1000。如 D 值不够大时，在实际工作中，常采用分次加入有机溶剂，进行多次连续萃取的办法以提高萃取效率。

n（多）次萃取的总效率可用下式进行计算。

$$E=\left[1-\left(\frac{V_{(水)}/V_{(有)}}{D+V_{(水)}/V_{(有)}}\right)^n\right]\times100\% \tag{12-5}$$

只要分配比 D 值适当，经多次萃取，则可以达到定量完全萃取的目的。

④ 分离因数　要达到分离的目的，不但萃取百分率要高，而且其分离效率也要高。分离效率通常用分离因数 β 来表示。即

$$\beta=D_A/D_B \tag{12-6}$$

β 是表示在相同萃取条件下两组分在同一萃取体系内在两相中分配比的比值，当 D_A 与 D_B 相差越大，分离因素 β 值就越大，两种物质越容易定量分离；若 D_A 与 D_B 相差不大时，β 值接近 1，则 A、B 两种物质就很难分离。通常在 $\beta\geqslant10^4$ 时，A、B 能较好地分离。

2. 溶剂萃取的主要类型

在无机分析中，测定的元素大多以水合离子的状态存在于水溶液中，它们是亲水的。而萃取过程所用的有机溶剂大多是非极性的或弱极性的，它们很难从水溶液中将水合离子萃取出来。因此，必须在水中加入适当的萃取剂（如配合物），使被萃取的无机水合离子与萃取剂结合，生成易溶于有机溶剂的中性分子，从而达到萃取无机离子的目的。根据被萃取组分与萃取剂间的反应类型的不同，萃取体系主要有螯合物萃取体系和离子缔合物萃取体系。

（1）螯合物萃取体系　该体系所用的萃取剂为螯合剂，它们一般是有机酸或有机碱，能与待萃取的金属离子形成电中性的螯合物，同时萃取剂本身应含有较多的疏水基团，有利于有机溶剂的萃取。所以该体系广泛应用于金属阳离子的萃取。例如，Ni^{2+} 与丁二酮肟反应形成的螯合物不带电荷，而且 Ni^{2+} 被疏水性的丁二酮肟分子所包围，因此整个螯合物具有疏水性，易被 $CHCl_3$、CCl_4 等有机溶剂萃取。常用的螯合剂还有 8-羟基喹啉、二硫腙、乙酰丙酮等。

（2）离子缔合物的萃取体系　阴离子和阳离子通过静电引力形成的电中性化合物称为离子缔合物。该缔合物具有疏水性，能被有机溶剂萃取。例如，在 $6\text{mol}\cdot\text{L}^{-1}$ 的 HCl 介质中，用乙醚萃取 Fe^{3+} 时，Fe^{3+} 与 Cl^- 配位形成阴离子 $FeCl_4^-$，溶剂乙醚与 H^+ 结合形成阳离子 $[(CH_3CH_2)_2OH]^+$，该阳离子与配阴离子缔合形成中性分子，可被乙醚萃取：

$$[(CH_3CH_2)_2OH]^+ + FeCl_4^- \longrightarrow [(CH_3CH_2)_2OH]^+FeCl_4^-$$

这类萃取体系的特点是溶剂分子也参加到被萃取的分子中去，因此它既是萃取剂又是萃取溶剂。除了醚类外，还有如酮类甲基异丁基酮、酯类如乙酸乙酯、醇类如环己醇等。

三、离子交换分离法

该法是利用离子交换树脂与溶液中的离子发生交换反应而使离子分离的方法。它的分离效率高，不仅用于带相反电荷的离子之间的分离，还可用于带相同电荷或性质相似的离子之间，以及在一定条件下转变成离子的分子间的分离。同时，可用于微量组分的富集和高纯物质的制备。包括对蛋白质、核酸、酶等生物活性物质的纯化。该法的设备和操作简单，交换容量可大可小，树脂可再生和反复使用。但缺点是分离速度慢，操作比较麻烦。因此，分析化学中常用它来解决某些比较困难的分离问题。

1. 离子交换树脂的种类和性质

离子交换树脂是一类具有网状结构的高分子聚合物，在水、酸和碱中难溶，对热及一些有机溶剂、氧化剂、还原剂和其他化学试剂都具有一定的稳定性。在网状结构的骨架上有许多可以被交换的活性基团。根据这些活性基团的不同，离子交换树脂可分为阳离子交换树脂、阴离子交换树脂和螯合树脂。

（1）阳离子交换树脂　这类树脂的活性交换基团是酸性的，酸性基团上的 H^+ 可与溶液中的阳离子交换。根据所含酸性活性基团的不同，又可分为强酸性阳离子交换树脂和弱酸性阳离子交换树脂。

强酸性阳离子交换树脂含磺酸基—SO_3H，在溶液中，R—SO_3H 中的 H^+ 与溶液中的阳离子（M^+）进行交换，反应为：

$$R—SO_3H+M^+ \rightleftharpoons R—SO_3M+H^+$$

强酸型离子交换树脂在酸性、碱性和中性溶液中都能使用，因此在分析化学中应用较多。

弱酸性阳离子交换树脂含羧基（—COOH）或酚羟基（—OH），它对 H^+ 的亲和力较大，不宜在强酸溶液中使用，但选择性较好，如果选用酸做洗脱剂，可分离不同强度的碱性氨基酸。—COOH在 pH>4，—OH 在 pH>9.5 的溶液中才具有交换能力。

（2）阴离子交换树脂　这类树脂的活性交换基团是碱性的，碱性基团中的 OH^- 可与溶液中的其他阴离子交换。根据活性基团的强弱，可分为强碱性阴离子交换树脂和弱碱性阴离子交换树脂。

强碱性阴离子交换树脂含季氨基［$—N(CH_3)_3Cl$］，弱碱性阴离子交换树脂含伯氨基（$—NH_2$）、仲氨基［$—NH(CH_3)$］或叔氨基［$—N(CH_3)_2$］。树脂水合后分别成为：$R—N(CH_3)_3^+OH^-$、$R—NH_3^+OH^-$、$R—NH_2(CH_3)^+OH^-$、$R—NH(CH_3)_2^+OH^-$，因此，这些树脂中的 OH^- 可与溶液中的阴离子发生交换，以强碱型离子交换树脂为例，其交换和洗脱的过程可表示为

$$R—N(CH_3)_3^+OH^-+X^- \rightleftharpoons R—N(CH_3)_3^+X^-+OH^-$$

强碱型离子交换树脂在酸性、中性和碱性溶液中均能使用，弱碱型离子交换树脂对 OH^- 的亲和力大，只能在酸性溶液中使用。阴离子交换树脂的化学稳定性及耐热性都不如阳离子交换树脂。

（3）螯合树脂　这类树脂含有与某些金属离子形成螯合物的特殊活性基团。在交换过程中能选择性地交换某些金属离子，所以对化学分离有着重要的意义。如含有氨羧基［$—N(CH_2COOH)_2$］的螯合树脂，对 Cu^{2+}、Co^{2+}、Ni^{2+} 等金属离子有很好的选择性和螯合作用。这类树脂的优点是选择性高，缺点是制备困难，交换容量第，成本高。

2. 交换容量和交联度

（1）交换容量　是指每千克干树脂或单位体积湿树脂所能交换（相当一价离子）的物质的量，它取决于单位体积（或质量）的离子交换树脂中所含酸性或碱性活性基团的数目。交换容量可通过实验方法测得。一般树脂的交换容量为 $3\sim6mmol\cdot g^{-1}$（干树脂）或 $1\sim2mmol\cdot mL^{-1}$（湿树脂）。

（2）交联度　离子交换树脂的骨架是由各种有机原料聚合而成的网状结构。例如常用的聚苯乙烯磺酸型阳离子交换树脂是苯乙烯聚合成长链，而由二乙烯苯将各链状的分子连成网状结构，因此，二乙烯苯称交联剂。树脂中所含交联剂的质量分数就是该树脂的交联度。如二乙烯苯在原料总量中占 10%，则该树脂的交联度为 10%

交联度的大小直接影响树脂的孔隙度。交联度大，则树脂结构紧密，网眼小，离子很难进入树脂相，交换速度也慢，但选择性高。在实际工作中，使用何种交联度的树脂，取决于分离对象，树脂的交联度一般在 4%～14%为宜。通常，在不影响分离的情况下选用交联度大的树脂，可提高树脂对离子的选择性。

3. 离子交换分离操作

离子交换分离一般都是在交换柱上进行的，其操作过程包括：

（1）树脂的选择和处理　根据分离的对象和要求，选择适当类型和粒度的树脂。树脂先用水浸泡，再用 $4\sim6mol\cdot L^{-1}$ 的 HCl 溶液浸泡以除去杂质，并使树脂溶胀，最后用水冲洗至中性，浸于水中备用。此时，阳离子树脂已处理成 H^+ 型，阴离子树脂已处理成 Cl^- 型。

（2）装柱　装柱时应注意避免树脂层中出现气泡现象，因此经处理过的树脂应该在柱中充满水的情况下装入柱中。树脂的高度一般约为柱高的 90%，为防止树脂的干裂，树脂的顶部应保持一定的液面。

（3）交换　将待分离的试液缓慢地倾入柱中，并以适当的流速由上而下流经柱中进行交换，交换完成后，用洗涤液洗去残留的溶液及从树脂中被交换下来的离子。

（4）洗脱　将交换到树脂上的离子，用适当的洗脱剂置换下来。阳离子交换树脂常用 HCl 溶液作洗脱剂，阴离子交换树脂常用 HCl、NaOH 或 NaCl 做洗脱剂。

（5）树脂的再生　树脂的再生就是把柱内的树脂恢复到交换前的形式。一般地，洗脱过程也就是树脂的再生过程。再生后的树脂可反复使用。

四、色谱分离法

色谱分离法又称层析分离法，这种分离方法是由一种流动相带着试样经过固定相，物质在两相之间进行反复的分配，由于不同的物质在两相中的分配系数不同，移动的速度也不一样，从而达到相互分离的目的。该法最大的优点是分离效率高，能把许多结构、挥发度、溶解度等性质十分相似的化合物彼此分离，再分别加以测定。此外，它操作简便，设备简单，试样用量可多可少，既能用于实验室的分离分析，也适用于产品的制备和提纯。在有机物的剖析，药物、农药残留量和生物大分子等的分离分析、提纯等方面，有广泛的应用。根据操作形式的不同，此法可分为纸色谱、薄层色谱和柱色谱。

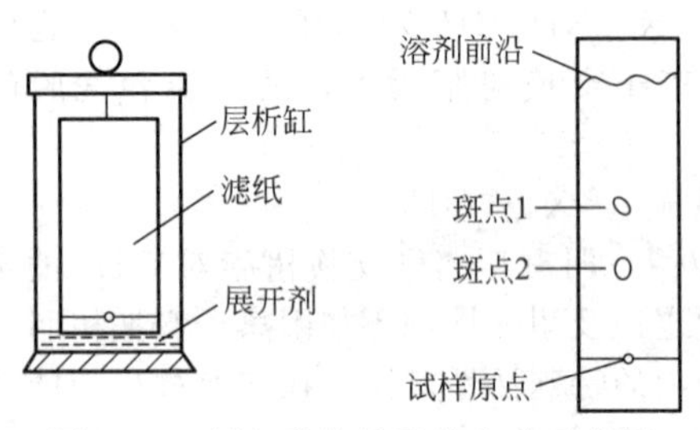

图 12-2　纸色谱装置及分离法示意图

1. 纸色谱

纸色谱是用滤纸作为载体（惰性支持物）的色谱方法。滤纸纤维上吸附的水作为固定相，以有机溶剂作为流动相（也称展开剂），利用各组分在两相中的分配比不同而达到分离。

纸上色谱分离法的简单装置如图 12-2 所示，当试样点滴在滤纸原点处，并置入一密闭、盛有展开剂的层析缸内，并使点有试样的一端浸入展开剂中。由于毛细管作用，展开剂沿着滤纸由下而上不断地移动，试样中各组分也不断地在两相中进行分配。经过一段时间后，不同组分上升的距离不一样而彼此分开，在滤纸上形成相互分开的斑点。各组分的分离程度可以用比移值 R_f 来衡量。即

$$R_f=\frac{\text{原点到斑点中心的距离}(x\text{ 或 }y)}{\text{原点到溶剂前沿的距离}(d)} \tag{12-7}$$

比移值的变动范围为 0～1，当某组分的 $R_f=0$ 时，表明该组分未被流动相展开而留在原点；若 $R_f=1$，表明该组分随溶剂同速移动，在固定相中的浓度为零。在一定条件下 R_f 值是物质的特征值，我们可以用已知标准样品的 R_f 值与待测样品的 R_f 值对照，定性鉴定各物质。一般情况下，当两组分的 R_f 值相差 0.02 以上，则可用该法分离。R_f 值相差越大，分离效果越好。但是由于色谱分析条件对 R_f 值有很大的影响，因此要获得可靠的结果，必须严格控制色谱分析条件，包括色谱分析用的滤纸要质地纯洁、松紧合适、组织均匀，并应使色谱分析方向与滤纸纤维素的方向垂直；固定相和流动相的性能和组成要适当选择和严格控制；操作手续要前后一致；温度变化要小等。由于影响 R_f 值的因素较多，要严格控制一致比较困难，因此文献上查得的 R_f 值只能供参考，进行定性鉴定时常常需用已知试剂做对照实验。

2. 薄层色谱

薄层色谱是柱色谱与纸色谱法相结合发展起来的一种新技术。它是在一平滑的玻璃条上，铺一层厚约 0.25mm 的吸附剂（氧化铝、硅胶、纤维素粉等）作为固定相，将试样点于薄层板的一端，展开剂作为流动相，渗透流过固定相，使试样各组分展开、分离。

该法是一种简易、快速（一次只需 10～60min）、灵敏度高（可检出 0.01μg 的物质）、分离效率高（可使性质相类似的同系物、异构体等分离）、应用面广的分析分离方法。在各组分分离后，可用多种方法使各组分的斑点显色，可采用腐蚀性显色剂，如喷洒浓硫酸、浓盐酸等，还可高温灼热。

薄层色谱法的操作方法和纸上色谱法相似。分离度也可用比移值 R_f 来衡量。在一定的色谱条件下，某种组分的比移值 R_f 是个常数，它可以作为定性的依据。另外，在薄层色谱分离中，通过将试样产生的斑点和标准样斑点，进行斑点面积的大小和斑点颜色的深浅比较对照，可进行半定量分析。或者将吸附剂上的斑点刮下，用适当的溶剂将其溶解后，再用适当的方法进行定量测定。目前，最好的方法是利用薄层扫描仪，通过荧光和放射对斑点进行测定，这种方法快速、自动而且准确。

3. 柱色谱

柱色谱是把常用的固定相——吸附剂（如氧化铝、硅胶等）装在一支玻璃管中，做成色谱柱

(见图 12-3)。然后将试液加到柱中，如试液含有 A、B 两种组分，则 A 和 B 便被吸附剂（固定相）吸附在柱的上端［见图 12-3(a)］。再用一种洗脱剂（流动相）进行冲洗。由于各物质在吸附剂表面上具有不同的吸附选择性和吸附度，在用洗脱剂冲洗过程中，柱内就连续发生溶解、吸附、再溶解、再吸附的现象。由于展开剂与吸附剂二者对 A、B 的溶解能力和吸附能力不同，即 A、B 的分配系数不同，造成 A 和 B 移动距离也不同。当冲洗到一定程度时，两者即可完全分开，形成两个带，如图 12-3(b) 所示。再继续冲洗，A 物质便先从柱中流出来，如图 12-3(c) 所示，并用一容器收集。B 物质被洗脱下来，可用另一容器收集，这样便可将 A、B 两种物质分离。色谱分离法的机理可由溶质在流动相和固定相之间的分配过程来决定。分配进行的的程度可用分配系数 K_D表示：

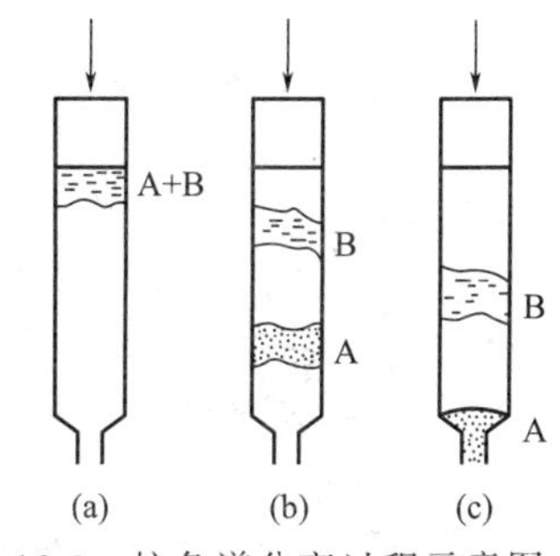

图 12-3　柱色谱分离过程示意图

$$K_D=\frac{c_{固}}{c_{流}}$$

式中，$c_{固}$表示溶质在固定相中的浓度；$c_{流}$表示溶质在流动相中的浓度；K_D为分配系数。K_D在低浓度和一定温度时是个常数。当吸附剂一定时，K_D值的大小决定于溶质的性质。K_D值大的物质被吸附的牢固，移动速度慢，在冲洗时最后洗脱下来；$K_D=0$ 的物质不被吸附，溶质将随流动相迅速流出。因此，各组分之间的 K_D值差别越大，越容易使它们彼此分离。各种物质对于不同的吸附剂和展开剂有不同的 K_D值，因此为了达到完全分离的目的，必须根据被分离物质的结构和性质（极性）选择适宜的吸附剂和展开剂。对吸附剂的基本要求是：具有较大的吸附表面和一定的吸附能力；与展开剂及样品中各组分不起化学反应，样品在展开剂中不溶解；吸附剂的颗粒要有一定的细度，并且粒度要均匀。常用的吸附剂有氧化铝、硅胶、聚酰胺等。展开剂的选择与吸附剂吸附能力的强弱和被分离物质的极性大小有关。用吸附性弱的吸附剂分离极性较大的物质时，则选用极性较大的展开剂容易洗脱。用吸附性强的吸附剂分离极性较小的物质时，则选用极性较小的展开剂容易洗脱。常用展开剂及其极性大小次序如下：

水＞乙醇＞丙醇＞正丁醇＞乙酸乙酯＞氯仿＞乙醚＞甲苯＞四氯化碳＞环己烷＞石油醚

在实际工作中，需要通过实验来选择合适的吸附剂和展开剂，并且确定其他分离条件。

知识链接

新型分离技术

新型分离技术日新月异，已逐步走向工业化，并在中药制药、农产品加工、环境治理与保护等多项领域中得到应用。现在运用较多且有较大发展前景的新型分离技术有超临界流体萃取技术、分子蒸馏技术和膜分离技术。

1. 超临界流体萃取技术及其应用

超临界流体萃取是一种以超临界流体代替常规溶剂对目标组分进行萃取和分离的新型技术，其原理是利用流体（溶剂）在临界点附近区域（超临界区）内与待分离混合物中溶质具有异常相平衡行为和传递性能，且对溶质的溶解能力随压力和温度的改变而在相当宽的范围内变动来实现分离的。

(1) 超临界流体萃取技术的特点　超临界流体萃取技术使萃取后溶剂与溶质容易分离，能更好地保护热敏性物质，萃取效率高、萃取时间短。超临界流体萃取能耗低，集萃取、蒸馏、分离于一体，工艺简单，操作方便。超临界流体萃取能与多种分析技术，包括气相色谱、高效液相色谱、质谱等联用，省去了传统方法中蒸馏、浓缩溶剂的步骤，避免样品的损失、降解或污染，因而可以实现自动化。

(2) 超临界流体技术的应用　农产品风味成分的萃取，如香辛料、果皮、鲜花中的精油、呈味物质的提取；动植物油的萃取分离，如花生油、菜籽油、棕榈油等的提取；农产品中某些特定成分的萃取，如沙棘中沙棘油、牛奶中胆固醇、咖啡豆中咖啡因的提取；农产品脱色脱臭脱苦，如辣椒红色素的提取、羊肉膻味物质的提取、柑橘汁的脱苦等；农产品灭菌防腐方面的研究。

2. 分子蒸馏技术

分子蒸馏是一种特殊的液-液分离技术，在极高真空下操作。它是根据不同物质的分子运动有不同的平均自由能这一物理特性而达到分离的目的。由于其具有蒸馏温度低于物料的沸点、蒸馏压力低、受热时间短、分离程度高等特点，因而能大大降低高沸点物料的分离成本，极好地保护热敏物质的品质。与常规蒸馏相比，具有明显的优点，分离程度比常规蒸馏的高，蒸馏压力极低，蒸发温度低，受热时间短，并且无毒、无害、无污染、无残留，可得到纯净安全的产物。可进行多级分子蒸馏，适用于较为复杂的混合物的分离提纯，产率较高。可与超临界流体技术和膜分离技术等配合配套使用。

分子蒸馏技术的应用：天然维生素E的浓缩精制，高碳脂肪醇的精制，风味物质的获取，食用植物油的提取，胡萝卜素的回收。分子蒸馏技术还可应用于其他食品加工过程，如牛奶内酯的获取、二聚脂肪酸的制取、米糠中有效成分的分离等。

3. 膜分离技术

膜分离技术是在20世纪初出现，膜分离技术在中药分离纯化、浓缩中的应用，使其在20世纪60年代后迅速崛起。膜分离技术由于兼有分离、浓缩、纯化和精制的功能，又有高效、节能、环保、分子级过滤及过滤过程简单、易于控制等特征，因此目前已广泛应用于食品、医药、生物、环保、化工、冶金、能源、石油、水处理、电子、仿生等领域，产生了巨大的经济效益和社会效益，已成为当今分离科学中最重要的手段之一。

膜是具有选择性分离功能的材料。利用膜的选择性分离实现料液的不同组分的分离、纯化、浓缩的过程称作膜分离。它与传统过滤的不同在于，膜可以在分子范围内进行分离，并且这一过程是一种物理过程，不需要发生相的变化和添加助剂。膜的孔径一般为微米级，依据其孔径的不同（或称为截留分子量），可将膜分为微滤膜、超滤膜、纳滤膜和反渗透膜。根据材料的不同，可分为无机膜和有机膜。无机膜主要还只有微滤级别的膜，主要是陶瓷膜和金属膜。有机膜是由高分子材料做成的，如醋酸纤维素、芳香族聚酰胺、聚醚砜、聚氟聚合物等。

采用超滤法从黄芩中提取黄芩苷产率可达6.93%～7.68%（比传统工艺高出近1倍），在果蔬汁加工、纯净水加工、浓缩鲜乳、从乳清中回收蛋白质、酒类加工、糖类加工、除菌、酶加工和发酵中，膜反应器都有很大的应用前景。在环保过程中，如汽车制造业的电泳涂料清洗用水的处理、含油废水的处理、合成纤维生产中含乙烯醇废水的处理、造纸工业中纸浆废水的处理均可使用超滤法。

本章小结

1. 剖析方法的特点：剖析样品的复杂性和多样性，剖析方法的综合性，剖析过程的复杂性。

2. 酸溶法常用的溶剂：盐酸、硫酸、硝酸、高氯酸、磷酸和氢氟酸。

3. 特殊试样的保存方法：密封保存法、冷藏保存法和化学保存法。

4. 沉淀分离法：是利用沉淀反应进行分离的方法。它是根据溶度积原理，在试液中加入适当的沉淀剂，使待测组分沉淀出来或将干扰组分沉淀除去，从而达到分离的目的。沉淀分离法可分为无机沉淀剂分离法、有机沉淀剂分离法（适用于常量组分的分离）和共沉淀分离法（适用于痕量组分的分离和富集）。

5. 溶剂萃取分离法

（1）分配系数　用有机溶剂从水相中萃取溶质A时，溶质A就会在两相间进行分配，如果溶质A在两相中存在的形式相同，达到分配平衡时在有机相中的平衡浓度$c(A)_{有}$和在水相中的平衡浓度$c(A)_{水}$之比在一定温度下是一常数，即$c(A)_{有}/c(A)_{水}=K_D$。

（2）分配比
$$D=\frac{c_{(有)}}{c_{(水)}}$$

（3）萃取百分率
$$E=\frac{c_{(有)}V_{(有)}}{c_{(有)}V_{(有)}+c_{(水)}V_{(水)}}\times 100\%$$

（4）分离因数$\beta=D_A/D_B$，β是表示在相同萃取条件下两组分在同一萃取体系内在两相中分配比的比值。

6. 交换容量和交联度

交换容量是指每千克干树脂或单位体积湿树脂所能交换（相当一价离子）的物质的量，它取决于单位体积（或质量）的离子交换树脂中所含酸性或碱性活性基团的数目。

交联度是树脂中所含交联剂的质量分数。

7. 比移值 $R_f=\frac{原点到斑点中心的距离(x 或 y)}{原点到溶剂前沿的距离(d)}$

8. 分配系数 $K_D=\frac{c_{固}}{c_{流}}$

能力自测

一、简答题

1. 分析化学中常用的分离方法有几种？

2. 分别说明分配系数和分配比的物理意义。在溶剂萃取分离中为什么必须引入分配比这一参数？

3. 阴离子交换树脂含有哪些活性基团？阳离子交换树脂含有哪些活性基团？

4. 什么是离子交换树脂的交联度和交换容量？

二、计算题

1. 在$NH_3\cdot H_2O$浓度为0.10mol·L^{-1}和NH_4Cl浓度为1.0mol·L^{-1}时，能使一含有Fe^{3+}、Mg^{2+}的溶液中的两种离子分离完全吗？

2. 有一物质在氯仿和水之间的分配比（D）为9.6。含有该物质浓度为0.150mol·L^{-1}的水溶液50mL，用氯仿萃取如下：

（1）40mL萃取1次；

（2）每次20.0mL萃取2次；

（3）每次10.0mL萃取4次；

（4）每次5.0mL萃取8次。

假设多次萃取时D值不变，问留在水相中的该物质的浓度是多少？

3. 有一试样含KNO_3，称取该试样0.2786g，溶于水后，让它通过强酸型阳离子交换树脂，流出液用0.1075mol·L^{-1}的NaOH溶液滴定，用甲基橙做指示剂，用去了NaOH溶液体积为23.85mL，计算试样中KNO_3的纯度。

4. 用层析法分离Fe^{3+}、Co^{2+}、Ni^{+}、以正丁醇-丙酮-浓盐酸为展开剂，若展开剂的前沿与原点的距离为13cm，斑点中心与原点的距离为5.2cm，则Co^{2+}的比移值R_f为多少？

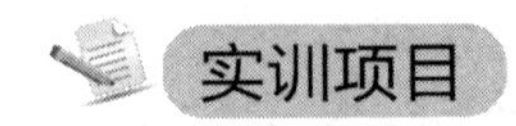

实训项目

植物中某些元素的分离与鉴定

一、目的要求

了解从周围植物中分离和鉴定化学元素的方法。

二、实验原理

植物是有机体，主要由C、H、O、N等元素组成，此外，还含有P、I和某些金属元素如Ca、Mg、Al、Fe等。把植物烧成灰烬，然后用酸浸溶，即可从中分离和鉴定某些元素。本实验只要求分离和检出植物中Ca、Mg、Al、Fe四种金属元素和P、I两种非金属元素。

三、实验材料及试剂

试剂：HCl（$2mol \cdot L^{-1}$），HNO_3（浓），HAc（$1mol \cdot L^{-1}$），NaOH（$2mol \cdot L^{-1}$），广泛pH试纸及鉴定Ca^{2+}、Mg^{2+}、Al^{3+}、Fe^{3+}，PO_4^{3+}、I^-所用的试剂。

材料：松枝，柏枝，茶叶，海带。

四、实验内容

1. 从松枝、柏枝、茶叶等植物中任选一种鉴定Ca、Mg、Al和Fe

取约5g已洗净且干燥的植物枝叶（青叶用量适当增加），放在蒸发皿中，在通风橱内用煤气灯加热灰化，然后用研钵将植物灰研细。取一勺灰粉（约0.5g）于10mL $2mol \cdot L^{-1}$ HCl中，加热并搅拌促使溶解，过滤。

自拟方案鉴定滤液中的Ca^{2+}、Mg^{2+}、Al^{3+}、Fe^{3+}。

2. 从松枝、柏枝、茶叶等植物中任选一种鉴定磷

用同上的方法制得植物灰粉，取一勺溶于2mL浓HNO_3中，加热并搅拌促使溶解，然后加水30mL稀释、过滤。

自拟方案鉴定滤液中的PO_4^{3+}。

3. 海带中碘的鉴定

将海带用上述的方法灰化，取一勺溶于10mL $1mol \cdot L^{-1}$ HAc中，加热并搅拌促使溶解，过滤。

自拟方案鉴定滤液中的I^-。

提示：

（1）以上各离子的鉴定方法可参考有关书籍，注意鉴定的条件及干扰离子。

（2）由于在植物中以上欲鉴定元素的含量一般都不高，所得滤液中这些离子浓度往往较低，鉴定时取量不宜太少，一般可取1mL左右进行鉴定。

（3）Fe^{3+}对Mg^{2+}、Al^{3+}鉴定均有干扰，鉴定前应加以分离。可采用控制pH的方法先将Ca^{2+}、Mg^{2+}与Al^{3+}、Fe^{3+}分离，然后再将Al^{3+}与Fe^{3+}分离。

五、思考题

1. 植物中还可能含有哪些元素？如何鉴定？

2. 为了鉴定Mg^{2+}，某学生进行如下实验。植物灰用较浓的HCl浸溶后，过滤。滤液用$NH_3 \cdot H_2O$中和至pH=7，过滤。在所得滤液中加几滴NaOH溶液和镁试剂Ⅰ，发现得不到蓝色沉淀。试解释实验失败的原因。

参考文献

[1] 南京大学无机及分析化学编写组．无机及分析化学．北京：高等教育出版社，2015.
[2] 南京大学无机及分析化学编写组．无机及分析化学．北京：高等教育出版社，1998.
[3] 董慧茹，王志华．复杂物质剖析技术．北京：化学工业出版社，2015.
[4] 王秀彦，马凤霞．无机及分析化学．北京：化学工业出版社，2016.
[5] 贾之慎．无机及分析化学．北京：高等教育出版社，2008.
[6] 南京大学无机及分析化学编写组．无机及分析化学实验．北京：高等教育出版社，2006.
[7] 李培哲．分析化学．北京：冶金工业出版社，1979.
[8] 胡育筑，孙毓庆．分析化学（上）．北京：科学出版社，2011.
[9] 郭爱民，杜晓燕．卫生化学．北京：人民卫生出版，2012.
[10] 曲祥金，周杰．无机及分析化学（Ⅱ）．北京：科学出版社，2013.

附录

Appendix

表 1　国际原子量表

原子序数	名称	元素符号	原子量	原子序数	名称	元素符号	原子量	原子序数	名称	元素符号	原子量
1	氢	H	1.0079	45	铑	Rh	102.9055	89	锕	Ac	227.0278
2	氦	He	4.002602	46	钯	Pd	106.42	90	钍	Th	232.0381
3	锂	Li	6.941	47	银	Ag	107.868	91	镤	Pa	231.0359
4	铍	Be	9.01218	48	镉	Cd	112.41	92	铀	U	238.0289
5	硼	B	10.811	49	铟	In	114.82	93	镎	Np	237.0482
6	碳	C	12.011	50	锡	Sn	118.71	94	钚	Pu	（244）
7	氮	N	14.0067	51	锑	Sb	121.75	95	镅	Am	（243）
8	氧	O	15.9994	52	碲	Te	127.6	96	锔	Cm	（247）
9	氟	F	18.9984	53	碘	I	126.9045	97	锫	Bk	（247）
10	氖	Ne	20.179	54	氙	Xe	131.29	98	锎	Cf	（251）
11	钠	Na	22.98977	55	铯	Cs	132.9054	99	锿	Es	（252）
12	镁	Mg	24.305	56	钡	Ba	137.33	100	镄	Fm	（257）
13	铝	Al	26.98154	57	镧	La	138.9055	101	钔	Md	（258）
14	硅	Si	28.0855	58	铈	Ce	140.12	102	锘	No	（259）
15	磷	P	30.97376	59	镨	Pr	140.9077	103	铹	Lr	（262）
16	硫	S	32.066	60	钕	Nd	144.24	104	𬬻	Rf	（261）
17	氯	Cl	35.453	61	钷	Pm	（145）	105	𬭊	Db	（262）
18	氩	Ar	39.948	62	钐	Sm	150.36	106	𬭳	Sg	（263）
19	钾	K	39.0983	63	铕	Eu	151.96	107	𬭛	Bh	（262）
20	钙	Ca	40.078	64	钆	Gd	157.25	108	𬭶	Hs	（265）
21	钪	Sc	44.95591	65	铽	Tb	158.9254	109	鿏	Mt	（266）
22	钛	Ti	47.88	66	镝	Dy	162.5	110	𫟼	Ds	（269）
23	钒	V	50.9415	67	钬	Ho	164.9304	111	𬬭	Rg	（272）
24	铬	Cr	51.9961	68	铒	Er	167.26	112	鿔	Cn	（277）
25	锰	Mn	54.938	69	铥	Tm	168.9342				
26	铁	Fe	55.847	70	镱	Yb	173.04				
27	钴	Co	58.9332	71	镥	Lu	174.967				
28	镍	Ni	58.69	72	铪	Hf	178.49				
29	铜	Cu	63.546	73	钽	Ta	180.9479				
30	锌	Zn	65.39	74	钨	W	183.85				
31	镓	Ga	69.723	75	铼	Re	186.207				
32	锗	Ge	72.59	76	锇	Os	190.2				
33	砷	As	74.9216	77	铱	Ir	192.22				
34	硒	Se	78.96	78	铂	Pt	195.08				
35	溴	Br	79.904	79	金	Au	196.9665				
36	氪	Kr	83.8	80	汞	Hg	200.59				
37	铷	Rb	85.4678	81	铊	Tl	204.383				
38	锶	Sr	87.62	82	铅	Pb	207.2				
39	钇	Y	88.9059	83	铋	Bi	208.9804				
40	锆	Zr	91.224	84	钋	Po	（209）				
41	铌	Nb	92.9064	85	砹	At	（210）				
42	钼	Mo	95.94	86	氡	Rn	（222）				
43	锝	Tc	（98）	87	钫	Fr	（223）				
44	钌	Ru	101.07	88	镭	Ra	226.0254				

注：括弧中的数值是该放射性元素已知的半衰期最长的同位素的原子量。

表 2　常用的干燥剂

(1) 普通干燥器内常用的干燥剂

干燥剂	吸收的溶剂
CaO	水、乙酸
$CaCl_2$(无色)	水、醇
硅胶	水
NaOH	水、醇、酚、乙酸、氯化氢
H_2SO_4	水、醇、乙酸
$P_2O_5(P_4O_{10})$	水、醇
石蜡刨片或橄榄油	醇、醚、石油醚、苯、甲苯、氯仿、四氯化碳

(2) 干燥剂干燥后空气中水的质量浓度 $\rho(H_2O)$

干燥剂	水的质量浓度 $\rho(H_2O)/g\cdot m^{-3}$	干燥剂	水的质量浓度 $\rho(H_2O)/g\cdot m^{-3}$
$P_2O_5(P_4O_{10})$	2×10^{-5}	硅胶	0.03
$Mg(ClO_4)_2$	0.0005	$CaBr_2$	0.14
BaO	0.00065	NaOH(熔融)	0.16
$Mg(ClO_4)_2\cdot3H_2O$	0.002	CaO	0.2
KOH(熔融)	0.002	H_2SO_4(95.1%)	0.3
H_2SO_4(100%)	0.003	$CaCl_2$(熔融)	0.36
Al_2O_3	0.003	$ZnCl_2$	0.85
$CaSO_4$	0.004	$ZnBr_2$	1.16
MgO	0.008	$CuSO_4$	1.4

表 3　工业常用气瓶的标志

气体	气瓶外壳颜色	字样	字样颜色
H_2	深绿	氢	红
O_2	天蓝	氧	黑
N_2	黑	氮	黄
He	灰	氦	绿
Cl_2	草绿	液氯	白
CO_2	铅白	液化二氧化碳	黑
SO_2	灰	液化二氧化硫	黑
NH_3	黄	液氨	黑
H_2S	白	液化硫化氢	红
HCl	灰	液化氯化氢	黑

表 4　常用的缓冲溶液

pH 值	配制方法
0	$1mol\cdot L^{-1}$ HCl
1	$0.1mol\cdot L^{-1}$ HCl
2	$0.01mol\cdot L^{-1}$ HCl
3.6	$NaAc\cdot3H_2O$ 8g,溶于适量水中,加 $6mol\cdot L^{-1}$HAc 134mL,稀释至 500mL
4	$NaAc\cdot3H_2O$ 20g,溶于适量水中,加 $6mol\cdot L^{-1}$HAc 134mL,稀释至 500mL
4.5	$NaAc\cdot3H_2O$ 32g,溶于适量水中,加 $6mol\cdot L^{-1}$HAc 68mL,稀释至 500mL
5	$NaAc\cdot3H_2O$ 50g,溶于适量水中,加 $6mol\cdot L^{-1}$HAc 34mL,稀释至 500mL
5.7	$NaAc\cdot3H_2O$ 100g,溶于适量水中,加 $6mol\cdot L^{-1}$HAc 13mL,稀释至 500mL
7	NH_4Ac 77g,用水溶解后,稀释至 500mL
7.5	NH_4Cl 60g,溶于适量水中,加 $6mol\cdot L^{-1}$氨水 1.4mL,稀释至 500mL
8	NH_4Cl 50g,溶于适量水中,加 $6mol\cdot L^{-1}$氨水 3.5mL,稀释至 500mL

续表

pH 值	配制方法
8.5	NH_4Cl 40g，溶于适量水中，加 6mol·L^{-1}氨水 8.8mL，稀释至 500mL
9	NH_4Cl 35g，溶于适量水中，加 6mol·L^{-1}氨水 24mL，稀释至 500mL
9.5	NH_4Cl 30g，溶于适量水中，加 6mol·L^{-1}氨水 65mL，稀释至 500mL
10	NH_4Cl 27g，溶于适量水中，加 6mol·L^{-1}氨水 175mL，稀释至 500mL
10.5	NH_4Cl 9g，溶于适量水中，加 6mol·L^{-1}氨水 197mL，稀释至 500mL
11	NH_4Cl 3g，溶于适量水中，加 6mol·L^{-1}氨水 207mL，稀释至 500mL
12	0.01mol·L^{-1} NaOH
13	0.1mol·L^{-1} NaOH

注：1. Cl^- 对测定有妨碍时，可用 NO_3^-。

2. Na^+ 对测定有妨碍时，可用 K^+。

表 5　通用化学试剂的规格和标志

我国等级	GR(一级、优级纯)	AR(二级、分析纯)	CP(三级、化学纯)	LR(四级、实验试剂)
英文标记	GUARANTEED TEAGENTS	ANALYTICAL TEAGENTS	CHEMICAL PURE	LABORATORY TEAGENTS
瓶签颜色	绿色	红色	蓝色	中黄色

表 6　常用基准物质的干燥条件和应用范围

基准物质		干燥后组成	干燥条件/℃	标定对象
名称	化学式			
碳酸氢钠	$NaHCO_3$	Na_2CO_3	270～300	酸
碳酸钠	$Na_2CO_3\cdot10H_2O$	Na_2CO_3	270～300	酸
硼砂	$Na_2B_4O_7\cdot10H_2O$	$Na_2B_4O_7\cdot10H_2O$	放在含 NaCl 和蔗糖饱和水溶液的干燥器中	酸
碳酸氢钾	$KHCO_3$	K_2CO_3	270～300	酸
草酸	$H_2C_2O_4\cdot2H_2O$	$H_2C_2O_4\cdot2H_2O$	室温空气干燥	碱或 $KMnO_4$
邻苯二甲酸氢钾	$KHC_8H_4O_4$	$KHC_8H_4O_4$	110～120	碱
重铬酸钾	$K_2Cr_2O_7$	$K_2Cr_2O_7$	140～150	还原剂
溴酸钾	$KBrO_3$	$KBrO_3$	130	还原剂
碘酸钾	KIO_3	KIO_3	130	还原剂
铜	Cu	Cu	室温干燥器中保存	还原剂
三氧化二砷	As_2O_3	As_2O_3	室温干燥器中保存	氧化剂
草酸钠	$Na_2C_2O_4$	$Na_2C_2O_4$	130	氧化剂
碳酸钙	$CaCO_3$	$CaCO_3$	110	EDTA
锌	Zn	Zn	室温干燥器中保存	EDTA
氧化锌	ZnO	ZnO	900～1000	EDTA
氯化钾	KCl	KCl	500～600	$AgNO_3$
氯化钠	NaCl	NaCl	500～600	$AgNO_3$
硝酸银	$AgNO_3$	$AgNO_3$	180～290	氯化物

表 7　弱酸、弱碱的离解常数（298.15K）

（1）弱酸的离解常数（298.15K）

弱酸	离解常数 $K_a^\ominus$
H_3AlO_3	$K_1^\ominus=6.3\times10^{-12}$
H_3AsO_4	$K_1^\ominus=6.0\times10^{-3}$；$K_2^\ominus=1.0\times10^{-7}$；$K_3^\ominus=3.2\times10^{-12}$
H_3AsO_3	$K_1^\ominus=6.6\times10^{-10}$
H_3BO_3	$K_1^\ominus=5.8\times10^{-10}$
$H_2B_4O_7$	$K_1^\ominus=1\times10^{-4}$；$K_2^\ominus=1\times10^{-9}$
HBrO	$K_1^\ominus=2.0\times10^{-9}$

弱酸	离解常数 $K_a^{\ominus}$
H_2CO_3	$K_1^{\ominus}=4.4\times10^{-7}$；$K_2^{\ominus}=4.7\times10^{-11}$
HCN	$K_1^{\ominus}=6.2\times10^{-10}$
H_2CrO_4	$K_1^{\ominus}=4.1$；$K_2^{\ominus}=1.3\times10^{-6}$
HClO	$K_1^{\ominus}=2.8\times10^{-8}$
HF	$K_1^{\ominus}=6.6\times10^{-4}$
HIO	$K_1^{\ominus}=2.3\times10^{-11}$
HIO_3	$K_1^{\ominus}=0.16$
H_5IO_6	$K_1^{\ominus}=2.8\times10^{-2}$；$K_1^{\ominus}=5.0\times10^{-9}$
H_2MnO_4	$K_1^{\ominus}=7.1\times10^{-11}$
HNO_2	$K_1^{\ominus}=7.2\times10^{-4}$
HN_3	$K_1^{\ominus}=1.9\times10^{-5}$
H_2O_2	$K_1^{\ominus}=2.2\times10^{-12}$
H_2O	$K_1^{\ominus}=1.8\times10^{-16}$
H_3PO_4	$K_1^{\ominus}=7.1\times10^{-3}$；$K_2^{\ominus}=6.3\times10^{-8}$；$K_3^{\ominus}=2.2\times10^{-13}$
$H_2P_2O_7$	$K_1^{\ominus}=3.0\times10^{-2}$；$K_2^{\ominus}=4.4\times10^{-3}$；$K_3^{\ominus}=2.5\times10^{-7}$；$K_4^{\ominus}=5.6\times10^{-10}$
H_3PO_3	$K_1^{\ominus}=6.3\times10^{-3}$；$K_2^{\ominus}=2.0\times10^{-7}$
H_2SO_4	$K_2^{\ominus}=1.0\times10^{-2}$
H_2SO_3	$K_1^{\ominus}=1.3\times10^{-2}$；$K_2^{\ominus}=6.1\times10^{-3}$
$H_2S_2O_3$	$K_1^{\ominus}=0.25$；$K_2^{\ominus}=3.2\times10^{-2}\sim2.0\times10^{-2}$
$H_2S_2O_4$	$K_1^{\ominus}=0.45$；$K_2^{\ominus}=3.5\times10^{-3}$
H_2Se	$K_1^{\ominus}=1.3\times10^{-4}$；$K_2^{\ominus}=1.0\times10^{-11}$
H_2S	$K_1^{\ominus}=1.32\times10^{-7}$；$K_2^{\ominus}=7.10\times10^{-15}$
H_2SeO_4	$K_2^{\ominus}=1.2\times10^{-2}$
H_2SeO_3	$K_1^{\ominus}=2.3\times10^{-3}$；$K_2^{\ominus}=5.0\times10^{-9}$
HSCN	$K_1^{\ominus}=1.41\times10^{-1}$
H_2SiO_3	$K_1^{\ominus}=1.7\times10^{-10}$；$K_2^{\ominus}=1.6\times10^{-12}$
$HSb(OH)_6$	$K_1^{\ominus}=2.8\times10^{-3}$
H_2TeO_3	$K_1^{\ominus}=3.5\times10^{-3}$；$K_2^{\ominus}=1.9\times10^{-8}$
H_2Te	$K_1^{\ominus}=2.3\times10^{-3}$；$K_2^{\ominus}=1.0\times10^{-11}\sim1.0\times10^{-12}$
H_2WO_4	$K_1^{\ominus}=3.2\times10^{-4}$；$K_2^{\ominus}=2.5\times10^{-5}$
NH_4^+	$K_1^{\ominus}=5.8\times10^{-10}$
$H_2C_2O_4$(草酸)	$K_1^{\ominus}=5.4\times10^{-4}$；$K_2^{\ominus}=5.4\times10^{-5}$
HCOOH(甲酸)	$K_1^{\ominus}=1.77\times10^{-4}$
CH_3COOH(乙酸)	$K_1^{\ominus}=1.75\times10^{-5}$
$ClCH_2COOH$(氯代乙酸)	$K_1^{\ominus}=1.4\times10^{-3}$
CH_2CHCO_2H(丙烯酸)	$K_1^{\ominus}=5.5\times10^{-5}$
$CH_3COOH_2CO_2H$(乙酰乙酸)	$K_1^{\ominus}=2.6\times10^{-4}$(316.15K)
$H_3C_6H_5O_7$(柠檬酸)	$K_1^{\ominus}=7.4\times10^{-4}$；$K_2^{\ominus}=1.73\times10^{-5}$；$K_3^{\ominus}=4\times10^{-7}$
H_4Y(乙二胺四乙酸)	$K_1^{\ominus}=10$；$K_2^{\ominus}=2.1$；$K_3^{\ominus}=6.9\times10^{-7}$；$K_4^{\ominus}=5.9\times10^{-11}$

（2）弱碱的离解常数（298.15K）

弱碱	离解常数 $K_b^{\ominus}$
$NH_3\cdot H_2O$	1.8×10^{-5}
NH_2-NH_2(联氨)	9.8×10^{-7}
NH_2OH(羟胺)	9.1×10^{-9}
$C_6H_5NH_2$(苯胺)	4×10^{-4}
C_5H_5N(吡啶)	1.5×10^{-9}
$(CH_2)_6N_4$(六亚甲基四胺)	1.4×10^{-9}

注：本表的数据主要取自 Lange's Handbook of Chemistry，13th ed，1985.

表 8　溶度积常数（298.15K）

化合物	$K_{sp}^{\ominus}$	化合物	$K_{sp}^{\ominus}$
AgAc	4.4×10^{-3}	$Bi(OH)_3$	4×10^{-31}
Ag_3AsO_4	1.0×10^{-22}	BiI_3	8.1×10^{-19}
AgBr	5.0×10^{-13}	Bi_2S_3	1×10^{-97}
AgCl	1.8×10^{-10}	BiOBr	3.0×10^{-7}
Ag_2CO_3	8.1×10^{-12}	BiOCl	1.8×10^{-31}
Ag_2CrO_4	1.1×10^{-12}	$BiONO_3$	2.82×10^{-3}
AgCN	1.2×10^{-16}	$CaCO_3$	2.8×10^{-9}
$Ag_2Cr_2O_7$	2.0×10^{-7}	$CaC_2O_4\cdot H_2O$	4×10^{-9}
$Ag_2C_2O_4$	3.4×10^{-11}	$CaCrO_4$	7.1×10^{-4}
$Ag_4[Fe(CN)_6]$	1.6×10^{-41}	CaF_2	5.3×10^{-9}
AgOH	2.0×10^{-8}	$Ca(OH)_2$	5.5×10^{-6}
$AgIO_3$	3.0×10^{-8}	$CaHPO_4$	1×10^{-7}
AgI	8.3×10^{-17}	$Ca_3(PO_4)_2$	2.0×10^{-29}
Ag_2MoO_4	2.8×10^{-12}	$CaSiO_3$	2.5×10^{-8}
$AgNO_2$	6.0×10^{-4}	$CaSO_4$	9.1×10^{-6}
Ag_3PO_4	1.4×10^{-16}	$CdCO_3$	5.2×10^{-12}
Ag_2SO_4	1.4×10^{-5}	$Cd(OH)_2$（新鲜）	2.5×10^{-14}
Ag_2SO_3	1.5×10^{-14}	CdS	8.0×10^{-27}
Ag_2S	6.3×10^{-50}	CeF_3	8×10^{-16}
AgSCN	1.0×10^{-12}	$Ce(OH)_3$	1.6×10^{-20}
$AlAsO_4$	1.6×10^{-16}	$Ce(OH)_4$	2×10^{-28}
$Al(OH)_3$（无定形）	1.3×10^{-33}	Ce_2S_3	6.0×10^{-11}
$AlPO_4$	6.3×10^{-19}	$Co(OH)_2$（新鲜）	1.6×10^{-15}
Al_2S_3	2.0×10^{-17}	$Co(OH)_3$	1.6×10^{-44}
AuCl	2.0×10^{-13}	α-CoS	4.0×10^{-21}
$AuCl_3$	3.2×10^{-25}	β-CoS	2.0×10^{-25}
AuI	1.6×10^{-23}	$Cr(OH)_3$	6.3×10^{-31}
AuI_3	1.0×10^{-46}	CuBr	5.3×10^{-9}
$BaCO_3$	5.1×10^{-9}	CuCl	1.2×10^{-6}
BaC_2O_4	1.6×10^{-7}	CuCN	3.2×10^{-20}
$BaCrO_4$	1.2×10^{-10}	CuI	1.1×10^{-12}
$Ba_2[Fe(CN)_6]\cdot 6H_2O$	3.2×10^{-8}	CuOH	1×10^{-14}
BaF_2	1.0×10^{-6}	Cu_2S	2.5×10^{-48}
$Ba(OH)_2$	5.0×10^{-3}	CuSCN	4.8×10^{-15}
$Ba(NO_3)_2$	4.5×10^{-3}	$CuCO_3$	1.4×10^{-10}
$BaHPO_4$	3.2×10^{-7}	$CuCrO_4$	3.6×10^{-6}
$Ba_3(PO_4)_2$	3.4×10^{-23}	$Cu[Fe(CN)_6]$	1.3×10^{-6}
$Ba_2P_2O_7$	3.2×10^{-11}	$Cu(OH)_2$	2.2×10^{-20}
$BaSO_4$	1.1×10^{-10}	CuC_2O_4	2.3×10^{-8}
$BaSO_3$	8×10^{-7}	$Cu_3(PO_4)_2$	1.3×10^{-37}
BaS_2O_3	1.6×10^{-5}	$Fe(OH)_2$	8.0×10^{-16}
$BeCO_3\cdot 4H_2O$	1×10^{-3}	$FeC_2O_4\cdot H_2O$	3.6×10^{-7}
$Be(OH)_2$（无定形）	1.6×10^{-22}	$Fe_4[Fe(CN)_6]_3$	3.3×10^{-41}
$Mn(OH)_2$	1.9×10^{-13}	$Fe(OH)_3$	4×10^{-38}
MnS（无定形）	2.5×10^{-10}	FeS	6.3×10^{-18}
MnS（晶体）	2.5×10^{-13}	Hg_2CO_3	8.9×10^{-17}
Na_3AlF_6	4.0×10^{-10}	$Hg_2(CN)_2$	5×10^{-40}
$NiCO_3$	6.6×10^{-9}	Hg_2Cl_2	1.3×10^{-18}
$Ni(OH)_2$（新鲜）	2.0×10^{-15}	Hg_2CrO_4	2.0×10^{-9}
α-NiS	3.2×10^{-19}	Hg_2I_2	4.5×10^{-29}

化合物	$K_{sp}^{\ominus}$	化合物	$K_{sp}^{\ominus}$
β-NiS	1.0×10^{-24}	$Hg_2(OH)_2$	2.0×10^{-24}
γ-Nis	2.0×10^{-26}	$Hg(OH)_2$	3.0×10^{-26}
$PbCO_3$	7.4×10^{-14}	Hg_2SO_4	7.4×10^{-7}
$PbCl_2$	1.6×10^{-5}	Hg_2S	1.0×10^{-47}
$PbCrO_4$	2.8×10^{-13}	HgS(红)	4×10^{-53}
PbC_2O_4	4.8×10^{-10}	HgS(黑)	1.6×10^{-52}
PbI_2	7.1×10^{-9}	$K_2Na[Co(NO_2)_6]\cdot H_2O$	2.2×10^{-11}
$Pb(N_3)_2$	2.5×10^{-9}	$K_2[PtCl_6]$	1.1×10^{-5}
$Pb(OH)_2$	1.2×10^{-15}	K_2SiF_6	8.7×10^{-7}
$Pb(OH)_4$	3.2×10^{-66}	Li_2CO_3	2.5×10^{-2}
$Pb_3(PO_4)_2$	8.0×10^{-43}	LiF	3.8×10^{-3}
$PbSO_4$	1.6×10^{-8}	Li_3PO_4	3.2×10^{-9}
PbS	8.0×10^{-28}	$MgCO_3$	3.5×10^{-8}
$Pt(OH)_2$	1×10^{-35}	MgF_2	6.5×10^{-9}
$Sn(OH)_2$	1.4×10^{-28}	$Mg(OH)_2$	1.8×10^{-11}
$Sn(OH)_4$	1×10^{-56}	$Mg_3(PO_4)_2$	$10^{-27}\sim10^{-28}$
SnS	1.0×10^{-25}	$MnCO_3$	1.8×10^{-11}
$SrCO_3$	1.1×10^{-10}		
$SrC_2O_4\cdot H_2O$	1.6×10^{-7}		
$SrCrO_4$	2.2×10^{-5}		
$TlCl_4$	1.7×10^{-4}		
TlI	6.5×10^{-8}		
$Tl(OH)_3$	6.3×10^{-46}		
Tl_2S	5.0×10^{-21}		
$ZnCO_3$	1.4×10^{-11}		
$Zn(OH)_2$	1.2×10^{-17}		
α-ZnS	1.6×10^{-24}		
β-ZnS	2.5×10^{-22}		
$CuCr_2O_7$	8.3×10^{-16}		
CuS	6.3×10^{-36}		
$FeCO_3$	3.2×10^{-11}		

表 9　配离子的稳定常数（298.15K）

化学式	稳定常数 β	$\lg\beta$	化学式	稳定常数 β	$\lg\beta$
* $[AgCl_2]^-$	1.1×10^5	5.04	* $[Cu(en)_2]^{2+}$	1.0×10^{20}	20
* $[AgI_2]^-$	5.5×10^{11}	11.74	$[Cu(NH_3)_2]^+$	7.4×10^{10}	10.87
$[Ag(CN)_2]^-$	5.6×10^{18}	18.74	$[Cu(NH_3)_4]^{2+}$	4.3×10^{13}	13.63
$[Ag(NH_3)_2]^+$	1.7×10^7	7.23	$[Fe(C_2O_4)_3]^{3-}$	1.0×10^{20}	20
$[Ag(S_2O_3)_2]^{3-}$	1.7×10^{13}	13.22	$[FeF_6]^{3-}$	2×10^{15}	15.3
$[AlF_6]^{3-}$	6.9×10^{19}	19.84	$[Fe(CN)_6]^{4-}$	1.0×10^{35}	35
$[AuCl_4]^-$	2×10^{21}	21.3	$[Fe(CN)_6]^{3-}$	1.0×10^{42}	42
$[Au(CN)_2]^-$	2.0×10^{38}	38.3	$[Fe(NCS)_6]^{3-}$	1.3×10^9	9.1
$[CdI_4]^{2-}$	2×10^6	6.3	$[HgCl_4]^{2-}$	9.1×10^{15}	15.96
$[Cd(CN)_4]^{2-}$	7.1×10^{18}	18.85	$[HgI_4]^{2-}$	1.9×10^{30}	30.28
$[Cd(NH_3)_4]^{2+}$	1.3×10^7	7.12	$[Hg(CN)_4]^{2-}$	2.5×10^{41}	41.4
* $[Co(NCS)_4]^{2-}$	1.0×10^3	3	$[Hg(NH_3)_4]^{2+}$	1.9×10^{19}	19.28
$[Co(NH_3)_6]^{2+}$	8.0×10^4	4.9	$[Hg(SCN)_4]^{2-}$	2.0×10^{19}	19.3
$[Co(NH_3)_6]^{3+}$	4.6×10^{33}	33.66	$[Ni(CN)_4]^{2-}$	1.0×10^{22}	22
* $[CuCl_2]^-$	3.2×10^5	5.5	* $[Ni(en)_3]^{2+}$	2.1×10^{18}	18.33
$[Cu(Br)_2]^-$	7.8×10^5	5.89	$[Ni(NH_3)_6]^{2+}$	5.6×10^8	8.74

续表

化学式	稳定常数 β	$\lg\beta$	化学式	稳定常数 β	$\lg\beta$
$[CuI_2]^-$	7.1×10^{8}	8.85	$[Zn(CN)_4]^{2-}$	7.8×10^{16}	16.89
$[Cu(CN)_2]^-$	1×10^{16}	16	$[Zn(en)_2]^{2+}$	6.8×10^{10}	10.83
$[Cu(CN)_4]^{3-}$	1.0×10^{30}	30	$[Zn(NH_3)_4]^{2+}$	2.9×10^{9}	9.47

注：本表标有 * 的引自 J. A. Deam，Lange's Handbook of Chemistry，其余引自 W. M. Atimer，Oxidation Potentials。

表 10 标准电极电势（298.15K）

电极反应（氧化型 — 还原型）	$E^\ominus$/V
$Li^+ e^- \longrightarrow Li$	−3.045
$K^+ + e^- \longrightarrow K$	−2.925
$Rb^+ + e^- \longrightarrow Rb$	−2.925
$Cs^+ + e^- \longrightarrow Cs$	−2.923
$Ra^{2+} + 2e^- \longrightarrow Ra$	−2.92
$Ba^{2+} + 2e^- \longrightarrow Ba$	−2.9
$Sr^{2+} + 2e^- \longrightarrow Sr$	−2.89
$Ca^{2+} + 2e^- \longrightarrow Ca$	−2.87
$Na^+ + e^- \longrightarrow Na$	−2.714
$La^{3+} + 3e^- \longrightarrow La$	−2.52
$Mg^{2+} + 2e^- \longrightarrow Mg$	−2.37
$Sc^{3+} + 3e^- \longrightarrow Sc$	−2.08
$[AlF_6]^{3-} + 3e^- \longrightarrow Al + 6F^-$	−2.07
$Be^{2+} + 2e^- \longrightarrow Be$	−1.85
$Al^{3+} + 3e^- \longrightarrow Al$	−1.66
$Ti^{2+} + 2e^- \longrightarrow Ti$	−1.63
$Zr^{4+} + 4e^- \longrightarrow Zr$	−1.53
$[TiF_6]^{2-} + 4e^- \longrightarrow Ti + 6F^-$	−1.24
$[SiF_6]^{2-} + 4e^- \longrightarrow Si + 6F^-$	−1.2
$Mn^{2+} + 2e^- \longrightarrow Mn$	−1.18
* $SO_4^{2-} + H_2O + 2e^- \longrightarrow SO_3^{2-} + 2OH^-$	−0.93
$TiO^{2+} + 2H^+ + 4e^- \longrightarrow Ti + H_2O$	−0.89
* $Fe(OH)_2 + 2e^- \longrightarrow Fe + 2OH^-$	−0.887
$H_3BO_3 + 3H^+ + 3e^- \longrightarrow B + 3H_2O$	−0.87
$SiO_2(S) + 4H^+ + 4e^- \longrightarrow Si + 2H_2O$	−0.86
$Zn^{2+} + 2e^- \longrightarrow Zn$	−0.763
* $FeCO_3 + 2e^- \longrightarrow Fe + CO_3^{2-}$	−0.756
$Cr^{3+} + 3e^- \longrightarrow Cr$	−0.74
$As + 3H^+ + 3e^- \longrightarrow AsH_3$	−0.6
* $2SO_3^{2-} + 3H_2O + 4e^- \longrightarrow S_2O_3^{2-} + 6OH^-$	−0.58
* $Fe(OH)_3 + e^- \longrightarrow Fe(OH)_2 + OH^-$	−0.56
$Ga^{3+} + 3e^- \longrightarrow Ga$	−0.56
$Sb + 3H^+ + 3e^- \longrightarrow SbH_3(g)$	−0.51
$H_3PO_2 + H^+ + e^- \longrightarrow P + 2H_2O$	−0.51
$H_3PO_3 + 2H^+ + 2e^- \longrightarrow H_3PO_2 + H_2O$	−0.5
$2CO_2 + 2H^+ + 2e^- \longrightarrow H_2C_2O_4$	−0.49
* $S + 2e^- \longrightarrow S^{2-}$	−0.48
$Fe^{2+} + 2e^- \longrightarrow Fe$	−0.44
$Cr^{3+} + e^- \longrightarrow Cr^{2+}$	−0.41
$Cd^{2+} + 2e^- \longrightarrow Cd$	−0.403
$Se + 2H^+ + 2e^- \longrightarrow H_2Se$	−0.4

电极反应		$E^{\ominus}/V$
氧化型	还原型	
$Ti^{3+}+e^- \longrightarrow$	Ti^{2+}	−0.37
$PbI_2+2e^- \longrightarrow$	$Pb+2I^-$	−0.365
* $Cu_2O+H_2O+2e^- \longrightarrow$	$2Cu+2OH^-$	−0.361
$PbSO_4+2e^- \longrightarrow$	$Pb+SO_4^{2-}$	−0.3553
$In^{3+}+3e^- \longrightarrow$	In	−0.342
$Tl^++e^- \longrightarrow$	Tl	−0.336
* $Ag(CN)_2^-+e^- \longrightarrow$	$Ag+2CN^-$	−0.31
$PtS+2H^++2e^- \longrightarrow$	$Pt+HgS(g)$	−0.3
$PbBr_2+2e^- \longrightarrow$	$Pb+2Br^-$	−0.28
$Co^{2+}+2e^- \longrightarrow$	Co	−0.277
$H_3PO_4+2H^++2e^- \longrightarrow$	$H_3PO_3+H_2O$	−0.276
$PbCl_2+2e^- \longrightarrow$	$Pb+2Cl^-$	−0.268
$V^{3+}+e^- \longrightarrow$	V^{2+}	−0.255
$VO_2{}^++4H^++5e^- \longrightarrow$	$V+2H_2O$	−0.253
$[SnF_6]^{2-}+4e^- \longrightarrow$	$Sn+6F^-$	−0.25
$Ni^{2+}+2e^- \longrightarrow$	Ni	−0.246
$N_2+5H^++4e^- \longrightarrow$	$N_2H_5{}^+$	−0.23
$Mo^{3+}+3e^- \longrightarrow$	Mo	−0.2
$CuI+e^- \longrightarrow$	$Cu+I^-$	−0.185
$AgI+e^- \longrightarrow$	$Ag+I^-$	−0.152
$Sn^{2+}+2e^- \longrightarrow$	Sn	−0.136
$Pb^{2+}+2e^- \longrightarrow$	Pb	−0.126
* $Cu(NH_3)_2{}^++e^- \longrightarrow$	$Cu+2NH_3$	−0.12
* $CrO_4^{2-}+2H_2O+3e^- \longrightarrow$	$CrO_2{}^-+4OH^-$	−0.12
$WO_3(Cr)+6H^++6e^- \longrightarrow$	$W+3H_2O$	−0.09
* $2Cu(OH)_2+2e^- \longrightarrow$	$Cu_2O+2OH^-+H_2O$	−0.08
* $MnO_2+H_2O+2e^- \longrightarrow$	$Mn(OH)_2+2OH^-$	−0.05
$[HgI_4]^{2-}+2e^- \longrightarrow$	$Hg+4I^-$	−0.039
* $AgCN+e^- \longrightarrow$	$Ag+CN^-$	−0.017
$2H^++2e^- \longrightarrow$	$H_2(g)$	0
$[Ag(S_2O_3)_2]^{3-}+e^- \longrightarrow$	$Ag+2S_2O_3{}^{2-}$	0.01
* $NO_3{}^-+H_2O+2e^- \longrightarrow$	$NO_2{}^-+2OH^-$	0.01
$AgBr(s)+e^- \longrightarrow$	$Ag+Br^-$	0.071
$S_4O_6{}^{2-}+2e^- \longrightarrow$	$2S_2O_3{}^{2-}$	0.08
* $[Co(NH_3)_6]^{3+}+e^- \longrightarrow$	$[Co(NH_3)_6]^{2+}$	0.1
$TiO^{2+}+2H^++e^- \longrightarrow$	$Ti^{3+}+H_2O$	0.1
$S+2H^++2e^- \longrightarrow$	$H_2S(aq)$	0.141
$Sn^{4+}+2e^- \longrightarrow$	Sn^{2+}	0.154
$Cu^{2+}+e^- \longrightarrow$	Cu^+	0.159
$SO_4{}^{2-}+4H^++2e^- \longrightarrow$	$H_2SO_3+H_2O$	0.17
$[HgBr_4]^{2-}+2e^- \longrightarrow$	$Hg+4Br^-$	0.21
$AgCl(s)+e^- \longrightarrow$	$Ag+Cl^-$	0.2223
* $PbO_2+H_2O+2e^- \longrightarrow$	$PbO+2OH^-$	0.247
$HAsO_2+3H^++3e^- \longrightarrow$	$As+2H_2O$	0.248
$Hg_2Cl_2(s)+2e^- \longrightarrow$	$2Hg+2Cl^-$	0.268
$BiO^++2H^++3e^- \longrightarrow$	$Bi+H_2O$	0.32
$Cu^{2+}+2e^- \longrightarrow$	Cu	0.337
* $Ag_2O+H_2O+2e^- \longrightarrow$	$2Ag+2OH^-$	0.342

续表

电极反应		$E^\ominus$/V
氧化型	还原型	
$[Fe(CN)_6]^{3-} + e^- \longrightarrow [Fe(CN)_6]^{4-}$		0.36
* $ClO_4^- + H_2O + 2e^- \longrightarrow ClO_3^- + 2OH^-$		0.36
* $[Ag(NH_3)_2]^+ + e^- \longrightarrow Ag + 2NH_3$		0.373
$2H_2SO_3 + 2H^+ + 4e^- \longrightarrow S_2O_3^{2-} + 3H_2O$		0.4
* $O_2 + 2H_2O + 4e^- \longrightarrow 4OH^-$		0.401
$Ag_2CrO_4 + 2e^- \longrightarrow 2Ag + CrO_4^{2-}$		0.447
$H_2SO_3 + 4H^+ + 4e^- \longrightarrow S + 3H_2O$		0.45
$Cu^+ + e^- \longrightarrow Cu$		0.52
$TeO_2(s) + 4H^+ + 4e^- \longrightarrow Te + 2H_2O$		0.529
$I_2(s) + 2e^- \longrightarrow 2I^-$		0.5345
$H_3AsO_4 + 4H^+ + 4e^- \longrightarrow H_3AsO_3 + H_2O$		0.56
$MnO_4^- + e^- \longrightarrow MnO_4^{2-}$		0.564
* $MnO_4^- + 2H_2O + 3e^- \longrightarrow MnO_2 + 4OH^-$		0.588
* $MnO_4^{2-} + 2H_2O + 2e^- \longrightarrow MnO_2 + 4OH^-$		0.6
* $BrO_3^- + 3H_2O + 6e^- \longrightarrow Br^- + 6OH^-$		0.61
$2HgCl_2 + 2e^- \longrightarrow Hg_2Cl_2(s) + 2Cl^-$		0.63
* $ClO_2^- + H_2O + 2e^- \longrightarrow ClO^- + 2OH^-$		0.66
$O_2(g) + 2H^+ + 2e^- \longrightarrow H_2O_2(aq)$		0.682
$[PtCl_4]^{2-} + 2e^- \longrightarrow Pt + 4Cl^-$		0.73
$Fe^{3+} + e^- \longrightarrow Fe^{2+}$		0.771
$Hg_2^{2+} + 2e^- \longrightarrow 2Hg$		0.793
$Ag^+ + e^- \longrightarrow Ag$		0.799
$NO_3^- + 2H^+ + e^- \longrightarrow NO_2 + H_2O$		0.8
* $HO_2^- + H_2O + 2e^- \longrightarrow 3OH^-$		0.88
* $ClO^- + H_2O + 2e^- \longrightarrow Cl^- + 2OH^-$		0.89
$2Hg^{2+} + 2e^- \longrightarrow Hg_2^{2+}$		0.92
$NO_3^- + 3H^+ + 2e^- \longrightarrow HNO_2 + H_2O$		0.94
$NO_3^- + 4H^+ + 3e^- \longrightarrow NO + 2H_2O$		0.96
$HNO_2 + H^+ + e^- \longrightarrow NO + H_2O$		1
$NO_2 + 2H^+ + 2e^- \longrightarrow NO + H_2O$		1.03
$Br(l) + 2e^- \longrightarrow 2Br^-$		1.065
$NO_2 + H^+ + e^- \longrightarrow HNO_2$		1.07
$Cu^{2+} + 2CN^- + e^- \longrightarrow Cu(CN)_2^-$		1.12
$ClO_2 + e^- \longrightarrow ClO_2^-$		1.16
$ClO_4^- + 2H^+ + 2e^- \longrightarrow ClO_3^- + H_2O$		1.19
$2IO_3^- + 12H^+ + 10e^- \longrightarrow I_2 + 6H_2O$		1.2
$ClO_3^- + 3H^+ + 2e^- \longrightarrow HClO_2 + H_2O$		1.21
$O_2 + 4H^+ + 4e^- \longrightarrow 2H_2O(l)$		1.229
$MnO_2 + 4H^+ + 2e^- \longrightarrow Mn^{2+} + 2H_2O$		1.23
* $O_3 + H_2O + 2e^- \longrightarrow O_2 + 2OH^-$		1.24
$ClO_2 + H^+ + e^- \longrightarrow HClO_2$		1.275
$2HNO_2 + 4H^+ + 4e^- \longrightarrow N_2O + 3H_2O$		1.29
$Cr_2O_7^{2-} + 14H^+ + 6e^- \longrightarrow 2Cr^{3+} + 7H_2O$		1.33
$Cl_2 + 2e^- \longrightarrow Cl^-$		1.36
$2HIO + 2H^+ + 2e^- \longrightarrow I_2 + 2H_2O$		1.45
$PbO_2 + 4H^+ + 2e^- \longrightarrow Pb^{2+} + 2H_2O$		1.455
$Au^{3+} + 3e^- \longrightarrow Au$		1.5
$Mn^{3+} + e^- \longrightarrow Mn^{2+}$		1.51

续表

电极反应		$E^{\ominus}$/V
氧化型	还原型	
$MnO_4^- + 8H^+ + 5e^- \longrightarrow Mn^{2+} + 4H_2O$		1.51
$2BrO_3^- + 12H^+ + 10e^- \longrightarrow Br_2(l) + 6H_2O$		1.52
$2HBrO + 2H^+ + 2e^- \longrightarrow Br_2(l) + 2H_2O$		1.59
$H_5IO_6 + H^+ + 2e^- \longrightarrow IO_3^- + 3H_2O$		1.6
$2HClO + 2H^+ + 2e^- \longrightarrow Cl_2 + H_2O$		1.63
$HClO_2 + 2H^+ + 2e^- \longrightarrow HClO + H_2O$		1.64
$Au^+ + e^- \longrightarrow Au$		1.68
$NiO_2 + 4H^+ + 2e^- \longrightarrow Ni^{2+} + 2H_2O$		1.68
$MnO_4^- + 4H^+ + 3e^- \longrightarrow MnO_2 + 2H_2O$		1.695
$H_2O_2 + 2H^+ + 2e^- \longrightarrow 2H_2O$		1.77
$Co^{3+} + e^- \longrightarrow Co^{2+}$		1.84
$Ag^{2+} + e^- \longrightarrow Ag^+$		1.98
$S_2O_8^{2-} + 2e^- \longrightarrow 2SO_4^{2-}$		2.01
$O_3 + 2H^+ + 2e^- \longrightarrow O_2 + H_2O$		2.07
$F_2 + 2e^- \longrightarrow 2F^-$		2.87
$F_2 + 2H^+ + 2e^- \longrightarrow 2HF$		3.06

注：本表中带 * 的电极反应是在碱性溶液中进行，其余都在酸性溶液中进行。